工程建设标准宣贯培训系列丛书

建筑施工碗扣式钢管脚手架安全技术手册

于海祥　主编

中国建筑工业出版社

图书在版编目（CIP）数据

建筑施工碗扣式钢管脚手架安全技术手册/于海祥主编.
北京：中国建筑工业出版社，2017.9
（工程建设标准宣贯培训系列丛书）
ISBN 978-7-112-21071-8

Ⅰ.①建…　Ⅱ.①于…　Ⅲ.①脚手架-安全管理-技术
手册　Ⅳ.①TU731.2-62

中国版本图书馆 CIP 数据核字（2017）第 189096 号

本书围绕新修订的工程建设行业标准《建筑施工碗扣式钢管脚手架安全技术规范》JGJ 166—2016，针对碗扣式钢管脚手架的设计、施工、验收与安全管理展开了系统讲解。书中对碗扣式钢管脚手架产品目录中的所有构配件进行了介绍，并对其用途进行了全面而详细的阐述，对广大施工企业工程技术人员正确认识、选用碗扣式钢管脚手架有很好的指导意义。本书将新标准的刚性条款转化为施工现场通俗易懂的操作指南，作为一本专业技术用书，对碗扣式钢管脚手架的试验研究、基本计算理论、架体设计和构造进行了全面讲解；同时作为一本实用手册，给出了详细的检查、验收和交底记录表格以及代表性的操作实例，并给出了与脚手架相关的各类工程材料、构配件常用性能指标的附录表格。

本书不仅适用于碗扣式钢管脚手架的应用，对所有的钢管脚手架的原理掌握及安全技术管理都具有参考意义；不仅适合相关专业的工程技术人员使用，同时也适合院校师生学习参考。

* * *

责任编辑：何玮珂　王华月
责任设计：李志立
责任校对：焦　乐　李美娜

工程建设标准宣贯培训系列丛书
建筑施工碗扣式钢管脚手架安全技术手册
于海祥　主编

*

中国建筑工业出版社出版、发行（北京海淀三里河路9号）
各地新华书店、建筑书店经销
北京红光制版公司制版
北京市密东印刷有限公司印刷

*

开本：787×1092毫米　1/16　印张：37¾　字数：942千字
2017年12月第一版　2017年12月第一次印刷
定价：**88.00元**
ISBN 978-7-112-21071-8
（30699）

本 书 编 委 会

主　　编：于海祥

副 主 编：周雪梅　刘　源

编写人员：杨光余　叶宝明　王　平

　　　　　廖　永　华建民　龚文璞

　　　　　张定高　韩继琼　刘　忠

　　　　　刘　群　吴建华　张百胜

　　　　　孟　露　曹　畅　郑　曦

前　言

钢管脚手架是施工现场最常用的施工临时设施，脚手架在使用过程中依靠自身稳定承受着施工过程中作业层上的各类荷载，如架体设计不周全易引发坍塌事故，由于钢管脚手架的不正确使用导致的施工坍塌事故时有发生。碗扣式钢管脚手架自1986年由铁道部引进国内以来，作为一种节点构造合理、架体承载力高、施工速度快的脚手架体系，已在房屋建筑、市政工程、铁路和公路工程、水利工程中得到了广泛的应用。经过30年的实践经验，随着脚手架理论的不断发展，新的碗扣式钢管脚手架构配件体系不断丰富，计算理论和构造措施已较为成熟。

住房和城乡建设部行业标准《建筑施工碗扣式钢管脚手架安全技术规范》JGJ 166—2008于2016年经修订发布，最新编号为JGJ 166—2016（以下简称为《规范》）。《规范》的修订版本是在近几年国家脚手架标准体系不断完善，新的脚手架计算理论得以更新，并在结合有关单位的试验研究结论及相关意见反馈的基础上编制的。虽然规范体系不断完善，但目前广泛存在对规范理解不到位、原材料市场混乱、架体搭设不规范、管理缺失等问题，致使钢管脚手架坍塌事故依然频发，带来了严重的后果和不良社会影响。

为贯彻《中华人民共和国安全生产法》，规范碗扣式钢管脚手架的设计、施工、使用与安全管理，正确理解和执行《规范》及相关标准，我们编写了《建筑施工碗扣式钢管脚手架安全技术手册》。本书作为《规范》的配套使用材料，结合目前碗扣式钢管脚手架在我国的应用实际，详细介绍了碗扣式钢管脚手架的构配件体系及应用范围，系统介绍了目前国内外的试验研究结果，全面地讲解了近几十年脚手架计算理论的演变及规范所采用的计算模型的理论背景，细致地从荷载要求、设计要求、构造要求、施工要求、检查与验收要求、安全管理要求等方面讲解了碗扣式钢管脚手架从选材、设计、施工到验收全过程的安全技术规定。

本书在编制过程中强调"现场实用"，收集了国内外大量的应用案例和操作素材，重点对碗扣式钢管脚手架安全管理的底线要求进行讲述，既注重对《规范》技术条文的解读，又强调施工工艺和操作细节，对典型的工艺要求均配备通俗易懂的示意图，既摆事实又讲道理，力求科普与先进技术的结合，使工程实际、操作技巧、理论背景、试验研究有机结合。全书内容包括：建筑施工脚手架种类及综述、碗扣式钢管脚手架构配件产品体系及质量标准、碗扣式钢管脚手架的产品简介及工程用途、国内外碗扣式钢管脚手架的构配件及架体结构的试验研究、钢管脚手架的计算理论发展阶段及现行规范的计算理论、碗扣式钢管脚手架的荷载确定、设计计算方法、碗扣式钢管脚手架的构造规定、施工与验收方法、满堂支撑架的预压方法、碗扣式钢管脚手架的使用与安全管理、事故防治安全技术规定。为帮助本书使用者增强对《规范》的理解，本书给出了经典应用案例，案例涵盖了碗扣式钢管脚手架在房屋建筑和桥梁工程中的应用，不仅介绍了普通碗扣式钢管脚手架的工程应用，也体现了新型高强碗扣式钢管脚手架的设计与施工。为了增强本书的实用性，附录中给出了碗扣式钢管脚手架设计中常用的工程材料的截面特性和力学性能指标，并给出了常用的结构杆件静力计算表格。

本书的编制过程中，广泛参阅了国内外学者的论文著述及相关研究结果，书中的施工工艺操作细节及经典案例来源于全国各地施工企业、科研机构在长期使用、研究碗扣式钢管脚手架的实践过程中累积的宝贵经验，相关结论是国内外学者集体智慧的结晶。本书的编制过程中得到了重庆建工集团股份有限公司和重庆建工第九建设有限公司领导、广大工程技术人员的大力支持，云南大力神金属构件有限公司、住房和城乡建设部建筑施工安全标准化技术委员会、中国工程建设标准化协会施工安全专业委员会、重庆大学、重庆财信建筑工程（集团）有限公司、中国建筑科学研究院、浙江建设商贸物流有限公司、重庆市城市建设发展有限公司在编写此书的过程中也提出了宝贵的意见和建议，并提供了珍贵的素材，从而保证了该书的编制质量和实用性，作者从中受益匪浅。在此，对于热情关心和支持我们的领导、专家、相关单位，以及出版社的编辑一并致以诚挚的谢意。

在编写过程中，作者力求编写完美，以期达到建设行业使用碗扣式钢管脚手架的安全技术水平，满足广大工程技术人员对碗扣式钢管脚手架技术的要求，但社会在进步，建设科技和脚手架理论在不断发展，加之作者水平有限及经验不足，书中难免会有不足或疏漏，恳请读者提出宝贵建议，以资改进。

参与本书校对工作的人员：刘燕、周建元、韩辉、江红。

目　　录

第1章　施工脚手架概述 ……………………………………………………… 1

1.1　施工脚手架的基本概念 ………………………………………………… 1

1.2　国外脚手架技术的发展 ………………………………………………… 2

1.3　我国脚手架的发展及常用型式 ………………………………………… 3

1.3.1　扣件式钢管脚手架 ……………………………………………… 4

1.3.2　门式钢管脚手架 ………………………………………………… 5

1.3.3　碗扣式钢管脚手架 ……………………………………………… 6

1.3.4　插接式钢管脚手架 ……………………………………………… 8

1.3.5　盘销式钢管脚手架 ……………………………………………… 9

1.3.6　附着升降脚手架 ………………………………………………… 11

1.3.7　电动桥式脚手架 ………………………………………………… 12

1.4　碗扣式钢管脚手架在我国的应用与研究 ……………………………… 13

1.4.1　碗扣式钢管脚手架在施工中遇到的问题 …………………… 13

1.4.2　碗扣式钢管脚手架理论研究现状 …………………………… 14

本章参考文献 ………………………………………………………………… 15

第2章　构配件及质量标准 …………………………………………………… 16

2.1　碗扣式钢管脚手架产品演变 …………………………………………… 16

2.2　构配件规格及用途 ……………………………………………………… 17

2.2.1　碗扣式钢管脚手架产品体系 ………………………………… 17

2.2.2　构配件构造及功能 …………………………………………… 21

2.3　构配件质量标准 ………………………………………………………… 39

2.3.1　材质要求 ………………………………………………………… 39

2.3.2　质量要求 ………………………………………………………… 41

2.4　维护与保养 ……………………………………………………………… 43

2.4.1　退场验收 ………………………………………………………… 43

2.4.2　维修与保养 ……………………………………………………… 43

2.4.3　质量检验评定与报废 ………………………………………… 44

本章参考文献 ………………………………………………………………… 46

第3章　碗扣式钢管脚手架应用 ……………………………………………… 47

3.1　产品简介 ………………………………………………………………… 47

3.1.1　产品特点 ………………………………………………………… 47

3.1.2 产品优缺点 ·· 48

3.2 产品用途 ··· 50

3.2.1 作业脚手架 ·· 50

3.2.2 提升架 ·· 54

3.2.3 塔梯与操作平台 ·· 55

3.2.4 支撑架 ·· 55

3.3 现行脚手架规范体系 ·· 57

3.3.1 相关国家标准 ·· 57

3.3.2 相关行业标准 ·· 58

本章参考文献 ·· 58

第4章 碗扣式钢管脚手架试验研究成果 ································· 59

4.1 构配件试验性能 ·· 61

4.1.1 WDJ 构配件试验 ·· 61

4.1.2 CUPLOK 构配件试验 ·· 64

4.2 双排脚手架试验性能（一） ··· 66

4.2.1 试验设计 ·· 66

4.2.2 加载制度 ·· 67

4.2.3 试验结果 ·· 67

4.2.4 试验结论 ·· 68

4.3 双排脚手架试验性能（二） ··· 68

4.3.1 试验设计 ·· 68

4.3.2 简化计算与有限元模拟 ·· 69

4.3.3 试验设备 ·· 73

4.3.4 加载制度 ·· 73

4.3.5 数据采集 ·· 74

4.3.6 试验结果 ·· 74

4.3.7 试验结论 ·· 78

4.4 WDJ 模板支撑架试验性能（一） ····································· 81

4.4.1 试验设计 ·· 81

4.4.2 加载制度 ·· 83

4.4.3 数据采集 ·· 84

4.4.4 试验结果 ·· 84

4.4.5 试验结论 ·· 87

4.5 WDJ 模板支撑架试验性能（二） ····································· 89

4.5.1 试验设计 ·· 89

4.5.2 试验设备 ·· 91

4.5.3 加载制度 ·· 93

    4.5.4　数据采集 ·· 93

    4.5.5　试验结果 ·· 94

    4.5.6　试验结论 ··· 101

  4.6　WDJ 碗扣方塔架试验 ·· 105

    4.6.1　试验概述 ··· 105

    4.6.2　试验方案 ··· 105

    4.6.3　试验结果 ··· 105

    4.6.4　试验结论 ··· 106

  4.7　CUPLOK 模板支撑架试验性能 ····································· 107

    4.7.1　试验设计 ··· 108

    4.7.2　加载制度及测试方法 ·· 111

    4.7.3　试验结果 ··· 112

    4.7.4　试验结论 ··· 114

  4.8　节点转动刚度试验 ··· 114

    4.8.1　试验方案 ··· 115

    4.8.2　试验结果 ··· 117

  4.9　CUPLOK 模板支撑架现场堆载试验 ······························· 121

    4.9.1　工程概况及支架设计概况 ··· 121

    4.9.2　加载及测试方式 ·· 122

    4.9.3　试验结果 ··· 123

    4.9.4　试验结论 ··· 123

  本章参考文献 ··· 124

第5章　碗扣式钢管脚手架计算理论 ··· 125

  5.1　脚手架的结构形式和计算简图 ······································· 125

    5.1.1　双排脚手架 ··· 126

    5.1.2　模板支撑架 ··· 128

  5.2　脚手架计算理论概述 ·· 129

    5.2.1　单杆容许轴力理论 ··· 129

    5.2.2　刚架理论 ··· 130

    5.2.3　排架理论 ··· 133

    5.2.4　铰接体系及几何不变体系原理 ··· 134

    5.2.5　脚手架节点半刚性理论 ··· 149

    5.2.6　满堂支撑架无支撑半刚性计算模型 ····································· 152

  5.3　有限元模拟 ·· 156

    5.3.1　ANSYS中计算模型的建立 ··· 157

    5.3.2　无剪刀撑条件下节点转动刚度对架体承载力的影响 ·················· 158

    5.3.3　水平约束对架体承载力的影响 ··· 159

  5.3.4 竖向剪刀撑设置对架体承载力的影响 ·· 160

  5.3.5 构造因素对架体承载力的影响 ·· 163

  5.3.6 设置剪刀撑条件下节点转动刚度对架体承载力的影响 ········· 165

  5.3.7 有限元分析的总体结论 ·· 166

  5.4 基于承载力试验的包络线理论 ·· 167

  5.4.1 双排脚手架计算理论 ·· 167

  5.4.2 模板支撑架计算理论 ·· 170

  5.4.3 计算长度附加系数 k 的确定 ·· 180

  本章参考文献 ·· 181

第6章 荷载 ·· 182

  6.1 概率极限状态设计法 ·· 182

  6.1.1 脚手架结构设计理论的发展概况 ·· 182

  6.1.2 可靠度理论 ·· 183

  6.1.3 脚手架结构承载力设计表达式 ·· 185

  6.1.4 脚手架正常使用设计表达式 ··· 189

  6.1.5 结论 ·· 189

  6.2 荷载的分类 ·· 191

  6.2.1 脚手架上荷载种类 ··· 191

  6.2.2 双排脚手架上荷载内容 ·· 191

  6.2.3 满堂支撑架上荷载内容 ·· 192

  6.2.4 荷载分类的相关说明 ·· 192

  6.3 荷载标准值 ·· 193

  6.3.1 双排脚手架荷载标准值 ·· 193

  6.3.2 满堂支撑架荷载标准值 ·· 197

  6.3.3 模板支撑架上其他可变荷载 ··· 206

  6.3.4 风荷载 ·· 207

  本章参考文献 ·· 215

第7章 设计计算 ·· 216

  7.1 碗扣式钢管脚手架受力模式 ·· 216

  7.1.1 双排脚手架荷载传递模式 ··· 216

  7.1.2 满堂支撑架荷载传递模式 ··· 217

  7.2 碗扣式钢管脚手架的一般设计规定 ··· 218

  7.2.1 设计原则 ··· 218

  7.2.2 计算内容 ··· 219

  7.2.3 计算部位的选择 ·· 220

  7.2.4 杆件受力形态的确定 ·· 221

  7.2.5 基本设计变量 ··· 221

　　　7.2.6　基本设计指标　……………………………………………………　222

　7.3　脚手架立杆压弯构件承载力计算表达式　………………………　225

　7.4　双排脚手架设计计算　………………………………………………　230

　　　7.4.1　双排脚手架水平杆计算　………………………………………　230

　　　7.4.2　双排脚手架立杆计算　……………………………………………　236

　　　7.4.3　双排脚手架允许搭设高度　……………………………………　240

　7.5　满堂支撑架设计计算　………………………………………………　241

　　　7.5.1　满堂支撑架荷载传递及计算简图　……………………………　241

　　　7.5.2　水平受弯构件计算　………………………………………………　245

　　　7.5.3　立杆稳定性计算　…………………………………………………　246

　　　7.5.4　悬挑与跨空支撑结构计算　……………………………………　252

　　　7.5.5　四杆格构柱加强满堂支撑架计算　……………………………　256

　　　7.5.6　组合式支架（门洞支架）计算　………………………………　260

　　　7.5.7　架体抗倾覆计算　…………………………………………………　267

　　　7.5.8　预拱度计算　………………………………………………………　268

　　　7.5.9　支撑架下层楼面承载力计算　…………………………………　269

　7.6　立杆地基承载力计算　………………………………………………　271

　　　7.6.1　地基承载力计算公式　……………………………………………　271

　　　7.6.2　地基承载力特征值的取值　……………………………………　272

　　　7.6.3　楼层传力　…………………………………………………………　273

　7.7　计算实例　……………………………………………………………　275

　　　7.7.1　双排脚手架设计计算　……………………………………………　275

　　　7.7.2　楼板满堂模板支撑架设计计算　………………………………　283

　本章参考文献　………………………………………………………………　291

第8章　脚手架构造　……………………………………………………………　292

　8.1　碗扣式钢管脚手架的一般构造要求　………………………………　292

　　　8.1.1　地基基础构造　……………………………………………………　292

　　　8.1.2　立杆接头构造　……………………………………………………　296

　　　8.1.3　水平杆与扫地杆构造　……………………………………………　296

　　　8.1.4　剪刀撑杆件构造　…………………………………………………　297

　　　8.1.5　作业层构造　………………………………………………………　298

　　　8.1.6　上下通道构造　……………………………………………………　303

　8.2　双排脚手架构造　……………………………………………………　305

　　　8.2.1　双排脚手架常用尺寸及常用搭设高度　………………………　305

　　　8.2.2　拐角及曲线布架　…………………………………………………　306

　　　8.2.3　斜撑杆或剪刀撑设置　……………………………………………　309

　　　8.2.4　连墙件设置　………………………………………………………　314

8.2.5 常用的连墙件构造形式 ···································· 315

8.2.6 门洞式设置 ···································· 318

8.2.7 脚手架卸荷 ···································· 319

8.2.8 悬挑脚手架 ···································· 319

8.3 满堂支撑架构造 ···································· 326

8.3.1 满堂支撑架搭设尺寸限值 ···································· 326

8.3.2 顶部构造 ···································· 326

8.3.3 水平杆构造 ···································· 332

8.3.4 立杆构造 ···································· 333

8.3.5 特殊组架方式 ···································· 340

8.3.6 满堂支撑架常用搭设参数的选用 ···································· 343

8.3.7 与既有结构的连接 ···································· 346

8.3.8 斜撑杆或剪刀撑设置 ···································· 347

8.3.9 架体高宽比要求 ···································· 352

8.3.10 门洞设置 ···································· 352

本章参考文献 ···································· 353

第9章 脚手架施工 ···································· 354

9.1 施工准备 ···································· 354

9.1.1 专项施工方案编制 ···································· 354

9.1.2 技术交底 ···································· 355

9.2 脚手架构配件进场 ···································· 377

9.3 地基处理 ···································· 379

9.3.1 地基类型 ···································· 379

9.3.2 填土地基施工 ···································· 380

9.3.3 灰土地基施工 ···································· 382

9.3.4 地基表面处理 ···································· 384

9.4 架体搭设 ···································· 384

9.4.1 架体搭设基本规定 ···································· 384

9.4.2 双排脚手架搭设步骤与方法 ···································· 385

9.4.3 满堂支撑架搭设步骤与方法 ···································· 389

9.5 架体拆除 ···································· 395

9.5.1 拆除前的准备工作 ···································· 395

9.5.2 双排脚手架拆除 ···································· 396

9.5.3 模板支撑架拆除 ···································· 397

本章参考文献 ···································· 399

第10章 检查与验收 ···································· 400

10.1 验收阶段的划分及组织 ···································· 400

10.1.1 验收阶段 ·· 400

10.1.2 验收需具备的资料 ··· 400

10.1.3 验收的组织 ··· 400

10.2 构配件进场验收 ·· 401

10.2.1 构配件检查及验收项目 ···································· 401

10.2.2 构配件允许偏差 ·· 402

10.2.3 扣件进场复试 ··· 404

10.3 地基基础施工质量检查与验收 ································· 404

10.3.1 脚手架立杆基础 ·· 404

10.3.2 梁柱式门洞支架立柱基础 ·································· 405

10.4 架体搭设质量检查与验收 ······································ 406

10.4.1 脚手架架体 ·· 406

10.4.2 梁柱式门洞支架 ·· 407

10.5 安全防护设施施工质量检查与验收 ·························· 408

10.6 验收记录 ··· 409

10.6.1 验收记录规定 ··· 409

10.6.2 验收记录表 ·· 409

第 11 章 模板支撑架预压 ·· 412

11.1 预压目的及原理 ·· 412

11.2 预压段选取 ··· 412

11.3 加载和卸载 ··· 413

11.3.1 预压荷载 ··· 413

11.3.2 加载与卸载分级 ·· 414

11.4 预压监测 ··· 414

11.4.1 监测内容 ··· 414

11.4.2 监测点布置 ·· 414

11.4.3 监测频率 ··· 414

11.4.4 监测方法 ··· 415

11.5 支架预压实例 ·· 415

11.5.1 工程概况 ··· 415

11.5.2 预压荷载 ··· 415

11.5.3 加载方法 ··· 418

第 12 章 脚手架安全管理与使用 ···································· 425

12.1 脚手架事故频发的直接和间接原因 ·························· 425

12.1.1 直接原因 ··· 425

12.1.2 间接原因 ··· 428

12.2 脚手架工程安全管理一般规定 ································ 429

12.3 脚手架安全使用 …………………………………………………………… 430

   12.3.1 作业层超载控制 ……………………………………………………… 430

   12.3.2 架体的完整性和独立性控制 ………………………………………… 431

   12.3.3 模板支撑架安全施工 ………………………………………………… 433

12.4 使用中的安全检查 ………………………………………………………… 435

   12.4.1 定期检查 ……………………………………………………………… 435

   12.4.2 全面检查 ……………………………………………………………… 435

   12.4.3 安全检查评定 ………………………………………………………… 435

12.5 脚手架工程易发事故防治管理 …………………………………………… 445

   12.5.1 坍塌事故防治 ………………………………………………………… 445

   12.5.2 高处坠落事故防治 …………………………………………………… 453

   12.5.3 物体打击事故防治 …………………………………………………… 454

第13章　碗扣式钢管脚手架应用案例 ………………………………………… 455

13.1 房屋建筑结构碗扣式钢管模板支撑架 …………………………………… 455

   13.1.1 WDJ 普通碗扣架 ……………………………………………………… 455

   13.1.2 CUPLOK 高强碗扣架 ………………………………………………… 460

13.2 桥梁碗扣式钢管模板支撑架 ……………………………………………… 464

   13.2.1 WDJ 普通碗扣架 ……………………………………………………… 464

   13.2.2 CUPLOK 高强碗扣架 ………………………………………………… 467

   13.2.3 桥梁组合式支架 ……………………………………………………… 471

   13.2.4 碗扣式钢管拱架 ……………………………………………………… 491

13.3 碗扣式钢管双排脚手架 …………………………………………………… 510

   13.3.1 工程概况 ……………………………………………………………… 510

   13.3.2 方案选择 ……………………………………………………………… 510

   13.3.3 施工方法及技术措施 ………………………………………………… 511

   13.3.4 荷载控制 ……………………………………………………………… 515

   13.3.5 实施效果 ……………………………………………………………… 515

附录 …………………………………………………………………………………… 516

附录A　常用材料强度设计值和弹性模量 ……………………………………… 516

   A.1 钢与混凝土的强度设计值和弹性模量 …………………………………… 516

   A.2 木材强度设计值与弹性模量 ……………………………………………… 516

附录B　脚手架钢管及分配梁截面几何特性 …………………………………… 518

   B.1 $\phi48$ 系列常用钢管截面几何特性参数 ………………………………… 518

   B.2 钢管截面几何特性参数计算公式 ………………………………………… 518

   B.3 木方截面几何特性参数 …………………………………………………… 518

   B.4 木方截面几何特性参数计算公式 ………………………………………… 519

   B.5 工字木梁截面几何特性参数 ……………………………………………… 519

B.6 铝梁截面几何特性参数 ································ 519

附录C 型钢和钢管计算用表 ································ 520

C.1 热轧型钢 ······································· 520

C.2 冷弯型钢 ······································· 539

C.3 焊接H型钢 ····································· 552

附录D 常备式钢构件计算用表 ·························· 556

D.1 万能杆件 ······································· 556

D.2 贝雷梁 ··· 568

附录E 杆件静力计算表 ································· 571

E.1 简支梁静力计算表 ······························· 571

E.2 等截面连续梁静力计算表 ·························· 572

E.3 各种边界条件下轴心受压杆计算长度 ··············· 575

附录F 钢构件轴心受压稳定系数 ························ 575

F.1 脚手架钢管及冷弯薄壁型钢构件轴心受压稳定系数 ··· 575

F.2 钢构件轴心受压稳定系数 ·························· 577

附录G 脚手架力学性能试验方法 ······················ 582

G.1 构配件力学性能试验方法 ·························· 582

G.2 架体结构力学性能试验方法 ························ 586

第1章　施工脚手架概述

1.1　施工脚手架的基本概念

施工脚手架（scaffolding）为建筑界的通用术语，泛指施工现场为保证操作人员高处作业安全、顺利进行而搭设的工作平台、围护结构或作业通道。脚手架在建筑工地上主要用在外墙、内部装修或层高较高无法直接施工的地方，主要功能是为施工人员高处作业提供操作平台或为临边作业提供临边防护。

脚手架的概念有狭义和广义之分，上述定义主要针对传统意义上的作业脚手架，广义的脚手架还包括各类用于混凝土结构现浇施工中的模板支撑架和钢结构安装中的临时支撑架体。作业脚手架和支撑脚手架是针对脚手架使用功能做出的划分，其中作业脚手架又分为结构施工脚手架（混凝土作业脚手架、砌筑用脚手架等）、装饰装修工程施工脚手架以及单纯用作外防护的脚手架。此外，脚手架在广告业、市政、交通路桥、矿山等行业也广泛被使用。

作为施工现场最重要的施工临时设施，脚手架制作材料通常有竹、木、钢管、铝材或合成材料等。按杆件形式、构配件材料和组装方式划分，可分为钢管脚手架和工具式脚手架。其中钢管脚手架按照连接方式划分，可分为扣件式钢管脚手架、碗扣式钢管脚手架、门式钢管脚手架、可调钢支柱和各类承插型脚手架；工具式脚手架根据产品特点可分为高处作业吊篮、附着式升降脚手架、外挂防护架、电动桥式脚手架等，且随着建筑科技的发展，新型的工具式脚手架不断问世。随着各类工具式脚手架不断进入工业化成熟期，这些工具式脚手架虽然仍然具有脚手架的工作属性，但从管理和使用上更多的是作为施工设备而出现。值得注意的是，随着工具式脚手架越来越广泛的应用，传统的建（构）筑物外侧所搭设的施工作业脚手架已渐渐退出了作为施工操作平台的用途，更多的是作为建筑外立面高处作业的临边防护，即防护脚手架。

脚手架既要满足施工需要，又要为保证工程质量和提高工效创造条件，同时还应为组织快速施工提供工作面，确保施工人员的人身安全。脚手架要有足够的牢固性和稳定性，保证施工期间在规定的荷载和气候条件的影响下强度、刚度及稳定性满足要求，确保作业人员的人身安全。从功能性考虑，脚手架要有足够的面积满足堆料、运输、操作和行走的要求。此外，脚手架构造应简单，搭设、拆除和搬运应方便。

脚手架对于工程施工具有特殊的重要性，是施工作业中必不可少的设施。没有它就难以进行施工作业和确保施工安全。在建筑施工中脚手架和模板支撑架的成本大约占到工程总造价的30%，脚手架和模板支撑架安装拆卸工时占总工时的50%以上。在现代建筑施工对脚手架技术要求越来越高的形势下，由作业工人单凭经验搭设的做法已不能可靠地保证脚手架使用功能和安全要求，必须向安全可靠、方便适用、经济性好、多功能和系列化的方向发展。

　　同时，工程技术的进步也促进了脚手架的发展，在大量的脚手架工程实践中，许多新技术、新施工机具也被大量采用并取得显著效益。建筑形式的多样性化促进了脚手架的性能的不断提升。在工程实际中，越来越要求脚手架拆装更加简单，移动更加方便，具有更高的承载性能、更高的安全性以及更舒适的操作性能。

1.2　国外脚手架技术的发展

　　20 世纪初，英国首次尝试在工程中运用由连接件和钢管组成的钢管支架，并逐步完善发展为扣件式钢管支架。由于这种支架具有加工简便、拆装灵活、搬运方便、通用性强等特点，迅速推广应用到世界各国。目前在许多国家已形成各种形式的扣件式钢管作业脚手架，并成为当前房屋建筑施工中应用最普遍的模板支撑架之一。

　　20 世纪 30 年代，瑞士首先研制成功了可调钢支柱，这是一种单管式支柱，利用螺管装置可以调节钢支柱的高度。由于这种支柱具有结构简单、装拆灵活等特点，在欧洲一些国家得到了广泛应用。其结构形式有螺纹外露式和螺纹封闭式两种。与螺纹外露式钢支柱相比，螺纹封闭式钢支柱具有防止砂浆等污物粘结螺纹，保护螺纹，并在使用和搬运中不被碰坏等优点。所以，螺纹封闭式钢支柱在欧洲一些国家应用较普遍。20 世纪 80 年代以来，为增加钢支柱的使用功能，不少国家在钢支柱的转盘和顶部附件上作了改进，使钢支柱的使用功能大大增加，还有的在底部附设了可折叠的三脚架，使单管式支柱可以独立安装，更有利于钢支柱的装拆施工。

　　20 世纪 50 年代，美国率先成功研制了门式脚手架（门型支架），由于它具有装拆简单、承载性能好，使用安全可靠等特点，所以发展速度很快，欧洲各国也先后引进并发展该脚手架，形成了各种规格的门架体系。后来经过不断完善，并且大量应用到实践当中。相比于以前脚手架结构，门式脚手架承载能力强，安全性能也可以进一步得到保障，所以到了 20 世纪 60 年代初，欧洲、日本等发达国家先后引进并发展了这种脚手架，并形成了各种不同新规格的门式脚手架体系。目前在这些国家，门式脚手架的用量占到 50% 以上，而且基本上都形成了专业生产公司。在法国、德国、意大利等国家还研制和应用了与门型支架结构、形式基本相似的梯形、四边形和三角形等模板支架体系，使用的数量超过先前的各种类型脚手架。目前在欧洲、日本等国家，门式脚手架的使用量最多，约占各类支架的 50% 左右，各国还成立了不少生产各种门式脚手架体系的专业公司。

　　同一时间，扣件式钢管脚手架也大量投入到使用当中，扣件式钢管脚手架主要由钢管、扣件（直角扣件、旋转扣件和对接扣件）组成。这种支架可任意搭设且间距不受限制，具有很强的通用性，但是由于竖、横、斜杆之间存在偏心且节点处力的传递受螺栓拧紧程度的影响，无形之中增加人为因素的影响。

　　自 20 世纪 60 年代以来，承插式钢管脚手架慢慢进入人们的视野，并且得到大量开发和应用，使用越来越广泛。这种支架结构型式与扣件式钢管脚手架基本相似，只是在立杆上焊接多个插座，替代了扣件，避免了螺栓作业和扣件丢失，用水平杆和斜杆插入插座，即可拼装成各种尺寸的模板支架。这种脚手架结构坚固耐用，而且具有足够的强度、刚度以及稳定性。承插式钢管脚手架的种类繁多，使用功能也不一样，目前在发达国家应用较普遍，东南亚和我国也已开始逐步推广应用。

在承插式脚手架家族体系中，英国 SGB 公司研制的碗扣式钢管脚手架在设计和技术上都居领先地位，它可以在一个碗形插座内，同时连接四个方向的水平杆或斜杆，无论是组架性能还是力学性能都得到了世界各国的普遍认可。其最大的优点是立杆轴向受力，自锁性能好，接头拼拆工效高，比常规扣件式钢管脚手架快 3～4 倍，完全避免螺栓作业中的人为施工缺陷。碗扣式钢管脚手架的碗扣节点构造合理，整体力学性能好，产品体系齐全，适用范围广，可方便组成不同空间尺寸、不同曲线形状和不同承载力需求的双排作业脚手架、各类支撑脚手架、物料提升架、防护棚等。

目前世界各国广泛采用的承插式钢管脚手架（由德国最先发明），大多采用在一个插座上可以同时连接八个不同方向的水平杆或斜杆的承插式多功能脚手架。

在亚洲，日本通过引进、吸收欧美先进的脚手架技术，并不断采用新技术新材料，重视技术创新，加强企业管理，从而走出了一条有特点的完整的脚手架发展之路，可以说日本的脚手架创新发展值得我们借鉴。

日本最早使用的脚手架是木脚手架，自 20 世纪 50 年代开始大量应用扣件式钢管脚手架。1953 年美国开发了门式脚手架后，1955 年日本建筑公司开始引进门式脚手架，但当时日本扣件式钢管脚手架仍占主导地位。由于使用扣件式钢管脚手架不断发生工伤事故，所以在 1958 年扣件式钢管脚手架再次发生倒塌事故后，脚手架的安全性被提到议程上来。由于门式脚手架装拆方便，承载性能好，安全可靠，在一些工程中开始大量应用。

在日本，门式脚手架首先应用于地下铁道、高速公路的支架工程。1956 年日本 JIS（日本工业标准）制订了有关脚手架的标准内容，1963 年劳动省在劳动安全卫生规定里也制定了有关脚手架、支撑的相关规定。这样，门式脚手架已成为建筑施工中必不可少的施工工具。1963 年规模较大的建筑公司开发、研究或购买门式脚手架，在工程中大量应用。1965 年随着超高层建筑增多，脚手架的使用量也越来越多。1970 年各种脚手架租赁公司开始激增，由于租赁脚手架能满足建筑施工企业的要求，减少企业投资，所以门式脚手架应用量迅速增长。

日本对脚手架技术的引进和开发非常重视，国外各种先进脚手架在日本都可看到，如碗扣式钢管脚手架、插接式脚手架、盘销式脚手架、方塔式脚手架、三角框脚手架和钢支柱等。最著名的是，在碗扣式钢管脚手架的水平杆两端，各焊上 4 个钢板，钢板上有 1 个圆孔，用于连接拉杆，增强脚手架的整体稳定。又如门式脚手架在结构上和安全防护栏杆上均有很大改进，增强了门式脚手架的安全性。

另外，日本脚手架企业还开发了 H 形脚手架、方塔式脚手架、三角框脚手架、盘销式脚手架、折叠式脚手架等，并且种类多，应用范围广。

1.3　我国脚手架的发展及常用型式

我国脚手架技术的发展，时间上来看，20 世纪末期是新旧技术综合发展逐步转变的阶段，尤其是在引入新技术和结合我国建筑工程施工逐步发展和建成独立体系的阶段。追溯脚手架技术在我国的发展，可以划分为三个重要阶段。

第一阶段是 20 世纪 60、70 年代，我国开始首次采用钢管来替代了我国长久以来的使用的木、竹脚手架（60 年代以前，在我国建筑施工中是木、竹脚手架"一统天下"），使得原来施工的一次性投入、周转次数很少、工作效率低、施工费用高等问题得到了解决，不仅能满足低矮建筑结构施工要求，更适用于高大建筑结构以及新的混凝土施工工艺的要求。到了 20 世纪 70 年代末，扣件式钢管脚手架在施工中获得了普遍使用，成为当时我国建筑施工中使用范围最广、应用量最大的模板支架系统。

第二阶段是 20 世纪 80 年代至 90 年代初，伴随着我国国民经济的不断腾飞，城镇化改革的持续推进，建筑业也迎来了快速发展阶段，高层建筑和大型基础设施建设数量不断增多，工程规模不断增大。为了满足工程中施工技术的需要，我国先后从国外引进了承插式、碗扣式等多种形式的脚手架。在所有这些引进的脚手架形式中，碗扣式钢管脚手架是在工程施工中应用最广泛的。

第三阶段是 20 世纪 90 年代以来，脚手架技术向纵深发展，为满足要求越来越高的建筑施工技术的需要，新型脚手架形式不断地涌现，如盘销式脚手架、附着升降式脚手架等作为建筑行业的新技术得到不断地推广应用。

我国目前在工程中使用的钢管脚手架种类很多，有常规的扣件式、门式、碗扣式，还有插接式、盘销式和各种各样其他连接形式的脚手架。在上面所有列举的脚手架形式中，应用最为广泛的有扣件式、门式和碗扣式钢管脚手架，在桥梁、轨道交通等基础建设领域，近 10 年来已广泛应用各类承插型盘扣式钢管脚手架作为模板支撑体系。

1.3.1　扣件式钢管脚手架

扣件式钢管脚手架，是当前我国建筑施工中使用非常普遍的一种脚手架形式，具有整体刚度大、通用性能较强、安装和拆卸方便、比较经济实惠等特点。

1. 扣件式钢管脚手架的主要性能特点

1）承载力较大。当脚手架的尺寸大小以及构造特点满足规范的有关规定时，脚手架单管立柱的承载力值比较大，最大能够达到 35kN。

2）搭设灵活，装拆方便。扣件在杆件的位置非常灵活，没有固定要求，构架尺寸也具有很强的自主选择性能。

3）比较经济，价格较低。杆件加工工序比较简单，首次生产时需要投入的资金不多，周转次数多，摊销低。

2. 构配件及构造

在架体构造组成上，扣件式钢管脚手架由水平杆、立杆、扫地杆、剪刀撑、连墙件以及脚手板等组成。

1）扣件

扣件的作用是用于连接钢管，扣件形式有三种（图 1.3.1）：直角扣件，用作于将两根呈现垂直交叉角度的钢管连接起来；旋转扣件，用作于把两根呈现任何角度的钢管连接起来；对接扣件，用作于将两根对接的钢管连接起来。

2）杆件

扣件式钢管杆件有两种不同的尺寸规格，一种是钢管外径为 48.3mm、管壁的厚度为 3.6mm；另一种是钢管外径为 51mm、管壁的厚度为 3.0mm。前者在工程中用的比较多。严禁在脚手架的搭设过程中混搭使用这两种不同型号的钢管。

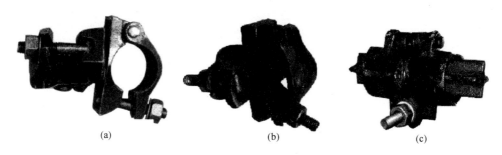

(a)　　　　　　　　　　　(b)　　　　　　　　　　(c)

图 1.3.1　扣件形式

（a）旋转扣件；（b）直角扣件；（c）对接扣件

3）脚手板

脚手板类型有冲压式钢脚手板、木脚手板，扣件式钢管脚手架的工作层面可根据所使用的脚手板支撑要求来设置水平向平杆，因而可以使用各种形式的脚手板。对于脚手板技术有下面几点要求：

（1）脚手板的宽度和厚度必须达到一定要求，不能过小，宽度需要达到 200mm 以上，厚度需达到 50mm 以上，脚手板的质量不宜过大，需小于 30kg。

（2）木脚手板应当使用松木或者杉木制作而成，脚手板必须保存完好，不得出现木材开裂或者腐朽现象。

（3）不得有超过允许的缺陷和变形。

4）连墙件

连墙件用于将脚手架连接到主体结构上，以防止脚手架向内倾斜或者向外倾覆，以确保脚手架的安全性和稳定性。连墙件按连墙作用方式分为两类，一类是刚性连墙件，另一类是柔性连墙件。两者共同特点是都能够承受拉力或者压力的作用；两者的区别是，相比柔性连墙件，刚性连墙件还能够承受一定的抗弯和抗扭作用，对架体提供的"支座"约束作用更强，综合性能更优。

1.3.2　门式钢管脚手架

门式钢管脚手架是当前世界范围内使用最为广泛的脚手架形式之一。它具有几何尺寸标准化、结构形式合理、安装和拆卸容易、工作性能稳定可靠、经济实惠等特点。

1. 门式钢管脚手架的主要性能特点

1）由两个门架组成的构件单元是一种合理的结构形式，能够提供较大的刚度。

2）门式钢管脚手架的功能配件多，安装简单便捷。

3）整体性能好，承受作用力科学，防火性能好。

2. 构配件及构造

门式钢管脚手架是一种标准化钢管脚手架，它的基本单元是由门式框架、剪刀撑和脚手板组装构成的（图 1.3.2），然后将各个基本单元连接在一起并且增设梯子或者栏杆等结构部件从而组成整片的脚手架。

1）基本单元部件主要包括门架、剪刀撑和脚手板等。其中，门架是门式钢管脚手架的主要部件。门架之间的连接，在垂直方向上利用锁臂和连接棒，在架顶水平面利用水平

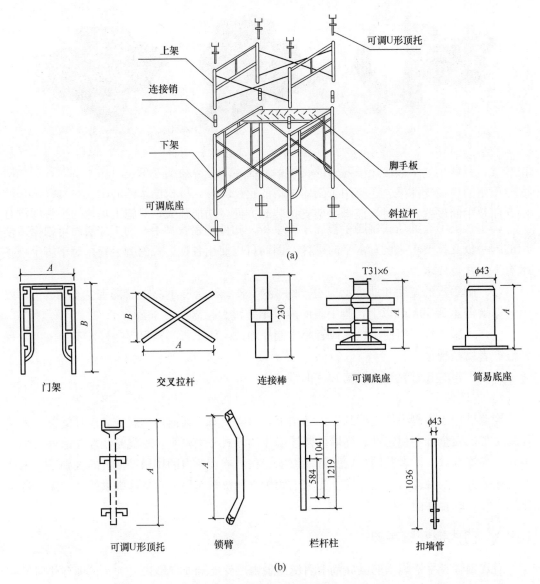

图 1.3.2 门式钢管脚手架的基本单元

（a）基本单元构造；（b）主要组成部件

梁架或者脚手板，在脚手架纵向利用交叉支撑。水平梁架用于连接门架顶部的水平框架，从而增加脚手架刚度；剪刀撑用于脚手架纵向连接两榀门架的交叉斜拉杆。

2）底座和托座，底座和托座具有可调和固定两种。托座的作用主要用于支模架，用来调节支撑高度，并传递顶部轴向力。

3）其他部件，脚手板采用定型脚手板时，在板的两端装有挂扣，用来搁置在门架的横向水平杆上并扣紧，在提供工人站立平台的同时还可以增加门架的刚度。

1.3.3 碗扣式钢管脚手架

碗扣式钢管脚手架所使用的是带有连接件的专用杆件和碗扣接头，承载力大，加工容易，接头构造合理，杆件便于搬运，拼装快速省力，组装简单，能够承受较大的作用力，安全稳固，适用能力强。因为其独具的上述优点，深受施工企业的喜爱，获得普遍的认可，在实际工程中应用广泛。

1. 碗扣式钢管脚手架的主要性能特点

1）多功能。碗扣式钢管脚手架可根据施工现场的需要，灵活的组成不同组架尺寸和不同施工载荷的双排脚手架、支撑架、物料提升架等施工构架，作为其独特的优势，还可搭设不同平面曲率的曲线架体。碗扣式钢管脚手架有长度为 0.3m 模数的水平杆，可组成截面较小的独立格构支撑柱，灵活地用于加强构造。立杆每隔 0.6m 或 0.5m 间距焊有碗扣节点，能满足大多数使用情况下的支撑顶部和底部调节高度要求，可用于搭设有水平向支撑作用的模板支撑架。还有用于架体框格的定型斜杆，可根据架体的刚度要求灵活在外侧立面及中间设置。同时，该脚手架支撑装卸方便，功能强大，对施工场地的平整度没有严格特殊的要求。

2）减轻了劳动强度。在立杆上每隔一定间距设置有一组碗式插座，组装时将水平杆两端的插头插入下碗，扣紧和旋转上碗，用限位销压紧上碗扣螺旋面即可，工人只需一把铁锤就能完成全部作业，避免了螺栓作业，减少了工人很大的工作量，降低了工作强度，接头拼拆工效高，拼接安全快速省力，有利于施工的快速进行，水平杆和立杆连接的全套动作只需 6s，安装速度比常规脚手架快 3～4 倍。

3）承载力大。立杆连接是轴心承插，水平杆同立杆靠碗扣接头连接，各杆件轴心线交于一点，碗扣节点的承载力很大，固结牢固。节点在框架平面内的接头具有可靠的抗弯、抗剪、抗扭力学性能。碗扣连接节点为支承传力方式，受力明确，并克服了架体搭设的随意性。

4）接头强度高，安全可靠。接头采用特有的碗扣式结构，经试验证明，这种结构形式具有很强的结构强度。接头设计时，考虑到上碗扣螺旋摩擦力和自重作用，使接头具有可靠的自锁能力。作用在水平杆上的荷载通过下碗扣传递给立杆，下碗扣具有很强的抗剪能力，上碗扣即使没被压紧，水平杆也不致脱离而造成事故，所以整个脚手架在搭设和使用过程中整体安全性好。

5）加工容易，便于运输。主构件用 $\phi 48.3 \times 3.5$ 的 Q235 或 Q345 焊接钢管，制造工艺简单，成本适中，可直接对现有扣件式钢管脚手架进行加工改造，不需要复杂的加工设备。该脚手架最长构件为 3130mm，最重构件 40.53kg，便于搬运和运输。

6）维修少。这种类型的支架由于碗扣与钢管焊接为一体，消除了螺栓连接，无零散构件，碗扣不容易被弄丢。构件轻便牢固，日常也不需要像扣件式脚手架一样需要特殊维护，运输起来也简捷方便，便于管理。

2. 构配件及构造

碗扣式钢管脚手架的核心部件是碗扣接头，它是由上碗扣、下碗扣、水平杆接头和上碗扣限位销所组合而成的。碗扣式接头可以在同一时间连接四根水平杆，水平杆之间的角度没有特定的要求，所以可以搭建的结构形式灵活多变，能够搭建各式各样的脚手架。

1）立杆：又称站杆，垂直于地面布置，所起的作用是：将脚手架上面所承受的全部荷载传给地基基础。

2）纵向水平杆：布置的方向与建筑物平行，所起作用是：同立杆连接成一个整体后，把脚手板或脚手板上面所承受的荷载全部传给了立杆。

3) 横向水平杆：布置的方向与建筑物垂直，它所起的作用是直接承受脚手板上所受到的荷载，并把这些荷载传递给纵向水平杆或立杆。在满堂支撑架体系中，水平杆的纵向和横向是相对的。

4) 斜杆：两端带有接头，用作脚手架斜撑杆的钢管构件，分为用于脚手架端部或外立面、两端带有旋转式连接板接头的专用外斜杆和用于脚手架内部、两端带有扣接头的内斜杆。斜杆对架体的侧向刚度和稳固性起加强作用。

5) 剪刀撑：又称十字盖。它是在脚手架外侧面进行布置，构成同墙表面相互平行的十字交叉形状的斜杆。它所起的作用是：将整个脚手架连接成一个大的整体，有助于增加脚手架的纵向刚度，增强整个脚手架的稳定性、安全性。

6) 连墙杆：又称连墙件。它是沿着与墙体相互垂直的方向进行布置，它所起的作用是：连接脚手架与建筑物之间的桥梁作用，预防架体向外倾斜的风险，同时增强脚手架在水平横向上的结构稳定性和承受水平荷载的能力。

1.3.4　插接式钢管脚手架

插接式钢管脚手架的连接方式不同于传统的扣件式、门式钢管脚手架，类似于碗扣式钢管脚手架，其将节点的连接件焊接于杆件上，最大限度的提高了施工工效。插接式钢管脚手架适应性强，除搭设一些常规脚手架外，还可搭设悬挑结构、跨空结构、整体移动、整体吊装架体等。并广泛应用于建筑结构及市政桥梁工程的脚手架及模板支撑系统、装修工程及钢结构安装工程施工、航空、船舶工业维修，还可作为临时看台、临时人行天桥、临时大屏幕等临时设施的支承结构。已应用的典型工程有：国家游泳中心钢结构安装工程及内外膜结构安装工程、首都机场 T3 航站楼装修工程、中国科技新馆钢结构安装工程、京承高速 15 标桥梁工程、北京 2008 年奥运会五棵松棒球场临时看台工程、济南自行车馆钢结构安装工程等。

1. 插接式钢管脚手架的主要性能特点

1) 节点的承载力由连接件的材料、焊缝的强度决定，并且由于锁销的倾角远小于锁销的摩擦角，受力状态下，锁销始终处于自锁状态。

2) 架体杆件主要承重构件采用低碳合金结构钢，结构承载力得到极大的提高。该类产品均热镀锌处理，构件不易发生锈蚀，使用寿命延长，也保证了结构承载力不会因为结构构件锈蚀而降低。

2. 构配件及构造

1) 基本组件为：立杆、水平杆、斜杆、底座等。

2) 功能组件为：顶托、承重水平杆、用于安装踏板的水平杆、踏板横梁、中部水平杆、水平杆上立杆。

3) 连接配件为：锁销、销子、螺栓。

4) 其特征是沿立杆杆壁的圆周方向均匀分布有四个 U 形插接耳组，水平杆端部焊接有横向的 C 形或 V 形卡，斜杆端部有销轴。

5) 连接方式：立杆与水平杆之间采用预先焊接于立杆上的 U 形插接耳组与焊接于水平杆端部的 C 形或 V 形卡以适当的形式相扣，再用楔形锁销穿插其间的连接形式（图

(a)

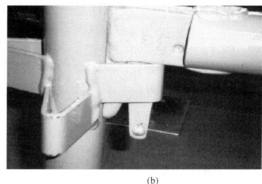
(b)

图 1.3.4　插接式脚手架节点

(a) U 形耳插座和插头；(b) V 形耳插座和插头

1.3.4）；立杆与斜杆之间采用斜杆端部的销轴与立杆上的 U 形卡侧面的插孔相连接（图 1.3.4a）；根据管径不同，上下立杆之间可采用内插或外套两种连接方式。

1.3.5　盘销式钢管脚手架

盘销式脚手架作为新型插扣式脚手架，具有装拆的便捷性，搭设效果的美观性，以及基本无损耗的经济性等特点。是一种以法兰盘、水平杆接头和插销为连接件，以优质钢管、钢板和铸件为主要构件的脚手架。盘销式脚手架为新型脚手架，它和碗扣式钢管脚手架有一定的相似性，它在碗扣式钢管脚手架的基础上，取消了上碗扣，直接使用插销与立杆上的连接盘固定，操作简便，安拆迅速，属于"简易式"的承插式脚手架。φ60 系列重型盘销式支撑架可广泛应用于公路、铁路的跨河桥、跨线桥、高架桥中的现浇盖梁及箱梁的施工，用作水平模板的承重支撑架；φ48 系列轻型盘销式脚手架适用于直接搭设各类房屋建筑的外墙脚手架，梁板模板支撑架，船舶维修、大坝、核电站施工用的脚手架，各类钢结构施工现场拼装的承重架，各类演出用的舞台架、灯光架、临时看台、临时过街天桥等。已应用的典型工程有：北京第七届花博会展馆工程、北京西六环高架桥、京承高速三期高架桥、北京 2008 奥运会火炬实验台、上海 F1 赛场看台。

1. 盘销式钢管脚手架的主要性能特点

1) 安全可靠。立杆上的圆盘与焊接在水平杆或斜拉杆上的插头锁紧，接头传力可靠；立杆与立杆的连接为同轴心承插；各杆件轴心交于一点。架体受力以轴心受压为主，由于有斜拉杆的连接，使得架体的每个单元近似于格构柱，因而承载力高，不易发生失稳。

2) 搭拆快、易管理。水平杆、斜拉杆与立杆连接，用一把铁锤敲击楔形销即可完成搭设与拆除，速度快，功效高。全部杆件系列化、标准化，便于仓储、运输和堆放。

3) 适应性强。除搭设一些常规架体外，由于有斜拉杆的连接，盘销式脚手架还可搭设悬挑结构、跨空结构、整体移动、整体吊装和拆卸的架体。

4) 节省材料、绿色环保。由于采用低合金结构钢为主要材料，在表面热浸镀锌处理后，与其他支撑体系相比，在同等荷载情况下，材料可以节省 1/3 左右，产品寿命可达15 年，节省相应的运输费、搭拆人工费、管理费、材料损耗等费用。

2. 构配件及构造

1) 盘销式钢管脚手架的立杆上每隔一定距离焊有圆盘，水平杆、斜拉杆两端焊有插头，通过敲击楔形插销将焊接在水平杆、斜拉杆的插头与焊接在立杆的圆盘锁紧（图 1.3.5）。

(a)　(b)

(c)　(d)

(e)　(f)

图 1.3.5　盘销式脚手架节点

（a）圆盘式盘销节点；（b）圆盘形插座；（c）多边形插座；（d）八角形插座；（e）圆角盘插座（一）；

（f）圆角盘插座（二）

2）盘销式钢管脚手架分为 φ60 系列重型支撑架和 φ48 系列轻型脚手架两大类。

（1）φ60 系列重型支撑架的立杆为 φ60×3.2 焊管制成（材质为 Q345、Q235）；立杆规格有：1m、2m、3m，每隔 0.5m 焊有一个圆盘；水平杆及斜拉杆均采用 φ48×3.5 焊管制成，两端焊有插头并配有锲形插销；搭设时每隔 1.5m 搭设一步水平杆。

（2） φ48 系列轻型脚手架的立杆为 φ48×3.5 焊管制成（材质为 Q345）；立杆规格有：1m、2m、3m，每隔 1.0m 焊有一个圆盘；水平杆及斜拉杆均为采用 φ48×3.5 焊管制成，两端焊有插头并配有楔形插销；搭设时每隔 2.0m 搭设一步水平杆。

3）盘销式钢管脚手架一般与可调底座、可调托座以及连墙撑等多种辅助件配套使用。

1.3.6 附着升降脚手架

附着升降脚手架是一种用于高层和超高层的外脚手架，它突破传统脚手架杂乱的外观形象，使施工项目整体形象更加简洁、规整，并能够更有效、更直观展现施工项目的安全文明形象（图 1.3.6）。它的分类包括自升降式、互升降式、整体升式三种类型。附着升降脚手架的基本原理是利用建筑物已浇筑混凝土的承载力，将脚手架和专门设计的升降机构分别固定在建筑结构上，当升降时解开脚手架同建筑物的约束而将其固定在升降机构上，通过升降动力设备实现脚手架的升降，升降到位后，再将脚手架固定在建筑物上，解除脚手架同升降机构的约束。如此循环逐层升降。附着升降脚手架适用于高层或超高层建筑的

图 1.3.6 附着升降脚手架

结构施工和装修作业，对于 16 层以上、结构平面外檐变化较小的高层或超高层建筑施工最适合推广应用附着升降脚手架，附着升降脚手架也适用桥梁高墩、特种结构高耸构筑物施工的外脚手架。已应用的典型工程有：北京银泰中心、天津君临大厦、上海中远两湾城、广州珠江新城等。

1. 附着升降脚手架的主要性能特点

1）脚手架不需要满搭，只搭设满足施工操作及安全各项要求的高度。

2）地面不需做支撑脚手架的坚实地基，也不占用施工场地。

3）脚手架及其承担的荷载传给与之相连的结构，对这部分结构的强度有一定要求。

4）随施工进程，脚手架可随之沿外墙升降，结构施工时由下往上逐层提升，装修施工时由上往下逐层下降。

5）采用全自动同步控制系统和遥控控制系统，可主动预防不安全状态，并采用多重设置的星轮防坠落装置防止复位装置失效等故障，能够确保防护架体始终处于安全状态，有效防坠。

6）采用微电脑荷载技术控制系统，能够实时显示升降状态，自动采集各提升机位的荷载值。当某一机位的荷载超过设计值的 15％时，以声光形式自行报警并显示报警机位；当超过 30％时，该组升降设备将自动停机，直至故障排除。有效避免了超载或失载过大而造成的安全隐患。

7）在建筑主体底部一次性组装完成，附着在建筑物上，整个作业过程不占用其他起重机械，大大提高施工效率，且现场环境更人性化，管理维护更轻松，文明作业效果更

突出。

2. 基本构造

1）附着升降脚手架主要由架体系统、附墙系统、爬升系统三部分组成。

2）架体系统由竖向主框架、水平承力桁架、钢管扣件构架等组成。

3）附墙系统由预埋螺栓、连墙装置、导向装置等组成。

4）爬升系统电控系统、爬升动力设备、附墙承力装置，架体承力装置等组成。

5）爬升动力设备可以采用电动葫芦、电动螺杆或液压千斤顶。

6）附着升降脚手架有可靠的防坠落装置，能够在提升动力失效时迅速锁定在导轨或其他附墙点上。

7）附着升降脚手架有可靠的防倾导向装置。

8）附着升降脚手架有可靠的荷载控制系统或同步控制系统，并采用无线控制技术。

1.3.7　电动桥式脚手架

图 1.3.7　电动桥式脚手架

电动桥式脚手架（附着式电动施工平台）是一种大型自升降式高空作业平台。它可替代脚手架及电动吊篮，用于建筑工程施工，特别适合装修作业。电动桥式脚手架仅需搭设一个平台，沿附着在建筑物上的三角立柱通过齿轮齿条传动方式实现升降，平台运行平稳，使用安全可靠，且可节省大量材料（图 1.3.7）。电动桥式脚手架主要用于各种建筑结构外立面装修作业，已建工程的外饰面翻新；结构施工中砌砖、石材和预制构件安装；玻璃幕墙施工、清洁、维护等。也适用桥梁高墩、特种结构高耸构筑物施工的外脚手架。已应用的典型工程有：北京奥运会游泳馆工程、合肥滨湖世纪城等。

1. 电动桥式脚手架的主要性能特点

1）电动桥式脚手架是一种靠齿轮、齿条传动的升降机械，有着非常可靠的电气和机械安全系数。

2）它可随建筑物的升高而自行升高，平台可根据需要加长或缩短。

3）施工作业平台的安装及移动很方便，移动时只需要拆除部分立柱和附墙，通过底部的轮子就可以很方便地更换施工作业地点。

2. 基本构造

1）电动桥式脚手架由驱动系统、附着立柱系统、作业平台系统三部分组成。

2）驱动系统由钢结构框架、电动机、防坠器、齿轮驱动组、导轮组、智能控制器等组成。

3）附着立柱系统由带齿条的立柱标准节、限位立柱节和附墙件等组成。

4）作业平台由三角格构式横梁节、脚手板、防护栏、加宽挑梁等组成。

5）在每根立柱的驱动器上安装两台驱动电机，负责电动施工平台上升、下降。

6）防坠限位开关：在每一个驱动单元上都安装了独立的防坠装置，当平台下降速度超过额定值时，能阻止施工平台继续下坠，同时启动防坠限位开关切断电源。

7）当平台沿两个立柱同时升降时，附着式电动施工平台配有智能水平同步控制系统，控制平台同步升降。

8）电动桥式脚手架还有最高自动限位、最低自动限位、超越应急限位等智能控制系统。

1.4　碗扣式钢管脚手架在我国的应用与研究

在我国施工现场应用诸多脚手架中，碗扣式钢管脚手架在工程施工中起到了至关重要的作用与影响，尤其是具备高性能的稳定性，实际操作简便的特点，一经引入我国，就受到了我国建筑领域的高度关注与青睐，并得到了十分广泛的应用。该产品结构科学合理，制作简单方便。它属于承插式钢管脚手架，由立杆、水平杆及斜杆通过带有独创性的碗扣接头组成架体，具有配件完善、安全性能好、稳定性高等优点，还能节省资源，降低施工成本。

碗扣式钢管脚手架在我国应用了 40 多年期间，其本身所表现出的承载力，实际上要远远超出相同等级下的钢管脚手架。与其他类型的脚手架相比较，其在施工中具有拼装速度快，作业人员培训简单，操作方法容易掌握，受搭设作业人员操作水平影响小等优势。因其采用模数化固定组合形式，使得便于现场管理，能够在确保工程质量、安全的同时缩短施工工期和降低施工成本，因此在建筑施工中应用取得了较好的效果。但从实际情况来看，人们实际上对于脚手架的应用还存在着一定的认识缺陷，这直接导致一些脚手架倒塌事故的出现，如何解决这方面的问题已经成为一个迫在眉睫的问题。因此，十分有必要针对碗扣式钢管脚手架在工程施工中的实际应用进行了全面详细的探讨，包括施工工艺、在施工中碰到的问题及理论研究现状。就我国目前碗扣式钢管脚手架施工技术来看，其中还存在很多的问题和不足，还需要相关工程技术人员进一步的加强与完善，形成相对成熟的碗扣式钢管脚手架施工技术体系，从而促进碗扣式钢管脚手架在工程施工中的可持续发展。

1.4.1　碗扣式钢管脚手架在施工中遇到的问题

1. 工艺质量难保证

工艺上，把国外原设计中采用锻钢的上碗和水平杆锁片改成铸钢，甚至有很多产品采用球铁或玛钢件，这就大大降低了节点的强度和转动刚度，彻底颠覆了原产品设计的整体思路。原设计的立杆钢管，均采用 Q345 以上的材质，壁厚也在 3.5mm 以上。而我国却使用 Q235 材质的钢管，大大降低了单肢立杆承载能力。实际应用中的产品，壁厚多为 3.0mm 甚至更薄，承载能力更为降低。再加上没有强制要求产品做热镀锌处理，由迅速锈蚀带来的后果，不是简单地缩短了产品的使用寿命，更大的隐患是产品的承载力变得不可预测，也无法保证杆件之间承载能力的一致性，使所有的脚手架结构设计计算失去了必要的产品工艺保证。

2. 产品体系不全

我国在引进碗扣式钢管脚手架系统的时候，由于缺乏国外详细的产品资料和完善的试验数据，取消了原设计中锁片式和扣件式斜杆，造成架体系统在应用时没有专用斜撑。大量的脚手架倒塌事故，均与缺乏斜杆而导致架体整体失稳有关。即使有些施工企业认识到了斜撑的重要性，由于系统缺乏规范的斜杆规格，造成施工单位在施工时随意地使用钢管和扣件，随意地架设斜杆，从而造成过程不可控，结构搭设随意性大，无法从系统结构上做量化设计计算。除专用斜杆之外，国外碗扣式钢管脚手架产品体系中的挑梁、提升滑轮、安全网支架、门洞托架、直角撑等在我国建筑施工现场也难觅身影，其产品体系的完整性受到破坏，降低了其施工操作便捷性。

3. 架体设计不精细

立杆碗扣节点间距离及水平杆长度（立杆间距）均按固定模数设置，但施工现场搭设并不能完全满足 0.3m 倍数的模数要求，在实际工程的碗扣式钢管脚手架搭设过程中，经常会遇到非模数的情况。这部分区域经常采用扣件式钢管脚手架与碗扣式钢管脚手架进行组合搭设。梁支模架按照模数采用碗扣架搭设，同样板支模架采用碗扣架搭设，其模板支架纵距模数与梁一致，针对横距不满足模数要求这一情况，在梁与板两个独立体系之间采用钢管扣件式连接方式，从而造成混搭现象，降低了支撑架搭设安全的要求。关于梁板结构尺寸非模数化的问题，完全可以通过水平杆长度为 0.3m 模数、立杆顶部可调托撑的调节行程得以解决，随着近几年碗扣式钢管脚手架新的产品体系的完善以及配套的构造措施的提出，使得复杂混凝土结构的模架设计更为方便。

4. 构造措施不配套

碗扣式钢管脚手架杆件的模数化大大限制了工程技术人员的思维。在立杆基础标高变化、立杆顶部自由外伸长度超过规范规定、脚手架内侧立杆距离建筑物距离过大、曲线布架、重荷载支模、专用斜杆碗扣占位、剪刀撑需变换设置方式、连墙件设置困难、架体设置门洞、边梁及悬挑构件支模、梁下模板托梁的搭边处理困难、桥梁翼缘板下支撑及周边操作平台不便搭设等情况下，现场工程师思维定式，过多依赖于钢管扣件进行细部处理，降低了碗扣架的通用性，甚至造成安全隐患。

1.4.2　碗扣式钢管脚手架理论研究现状

碗扣式钢管脚手架的研究和推广应用，提高了我国脚手架的技术水平，促进了建筑施工技术的发展，受到了广大用户的欢迎。但现阶段由于我国对脚手架承载力研究尚不深入，搭设过程不规范，施工管理缺失等原因，使得脚手架事故频繁发生，暴露了脚手架安全技术管理领域越来越多的问题。

表面上看脚手架倒塌是材质问题，出现问题的脚手架应该主要是架体构配件及原材料质量问题，于是掀起了对钢材和碗扣质量的检查和控制。但是过后事故依然发生，说明脚手架的安全问题并非只是材料质量问题，而要进一步追究其更多隐蔽的根源。目前对碗扣式钢管脚手架的研究成果难以同时满足力学概念明晰、计算方法简单和计算结果精确等要求，且很大部分研究成果缺乏系统性。脚手架倒塌事故的原因涉及人为因素和设计分析等多个方面，但经统计和可靠性分析可知，计算模型、分析方法与构造措施不合理是导致脚手架事故最重要的原因之一，要求我们必须认真、科学、严谨地研究脚手架的受力性能。

同样合格的产品，结构组合方式不同，所得到的结果却会有很大差异，错误的组合方法将带来极大的危险，这是解决脚手架安全使用的关键。脚手架不论其结构如何简易或其服役时间如何短暂，但终究是一个"建筑结构"，因而必须进行严格的设计计算。

虽然目前国内学者对扣件式钢管脚手架的研究成果较丰富，在一定程度上可为碗扣式钢管脚手架所借鉴，但是碗扣式钢管脚手架本身的整体稳定性结构试验、节点性能试验、结构构造等研究相对较少。结构试验最早由铁道部第三工程局科研所完成（1986 年），试验模型为简单的井字架结构。20 世纪 80 年代末有关单位实施了数量较少的碗扣式钢管双排脚手架试验。尽管进入新世纪以后少数机构实施过碗扣式钢管双排脚手架和满堂支撑架的真型荷载试验，但所模拟的架体搭设工况较为有限，试验样本缺口较大，尚不能较为全面地建立起各种架体搭设参数下的架体承载力规律。无论哪种类型的脚手架，其理论的不断完善都是建立在样本数量足够大的承载力试验结果之上的，为满足施工技术的发展，脚手架试验不可中断。

在碗扣式钢管脚手架的计算理论方面，有侧移框架理论、空间铰接理论、半刚性理论以及有限元理论等有关钢结构的各种计算理论都曾被尝试过。这些计算模型中，真正能上升到计算理论体系层次的只有基于空间几何不变体系的铰接理论，这也是行业标准《建筑施工碗扣式钢管脚手架安全技术规范》JGJ 166—2008 所依据的计算和构造理论。近几年工程应用中发现铰接理论的一些弊端，在新的脚手架整架真型承载力试验的基础上，结合有限元分析，新修订的行业标准《建筑施工碗扣式钢管脚手架安全技术规范》JGJ 166—2016 提出了一种新的基于试验承载力的包络线承载力计算方法，并给出了与之配套的新的构造措施。

本 章 参 考 文 献

[1] 糜嘉平 . 国内外模板脚手架研究与应用[M]. 北京：中国建材工业出版社：2014

第 2 章　构配件及质量标准

2.1　碗扣式钢管脚手架产品演变

碗扣式钢管脚手架是英国 SGB 公司于 1976 年首先研制成功的一种新型建筑施工用脚手架,该产品一经推出,因为其许多优点,在世界各国迅速得到推广应用。经过国内外 40 年的工程应用和不断的产品改进,其产品体系不断完善和丰富,适用范围不断得到扩充。随着其计算理论和构造规定日趋成熟,碗扣式钢管脚手架已在建筑施工作业脚手架和支撑体系应用方面发挥越来越重要的作用。

回顾我国脚手架的应用历程,20 世纪 60 年代,在当时国家"以木代钢"的技术背景下,为解决工程建设中木材资源供应不足的问题,扣件式钢管脚手架开始从国外引入国内,当时其主要应用范围是作业脚手架。到了 20 世纪 70 年代,改革开放带来了新的建设高潮,脚手架技术也得到了突飞猛进的发展,门式钢管脚手架和碗扣式钢管脚手架开始引入我国工程建设领域。

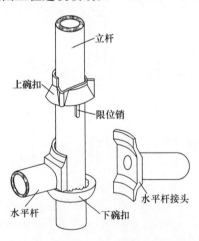

图 2.1-1　带齿碗扣

1986 年我国铁道部专业设计院在学习英国 SGB 公司碗形脚手架的基础上,结合我国情况,试制了"碗扣型脚手架",并编制了铁道部的行业标准《WDJ 碗扣型多功能脚手架构件》TB/T 2292—91。当时产品主要特点是在下碗扣内表面增加了齿牙设计,以增强碗扣接头的自锁能力,行业标准《建筑施工碗扣式钢管脚手架安全技术规范》JGJ 166—2008 的产品示意图中,下碗扣内侧依然带了齿牙(图 2.1-1)。

冶金部建筑研究总院与无锡市建筑脚手架厂于 1986 年联合试制了"碗形承插式脚手架",在吸收了国内外脚手架经验的基础上,对脚手架的某些方面进行了改革。碗形脚手架的关键部位是碗接头,现在通用的碗扣式脚手架是在下碗扣和插头上都取消了齿牙,并且都采用钢板冷冲压成型,使加工工艺有所简化。下碗扣和插头上带齿牙虽对增强接头的自锁能力、约束水平杆左右移动和转动具有很好的作用,但是在实际应用中各碗扣接头都不是单独存在的,而是相互连接成空间杆系,各节点通过杆件相互制约来约束水平杆的左右移动和转动。所以在下碗和插头上带齿牙没有必要,从而形成了现在的定型产品(图 2.1-2)。

1987 年北京星河机器人公司购买了铁道部专业设计院的碗扣式钢管脚手架的专利。

为了将专利商业化，北京星河机器人公司与北京住总集团合作，将碗扣式钢管脚手架发展为定型专业产品，并在北京亚运会工程开始了工程试点和大规模推广应用。期间，碗扣式钢管脚手架的计算理论有所发展，搭设高度不断得到突破，还成功将其用途从施工外脚手架扩展到模板支撑体系。

英国 SGB 在发明碗扣式钢管脚手架之初，就针对立杆采用了 GRADE43 和 GRADE50 两种强度

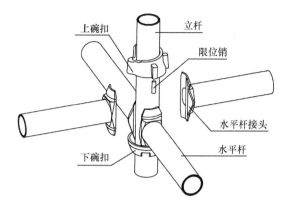

图 2.1-2　不带齿碗扣

等级的钢管，其强度等级大致相当于我国的 Q235 级钢和 Q345 级钢，日本采用 STK51 钢材，其材质也大致相当于我国的 Q345 级钢，采用两种不同钢号的脚手架分别采取不同的立杆碗扣节点模数。目前，高强度低合金钢用于脚手架钢管已经较为普遍，考虑到使用 Q345 材质可以提高架体的承载能力，减少材料的浪费，且低合金钢的抗锈蚀能力较强，能够减缓材料锈蚀速度，增长材料的使用寿命，我国部分脚手架制造企业开始借鉴国外脚手架产品经验试制高强材质脚手架。当初高强碗扣式钢管脚手架主要用于产品出口，近些年，国内越来越多的建筑与市政工程项目开始使用高强度碗扣式钢管脚手架。

为便于区分产品体系，采用 Q235 级钢管立杆的碗扣式钢管脚手架称之为 WDJ 碗扣式钢管脚手架（国内品牌的简称）；采用 Q345 级高强钢管立杆的碗扣式钢管脚手架称之为 CUPLOK 碗扣式钢管脚手架（国外品牌的代号）。

2.2　构配件规格及用途

2.2.1　碗扣式钢管脚手架产品体系

从 1976 年英国 SGB 公司发明碗扣式钢管脚手架至今，其构配件体系在世界各地不断创新发展，构配件型号及专用配件不断丰富，很难逐一列举完碗扣式钢管脚手架的所有构配件型号。比如，日本引进碗扣式钢管脚手架后，在水平杆两端各焊接了 4 块节点板，在钢管上开圆孔设置交叉斜杆（图 2.2.1-1），增强架体的整体稳定性，从而形成了一套独立的构造体系和计算模型。20 世纪 90 年代，我国有研究机构开发了一种下碗扣小而浅的比尔特（BILD）碗扣自锁多功能脚手架（图 2.2.1-2）。但不论该产品体系如何发展，其基本构配件设计和组架原理都是一致的，即采用设置于立杆上的上碗扣、下碗扣、限位销和水平杆接头等组成盖固式连接节点，配合专用斜杆等配件组成框架形承载力架体。根据铁道部行业标准《WDJ 碗扣型多功能脚手架构件》TB/T 2292—91 的规定，并结合国外 CUPLOK 碗扣式钢管脚手架的产品体系，碗扣式多功能脚手架的主要构配件，按其用途可分为主要构件、辅助构件和专用构件三类。碗扣式钢管脚手架构配件体系见表2.2.1。

表中所列构配件为常用的杆件和相关配件，实际使用中，每一类杆件还有其他型号的构件，其构造原理是相同的。

碗扣式钢管脚手架主要构配件规格尺寸　　　　　　表 2.2.1

类别	名称		型号	规格（mm）	用途
主构件	立杆	TB/T 2292 产品体系	LG-A-180	$\phi48.3\times3.5\times1800$，Q235	构架竖向承力杆
			LG-A-300	$\phi48.3\times3.5\times3000$，Q235	
		WDJ 产品体系 GB 24911 产品体系	LG-A-120	$\phi48.3\times3.5\times1200$，Q235	
			LG-A-180	$\phi48.3\times3.5\times1800$，Q235	
			LG-A-240	$\phi48.3\times3.5\times2400$，Q235	
			LG-A-300	$\phi48.3\times3.5\times3000$，Q235	
		CUPLOK 产品体系	LG-B-100	$\phi48.3\times3.5\times1000$，Q345	
			LG-B-150	$\phi48.3\times3.5\times1000$，Q345	
			LG-B-200	$\phi48.3\times3.5\times1000$，Q345	
			LG-B-250	$\phi48.3\times3.5\times1000$，Q345	
			LG-B-300	$\phi48.3\times3.5\times1000$，Q345	
	顶杆	TB/T 2292 产品体系	DG-A-90	$\phi48.3\times3.5\times900$，Q235	支撑架（柱）顶端竖向承力杆
			DG-A-150	$\phi48.3\times3.5\times1500$，Q235	
			DG-A-210	$\phi48.3\times3.5\times2100$，Q235	
		WDJ 产品体系 GB 24911 产品体系	DG-A-90	$\phi48.3\times3.5\times900$，Q235	
			DG-A-120	$\phi48.3\times3.5\times1200$，Q235	
			DG-A-150	$\phi48.3\times3.5\times1500$，Q235	
			DG-A-180	$\phi48.3\times3.5\times1800$，Q235	
			DG-A-240	$\phi48.3\times3.5\times2400$，Q235	
			DG-A-300	$\phi48.3\times3.5\times3000$，Q235	
		CUPLOK 产品体系	DG-B-80	$\phi48.3\times3.5\times800$，Q345	
			DG-B-130	$\phi48.3\times3.5\times130$，Q345	
			DG-B-180	$\phi48.3\times3.5\times180$，Q345	
			DG-B-230	$\phi48.3\times3.5\times230$，Q345	
			DG-B-280	$\phi48.3\times3.5\times280$，Q345	
	水平杆		SPG-30	$\phi48.3\times3.5\times300$	立杆水平向连接杆，框架水平承力杆
			SPG-60	$\phi48.3\times3.5\times600$	
			SPG-90	$\phi48.3\times3.5\times900$	
			SPG-120	$\phi48.3\times3.5\times1200$	
			SPG-150	$\phi48.3\times3.5\times1500$	
			SPG-180	$\phi48.3\times3.5\times1800$	
			SPG-240	$\phi48.3\times3.5\times2400$	

类别	名称			型号	规格（mm）	用途
主构件	单水平杆			DSPG-140	$\phi48.3\times3.5\times1400$	单排脚手架横向水平杆
				DSPG-180	$\phi48.3\times3.5\times1800$	
	专用外斜杆	TB/T 2292 产品体系		WXG-170	$\phi48.3\times2.2\times1697$	1.2m×1.2m框架斜撑
				WXG-216	$\phi48.3\times2.2\times2163$	1.2m×1.8m框架斜撑
				WXG-234	$\phi48.3\times2.2\times2343$	1.5m×1.8m框架斜撑
				WXG-255	$\phi48.3\times2.2\times2546$	1.8m×1.8m框架斜撑
				WXG-300	$\phi48.3\times2.2\times3000$	1.8m×2.4m框架斜撑
		GB 24911 产品体系		WXG-0912	$\phi48.3\times3.5\times1500$	0.9m×1.2m框架斜撑
				WXG-1212	$\phi48.3\times3.5\times1700$	1.2m×1.2m框架斜撑
				WXG-1218	$\phi48.3\times3.5\times2160$	1.2m×1.8m框架斜撑
				WXG-1518	$\phi48.3\times3.5\times2340$	1.5m×1.8m框架斜撑
				WXG-1818	$\phi48.3\times3.5\times2550$	1.8m×1.8m框架斜撑
	立杆底座	立杆底座		LDZ	150×150×180	立杆底部固定垫座
		立杆可调座		KTZ-45	450（可调范围≤300）	立杆底部可调节高度支座
				KTZ-60	600（可调范围≤450）	
				KTZ-75	750（可调范围≤600）	
		粗细调座		CXZ-60	0～600	立杆底部有粗细调可调高度支座
辅助构件	作业面辅助构件	间水平杆		JSPG-120	$\phi48.3\times3.5\times1200$ 无悬挑端	水平框架之间连在两水平杆间的水平杆
				JSPG-120＋30	$\phi48.3\times3.5\times$（1200-300）用于窄挑梁	水平框架之间连在两水平杆间的水平杆，有0.3m挑梁
				JSPG-120＋60	$\phi48.3\times3.5$（1200-600）用于宽挑梁	水平框架之间连在两水平杆间的水平杆，有0.6m挑梁
		脚手板		JB-120	1200×270	用于施工作业层面的台板
				JB-150	1500×270	
				JB-180	1800×270	
				JB-240	2400×270	
		斜道板		XB-190	1897×540	用于搭设栈桥或斜道的铺板
		挡板		DB-120	1200×220	施工作业层防护板
				DB-150	1600×220	
				DB-180	1800×220	
		挑梁	窄挑梁	TL-30	$\phi48.3\times3.5\times300$	用于扩大作业面的挑梁
			宽挑梁	TL-60	$\phi48.3\times3.5\times600$	
		架梯		JT-255	2546×540	人员上、下梯子

类别		名称		型号	规格（mm）	用途
辅助构件	用于连接的构件	立杆连接销		LLX	$\phi 10$	立杆之间连接锁定用销
		直角撑		ZJC	125	两相交叉的脚手架之间的连接件
		连墙撑	碗扣式	WLC	415～625	脚手架同建筑物之间连接件
			扣件式	KLC	415～625	
		高层卸荷拉结杆		GLG		高层脚手架卸荷用杆件
	其他用途辅助构件	立杆托撑	立杆托撑	LTC	200×150×5	支撑架顶部托梁座
			立杆可调托撑	KTC-45	450（可调范围≤300）	支撑架顶部可调托梁座
				KTC-60	600（可调范围≤450）	
				KTC-75	750（可调范围≤600）	
		横托撑	横托撑	HTC	400	支撑架横向支托撑
			可调横托撑	KHC-30	400～700	支撑架横向可调支托撑
		安全网支架		AWJ		悬挂安全网支撑架
专用构件		支撑柱专用构件	支撑柱垫座	ZDZ	300×300	支撑柱底部垫座
			支撑柱转角座	ZZZ	转角范围 0°～10°	支撑柱斜向支撑垫座
			支撑柱可调座	ZKZ-30	可调范围 0～300	支撑柱可调高度支座
		提升滑轮		THL		插入宽挑梁提升小件物料
		悬挑梁		TYL-140	$\phi 48.3 \times 3.5 \times 1400$	用于搭设悬挑脚手架
		爬升挑梁		PTL-90＋65	$\phi 48.3 \times 3.5 \times 1500$	用于搭设爬升脚手架

图 2.2.1-1　日本交叉斜杆式碗扣钢管
脚手架组架图

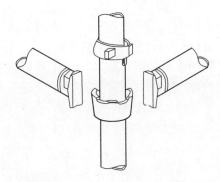

图 2.2.1-2　比尔特碗扣架体节点

以 CUPLOK 碗扣式钢管满堂支撑架的典型立杆为例，碗扣式钢管脚手架的构配件整体组成如图 2.2.1-3 所示，以下将详述每种构配件的几何构造及使用功能。

2.2.2 构配件构造及功能

1. 主构件

主构件是用以构成脚手架主体框架的杆部件，各构件的构造和功能如下。

1）立杆

立杆是脚手架的主要受力杆件，承担垂直方向的力，由一定长度的 $\phi 48.3 \times 3.5 \text{mm}$ 钢管上每隔 0.6m（Q235 级 WDJ 碗扣式钢管脚手架）或 0.5m（Q345 级 CUPLOK 碗扣式钢管脚手架）安装一套碗扣接头组成，并在其顶端焊接或销接立杆连接套管，也称之为基杆。

2）顶杆

顶杆即顶部的立杆，其顶端设有立杆连接管，便于在顶端插入固定托撑或可调托撑等，与立杆配合可构成任意高度的支撑架，主要用于支撑架、支撑柱、物料提升架等。WDJ 立杆的几何构造如图 2.2.2-1 所示，顶杆下部带有接长外插套管，而立杆下部无接长套管。CUPLOK 立杆的几何构造如图 2.2.2-2 所示，立杆上部带有接长内插套管（图 2.2.2-2a），而顶杆上部无接长套管（图 2.2.2-2b）。

3）水平杆

组成框架的水平向连接杆件，由一定长度的 Q235 级钢管两端焊接插片式连接板接头制成，有 2.40m（SPG-240）、1.80m（SPG-180）、1.50m（SPG-150）、1.20m（SPG-120）、0.90m（SPG-190）、0.60m（SPG-60）、0.30m（SPG-30）7 种规格。WDJ 水平杆的几何构造如图 2.2.2-3 所示，图中 L 为水平杆组装后两侧立杆的轴线间距（立杆间距）。SGB 公司的碗扣式钢管脚手架产品目录中，用于双排脚手架的水平杆主要有 2.5m、1.8m、1.3m 三种型号。

4）单排水平杆

主要用作单排脚手架的横向水平杆，在 Q235 钢管一端焊接插片式连接板接头（图 2.2.2-4），有 1.80m（DSPG-180）、1.40m（DSPG-140）长两种规格。随着建筑施工安全管理要求的提高，单排脚手架已较少采用。

5）斜杆

铁道部 WDJ 脚手架产品体系中的"斜杆"主要指用于双排外脚手架外立面的斜撑杆件（为了增强脚手架稳定性而设计的系列杆件）。碗扣式钢管脚手架斜杆根据用途和使用部位分为下列种类：

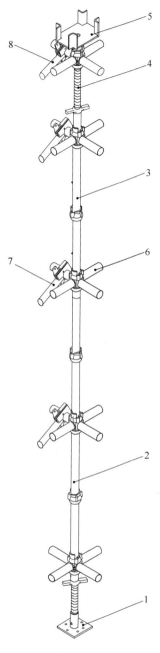

图 2.2.1-3 CUPLOK 碗扣架构配件组架图

1—可调底座；2—带接长管的立杆；3—不带接长管的顶杆；4—可调螺杆；5—带碗扣托撑；6—水平杆；7—专用斜撑杆；8—可调斜撑杆

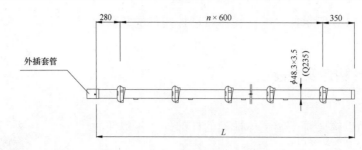

图 2.2.2-1　WDJ 脚手架立杆构造

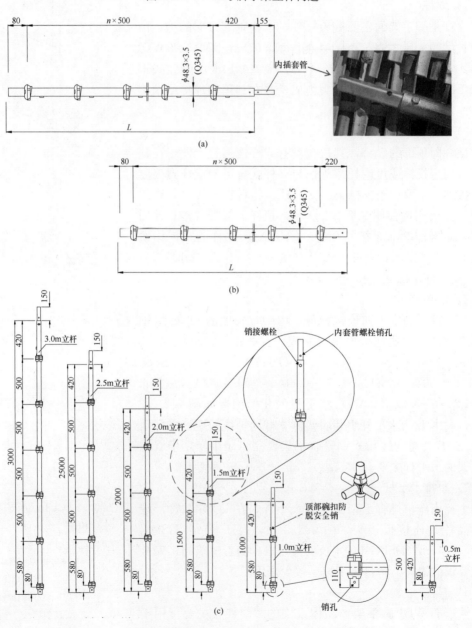

图 2.2.2-2　CUPLOK 脚手架立杆构造（一）

（a）CUPLOK 立杆构造；（b）CUPLOK 顶杆构造；（c）CUPLOK 立杆常用型号（上部有内套管）

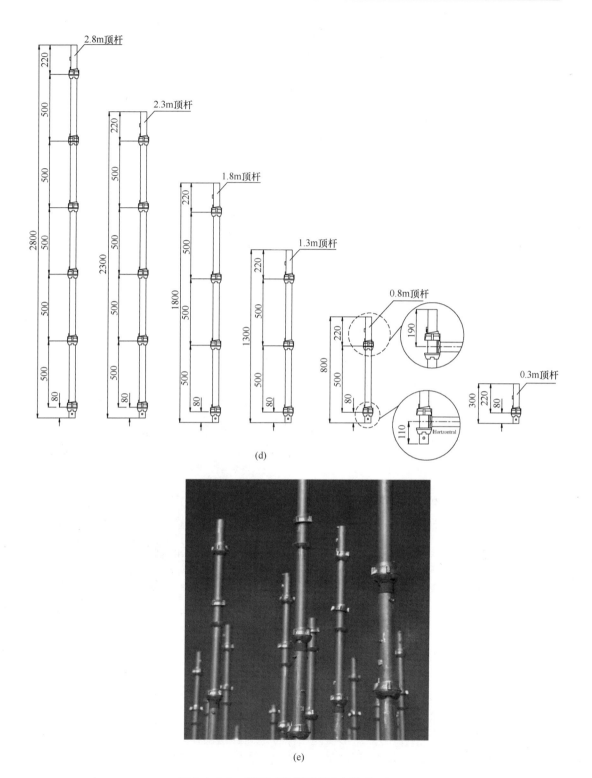

(d)

(e)

图 2.2.2-2　CUPLOK 脚手架立杆构造（二）

（d）CUPLOK 顶杆常用型号（上部无内套管）；（e）CUPLOK 立杆工程应用

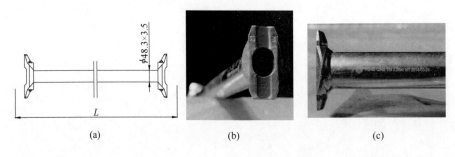

图 2.2.2-3　WDJ 脚手架水平杆构造

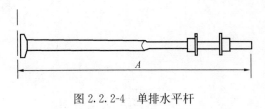

图 2.2.2-4　单排水平杆

（1）双排脚手架专用外斜杆

专用外斜杆是在 Q235 钢管两端铆接斜杆连接板接头制成，斜杆接头可转动，同水平杆接头一样可装在下碗扣内。根据组架工况的不同有多种规格，分别适用于 1.20m×1.20m、1.20m×1.80m、1.50m×1.80m、1.80m×1.80m、1.80m×2.40m 等多种竖向框架平面。专用外斜杆的几何构造及工程应用如图 2.2.2-5 所示，图中 X、Y 和 L 分别为立杆间距、水平杆步距和斜杆的长度。

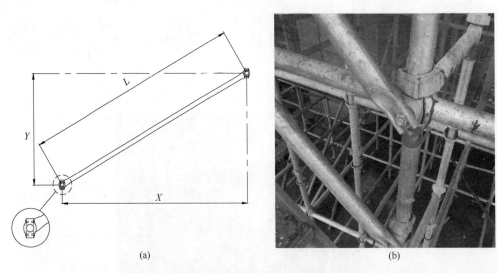

（a）

（b）

图 2.2.2-5　双排脚手架专用外斜杆构造
（a）几何尺寸；（b）工程应用

（2）双排脚手架廊道内斜杆

廊道是指双排脚手架两排立杆间人员行走和运送施工材料的通道。脚手架内外排立杆的同一节间应设置自底至顶的之字形横向斜撑称之为廊道斜杆，廊道斜杆在钢管两端设置旋转半扣件（扣件以敲击楔紧方式紧固）的方式制作，其几何构造及组架方式如图 2.2.2-6 所示。

（3）支撑架内斜杆

支撑架内斜杆有多种构造方式，可采用如图 2.2.2-7 所示的在钢管两端设置固定半扣

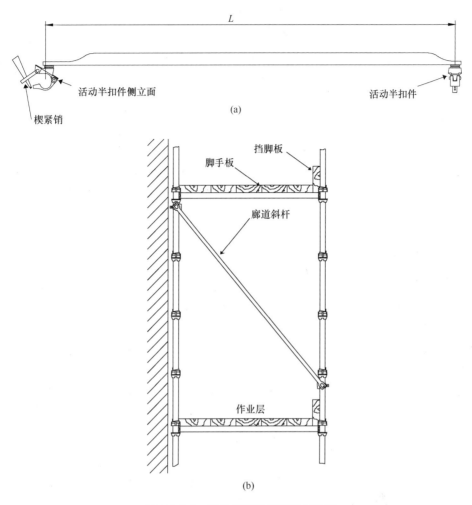

图 2.2.2-6 双排脚手架廊道斜杆构造

（a）廊道斜杆几何构造；（b）廊道斜杆组架应用

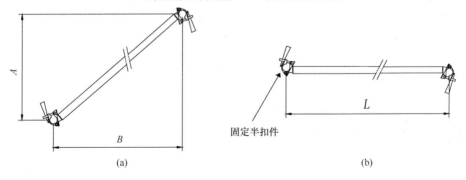

图 2.2.2-7 扣件式内斜杆几何构造

（a）组架尺寸；（b）斜杆几何组成

件（扣件以敲击楔紧方式紧固）的方式制作，图中 A、B 和 L 分别为水平杆步距、立杆间距和内斜杆的长度。也可采用卡扣式接头：如图 2.2.2-8（a）所示的在钢管两端设置钩式锁头的方式制作内斜杆，或如图 2.2.2-8（b）所示的在钢管两端设置楔紧挂扣式接头的

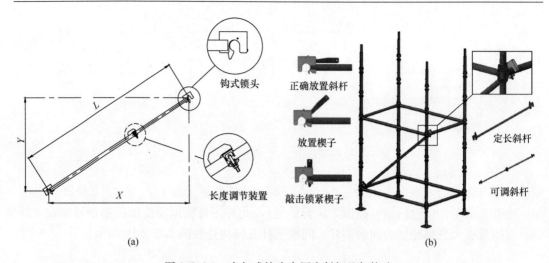

图 2.2.2-8　卡扣式接头专用内斜杆几何构造

（a）钩式锁头可调斜撑杆几何构造；（b）楔紧挂扣式接头斜撑杆几何构造、组架方式及安装示意图

方式制作。支撑架内斜杆一般需设置在水平杆上，距离碗扣主节点的距离不应超过100mm，为实现斜杆的多功能使用目的，可在杆件设置可调节长度装置，满足不同的架体框格对角线长度。

6）底座

安装在立杆根部，防止其下沉，并将上部荷载分散传递给地基基础的构件，最初WDJ脚手架底座有以下三种形式（图 2.2.2-9）。

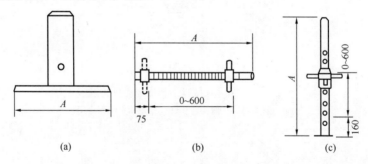

图 2.2.2-9　底座构造

（a）立杆垫座；（b）立杆可调座；（c）立杆粗细调座

（1）垫座

常用的固定垫座只有一种规格（LDZ），由 150mm×150mm×8mm 钢板，中心焊接连接杆制成，立杆可直接插在上面，长度不可调。

（2）立杆可调座

立杆可调座由 150mm×150mm×8mm 钢板，中心焊接螺杆并配手柄螺母制成，常用的有 0.45m（KTZ-45）、0.60m（KTZ-60）、0.75m（KTZ-75）3 种规格，可调范围分别为 0.30m、0.45m 和 0.60m。

（3）立杆粗细调座

基本上同立杆可调座，只是可调方式不同，由 50mm×150mm×8mm 钢板、立杆管、螺管、手柄螺母等制成。有 0.6m（CXZ-60）一种规格。

2. 辅助构件

辅助构件系用于作业面及附壁拉结等杆部件，按其用途又可分成3类。

1）用于作业面的辅助构件

（1）间水平杆

间水平杆是为满足纵向铺设普通钢脚手板和木脚手板的需要而设计的构件，由Q235钢管两端焊接"∩"形钢板制成，可搭设于主架水平杆之间的任意部位，用以减小支撑间距和支撑挑头脚手板（相当于扣件式脚手架中的小水平杆）。常用规格有1.2m（JSPG-120）不带悬挑端的间水平杆、带300mm长悬挑端的1.2＋0.3m（JSPG-120＋30）挑梁间水平杆（悬挑端可铺设1块脚手板）、带600mm长悬挑端的1.2＋0.6m（JSPG-120＋60）挑梁间水平杆（悬挑端可铺设2块脚手板），此外还可根据需要加工制作可铺设3块脚手板的带更大悬挑跨度的间水平杆。间水平杆几何构造如图2.2.2-10所示。

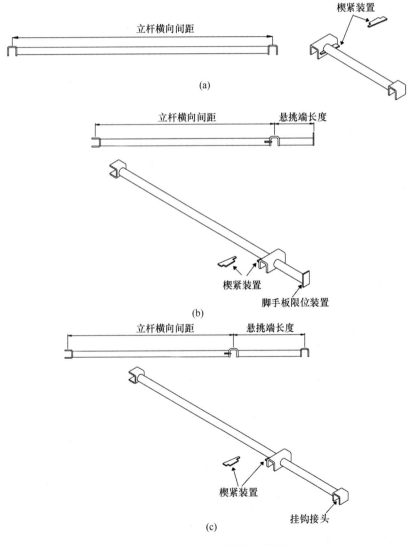

图 2.2.2-10　间水平杆几何构造

（a）无悬挑端的间水平杆；（b）带悬挑端的间水平杆；（c）带挂钩接头的悬臂间水平杆

（2）脚手板

脚手板系用作施工通道和作业层等的台板。为碗扣式钢管脚手架配套设计的脚手板由 2mm 厚钢板制成，宽度为 270mm，其面板上冲有防滑孔，两端焊有挂钩，可牢靠地挂在水平杆上，不会滑动，使用安全可靠。有 1.20m（JB-120）、1.50m（JB-150），1.80m（JB-180）、2.4m（JB-240）长 4 种规格。

（3）斜道板

用于搭设车辆及行人栈道，有一种规格（XB-190），坡度为 1∶3，由 2mm 厚钢板制成，宽度为 540mm，长度为 1897m，上面焊有防滑条。

（4）挡脚板

挡脚板是为保证作业安全而设计的构件，在作业层外侧边缘连于相邻两立杆间，以防止作业人员踏出脚手架。用 2mm 厚钢板制成。有 1.2m（DB-120）、1.5m（DB-150）、1.80m（DB-180）长 3 种规格，分别适用于立杆间距 1.20m、1.50m 和 1.80m。

（5）挑梁

挑梁是专用于脚手架主节点处，为扩展作业平台而设计的构件，有窄挑梁（TL-30）和宽挑梁（TL-60）两种规格。窄挑梁由一端焊有水平杆接头的钢管制成，悬挑宽度为 0.30m（可铺设 1 块脚手板），可在需要位置与碗扣接头连接。宽挑梁由水平杆、斜杆、竖向杆组成，悬挑宽度为 0.60m（可铺设 2 块脚手板），此外还可根据需要加工制作可铺设 3 块脚手板的具有更大悬挑宽度的挑梁。挑梁也是用碗扣接头同脚手架连成一整体，其外侧竖向杆上可再接立杆，也可插入下端带有内插套管的碗扣式专用栏杆立柱形成防护栏杆。窄挑梁、宽挑梁、专用栏杆立柱的几何构造如图 2.2.2-11 所示。把窄挑梁连续设置在同一立杆内侧每个碗扣接头内，可组成梯档间距为 0.6m 的爬梯（图 2.2.2-11d），设置挑梁爬梯时，在立杆左右两跨内要设置防护栏杆和安全网等安全设施，确保人员上下安全。

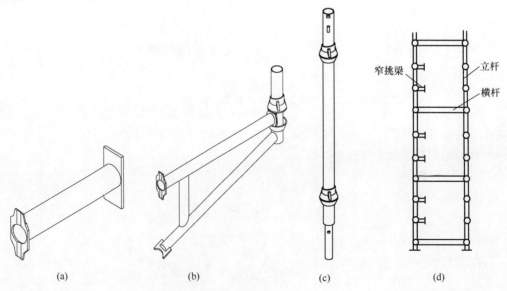

（a）　　　　　　　（b）　　　　　　　（c）　　　　　　　（d）

图 2.2.2-11　挑梁几何构造
（a）窄挑梁；（b）宽挑梁；（c）栏杆立柱；（d）窄挑梁爬梯

宽挑梁的悬挑端碗扣接头可设置纵向水平杆，间水平杆的挂钩接头（图 2.2.2-10c）可挂接在该水平杆上。

窄挑梁扩展操作平台搭设如图 2.2.2-12 所示，宽挑梁扩展操作平台搭设如图 2.2.2-13 所示。

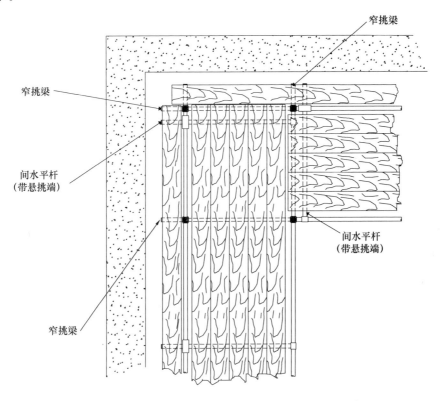

图 2.2.2-12 窄挑梁扩展操作平台搭设

相同的产品设计思路也可用于支撑架，图 2.2.2-14 系用于边梁或悬挑混凝土构件支模用的专用三角挑梁支架和专用梁托架的构造。

（6）架梯

用于作业人员上下脚手架通道，由钢踏步板焊在槽钢上制成，两端有挂钩，可牢固地挂在水平杆上（图 2.2.2-15）。对于普通 1200mm 廊道宽的脚手架刚好装两组，可成折线上升，并可用斜杆、水平杆作栏杆扶手，使用安全。

2）用于连接的辅助构件

（1）立杆连接销

立杆连接销是立杆之间连接的销定构件，为弹簧钢销扣结构，由 ϕ10mm 的钢筋制成，有一种规格（LLX），其几何构造如图 2.2.2-16 所示。

（2）直角撑

为连接两直角交叉的脚手架而设计的构件，由 Q235 钢管一端焊接水平杆接头，另一端焊接"∩"形卡制成，有一种规格（ZJC），其几何构造及组架方式如图 2.2.2-17 所示。

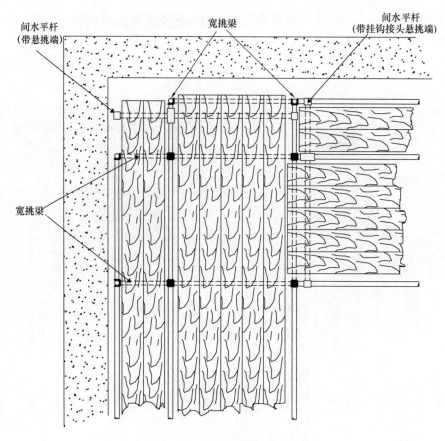

图 2.2.2-13　宽挑梁扩展操作平台搭设

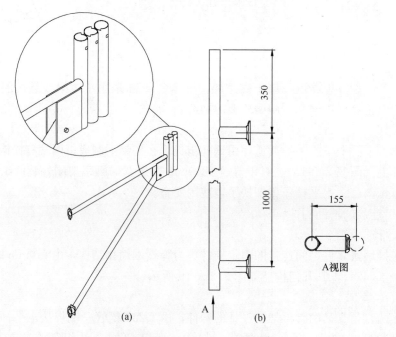

图 2.2.2-14　支模架挑梁几何构造

(a) 专用三角挑梁支架；(b) 专用梁托架

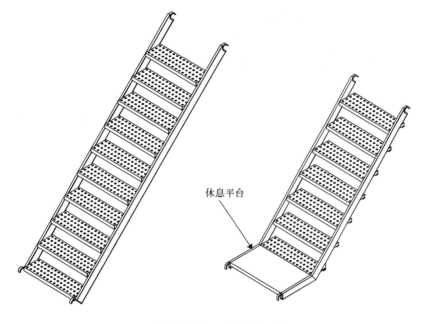

图 2.2.2-15 梯架几何构造

图 2.2.2-16 立杆连接销几何构造

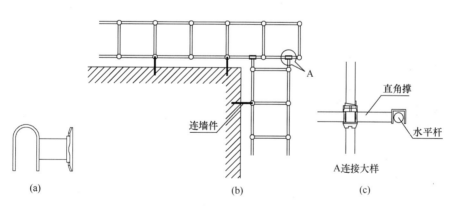

图 2.2.2-17 直角撑几何构造及正交组架方式
（a）直角撑几何构造；（b）直角撑正交组架；（c）直角撑固定方式

（3）连墙撑

连墙撑是使脚手架与建筑物的墙体或柱子结构等构件牢固连接，加强脚手架抵御风荷载及其他水平荷载的能力，防止脚手架倒塌且增强稳定承载力的构件。为便于施工，分别设计了碗扣式连墙撑和扣件式连墙撑两种形式。其中碗扣式连墙撑可直接用碗扣接头同脚手架连在一起，受力性能好，碗扣式连墙撑有两种规格（WLC），分为用于混凝土墙柱的连墙撑以及用于砌体墙的连墙撑（图 2.2.2-18）；扣件式连墙撑是用钢管和扣件同脚手架相连，位置可随意设置，不受碗扣接头位置的限制，使用方便。

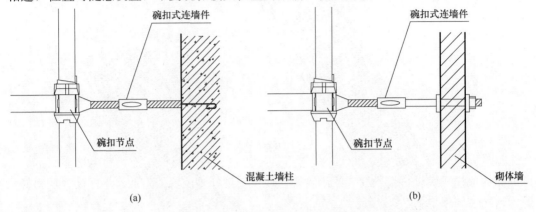

(a)　　　　　　　　　　　　　　　　　(b)

图 2.2.2-18　碗扣式连墙撑几何构造及连接方式
（a）混凝土结构用连墙撑；（b）砌体墙用连墙撑

（4）高层拉结杆

高层拉结杆（GLG）是高层脚手架卸荷专用构件，由预埋件、拉杆、索具螺旋扣、管卡等组成（图 2.2.2-19），其一端用预埋件固定在建筑物上，另一端用管卡同脚手架立杆连接，通过调节中间的索具螺旋扣，把脚手架吊在建筑物上，达到卸荷目的。

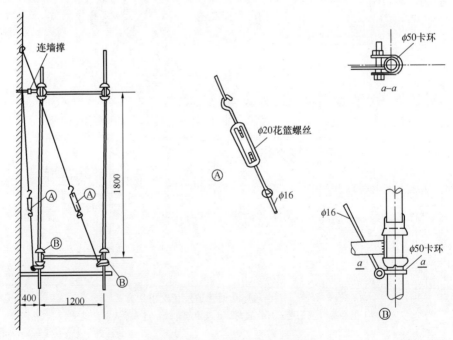

图 2.2.2-19　高层拉结杆构造

3）其他用途辅助构件

（1）立杆托撑

立杆托撑插入顶杆上端，用作支撑架顶托，以支撑横梁等支承体系。由"U"形钢板焊接连接管制成，有一种规格（LTC），长度不可调。

（2）立杆可调托撑

其作用同立杆托撑，只是长度可调，常用的有长度为 0.45m（KTC-45，可调节行程
≤300mm）、0.6m（KTC-60，可调节行程≤450mm）、0.75m（KTC-75，可调节行程≤
600mm）3 种规格。底座和托撑的核心传力构件均为带丝螺纹的螺杆，通过可调螺母控制
螺杆伸出立杆钢管的长度，从而实现立杆顶部或底部的高度可调。为提高其通用性，可采
取相同的螺杆，根据需要设置顶托板或底座板从而形成顶托或底座。

在 CUPLOK 高强碗扣式钢管脚手架产品体系中，可调托撑和可调底座统一采用相同
规格的 20 号级无缝钢管可调螺杆，外径 ϕ38mm，一端不带有丝牙，该端无论作为顶托还
是底座，始终插入钢管，长度不小于 150mm（实际使用方式决定了该端部一定长度范围
内无需设置丝牙）。钢板托座和底座均可拆卸，通过销钉与螺杆相连，为多功能螺杆，且
可拆卸的顶托或底座自带 ϕ48.3 的钢管段，便于实现托座位置的附加水平杆设置及斜杆设
置，其构造如图 2.2.2-20 所示。

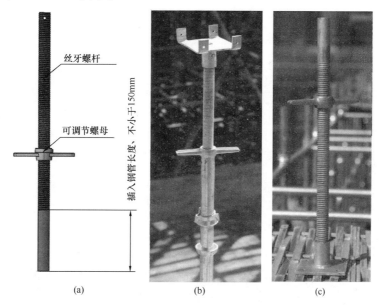

（a）　　　　　　　　（b）　　　　　　　　（c）

图 2.2.2-20　CUPLOK 多功能可拆卸式可调螺杆

（a）多功能螺杆；（b）作顶托使用；（c）作底座使用

此外，CUPLOK 顶部可调托撑还设置了带上下碗扣的专用顶托，用于立杆顶部自由
外伸长度超出规范规定的上限值时，对螺杆顶部进行加强处理（图 2.2.2-21），对可调底
座也可采用的同样的加强构造措施。

（3）横托撑

用作重载支撑架横向限位，或墙壁模板的侧向支撑构件（图 2.2.2-22a）。由 Q235 钢
管焊接水平杆接头，并装配托撑组成，可直接用碗扣接头同支撑架连在一起，有一种规格
（HTC），其长度为 400mm，也可根据需要加工。

（4）可调横托撑

把横托撑中的托撑换成可调托撑即成可调横托撑（图 2.2.2-22b），可调范围为 0～
300mm，有一种规格（KHC-30）。

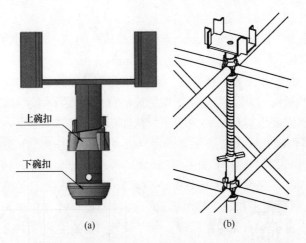

图 2.2.2-21　带碗扣加强节点的专用 CUPLOK 可调托撑
（a）带碗扣顶托几何构造；（b）带碗扣顶托组架示意

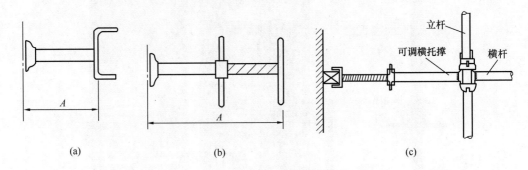

图 2.2.2-22　横托撑构造
（a）定长横托撑；（b）可调横托撑；（c）横托撑工程应用

（5）安全网支架

安全网支架是固定于脚手架上，用以绑扎安全网的构件，由栏杆和撑杆组成，可直接用碗扣接头连接固定（图 2.2.2-23），有一种规格（AWJ）。

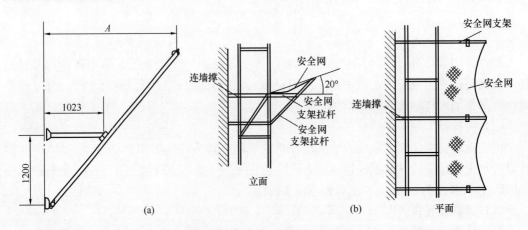

图 2.2.2-23　完全网支架及应用
（a）安全网支架构造；（b）安全网设置

3. 专用构件

专用构件是用作专门用途的构件，常用的有4类，6种规格。

1) 支撑柱专用构件

由0.3m长水平杆和立杆、顶杆连接可组成支撑柱，作为承重构件单独使用或组成支撑柱群（图2.2.2-24）。为此，设计了支撑柱垫座、支撑柱转角座和支撑柱可调座等专用构件（图2.2.2-25）。

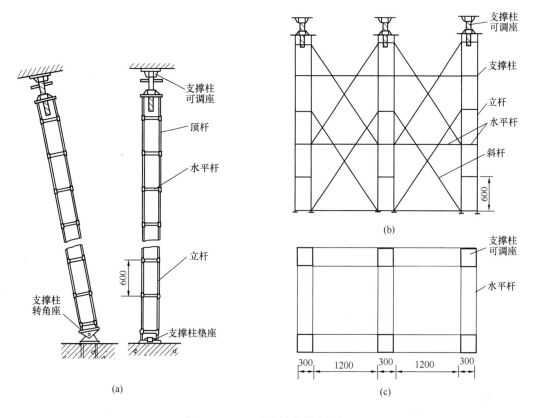

图2.2.2-24 支撑柱搭设支撑架

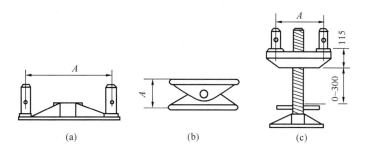

图2.2.2-25 支撑柱专用构件构造
（a）支撑柱垫座；（b）支撑柱转角座；（c）支撑柱可调座

（1）支撑柱垫座

支撑柱垫座是安装于支撑柱底部，均匀传递其荷载的垫座。由底板、筋板和焊于底板上的四个柱销制成，可同时插入支撑柱的四个立杆内，从而增强支撑柱的整体受力性能，有一种规格（ZDZ）。

（2）支撑柱转角座

其作用同支撑柱垫座，但可以转动，使支撑柱不仅可用作垂直方向支撑，而且可以用作斜向支撑。可调偏角为±10°，有一种规格（ZZZ）。

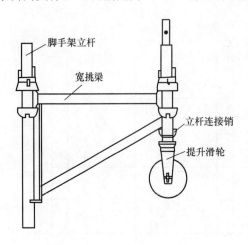

图 2.2.2-26　提升滑轮构造

（3）支撑柱可调座

支撑柱可调座对支撑柱底部和顶部均适用，安装于底部作用同支撑柱垫座，但高度可调，可调范围为 0～300mm；安装于顶部即为可调托撑，与立杆可调托撑不同的是，它作为一个配件需要同时插入支撑柱 4 根立杆内，使支撑柱成为一体，有一种规格（ZKZ-30）。

2）提升滑轮

为提升小物料而设计的构件，与宽挑梁配套使用（图 2.2.2-26）。由吊柱、吊架和滑轮等组成，其中吊柱可直接插入宽挑梁的垂直杆中固定，有 THL 一种规格。

3）悬挑梁

悬挑梁是为悬挑脚手架专门设计的一种配件，由挑杆和撑杆等组成（图 2.2.2-27a）。挑杆和撑杆用碗扣接头固定在楼内支承架上，可直接从楼内挑出，在其上搭设脚手架（图 2.2.2-27b），不需要埋设预埋件。挑出脚手架宽度设计为 0.90m，有 TYJ-140 一种规格。随着安全管理要求的提升，目前设置悬挑脚手架时一般采取型钢悬挑，碗扣式钢管脚手架专用的悬挑梁已很少被提及。

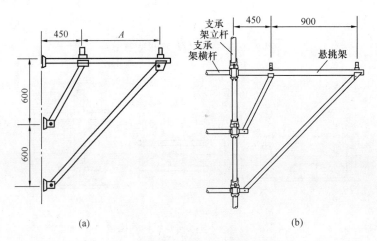

图 2.2.2-27　悬挑梁构造及应用
（a）悬挑梁构造；（b）悬挑梁组架

4）爬升挑梁

爬升挑梁是为爬升脚手架而设计的一种专用配件（图 2.2.2-28），可用它作依托，在

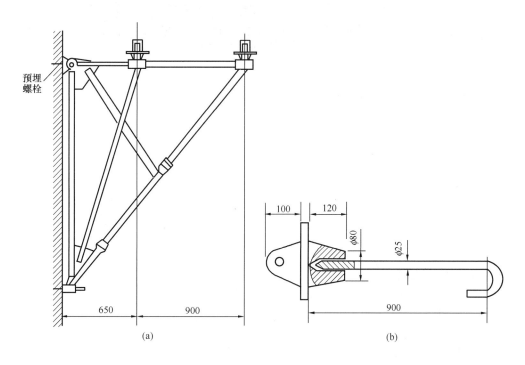

图 2.2.2-28 爬升挑梁构造
（a）爬升挑梁构造；（b）预埋螺栓构造

其上搭设悬空脚手架，并随建筑物升高而爬升。由 $\phi48.3\times3.5mm$ 的 Q235 钢管、挂销、可调底座等组成。爬升脚手架宽度为 0.90m，有 PTL-90+65 一种规格。随着安全管理要求的提升，目前外爬架一般采用竖向主框架及水平桁架配合专用穿墙附着装置使用，碗扣式钢管脚手架专用的爬升挑梁已不再使用。

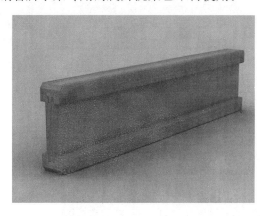

图 2.2.2-29 工字木梁

5）支撑架主楞

主楞是模板支撑架或其他满堂支撑系统顶部的传力水平杆构件，WDJ 架体可采用双钢管（$\phi48.3$ 脚手架钢管）、方 木 （100mm × 100mm、100mm × 120mm 等）；CUPLOK 高强架体中，由于立杆间距较大，传统的主楞不满足抗弯承载力要求，一般采用承载力较大的工字木梁（图 2.2.2-29）、专用铝梁（图 2.2.2-30）、双 U 形钢托梁（图 2.2.2-31）等。其中，双 U 形钢托梁采用螺栓连接接长，能有效适应被支撑混凝土构件底部折线（图 2.2.2-32）或曲线（图 2.2.2-33）造型。各类主楞、次楞的截面几何特性参数可按附录 B 采用。

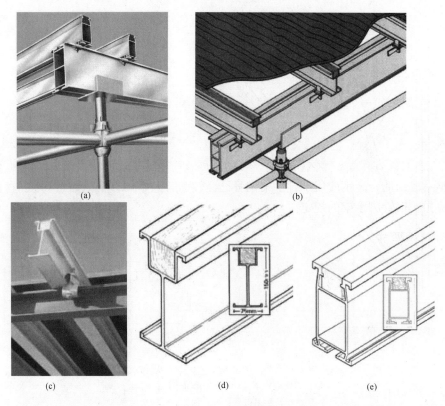

(a)　(b)

(c)　(d)　(e)

图 2.2.2-30　铝梁

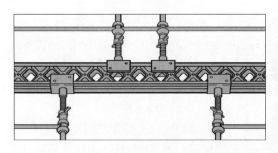

图 2.2.2-31　双 U 形钢托梁

图 2.2.2-32　双 U 形钢托梁用于加腋处理

图 2.2.2-33　双 U 形钢托梁用于拱架处理

2.3 构配件质量标准

原材料的材质及质量是确保脚手架性能的重要因素。国家标准《碗扣式钢管脚手架构件》GB 24911—2010 给出了 WDJ 脚手架构配件的材质、加工质量要求，这些质量指标是确保脚手架基本力学性能的基础，出厂的碗扣式钢管脚手架的所有构配件必须达到 GB 24911 的规定，行业标准《建筑施工碗扣式钢管脚手架安全技术规范》JGJ 166—2016 关于 WDJ 脚手架材质的规定与国家标准《碗扣式钢管脚手架构件》GB 24911—2010 保持一致，同时考虑到低合金钢应用于脚手架钢管已经较为普遍，修订中增加了 Q345 材质钢管可用于碗扣式钢管脚手架的规定。

2.3.1 材质要求

1. 钢管

钢管应采用现行国家标准《直缝电焊钢管》GB/T 13793 或《低压流体输送用焊接钢管》GB/T 3091 中规定的普通钢管，其材质应符合下列规定：

1）水平杆和斜杆钢管材质应符合现行国家标准《碳素结构钢》GB/T 700 中 Q235 级钢的规定。

2）当碗扣节点间距采取 0.6m 模数设置时，立杆钢管材质应符合现行国家标准《碳素结构钢》GB/T 700 中 Q235 级钢的规定（WDJ 碗扣式钢管脚手架）。

3）当碗扣节点间距采取 0.5m 模数设置时，立杆钢管材质应符合现行国家标准《碳素结构钢》GB/T 700 及《低合金高强度结构钢》GB/T 1591 中 Q345 级钢的规定（CU-PLOK 碗扣式钢管脚手架）。

2. 接头

1）上碗扣

（1）当上碗扣采用碳素铸钢或可锻铸铁铸造时，其材质应分别符合现行国家标准《一般工程用铸造碳钢件》GB/T 11352 中 ZG270-500 牌号和《可锻铸铁件》GB/T 9440 中 KTH350-10 牌号的规定。

（2）采用锻造成型时，其材质不应低于现行国家标准《碳素结构钢》GB/T 700 中 Q235 级钢的规定。

（3）上碗扣接头不得采用钢板冲压成型。

采用碳素铸钢或可锻铸铁铸造的上碗扣能够满足节点刚度的要求，但是，近几年的应用中发现此类上碗扣容易开裂损坏，对于立杆来说，如果出现此类损坏意味着立杆的报废（只能改短）。所以部分生产厂家开始采用锻造上碗扣，此类上碗扣也能够满足节点刚度的要求，即便出现变形，但是很少出现开裂，而且开裂后可以采用焊接方式进行修补。行业标准《建筑施工碗扣式钢管脚手架安全技术规范》JGJ 166—2016 增加了上碗扣采用锻造工艺成型时的材质要求。

采用薄钢板冲压和焊接工艺成型的上碗扣在荷载作用下易产生较大变形，严重影响碗扣节点的转动刚度，因此应杜绝采用钢板冲压成型上碗扣和水平杆接头。

2）下碗扣

(1) 当下碗扣采用碳素铸钢铸造时，其材质应符合现行国家标准《一般工程用铸造碳钢件》GB/T 11352 中 ZG270-500 牌号的规定。

(2) 当下碗扣采用钢板冲压成型时，其材质不得低于现行国家标准《碳素结构钢》GB/T 700 中 Q235 级钢的规定，板材厚度不得小于 4mm，并应经 600～650℃的时效处理；严禁利用废旧锈蚀钢板改制。

采用钢板冲压成型制作下碗扣时，行业标准《建筑施工碗扣式钢管脚手架安全技术规范》JGJ 166—2008 规定的板材最小厚度为 6mm 要求过高，一般 5mm 的板材即能满足力学性能要求，6mm 厚板材冲压过程中易导致卷边从而影响成型质量，英国 SGB 公司采用的是 4mm 的 S275N 材质钢板，因此规范 2016 版规定钢板冲压支座下碗扣时，板材最小厚度为 4mm。

碗扣式钢管脚手架整架试验中发现，当采用不符合现行国家产品标准《碗扣式钢管脚手架构件》GB 24911 的碗扣时，发生大量上碗扣突然碎裂，横管崩飞的危险现象。整架承载力试验中，整架破坏时，也发生了大量上碗扣碎裂的情况。而在采用符合现行国家产品标准《碗扣式钢管脚手架构件》GB 24911—2010 的碗扣试验中，几乎没有出现碗扣破坏。目前，市场上的碗扣质量参差不齐，采用质量差的碗扣搭设的架体承载力由碗扣强度控制，架体的破坏主要是因为碗扣崩裂，引起单杆计算长度加倍，导致失稳。质量好的碗扣架体破坏时碗扣基本不会破坏，架体破坏主要是钢管屈曲。因此出厂碗扣质量需严格控制达到国家产品标准《碗扣式钢管脚手架构件》GB 24911 的规定。

3) 水平杆接头

(1) 当水平杆接头和斜杆接头采用碳素铸钢铸造时，其材质应符合现行国家标准《一般工程用铸造碳钢件》GB/T 11352 中 ZG270-500 牌号的规定。

(2) 当水平杆接头采用锻造成型时，其材质不应低于现行国家标准《碳素结构钢》GB/T 700 中 Q235 级钢的规定。

(3) 水平杆接头不得采用钢板冲压成型。

水平杆接头长期沿用的是与下碗扣同样材质的碳素铸钢，经调研发现，近几年已广泛采用锻造接头，尤其是在出口的碗扣式钢管脚手架中，普遍采用锻造水平杆接头。比如，澳大利亚对防腐要求严，采用 Q235B 材质的锻造接头，部分北欧、北美国家对低温抗冲击性能要求高，采用 Q345B 材质的锻造接头。节点转动刚度试验表明，采用锻造接头能大大提升碗扣节点的转动刚度。行业标准《建筑施工碗扣式钢管脚手架安全技术规范》JGJ 166—2016 增加了水平杆接头采用锻造工艺成型时的材质要求。

3. 托撑与底座

1) 对可调托撑及可调底座，当采用实心螺杆时，其材质应符合现行国家标准《碳素结构钢》GB/T 700 中 Q235 级钢的规定；当采用空心螺杆时，其材质应符合现行国家标准《结构用无缝钢管》GB/T 8162 中 20 号无缝钢管的规定。

2) 可调托撑及可调底座调节螺母铸件应采用碳素铸钢或可锻铸铁，其材质应分别符合现行国家标准《一般工程用铸造碳钢件》GB/T 11352 中 ZG230-450 牌号和《可锻铸铁件》GB/T 9440 中 KTH330-08 牌号的规定。

3) 可调托撑 U 形托板和可调底座垫板应采用碳素结构钢，其材质应符合现行国家标准《碳素结构钢和低合金结构钢热轧厚钢板和钢带》GB/T 3274 中 Q235 级钢的规定。

4. 脚手板

脚手板的材质应符合下列规定：

1）脚手板可采用钢、木或竹材料制作，单块脚手板的质量不宜大于 30kg；

2）钢脚手板材质应符合现行国家标准《碳素结构钢》GB/T 700 中 Q235 级钢的规定；冲压钢脚手板的钢板厚度不宜小于 1.5mm，板面冲孔内切圆直径应小于 25mm。

3）木脚手板材质应符合现行国家标准《木结构设计规范》GB 50005 中 IIa 级材质的规定。脚手板厚度不应小于 50mm，两端宜各设直径不小于 4mm 的镀锌钢丝箍两道。

4）竹串片脚手板和竹笆脚手板宜采用毛竹或楠竹制作；竹串片脚手板应符合现行行业标准《建筑施工竹脚手架安全技术规范》JGJ 254 的规定。

2.3.2 质量要求

1. 钢管质量

1）钢管宜采用公称尺寸为 $\phi 48.3mm \times 3.5mm$ 的钢管，外径允许偏差应为 $\pm 0.5mm$，壁厚偏差不应为负偏差。

2）立杆接长当采用外插套时，外插套管壁厚不应小于 3.5mm；当采用内插套时，内插套管壁厚不应小于 3.0mm。插套长度不应小于 160mm，焊接端插入长度不应小于 60mm，外伸长度不应小于 110mm，插套与立杆钢管间的间隙不应大于 2mm。

3）钢管弯曲度允许偏差应为 2mm/m。

2. 碗扣质量

1）立杆碗扣节点间距允许偏差应为 ± 1.0 mm。

2）水平杆曲板接头弧面轴心线与水平杆轴心线的垂直度允许偏差应为 1.0mm。

3）下碗扣碗口平面与立杆轴线的垂直度允许偏差应为 1.0mm。

3. 制作工艺

焊接应在专用工装上进行（图 2.3.2），焊缝应符合现行国家标准《钢结构工程施工质量验收规范》GB 50205 中三级焊缝的规定。

图 2.3.2 专用焊接工装

4. 托撑与底座质量

可调托撑及可调底座的质量应符合下列规定：

1）调节螺母厚度不得小于 30mm。

2）螺杆外径不得小于 38mm，空心螺杆壁厚不得小于 5mm，螺杆直径与螺距应符合现行国家标准《梯形螺纹　第 2 部分：直径与螺距系列》GB/T 5796.2 和《梯形螺纹　第 3 部分：基本尺寸》GB/T 5796.3 的规定。

3）螺杆与调节螺母啮合长度不得少于 5 扣。

4）可调托撑 U 形托板厚度不得小于 5mm，弯曲变形不应大于 1mm，可调底座垫板厚度不得小于 6mm；螺杆与托板或垫板应焊接牢固，焊脚尺寸不应小于钢板厚度，并宜设置加劲板。

5. 构配件外观质量

构配件外观质量应符合下列规定：

1）钢管应平直光滑，不得有裂纹、锈蚀、分层、结疤或毛刺等缺陷，立杆不得采用横断面接长的钢管。

2）铸造件表面应平整，不得有砂眼、缩孔、裂纹或浇冒口残余等缺陷，表面粘砂应清除干净。

3）冲压件不得有毛刺、裂纹、氧化皮等缺陷。

4）焊缝应饱满，焊药应清除干净，不得有未焊透、夹砂、咬肉、裂纹等缺陷。

5）构配件表面应涂刷防锈漆或进行镀锌处理，涂层应均匀、牢靠，表面应光滑，在连接处不得有毛刺、滴瘤和多余结块。

6）主要构配件应有生产厂标识。

6. 构配件组架性能

构配件应具有良好的互换性，应能满足各种施工工况下的组架要求，并应符合下列规定：

1）立杆的上碗扣应能上下窜动、转动灵活，不得有卡滞现象。

2）立杆与立杆的连接孔处应能插入 ϕ10mm 连接销。

3）碗扣节点上在安装 1～4 个水平杆时，上碗扣应均能锁紧。

4）当搭设不少于二步三跨 1.8m×1.8m×1.2m（步距×纵距×横距）的整体脚手架时，每一框架内立杆的垂直度偏差应小于 5mm。

7. 力学指标

为确保构配件组架后的整体力学性能，碗扣式钢管脚手架主要构配件极限承载力性能指标应符合下列规定：

1）上碗扣沿水平杆方向对拉承载力不应小于 30kN。

2）下碗扣组焊后沿立杆方向剪切承载力不应小于 60kN。

3）水平杆接头沿水平杆方向剪切承载力不应小于 50kN。

4）水平杆接头焊接剪切承载力不应小于 25kN。

5）可调底座抗压承载力不应小于 100kN。

6）可调托撑抗压承载力不应小于 100kN。

2.4 维 护 与 保 养

钢管脚手架构配件每使用一个安装、拆除周期后，应及时检查、分类、维护、保养，对不合格品应及时报废。根据国家标准《租赁模板脚手架维修保养技术规范》GB 50829—2013的规定，碗扣式钢管脚手架的退场验收、维护保养应符合下列规定。

2.4.1 退场验收

1) 承租方应对使用完毕的脚手架产品外观质量进行检查和分类，并做好记录。检查内容应包括杆配件完好、有无明显变形和破损、杆配件表面有无粘结物，以及租赁物的厂家标志、规格和数量有无变化等。经检查合格的租赁物，应按不同品种及其规格进行分类码放。需修理和报废的租赁物，应另行分区码放。

2) 碗扣式钢管脚手架退场验收标准及检验工具与方法，应符合表2.4.1的规定。

碗扣式钢管脚手架退场验收标准及检验工具与方法　表2.4.1

检验项目		验收标准	检验工具与方法
杆件尺寸		长度、外径、壁厚等应符合合同要求；杆件无明显弯曲，无死弯	卷尺、游标卡尺、目测
杆件及碗扣件完整性	水平杆头	无丢失、开焊	目测
	外套管，内插管	无丢失、开裂、变形	
	横、竖挡销	无丢失	
	上碗扣	无变形和开裂	
	下碗扣	无变形、开裂和开焊	
杆件外观清洁		杆配件表面清洁，无粘结物	
标识		字迹、图案清晰完整、准确	

2.4.2 维修与保养

1) 碗扣式钢管脚手架构件在退场后，应首先由质检人员对退场的杆配件和材料进行检验，并应根据租赁物质量及变形、损坏程度，作出保养、维修与改制的判定，同时应进行登记记录。

2) 检查后的杆配件和材料应按品种、规格尺寸、保养、维修与改制的不同，分区存放，并应按现行行业标准《模板脚手架租赁企业等级划分规范》SB/T 10545的规定进行分区标识。

3) 检查后确认不需维修、改制、更换的碗扣式钢管脚手架构件，应将表面的杂物清理干净，再进行刷漆等处理。经过维修、改制、更换零件的碗扣式钢管脚手架构件，应进行刷漆等防锈处理。

4) 碗扣式钢管脚手架构件维修前应根据表2.4.2规定的缺陷程度确定相应的维修及改制方法。

碗扣式钢管脚手架构件缺陷程度和维修及改制方法 表 2.4.2

项 目	缺陷程度描述	维修方法	改 制
外观	杆件有裂纹，或有孔洞，或锈蚀严重	—	将有裂纹、孔洞、锈蚀严重部分切割掉，改制成小规格构件
杆件直线度	偏差≤5L/1000	利用调直机械矫正调直，应根据杆件长度及损坏程度，进行矫正调直	—
	偏差>5L/1000	—	将弯曲部分切割掉，改制成小规格构件
立杆杆件端面对轴线垂直度	偏差≤1mm	在专用工装上切割或打磨，矫正	—
	偏差>1mm	—	将弯曲部分切割掉，改制成小规格构件
立杆端头孔径变形	轻微变形	用专用扩孔工装矫正修复	—
	明显变形出现扁头	—	将扁头部分切割掉，改制成小规格构件
下碗扣内圆锥与立杆同轴度	偏差≤ϕ2mm	在专用工装上矫正	—
	偏差>ϕ2mm	—	将不能矫正的下碗扣和立杆部分切割掉，改制成小规格构件
水平杆两接头弧面平行度	偏差>1.00mm	割开后，在专用工装上重新焊接	—
焊接	焊缝开裂	应全部补焊	—
标识漆	缺失	补焊	—

注：L为钢管的长度

2.4.3 质量检验评定与报废

1）维修后的碗扣式钢管脚手架构件的质量检查与验收，应符合现行国家标准《碗扣式钢管脚手架构件》GB 24911 和行业标准《建筑施工碗扣式钢管脚手架安全技术规范》JGJ 166 的相关规定。其主要检验项目和要求及允许偏差应符合表 2.4.3 的规定。

2）维修后的碗扣式钢管脚手架构件质量检验，应根据技术交底及维修量进行随机抽样检验，检验规则和方法应符合现行国家标准《碗扣式钢管脚手架构件》GB 24911 的规定。

3）维修后的碗扣式钢管脚手架构件检测，应符合下列规定：

（1）对杆件的直线度的检测，应用靠尺贴近钢管，并应选择最大缝隙处用钢板尺测量。

（2）对水平杆两接头弧面平行度的检测，应用塞尺测量放在专用测量工装上的水平杆头与工装之间的最大间隙。

（3）外观的检测，应采用目视法检查所有部位的锈蚀、锈坑和粘附灰浆的清除情况。

碗扣式钢管脚手架构件维修后检查项目和要求及允许偏差　　　表 2.4.3

检验项目		要求及允许偏差	检验方法
钢管壁厚		壁厚≥3.0mm	卡尺
立杆	杆件长度	900mm±0.7mm	钢卷尺
		1200mm±0.85mm	
		1800mm±1.15mm	
		2400mm±1.4mm	
		3000mm±1.65mm	
	钢管直线度	偏差≤1.5L/1000	专用量具
	杆件端面对轴线垂直度	偏差≤0.3mm	角尺（端面150mm范围内）
	下碗扣内圆锥与立杆同轴度	偏差≤ϕ0.5mm	专用量具
水平杆	碗扣节点间距	600mm±0.50mm	钢卷尺
	杆件长度	300mm±0.40mm	
		600mm±0.50mm	
		900mm±0.70mm	
		1200mm±0.80mm	
		1500mm±0.95mm	
		1800mm±1.15mm	
		2400mm±1.40mm	
	水平杆两接头弧面平行度	偏差≤1.00mm	专用量具
焊接	下碗扣与立杆焊缝高度	4mm±0.5mm，无表面缺陷	焊接检验尺
	下套管与立杆焊缝高度	4mm±0.5mm，无表面缺陷	
	水平杆接头与杆件焊缝高度	≥3.5mm，无表面缺陷	

注：L 为钢管的长度。

（4）焊缝和焊点开焊的检测，应采用目视法检查所有焊缝和焊点开焊的补焊情况。

（5）防锈油漆的外观检测，应采用目视法检查所有部位防锈漆的完好程度和防锈漆的涂刷情况。

4）碗扣式钢管脚手架构件存在下列条件之一时应报废：

（1）质量缺陷程度超出表 2.4.2 的要求，无法维修和改制。

（2）立杆中间的上碗扣有丢损。

（3）下碗扣压扁变形。

（4）油漆表面处理钢管构件使用年限，沿海地区和南方潮湿地区超过 8 年，其他地区超过 15 年。

（5）热镀锌表面处理钢管构件使用年限，沿海地区和南方潮湿地区超过 20 年，其他地区超过 25 年。

本 章 参 考 文 献

［1］　铁道部专业设计院 . WDJ 碗扣型多功能脚手架构件 . TB/T 2992-1991. 北京：中国标准出版社：1991.

［2］　CUPLOK Data Sheets（碗扣式钢管脚手架用户手册）. 英国 SGB 公司 .

［3］　SGB 产品目录 . 英国 SGB 公司 .

［4］　王宇辉，王勇等 . 脚手架施工与安全［M］. 北京：中国建材工业出版社：2008.

［5］　杜荣军 . 建筑施工脚手架实用手册［M］. 北京：中国建筑工业出版社：1994.

第3章 碗扣式钢管脚手架应用

3.1 产 品 简 介

3.1.1 产品特点

碗扣式钢管脚手架是最早由英国 SGB 公司研制的脚手架体系，引入中国后由当时铁道部专业设计院改进形成了 WDJ 碗扣型多功能脚手架专利产品体系。其成功研制提高了我国脚手架的技术水平，促进了建筑施工技术的发展，得到业内一致好评，深受广大施工企业欢迎。碗扣式钢管脚手架曾获得 1986 年 "第二届全国发明展览会" 铜牌奖和 1987 年 "第十五届日内瓦国际发明和新技术展览会" 镀金奖，这充分体现了该产品的广泛认可度和对建设行业的贡献水平。碗扣式钢管脚手架是建设部 2000 年以前十项重点推广新技术之一。

碗扣式钢管脚手架是在 Q235 级或 Q345 级钢管上按照一定的模数间距（600mm 或 500mm）焊接下碗扣及限位销形成立杆，通过上碗扣（套接在立杆上并可沿立杆上下滑动）将最多 4 个方向的水平杆或斜杆借助于限位销旋紧，从而形成具有一定转动刚度框架节点的脚手架体系，其节点构造如图 3.1.1 所示。

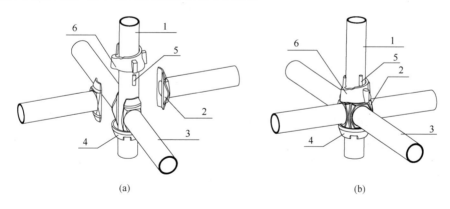

(a)   (b)

图 3.1.1 碗扣节点构造图

(a) 组装前；(b) 组装后

1—立杆；2—水平杆接头；3—水平杆；4—下碗扣；5—限位销；6—上碗扣

碗扣型多功能脚手架是在吸取国外同类型脚手架的先进接头和配件工艺的基础上，结合我国实际情况而研制的一种新型脚手架。碗扣型多功能脚手架接头构造合理，制作工艺简单，作业容易，使用范围广，能充分满足房屋、桥涵、涵洞、隧道、烟囱、水塔、大坝、大跨度棚架等多种建筑物的施工要求。与其他类型脚手架（扣件、门式钢管脚手架等）相比，碗扣型多功能脚手架是一种有更广泛发展前景的新型脚手架。

杆件在节点汇聚于一点，通过独创的上下碗扣组装成牢固可靠的脚手架框架节点是其相对于其他脚手架系统最大的特点。碗扣式钢管脚手架具有拼拆迅速、省力，结构稳定可靠，配备完善，通用性强，承载力大，安全可靠，易于加工，不易丢失，便于管理，易于运输，应用广泛等特点。

3.1.2　产品优缺点

1. 传统扣件式钢管脚手架优缺点

目前国内建筑施工现场应用最广的脚手架系统仍然是扣件式钢管脚手架。扣件式钢管脚手架引入我国是在 20 世纪 60 年代，其特点是钢管与扣件分离、搭设简易、组合灵活、钢管经久耐用、空间适用性强、租用费用较低，但其缺点也是显而易见的：支架搭设中螺栓紧固劳动量大、搭设工效低、立杆与水平杆件在节点交叉导致架体稳定性差、钢管扣件分离导致构件易丢失、螺栓紧固拧紧力程度靠手工操作控制导致架体承载力变异性大。由于扣件式钢管脚手架的杆件与扣件分离，杆件非定尺，导致劣质钢管及扣件大量流入市场，使得扣件式钢管脚手架的安全性日趋下降。据相关机构统计，目前建筑施工领域的扣件数量超过 12 亿个，绝大多数（90％以上）为不满足国家标准《钢管脚手架扣件规范》GB 15831 的劣质产品；脚手架钢管约有 1000 万 t 以上，其中劣质的、超期使用的和不合格的钢管占 80％以上（目前施工和租赁应用的钢管壁厚大部分在 3.20～2.75mm，钢管生产厂基本都生产壁厚为 3.2mm 以下的钢管），如此量大面广的不合格钢管扣件，已成为建筑施工的安全隐患。多年来，建筑施工用扣件式钢管脚手架每年发生多起坍塌事故，给国家和人民生命财产安全造成了巨大的损失。2003 年原建设部、国家质检总局、国家工商局联合发布了"关于开展建筑施工用钢管、扣件专项整治的通知"，要求通过整治，使生产、销售、租赁和使用钢管、扣件的状况得到明显扭转。但由于全国脚手架钢管和扣件的数量非常大，适用面极广，不合格产品所占的比例极高，要在短期内完成整治工作是不可能的，专项整治工作开展以来，扣件式钢管脚手架的坍塌事故仍高发不断。

大力推广应用新型脚手架是解决施工安全的根本措施，尤其是高大空间脚手架应尽量采用新型脚手架，避免使用扣件式钢管脚手架，尽快淘汰竹（木）脚手架。国外一些发达国家已开始禁止使用扣件式钢管脚手架搭设模板支撑架。铁道部行业标准《铁路混凝土梁支架法现浇施工技术规程》TB 10110—2011 已明确禁止采用扣件式钢管脚手架搭设铁路桥梁模板支撑架。

随着脚手架计算理论和配套构造措施的不断完善，采用更加安全、快捷、定型化的碗扣式钢管脚手架已成为弥补上述问题的重要技术手段。目前，碗扣式钢管脚手架已在房屋建筑和市政工程中广泛用作作业脚手架和模板支撑架，尤其是采用高强钢材立杆的新型碗扣式钢管脚手架已在高铁、轨道交通等项目建设中应用越来越广泛。

2. 碗扣式钢管脚手架的优势

碗扣式钢管脚手架以其独特的碗扣节点组架方式和产品构配件体系齐全的特点，具有下列明显的优势：

1）承载力大：立杆连接是同轴心承插，水平杆同立杆靠碗扣接头连接，组架后各杆件轴心线交于一点（图 3.1.2a）。碗扣具有可靠的抗弯、抗剪、抗拉力学性能，节点的转动刚度大（图 3.1.2b）。因此，碗扣式钢管脚手架的力学模型能贴近于空间半刚性框架模

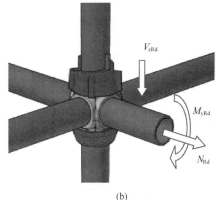

(a)　　　　　　　　　　　　　　　　(b)

图 3.1.2　杆件同心的碗扣节点示意图
(a) 杆件同心组装图；(b) 节点承载力示意图

型，结构稳固可靠，承载力大，WDJ 系列碗扣架的整架承载力大约比同等情况的扣件式钢管脚手架提高 15％以上，CUPLOK 高强碗扣架的承载力提升能力更大。

2）节约用材，经济性高：由于单杆承载力的显著提升，立杆间距可明显增大，脚手架的用钢量可减产 1/3，采用 CUPLOK 高强碗扣架时材料用量更省。如杭州火车东站截面高度为 2.0m 的现浇箱梁模板支撑架，如采用传统扣件式钢管脚手架则立杆间距为 0.4m×0.4m，采用 CUPLOK 高强碗扣式钢管脚手架后，实际立杆间距为 1.8m×0.9m，用钢量大幅度节省；又如三门峡电厂 4.36m 厚现浇板的模板支撑架，高支模架，如采用传统扣件式钢管脚手架则立杆间距为 0.3m×0.3m，采用 CUPLOK 高强碗扣式钢管脚手架后，实际立杆间距为 0.6m×0.6m，用钢量节省 60％以上。

3）体系齐全，多功能：碗扣式钢管脚手架由庞大的构配件体系组成，主要构件、辅助构件和专用构件分类细致，门类齐全，能根据具体施工要求，组成不同组架尺寸、形状和承载能力的单排脚手架、双排脚手架、支撑架、支撑柱、物料提升架、爬升脚手架、悬挑架等多种功能的施工装备。也可用于搭设施工棚、料棚、灯塔等构筑物。特别适合于搭设曲面脚手架（需要非标水平杆）和重载支撑架。同时配备有安全网支架、间水平杆、脚手板、挡脚板、架梯、挑梁和连墙撑等配套配件，使用安全可靠。

4）件、管合一，避免配件丢失和壁厚缩水：碗扣式钢管脚手架采用钢管焊接各类配件制作成标准杆件后，各种配件无法脱离钢管，有效避免了配件丢失，便于租赁时的进退场管理。选用壁厚符合标准要求的钢管加工成标准杆件后，钢管不可替换，有效避免了租赁流通环节中钢管被人为替换为不合格钢管，阻断了劣质钢管不断混杂进入租赁市场。

5）高工效：常用杆件中最长为 3130mm，重 17.07kg。整架拼拆速度比常规快 3～5 倍，拼拆快速省力，工人用一把铁锤即可完成全部作业，避免了螺栓操作带来的诸多不便。

6）通用性强：主构件均采用普通的扣件式钢管脚手架之钢管，可用扣件同普通钢管连接，通用性强。

7）安全可靠：接头设计时，由于上碗扣螺旋摩擦力和自重力作用，使接头具有可靠的自锁能力。作用于水平杆上的荷载通过下碗扣传递给立杆，下碗扣具有较强的抗剪能力。上碗扣即使没被压紧，水平杆接头也不致脱出而造成事故。

8) 易于加工：主构件用 φ48.3×3.5 焊接钢管，制造工艺简单，成本适中，可直接对现有扣件式脚手架进行加工改造．不需要复杂的加工设备。

9) 维修少：该脚手架构件消除了螺栓连接，构件经碰耐磕，一般锈蚀不影响拼拆作业，不需特殊养护、维修。

10) 便于管理：构件系列标准化，构件外表涂漆或镀锌，美观大方。构件堆放整齐，便于现场材料管理，满足文明施工要求。

11) 易于运输：该脚手架最长构件 3130mm，最重构件 40.53kg，便于搬运和运输。

3. 碗扣式钢管脚手架的缺点

1) 水平杆采用长度为 0.3m 模数的有限种类的定型杆，立杆上碗扣节点按 0.6m 或 0.5m 模数间距设置，架体的立杆纵横间距、步距受模数影响大，使组架尺寸受到限制，尤其在复杂梁板结构模板支撑体系施工中难以实现立杆间距和步距的灵活调整。

2) 碗扣节点必须在 4 个方向的水平杆或斜杆均放入下碗扣，并定位准确后方可锤击旋紧上碗扣，这在一定程度上影响了架体的搭设效率。

3) 碗扣节点虽在竖向框架平面内具有足够的转动刚度，但上下碗扣对水平杆在水平面内转动缺乏足够的约束，在各步的水平杆组成水平框格内，架体稳定性差，这种节点的水平弱约束在一定程度上影响了架体的整体稳定性，这也是双排脚手架超过 24m 搭设高度后需要设置水平斜撑杆的原因之一。

4) 使用过程中，下碗扣内易堆积砂浆等杂物，影响后续架体的组架性能和安全可靠性。

5) 碗扣节点内对杆件数量有严格的限制，满堂架体中由于 4 个方向均有水平杆，用于外脚手架的插片式专用外斜杆无法插入，只能采取挂扣于水平杆的斜杆，或采取专用插片式斜杆错开主节点布置。非节点的斜杆在一定程度上影响了架体的承载力和搭设效率。

6) 价格较高：相对于扣件式钢管脚手架，碗扣式钢管脚手架的成本略高，但这完全可以通过精心布置架体节约材料用量的方式得以弥补。

7) 立杆连接销为散件，易丢失。

3.2　产　品　用　途

碗扣式钢管脚手架由于构配件体系齐全，节点可靠等特点，可组成不同组架尺寸、形状和承载能力的各类架体。

3.2.1　作业脚手架

1. 双排外脚手架

碗扣式钢管脚手架发明之初主要用于双排外脚手架，其配套的数十种构配件主要围绕安全网支架、间水平杆、脚手板、挡脚板、架梯、挑梁和连墙撑等外脚手架的组架安全和便利进行开发。

用于构造双排外脚手架时，一般立杆横向间距取 1.2m，水平杆的步距取 1.8m，立杆的纵向间距根据建筑物结构及作业荷载具体要求确定，可选用 0.9m、1.2m、1.5m、1.8m、2.4m 等多种尺寸，并选用相应的水平杆。引入 Q345 级钢管立杆的 CUPLOK 高强碗扣式钢管脚手架后，常用的步距为 2.0m，能提供更便于人员通行的作业廊道。图 3.2.1-1 为宁波禾源化工厂项目搭设的 CUPLOK 碗扣式钢管双排作业脚手架（48.0m 高脚手架，立杆间距 1.8×1.2m，步距 2.0m）。

图 3.2.1-1　碗扣式钢管双排脚手架

根据其施工作业需要与施工荷载的不同，碗扣式钢管双排外脚手架可有以下几种构造形式：

1）重型架

这种结构脚手架取较小的立杆纵距（0.9m 或 1.2m），用于重载作业或作为高层外脚手架的底部架。对于高层脚手架，为了提高其承载力和搭设高度，采取上、下分段，每段立杆纵距不等的组架方式。构造尺寸为 1.2m（立杆纵距）×1.2m（立杆横距）×1.8m（水平杆步距）（以下表示同）或 1.2m ×0.9m×1.8m，组架时下段立杆纵距取 0.9m（或 1.20m），上段则用 1.80m（或 2.4m）即每隔一根立杆取消一根，用 1.8m（SPG-180）或 2.4m（SPG-240）的水平杆取代 0.9m（SPG-90）或 1.2m（SPG-120）水平杆。

2）普通架

这种结构形式脚手架是最常用的一种，构造尺寸为 1.5m×1.2m×1.8m 或 1.8m×1.2m×1.8m，可作为砌墙、模板工程等结构施工用脚手架。

3）轻型架

这种结构脚手架主要用于装修、维护等作业荷载要求的脚手架、构架尺寸为 2.4m×1.2m×1.8m。

另外，也可根据场地和作业荷载要求搭设窄脚手架和宽脚手架。窄脚手架构造形式为立杆横距取 0.9m，即有 0.9m×0.9m×1.8m、1.2m×0.9m×1.8m、1.5m×0.9m×1.8m、1.8m×0.9m×1.8m、2.4m×0.9m×1.8m 等 5 种构造尺寸。

宽脚手架即立杆横距取为 1.50m，有 0.9m×1.5m×1.8m、1.2m×1.5m×1.8m、1.5m×1.5m×1.8m、1.80m×1.5m×1.8m、2.4m×1.5m×1.8m 等 5 种构造尺寸。

2. 单排外脚手架

用于构造单排外脚手架时，单排杆长度有 1.4m 和 1.8m 两种，立杆与建筑物墙体之间的距离，可根据施工具体要求在 0.7～1.5m 范围内调节，脚手架步距一般取 1.8m，立杆纵距则根据作业荷载要求在 2.4m、1.8m、1.5m、1.2m 及 0.9m 五种尺寸中选取。

3. 特殊脚手架

采用碗扣式钢管脚手架构配件还可以搭设砌体施工桥架（图 3.2.1-2）、冷却塔施工脚手架（图 3.2.1-3）、园林脚手架（图 3.2.1-4）、空间满堂脚手架（图 3.2.1-5）、临时便桥（图 3.2.1-6）、防护棚（图 3.2.1-7）、作业棚、挡风壁（3.2.1-8）、悬挑脚手架图（3.2.1-9）、爬升脚手架（3.2.1-10），总而言之，凡是框架形的施工临时设施都可以采用碗扣式钢管搭设。上述所列架体有些随着施工技术的发展已退出历史舞台，但至少能说明碗扣式钢管脚手架的广泛用途。

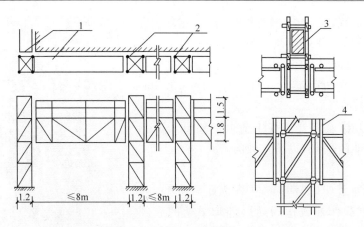

图 3.2.1-2　桥架立柱

1—钢管扣件桥架；2—碗扣立柱；3—结构柱；4—端刀型片

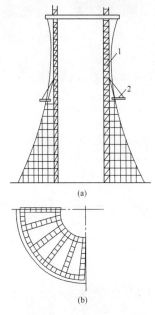

图 3.2.1-3　冷却塔施工脚手架

1—内环碗扣承重架；2—环形操作平台

图 3.2.1-4　园林脚手架

图 3.2.1-5　空间满堂脚手架

图 3.2.1-6　临时便桥

图 3.2.1-7　安全防护棚

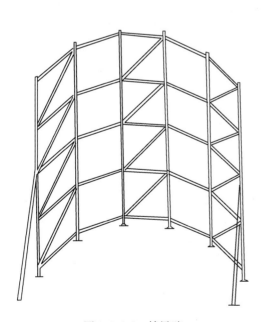

图 3.2.1-8　挡风壁

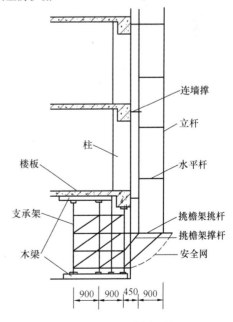

图 3.2.1-9　悬挑脚手架

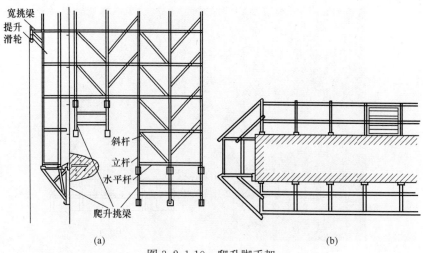

图 3.2.1-10　爬升脚手架

(a) 立面布置图；(b) 平面布置图

3.2.2　提升架

由于碗扣式钢管脚手架构配件体系齐全，利用其构配件的灵活性还可以搭设拔杆井字架（图 3.2.2-1）、烟囱施工提升塔架（图 3.2.2-2）、物料提井架（图 3.2.2-3）等塔型架体。

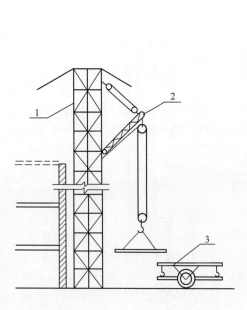

图 3.2.2-1　拔杆井字架

1—碗扣井字架；2—拔杆；3—杠杆车

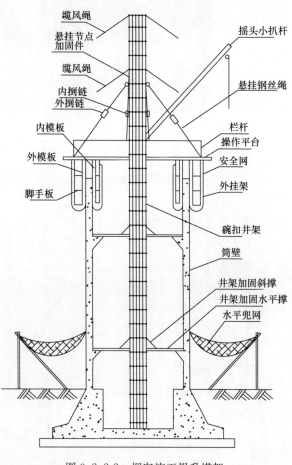

图 3.2.2-2　烟囱施工提升塔架

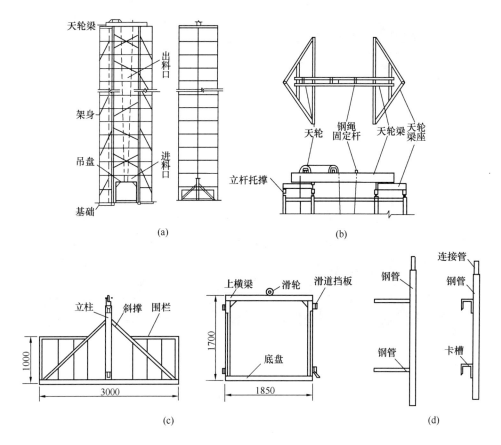

图 3.2.2-3　物料提升井架
（a）架身结构；（b）天轮架布置；（c）吊盘设置；（d）导轨构造

3.2.3　塔梯与操作平台

建筑施工中，凡离地超过 2m 的高处作业，人员上下必须采用各类梯子。但当操作点离地超过 10m 以上时，各类直梯、人字梯、爬梯已不再安全适用，这时需采用类似于楼梯的带有梯步和休息平台的塔形梯道，碗扣式钢管脚手架可方便搭设各类人行塔梯（图 3.2.3-1）。当高空作业无操作脚手架可用时，如钢筋绑扎、管道安装等各类悬空作业施工中，人员高处作业必须设置稳固的操作平台，移动式操作平台是最常用的高空操作平台，利用碗扣式钢管脚手架构配件可方便搭设各类移动式操作平台（图 3.2.3-2）或落地固定式堆载平台（图 3.2.3-3）。

3.2.4　支撑架

目前，房屋建筑、市政工程、高铁、轨道交通工程中广泛采用碗扣式钢管脚手架搭设各类支撑结构。所搭设的支撑架既可用于各种现浇混凝土结构的模板支撑架又可用于各种钢结构和装配式预制混凝土构件安装支撑架，架体既可以采取满堂形式，又可采取方塔架形式。为适应不同结构平面造型，可以通过设置专用支模挑梁解决悬挑构件、边梁等特殊支模难题；为适应空间跨越需要，可以通过设置门洞解决各类跨越问题。

(a)

(b)

图 3.2.3-1　人行塔梯

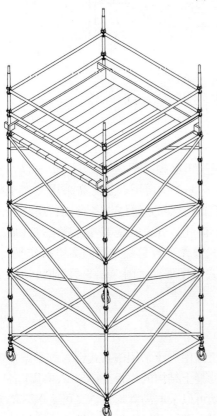

图 3.2.3-2　移动式操作平台

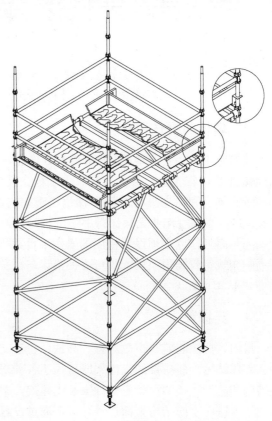

图 3.2.3-3　落地固定式堆载平台

3.3　现行脚手架规范体系

脚手架是施工现场应用最为广泛的施工临时设施，设计、施工、使用不当易导致坍塌事故。各类脚手架从产品标准到技术规范，其安全标准体系已较为全面，严格按照现行标准体系进行脚手架选型、构配件质量控制、方案设计、施工、验收及安全管理，能有效确保各类脚手架的使用安全，可以说，现行的标准体系为脚手架的安全使用保驾护航。但现行与脚手架相关的标准较为繁多，为便于工程技术人员理清现行标准体系，避免使用中的漏项造成安全隐患，有必要对标准体系做一简要介绍。

3.3.1　相关国家标准

1)《碗扣式钢管脚手架构件》GB 24911 是针对碗扣式钢管脚手架构配件的产品标准。该标准对碗扣式钢管脚手架各部件的原材料、构配件加工工艺要求、尺寸、外观质量、主要力学性能指标、试验方法及出厂检验规则给出了详细的规定，是碗扣式钢管脚手架构配件出厂的主要检验依据。进入施工现场的碗扣式钢管脚手架所提供的产品质量合格证、产品性能检验报告应严格符合国标 GB 24911 的规定。该国标目前是 2010 年发布的版本，其主要针对的是 WDJ 系列采用 Q235 级钢管立杆的传统脚手架，并未对采用 Q345 级高强钢材立杆的 CUPLOK 系列产品作出相关规定，因此该标准亟待修订，以适应目前高强钢材脚手架的应用。

2)《建筑施工脚手架安全技术统一标准》GB 51210 是针对所有类型脚手架（包括作业脚手架和支撑脚手架），从构配件选用、荷载、设计、试验、构造、施工、质量控制、安全管理等方面做出面上统一规定的国家标准。该标准于 2016 年发布，给出了不同使用条件下脚手架安全等级，规定了各类脚手架设计所对应的总体安全系数，并对作业脚手架和支撑脚手架分别给出了荷载选取、内力计算、基本构造、基本安全管理等相关方面的规定。该国家标准既是制定专业技术标准的母标准，又是开发新型脚手架体系的基本准则。

3)《混凝土结构工程施工规范》GB 50666 是针对混凝土结构子分部工程给出的施工规范。由于模板工程是混凝土结构子分部的重要分项工程，该国标对模板及支撑体（包含碗扣式钢管模板支撑架）的荷载、结构计算方法和构造规定做出了基本的规定。

4)《租赁模板脚手架维修保养技术规范》GB 50829 主要规范了各种类型脚手架（包含碗扣式钢管脚手架）原材料的使用维护、退场验收、维修与保养、质量检验评定与报废等方面的管理，主要用于对租赁企业的管理，从架体材料的源头确保使用安全，但对施工企业而言，也应参考执行。

此外，除了上述与碗扣式钢管脚手架直接相关的国家标准外，架体地基基础设计方面，应执行国家标准《建筑地基基础设计规范》GB 50007、《建筑地基基础工程施工质量验收规范》GB 50202 的规定；所采用的钢构件的设计计算应执行国家标准《钢结构设计规范》GB 50017 的规定；所采取的木楞的设计计算应执行国家标准《木结构设计规范》GB 50005 的规定。

3.3.2　相关行业标准

1)《建筑施工模板安全技术规范》JGJ 162 是针对各类模板体系及支撑系统做出统一安全技术规定的住房和城乡建设部行业标准。在支撑体系方面，该标准详细规定了作用于模板及支撑体系上面的荷载种类、标准值、不同工况下的荷载组合方式等。新发布的行业标准《建筑施工碗扣式钢管脚手架安全技术规范》JGJ 166—2016 在荷载选用及荷载标准值确定方面与该标准有差异。

2)《钢管满堂支架预压技术规程》JGJ/T 194 是针对各类钢管满堂支架预压做出一般规定的住房和城乡建设部行业标准。标准中将预压分为基础预压和架体预压，给出了预压区段的选取、预压荷载强度、预压加载和卸载程序、预压观测、预压合格判定等的相关规定。碗扣式钢管满堂支撑架的预压试验应参照执行。

3)《建筑施工碗扣式钢管脚手架安全技术规范》JGJ 166 是住房和城乡建设部发布的行业标准专业技术标准，是针对碗扣式钢管脚手架的专业技术标准。该标准是碗扣式钢管双排脚手架和满堂模板支撑架设计、施工的最重要的依据，该标准给出了构配件的材质和质量的基本规定，对碗扣式钢管脚手架的荷载选用、架体设计、构造、施工、检查验收和验收以及安全管理给出了细致而全面的规定。各类碗扣式钢管脚手架的工程应用中应严格执行该强制性标准。

4)《铁路混凝土梁支架法现浇施工技术规程》TB 10110—2011 是原铁道部发布的行业标准。该标准对铁路现浇混凝土梁采用支架现浇工艺（包括碗扣式钢管模板支撑架）做出了全面的安全技术规定，但荷载选取、计算方法、构造要求等与新发布的行业标准《建筑施工碗扣式钢管脚手架安全技术规范》JGJ 166—2016 有所差异。TB 10110 还对各类梁柱式支架（门洞式支架）的设计、施工和验收做出了全面的规定，当满堂支撑架设置梁柱式门洞支架时可参照执行。

本 章 参 考 文 献

[1]　王宇辉，王勇等. 脚手架施工与安全[M]. 北京：中国建材工业出版社：2008.
[2]　余宗明. 脚手架结构计算及安全技术[M]. 北京：中国建筑工业出版社：2007.
[3]　廉嘉平. 国内外模板脚手架研究与应用[M]. 北京：中国建材工业出版社：2014.
[4]　杜荣军. 建筑施工脚手架实用手册[M]. 北京：中国建筑工业出版社：1994.

第4章 碗扣式钢管脚手架试验研究成果

碗扣式钢管脚手架是采用碗扣节点组装而成的钢管支架结构，碗扣式钢管作业脚手架及模板支撑架虽为临时结构，但架体同永久结构一样都是抵抗外荷载的结构物，结构组成上均由各类杆件和连接节点组成，仅用途不同（脚手架用于承受施工荷载并为施工作业提供安全防护，永久结构用于承受投入生产、生活使用阶段的各种活荷载并提供维护、分割作用），更重要的区别是结构可靠度的要求不同。

碗扣式钢管脚手架自问世之初，各国学者从未停止过对其构配件和整体架体力学性能的试验探索，其中的原因，一方面是由于自20世纪80年代我国从英国SGB公司引进碗扣式脚手架产品以来，经不断试制、改良，新的专用斜撑杆、顶部分配梁、可调托撑、专用挑梁等配件不断丰富，投入使用前需经大量的试验测试；另一方面是由于既有的架体真型试验结果数量较少，试验架体搭设参数种类有限，远远不能适应日益复杂的结构施工中变化多样的架体搭设样式，在生产实践当中，各企业、科研单位、院校不断探索新的架体试验方法；其次，结构可靠度理论的不断更新，对架体结构设计不断提出新的要求，为配合脚手架规范的进一步修订，需大量的试验样本的积累，才能找出其中的架体受力规律。

碗扣式钢管脚手架现已具有国家产品标准《碗扣式钢管脚手架构件》GB 24911—2011，该标准对碗扣式钢管脚手架各部件的力学性能和试验方法提出了明确的要求。在安全技术标准方面，住房和城乡建设部发布的行业标准《建筑施工碗扣式钢管脚手架安全技术规范》JGJ 166—2008经修订已发布新版本《建筑施工碗扣式钢管脚手架安全技术规范》JGJ 166—2016，该规范对碗扣式钢管双排操作脚手架和满堂模板支撑架的承载力计算作出了新的规定，并且对架体单立杆极限承载力也给出了上限要求。工程实际应用中，在确保构配件合格的前提条件下，只要严格遵照规范的相关公式和理论进行结构计算，并严格满足规范的构造要求即可满足架体结构的可靠度要求。

本章从构配件试验性能、双排脚手架试验性能、满堂模板支撑架试验性能、节点试验性能四个方面逐一选择各单位实施的有代表性的试验进行描述，对试验方法、试验结果做一简单介绍。其目的是为使用碗扣式钢管脚手架的工程师们系统了解碗扣式钢管脚手架的构配件、整架结构的实际力学性能，进一步了解规范计算理论和公式的来源背景，并对规范计算公式的安全储备情况做到心中有数。

国内主要有下列单位实施了碗扣式钢管脚手架试验：

1）1986年，铁道部第三工程局科研所进行了系列碗扣支架的结构试验，并对可调螺杆、下碗扣焊接抗剪承载力、水平杆接头抗剪承载力进行了系统试验。其中架体结构试验采用的是四管井字方塔架形式，不是真正意义上的真型脚手架试验，但对单立杆的极限承载力确定有一定的参考意义。该试验主要是为当时条件下开发新型碗扣脚手架产品提供支撑材料而实施的。

2）1989 年，星河机器人公司与北京住总集团在中国建筑科学研究院实施了碗扣式钢管双排脚手架力学性能试验，是目前国内最早的碗扣式钢管脚手架真型力学性能试验。

3）2007 年，河北建设集团有限公司、中天建设集团有限公司、清华大学、中国建筑金属结构协会建筑模板脚手架委员会、北京建安泰建筑脚手架有限公司在清华大学实施了 6 组碗扣式钢管双排脚手架的真型力学性能试验。该组试验针对碗扣式钢管双排脚手架在不同边界条件和不同斜杆设置方式下进行了架体的荷载试验，比较了竖向荷载单独作用以及竖向荷载和水平荷载共同作用下脚手架的极限承载力和破坏模式。试验得到设置水平斜杆和廊道斜杆对双排脚手架极限承载力和破坏模式的影响规律，将试验得到的架体极限承载力与按照当时盛行的"铰接"脚手架计算模型得到的架体承载力进行了对比，得到了"按铰接体系方法所得的极限承载力远小于试验承载力"的结论，并分析了其中的原因，进一步分析了立杆连续性、碗扣节点半刚性、架体的整体空间作用对架体承载力的有利影响。在试验基础上，通过理论推导得到了简明的基于"铰接"模型的承载力计算公式，行业标准《建筑施工碗扣式钢管脚手架安全技术规范》JGJ 166—2008 在确定碗扣式钢管双排脚手架的立杆计算长度时借鉴了其结论。可以说，本次试验为行业标准《建筑施工碗扣式钢管脚手架安全技术规范》JGJ 166—2008 的双排脚手架计算模型提供了重要的试验支撑材料。

4）2010 年，在行业标准《建筑施工碗扣式钢管脚手架安全技术规范》JGJ 166 – 2008 发布之后，在当时，尚无针对施工现场搭设情况采用施工实际构件的碗扣式模板支撑架足尺试验。鉴于此，清华大学、北京盛明建达工程技术有限公司在清华大学实施了 3 组碗扣式钢管模板支撑架的真型力学性能试验，这 3 组试验支模架结构尺寸来源于工程实际中常用的架体搭设规格，架体阵列少（平面上仅 4×4 列），但能反映出影响支模架受力性能的主要影响因素，可谓精心设计。本次试验主要研究架体立杆间距与外立面斜撑杆这 2 个因素对架体承载力的影响，通过荷载试验较为全面地得到了极限承载力、破坏形态、荷载位移曲线、应力分布，为后续理论研究提供了验证实例。本次试验还分析了立杆间距变化对架体承载力影响的敏感性、外立面斜撑杆对架体承载力的贡献，而且创新性地给出了支模架侧移报警值的建议值，对规范后续的修订有重要的指导意义。

5）2010 年，为了对碗扣式钢管脚手架新规范修订提供试验支撑材料，并为了进一步认识碗扣式钢管模板支撑架在不同搭设条件下的力学性能，河北建设集团有限公司依托河北省建设科技研究计划项目"关于碗扣式钢管脚手架整体结构荷载试验研究"，在天津大学实施了 8 组碗扣式钢管模板支撑架的真型力学性能试验，比较了分别采用国标碗扣与非国标碗扣的钢管满堂模板支撑架破坏模式和承载力，得到了不同的水平剪刀撑和竖向专用斜杆的设置方式对支撑架极限承载力和破坏模式的影响，并考察了立杆步距、立杆顶部自由外伸长度和高宽比对支撑架极限承载力和破坏模式的影响规律。这是目前国内所见最为系统、考虑因素最为全面的碗扣式钢管模板支撑架的试验研究。本次试验实施后，按空间铰接体系建立了碗扣式钢管脚手架和模板支撑架有限元模型，分析了其极限承载力和破坏模式，并与试验结果进行了对比。根据碗扣式钢管模板支撑架承载力试验结果与有限元分析结果，给出了碗扣式钢管模板支撑架杆件计算长度的建议计算公式，为《建筑施工碗扣式钢管脚手架安全技术规范》JGJ 166—2016 的修订工作提供了重要的科学依据。

4.1 构配件试验性能

既然脚手架是一种受力结构，首先应确保组成架体的构配件、节点具有足够的强度和抗变形能力，确保架体的节点（碗扣节点等）及关键部位（可调托撑、可调底座、顶托分配梁等）不早于杆件进入失效状态。

各类脚手架的脚手架力学性能试验方法应符合附录 G 的规定（附录来源于国家标准《建筑施工脚手架安全技术统一标准》GB 51210—2016 的规定）。

4.1.1 WDJ 构配件试验

1986 年北京铁道部第三工程局科研所对 WDJ 碗扣式钢管脚手架的节点及构配件承载力进行了系统试验研究。试验中研究了下碗扣焊接抗剪承载力、水平杆接头抗剪承载力、上碗扣的偏心张拉极限强度等，该试验主要是为当时条件下开发新型碗扣脚手架产品提供支撑材料，其试验结果促成了当时产品标准《WDJ 碗扣型多功能脚手架构件》TB/T 2292—91 的形成。

1. 加载方式

所采取的下碗扣极限抗剪承载力试验、上碗扣偏心受拉（撕裂）试验、水平杆接头抗弯（剪）试验的加载方式如图 4.1.1-1 所示。

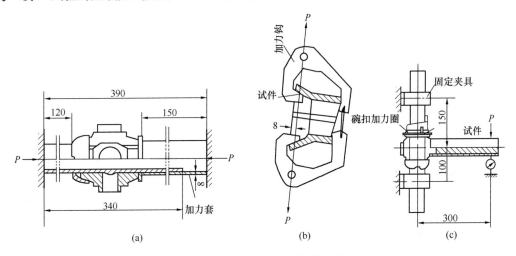

图 4.1.1-1　铁道部试验加载方式

（a）下碗扣抗剪；（b）上碗扣抗拉；（c）水平杆接头抗弯

2. 承载力结果

1）下碗扣抗剪试验中，轴向力加载至 120kN 时，试件无明显变形，下碗扣焊缝无开裂、错位、漆皮无剥落，卸载后无残余变形。

2）上碗扣水平偏心抗拉试验中，水平拉力加载至 30kN 时，上碗扣变形量小于 1.0mm，试件无裂纹，卸载后无残余变形。

3）水平杆接头抗弯（剪）试验中，竖向力加载至 10kN，接头焊缝无开裂、错位、漆皮无剥落，卸载后无残余变形。

上述承载力指标与国家标准《碗扣式钢管脚手架构件》GB 24911—2010、行业标准

《建筑施工碗扣式钢管脚手架安全技术规范》JGJ 166—2016 所规定的碗扣件产品的出厂力学指标有所不同。GB 24911—2010、JGJ 166—2016 所规定的下碗扣组焊后沿立杆方向剪切承载力不小于 60kN；所规定的水平杆接头焊接剪切承载力不小于 25kN，但加载方式有所不同，GB 24911—2010 专门设计了水平杆接头焊接承载力试验，其加载方式为如图 4.1.1-2a 所示的两侧对称加载，而 TB/T 2292—91 的水平杆结构试验为综合承载力试验，包含了单端水平杆接头焊接承载力、接头抗弯能力。GB 24911—2010 与 TB/T 2292—91 规定的上碗扣水平抗拉承载力指标相同，但加载方式略有不同，GB 24911—2010 规定的加载方式如图 4.1.1-2b 所示。

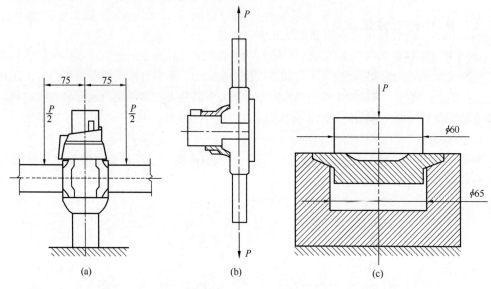

图 4.1.1-2　GB 24911 规定的水平杆接头承载力试验加载方式
（a）水平杆接头焊接承载力；（b）上碗扣抗拉承载力；（c）水平杆接头沿水平杆方向剪切承载力

考虑到水平杆接头插入上下碗扣销紧后沿水平杆方向的抗拔能力（剪切承载力）是一个重要的力学指标，能综合反映水平杆接头和上下碗扣的制作质量，国家标准《碗扣式钢管脚手架构件》GB 24911—2010 给出了该承载能力的最低指标：水平杆接头沿水平杆方向剪切承载力不应小于 50kN，其试验加载方式如图 4.1.1-2c 所示。

此外，作为碗扣式钢管模板支撑架的重要传力构件，顶部可调托撑和底部可调底座的破坏荷载需通过试验进行确定，其试验加载方式分别如图 4.1.1-3a、b 所示。GB 24911—2010 规定可调底座当轴向

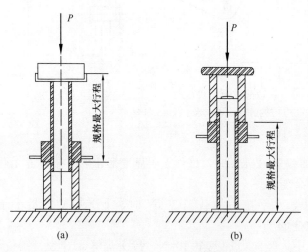

图 4.1.1-3　WDJ 碗扣式钢管脚手架顶托与底座试验加载方式
（a）可调托撑；（b）可调底座

力加载至 100kN 时，底座各部位不应破坏，在此基础上，《建筑施工碗扣式钢管脚手架安全技术规范》JGJ 166—2016 规定可调托撑应与可调底座具有同等的承载力（这与扣件式钢管脚手架的可调托撑承载力的规定不同，《建筑施工扣件式钢管脚手架安全技术规范》JGJ 130—2011 规定可调托撑的承载力不低于 50kN）。

综合考虑水平杆的抗弯强度、变形控制、接头焊接承载力后，WDJ 碗扣式钢管脚手架的常用水平杆允许外荷载可参照表 4.1.1 采用，荷载作用示意图如图 4.1.1-4 所示；综合考虑各连接部位的连接强度、杆件承载力后，窄挑梁的允许均布荷载 $Q_{max}=1.5$kN，宽挑梁的允许均布荷载 $Q_{max}=3.5$kN，最大允许集中荷载 $P_{max}=1.5$kN，荷载作用示意图如图 4.1.1-5、图 4.1.1-6 所示；悬挑梁的允许均布荷载 $Q_{max}=5.0$kN，最大允许集中荷载 $P_{max}=10.0$kN，荷载作用示意图如图 4.1.1-7 所示。

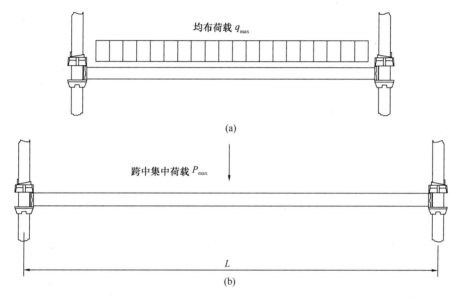

(a)

(b)

图 4.1.1-4　水平杆最大承载力示意图

（a）均布荷载示意图；（b）跨中集中荷载示意图

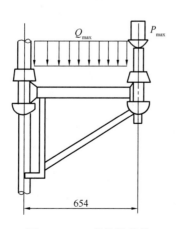

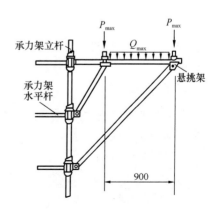

图 4.1.1-5　窄挑梁荷载
示意图

图 4.1.1-6　宽挑梁荷载
示意图

图 4.1.1-7　悬挑架荷载
示意图

水平杆规格	允许均布荷载 q_{max} (kN/m)	允许跨中集中力 P_{max} (kN)
SPG-90	14.81	6.77
SPG-120	11.11	5.08
SPG-150	8.80	4.06
SPG-180	7.40	3.39

WDJ 碗扣式钢管脚手架水平杆允许外荷载 表 4.1.1

4.1.2 CUPLOK 构配件试验

CUPLOK 碗扣式钢管脚手架的立杆采用 Q345 级高强钢材立杆，上碗扣和水平杆及斜杆接头采用锻造成形，构件及节点的力学性能有了较大提升。

1）碗扣节点整体受力性能

国内有关碗扣式钢管脚手架生产企业按照国家标准《碗扣式钢管脚手架构件》GB 24911—2010 规定的加载方式对 CUPLOK 碗扣节点进行了整体抗剪综合试验（涵盖了水平杆接头抗弯（剪）试验以及下碗扣组焊后沿立杆方向剪切承载力），承载力平均值达 118kN（GB 24911—2010 规定 WDJ 脚手架的水平杆接头抗弯（剪）承载力不低于 25kN，下碗扣抗滑承载力不低于 60kN），如图 4.1.2-1a 所示。

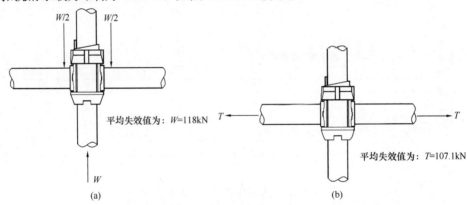

图 4.1.2-1 CUPLOK 碗扣节点整体受力试验加载示意图
（a）碗扣节点抗剪；（b）碗扣节点抗拉

图 4.1.2-2 CUPLOK 碗扣节点水平杆
抗拉试验加载装置

对实际组装后的节点进行水平杆接头的抗拉承载力试验，得到抗拉承载力平均值为 107.1kN（GB 24911—2010 规定水平杆接头抗拉承载力不低于 50kN），如图 4.1.2-1b 所示。试验加载装置如图 4.1.2-2 所示，试件破坏形态如图 4.1.2-3 所示。

2）可调螺杆受力性能

CUPLOK 高强碗扣式钢管脚手架的可调托撑和可调底座的构造与传统的 WDJ 碗扣式钢管脚手架的可调托撑和可调底座构造方式不同。CUPLOK 顶托和底座统一采用相同规格的 20 号

 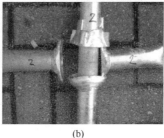 

(a)   (b)   (c)

图 4.1.2-3　节点水平杆抗拉试件破坏形态

(a) 试件 1；(b) 试件 2；(c) 试件 3

无缝钢管可调螺杆，外径 ϕ38mm，一端不带有丝牙，该端不管作为顶托还是底座，始终插入钢管，长度不小于 150mm，实际使用方式决定了该端部一定长度范围内无需设置丝牙。钢板顶托和底座均可拆卸，通过销钉与螺杆相连，为多功能螺杆，其构造如图 4.1.2-4 所示。

对 CUPLOK 多功能可拆卸式可调螺杆进行了轴心抗压承载力试验，加载方式如图 4.1.2-5 所示。

   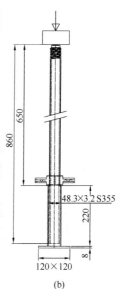

(a)   (b)   (a)   (b)

图 4.1.2-4　CUPLOK 多功能 　　　　　图 4.1.2-5　CUPLOK 多功能可拆卸式

可拆卸式可调螺杆 　　　　　　　　　　可调螺杆试验加载方式

(a) 作顶托使用；(b) 作底座使用 　　　　(a) 加载装置；(b) 试件尺寸

所实施的 3 个螺杆试件的轴心受压承载力分别为：144kN、137kN、140kN（GB 24911—2010 规定顶托和底座的受压承载力不低于 100kN），其破坏形态如图 4.1.2-6 所示。

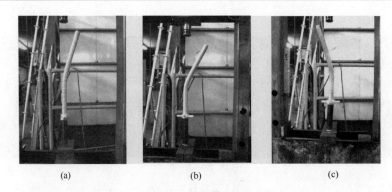

(a)　　　　　　　　　(b)　　　　　　　　　(c)

图 4.1.2-6　CUPLOK 多功能可调螺杆轴心受压破坏形态

(a) 试件 1；(b) 试件 2；(c) 试件 3

4.2　双排脚手架试验性能（一）

1989 年，航空航天工业部星河机器人公司与北京住总集团在中国建筑科学研究院抗震实验室实施了碗扣式钢管双排脚手架力学性能试验，这是目前国内最早的碗扣式钢管脚手架真型力学性能试验。该试验的主要目的是验证在架体机动分析基础上提出的基于铰接模型的几何不变体系理论的有效性。试验之前提出的几何不变体系理论的基本假设为：1) 脚手架的杆件之间的连接为铰接；2) 双排脚手架在大面内只要在每层设置一根斜杆即可保证在该平面内架体为几何不变的静定结构体系；3) 两排立杆间无斜杆的脚手架，其平面外结构通过每步或隔步设置连墙件即能保证该方向为几何不变的静定结构体系，但立杆的计算长度需取为连墙件的竖向间距。

4.2.1　试验设计

选用的试验脚手架如图 4.2.1 所示，架体总高 8.4m，立杆纵向间距 1.2m，横向间距

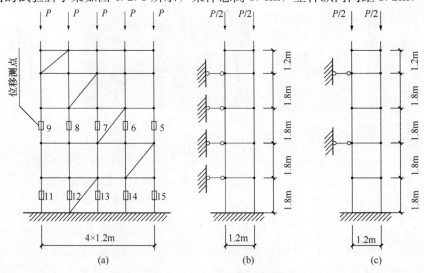

(a)　　　　　　　　　(b)　　　　　　　　　(c)

图 4.2.1　试验方案示意图

(a) 正立面图；(b) 方案 1 侧立面图；(c) 方案 2 侧立面图

1.2m，架体与建筑物的拉接分别采用在 1.8m 和 3.6m 高处设置连墙件两种。上部采用千斤顶施加荷载，每个千斤顶上装 BHR—4 型荷载传感器，通过仪器打印记录荷载数值。在脚手架的一层和三层的立杆上安装 CY—100 型电测位移传感器，测量其在荷载下的凸出位移。通过 UCAM—8BL 万能数字系统自动打印记录。

4.2.2 加载制度

加荷程序按与反力墙的连墙件竖向间距分为两种：

1）连墙件竖向间距为 1.8m 时，第一次加荷 30kN；第二次加荷到 60kN，以后每次加荷 3kN，直到破坏；

2）连墙件竖向间距为 3.6m 时，第一次加荷 10kN；第二次加荷到 20kN，以后每次加荷 3kN，直到破坏。

初始加荷值（包括千斤顶、传感器、钢横梁及铁块重量）每个 P 为 2.5kN，分配至单杆为 1.25kN。

4.2.3 试验结果

两个试验在整个加荷过程中均未看到明显的变形出现（但从立杆中间侧位移的记录可以看出侧位移随荷载的增加而增加），破坏是突然发生的，整个架子产生了突然倾斜，而使千斤顶脱位，不能继续加荷，说明是由立杆失稳而破坏。其破坏荷载值见表 4.2.3。

碗扣式钢管双排脚手架试验结果汇总

表 4.2.3

		连墙件竖向间距1.8m		连墙件竖向间距3.6m	
	测点编号	单杆破坏荷载（kN）	位移（mm）	单杆破坏荷载（kN）	位移（mm）
加载值	0	55.1		26.5	
	1	56.8		26.6	
	2	53.1		24.8	
	3	56.1		26.6	
	4	57.35		26.6	
位移值	5		3.01		9.81
	6		0.02		11.57
	7		4.89		16.44
	8		0.50		11.85
	9		3.84		15.69
	10		1.39		0.00
	11		1.66		0.72
	12		1.37		0.40
	13		0.39		0.00
	14		0.89		1.45
单杆承载力平均值（kN）		55.65＋1.25＝56.9		26.2＋1.25＝27.45	

4.2.4　试验结论

按照本试验实施前的基本假定：杆件的连接为铰接、立杆计算长度取连墙件间的垂直距离，计算立杆的极限承载力，并与试验结果进行对比，对比结果如表 4.2.4 所示。

立杆承载力计算与试验结果对比　　　　　　表 4.2.4

试验方案	立杆计算长度（m）	λ	计算结果（kN）	试验结果（kN）
1	1.8	113.9	51.59	57
2	3.6	227.8	14.52	27.45

从单杆承载力的计算结果与试验结果的对比可以得到以下结论：

1）对于架体每步设置连墙件时，试验结果与计算结果极为接近；当隔步设置连墙件时，试验结果较计算结果大了将近一倍。

2）施工现场采取每步一设连墙件是难以做到的，通常采取隔 2 步或 3 步设置一道连墙件，这种情况下，立杆计算长度取连墙件间的垂直距离是不恰当的，应当进行修正。

3）双排脚手架 2 步设置一道连墙件得到的单杆承载力 2.75t 满足工程需要，考虑 2.0 的安全系数，在立杆纵距和横距均为 1.2m，步距为 1.8m 的架体尺寸条件下，单杆承载力可达到 1.38t，满足工程需要。

4.3　双排脚手架试验性能（二）

2007 年，河北建设集团有限公司、中天建设集团有限公司、清华大学、中国建筑金属结构协会建筑模板脚手架委员会、北京建安泰建筑脚手架有限公司在清华大学土木工程系结构试验室实施了 6 组碗扣式钢管双排脚手架的真型力学性能试验，该试验是碗扣式钢管双排脚手架较为系统的承载力分析试验。本节将从试验设计、加载制度、数据采集、试验结果等方面简要描述本次试验的基本情况。

4.3.1　试验设计

试验采用足尺模型，6 组试验架体的基本搭设参数均为：立杆纵距×立杆横距×水平杆步距为＝1.5m×1.2m×1.8m，其中最顶一个步距为 1.2m，扫地杆离地间距为 0.3m，连墙件水平间距为 3 跨，按照不同的连墙件竖向间距、是否设置水平斜杆、是否设置廊道斜杆（横向斜撑）、是否设置顶部自由端等不同的架体构造情况，所设计的 6 组试验方案如表 4.3.1 所示。

脚手架试验方案　　　　　　表 4.3.1

试验方案	连墙件竖向间距（m）	加载方式与斜杆布置方式
1		竖向荷载作用，无水平斜杆，无廊道斜杆
2	3.6＋3.6	竖向荷载作用，连墙件高度位置设置水平斜杆，最上面一步每列立杆设廊道斜杆
3		水平荷载和竖向荷载共同作用，无水平斜杆，最上面一步每列立杆设廊道斜杆

续表

试验方案	连墙件竖向间距（m）	加载方式与斜杆布置方式
4		竖向荷载作用，无水平斜杆，每列立杆每步设置廊道斜杆
5	5.4+3.0	竖向荷载作用，连墙件高度位置设置水平斜杆，每列立杆每步设置廊道斜杆
6	模拟上部悬臂端高0.9	竖向荷载作用

　　试验现场如图 4.3.1-1 所示，6 组试验示意图分别如图 4.3.1-2～图 4.3.1-7 所示。各方案杆件均选用直径为 48mm，壁厚为 3.2mm 的 Q235 钢管。

图 4.3.1-1　双排脚手架试验现场概况

4.3.2　简化计算与有限元模拟

　　加载前为预估试验脚手架的受力规律，摸清架体失稳模态，并初步获得其极限荷载以便为荷载的分级施加有大致的了解，首先采用基于铰接理论的单杆简化计算模型和有限元方法对试验脚手架进行预估计算。预估计算的另一目的是将模拟结果与试验结果进行对比，以发现传统铰接计算理论的不足，并对相关计算公式进行修正。

　　采用基于铰接理论的单杆简化计算模型进行计算时，是利用轴心受压单立杆的极限荷载模拟整架的极限荷载，计算采用欧拉压杆稳定计算公式。其中立杆的计算长度是模型简化的核心所在，计算中，当设置廊道斜杆时，立杆的计算长度取为架体步距；当不设置廊道斜杆时，立杆计算长度取连墙件间的竖向距离。该计算假定是长期以来占据主导地位的双排脚手架计算模型，较为直观，是在结构力学基础上最简化的抽象，且能够与实际脚手架破坏时的立杆波鼓曲线相协调，能够为广大工程师所接受。行业标准《建筑施工碗扣式钢管脚手架安全技术规范》JGJ 166—2008 就是在这一铰接理论之上进行了修正。

　　采用该理论计算得到的立杆极限承载力参见表 4.3.6。

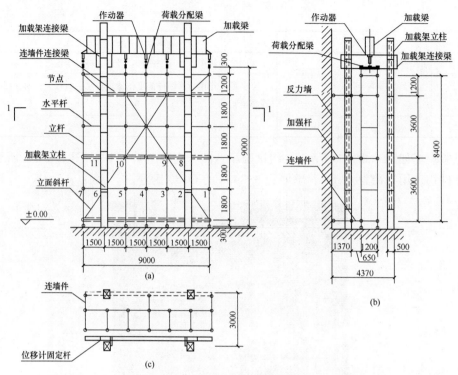

图 4.3.1-2　方案 1 示意图

（a）正立面图（单位：mm）；（b）侧立面图（单位：mm）；（c）1-1 剖面图（单位：mm）

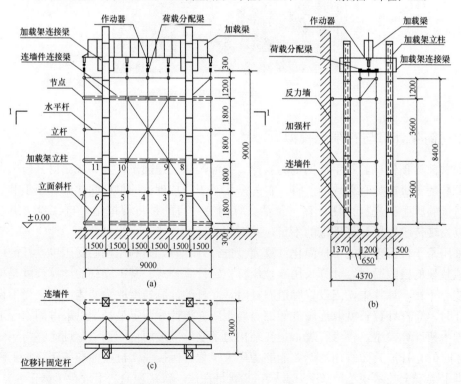

图 4.3.1-3　方案 2 示意图

（a）正立面图（单位：mm）；（b）侧立面图（单位：mm）；（c）1-1 剖面图（单位：mm）

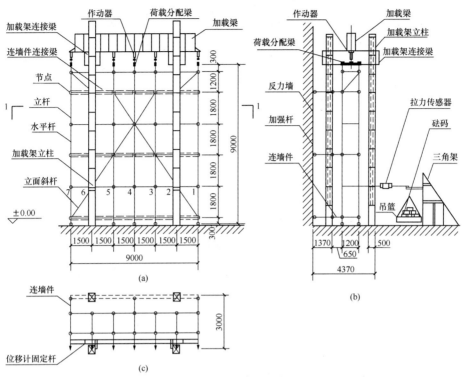

图 4.3.1-4　方案 3 示意图

（a）正立面图（单位：mm）；（b）侧立面图（单位：mm）；（c）1-1 剖面图（单位：mm）

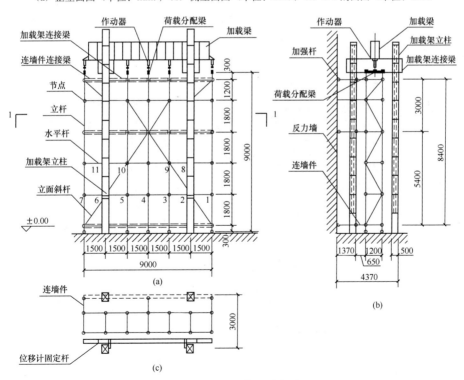

图 4.3.1-5　方案 4 示意图

（a）正立面图（单位：mm）；（b）侧立面图（单位：mm）；（c）1-1 剖面图（单位：mm）

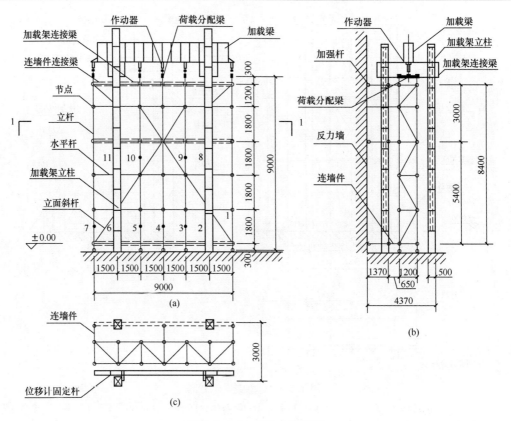

图 4.3.1-6　方案 5 示意图

（a）正立面图（单位：mm）；（b）侧立面图（单位：mm）；（c）1-1 剖面图（单位：mm）

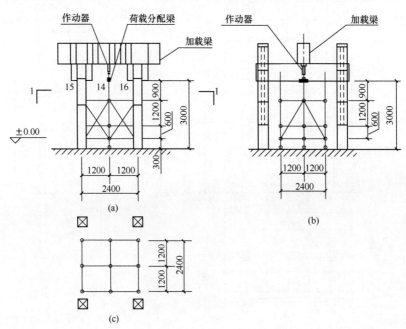

图 4.3.1-7　方案 6 示意图

（a）正立面图（单位：mm）；（b）侧立面图（单位：mm）；（c）1-1 剖面图（单位：mm）

采用 ANSYS 有限元软件的 LINK8 桁杆单元（两端铰接）模拟钢管脚手架的立杆、水平杆和斜杆，钢管规格为 $\phi48\times3.2$，钢材为 Q235，每根杆件划分为 1 个铰接单元。依据试验实际情况施加相应的约束和集中荷载，以方案 1 为例，试验脚手架的有限元模型如图 4.3.2 所示。

有限元模拟得到的各试验方案下立杆极限承载力参见表 4.3.6。

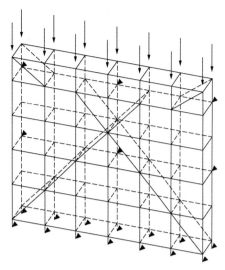

图 4.3.2 试验脚手架
有限元模型图

4.3.3 试验设备

试验中通过在加载梁上安装 7 个作动器的方法对构件顶端施加竖向压力，每个作动器的压力施加于同列两根立杆上，作动器通过液压稳压系统控制，可以保证施加荷载数值的稳定性，实现各加载点的同步加载。试验加载设备包括：作动器、反力架、荷载分配梁、加载梁、吊篮、砝码、三脚架、反力墙等。

测量设备包括：位移计、应变片、压力传感器、拉力传感器、IMP 数据采集系统等。

试验脚手架底部固定于试验台座上，试验室台座地锚孔间距为 0.5m 和 1m 间隔分布，每个地锚孔可承受 30t 载荷。由于脚手架与反力墙相隔较远，脚手架侧面不能直接通过连墙件与反力墙相连。故在反力墙与加载架立柱间设置加强杆，再在连墙件高度处设置横梁，脚手架侧面的连墙件通过与横梁相连起到连接效果。

4.3.4 加载制度

加载前，为确定荷载施加的大小，先按照理论计算预估架体能承受的极限荷载。为获得稳定的承载力临界值，采取分级加载，荷载分级较细，分为预加载、正式加载和卸载三个步骤，具体荷载步施加如下：

1. 预加载

对脚手架各立杆顶端施加 5%～10%的计算极限荷载，并保持 5min。同时，检查并调试加载装置和测试仪器的工作情况。

2. 正式加载

1）加载至计算极限荷载的 20%，持荷 5～10min；

2）加载至计算极限荷载的 40%，持荷 5～10min；

3）加载至计算极限荷载的 60%，持荷 5～10min；

4）加载至计算极限荷载的 80%，持荷 5～10min；

5）此后，每级增加荷载为计算极限荷载的 10%，持荷 10min；

6）持续加载直至脚手架破坏，持荷 10min。

每级荷载施加过程中，根据架体杆件的实际变形判断下一级荷载施加后是否导致架体失稳，如有失稳前兆，将荷载再次细分，保证极限荷载的准确获得。

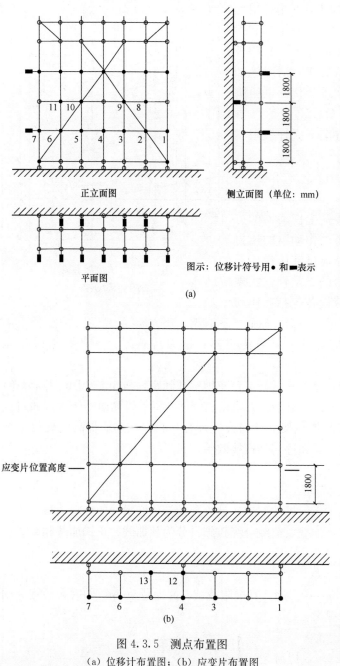

正立面图　　　　　　　侧立面图（单位：mm）

图示：位移计符号用 ● 和 ■ 表示

平面图

(a)

(b)

图 4.3.5　测点布置图

（a）位移计布置图；（b）应变片布置图

3. 卸载

一次性卸除所有荷载。

4.3.5　数据采集

数据采集主要包括作用荷载、测点位移和应变数据的测量和记录。作用荷载的数值通过作动器内置或外置的力传感器精确测量，精度可达到 0.01kN。电子位移计和应变片采用接触式测量方式，将机械传动测量值经电信号转化，再通过采集系统记录量测数据，并写入数据库文件。试验过程中能实现连续测量，精度可达到 0.001mm，连续采集最小时间间隔为 1s。

1. 测点布置原则

1）参照有限元计算结果，选取位移较大处布置测点；

2）考虑连墙件的作用，在无连墙件立杆上布置测点；

3）考虑脚手架和荷载的对称性，对称位置尽量不重复布置测点。

2. 测点布置位置

为得到架体在失稳临界状态的空间变形姿态，通过在控制点处设置应变计获取代表点位的位移；通过在最底步立杆上设置应变片获取脚手架失稳状态下的杆件应力。

方案 1 架体上位移计和应变片的设置位置和编号如图 4.3.5 所示，以后每个方案实施时根据上一个试验方案的实测数据，并结合有限元计算结果，对局部测点进行增减，重新确定最大变形位置，确定本次试验方案的测点。

4.3.6　试验结果

各试验方案的变形、应力、承载力结果见表 4.3.6。

碗扣式钢管双排脚手架试验结果

表 4.3.6

方案	架体构造及加载方式	外排架屈曲变形图	测点荷载位移曲线	位移、极限荷载	
1				面内最大侧移 x_{max}	4mm
				面外最大侧移 y_{max}	38mm
				破坏应力 σ_{max}	200MPa
				单杆试验极限荷载 P_{cr}	33.5kN
				铰接单杆简化模型极限荷载 P_{cr0}	14kN
				铰接模型有限元计算极限荷载 P_{cr1}	15kN
				破坏形态	无连墙件立杆发生面外屈曲
2				面内最大侧移 x_{max}	2mm
				面外最大侧移 y_{max}	−17mm
				破坏应力 σ_{max}	170MPa
				单杆试验极限荷载 P_{cr}	41kN
				铰接单杆简化模型极限荷载 P_{cr0}	14kN
				铰接模型有限元计算极限荷载 P_{cr1}	15kN
				破坏形态	无连墙件立杆发生面外屈曲

续表

方案	架体构造及加载方式	外排架屈曲变形图	测点荷载-位移曲线	位移、极限荷载	
3			 测点荷载-位移曲线 （施加水平荷载时，每根立杆已承受11kN竖向荷载）	面内最大侧移 x_{max}	—
				面外最大侧移 y_{max}	−82mm
				破坏应力 σ_{max}	250MPa
				单杆试验极限荷载 P_{cr}	26.5kN
				铰接单杆简化模型极限荷载 P_{cr0}	11kN
				铰接模型有限元计算极限荷载 P_{cr1}	11kN
				破坏形态	无连墙件立杆发生面外屈曲
4				面内最大侧移 x_{max}	—
				面外最大侧移 y_{max}	−7mm
				破坏应力 σ_{max}	200MPa
				单杆试验极限荷载 P_{cr}	75kN
				铰接单杆简化模型极限荷载 P_{cr0}	50kN
				铰接模型有限元计算极限荷载 P_{cr1}	52.5kN
				破坏形态	无连墙件立杆发生面外屈曲

续表

方案	架体构造及加载方式	外排架屈曲变形图	测点荷载-位移曲线	位移、极限荷载	
5	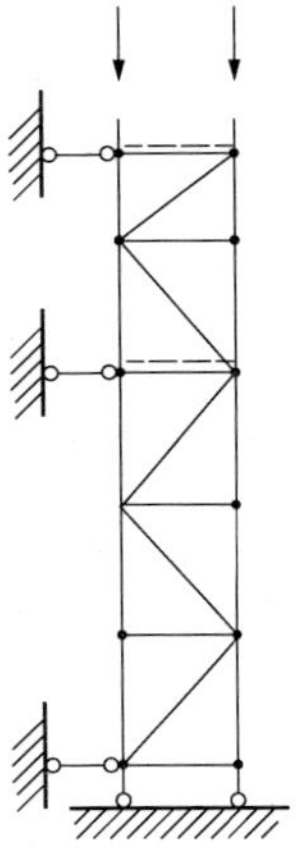	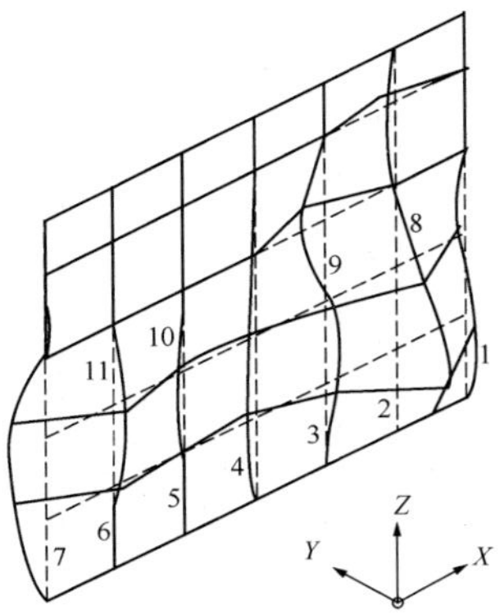	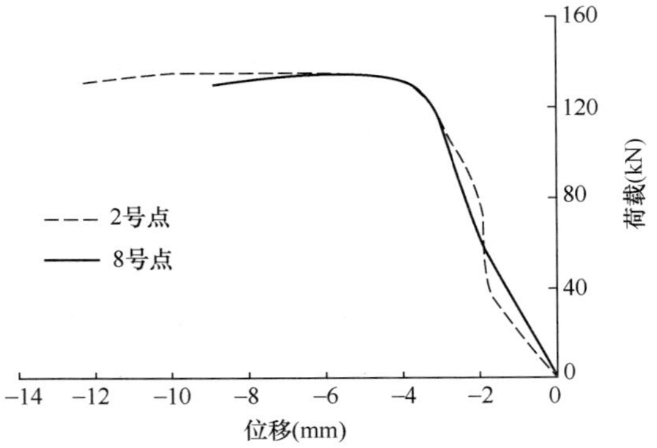	面内最大侧移 x_{max}	−7mm
				面外最大侧移 y_{max}	−12mm
				破坏应力 σ_{max}	190MPa
				单杆试验极限荷载 P_{cr}	67kN
				铰接单杆简化模型极限荷载 P_{cr0}	50kN
				铰接模型有限元计算极限荷载 P_{cr1}	52.5kN
				破坏形态	无连件件立杆发生面外屈曲

注：1. 架体构造简图中的水平虚线----代表该处设置连墙件的位置之字形水平斜杆；

2. 表中得到的试验荷载均未考虑加载设备的重量；

3. 方案3的加载方式为：先对立杆施加竖向荷载11kN，然后在1.8m高水平杆位置施加1.8kN水平荷载作用，再将竖向荷载施加至架体失稳。

4.3.7 试验结论

为比较各种构造条件下的架体力学性能，现将本次试验的承载力、变形结果汇总列表于表 4.3.7。

碗扣式钢管双排脚手架试验结果汇总 表 4.3.7

试验方案	1	2.	3	4	5
架体构造及加载方式					
	竖向荷载作用，无水平斜杆，无廊道斜杆	竖向荷载作用，连墙件高度位置设置水平斜杆，最上面一步每列立杆设廊道斜杆	水平荷载和竖向荷载共同作用，无水平斜杆，最上面一步每列立杆设廊道斜杆	竖向荷载作用，无水平斜杆，每列立杆每步设置廊道斜杆	竖向荷载作用，连墙件高度位置设置水平斜杆，每列立杆每步设置廊道斜杆
连墙件竖向间距（m）	3.6+3.6			5.4+3.0	
单杆试验极限荷载 P_{cr}（kN）	33.5	41	26.5	75	67
铰接单杆简化模型极限荷载 P_{cr0}（kN）	14	14	11	50	50
面外最大变形（mm）	38	−17	−82	−7	−12

从表 4.3.7 可以得出以下结论：

1）双排脚手架变形主要发生在架体平面外，平面内变形很小。

双排脚手架是一种特殊的施工临时结构，其结构形式与满堂脚手架或满堂支撑架有本质的区别：双排脚手架虽然由两榀平行的框架型结构组成，但短方向（横向）的尺寸远远小于架体长方向（纵向）和高度方向的尺寸，架体在纵向平面内借助斜杆或剪刀撑形成自身刚度较大的几何不变体系，具有较强的抗侧刚度；而在短方向的尺寸远小于架体高度，在该方向即使有连墙件作为外部支撑约束条件，该方向的抗侧刚度还是要弱很多。竖向荷载作用下，对双排脚手架这样双向抗侧刚度如此悬殊的"片状"结构，其失稳变形自然是在架体平面外发生。

2）双排脚手架无论是否设置水平斜杆或廊道斜杆，其失稳形态都强烈依赖于连墙件的布置。

从以上方案1～方案5的外排架体的面外变形图来看，各种试验条件下，架体的最大屈曲变形总是发生在无连墙件处的立杆，有连墙件处的立杆受其牵连也发生面外屈曲变形，但不起控制作用。

当连墙件按竖向间距2步或3步设置时，双排脚手架的主要破坏形式是杆列组成的竖向桁架的在抗弯刚度较弱的面外方向（横向）呈现出多波鼓曲失稳破坏（图4.3.7a），进一步对比可以发现，该波长大于步距，但小于连墙件间竖向垂直距离，这说明立杆的计算长度大于架体步距，但小于连墙件竖向垂直距离。在此基础上进一步的有限元分析发现：当连墙件作稀疏布置，其竖向间距大到4～6步时，双排脚手架是在横向大波鼓曲失稳破坏（图4.3.7b），这种失稳破坏的承载力低于前一种破坏形式，规范中双排脚手架的计算公式是根据连墙件按小于或等于3步设置的条件确定的，否则，计算公式的应用条件也不再成立。

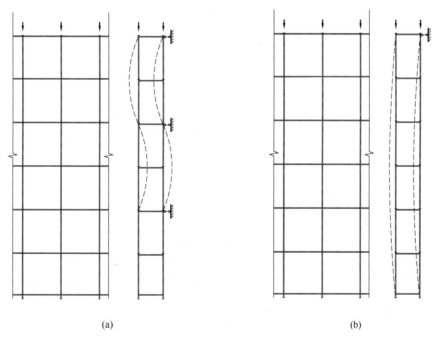

(a)   (b)

图4.3.7 双排脚手架失稳破坏与连墙件的布置关系
(a) 多波鼓曲失稳破坏；(b) 横向大波鼓曲失稳破坏

由此可见，连墙件是确保双排脚手架稳定性的"灵魂"，其设置方式对脚手架承载力和变形影响十分明显。行业标准《建筑施工碗扣式钢管脚手架安全技术规范》JGJ 166的2008版和2016版均将双排脚手架的构造要求列为强制性条文，且架体稳定性的计算公式均依赖于连墙件的设置间距。

3）水平斜杆的设置能有效减小脚手架的面外变形，并能在一定程度上提高脚手架承载力，在很大程度上提高架体的抗侧刚度。

究其原因，在连墙件的设置层设置之字形连续斜撑杆，相当于在该水平位置设置了一道水平加强桁架，对架体整体起到了劲性骨架的增强作用，且该位置的连墙件为该水平桁架提供了约束支座。该水平桁架有效地为无连墙件位置的立杆提供了弹性约束，降低了其计算长度。

在脚手架搭设较高时，尤其是在高度超过 24m 时，水平斜杆的设置将明显提高架体的稳定性和承载力能力。鉴于此行业标准《建筑施工碗扣式钢管脚手架安全技术规范》JGJ 166 的 2008 版和 2016 版均规定"当双排脚手架高度在 24m 以上时，顶部 24m 以下所有的连墙件设置层应连续设置之字形水平斜撑杆，水平斜撑杆应设置在纵向水平杆之下"。

4）设置廊道斜杆能够显著减小脚手架平面外变形，提高脚手架承载力。

从试验结果来看，设置了廊道斜杆后，架体的极限承载力提高了约 100%。因为廊道斜杆的设置相当于在架体中设置了竖向加强桁架，明显提升架体的抗侧刚度。但应该注意的是：试验方案 4 和方案 5 中的廊道斜杆设置方式是每列立杆每步均设置，实际施工中是不可能做到的（一方面降低架体搭设工效，增加成本；另一方面，廊道斜杆严重影响作业脚手架上人员通行和操作，降低了脚手架的实用性）。

但廊道斜杆的设置对架体的整体加强作用是不容小视的，也正是这个原因，在扣件式钢管脚手架的应用方面，行业标准《建筑施工扣件式钢管脚手架安全技术规范》JGJ 130—2011 规定："6.6.4 双排脚手架横向斜撑的设置应符合下列规定：1　横向斜撑应在同一节间，由底至顶层呈之字形连续布置；2　高度在 24m 以下的封闭性双排脚手架可不设横向斜撑，高度在 24m 以上的封闭型脚手架，除拐角应设置横向斜撑外，中间应每隔 6 跨距设置一道"、"6.6.5 开口型双排脚手架的两端均必须设置横向斜撑"，这里所说的"横向斜撑"即为廊道斜杆。但行业标准《建筑施工扣件式钢管脚手架安全技术规范》JGJ 130—2011 在双排脚手架的计算中并未考虑横向斜撑对承载力的贡献，而仅作为一种加强构造措施。

廊道斜杆对双排脚手架的承载力提高作用如此明显，但每列立杆每步均设置是不现实的。廊道斜杆的加强作用同样在碗扣式钢管脚手架的安全技术规范中得到了体现：行业标准《建筑施工碗扣式钢管脚手架安全技术规范》JGJ 166 的 2008 版和 2016 版分别规定"在封圈的脚手架拐角处及一字型脚手架端部应设置竖向通高斜杆"、"在双排脚手架的转角处、开口型双排脚手架的端部应各设置一道竖向斜撑杆"，这里所述的"通高斜杆"、"竖向斜撑杆"也即为廊道斜杆。很明显，碗扣式钢管脚手架的安全技术规范中也仅是将廊道斜杆的设置作为架体端部的一种加强构造措施，计算中也未考虑其对立杆承载力的贡献（毕竟没达到每列均设置）。

但同时发现，对于每列立杆每步设置廊道斜杆的脚手架，设置水平斜杆（方案 4）与不设置水平斜杆（方案 5）对架体的承载力影响不大（从本次试验来看，设置了水平斜杆反而承载力略有下降，当然这是试验结果的离散性造成的），毕竟每列设置廊道斜杆对架体的加强作用太过显著，此种条件下水平斜杆的加强作用得不到显著体现。

5）水平荷载作用显著降低架体的承载力，增加架体面外变形。

这一点很容易从结构原理的角度得到解释，压弯联合作用将会明显增加柔性结构的 P-Δ 效应，降低结构的竖向承载能力，并显著增大竖向结构的挠曲变形。也正是这个原因，双排脚手架对风荷载作用比较敏感，架体的承载力和允许搭设高度受到风荷载的较大制约。

6）常用的架体搭设参数满足承载力要求。

此处所述常用搭设参数是指：对 Q235 级钢材碗扣式钢管脚手架，立杆纵距不超过 1.5m，横距不超过 1.2m，步距不超过 1.8m，连墙件按竖向间距 2 步或 3 步、水平间距不超过 3 跨设置。上述架体搭设参数为碗扣式钢管双排脚手架的常用结构参数，工程实际中一般不会超越这些指标。从试验结果来看，在不设置水平斜杆、不设置廊道斜杆、有水平荷载作用的最不利工况下，立杆的承载力极限值可以达到 26.5kN，与第 4.2 节试验得到的单杆承载力极限值 27.45kN 非常接近，考虑 2.0 的安全系数，单杆承载力可以达到 1.3t，满足一般使用条件下的荷载要求（设置二层装修作业层、二层作业脚手板、外挂密目安全网封闭、基本风压不超过 $0.6kN/m^2$，场地地面粗糙程度为 C 类）。

进一步比较 4.2 节试验结果还可以发现，立杆纵距由 1.2m 调整到 1.5m，立杆的极限承载力无明显变化。

4.4 WDJ 模板支撑架试验性能（一）

2010 年，清华大学、北京盛明建达工程技术有限公司依托铁道部科技研究开发计划重点课题资助项目，在清华大学实施了 3 组 WDJ 普通碗扣式钢管模板支撑架（杆件均采用 Q235 级钢材制）的足尺试验。这是在行业标准《建筑施工碗扣式钢管脚手架安全技术规范》JGJ 166—2008 发布之后，按照工程实际中常用的架体搭设规格设计的试验，其出发点是为研究立杆间距和外立面斜撑因素对脚手架承载力的影响，通过实验加载得到了架体的极限承载力、破坏形态、荷载—位移曲线以及应力分布等，为后续理论研究提供验证实例。本次试验还分析了立杆间距变化对架体承载力影响的敏感性、外立面斜撑杆对架体承载力的贡献，而且创新性地给出了支模架侧移报警值的建议值，对规范后续的修订有重要的指导意义。

4.4.1 试验设计

试验采用足尺模型模拟满堂支撑架，三组支撑架试验架体立杆均采用平面布置 4×4 列，共 16 根立杆，架体从地面到可调托撑顶面距离共 8m：扫地杆离地高度 0.7m＋底步距 0.6m＋标准步距 1.2m×5＋立杆顶部自由外伸长度 0.7m，其中由于实验室反力架的总高度限制，在保证尽可能高的架体和固定层数前提下，采用 5 层等间距步距和 1 层加密步距的布置方式。经过有限元模型的初步分析得知，加密步距位于底部时对架体承载力的影响最小，因此最后把加密步距布置在底部。

本次试验所设计的支撑架平面尺寸较小，仅 4×4 列，16 根立杆，主要考虑到因素为：4×4 列立杆范围能模拟立杆均匀受力的现浇混凝土施工区域，如厚板区域、大梁区域等；4×4 列范围恰恰是满堂模板支撑架的单元框架区域（按照现行各类模板规范或脚手架规范，架体剪刀撑应沿纵横向均匀分布，因此纵横竖向剪刀撑将架体平面切分为若干单元框架区域，常用的剪刀撑跨距为 4 跨，上限为 6 跨）。

方案 1 和方案 2 的架体外立面不设置斜杆，方案 3 架体外立面设置通高斜杆。所设计的 3 组试验方案如表 4.4.1-1 所示。

模板支撑架试验方案 表 4. 4. 1-1

试验方案	立杆间距×跨数	外立面斜杆设置
1	0.9m×3	无
2	1.2m×3	无
3	1.2m×3	有

试验中全部使用未经特殊处理的全新实际工程构件，各方案杆件均选用直径为 48mm，壁厚为 3.2mm 的 Q235 钢管，所有构件无初始弯曲和明显锈蚀，所用构件参数如表 4.4.1-2 所示。

构 件 参 数 表 4. 4. 1-2

名称	型号	长度 （m）	壁厚 （mm）	外径 （mm）	质量 （kg）
立杆	LG—300	3.0	3.00	48	13.96
	LG—240	2.4	3.00	48	11.65
	LG—120	1.2	3.00	48	6.10
横杆	HG—120	1.2	2.75	48	4.23
	HG—90	0.9	2.75	48	3.05
可调托撑	KTC—600	0.6	4.00	37	3.90
可调底座	KTZ—600	0.6	4.00	37	3.10

试验现场如图 4.4.1-1 所示，方案 3 架体示意图如图 4.4.1-2 所示。

图 4.4.1-1 模板支撑架试验现场概况

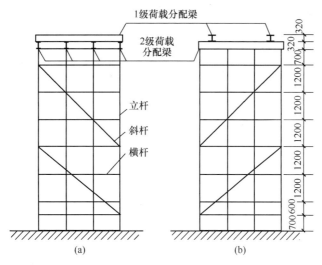

图 4.4.1-2 方案 3 示意图

（a）北立面；（b）东立面

（方案 1、方案 2 外立面不设斜杆）

4.4.2 加载制度

模板支撑架普遍应用于大面积、大体积构件浇筑支模中，所以在较小范围内立杆轴力基本相等。为模拟这种受力情况，使试验中各立杆受力均匀，设计了双层分配梁体系：1 级分配梁 2 根，采用 HK300C 热轧 H 形钢加工制成；2 级分配梁 4 根，采用 32b 热轧工字钢加工制成。分配梁体系布置如图 4.4.2 所示。

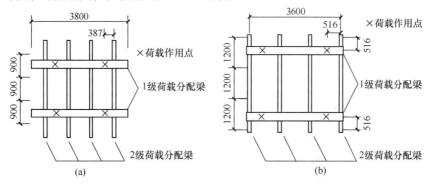

图 4.4.2 试验加载系统

（a）方案 1；（b）方案 2 和方案 3

该分配梁体系具有足够刚度，即使某根单杆出现失稳而局部不能承载，这 4 个作用点仍然能够继续加载，直至整体破坏。固定在反力架上的 4 个液压作动器提供竖向荷载，通过 2 层荷载分配梁均匀分配到 16 根立杆顶部。整体加载系统如图 4.4.1-1 所示。

为检查试验装置安装是否正确，并压实架体中的空隙，需要先进行预加载。对每根立杆顶端施加 10kN 荷载，保持 5min。检查加载装置和测试仪器的工作情况，并调试。

正式加载时，分为 5 步，每步荷载量为计算极限荷载的 20%，每步加载后保持 5～10min。到第 5 步时，连续加载直至整架失稳破坏，记录相关数据，观察破坏趋势和破坏形态，及时终止加载，然后卸载。

4.4.3　数据采集

为研究水平杆的受力特性和立杆的轴力分布情况，每个方案布置 20 个应变片：

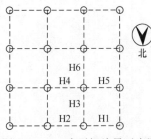

图 4.4.3-1　水平杆编号示意图

1）水平杆测点布置在距地面 4.9m 的水平杆上，距离水平杆端部约 10cm 处，在钢管上下对称贴 2 个应变片，共 12 个应变片。

2）立杆测点布置在距离地面 1m 的立杆上，位于相邻上下立杆节点的中间，在钢管前后对称贴 2 个应变片，共 8 个应变片。

为了同时比较 3 种方案的水平杆弯矩，对 3 种案采用相同的水平杆编号（图 4.4.3-1）。

为了测量整架的空变形，在架体北面布置 36 个南北方向位移计（图 4.4.3-2），在分配梁荷载点处布置 4 个竖向位移计。位移计现场设置如图 4.4.3-3 所示。

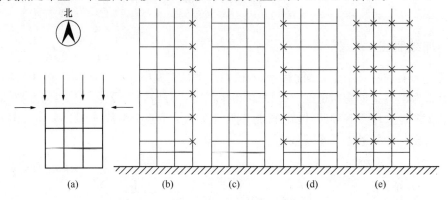

图 4.4.3-2　水平位移测点布置图

（a）平面；（b）东立面；（c）南立面；（d）西立面；（e）北立面

注：×位移计测量的位移方向，垂直于纸面；

　　→位移计测量的位移方向，沿箭头方向。

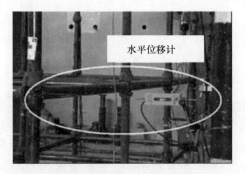

图 4.4.3-3　水平位移计设置

4.4.4　试验结果

本次试验得到的三种试验方案的架体变形图、极限承载力、极限状态位移、水平杆弯矩如表 4.4.4 所示。架体失效形态如图 4.4.4 所示。

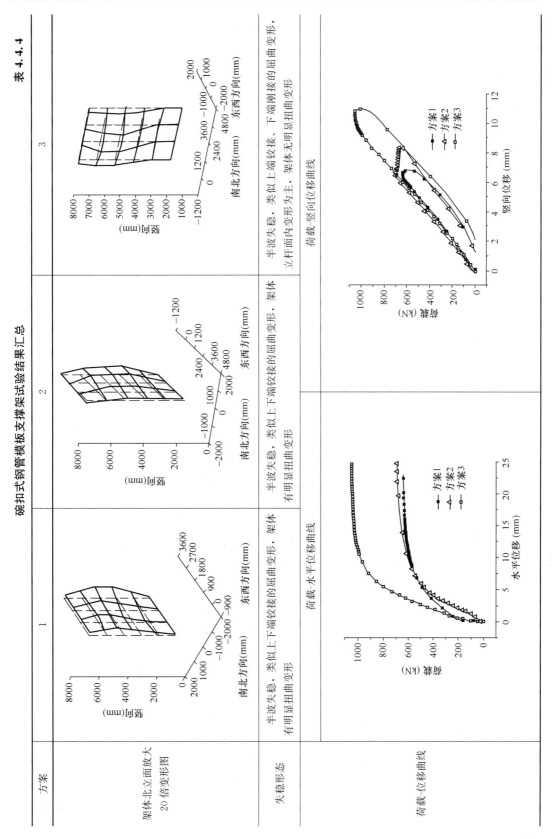

表 4.4.4

碗扣式钢管模板支撑架试验结果汇总

续表

方案	1	2	3
极限状态架体位移 (mm) 东西	32.3	10.8	20.5
极限状态架体位移 (mm) 南北	14.1	32.7	25.8
极限状态架体位移 (mm) 竖向	6.7	6.6	10.6
极限承载力 (kN) 整架	665.1	727.4	1080.0
极限承载力 (kN) 单杆	41.6	45.5	67.5
水平杆弯矩分布			

4.4.5 试验结论

本次试验样本只有 3 个，不能系统反映不同支架高度、不同架体高宽比、不同架体长宽比、有无水平斜杆或剪刀撑、有无外部横向支撑约束、步距变化、立杆顶部自由外伸长度变化、荷载传入立杆方式（托撑传力、水平杆传力）等变化因素对架体极限承载力和变形性能的影响，但考虑了立杆间距变化、是否设置外立面斜杆这两个因素对架体受力性能的影响，分析表 4.4.4 的试验结果可以得出碗扣式钢管模板支撑架在竖向荷载作用下的如下受力性能：

1）在竖向荷载作用下，碗扣式钢管模板支撑架以整体弯曲失稳为主，并没有发生杆件局部失稳。

0.9m×0.9m 和 1.2m×1.2m 的纵横立杆间距以及 1.2m 的水平杆步距是碗扣式钢管模板支撑架最常用的架体搭设尺寸，从边榀框格的变形实测图来看，常用搭设参数下，如果架体立杆受力均衡，则架体失稳以整体失稳为主。因试压架体高度全部为 8m（为高支模，但处于超规模高支模与不超规模的分界点，能反映一定高度高支模的失稳规律），尚不能反映更高架体的失稳规律，但方案 1 和方案 2 的架体高宽比均已接近 3.0 的上限值，在这种高宽比试验条件下（高瘦情况下），未出现立杆局部失稳。

图 4.4.4　满堂支撑架失效形态

同时可以发现，跨数和架体高度一定时，立杆间距发生变化时对架体抗侧移、抗扭转和抗竖向变形能力基本没有影响。

2）外立面斜杆能够延缓立杆水平方向变形，明显限制架体扭转变形，显著提高支撑架承载力，但不能提高架体的竖向抗压刚度。

从边榀框格的变形实测图来看，不设置斜杆时，架体有明显扭曲变形，且侧向变形较大（32.3mm、32.7mm）；设置了竖向斜杆后，架体无明显扭转变形，架体的抗扭能力更强，立杆侧向变形（最大变形 25.8mm）也大大减小，且单杆极限承载力提高了 55%。

从荷载-竖向位移曲线来看（竖向位移指 4 个竖向位移测点值的平均值，反映立杆顶部平面整体竖向位移情况），3 种方案都经历了"加载→失稳→卸载"3 个阶段。从荷载与竖向位移的变化看，随着荷载逐步增大，架体竖向位移线性增大，达到某个数值后，即使荷载不变，竖向位移也急剧增大。而且，3 种方案具有相等的竖向抗压刚度，卸载后都按照相同斜率下降，卸载后仍有残余竖向位移。有外立面斜杆的方案 3 具有更大的竖向压缩能力。

3）立杆间距变化对单杆承载力影响不明显。

不设置竖向斜杆的条件下，立杆间距从 0.9m×0.9m 调整到 1.2m×1.2m，单杆承载力（分别为 41.6kN、45.5kN）变化不明显。这与第 4.2 节、第 4.3 节所述的双排脚手架立杆纵距由 1.2m 调整到 1.5m 时，立杆的极限承载力无明显变化这一双排脚架的试验结果有很高的相似性。

满堂模板支撑架的单杆极限承载力与立杆的计算长度有关，从边榀框格的变形实测图来看，3 种方案都是整架半波失稳。无竖向斜杆的方案 1、2 变形情况形似上下端铰接，整架呈现大波鼓曲较长；方案 3 变形情况形似上端铰接下端刚接，整架呈现大波鼓曲较短，这在一定程度上反映了架体设置竖向斜杆或剪刀撑后，立杆计算长度降低，架体承载力提升。

4）架体水平位移警戒值与柱距和有无外立面斜撑关系不大。

本次试验从荷载-水平位移图中发现：3 条曲线都先有明显过渡段，然后位移才迅速增大而导致架体失稳破坏。不论设置竖向斜杆与否，过渡段基本都在 6mm 点处结束，超过该点架体开始变得不稳定，随后变形在架体竖向荷载力不显著提升的情况下急剧增大，此时的水平位移与高度的比值 $\Delta/H=0.75/1000$。在本试验中，可定义 6mm 水平位移值为对应此架体高度的水平位移警戒值，只要架体侧移不超过该阈值，可认为架体处于稳定的受力状态。从 3 次试验结果看到，斜杆能够大大延缓立杆水平位移增大速度，但不能提高警戒值，这对脚手架工程的现场施工监控具有指导意义。

这是一个重要的试验结论，对后续规范编制中，规定模板支撑架的变形观测预警值具有重要的参考价值。现行行业标准《建筑施工临时支撑结构技术规范》JGJ 300—2013 中规定，模板支撑架水平位移监测报警值为 $H/300$（H 为架体高度），即 $\Delta/H=3.3/1000$，这与本试验的结论相差较大。

5）碗扣式钢管支撑架在无内部斜杆的情况下，也可承受竖向荷载，但应留有足够的安全储备。

设置 3 跨立杆（4 列）、架体高 8m、高宽比接近 3.0 为构造设计比较弱的满堂模板支撑架，从承载力试验结果来看，即便是在如此不利的情况下，即使不设置任何斜杆，架体的单杆极限承载力可以达到 43.6kN，周边设置了竖向斜杆后，单杆承载力可以提高 55% 达到 67.5kN。考虑模板支撑架综合安全系数 $\beta=2.2$，得到单根立杆的允许轴力标准值为 $N_k=P_{cr}/\beta$ 分别为 19.82kN、30.7kN，取永久荷载和可变荷载分项系数加权平均值 $\gamma_u=1.363$，因此，单根立杆的允许轴力设计值 $N=\gamma_u N_k$ 分别可以达到 27kN、41.8kN，完全满足正常搭设条件下的架体承载力要求，并具有足够的安全储备和可靠性。规范条文编制中，为了增大安全储备，要求在架体外部以及间隔一定距离必须设置竖向剪刀撑或专用斜杆，但绝不是"每行每列"都设置斜杆。

6）碗扣节点能够承受弯矩，而不仅仅是构造链杆，碗扣节点为半刚性节点。

从 3 种方案的水平杆端部弯矩与整架荷载的关系图可以看出：3 种方案达到 6mm 水平位移警戒值时，对应的荷载值分别约为 500、500、900kN。此时对应 3 种方案水平杆端部弯矩最大值分别为 0.15、0.06、0.12kN·m。这说明在结构进入破坏阶段之前，部分水平杆端部出现弯矩。水平杆能够传递剪力，使立杆轴力分布更均匀。碗扣节点能够承受弯矩，而不仅仅是构造措施。斜撑能够加强支撑架整体效应，延缓立杆水平位移增大。从方案 1 和方案 2 的承载力结果来看，即使不设置斜杆，架体单杆都可以承受 4t 以上的轴向力，可见，碗扣节点的半刚性完全能够保持架体的稳定性，并提供一定程度的竖向承载力。

4.5 WDJ 模板支撑架试验性能（二）

为对碗扣式钢管脚手架新规范修订提供试验支撑材料，并为了进一步认识碗扣式钢管模板支撑架在不同搭设条件下的力学性能，河北建设集团有限公司依托河北省建设科技研究计划项目"关于碗扣式钢管脚手架整体结构荷载试验研究"于 2010 年 1 月～2010 年 4 月在天津大学结构实验室做了碗扣式模板支架承载力试验。试验实施了 8 组碗扣式钢管模板支撑架的真型力学性能试验，比较了分别采用国标碗扣与非国标碗扣的钢管满堂模板支撑架破坏模式和承载力，得到了不同的水平剪刀撑和竖向专用斜杆的设置方式对支撑架极限承载力和破坏模式的影响，并考察了立杆步距、立杆顶部自由外伸长度和高宽比对支撑架极限承载力和破坏模式的影响规律。本次试验实施后，按空间铰接体系建立了碗扣式钢管脚手架和模板支撑架有限元模型，分析了其极限承载力和破坏模式，并与试验结果进行了对比。根据碗扣式钢管模板支撑架承载力试验结果与有限元分析结果，给出了碗扣式钢管模板支撑架杆件计算长度的建议计算公式，为《建筑施工碗扣式钢管脚手架安全技术规范》JGJ 166—2016 的修订工作提供了重要的科学依据。

4.5.1 试验设计

为了分析碗扣式钢管模板支撑架的剪刀撑或斜杆布置方式、架体步距、立杆顶部自由外伸长度、高宽比以及碗扣质量对架体承载力和失稳模式的影响，本试验设计了八组对比试验。

方案一采用非国标碗扣，步距 1.2m×6，模板支撑架高 8.05m，无水平剪刀撑和竖向专用斜杆，扫地杆离地高度 0.4m，立杆顶部自由外伸长度 0.45m，立杆间距为（0.6m+3×0.9m+0.6m）×（0.9m+0.6m+2×0.9m）。

方案二采用非国标碗扣，步距 1.2m×6，模板支撑架高 8.05m，无水平剪刀撑，设置竖向专用斜杆，扫地杆离地高度 0.4m，立杆顶部自由外伸长度 0.45m，立杆间距为（0.6m+3×0.9m+0.6m）×（0.9m+0.6m+2×0.9m）。

方案三采用国标碗扣，步距 1.2m×6，模板支撑架高 8.05m，设置水平剪刀撑和竖向专用斜杆，扫地杆离地高度 0.4m，立杆顶部自由外伸长度 0.45m，立杆间距为（0.6m+3×0.9m+0.6m）×（0.9m+0.6m+2×0.9m）。

方案四采用国标碗扣，步距 1.2m×6，模板支撑架高 8.05m，设置水平剪刀撑，无竖向专用斜杆，扫地杆离地高度 0.4m，立杆顶部自由外伸长度 0.45m，立杆间距为（0.6m+3×0.9m+0.6m）×（0.9m+0.6m+2×0.9m）。

方案五采用国标碗扣，步距 1.2m×6，模板支撑架高 8.2m，设置水平剪刀撑，无竖向专用斜杆，扫地杆离地高度 0.4m，立杆顶部自由外伸长度 0.6m，立杆间距为（0.6m+3×0.9m+0.6m）×（0.9m+0.6m+2×0.9m）。

方案六采用国标碗扣，步距 1.2m×6，模板支撑架高 8.05m，无水平剪刀撑和竖向专用斜杆，扫地杆离地高度 0.4m，立杆顶部自由外伸长度 0.45m，立杆间距为（0.6m+3×0.9m+0.6m）×（0.9m+0.6m+2×0.9m）。

方案七采用国标碗扣，步距 1.8m×4，模板支撑架高 8.05m，设置水平剪刀撑，无竖向专用斜杆，扫地杆离地高度 0.4m，立杆顶部自由外伸长度 0.45m，立杆间距为（0.6m＋3×0.9m＋0.6m）×（0.9m＋0.6m＋2×0.9m）。

方案八采用国标碗扣，步距 1.2m×6，模板支撑架高 8.05m，设置水平剪刀撑，无竖向专用斜杆，扫地杆离地高度 0.4m，立杆顶部自由外伸长度 0.45m，立杆间距为（5×0.6m）×（4×0.6m）。

架体构造示意图如图 4.5.1-1、图 4.5.1-2 所示，实际各方案中剪刀撑或斜杆的设置根据方案设计确定有或无，如有，则按照图中的位置设置。

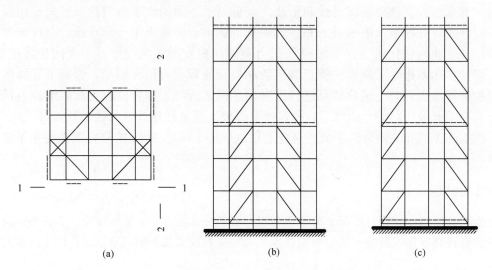

(a)　　　　　　　(b)　　　　　　　(c)

图 4.5.1-1　方案 1～方案 6、方案 8 架体构造示意图
（a）平面图；（b）1-1 立面图；（c）2-2 立面图

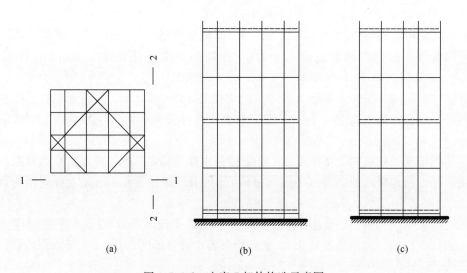

(a)　　　　　　　(b)　　　　　　　(c)

图 4.5.1-2　方案 7 架体构造示意图
（a）平面图；（b）1-1 立面图；（c）2-2 立面图
注：平面和立面图中斜实线代表剪刀撑或斜杆，虚线代表剪刀撑或斜杆投影线。

为便于比较，将各方案模型设计信息形成列表（表 4.5.1）。

碗扣式模板支架试验模型设计 表 4.5.1

试验序号	碗扣质量	步距（m）	加载范围（m×m）	架高（m）	剪刀撑	扫地杆高度（m）	高宽比	立杆顶部自由外伸长度（m）
1	非国标	1.2×6	3.3×3.9	8.05	无	0.40	2.43	0.45
2	非国标	1.2×6	3.3×3.9	8.05	H	0.40	2.43	0.45
3	国标	1.2×6	3.3×3.9	8.05	V+H	0.40	2.43	0.45
4	国标	1.2×6	3.3×3.9	8.05	V	0.40	2.43	0.45
5	国标	1.2×6	3.3×3.9	8.15	V	0.40	2.47	0.60
6	国标	1.2×6	3.3×3.9	8.05	无	0.40	2.43	0.45
7	国标	1.8×4	3.3×3.9	8.05	V	0.40	2.43	0.45
8	国标	1.2×6	2.4×3.0	8.05	V	0.40	3.33	0.45

注：表中"H"代表竖向剪刀撑或专用竖向斜杆，"V"代表水平剪刀撑；"国标"是指国家标准《碗扣式钢管脚手架构件》GB 24911—2010。

4.5.2 试验设备

1. 试验设备

加载设备：液压千斤顶（50t）8 个（加载前需标定）、分配梁、电动油泵、反力架及反力梁等。

测试设备：电子位移计、智能静态应变仪、油压表、计算机系统、电阻应变片等。

2. 试验加载装置

试验采用 8 个油压千斤顶由同一油泵进行同步静力加载，荷载传递采用纵横三道分配体系使千斤顶的荷载均匀地传递给试验脚手架加载区域，保证脚手架受到均布荷载。

考虑边杆和角杆的约束相对于中间立杆较小，且实际受荷面积小（这符合施工现场实际情况），故方案 1～方案 7 加载时通过特定的二级分配梁设置方式使得边杆和角杆受力较小，方案 8 的加载模式则为了验证方案 1～方案 7 的加载模式的合理性，故而通过调整二级分配梁的布置方式，使得各杆受力近于相等。加载装置如图图 4.5.2-1、图 4.5.2-2所示。

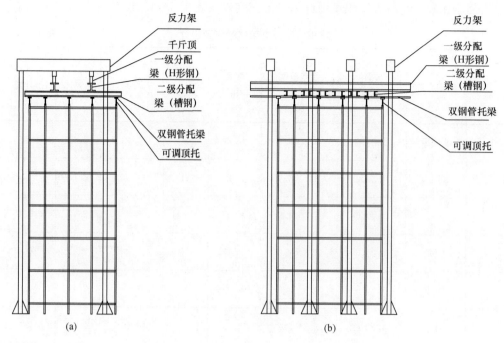

图 4.5.2-1　方案 1～方案 7 试验加载装置图

（a）加载装置右视图；（b）加载装置前视图

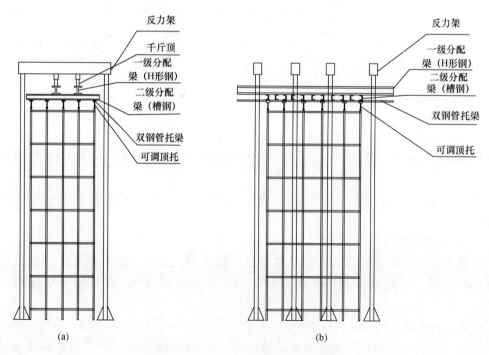

图 4.5.2-2　方案 8 试验加载装置图

（a）加载装置右视图；（b）加载装置前视图

4.5.3 加载制度

1）预加荷载至 24.5t（油压表上的 10 小格），持荷 10min 后卸载。

2）正式加载至 24.5t，以后按每级 3t（油压表上 2 小格）加载，每级荷载均持荷 10min。

3）当架体有明显屈曲现象后，每级 1.5t（油压表上的 1 小格）加载，每级荷载均持荷 10min。

4）当无法加载或荷载掉载 1/8～1/10 左右时，架体破坏，即该荷载为架体的极限荷载。

5）卸载阶段：当达到极限荷载后，持荷至位移和变形充分发展后进行卸载。

4.5.4 数据采集

1）试验加载阶段：每级荷载加载完毕后，采集各个测点稳定应变值及各个位移计测点位移量。

2）试验卸载阶段：卸载完毕后，待架体稳定变形恢复稳定后，采集各个测点残余应变值及各个位移计测点的残余位移量。

3）架体破坏，待变形稳定后，测量各个杆件东西方向及南北方向的位移。

以方案 3 为例，试验架体应变测点和位移测点布置如图 4.5.4-1 和图 4.5.4-2 所示。

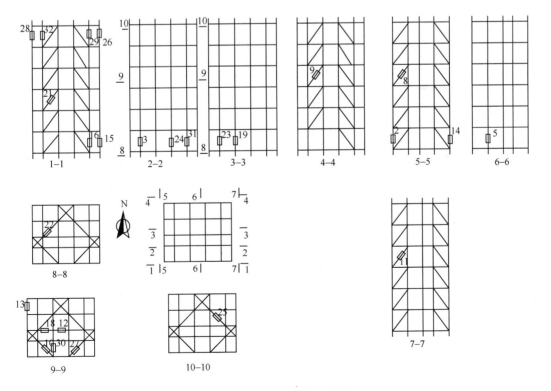

图 4.5.4-1 应变测点布置图

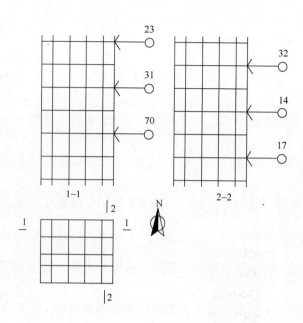

图 4.5.4-2　位移测点布置图

4.5.5　试验结果

1. 承载力试验结果

试验后算出的各方案的单杆承载力如表 4.5.5-1 所示，其中，方案 3 的试验架体由于加载至 120t 时垫块失稳，没有测到最终承载力，表中所列的单杆承载力为试验垫块失稳前的单杆所承受的最大压力。

模板支撑架单杆试验承载力　　　　　　　表 4.5.5-1

模型序号	碗扣质量	步距(m)	加载范围(m×m)	架高(m)	剪刀撑	扫地杆高度(m)	高宽比	天杆高度(m)	试验单杆承载力(kN)	有限元单杆承载力(kN)
1	非国标	1.2×6	3.3×3.9	8.05	无	0.40	2.43	0.45	29.78	27
2	非国标	1.2×6	3.3×3.9	8.05	H	0.40	2.43	0.45	33.38	54
3	国标	1.2×6	3.3×3.9	8.05	V+H	0.40	2.43	0.45	49.39	64
4	国标	1.2×6	3.3×3.9	8.05	V	0.40	2.43	0.45	48.58	41
5	国标	1.2×6	3.3×3.9	8.15	V	0.40	2.47	0.60	43.58	31
6	国标	1.2×6	3.3×3.9	8.05	无	0.40	2.43	0.45	32.98	29

续表

模型序号	碗扣质量	步距(m)	加载范围(m×m)	架高(m)	剪刀撑	扫地杆高度(m)	高宽比	天杆高度(m)	试验单杆承载力(kN)	有限元单杆承载力(kN)
7	国标	1.80×4	3.3×3.9	8.05	V	0.40	2.43	0.45	34.38	30
8	国标	1.20×6	2.4×3.0	8.05	V	0.40	3.33	0.45	41.87	40.5

注：1　前 7 组试验架体东西两榀的 10 根立杆的受力为其他杆件的 1/3 到 1/5，故单杆承载力为 P_{cr} =（千斤顶荷载＋H 形钢和槽钢自重）/25；

2　第 8 个试验架体的单杆承载力为 P_{cr} =（千斤顶荷载＋H 形钢和槽钢自重）/30；

3　槽钢型号为 20a，密度为 27.929kg/m，均长 3.8m，前 7 个试验架体各放了 12 根槽钢，最后一个试验架体为 11 根槽钢，两根箱形梁，各重 11kN，共重 22kN。

2. 应力与侧移试验结果

各方案通过应变测点和位移测点获得的荷载-立杆应变曲线和荷载-侧移曲线如表 4.5.5-2 所示。立杆的应变直接反映了加载过程中立杆所处的弹塑性状态，并在一定程度上可体现的立杆所受轴力的大小（因接近失稳时，立杆已改变受力形态，由轴向受压变为侧向弯曲，所以应变不完全反映轴力大小）。

3. 架体失稳模态

通过位移测点测得的试验结果可以得到架体的整体空间失稳模态。整体失稳时，满堂支撑架呈现出纵横立杆与纵横水平杆组成的空间框架，沿刚度较弱方向的大波鼓曲形态，失稳曲线呈现半波形态，波峰点在架体高度中点偏上，架体整体失稳模态示意图如图 4.5.5-1 所示。刚度较弱的 Y 方向（南北方向）典型立杆失稳形态如图 4.5.5-2 所示。

试验方案 1～方案 8 的荷载-立杆应变曲线和荷载-侧移曲线如表 4.5.5-2 所示。

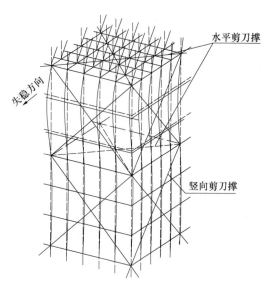

图 4.5.5-1　满堂支撑架整体失稳示意图

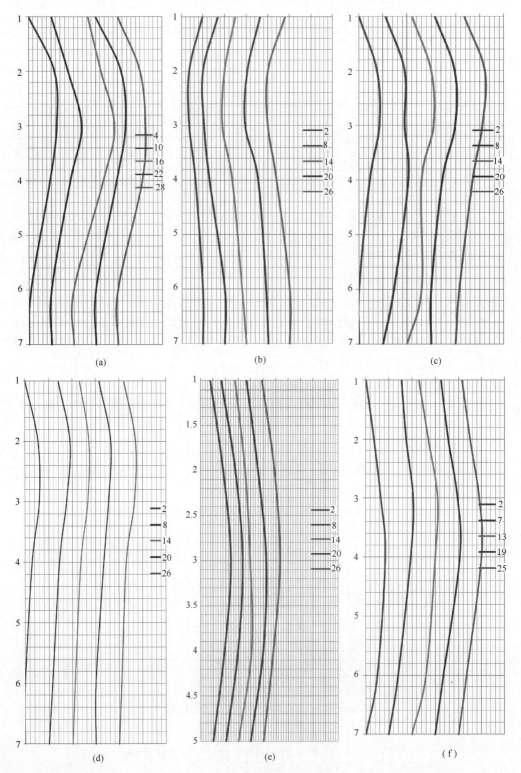

图 4.5.5-2　典型立杆失稳形态（南北方向）

（a）方案 2 立杆失稳形态；（b）方案 4 立杆失稳形态；（c）方案 5 立杆失稳形态；

（d）方案 6 立杆失稳形态；（e）方案 7 立杆失稳形态；（f）方案 8 立杆失稳形态

表 4.5.5-2

模板支撑架荷载-立杆应变曲线和荷载-侧移曲线

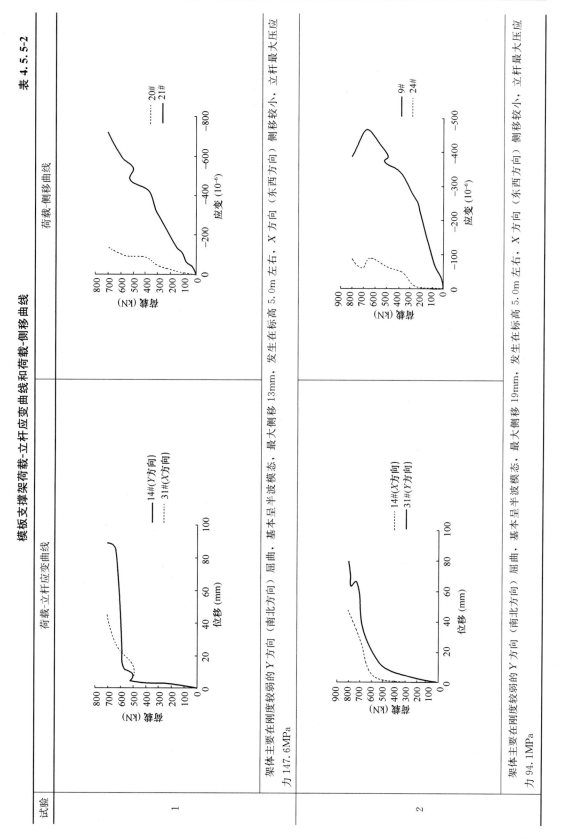

试验	荷载-立杆应变曲线	荷载-侧移曲线
1	架体主要在刚度较弱的 Y 方向（南北方向）屈曲，基本呈半波模态，最大侧移 13mm，发生在标高 5.0m 左右，X 方向（东西方向）侧移小，立杆最大压应力 147.6MPa	
2	架体主要在刚度较弱的 Y 方向（南北方向）屈曲，基本呈半波模态，最大侧移 19mm，发生在标高 5.0m 左右，X 方向（东西方向）侧较小，立杆最大压应力 94.1MPa	

续表

试验	荷载-立杆应变曲线	荷载-侧移曲线
3	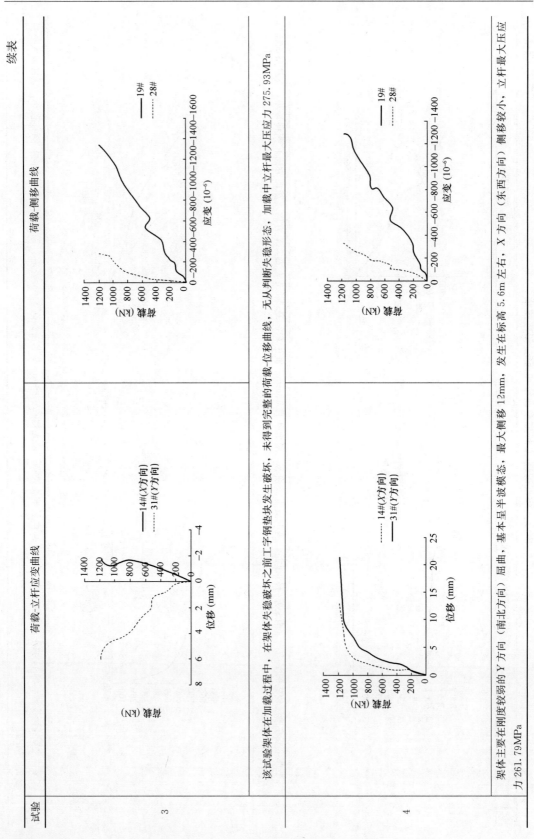该试验架体在加载过程中，在架体失稳破坏之前工字钢垫块发生破坏，未得到完整的荷载-位移曲线，无从判断失稳形态。加载中立杆最大压应力 275.93MPa	
4	架体主要在刚度较弱的 Y 方向（南北方向）屈曲，基本呈半波模态，最大侧移 12mm，发生在标高 5.6m 左右，X 方向（东西方向）侧移较小，立杆最大压应力 261.79MPa	

续表

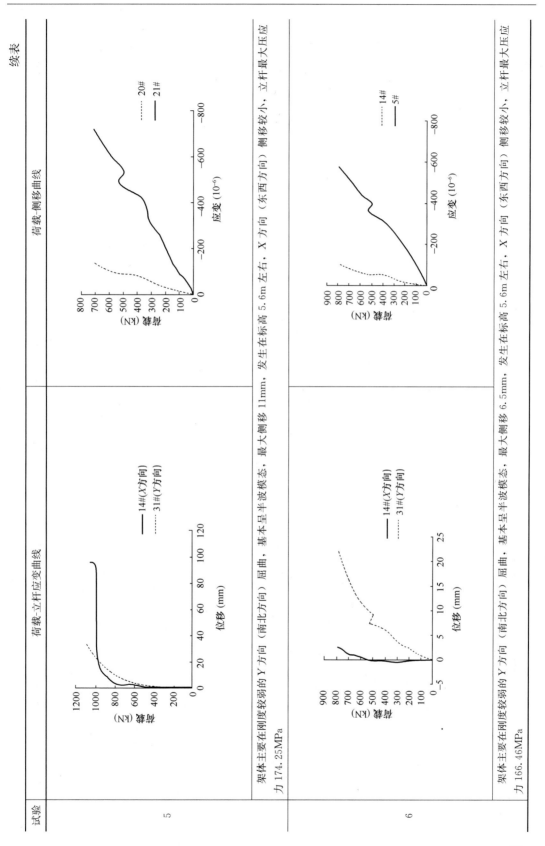

试验	荷载-立杆应变曲线	荷载-侧移曲线
5	架体主要在刚度较弱的 Y 方向（南北方向）屈曲，基本呈半波模态，最大侧移 11mm，发生在标高 5.6m 左右，X 方向（东西方向）侧移较小，立杆最大压应力 174.25MPa	
6	架体主要在刚度较弱的 Y 方向（南北方向）屈曲，基本呈半波模态，最大侧移 6.5mm，发生在标高 5.6m 左右，X 方向（东西方向）侧移较小，立杆最大压应力 166.46MPa	

续表

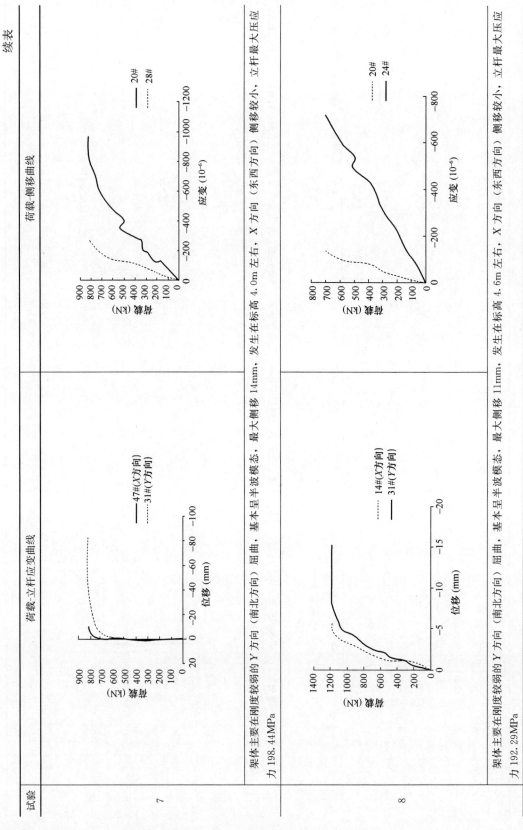

试验	荷载-立杆应变曲线	荷载-侧移曲线
7	架体主要在刚度较弱的 Y 方向（南北方向）屈曲，基本呈半波模态，最大侧移 14mm，发生在标高 4.0m 左右，X 方向（东西方向）侧移较小，立杆最大压应力 198.44MPa	
8	架体主要在刚度较弱的 Y 方向（南北方向）屈曲，基本呈半波模态，最大侧移 11mm，发生在标高 4.6m 左右，X 方向（东西方向）侧移较小，立杆最大压应力 192.29MPa	

4.5.6　试验结论

1. 变形及失稳模态

1) 架体呈整体失稳模态

从各方案的架体失稳形态图来看，方案 1～方案 8 加载至架体失效后，不管是否设置竖向斜杆或水平剪刀撑，架体的失稳形态均为空间整体失稳，即架体多数杆件在同一方向，按照大致相同的波形鼓曲，没有出现在大多数杆侧移很小的情况下，某根或某几根立杆的屈曲侧移特别大的局部失稳。因此，可以认为，在常用的架体搭设参数条件下（如试验中采用的立杆纵横间距 0.6m×0.6m、0.6m×0.9m、0.6m×0.9m，步距 1.2m、1.8m），如果立杆受力均匀（或中部立杆受力均匀、边立杆和角部立杆偏小，这符合一般现场支模架的受力形态），架体不出现局部失稳。

同时可以发现，立杆间距发生变化时对架体抗侧移、抗扭转变形能力基本没有影响。

有的文献以及现场碗扣式支撑架的设计中认为设置剪刀撑或专用斜撑杆处的立杆由于受到了斜撑杆的约束，该处的杆件不易失稳，该处立杆的计算长度应等于架体步距（即受斜杆支撑的节间距离），并认为不受斜杆约束的杆件容易发生整体失稳，其杆件的计算长度远远大于步距，且认为这些杆件是结构稳定的控制杆件，甚至有的文献认为不受斜杆约束的立杆的计算长度等于上下约束点之间的距离。这些都是不正确的主管臆断，按照空间有侧移框架或无侧移框架的结构计算理论，局部设置了斜撑件的框架，斜撑所起的作用是提供结构的整体抗侧移能力从而提高结构的整体稳定性和承载能力，合理设置斜撑的结构失稳时体现的出的变形形态是结构的整体侧移。换言之，设置竖向剪刀撑或斜撑杆的空间脚手架结构，其所有立杆的变形形态是基本一致的，局部斜撑杆的抗侧贡献是被所有立杆所"共享"的，如果将架体简化为代表性单杆进行抽象计算，则立杆计算长度反应的是整体的架体构造和斜杆设置，而不是局部杆件的端部约束情况。该结论被几乎所有单位的真型架体荷载试验所证实。

2) 整体失稳发生在刚度较弱的方向

除了方案 2 和方案 8 外，其他架体的失稳方向都是横向（跨数较少方向），方案 2 架体出现扭转，方案 8 架体是双向失稳，但横向比纵向严重很多，可认为一般架体的失稳方向都在刚度较弱的横向，架体设计时应加强在横向的外部支撑约束。

进一步分析发现，失稳曲线呈现半波形态，波峰点在架体高度中点偏上，8 组架体破坏后的位移模态可以证明，架体的破坏基本上为半波大鼓曲失稳到 1/4 波失稳之间，但更接近于 1/4 波，极少数情况会出现全波失稳，有限元分析表明，若约束上端侧向位移，则为第一屈曲模态为半波失稳，不约束则第一屈曲模态为 1/4 波失稳。加上水平剪刀撑后，大鼓区的位置上移。故架体在上部应加强约束构造，如采取连墙或抱柱措施。

方案 2 架体出现扭转在一定程度上说明纵横水平杆组成的平面框格内，纵横向水平杆可绕立杆转动，或者说在水平方向立杆与水平杆间类似铰接，需加强水平面内的斜杆或剪刀撑约束，而方案 2 的架体恰未设置水平剪刀撑，无水平剪刀撑架体扭曲效果如图 4.5.6 所示。

3) 失稳前立杆处于弹性状态

从各方案的荷载-立杆应变曲线来看，达到临界荷载前荷载与应变基本为比例关系，

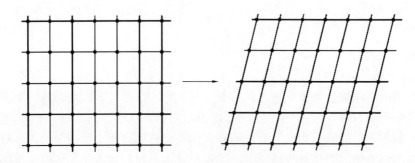

图 4.5.6　不设置水平剪刀撑时架体平面框格扭曲变形

立杆处于弹性工作状态。荷载位移曲线也反应出类似的规律。因此，支模架在调整顶部预拱度时，不需考虑立杆的非弹性压缩变形，但应考虑杆件间间隙接触压缩产生的不可恢复变形，尤其是支模高度大，立杆多次接长时。

4）剪刀撑设置能有效约束架体的侧移变形

水平剪刀撑是通过约束某层的位移进而阻碍整架的位移，而竖向剪刀撑可协调整架的位移，并且能直接改变立杆的传力路径。大多数文献和相关资料均认为满堂支撑架的水平剪刀撑的作用非常有限，有限元结果也同样表明水平剪刀撑的作用并不明显。而本次碗扣式脚手架试验得出了近乎相反的结论。其原因是碗扣式脚手架的水平杆给立杆提供的支撑并不理想。故和扣件式脚手架相比，水平剪刀撑的作用对于碗扣式脚手架来说更为重要，这与本条第 3）项的结论一致。然而在施工现场，碗扣式钢管脚手架也多是仅搭设竖向剪刀撑或斜撑杆为主，这对碗扣式钢管脚手架的受力性能是非常不利的，规范中需明确架体应设置水平剪刀撑的规定。

在第 3 组架体加载过程中，位移一直很小，故同时布置水平剪刀撑和竖向剪刀撑，会更加有效的约束架体的整体变形和提高架体的承载力。

通过对比试验 4 和试验 6 加载过程中位移计的数据，水平剪刀撑可以有效约束整个架体变形，提高侧向刚度，从而显著提高架体整体承载力，根据最后的破坏情况，建议架体中上部应加强水平剪刀撑或斜撑杆设置。

5）扫地杆高度和顶部悬臂高度对架体变形的约束作用不同

从 8 组架体破坏后的位移模态可以发现，立杆顶端的侧向位移较大，而立杆底部几乎没有变形，这就证明了脚手架参数中的立杆顶部悬臂端高度和扫地杆离地高度对架体变形约束效果完全不同。有限元分析表明，若约束上端的水平向位移，结果是立杆顶部悬臂长度同样不对承载力有很大的影响，故在计算模型中可约束立杆底部，立杆上部可当作自由悬臂端处理。

2. 单杆承载力

满堂支撑架真型试验中，最具有指导意义的当属架体的承载力结果，分析不同的立杆间距、水平杆步距、剪刀撑设置、架体高宽比等架体结构参数条件下的立杆承载力对规范中架体的承载力计算公式的确定有着重要的意义，在架体方案设计中对架体承载力的预估也有着极为重要的作用（初定架体的立杆间距时，先根据已有试验的大致单杆承载力反算杆件的负荷面积，从而确定其立杆间距，架体结构参数确定后再按照实际荷载和规范公式进行承载力验算）。以下为本次试验的单杆承载力结果分析：

1）使用满足国标 GB 24911 要求的碗扣，架体立杆最低承载力为 33kN（无竖向斜杆的方案 6），考虑模板支撑架综合安全系数 $\beta = 2.2$，得到单根立杆的允许轴力标准值为 $N_k = P_{cr}/\beta$ 为 15kN，取永久荷载和可变荷载分项系数加权平均值 $\gamma_u = 1.363$，因此，单根立杆的允许轴力设计值 $N = \gamma_u N_k$ 可以达到 20.445kN，满足正常搭设条件下的架体承载力要求，并具有足够的安全储备和可靠度。规范编制中，为了增大安全储备，要求在架体外部以及间隔一定距离必须设置竖向剪刀撑或专用斜杆。

2）通过方案 1 和方案 2 对比可知，对于使用非国标碗扣的钢管，加竖向剪刀撑比不加任何支撑承载力提高 12%。但竖向剪刀撑对承载力提升效果不及扣件式钢管支撑架，扣件式钢管架体试验结果：加竖向剪刀撑比不加任何支撑，架体承载力提高 26%～64%。

3）通过方案 3 和方案 4 对比可知，对于使用国标碗扣的钢管，同时加竖向剪刀撑和水平剪刀撑的架体比只加水平剪刀撑的架体承载力提高 9.8%。可见，在设置水平剪刀撑的前提条件下，设置竖向剪刀撑对架体的承载力提高比理论分析结果要小。

4）通过方案 4 和方案 5 对比可知，对于使用国标碗扣的钢管，在加水平剪刀撑的条件下，立杆顶部自由悬臂长度为 0.60m 的架体比顶部自由长度为 0.45m 的架体承载力下降 10.3%。该影响效果与扣件式钢管架体相近，扣件式钢管架体试验结果：顶部 a 值由 0.5m 增大到 0.8m，架体承载力降低 15%。

5）通过方案 1 和方案 6 对比可知，在不加任何剪刀撑的条件下，使用国标碗扣的架体比使用非国标的碗扣架体承载力提高 10.7%。

6）通过方案 4 和方案 6 对比可知，对于使用国标碗扣的钢管，加水平剪刀撑的架体比不加任何支撑的架体承载力提高 47.3%。水平剪刀撑对承载力提升效果超过扣件式钢管支撑架，扣件式钢管架体试验结果：加水平剪刀撑比不加任何剪刀撑，架体承载力提高 33%。

7）通过方案 3 和方案 6 对比可知，对于使用国标碗扣的钢管，同时设置水平剪刀撑和竖向剪刀撑的架体比不加任何剪刀撑的架体承载力提高 61.9%。

8）通过方案 4 和方案 7 对比可知，对于使用国标碗扣的钢管，在只加水平剪刀撑的条件下，步距为 1.8m 的架体比步距为 1.2m 的架体承载力下降 29.2%。该影响效果与扣件式钢管架体相近，但影响效果强于扣件式钢管支撑架，扣件式钢管架体试验结果：其他条件相同时，仅步距变化，满堂支撑架承载力随步距减小而提高，步距减小 0.3m，承载力提高约 10%。

9）通过方案 4 和方案 8 对比可知，对于使用国标碗扣的钢管，在只加水平剪刀撑的条件下，高宽比为 3.35 的架体比高宽比为 2.44 的架体承载力下降 13.8%。该影响效果与扣件式钢管架体相近，扣件式钢管架体试验结果：高宽比由 2 增大为 3，架体承载力下降约 20%～25%，高宽比由 3 增大为 4，架体承载力下降约 15%～25%。

10）立杆间距变化对单杆承载力影响不明显。通过方案 4 和方案 8 对比可知，对于使用国标碗扣的钢管，在只加水平剪刀撑的条件下，立杆局部间距 0.9m 调整到 0.6m，架体承载力下降 13.8%。

3. 其他影响因素

1）顶托长度的影响

在方案 5 架体的加载过程中发现，当顶托可调螺杆往上调 0.15m 后，最后一步的位移扩展快，且顶点偏移较大，故顶托螺杆高度应列入立杆顶部自由外伸长度，对架体承载力影响很大。

2）竖向荷载对架体抗侧刚度的有利影响

在没有竖向荷载情况下架体的侧向稳定性较差，例如，在每次加载前，一人在架上晃动，位移计会出现几乎 2～3cm 的位移，而加载后的架体侧移在弹性范围内仅以 0.5mm～1mm 的速度每级增加，这证明架体底部的约束程度依靠架体本身自重远不足够。因此，当架体高宽比大于等于 2 时，只采取扩大下部架体尺寸不会取得较好的效果，建议在扩大出的架体上端施加一定的附加竖向荷载。根据这一现象，在架体顶部浇筑混凝土作业前，如安装模板或绑扎钢筋阶段，架体抗侧刚度极差，应注意验算风荷载作用下的抗倾覆能力。

3）地基处理质量的影响

在 8 组架体试验中，有 5 组架体的失稳开始于从西边第 2 榀，在第 8 组架体试验前，精确量测出地平相对标高发现，该榀地平相对于旁边高出 1.5cm，引起其受力比较大，容易失稳。因此架体地基的不平整，导致个别立杆与地面之间的空隙极大影响架体的受力性能，故各类脚手架规范均要求地基平整、坚实，排水畅通。

4）架体搭设质量的影响

方案 2 和方案 1 对比，加上了竖向剪刀撑，理论上承载力会大幅度提高，实际上承载力提高不多，而且方案 2 架体的加载过程中位移计量测的位移增长较快。根据分析原因有以下三点：① 第一次加载到破坏后，只替换了相对破坏严重的钢管，而第一次加载在大量碗扣上引起的损伤对第二组架体的受力性能影响很大；② 在此基础上，第二组架子搭设的垂直度控制不及第一组，初始偏心较大。

在方案 2 架体搭设过程中，较大的立杆垂直度偏差导致的初始偏心比较大，方案 5 架体由于反复试验，钢管以及接头出现一定的损伤，搭设的初始偏心也比较大。方案 2 架体和方案 5 架体的变形扩展非常快，说明由于架体的搭设偏差引起的过大偏心，严重影响架体的受力性能，施工中严格控制每步立杆的垂直度。

5）碗扣质量的影响

在采用不满足国标要求碗扣的方案 1 和方案 2 的加载过程中，均出现碗扣破坏引起整架破坏，而在后 6 组采用国标碗扣的架体试验中，几乎没有出现碗扣破坏。市场上的碗扣质量参差不齐，质量差的碗扣搭设的架体承载力由碗扣强度控制，架体的破坏主要是因为碗扣崩裂，引起水平杆对立杆的约束失效，导致架体失稳。质量好的碗扣架体破坏时碗扣基本不会破坏，架体破坏主要受立杆钢管控制。

6）顶托质量的影响

由于前几组架子加载后，顶托出现非常大的变形，故更换了新顶托，但在荷载相对较小时，顶托出现破坏。市场上的顶托参差不齐，在一定情况下，顶托会先于架体破坏。尤其是在采用了 Q345 高强度立杆碗扣架后，单杆的承载力大幅度提升，为确保顶托不先于立杆发生承载力破坏或失稳破坏，更应该注重顶托质量。为防止顶托失稳，顶托螺杆直径应不低于 38mm（扣件式钢管脚手架规范规定不小于 36mm），尤为重要的是确保螺杆插入钢管后与立杆钢管间的间隙不大于 3mm，且螺栓插入钢管的长度不小于 150mm。

4.6　WDJ 碗扣方塔架试验

4.6.1　试验概述

1986 年北京铁道部第三工程局科研所在产品开发之处所实施的"WDJ 碗扣型多功能脚手架试验"是在该种脚手架研制阶段所做的鉴定性试验。该试验按照铁道部专业设计院的设计图纸，由铁三局孟塬工程机械制造厂在 1986 年 3 月至 6 月先后在太原铁三局工程试验室和孟塬工程机械厂进行了试验。试验内容很全面，除了对第 4.1 节所述的下碗扣极限剪切强度、上碗扣偏心抗拉强度等构配件进行了力学试验，还对结构整体承载力都进行了试验验证。

4.6.2　试验方案

试验采用了四根立柱的方塔架（井架结构），平面尺寸采用矩形（1200mm×1800mm，1200mm×1200mm），步距分别采用了 1.2m 和 1.8m，步数采用 5 步和 7 步。加荷方法采用液压千斤顶曳引钢丝绳的形式（图 4.6.2）。采用两台应变仪分别测定钢丝绳拉力和立柱下端应力；另外设两台经纬仪测定架顶水平和垂直位移。试验按照步距及斜杆设置的不同分为 5 种方案。

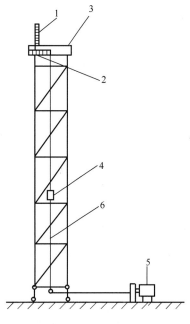

图 4.6.2　铁道部碗扣型钢管
方塔架试验模型图
1—垂直位移标尺；2—水平位移标尺；
3—加载框架；4—力传感器；
5—加载千斤顶；6—钢丝绳

4.6.3　试验结果

5 个试验方案的架体结构形式及试验结果如表 4.6.3 所示。

1）1 号方案极限荷载出现时候的破坏发生在一立杆接头处，荷载加至 149.6kN 时突然破坏，极限荷载值较低。

2）2 号方案是将 1 号试验破坏处接头加固再重新加载。当荷载加到 126kN 时候，跨中最大挠度达 256mm，形成整体失稳。显然，由于第一次加载后节点碗扣已产生松动和变形，其在无斜杆处的计算长度明显加大而降低承载力。

3）4 号方案顶部产生偏移失稳破坏。由于步距较小（120cm），因而极限荷载较前两方案稍高。从以上三方案试验结果看，当有一侧无斜杆时，在无斜杆方向立杆无明显支撑点，因而承载力都是很低的，不宜作为脚手架的实用结构组合。

4）3 号方案当荷载加到 150kN 时，第 4、5 节连接处明显向外弯曲。到荷载达 239kN 时候因弯曲过大致使整体失稳。此结果说明四面有斜杆增强了架体的双向抗侧能力，承载能力明显提高，但由于有两面斜杆未安装到节点上，仍然对其极限荷载有很大影响。

碗扣型钢管方塔架试验结果　　　　　　　　　　　表 4.6.3

方案号	1	2	3	4	5
尺寸及结构组成	1800×1200×1800	1800×1200×1800	1200×1200×1800	120×1200×1200	1800×1200×1800
井架层数	5 层	5 层	5 层	5 层	5 层
斜杆设置	双侧斜杆	双侧斜杆	四侧斜杆	双侧斜杆	四侧斜杆
极限荷载（kN）	153	129	242	179	351
破坏形式					
备注	一立杆接头断裂	失稳跨中挠度达 250mm	第 4、5 节处明显弯曲	弯曲在第 4 节末顶部向本弯曲	由于加载钢丝绳断裂未达破坏

5）5 号方案由于四面斜杆的存在，保证了其几何静定，因而刚度较大，当荷载回至 347.6kN 时尚未失稳，由于加力钢丝绳破断未能继续加载。这说明其极限荷载值肯定超过 351kN。遗憾的是未能改进加荷措施，将试验进行到底。

4.6.4　试验结论

这个结构试验是在 1986 年碗扣型脚手架开发初期所做的，显然对该脚手架未来的应用条件还不够了解，对脚手架的整体结构以及构造要求等并没有充分考虑。但该试验对方塔架中心受压杆的概念还是明确的，力图用荷载试验结果来验证立杆承载力也是意图明显的，因此这仍然是一个很有价值的试验，从这个试验里得到如下结论：

1）双侧有斜杆的架体，结果其承载力远未达到其立杆的单肢理论计算承载能力，如方案 1、2、4（表 4.6.4）。

试验结果　　　　　　　　　　表 4.6.4

方案	计算长度（m）	计算单肢承载力（N）	试验结果（N）
1、2	1.8	$p_{cr} = \varphi \cdot A \cdot f = 0.489 \times 489 \times 235 = 56193$	38250/32250
4	1.2	$p_{cr} = \varphi \cdot A \cdot f = 0.744 \times 489 \times 235 = 85496$	44750
3	1.8	56193	60500
5	1.8	56194	87750

注：计算承载力是按照计算长度 $l_0 = h$（h 为架体步距）的轴心受压立杆得到的。

2）四侧有斜杆的结构（方案 3、方案 5）符合四杆格构柱的构造条件，其承载能力与计算结果基本一致，只是略大而已。

3）采用方塔形式搭设的碗扣式钢管脚手架单杆最低承载力可达 30kN 以上，格构形式设置四面斜杆时，单杆最高承载力可高达 80kN 以上。方塔型脚手架是支模体系中经常采用的脚手架形式，也称之为"四管柱"（图 4.6.4），采用塔架方式设置脚手架时，为发挥其最大承载力，应在四管体系的四个立面均设置斜杆。实际应用中，方塔架往往在满堂支撑架中按一定的规律交错分布，通过局部格构柱的形式对整体架体的稳定性起着加强作用。为此，现行行业标准《建筑施工临时支撑架构技术规范》JGJ 300—2013 专门给出了四肢格构柱（单元桁架）在满堂支撑架中的构造规定，并将其定义为"桁架式支撑结构"，并给出了专门的计算方法。

由于真型满堂支撑架或双排脚手架的试验规模较大，难度和费用较高，并非所有的脚手架生产厂家和租赁企业能够轻易实施，该类真型试验一般由科研单位为进

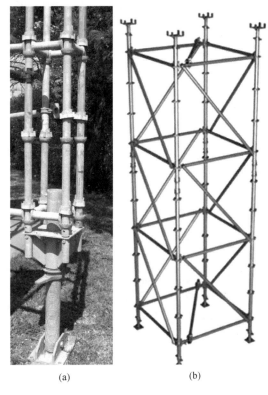

(a)　　　　　　　　(b)

图 4.6.4　四管方塔架
(a) 四管碗扣架；(b) 四管盘扣架

行科学研究而采用。但方塔架形式的脚手架试验由于加载模式简单，无需复杂的加载路径设置和精密的数据采集仪器，在测试脚手架产品的立杆承载力方面一致受到脚手架生产厂家和租赁企业的青睐，如第 4.7 节所述的 CUPLOK 支模架试验就是采取的四管柱方塔架的扩展形式。

4.7 CUPLOK 模板支撑架试验性能

CUPLOK 是碗扣式钢管脚手架的国外品牌，近年来我国部分单位引进国外技术生产 Q345 级高强钢材立杆的碗扣式钢管脚手架产品，一方面大量用于产品出口，另一方面广泛推广高强度钢材脚手架在国内应用。目前 CUPLOK 高强度碗扣式钢管脚手架已广泛在全国各地的模架工程中应用。除了高强度立杆的突出特点，该类型碗扣架在节点模数设计、配套顶托、底座、顶分配梁、专用斜杆等方面也自成体系，与传统 WDJ 碗扣产品有较大区别，并在组架方式、上下碗扣和水平杆插头的材质方面也有所不同。

目前，国内针对 CUPLOK 碗扣式钢管脚手架所进行的实验研究较少。受云南大力神金属构件有限公司委托，昆明理工大学建筑工程学院试验中心于 2009 年 7 月 17

日至 7 月 21 日，对 5 种不同搭建类型的碗扣式脚手架系统 DURALOK SYSTEM（DURALOK 碗扣系统也是在国外高强 CUPLOK 碗扣式钢管脚手架基础上开发的一种多功能脚手架，立杆、水平杆、碗扣节点的构造与 CUPLOK 系统相同）进行了承载力测试。

4.7.1　试验设计

由于针对的是高强度碗扣脚手架，其试验方法与国内传统的 WDJ 脚手架的设计方案有所不同，本次试验参照了 1988 年英国 SGB 公司实施的 6 组 CUPLOK 高强碗扣支架承载力试验方案（图 4.7.1-1）。试验采取的是局部加载模式，竖向荷载通过分配梁均匀施加在架体核心区的 4 根立杆上，外围边跨框架设置的 12 根立杆起到维持架体整体刚度、控制架体高宽的作用。试验设计的目的是确定常用搭设尺寸条件下不同的剪刀撑设置方式、扫地杆离地高度、扫地杆附加斜杆约束条件对单杆承载力的影响，并由此获得立杆临界荷载的大致水平。

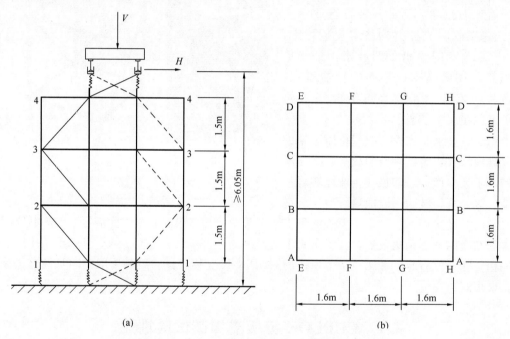

图 4.7.1-1　SGB 碗扣塔架构造及加载示意图（1988）

(a) 架体立面示意图；(b) 架体平面示意图

设计架体结构时，充分考虑到了 CUPLOK 的常用搭设尺寸，并充分体现了 CU-PLOK 碗扣式钢管模板支撑架的特殊顶杆构造，在顶托底部设置约束水平杆，充分约束立杆顶部自由端变形，该条件下，立杆顶部自由外伸长度将大大降低，底座采用同样的约束构造原理。试验架体的基本构造参数为：

方案 1：架体设置 4 行 4 列立杆，立杆间距均为 1.8m，竖向设置 3 个 1.5m 的标准步距，最顶步距 1.33m，最顶一步水平杆在底座底面设置附加水平杆，立杆顶部自由外伸长度为 0.158m（不设置顶托附加水平杆条件下，立杆顶部自由外伸长度为 1.488m，远远超过了规范规定的 0.65m 上限），扫地杆离地高度 0.39m，不设底座附加扫地杆，架体四个外立面每步设置一道专用斜杆，中间纵向 2 行和横向 2 列的竖向平面内在边跨设置自底到顶的节间通高之字形斜杆，顶部水平面内每个框格设置满布剪刀撑（图 4.7.1-2）。

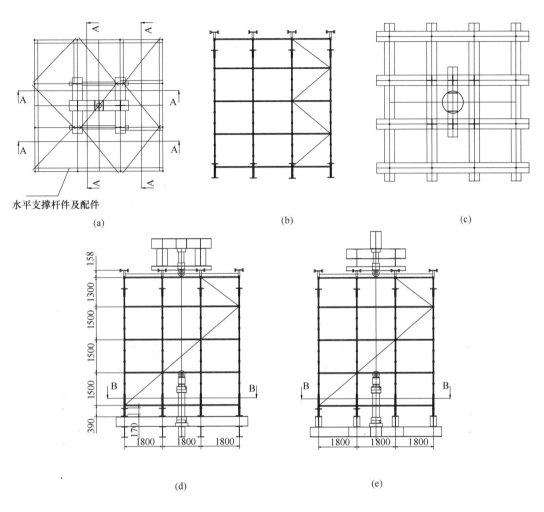

(a)　　　　　　　　　　(b)　　　　　　　　　　(c)

(d)　　　　　　　　　　(e)

图 4.7.1-2　方案 1 架体构造及加载示意图
(a) 俯视图（支撑架顶端水平面）；(b) A-A 截面；(c) B-B 截面；
(d) 立面图；(e) 侧面图

方案 2：架体基本参数设置同方案 1，所不同的是，中间纵向 2 行和横向 2 列的竖向平面，仅在顶步内边跨设置一道斜杆（图 4.7.1-3）。

方案 3：架体基本参数设置同方案 2，不同的是，扫地杆离地间距增大至 0.67m（超过了规范规定的 0.4m 的上限值），但不设置底座附加扫地杆（图 4.7.1-4）。

方案 4：架体基本参数设置同方案 2，不同的是，扫地杆离地间距增大至 0.62m（超过了规范规定的 0.4m 的上限值），但不设置底座附加扫地杆（图 4.7.1-5）。

方案 5：架体基本参数设置同方案 3，不同的是，扫地杆离地间距增大至 0.62m（超过了规范规定的 0.4m 的上限值），设置底座附加扫地杆（图 4.7.1-6）。

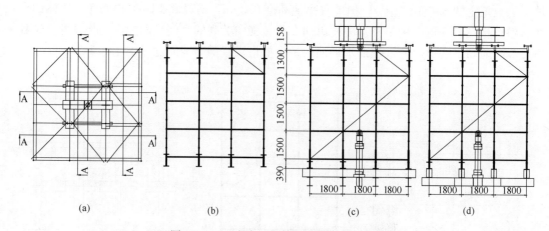

图 4.7.1-3　方案 2 架体构造及加载示意图

（a）俯视图（支撑架顶端水平面）；（b）A-A 截面；（c）立面图；（d）侧面图

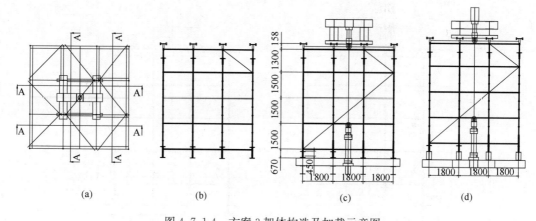

图 4.7.1-4　方案 3 架体构造及加载示意图

（a）俯视图（支撑架顶端水平面）；（b）A-A 截面；（c）立面图；（d）侧面图

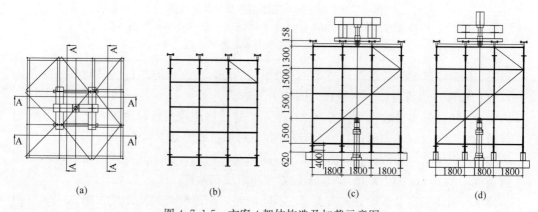

图 4.7.1-5　方案 4 架体构造及加载示意图

（a）俯视图（支撑架顶端水平面）；（b）A-A 截面；（c）立面图；（d）侧面图

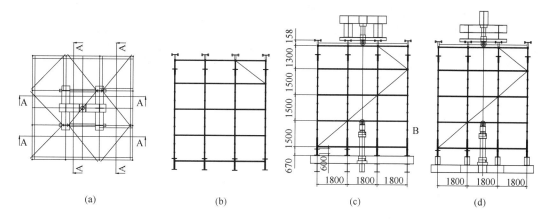

图 4.7.1-6　方案 5 架体构造及加载示意图

（a）俯视图（支撑架顶端水平面）；（b）A-A 截面；（c）立面图；（d）侧面图

4.7.2　加载制度及测试方法

碗扣式钢管脚手架系统顶部中心 4 立柱上水平平行放置 H 形钢两根，再在此双平行 H 形钢中部水平放置与其正交的 H 形钢一根。用一拉杆连接正交 H 形钢和放置于地面的双向液压千斤顶。连接时，调整位置，使拉杆垂直于地面。

加载时，液压千斤顶带动拉杆，拉杆带动正交 H 形钢，正交 H 形钢又拉动双平行 H 形钢，最后将力均匀施加到碗扣式钢管脚手架系统的中心 4 立柱上，加载过程中将传感器串联入拉杆系统。试验现场如图 4.7.2 所示。

图 4.7.2　试验现场概况

加载制度如表 4.7.2 所示。

测试仪器 DH3817 动态应变测试仪（分度值：1με），拉力传感器（准确度：±0.3%，重复性：0.2%）。传感器在测试前经校定得到仪器示值与拉力的关系曲线。测试时，根据仪器示值即可换算出拉力的大小。

<table>
<tr><td colspan="3" style="text-align:center">试验加载制度</td><td style="text-align:right">表 4.7.2</td></tr>
</table>

加载级数	液压千斤顶油缸压力读数（MPa）	保持时间（s）
1	2.80	30
2	4.20	30
3	5.60	30
4	7.00	30
5	8.40	30
6	9.80	30
7	11.20	30
8	11.90	30
9	12.60	30
10	12.95	30
11	13.30	30
12	13.65	30
13	14.00	30

4.7.3　试验结果

1. 云南大力神公司试验结果

5 组试验获得的架体承载力如表 4.7.3-1 所示。

<table>
<tr><td colspan="4" style="text-align:center">模板支撑架单杆试验承载力</td><td style="text-align:right">表 4.7.3-1</td></tr>
</table>

不同搭建类型编号	试验直接读取承载力（kN）	3 根 H 形钢及拉杆自重（kg）	极限承载力（kN）	单根立杆的极限承载力（kN）
1 号架	400.4	500	405.4	101.35
2 号架	397.1	500	402.1	100.53
3 号架	405.7	500	410.7	102.68
4 号架	395.5	500	400.5	100.13
5 号架	400.2	500	405.2	101.30

2. 英国 SGB 试验结果

1988 年英国 SGB 公司实施的 6 组 Q345 级立杆碗扣塔架（图 4.7.1-1）中，1 号～3 号试验架体在施加竖向荷载 V 的同时，在架体顶部施加 $H=2.5\%V$ 的水平荷载，类似于国家标准《混凝土结构工程施工规范》GB 50666—2011 附录 A 规定的泵送混凝土或不均匀堆载在架体顶部产生的附加水平荷载（取竖向永久荷载的 2%）的规定，4 号～6 号架体顶部不施加水平荷载，其承载力结果如表 4.7.3-2 所示。

试验架体编号	单杆立杆竖向极限承载力	最大水平荷载	顶托伸出长度
1 号	108.75	2.63	规格最大行程
2 号	94.75	2.38	2/3 规格最大行程
3 号	114.25	2.75	1/3 规格最大行程
4 号	134.75	—	规格最大行程
5 号	127.50	—	2/3 规格最大行程
6 号	122.00	—	1/3 规格最大行程

SGB 碗扣塔架承载力试验结果（1988） 表 4.7.3-2

　　在此试验的基础上，英国 SGB 公司进一步实施了不同水平荷载等级条件下，以及不同顶托外伸长度条件下的立杆极限承载力试验，在考虑一定安全系数的条件下给出了单立杆的允许承载力，立杆钢材等级为 Q345 及 Q235 条件下，单立杆的容许承载力分别如图 4.7.3-1 和图 4.7.3-2 所示。

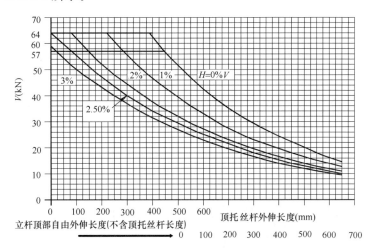

图 4.7.3-1　Q345 立杆容许轴力

（步距 1.0m，丝杆顶部无附加支撑）

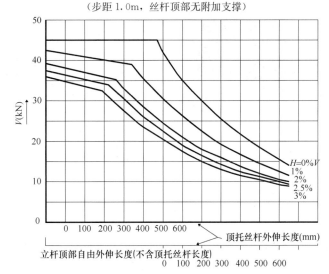

图 4.7.3-2　Q235 立杆容许轴力

（步距 1.5m，丝杆顶部无附加支撑）

4.7.4　试验结论

本试验采取方塔架加载模式，在分析承载力和失效架体的变形规律后，可以得到如下结论：

1. 各方案得到的架体承载力基本相同，塔架的每行每列的竖向框架的每步内均设置斜杆时，单杆承载力均略高于 100kN；对比 4.6 节 WDJ 碗扣式钢管方塔架试验，当四面设置斜杆时 WDJ 架体的单立杆极限承载力略高于 60kN。因此，采取 Q345 级高强钢材立杆的 CUPLOK 碗扣式钢管脚手架的立杆极限承载力显著提高，但 $[N]_{CUPLOK}/[N]_{WDJ} = 100/60 = 1.66$，而 $f_{CUPLOK(Q345)}/f_{WDJ(Q235)} = 300/205 = 1.46$，这说明 CUPLOK 碗扣架立杆的屈服强度提高了 46%，单立杆的极限承载力提高了 66%。分析其原因，这在一定程度上与斜杆的设置方式有关（WDJ 内部斜杆一般采用钢管扣件，而 CUPLOK 采用专用的过节点的斜杆）。

2. 各试验架体的破坏形态均为立杆局部失稳（图 4.7.4），这说明局部加载模式下（部分立杆受力，其余立杆不受力），立杆受力不均匀，架体破坏形态为最不利立杆出现顶步距的压屈失稳。实际工程应用中应通过调整立杆间距，确保架体立杆受力接近均匀。

3. 对比同样试验条件下的英国 SGB 试验结果及云南大力神公司的试验结果可以发现，二者得到的立杆极限承载力处于同一水平（SGB 的试验承载力略高是因为英国采用的 Grade50 级钢材相当于中国的 Q345 级钢材，但强度略高）。当立杆顶部施加的水平荷载为竖向永久荷载的 2% 时，立杆的极限承载力退明显，因此实际满堂支撑架设计中应考虑水平荷载的影响，这与行业标准《建筑施工临时支撑结构技术规范》JGJ 300—2013（认为该水平力对支撑结构稳定影响较小，不考虑其影响）和国家标准《混凝土结构工程施工规范》GB 50666—2011（规定计算立杆承载力时不考虑顶部水平力影响）的规定不同。

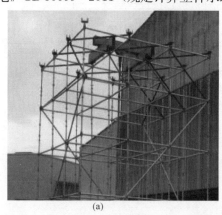

(a)　　　　　　　　　　　　　　　(b)

图 4.7.4　架体失效图（顶步距立杆局部压屈）

(a) 加载前；(b) 加载后

4.8　节点转动刚度试验

近 30 年来，脚手架的计算理论方面出现过多种计算模型，比如将立杆与水平杆节点视作纯铰接点的空间铰接模型，也出现过将脚手架视作有侧移钢框架的刚性节点模型。实际上，脚手架的节点均能部分传递水平杆的弯矩，节点的刚性是有限的。为了测试碗扣式节点的实际转动刚度（立杆与水平杆发生单位夹角变化所需的弯矩），不同单位对碗扣式钢管脚手架的节点性能进行了试验研究。

4.8.1 试验方案

节点的转动刚度不是构配件的基本力学性能指标，不能通过简单的试验测试方法得到，应通过力学试验通过换算方法得到。脚手架扣件的国家标准《钢管脚手架扣件》GB 15831—2006 给出了简单测试碗扣节点转动刚度的试验方法。

新编制的国家标准《建筑施工脚手架安全技术统一标准》GB 51210—2016 在附录 A.1.6 中借鉴 GB 15831—2006 的方法（图 4.8.1-1），给出了脚手架节点转动刚度的测试方法：取立杆与水平杆连接节点（图 4.8.1-2）进行转动刚度试验，试验规定如下：

1）水平杆长度应大于 1000mm；

2）将立杆上下端固定牢固，使立杆垂直，立杆与水平杆夹角应为 90°；

3）测量出水平杆至立杆中心 1000mm 的位置，并应做好标记；

4）在水平杆标记点的位置依次悬挂砝码 P，在预加砝码 P 为 20N 时，应将测量仪表调至零点，第一级加砝码 80N，然后每次增加砝码 100N，并应分别记录每次悬挂砝码后水平杆标记点处的下沉位移累计值，直至节点连接件严重变形，失去承载能力；

5）绘制弯矩—转角位移曲线图，应取曲线图直线段正切值的 2 倍为节点转动刚度标准值（图 4.8.1-3）。

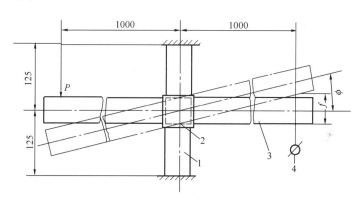

图 4.8.1-1 GB 15831 的节点转动刚度测试方案
1—立杆；2—节点；3—水平杆；4—量具

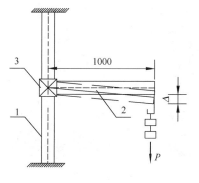

图 4.8.1-2 转动刚度试验示意图
1—立杆；2—水平杆；3—连接件

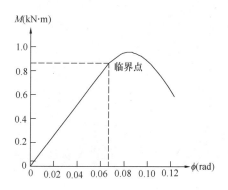

图 4.8.1-3 弯矩—转角位移曲线图

上述为最简单的测试节点转动刚度的试验方法。但只测量了水平杆的转动量，未考虑立杆的实际变形，导致测得的实际转角偏大。河北建设集团有限公司于 2010 年在天津大学结构实验室实施的系列碗扣式钢管满堂支撑架真型试验中，分 2 组，各 3 个试件对碗扣节点的转动刚度进行了测试，所采取的试验方法为：

水平杆分置两侧扣在碗扣内，水平杆长度 850mm，在距立杆中心 800mm 处的水平上加荷载 P。距离竖杆中心线 600mm 处安放位移计，测量此处的位移值 f，将其转换为水平杆的转角：

$$\theta_1 = \mathrm{arctg}(f/600) \tag{4.8.1-1}$$

为充分计入立杆转角的影响，在竖管距离横管中心线中心 150mm 处位移计，以测量立杆处的位移值 f_1，通过计算得到两点处的相对转角 θ_2，试验的示意图如图 4.8.1-4 所示。相对转角 θ_2 的计算公式如下：

$$\theta_2 = \mathrm{arctg}(f/600 - f_1/150) \tag{4.8.1-2}$$

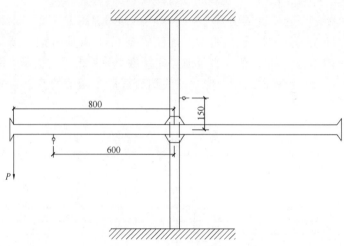

图 4.8.1-4　碗扣节点试验示意图（天津大学）

加载方法为利用标准砝码逐级加载，所加荷载值前两级加载 190N，之后每级加载 100N。

东南大学采取类似的方法对 WDJ 碗扣式钢管脚手架及 CUPLOK 碗扣式钢管脚手架的节点性能进行了试验，试验装置分别如图 4.8.1-5a、b 所示。节点试验的步距分为

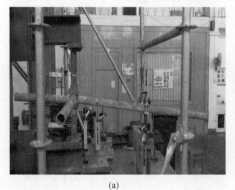
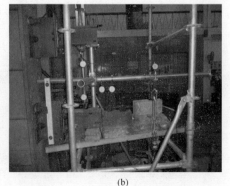

(a)　　　　　　　　　　　　　　(b)

图 4.8.1-5　碗扣节点试验装置（东南大学）

(a) WDJ 碗扣节点；(b) CUPLOK 碗扣节点

0.6m、1.2m 和 1.8m 不等，碗扣节点处 4 个方向均插入水平杆，加载的水平杆长为 1.2m，集中荷载加载点离节点 600mm，逐级加载至水平杆的扭转角足够大为止。

4.8.2 试验结果

1. 河北建设集团节点试验结果

试验均采用 WDJ 碗扣件，所采取的 2 组试验中，第一组采用达不到国标 GB 24911 产品质量规定的非国标碗扣脚手架构件，第二组采用符合国标 GB 24911 产品质量规定的国标碗扣脚手架构件。

1）非国标碗扣节点试验数据

试验 1 分别测量立杆距节点 150mm（上侧）处和水平杆距节点 600mm 处位移。实测结果表明，由于固定良好，立杆位移相对水平杆位移十分微小，可以忽略不计（由此证明了国家标准《钢管脚手架扣件》GB 15831—2006 所规定的节点性能试验方法的有效性）。故试验 2，3 未测量立杆位移。转角由式（4.8.1-2）计算得出。试验结果如表 4.8.2-1 所示。

非国标碗扣节点弯矩-转角

表 4.8.2-1

荷载 （kg）	弯矩 （N·m）	试验 1		试验 2		试验 3	
		水平杆位移 （mm）	转角 （°）	水平杆位移 （mm）	转角 （°）	水平杆位移 （mm）	转角 （°）
0	0	0.61	0.00	−10.0	0.00	−29.2	0.00
19	152	0.70	0.57	−2.3	0.74	−26.5	0.26
29	232	1.00	0.85	0.3	0.98	−24.5	0.45
38	304	14.09	1.22	2.9	1.23	−22.5	0.64
48	384	17.88	1.57	6.1	1.54	−19.5	0.93
58	464	22.05	1.94	9.5	1.86	−16.2	1.24
68	544	25.00	2.20	13.1	2.21	−12.5	1.60
78	624	28.25	2.50	16.0	2.48	−6.5	2.17
88	704	31.25	2.78	18.8	2.75	−4.5	2.36
98	784	35.20	3.15	22.0	3.06	−1.5	2.65
108	864	38.90	3.51	26.5	3.49	2.0	2.98
118	944			30.7	3.89	6.0	3.36
128	1024			35.6	4.36	10.0	3.75
138	1104			碗扣脆裂		16.5	4.37

2）国标碗扣节点试验数据

试验 4 分别测量立杆距节点 150mm（上侧）处和水平杆距节点 600mm 处的位移。实测结果表明，由于固定良好，立杆位移相对水平杆位移十分微小，可以忽略不计。故试验

5，6 未测量立杆位移。转角由式（4.8.1-2）计算得出。试验结果如表 4.8.2-2 所示。

国标碗扣节点弯矩-转角　　　　　　　　表 4.8.2-2

荷载 (kg)	弯矩 (N·m)	试验 4		试验 5		试验 6	
		水平杆位移 (mm)	转角 (°)	水平杆位移 (mm)	转角 (°)	水平杆位移 (mm)	转角 (°)
0	0	−42.0	0.00	−32.5	0.00	−53.0	0.00
19	152	−39.0	0.24	−28.8	0.35	−40.0	1.24
29	232	−38.0	0.32	−26.5	0.57	−38.5	1.39
38	304	−37.0	0.41	−24.0	0.81	−36.8	1.55
48	384	−35.0	0.59	−21.5	1.05	−35.0	1.72
58	464	−33.5	0.72	−18.5	1.34	−32.5	1.96
68	544	−32.5	0.79	−16.5	1.53	−30.5	2.15
78	624	−30.8	0.92	−14.0	1.77	−28.0	2.39
88	704	−29.0	1.06	−11.5	2.01	−26.0	2.58
98	784	−26.8	1.33	−7.5	2.39	−24.0	2.77
108	864	−25.0	1.49	−5.5	2.58	−22.5	2.91
118	944	−23.5	1.61	−4.0	2.72	−20.5	3.10
128	1024	−21.5	1.82	−2.5	2.87	−18.5	3.30
138	1104	−20.0	1.93	0.0	3.11	−16.0	3.53
148	1184	−17.5	2.10	1.8	3.28	−13.5	3.77
158	1264	−15.0	2.28	4.0	3.49	−10.0	4.11
168	1344	−12.0	2.51	8.0	3.87	−6.5	4.44
178	1424	−9.0	2.77	10.5	4.11	−2.5	4.82
188	1504	−5.0	3.14	13.5 .	4.39	2.0	5.25
198	1584	−1.5	3.44	17.0	4.73	8.0	5.83
208	1664	6.5	4.13	21.5	5.16	15.0	6.50
218	1744					24.0	7.36
228	1824					36.5	8.55

根据表 4.8.2-1 和表 4.8.2-2 的数据，得到弯矩-转角关系曲线如图 4.8.2-1 所示。

由图 4.8.2-1 可以看出，碗扣式节点延性较好，能够承受较大荷载。但非国标碗扣质量较差，节点弯矩约在 1100N·m 时，发生脆性断裂破坏。从图中可以计算得出非国标碗扣件、国标碗扣件的节点转动刚度分别为 14kN·m/rad、34kN·m/rad。

3）河北建设集团 2010 年的真型碗扣式钢管满堂支撑架试验中，其方案 9 为专项碗扣节点转动钢管试验。根据试验数据及现象，非国标管碗扣先于钢管发生破坏，破坏形式为脆性断裂。才采用非国标碗扣的试验 2 中，荷载加至 138kg 时，上碗扣突然碎裂，横管崩

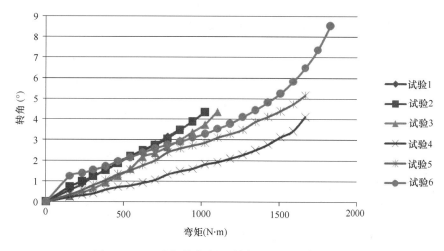

图 4.8.2-1　碗扣节点弯矩-转角图（河北建设集团）

飞数米，非常危险，所幸未造成任何人员和物品损失。整架承载力试验中，整架破坏时，也发生了大量上碗扣碎裂的情况。因此可以判断，非国标管碗扣脚手架，架体承载力由碗扣强度控制，极限承载力约为 1100N・m。国标管碗扣延性很好，最大可以承受 1824N・m 的弯矩，变形较大时，水平杆先于碗扣发生屈服现象，可判断其性能要远远优于非国标碗扣式节点和扣件式节点。由此可见碗扣材质与质量对确保脚手架整体稳定性的重要作用。

2. 东南大学节点试验结果

1）WDJ 碗扣节点

取自施工现场目前最常见的非国标 WDJ 碗扣件（重复使用的旧碗扣构配件）的节点弯矩-转角试验曲线如图 4.8.2-2 所示。

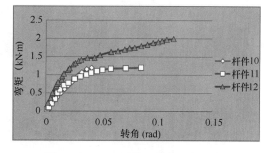

图 4.8.2-2　WDJ 碗扣节点弯矩-转角图（东南大学）

从图中可以计算得到国内目前在工地现场周转使用的碗扣节点转动刚度为 25～40kN・m/rad。节点破坏形式为水平杆接头断裂或开焊（图 4.8.2-3）。

(a)

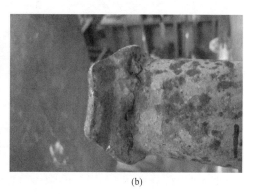

(b)

图 4.8.2-3　碗扣节点弯曲破坏形态（东南大学）

（a）水平杆接头断裂；（b）水平杆接头开焊

2）CUPLOK 碗扣节点

取自国内厂家生产的用于出口的 CUPLOK 碗扣件的节点弯矩—转角试验曲线如图 4.8.2-4 所示。

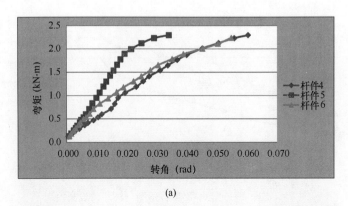

(a)

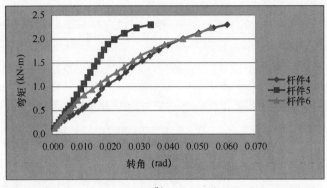

(b)

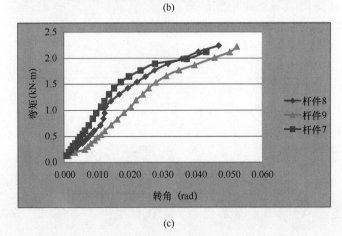

(c)

图 4.8.2-4　CUPLOK 碗扣节点弯矩—转角图（东南大学）
（a）节点步距 0.6m；（b）节点步距 1.2m；（c）节点步距 1.8m

从图中可以计算得到 CUPLOK 碗扣节点转动刚度为 60～80kN·m/rad。

现将河北建设集团、东南大学及国外相关单位实施的碗扣节点性能试验得到的节点转动刚度列于表 4.8.2-3 中。

单位	取值规定（kN·m/rad）
东南大学	① 工地抽检为 25 ② 出口生产厂送检为 60～80
天津大学	① 非国标试件 14 ② 国标试件 34
悉尼大学	① 4 根水平杆节点，102 ② 3 根水平杆节点，87 ③ 2 根水平杆节点，77
德国规范	① 最大值约 90 ② 最小值约 50 ③ 建议值约 65

不同单位试验得到的节点抗扭刚度　　　　表 4.8.2-3

节点转动刚度直接影响架体的承载力，行业标准《建筑施工碗扣式钢管脚手架安全技术规范》JGJ 166—2016 在考虑碗扣不同材质和成型方法因素的基础上，提供了利用有限元等空间分析法对模板支撑架结构进行整体计算分析时，针对碗扣节点转动刚度的取值建议：

"5.1.12　当对模板支撑架结构进行整体计算分析时，碗扣节点应视为半刚性节点，其转动刚度可按下列规定采用：

1　对采用碳素铸钢或可锻铸铁铸造的上碗扣，节点转动刚度 R_k 宜取为 25kN·m/rad；

2　对采用碳素钢锻造的上碗扣，节点转动刚度 R_k 宜取为 40kN·m/rad。"

4.9　CUPLOK 模板支撑架现场堆载试验

现场堆载试验是一种最能反映施工现场支架实际受力工况的原位试验。2013 年 9 月云南大力神金属构件有限公司针对成都地铁一号线延伸线华阳北站工程采用 CUPLOK 碗扣式钢管脚手架搭设的轨道箱梁现浇混凝土模板支撑架，委托四川省建筑工程质量检测中心进行了架体堆载试验。

4.9.1　工程概况及支架设计概况

试验采取在工地现场实际搭设满堂支撑架，支架按照现行碗扣式钢管脚手架安全技术规范进行设计，试验架体按照本工程的支架设计方案进行搭设，试验架体长度方向 7.2m（立杆横距 1.2m，6 个立杆跨距）、宽度方向 4.8m（立杆纵距 1.2m，4 个立杆跨距），架体竖向设置 2 个 1.5m 的底部距、2 个 1.0m 的顶步距，扫地杆离地间距控制在 400mm 以内，立杆顶部自由外伸长度控制在 650mm 以内。架体顶支撑荷载的次分配梁为双榀 14 号槽钢（2[14），槽钢之间通过套筒及 M16 螺栓连接，顶托上的主分配梁为 U 形钢托架（200mm×150mm×ϕ8mm）。试验主要目的是考核在该搭设条件和模拟加载工况下支撑架结构在静荷载作用下的最大应力和最大位移。该架体的搭设步距、立杆间距和高度为目前最常用的满堂支撑架搭设参数，其实际施工过程架体的荷载效应能反应多数施工现场的该类型架体的力学性能。架体模型如图 4.9.1-1、图 4.9.1-2 所示。

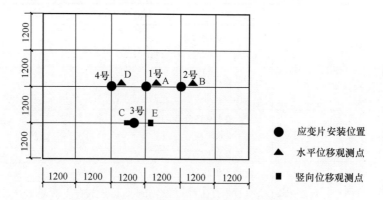

图 4.9.1-1 架体平面布置图及测点平面布置图

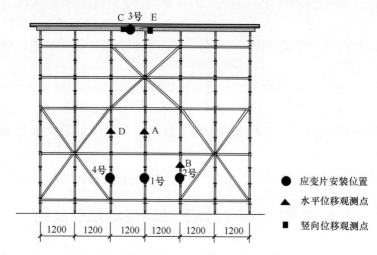

图 4.9.1-2 架体立面布置图及测点立面布置图

4.9.2 加载及测试方式

1. 加载制度

根据顶部混凝土施工作业层的施工荷载，采取满布加载，加载面积为 34.56m²，按 24kN/m² 的均布面荷载模拟架体实际荷载，100% 的荷载值应为 829.44kN，堆载采用在单元顶部平行于短边方向（4 跨方向）均匀堆放钢筋的方法模拟作业层施工荷载，荷载按照 50%、75%、100%、150% 逐级施加（考虑箱梁腹板和顶底板及翼缘板位置的荷载不均匀，均布荷载的最大荷载密度比实际荷载超载 50%），分别读取应力及位移。

2. 测试方式

该试验单元主要承力杆件为立杆及顶部水平分配梁，因此在立杆及顶部水平主分配梁上设置应力测点。变形最大点在次分配梁的跨中，因此在次分配梁跨中设置挠度测点。利用试验单元的对称性，在整个单元的对称位置布置测点，测点具体位置见图 4.9.1-1、图 4.9.1-2。

4.9.3 试验结果

钢筋逐级加载完成后，得到支撑架结构最大应力及最大位移如表 4.9.3 所示。支撑架杆件连接点处无明显松动，应力未超过杆件钢材的屈服强度，各测点侧向位移值未超出规范规定，在 150% 荷载作用下次分配梁挠度变形超过了跨度的 1/400，但在 100% 荷载作用下的挠曲变形为 0.53/400，满足规范要求（结构表面外露时，分配梁挠度不超过计算跨度的 1/400）。

满堂支撑架结构堆载试验最大应力及最大位移　　　　　　　　表 4.9.3

测试项目	测点号	规范要求	荷载步对应的观测结果				备注
			50%设计荷载	75%设计荷载	100%设计荷载	150%设计荷载	
应力测试（MPa）	1	Q345 级钢材屈服强度标准值 $f_{yk}=345$	—	−13.7	−18.0	−90.3	—
	2		−7.6	−17.0	−18.5	−31.7	—
	3		21.8	22.3	38.4	126.6	弯曲拉应力
	4		−17.0	−32.8	−50.2	−131.2	—
位移测试（mm）	A	$\Delta \leqslant H/300$	1.92	2.62	3.42	3.71	
	B		1.48	2.88	3.20	3.66	
	C	$\delta \leqslant l/400$	0.52	0.75	1.59	3.71	δ_{max}/l $= 1.24/400$ $> 1/400$
	D	$\Delta \leqslant H/300$	2.02	2.79	3.62	4.53	Δ_{max}/H $= 0.227/1000$
	E		0.42	0.79	1.34	2.84	—

4.9.4 试验结论

本次原位荷载采取钢筋堆载虽不是最理想的支架受力模拟试验，但能在一定程度上反应不同加载工况下架体构配件的荷载效应变化规律。

1）按照规范要求设计的架体，在施工模拟荷载作用下，立杆最大压应力为强度设计值 f 的 43.7%（131.2/300），这说明，按照现行规范设计的该支撑架的总体安全系数 $K > 2.2$。

2）从设计荷载的 100% 增加荷载至 150%，虽荷载增加了 50%，但立杆应力呈若干倍增加，如 1 号测点应力增加 400%，2 号测点应力增加 70%，3 号测点应力增加 230%，4 号测点应力增加了 160%，这说明架体已进入欠稳定的状态，杆件内力呈非线性快速增长，这是一个很重要的提醒。行业标准《满堂钢管支撑架预压技术规程》JGJ/T 194—2009 规定，满堂钢管支撑架的预压荷载应分加载区段设置，每个加载区段的均布荷载应取钢筋混凝土及模板重量的 110%，但在实际预压试验中，很多施工企业认为施加的预压荷载越大越能检验架体的安全度（图 4.9.4-1）。从上述试验结果来看，超过施工荷载太大的荷载作用下，架体已处于不安全状态，从图 4.9.4-2 的架体立杆变形形态来看，过大的预加荷载已使得部分立杆处于局部屈曲状态，施工安全已受到极大威胁。因此，实际满堂模板支撑架实施预压试验时，各荷载区段的预压荷载强度不得超过现行行业标准《满堂钢管支撑架预压技术规程》JGJ/T 194 的规定。

图 4.9.4-1　过度的预加荷载

图 4.9.4-2　过度预压导致的
立杆屈曲变形

本 章 参 考 文 献

［1］　余宗明. 新型脚手架的结构原理及安全应用[M]. 北京：中国铁道出版社，2001.
［2］　高秋利. 碗扣式钢管脚手架和支撑架受力性能试验与分析[D]. 天津大学：2011.

第5章　碗扣式钢管脚手架计算理论

自 20 世纪 60 年代扣件式钢管脚手架引入我国以来，使得施工脚手架技术进入了一个新的阶段，从一开始钢管脚手架用于高度 20m 左右的低矮建筑物施工，到后来用于 50m 以上建筑物的结构或装修施工，到目前钢管脚手架广泛用于高度大、荷载重、造型复杂的临时支撑结构，在此过程中工程界从未停止对脚手架结构计算理论的探究。从最开始的凭经验、无计算理论支撑到后来的借用钢结构无侧移框架计算理论，以及后来采用的基于几何不变体系的纯铰接计算理论，直到目前广泛采用的有限元法进行空间模拟方法，几乎所有的结构分析计算理论都被尝试用于钢管脚手架的设计计算。

碗扣式钢管脚手架作为一种从国外引入我国广泛使用的工具式脚手架，同样经历了不同的计算模型探索阶段，其计算理论的研究被提到日程上来是源于 20 世纪 80 年代末，当时碗扣式钢管脚手架被应用于高层建筑施工的作业脚手架，基于经验的设计理论已无法满足工程实际需要，钢管脚手架的拓展使用遇到困境。在经过了各种计算模型假定和理论推导后，最终在各类试验结果的基础上，工程界总结出了一套既能满足安全可靠度需要，又方便工程技术人员使用的简洁计算理论。经过 20 多年工程技术人员和科研人员的不断研究，行业标准《建筑施工碗扣式钢管脚手架安全技术规范》JGJ 166—2008 提出的碗扣式钢管脚手架计算理论结束了该领域长期无标准可依的局面，碗扣式钢管脚手架的使用技术达到了新高度。在随后的几年里，工程界对钢管脚手架理论的研究有了新的突破，与此相关的国家和行业标准也不断推陈出新，在荷载分析、计算模型的确定、配套构造措施的推出等方面积累的经验日趋丰富。期间，新的碗扣式钢管脚手架的真型试验成功实施，为人们进一步认识脚手架的力学性能提供了新的科学依据，在这种条件下，新的行业标准《建筑施工碗扣式钢管脚手架安全技术规范》JGJ 166—2016 发布，重新确定了碗扣式钢管脚手架的计算理论和构造措施。

本章将首先回顾碗扣式钢管脚手架计算理论的发展过程，综述近几十年曾经出现的有代表性的计算理论，并在第 4 章试验分析的基础上结合有限元分析结果得出新的计算理论。

5.1　脚手架的结构形式和计算简图

碗扣式钢管脚手架与扣件式钢管脚手架类似，都是由钢管组成的带斜杆的空间框架结构，在使用功能上主要分为作业脚手架（又分为结构施工脚手架、装饰施工脚手架和防护脚手架）和支撑脚手架（分为模板支撑架和预制结构施工支撑架），除此之外还可用作塔架、梯架、井架、防护棚、桥架等。国家标准《建筑施工脚手架安全技术统一标准》GB 51210—2016 发布后，将各类作业脚手架和支撑脚手架统称为脚手架。实际应用中应区分作业脚手架（对碗扣式钢管脚手架而言主要是双排作业脚手架，简称双排脚手架）和支撑脚手架（主要指模板支撑架）的概念和区别。如，传力方面，作业脚手架是通过水平杆将作业层脚手板的荷载传递至立杆，并在立杆中产生一定的偏心弯矩影响；而模板支撑架由于顶部受力较大，一般通过可调托撑将上部混凝土构件重量和施工荷载传递至立杆。实际应用中也可能会出现作业脚手架与模板支撑架混用的情况（图 5.1），比如在模板支撑架的顶层，将混凝土构件的重量和施工荷载通过顶部水平杆传递至立杆（架体采用满堂支撑架形式，传力采用脚手架形式，研究表明后者架体承载力较前者下降 15%～35%）。

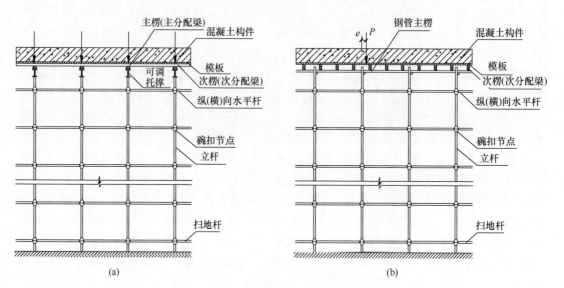

图 5.1　支模架与脚手架受力模式比较

（a）传统支模架；（b）脚手架传力形式的支模架

5.1.1　双排脚手架

作业脚手架指：由钢管杆件、配件通过可靠连接而组成，支承于地面、建筑物上或附着于工程结构上，为建筑施工提供作业平台和安全防护的脚手架，其主要用途是为高处操作人员提供作业平台或为零星材料、小型施工机具提供堆放平台，并具有防护作用。碗扣式钢管脚手架的组成示意如图 5.1.1-1 所示。双排脚手架的结构形式比较明确，为典型的平面结构，由内外两个纵向大面组成，每个大面均由纵向水平杆和竖向立杆交叉组成平面网格，为增加平面内刚度，面内按照一定规律设置剪刀撑或专用斜撑杆。在横向，双排脚手架为单跨多层框架结构，为维持架体在横向（面外）的稳定性，需要在大面内按照一定间距和排列方式设置连墙件，在特定位置设置竖向斜杆（廊道斜杆）。很明显，双排脚手架在纵横两个方向为刚度相差较为悬殊的空间结构，在竖向荷载作用下，架体失稳将出现在横向（面外）。因此，双排脚手架计算中，一般仅针对架体的面外方向进行考虑，将整个空间架体简化为带有外部支撑约束的单跨多层平面结构（图 5.1.1-2）。

在碗扣式钢管双排脚手架的模型简化过程中应注意以下几点：

1）按照现行规范的规定，一般双排脚手架每隔 2～3 跨、2～3 步设置一处连墙件，直接与连墙件相连的横向框架由于受到较强的外部约束，立杆处于较为稳定的受力状态，但不直接与连墙件相连的立杆受到的连墙件的约束作用较弱。因此，不直接与连墙件连接

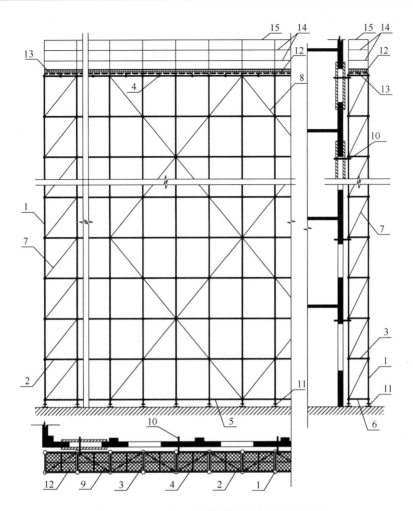

图 5.1.1-1　碗扣式钢管脚手架的组成示意图

1—立杆；2—纵向水平杆；3—横向水平杆；4—间水平杆；5—纵向扫地杆；
6—横向扫地杆；7—竖向斜撑杆；8—剪刀撑；9—水平斜撑杆；10—连墙件；11—底座；
12—脚手板；13—挡脚板；14—栏杆；15—扶手

的横向框架处于不利受力状态（图 5.1.1-2 中的 A 片框架），并对整个架体的稳定起到控制作用。但按照规范的规定，在连墙件的设置层应设置水平斜杆，水平斜杆将与该层的纵横水平杆形成水平桁架（图 5.1.1-2a 中的阴影部分），对整个空间架体起到加强作用，该水平加强桁架直接与连墙件相连，面内刚度较大，对整个架体的约束作用更为明显，对不直接与连墙件相连的横向框架（图 5.1.1-2a 中 A 片框架的）也起到不同程度的约束作用，相当于对这些框架起到等效支座的作用，当然这个等效支座的约束作用比不上连墙件的直接支撑作用。因此，应选取的代表性计算平面框架（图 5.1.1-2b）的等效连墙件为弹性支座。

2）由于架体在间隔一定间距的横向框架内设置了由底至顶的通高廊道斜杆，这些廊道斜杆对该位置的横向框架起到了很强的加强作用，显然，不设置廊道斜杆处的横向框架（图 5.1.1-2a 中 A 片框架）为计算控制单元。与上述第 1 点所述的间接影响原理相同，虽

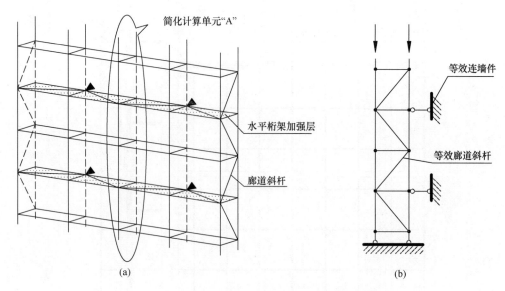

图 5.1.1-2 碗扣式钢管双排脚手架的简化计算模型

(a) 空间结构图；(b) 简化平面图（A 计算单元）

代表性 A 框架不直接设置廊道斜杆，但其作为整体架体的一部分，在一定程度上由于空间牵连作用，受到廊道斜杆的间接支撑作用。在计算简图中不可忽略等效廊道斜杆的支撑作用。空间有限元分析和架体承载力试验结果也均表明，不直接与连墙件相连的立杆的计算长度大于架体步距，但小于连墙件的竖向间距，这也充分说明了连墙件和廊道斜杆对所有立杆均具有间接影响作用。

　　3）单纯取出直接与连墙件相连的横向框架作为控制性计算单元是不安全的。

　　4）要准确确定连墙件和廊道斜杆对不直接与其相连处立杆的加强和约束作用是比较困难的，也正是这个原因，出现了不同的脚手架计算模型。

5.1.2 模板支撑架

　　模板支撑架指：由钢管杆件、配件通过可靠连接而组成，支承于地面或结构上为浇筑混凝土构件而搭设的承力支架，其主要用途是支撑上部混凝土构件重量和施工荷载。模板支撑架一般搭设为满堂红形式的密布立杆体系，并通过与纵横水平杆、专用斜杆或剪刀撑通过碗扣节点连接形成带斜撑体系的空间钢框架（图 5.1.2）。与双排脚手架最大的区别在于：满堂支撑架两个方向抗侧刚度相当，不存在显著的弱方向；满堂支撑架不设置连墙件，即使与既有结构进行连接也仅作为构造措施。

　　由图 5.1.2a 可见，碗扣式钢管模板支撑架为多次超静定的空间结构体系，为增加两个方向的抗侧刚度，在纵横竖向平面框格内每间隔一定距离设置竖向剪刀撑或专用斜撑杆，并在顶部、底部以及中间间隔一定高度设置水平剪刀撑或斜撑杆，约束架体的空间扭转，提高整架刚度。这样的复杂结构，即使立杆受力均匀、杆件间距对齐工整，也很难通过简单的计算方法模拟其整体失稳状态。计算中，一般选取支架控制部位（荷载较大部位，如桥梁箱梁的腹板位置、楼面梁位置等，或立杆间距突变位置）的一榀竖向平面框架进行分析（图 5.1.2b）。简化后的平面计算框架中，斜杆反映的既不是实际设置了斜杆的

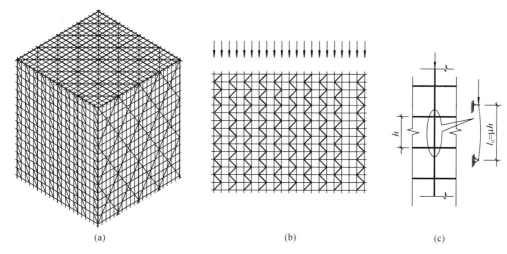

图 5.1.2　模板支撑架的简化计算模型

（a）空间结构图；（b）简化平面计算单元；（c）简化单杆计算单元

竖向框架，也不是未设置斜杆的"裸框架"，而是反映整个架体的斜杆覆盖率或设置密度。比如设置斜杆的竖向平面内，竖向节间通高斜杆每隔一跨设置一处，则在该面内，斜杆的覆盖率为 1/2；同时，与该竖向平面相邻的两榀竖向框架均不设置斜杆，则架体的斜杆面内覆盖率为 1/3，由此架体的斜杆体积等效覆盖率为 1/6，即每 6 个框格设置 1 根斜杆。

尽管将空间架体做了平面简化，但此时的平面架体还是超静定次数较高的复杂结构，无法通过简单的方法计算该平面架体的稳定性，需要对模型进一步简化。进一步取该平面内的控制部位立杆（荷载最大处或立杆间距突变处的立杆）作为控制性计算立杆，将该杆件的力学响应代表整个架体的受力状况，如图 5.1.2c 所示。

简化为单杆后，面临的问题是：该单杆不是孤立存在的，它同时受到水平杆和斜杆的约束作用，要提取其计算长度仍是一件不简单的事情，因为立杆计算长度 l_0 和架体步距 h 之间应该还有个计算系数 μ。纵观目前的模板支撑架技术规范，其核心问题就是如何建立起架体在各种搭设参数下立杆的计算长度。将复杂的满堂空间支架抽象为单一立杆，并确定立杆计算长度需综合考虑立杆间距、水平杆步距、斜杆设置方式、扫地杆离地高度、立杆顶部自由外伸长度和架体高宽比等多个因素。

计算长度系数法是目前各脚手架技术规范普遍采用的计算方法，该方法简单，物理和力学概念清晰，便于现场工程师掌握。寻找计算长度计算方法的过程就是几十年来工程界专家学者们不断创新脚手架计算理论的过程。

5.2　脚手架计算理论概述

5.2.1　单杆容许轴力理论

在基于概率理论的极限状态设计法应用于临时结构设计之前，施工现场广泛采用容许应力法进行临时设施的结构设计，方法简单，物理概念清晰，以笼统的安全系数 K（柔

性结构取 $1.4 \sim 1.6$，脆性结构取 $2.5 \sim 3.0$）体现结构的承载力富裕度。容许应力法于 1826 年被提出，这是较长时间占据结构设计理论领域主导作用的常用方法，比如在桥梁施工设计领域，在 2015 年之前行业标准《公路钢结构桥梁设计规范》JTG D64—2015 发布之前，桥梁施工支撑结构的设计一直沿用的是基于容许应力法的行业标准《公路桥涵钢结构及木结构设计规范》JTJ 025—86，甚至今天在各地采用贝雷梁、万能杆件搭设临时支架时还在广泛采用基于杆件容许轴力或桁片容许弯矩与剪力的容许内力法。但应注意的是：《公路桥涵钢结构及木结构设计规范》JTJ 025—86 所用的容许应力法与古典的容许应力法相比，已有所进步，主要在于：安全系数 K 为多系数的乘积，材料抗力（即标准强度）以概率取值。但它仍属定值法的范畴，只是局部地使用了概率与统计的方法，经验与工程判断仍占主导地位。

在碗扣式钢管脚手架用于桥梁支模架时，工程师们较早也是采用的单杆容许轴力法，其基本思路为：通过工程实践或试验加载，得到常用搭设条件下架体单立杆的极限承载能力的平均水平（类似于承载能力标准值），将此承载力除以大于 1.0 的安全系数得到单杆的容许轴力。该方法用公式表达为：

$$N \leqslant [N] \tag{5.2.1-1}$$

$$[N] = N_{max}/K \tag{5.2.1-2}$$

式中：N_{max}——立杆的极限承载力，通常由工程实践或试验确定；

$\qquad K$——安全系数，又叫安全储备。

至今还可以在某些单位的施工方案中发现这种设计方法的痕迹，比如通过承载力实验得到搭设参数为 0.9m（立杆纵距）×0.9m（立杆横距）×1.2m（架体步距）的支撑架单立杆承载力平均水平为 30kN，取 3.0 的安全系数，得到立杆容许轴力未 $[N] = 10kN$，在实际支架设计中，认为只要最不利立杆的计算轴力不超过 10kN，架体整体处于安全状态，并具有可接受的安全富余度。

容许应力法（或容许内力法，对脚手架而言是容许轴力法）的优点在于：表达形式简单，计算方便，便于使用者学习掌握。因此，这种方法沿用一百余年而至今仍为我们所用。在碗扣式钢管脚手架应用领域，将其作为初定立杆间距的方法还是一种有效的方法。比如，在承载力试验的基础上得到一般条件下碗扣架单立杆极限承载力平均值为 30kN，取 1.5 的安全系数，将单立杆的最大容许轴力定为 $[N] = 20kN$，在根据待浇混凝土构件尺寸确定立杆间距时，以确保最不利立杆轴力控制在 20kN 以内为原则，初步确定架体结构尺寸，最后按照规范的荷载、计算公式进一步校核其承载力和稳定性。

其缺点在于：没有考虑荷载、抗力的不定性。安全系数 K 的取值多凭以往的经验和工程判断，因而难以正确评价所设计的结构物或构件的安全度，更难以确保所设计的结构物或构件具有一致的安全度水准。更大的缺陷在于，未考虑脚手架整体结构的结构体系概念，更未考虑构造因素对计算承载力的影响，容易忽略架体结构的薄弱环节。

5.2.2　刚架理论

现行国家标准《钢结构设计规范》GB 50017 将钢框架结构的梁与柱的节点假定为刚节点（假定受力过程中梁与柱间的交角不变），并将钢框架分为无支撑纯框架和有支撑框架（有支撑框架又根据框架的侧移刚度分为强支撑框架和弱支撑框架），在此基础上针对钢框架结构提出了完整的计算理论。

1. 双排脚手架

在 20 世纪 80 年代末，刚架计算理论被尝试用于钢管脚手架结构的计算。1987 年国内学者在《建筑技术》杂志发表的"扣件式钢管脚手架的设计与计算"一文首次提出了双排脚手架的无侧移刚架计算法。其核心理论是将脚手架节点视为理想"刚接"，附加条件为"无侧移"，在节点为刚接的条件下，双排脚手架的水平杆与立杆组成类似建筑结构中的框架（图 5.2.2-1）。

按照钢结构设计理论，钢管脚手架由于设置了较为密集的斜杆，应该归属于有支撑框架，对于双排脚手架，由于在构造上加设了剪刀撑、斜撑和连墙杆，限制了各个方向的侧变位，因此，可以大致视为"无侧移多层刚架"进行力学分析。

根据钢结构设计理论，单层或多层钢框架柱的计算长度取决于相交于柱上下端的梁对柱的约束，约束的强弱体现在柱上下端梁柱的线刚度比 K_1 和 K_2（图 5.2.2-2）。杆件线刚度 i 的定义为：

$$i = EI/l \tag{5.2.2-1}$$

式中：E——材料的弹性模量；

I——杆件横截面的惯性矩；

l——杆件的几何长度。

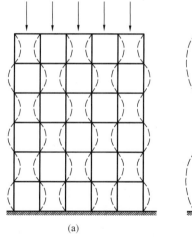

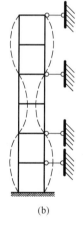

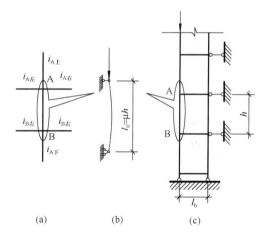

图 5.2.2-1 双排脚手架无侧移刚架计算模型

（a）纵向刚架；（b）横向刚架

图 5.2.2-2 双排脚手架立杆约束示意图

（a）线刚度简图；（b）等效计算长度图；

（c）双排脚手架构造图

上下节点水平杆与立杆线刚度比 K_1 和 K_2 分别表达为：

$$K_1 = \frac{i_{A左} + i_{A右}}{i_{A上} + i_{AB}}, K_2 = \frac{i_{B左} + i_{B右}}{i_{B下} + i_{AB}} \tag{5.2.2-2}$$

式中：$i_{A左}$、$i_{A右}$——分别为上节点 A 的左、右水平杆的线刚度；

$i_{B左}$、$i_{B右}$——分别为上节点 B 的左、右水平杆的线刚度；

$i_{A上}$——节点 A 之上立杆的线刚度；

$i_{B下}$——节点 B 之下立杆的线刚度；

i_{AB}——被验算立杆 AB 段的线刚度。

由于碗扣式钢管脚手架的杆件为同一规格钢管，其弹性模量 E 和截面惯性矩 I 的值相同，因此，无量纲的 K_1 和 K_2 只与杆件长度有关，即：

$$K_1 = \frac{\dfrac{1}{l_{A左}} + \dfrac{1}{l_{A右}}}{\dfrac{1}{l_{A上}} + \dfrac{1}{l_{AB}}}, K_2 = \frac{\dfrac{1}{l_{B左}} + \dfrac{1}{l_{B右}}}{\dfrac{1}{l_{B下}} + \dfrac{1}{l_{AB}}} \tag{5.2.2-3}$$

对于图 5.2.2-2c 所示的统一构造尺寸的双排脚手架，线刚度比简化为：

$$K_1 = h/2l_b, K_2 = h/l_b \tag{5.2.2-4}$$

式中：h、l_b——分别为双排脚手架步距和立杆横向间距。

同理，对于首步立杆，线刚度分别为：

$$K_1 = K_2 = h/2l_b \tag{5.2.2-5}$$

根据《钢结构设计规范》GB 50017 中有侧移框架柱的计算长度系数的计算 μ 公式：

$$\left[36K_1K_2 - \left(\frac{\pi}{\mu}\right)^2 \right] \sin\frac{\pi}{\mu} + 6(K_1 + K_2)\frac{\pi}{\mu} \cdot \cos\frac{\pi}{\mu} = 0 \tag{5.2.2-6}$$

或查《钢结构设计规范》GB 50017 中"无侧移框架柱计算长度系数表"（附录表 D-1）可计算得到不同脚手架立杆间距和步距条件下的立杆计算长度系数 μ。

上述分析过程是将双排脚手架严格按照无侧移框架模型进行推导的。相关研究者提出，实际应用中还应考虑连墙件的设置方式和纵向结构的作用对计算长度系数 μ 乘修正系数。无侧移刚架法脚手架计算理论虽于 1987 年作为一种计算理念被提出，但以后鲜有进一步研究其实际应用的问题，因而被废弃。

2. 满堂模板支撑架

从满堂支撑架的有限元失稳模式和试验现象可以看出，满堂支撑架的失稳模式为沿刚度较弱方向发生整体侧移失稳，各榀竖向框架的失稳模式大致相同，因此可忽略相连各排支架间的空间相互作用，取一榀代表性平面竖向框架模拟满堂支撑架的力学性能。满堂支撑架不同于双排脚手架，由于所受的外部支撑约束较弱，按照刚架理论进行分析时，应将其抽象为有侧移钢框架。

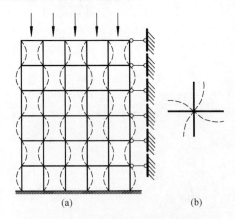

(a)　　　　　　(b)

图 5.2.2-3　满堂支撑架无侧移
刚架计算模型

（a）无侧移刚架；（b）刚节点变形图

同样借助于梁柱线刚度法，考虑满堂支撑架的结构形式，对采用统一构造尺寸（各处采用相同的立杆间距和步距）的支撑架，式（5.2.2-3）同样适用，但 $l_{AB} = l_{A上} = l_{B下} =$ 步距 h，$l_{A左} = l_{A右} = l_{B左} = l_{B右} =$ 立杆纵距 l_a 或横距 l_b。根据立杆的位置可以逐一推得不同部位立杆（如顶层立杆、底层立杆、边立杆、中立杆）的上下端梁柱的线刚度比 K_1 和 K_2，通过查《钢结构设计规范》GB 50017 的"有侧移框架柱计算长度系数表"（附录表 D-2）可以得到相应的计算长度系数。当满堂支撑架设置了与既有结构物的拉结、抵紧等"无侧移"条件后，计算体系转化为图 5.2.2-3 所示的无侧移刚架模型，可根据立杆的上下端

梁柱的线刚度比 K_1 和 K_2，通过查《钢结构设计规范》GB 50017 的"无侧移框架柱计算长度系数表"（附录表 D-1）可以得到相应的计算长度系数。

应该指出的是，平面刚架法是一种适用于平面刚架分析的方法，将其应用于空间刚架体系，是否可行是值得商榷的。同时，刚架理论并未考虑碗扣节点的半刚性，因而夸大了节点的刚性，在工程实际中，很少应用。

5.2.3 排架理论

碗扣式钢管脚手架的纵向或横向水平杆与立杆用上下碗扣连接的节点属于"半刚性"节点，施工实际中，经常受到碗扣产品质量低劣、上碗扣锁紧不牢等因素影响，或由于其他质量因素产生不利影响时，该"半刚性"节点可能更接近于铰节点，但立杆在节点处是上下连续的，并认为立杆通过套管连接接长，因此，立杆连接处也认为是固结的。这就是排架假设的由来。

对于双排脚手架，将空间脚手架简化为平面排架作横向平面有限元分析，计算中略去了各类支撑、剪刀撑的有利影响。这是充分研究了施工现场的实际情况而做出的简化（考虑到脚手架失稳处是结构最薄弱的环节，通常是没有任何支撑的）。不考虑各类支撑、剪刀撑的有利影响是科学的，也是排架理论所采取的必要的分析方法。

根据脚手架的工作原理和排架假设，将空间碗扣式钢管脚手架简化为图 5.2.3-1 所示的结构模型。其中图 5.2.3-1a 是有连墙件直接拉结的一对内外立杆的结构分析模型，不是脚手架结构最薄弱的环节，因而不是分析的研究对象，只作确定参数 EI 时参考。

图 5.2.3-1b 是脚手架结构最薄弱处、位于两排连墙件之间而不和连墙件直接拉结的一对内外立杆的结构分析模型，在脚手架整体结构中首先失稳，为控制性计算部位。

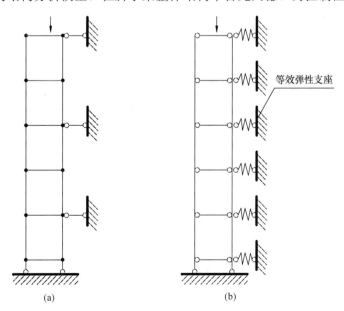

图 5.2.3-1 双排脚手架排架计算模型
（a）连墙件处排架；（b）等效弹性支座排架

根据图 5.2.3-1 的脚手架排架结构分析模型假设，双排脚手架按照排架模型进行计算的关键一步是确定每步高处等效的侧向弹性支座。该弹簧支座的弹性刚度可根据经验按照等效链杆进行确定。

对模板支撑架，将其假定为图 5.2.3-2 所示的空间排架结构，基本假定如下：

1）横向或纵向任意面内（除了顶层分配梁与顶托组合部位处）立杆与立杆的连接为刚接，顶层分配梁与顶托组合处为铰接。底部钢管与垫块或混凝土垫层连接处为铰接。

2）横向或纵向面内：水平面内水平杆与立杆的连接为铰接；立面内水平杆与立杆的连接为铰接。

3）楞梁和钢管连接处：架体边部水平杆和立杆连接处为铰连接，其他部位为复合铰连接。

该模型是介于空间框架结构和空间桁架结构之间的一种结构，为了方便，称之为空间框架铰接结构。其简图如图 5.2.3-2a 所示。当施工中的架顶结构有一定的倾斜度，其模型顶部杆件会不相同，如图 5.2.3-2b 所示；当场地中的地面不平时，其支撑架的模型为图 5.2.3-2c 所示。

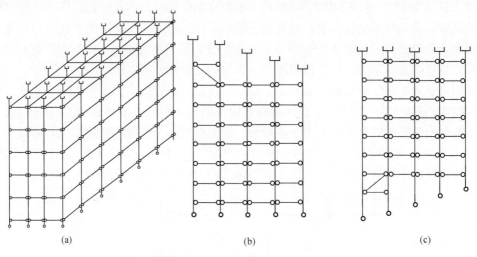

图 5.2.3-2　满堂支撑架排架模型

（a）空间排架模型；（b）顶部有斜度模型；（c）地面有坡度模型

排架理论忽略了碗扣节点的抗弯和转动刚度，大大简化了计算模型难度，在理论简化上具有重要的意义，但简化后的结构分析尚需借助于有限元等结构分析方法进行计算，目前尚未提出系统的计算方法。

5.2.4　铰接体系及几何不变体系原理

铰接理论模型中，假定所有节点均为铰接，并忽略掉多余约束作用（将多余约束作为安全储备），在计算过程中，将空间结构简化为平面桁架结构。简化后的铰接理论模型清晰，抓住了影响脚手架坍塌的主要构造要求，计算非常简单。最早提出铰接理论的是 20 世纪 80 年代英国的扣件式钢管脚手架规范，该方法便于工程应用，但对架体斜杆的设置有严格的要求。国内学者于 1997 年针对扣件式钢管脚手架在国内工程应用的特点（考虑工地扣件拧紧程度差异大），从保证架体安全的角度出发发展一种新的铰接理论体系。应当说，目前的脚手架规范不再提铰接的概念，但规范最终给出的计算公式（如各规范在计算立杆长度时普遍采用 $h+2a$ 形式的表达方式）都有着铰接理论留下的痕迹。

铰接理论的核心问题之一保证架体是一个几何不变体系，强调"结构设计"在脚手架计算方面的重要性，在将各处立杆与水平杆的碗扣节点简化为铰接点的情况下，抽象出结构的平面计算简图。

由水平杆、立杆相互交接组成的空间结构，其纵横每个平面结构称之为网格式结构。网格式结构根部由链杆支撑于地面上，侧边通过链杆支撑于旁边的结构物上。根据结构力学对整体结构的机动性分析可知，铰接的平行四边形框格是几何可变体系，是不能承受任何荷载的，任何外力都可以使之发生形状变化甚至整体倒塌，也就是失去其整体稳定性，这也是建筑施工架发生整体失稳的根本原因。

为了使网格的结构不失稳，需要保持整体结构的几何不变性。最直观的方法就是在节点之间增加斜杆，使得平行四边形形式变为三角形体系，为了达到此目的，脚手架的斜杆两端必须通过节点。

1. 脚手架计算简图和几何不变条件

双排外脚手架一般是沿着建筑物外墙搭设 2 排立杆，是典型的平面结构体系。其大面由立杆和水平杆十字交叉，再由斜杆覆盖组成。内排脚手架与建筑结构拉接保持其侧向的稳定性。内外排结构之间，由横向水平杆拉接构成整体，其结构为带斜杆的矩形网状结构体系。

通过几何构成分析可知，自下往上每一层内有 1 根斜杆即可保证该结构的稳定性；当有2 根斜杆时，即多 1 根多余未知杆，从脚手架的搭设规则看完全可以达到稳定要求。双排外脚手架侧面的几何分析应注意：双排立杆之间无斜杆（这是使用要求所确定的），因而只有连墙件处的立杆才能视为铰接，而两连墙件之间的立杆只能视为 1 根连续杆，其计算长度应相应的加倍（图 5.2.4-1）。此外由于水平方向连墙件并非在每个立杆处都有，而是间隔数根之后才有拉墙杆，原则上其长度为自下而上通长，必须采取相应措施予以解决。

由此可见斜杆在脚手架中的重要性。对网格式结构的几何分析可以得到几何不变性的基本条件（图 5.2.4-2）：1）每层（步）有一根斜杆；2）每层有一侧向支撑点。若该杆系的斜杆或侧向支杆多于一根，则该体系将成为超静定结构。

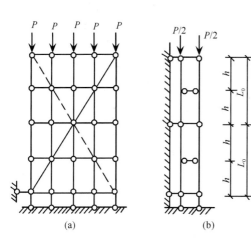

图 5.2.4-1 双排脚手架结构计算简图
（a）外立面图；（b）侧立面图

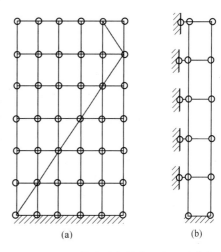

图 5.2.4-2 双排脚手架结构几何不变条件
（a）每层有一根斜杆；（b）每步有一侧向支撑点

　　碗扣架构成的架体基本上可分为两种情况：一种是双排外脚手架，其架体由两排立杆靠近建筑物搭设，其侧向必须依靠连墙件与建筑物拉接，形成 x、y 两个轴向结构不同的形式；而另一种以模板支撑架为代表的沿 x、y 两个方向都形成沿轴线的网格式结构。此两种结构形式中前者较为复杂，其原因是双排外脚手架极度依赖连墙件来维持侧向稳定，而连墙件的设置不能按设计者的主观意志来确定。其次是双排立杆间的廊道是施工人员的操作平台和通道，因而设置斜杆受到限制，因而两种架体的解决方法并不相同。

2. 双排脚手架几何不变结构的设计

　　双排脚手架在 x、y 两个方向的结构是不同的，其大面或纵轴方向是一个网格结构（图 5.2.4-3），但其横断面方向则由双立杆与连墙件组成。

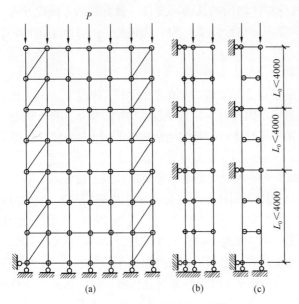

图 5.2.4-3　双排脚手架结构计算简图
（a）正立面图；（b）侧立面图 1；（c）侧立面图 2

　　在纵轴方向（x 轴侧立面方向）可按模板支撑架设置八字形剪刀撑，满足几何不变条件；亦可采用两端设通高斜杆来解决。这是因为大面外侧碗扣有插头位置，可插入专用外斜杆。在横截面（y 轴侧立面方向）方向情况较为复杂，其影响因素有：连墙件既是保证架体侧向不致倾覆的主要构件，而且连墙件也是立杆在 y 方向确定轴心受压计算长度的主要因素（当廊道不设斜杆时），由图 5.2.4-3 可看出，立杆的稳定计算长度恰恰就是连墙件之间的垂直距离。连墙件之间的水平杆只能视为内外立杆之间的连系杆，而不能视为整体结构的结构杆。根据 $\phi 48 \times 3.5$ 钢管截面特征值可知，当计算长度为 4m 时，其长细比 $\lambda = 253$，超过了轴心受压构件稳定系数表的最大值 250，因而成为不可计算的压杆。由此也可作为廊道不设斜杆的限值，按照此理论，当连墙件竖向间距超过 4m 时，廊道必须设置斜杆。应注意的是，图 5.2.4-3 中脚手架结构的铰接计算简图中给出了 b 图和 c 图两种横断面构造，其中 b 图代表的含义是：由于架体是一个整体结构，各杆件通过碗扣节点相互作用，在无连墙件的高度处的水平杆会受到连墙件约束的间接"牵连"作用，实质上在为该处小水平杆提供了弹性约束支座，该弹性支座等效为在靠墙一面设置了虚拟排架约束；c 图代表的含义是：无连墙件处的横向水平杆仅起辅助连杆作用，维持横断面架体的几何不变性，同时对两连墙件间的连续立杆提供了降低计算长度的作用，其约束程度需要通过结构分析并结合实验数据进行确定。

　　除上述问题外，双排外脚手架还有一个无连墙件立杆问题。由于连墙件在水平方向是间隔设置的（图 5.2.4-4），因而在两相邻连墙件之间的立杆成为无连墙件立杆（图5.2.4-3 中的剖面只代表有连墙件的结构计算简图）。这一状况对碗扣架来说比扣件式脚手架更为严重，因为后者在连墙件之间为一通长杆时具有一定刚度，可以某种程度给无连墙件立杆起到支撑作用，但是碗扣架的水平杆是分段的，不能起到这种作用。解决这一问题的可靠办法是在横向水平杆间增加"水平斜杆"，使内外水平杆与之构成水平加强桁架，形成中间立杆的支撑点（图 5.2.4-4）。

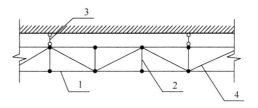

图 5.2.4-4 水平斜撑杆设置示意
1—纵向水平杆；2—横向水平杆；3—连墙件；
4—水平斜撑杆

3. 满堂模板支撑架几何不变结构的设计

满堂模板支撑架为三维空间体系，可以将其分解为垂直两个方向的平面结构体系进行结构分析。与平面结构体系情况相同，即在每个立杆轴线平面内保持每步水平杆之间至少有 1 根斜杆，才能保持整个结构成为静定结构。因而其搭设方法应采用每个结构平面内有 1 根自上而下的通长斜杆，这也是满堂支撑架达到稳定的基本条件。

1）通常做法

实际施工中，对碗扣式钢管满堂架而言，要达到每层有一根斜杆，可以采用类似双排脚手架廊道斜杆的做法专用竖向斜撑杆，斜杆的设置方法可以有多种方法（图 5.2.4-5）。立面还可以采用钢管扣件八字形斜撑、双侧八字撑或多层八字撑、通高十字斜撑（主要用于立杆密度较大时的桥梁支架）（图 5.2.4-6）。

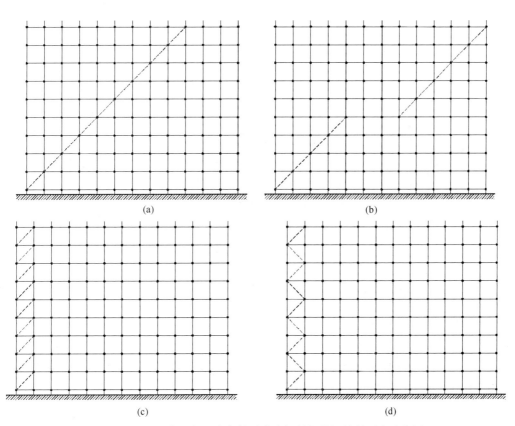

(a)   (b)

(c)   (d)

图 5.2.4-5 维持几何不变条件时满堂架斜杆设置最低要求示意图
（a）斜杆设置方法 1；（b）斜杆设置方法 2；（c）斜杆设置方法 3；（d）斜杆设置方法 4

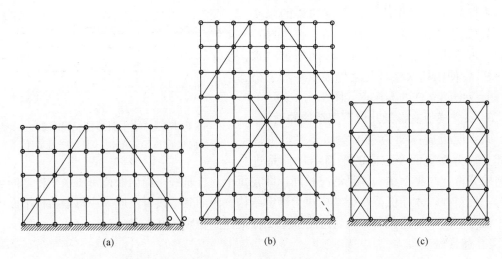

图 5.2.4-6　维持几何不变条件时满堂架钢管扣件斜撑设置方法

（a）八字形斜撑；（b）双侧及多层八字形斜撑；（c）通高十字斜撑

2）有侧向外部约束时的做法

一般情况下，支撑架搭设时，其侧向有结构墙或柱可以做侧向支撑点（相当于1个链杆），因而可以将水平杆与结构柱（或墙）牢固拉接形成侧向支杆，在此条件下才能适当减少斜杆，如图 5.2.4-7 中Ⅰ-Ⅰ剖面所示。在结构柱处，将水平杆与之固定，则该排立杆可不用斜杆保持其稳定。当无结构柱时（图 5.2.4-7 中Ⅱ-Ⅱ剖面）则不可。

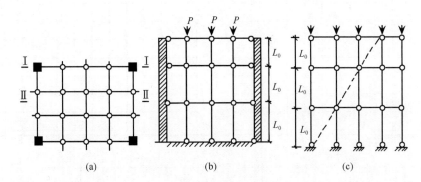

图 5.2.4-7　利用建筑结构作侧向支撑点时的几何不变体系

（a）平面图；（b）Ⅰ-Ⅰ；（c）Ⅱ-Ⅱ

3）格构柱加强做法

除利用结构作为支撑体之外，还可采用相邻 4 根立杆组合成格构式立柱的方法解决其几何可变性的问题。此时将每个轴线的斜杆改成垂直方向布置，与垂直轴线相邻 2 排斜杆形成 4 根立杆组成格构柱的形式，如图 5.2.4-8 所示。AB-⑤-⑥轴线斜杆组成格构柱，①、②轴线保持单斜杆布置。其中，格构柱的构造可采取图 5.2.4-8b、c、d 中的任何一种。

4. 基于几何不变体系的架体计算方法

以上详细探讨了采用铰接理论体系时，确保计算平面内架体为几何不变条件的斜杆设

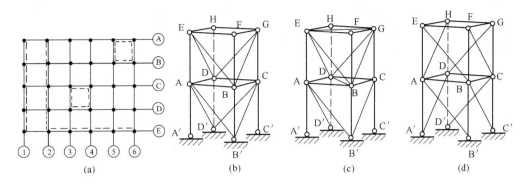

图 5.2.4-8　格构柱与单斜杆组成的几何不变体系

(a) 平面图；(b) 简单桁架格构柱；(c) 组合桁架格构柱；(d) 复杂桁架格构柱

置方式。在满足上几何不变最低要求，并去除多余约束杆件后，双排脚手架和满堂支撑架的力学模型变得较为简单，通过简单的静力学静定结构方法即可确定杆件的内力，杆件的计算长度也可以通过最简单的力学模型得以确定。

以典型的双排脚手架和模板支撑架构造为例，立杆计算长度的确定方法如下。

1）双排脚手架

经几何不变性分析，在去除了多余约束后，双排脚手架的最终计算模型如图 5.2.4-9 所示。

在纵向大面内，由于每层设置了斜杆，在大面的网格内，立杆的计算长度取步距 h（图 5.2.4-9a），但大面并不是双排脚手架的失稳控制面。在侧立面（抗侧刚度较弱的 y 向短平面），直接与连墙件相连的立杆由于受到连墙件的直接约束，将立杆的计算长度取为

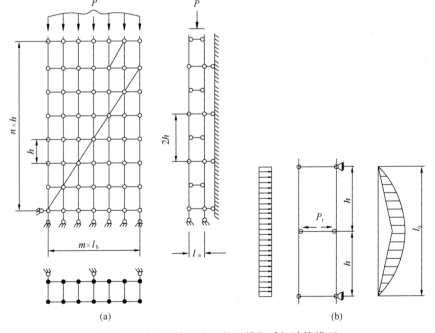

图 5.2.4-9　铰接理论下的双排脚手架计算模型

（a）计算模型；（b）立杆风荷载计算模式

连墙件的垂直距离，如连墙件 2 步设置时，立杆计算长度为 $2h$，其中无连墙件高度的水平杆仅起支撑链杆作用，对风荷载作用下立杆的计算弯矩有直接影响（图 5.2.4-9b）。但直接与连墙件相连的立杆仍不起控制作用，应选取不直接与连墙件相连的立杆作为控制性杆件，此时，就面临无法确定计算长度或计算长度远远超限的困境。按照该理论，已无法进一步计算，需综合考虑架体的空间作用效果，并结合试验结果和理论分析结果对计算公式进行修正。

对此，有学者在试验研究的基础上，通过理论推导对双排脚手架的立杆计算长度进行

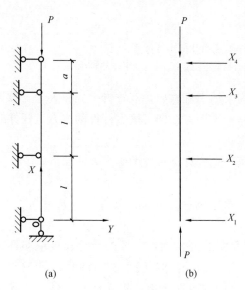

图 5.2.4-10　三层不等高连墙件脚手架
计算简图
（a）计算简图；（b）受力图

了修正，其主要参考依据是陈骥教授所编著的《钢结构稳定理论与设计》。

（1）连续立杆对承载力的影响

针对铰接体系计算方法的不足，结合试验和理论分析结果，在铰接体系理论的基础上，进一步研究了连续立杆对脚手架承载力的影响。

对于中间有支撑的连续杆件，当各层轴力相同，而上下层杆件稳定承载力不同时，承载能力强的杆件将对承载能力弱的杆件起到约束作用，从而使较弱杆件的承载力得到提高。

对三层不等高支撑（连墙件）的双排脚手架，在顶部竖向荷载作用下，计算简图如图 5.2.4-10a 所示，其计算长度系数 μ 推导如下：

设连墙件反力 X_1 和 X_2 与荷载 P 的关系分别为：

$$X_1 = mp, X_2 = np \qquad (5.2.4\text{-}1)$$

① 当 $0 \leqslant x \leqslant l$ 时，平衡方程为：

$$EIy'' + py + mpx = 0 \qquad (5.2.4\text{-}2)$$

其中，y 为立杆的横向挠度，EI 为杆件抗弯刚度。令 $k^2 = P/EI$，则方程的解为：

$$y = A_1 \sin kx + B_1 \cos kx - mx \qquad (5.2.4\text{-}3)$$

引入边界条件：

$y(0) = 0, y(l) = A_1 \sin kl - ml = 0$，则：

$$y = \frac{ml}{\sin kl} \sin kx - mx \qquad (5.2.4\text{-}4)$$

$x = l$ 处的转角为：$y_1(l)' = \frac{ml}{\sin kl} k \cos kl - m$

② 当 $l \leqslant x \leqslant 2l$ 时，平衡方程为：

$$EIy'' + Py + mpx + np(x - l) = 0 \qquad (5.2.4\text{-}5)$$

引入边界条件：$y(l) = 0, y(2l) = 0$，可得：

$$y = \frac{1}{\sin kl}[-ml\cos 2kl + (2m+n)l\cos kl]\sin kx + [2ml\cos kl - (2m+n)l]\cos kx$$
$$-(m+n)x + nl \tag{5.2.4-6}$$

$x = l$ 处的转角为：

$$y_2(l)' = kA_2\cos kl - kB_2\sin kl - (m+n)$$

$x = 2l$ 处的转角为：

$$y(2l)' = kA_2\cos 2kl - kB_2\sin 2kl - (m+n)$$

根据变形协调条件：$y_1(l)' = y_2(l)'$，可得 m 与 n 的关系式：

$$m = \frac{1 - \sin kl / kl}{2(\cos kl - 1)^n}$$

③ 当 $2l \leqslant x \leqslant 2l + a$ 时，取顶部 $x = 0$，坐标轴取向下为正。

由力矩平衡：$X_4 \cdot a = X_1 \cdot 2a + X_2 \cdot a$，可得到：

$$X_4 = \frac{l}{a}(2m+n)P = \frac{l(\cos kl - \sin kl / kl)}{a(\cos kl - 1)}np$$

令：$r = \dfrac{l(\cos kl - \sin kl / kl)}{a(\cos kl - 1)}n$

则平衡方程为：

$$EIy'' + Py + rpx = 0 \tag{5.2.4-7}$$

引入边界条件：

$y(0) = 0$，$y(a) = A_3\sin ka - ra = 0$，可得到：

$$y = \frac{ra}{\sin ka}\sin kx - rx \tag{5.2.4-8}$$

根据变形协调条件：$y(2l)' = -y(a)'$ 可得：

$$kA_2\cos 2kl - kB_2\sin 2kl - (m+n) = -\frac{ra}{\sin ka}k\cos ka + r$$

故三层不等高支撑脚手架的失稳临界条件为：

$$kl\left|\frac{1}{\sin 2kl} - \tan kl + \frac{1}{\tan ka}\left(1 - \frac{\tan kl}{kl}\right)\right| = 2 - \frac{\tan kl}{2kl} - \frac{1}{\cos kl} + \frac{l}{a}\left(1 - \frac{\tan kl}{kl}\right)$$

$$\tag{5.2.4-9}$$

根据欧拉定理：$P = \pi^2 EL / (\mu l)^2 = k^2 EL$，可得计算长度系数：$\mu = \dfrac{\pi}{kl}$。

求解超越式（5.2.4-9）可得 kl，从而求出 μ，对计算结果进行拟合可得：

$$\mu = 1 - 0.12(1 - a/l)^{0.52} \tag{5.2.4-10}$$

对于本书第 4.3 节所描述的四个试验方案，顶层短杆长度均为 1.2m，考虑连续立杆影响后的脚手架稳定承载力与试验承载力及按铰接体系理论计算结果的比较如表 5.2.4-1 所示。

试验方案	一	二	三	四
计算长度系数 μ	0.90	0.90	0.97	0.97
试验极限荷载	33	41	75	67
按铰接体系理论计算结果	14	14	50	50
考虑连续立杆影响计算结果	19	19	52	52

试验承载力与考虑连续立杆影响计算结果的比较（kN）　　表 5.2.4-1

注：有限元计算结果指按照连续立杆模型，使用 ANSYS 软件进行整体弹塑性分析得到的极限荷载。

考虑连续立杆的影响后，脚手架稳定承载力更接近试验极限荷载。但是，进一步分析发现，对于下部层高相同，且大于顶层高度的情况，当层数不变，a/l 增大时；或 a/l 不变，下部层数逐渐增加时，顶层短杆对下部的约束逐渐减弱，计算长度系数增大，短杆对架体承载力的影响减少。如 $a/l = 1/3$，则当层数大于 5 时，$\mu \approx 1$，故对于高层及 a/l 接近 1 的脚手架，连续立杆对稳定承载力的影响较小。

在施工过程中，可以根据施工条件设置间距不等的连墙件，利用连墙件间距较小段的立杆来提高脚手架整体稳定承载力（图 5.2.4-11）。

（2）碗扣节点半刚性的影响

按铰接模型简化为单杆进行计算时，忽略了碗扣扣件的刚度，认为每步水平杆两端与立杆均为铰接，实际上由于碗扣对架体的约束作用，其实际刚度比铰接模型大。

图 5.2.4-12 所示为一轴心受压构件受力体。

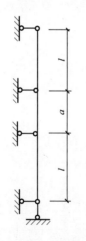
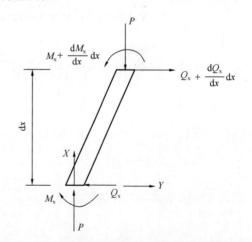

图 5.2.4-11　不等间距
连墙件示意图

图 5.2.4-12　立杆微元体
受力图

对于轴心受压构件，无论两端约束如何，均有：

$$\frac{d^2 M_x}{dx^2} - P \frac{d^2 y}{dx^2} = 0 \qquad (5.2.4-11)$$

将 $M_x = -EI \dfrac{d^2 y}{dx^2}$ 代入式（5.2.4-11）可得：

$$EIy^{IV} + py'' = 0 \qquad (5.2.4-12)$$

式（5.2.4-12）是适合任何边界条件的轴心受压构件的四阶微分方程，令 $k^2 = P/EI$，则方程的解为：

$$y = A\sin kx + B\cos kx + Cx + D \qquad (5.2.4\text{-}13)$$

对于脚手架单步立杆，其约束条件可视为下部铰接，上部有转动弹簧约束的杆件。设转动弹簧刚度为 R_k，则可由杆件两端的几何边界条件和自然边界条件确定式（5.2.4-13）中的积分常数：

① 底部铰接端：$y(0) = 0$，$y''(0) = 0$，故：

$$y = A\sin kx + Cx \qquad (5.2.4\text{-}14)$$

② 上部转动弹簧约束端：由 $y(l) = 0$，可得：

$$C = \frac{-A\sin kl}{l}$$

由 $M(l) = -EIy''(l) = R_k y'(l)$，可得底部铰接，上部有转动弹簧约束的轴心受压杆件的失稳临界条件为：

$$\tan kl = \frac{R_k k}{EIk^2 + R_k/l} \qquad (5.2.4\text{-}15)$$

根据欧拉定理：$P = \pi^2 EI / (\mu l)^2 = k^2 EI$，可得计算长度系数：$\mu = \dfrac{\pi}{kl}$。

考虑碗扣刚度影响后的脚手架稳定承载力与试验承载力以及按铰接体系理论计算的结果比较如表 5.2.4-2 所示，计算中碗扣节点刚度计算时取 $R_k = 65\text{kN} \cdot \text{m/rad}$。

试验承载力与考虑碗扣刚度影响计算结果的比较（kN）　表 5.2.4-2

试验方案	一	二	三	四
计算长度系数 μ	0.77	0.77	0.81	0.81
试验极限荷载	33	41	75	67
按铰接体系理论计算结果	14	14	50	50
考虑碗扣刚度影响计算结果	27	27	66	66

对于试验计算方案，考虑碗扣刚度后计算稳定承载力有很大程度的提高，更接近于试验结果。

碗扣抗转刚度对不同长度杆件承载力的影响如图 5.2.4-13 所示，图中影响系数表示考虑碗扣刚度影响后杆件稳定承载力的提高程度。随着立杆计算长度的增加，碗扣刚度对承载力的提高作用越来越显著。

在碗扣式钢管双排脚手架试验的基础上，按照铰接理论得到立杆计算长度后，经上述考虑立杆竖向连续性和节点半刚性影响后，立杆计算长度应作如下修正：

当双排碗扣式钢管脚手架连墙件间距为 3m 时，考虑碗扣刚度对脚手架承载力的影响，计算长度系数 $\mu = 0.78$，且 μ 随着连墙件间距增加而减小。故当脚手架连墙件间距大于 3m 时，考虑到钢管重复使用等因素，从安全的角度考虑，可取计算长度系数 $\mu =$

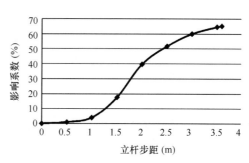

图 5.2.4-13　碗扣刚度对稳定
承载力的影响

0.85 计算，以反映架体真实承载力。这一结论直接被行业标准《建筑施工碗扣式钢管脚手架安全技术规范》JGJ 166—2008 所采用，其 5.3.2 条第 1 款规定："当连墙件垂直距离小于或等于 4.2m 时，计算长度乘以折减系数 0.85"即来源于此。

2）满堂模板支撑架

铰接理论下，只要满足架体每行每列的竖向框架中每步设置了斜杆，则该框架相当于一个平面桁架，立杆计算长度取架体步距，即 $l_0 = h$。但对于设置了由底至顶剪刀撑的满堂架，依然借鉴并采用了英国标准《脚手架实施规范》BS 5975：1982 第 46.2 条的规定，采用 $l_0 = h + 2a$（h 为架体步距，a 为立杆顶部自由外伸长度）。满堂模板支撑架的计算简图如图 5.2.4-14 所示，立杆计算长度取值如图 5.2.4-15 所示。

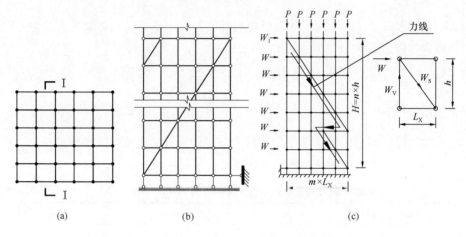

图 5.2.4-14 铰接理论下的满堂支撑架计算模型
（a）平面图；（b）Ⅰ-Ⅰ计算平面单元；（c）风荷载计算模式

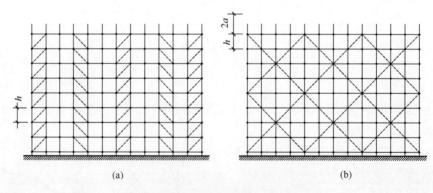

图 5.2.4-15 满堂支撑架立杆计算长度
（a）设斜杆的框格；（b）设剪刀撑的框格

至于英国标准将支架立杆的伸出段长度 a 按悬臂考虑（悬臂杆的计算长度系数 $\mu = 2.0$），将其计算长度 $2a$ 与步距 h 相加后作为支架立杆计算长度的取值，随即加大了立杆计算长度的取值，也限制了立杆伸出长段的任意增大，实属考虑支架应有更高安全要求的规定，且采取了该处理方法后，计算公式更能与试验数据相吻合，是一种合理的处理方法。但该法并不具有理论上的含义。

5. 铰接理论的"规范"实现思路

与前述刚架理论、排架理论所不同的是，基于几何不变体系的铰接理论上升到了系统分析计算的层次，从计算模型的抽象到计算方法和配套构造要求形成一套完整的计算理论。行业标准《建筑施工碗扣式钢管脚手架安全技术规范》JGJ 166—2008 的编制就是基于几何不变体系的铰接计算理论确定的计算模型，其基本指导原则如下：

1）以结构力学为指导理论，对双排脚手架和模板支撑架进行结构设计，使架体结构设计达到规范化，即强调施工脚手架作为"结构"的概念；

2）结构设计中，架体结构的最低构造要求应满足结构计算条件，重点放在架体整体失稳的根源——杆系结构几何不变性分析方面，计算之前应对架体结构尤其是复杂的不规则结构进行整体"机动分析"，从中发现构造薄弱环节，消除可能诱发坍塌的不利因素，斜杆是解决该问题的利器；

3）以典型的双排脚手架和模板支撑架构造为基础，加入力学分析条件，建立两种体系的"结构计算简图"，体现计算图式的重要性，尤其是在变高度、曲线形、混搭时，抽象出能代表整架结构特性的平面几何不变的静定结构体系是架体结构设计的关键；

4）在结构计算简图的基础上，利用结构力学的内力分析方法对架体进行内力分析，之后对最不利立杆进行承载力计算。由于脚手架的主要受力杆件是立杆，且为轴心受压杆件，因此通过"立杆计算长度"来反映架体的力学性能。其中，建立立杆计算长度与整体结构构造的关系是结构分析的关键，应从几何不变体系中，通过分析斜杆设置、外部支撑约束（连墙件、抱柱连接点）、内部格构柱设置等方面确定最不利受力立杆段的计算长度。

5）在计算之外，考虑足够的安全储备，在几何不变条件下，增加一定数量的构造杆件，但每行每列的竖向框架中每层设置一根斜杆是最低的构造保证条件。

6. 铰接理论的优缺点分析

借鉴最早英国规范通过几何不变条件分析提出的铰接计算理论，该方法物理和力学意义明确，计算简单，便于被广大施工现场工程师所接受，其具有下列优势：

1）忽略碗扣节点刚度，具有一定的安全储备，能够弥补施工现场碗扣材质差或施工质量差造成的碗扣松动等缺陷。

2）能从本质上避免薄弱环节，由于其第一步是进行机动性分析，尤其是对于复杂组架模式，能有效发现特殊部位的构造薄弱环节，特殊部位特殊加强处理是其力学模型优势。

3）在几何不变的最低构造要求下，配备了保证几何不变条件实现的严格构造要求，虽然大部分构造斜杆不纳入力学模型分析（如脚手架的拐角通高斜杆和密集的连墙件、覆盖率较大的大面斜杆或剪刀撑等），但这些计算上"多余"的杆件起到了多道防线的作用，并与试验模型相匹配。

4）在理论推导的基础上结合试验结果和结构分析理论对某些有偏差的计算公式进行了必要的修正，确保了理论计算的准确性。

5）该模型从模型抽象、内力计算、立杆计算长度确定到配套的构造措施是一套完整的理论体系，该理论的系列成果促成了行业标准《建筑施工碗扣式钢管脚手架安全技术规范》JGJ 166—2008 的编制。

但本理论也有一些固有的缺陷，随着工程界对脚手架理论认识的不断深入和有效试验成果的不断积累，这些缺点应不断修正，使之能还原力学本质。

1）不考虑碗扣节点的半刚性，造成一定程度上材料的浪费，毕竟铰接结构的承载力计算结果要比刚性或半刚性结构的承载力弱。

2）错误地将斜杆或剪刀撑的作用理解为维持结构体系的几何不变性。

在设置了一定数目斜杆的平面网格中，计算模型类似于平面桁架，该理论直接采用《钢结构设计规范》GB 50017 中对桁架杆件平面内弦杆计算长度的取值。《钢结构设计规范》GB 50017 规定：桁架杆件在平面内计算长度分为桁架平面内计算长度、平面外计算长度和斜平面计算长度，并规定弦杆在计算平面内取值为杆件几何长度（节点中心点距离，对脚手架而言，即步距 h）。

但脚手架与桁架的工作原理及受力机理完全不同。首先在结构组成上，桁架组成的杆件很多（图 5.2.4-16a），计算的主平面桁架应严格受到平面外杆件的支撑约束作用，这一点在脚手架的计算平面内能够做到。最重要的是，桁架计算主平面内的每个节间都有斜杆布置，也就是说，弦杆受到了面外支撑杆件和面内交叉斜杆的强烈约束，此种严格构造条件下取其计算长度为杆件几何长度（图 5.2.4-16b），这一点对于只设置了少量构造斜杆的脚手架而言是远远达不到的，将计算长度取为架体步距是远远不安全的（也正是这个原因，将立杆计算长度考虑为 $h+2a$ 并经过系数修正才勉强与实验结果吻合，这是直接借用桁架理论不合理这一结论的最有力的证据）。

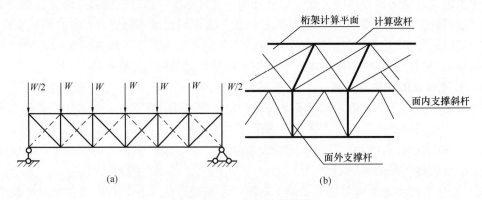

图 5.2.4-16　桁架计算简图
(a) 桁架平面计算图；(b) 桁架弦杆计算长度示意图

其次，桁架与脚手架的受力机理不同，桁架主要作为空间整体受弯构件（如通过连接杆件连成整体的屋架结构），支座与地基的连接点很少（图 5.2.4-16a），其主要破坏形态为整体弯曲（面外连接系不足时，也可能出现面外失稳），整体受压失稳的可能性很小。而脚手架主要是立杆的轴向受压受力状态，支座与地基的连接点较多（图 5.2.4-17a），尤其是在高宽比较大的情况下其破坏形态主要是整体侧向屈曲失稳（图 5.2.4-17b）。可见斜杆的作用对桁架和对脚手架时完全不同的，前者主要是起支撑作用，降低杆件计算长度。而后者主要是提供抗侧刚度，斜杆数量设置越多，架体的抗侧刚度越大，按照《钢结构设计规范》GB 50017 的规定，当斜杆的支撑作用达到一定程度，就属于强支撑框架，按照规范查表得出的立杆计算长度就较短；当斜杆较少时，就属于有侧移框架或无支撑纯框架，按照规范查表得出的立杆计算长度就较长（这点在第 5.2.2 条已有较多描述）。

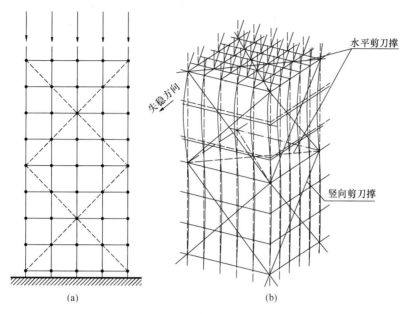

图 5.2.4-17　脚手架计算简图及空间失稳模态
(a) 脚手架平面计算模型；(b) 脚手架空间失稳模态

总体而言，对脚手架而言，斜杆的作用绝非简单起到维持架体几何不变的作用，主要作用是为架体提供足够的抗侧刚度，架体抗侧移能力越强，立杆计算长度系数就越小，其最理想的极限状态就是，架体设置了密集的连墙抱柱点，使得架体整体不能侧移（《钢结构设计规范》GB 50017 中规定，抗侧移刚度满足 $S_b \geqslant 3(1.2\Sigma N_{bi} - \Sigma N_{0i})$ 条件时为无侧移框架），此时计算长度系数等于 1.0，即无侧移条件下立杆计算长度等于步距。这就是规范强调连墙件能设则设的原因，施工中要创造一切条件确保架体抗侧移能力强。

总之，脚手架作为一种特殊的空间杆系结构，不能归为空间桁架结构，因此不能仅仅用几何不变体系的概念来表达结构设计的基本要求，更不能借用桁架模型将立杆计算长度简单取为步距。

3）针对满堂支撑架所提出的每行每列的网格中每步设斜杆不能确保真正的"几何不变体系"。

几何不变体系的概念来源于英国规范，英国标准对几何不变构架的要求比我国严格得多，从其给出的 2～3 排的支架图 5.2.4-18 中可以发现，横向框格和纵向框格设斜杆者均占一半，使其构架近于"几何不可变杆系结构"，显著提高了架体的整体刚度和稳定承载能力。而我国对脚手架和模板支架的构造要求则没有英国标准那样严格，斜杆设置相对较少，达不到"几何不可变杆系结构"的构架要求，只能将其称为"非几何不可变杆系结构"，因此该理论只能借助于试验进行综合修正。

2011 年，清华大学通过理论分析，借助于门槛刚度法推导出了确保碗扣式钢管架体能在理想铰接状态发生无侧移失稳的斜杆布置方式，给出了不同架体步距 h 和立杆间距 l 条件下，斜杆设置层数 m 和立杆柱列数 n 之间的定量关系［式（5.2.4-16）］，并给出了常用的 $\phi48$ 钢管条件下，斜杆设置层数与柱列的关系对应表格（表 5.2.4-3），其设置方式如图 5.2.4-19 所示。

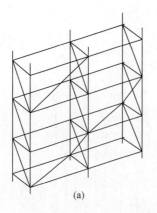 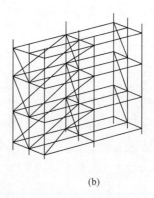

图 5.2.4-18　英国规范确保几何不变体系的斜杆设置

(a) BS5973：1981 两排三列架体；(b) BS5975：1982 三排三列架体

$$\frac{m}{h/l} + n \leqslant 7 + 4\left(\frac{l}{300} - 2\right) \tag{5.2.4-16}$$

常用的 $\phi48$ 钢管支架的斜杆设置层数与柱列的关系表　　　　　表 5.2.4-3

l	h	m，n 的关系	l	h	m，n 的关系
600	600	$m+n=7$	1200	600	$m/(0.5)+n=15$
	900	$m/1.5+n=7$		900	$m(3/4)+n=15$
	1200	$m/2+n=7$		1200	$m+n=15$
	1500	$m/2.5+n=7$		1500	$m/(5/4)+n=15$
900	600	$m/(2/3)+n=11$	1500	600	$m/(2/5)+n=19$
	900	$m/n=11$		900	$m/(3/5)+n=19$
	1200	$m/1.5+n=11$		1200	$m/(4/5)+n=19$
	1500	$m/(5/3)+n=11$		1500	$m+n=19$

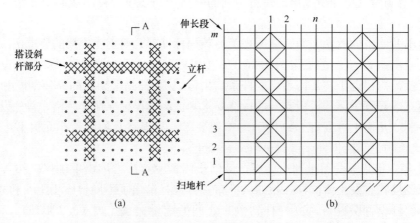

图 5.2.4-19　确保几何不变体系的架体斜杆布置示意图

(a) 斜杆搭设条带平面投影图；(b) A-A 斜杆设置立面图

5.2.5 脚手架节点半刚性理论

在传统的钢框架分析和设计中，通常都假定节点连接为完全刚性（假定交于同一点的杆件交角无变化，节点除能传递梁端剪力外，还能传递梁端截面的弯矩）或为理想铰接（只能传递梁端的剪力，而不能传递梁端弯矩或只能传递很少量的弯矩）。试验结果已经证明，所有实际连接既非完全刚接，也非理想铰接，而是介于这两种极端情况之间，即连接都具有有限的刚性。根据梁对柱的约束刚度（转动刚度），将梁柱连接大致分为三类：铰接连接、半刚性连接、刚性连接。

与转动变形相比，轴向变形和剪切变形很小，因此从实用的目的，只需考虑连接的转动变形。转动变形通常用连接的弯矩的函数来表达，即连接的 $M-\theta$ 关系（M 为连接所承受的弯矩，θ 为连接所产生的相对转角）。当需要考虑连接变形对结构的影响时，世界各国设计规范均要求将连接的弯矩—转角（$M-\theta$）曲线作为设计依据。

1. 半刚性连接特性

各种常用的半刚性连接的无量纲化后弯矩—转角（$M-\theta$）特性如图 5.2.5-1 所示。由该图可以观察到下列几点：

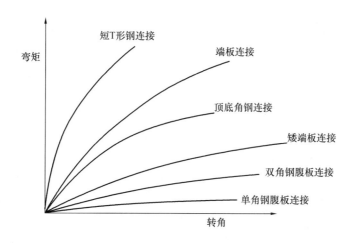

图 5.2.5-1 常用半刚性连接无量纲化后的弯矩—转角关系曲线

1）所有连接所展示的 $M-\theta$ 特性，均处在理想铰接条件（水平轴）和全刚性条件（垂直轴）之间。

2）连接所能传递的最大弯矩（此处称为极限弯矩承载力），在较为柔性的连接中要降低。

3）弯矩相同时，连接的柔性越大，θ 值越大。反之，对于指定的 θ 值，柔性大的连接在相邻杆之间传递的弯矩就要少些。

4）半刚性连接的 $M-\theta$ 关系在全部实际加载范围内一般是非线性的。

2. 半刚性连接刚性临界值判断标准

1）半刚性连接刚性临界值

结构设计中，当梁与柱的连接截面为梁的全截面时，就是刚性连接，而当两者的连接截面减小，连接部分的惯性矩也逐渐减小，连接传递弯矩的能力也随之减小。基于这一理论，有学者提出了一种通过将钢结构梁柱连接的无量纲化后的 $M^* - \theta^*$ 关系曲线分区，进而判断梁柱连接刚度性质的方法，并在无量纲化后的弯矩—转角关系平面内，提出了刚性连接、半刚性连接、铰接三者之间的临界数值。

梁端弯矩能够传到柱上的多少，与梁柱连接处的截面惯性矩密切相关。从全截面相接的刚性连接起步，逐渐减小两者连接截面的惯性矩，当减小到一定程度时，达到了刚性连接与半刚性连接两者的临界状态。通过对大量钢结构梁柱刚性连接资料作出统计，认为在无量纲化后的弯矩—转角关系平面内，刚性连接与半刚性连接两者的分界线是一条通过原点，并且和 θ^*（x 轴）轴夹角为 $75°$ 的直线。同理，继续减小梁柱连接处的截面惯性矩，找到半刚性连接与铰接的临界状态，也能够得到在无量纲化后的弯矩—转角（$M^* - \theta^*$）平面内半刚性连接与铰接两者的界限，是一条通过原点，并且和 θ^*（x 轴）轴夹角为 $15°$ 的直线。三种连接的分界线如图 5.2.5-2 所示。图中 $M^* = M/M_p$，$\theta^* = \theta/(M_p L_b/EI_b)$，$M_p$ 为梁的全塑性弯矩，EI_b/L_b 为梁的线刚度。

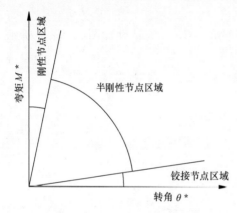

图 5.2.5-2 节点刚性判定区域图

2）梁柱连接刚度性质判断

用梁柱连接无量纲化后的弯矩—转角（$M^* - \theta^*$）曲线与上述两条临界曲线进行比较即可判断梁柱节点的刚度性质。当其 $M^* - \theta^*$ 曲线落在弯矩—转角关系平面内与 θ^*（x 轴）轴夹角为 $75°$ 的直线上方（即刚性连接区域）时，在计算中就可以认为此梁柱连接属于刚性连接。同理，当其 $M^* - \theta^*$ 曲线落在弯矩—转角关系平面内与 θ^*（x 轴）轴夹角为 $15°$ 的直线下方（即铰接区域）时，在计算中就可以认为此梁柱连接属于铰接。而落在两直线之间区域内的，认为此梁柱连接为半刚性连接。这样就能够将刚性连接、半刚性连接、铰接区分开。在实际工程中，一旦具备了所研究新型连接的弯矩—转角（$M^* - \theta^*$）曲线，通过用上述方法得出的各种连接的判定依据，就可以直接判定出此连接的性质。该梁柱连接刚度性质判断标准的与有限元分析及缩尺试验研究的结果吻合度较好。

碗扣式钢管脚手架的整体稳定极限承载力受许多参数的影响，其中节点刚度的刚度是一个重要因素。因此，作为杆件"节点"的碗扣连接点，其刚度性能对保证理论分析的准确性十分重要。可以借鉴钢结构框架理论中对梁柱连接刚度的研究方法，对碗扣节点的转动刚度进行有限元分析和试验研究，得到节点弯矩—转角曲线后，应用上述连接刚度性质的判定准则，即可对碗扣节点的连接性质进行判别。

碗扣式钢管脚手架是一种将纵、横向水平杆通过杆端插片型插头用上下碗扣扣紧而成的空间框架体系。碗扣节点是组架的核心部位，上下碗扣对水平杆插头的约束有限，加之水平杆受弯矩作用时，靠端部插片抵紧钢管或碗扣而产生的抵抗弯矩能力有限（图 5.2.5-3），因此从碗扣产品设计的层面来说，碗扣节点属于半刚性节点。从碗扣节点的试验情况来看，水平杆受到荷载以后，立杆与水平杆之间产生了明显的夹角变化（图 5.2.5-4），因此从实际受力来看，碗扣节点属于典型的部分刚性节点，利用有限元法进行整体计算时，应按照节点的实际刚性进行取值计算。

图 5.2.5-3　碗扣节点产品构造

图 5.2.5-4　碗扣节点受力变形

3. 碗扣节点非线性弯矩—转角关系

碗扣节点的实际转动刚度受碗扣节点质量影响较大，也取决于施工现场操作工人的施工质量，要准确获取碗扣节点的真实转动刚度不是一件简单的事情，为此行业标准《建筑施工碗扣式钢管脚手架安全技术规范》JGJ 166—2016 在试验分析的基础上提出：当对模板支撑架结构进行整体计算分析时，碗扣节点应视为半刚性节点，其转动刚度可按下列规定采用：对采用碳素铸钢或可锻铸铁铸造的上碗扣，节点转动刚度 R_k 宜取为 25kN·m/rad；对采用碳素钢锻造的上碗扣，节点转动刚度 R_k 宜取为 40kN·m/rad。

从碗扣式钢管脚手架的半刚性节点性能的试验研究中发现，在受力初期半刚性节点刚度较低，呈现出拼接结构的松散特征，随着加载的持续，节点处的空隙被抵紧，节点的刚度迅速增大，达到一定值后再缓慢上升。也就是说弯矩—转角关系是非线性变化的，随着弯矩的增大，转动刚度不是一个定值。考虑碗扣节点半刚性进行精确的架体有限元模拟时应充分考虑这一非线性关系。计算中可采用国外学者提出的三折线半刚性节点模型来模拟碗扣节点的受弯性能，其中三折线

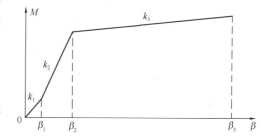

图 5.2.5-5　碗扣节点弯矩—转角三折线图

模型示意图见图 5.2.5-5，参数取值见表 5.2.5。由于碗扣节点的实际转动刚度受产品质量影响较明显，当针对不同产品质量的碗扣进行精细有限元模拟时，可参照图 5.2.5-5 的折线形状，判断折点的实际参数。通常考虑节点半刚性的有限元分析中，可取转动刚度为某一定值进行计算，但该值有区别于弯矩—转角曲线的初始切线值，应是能基本体现全曲线变化趋势的代表值。

三折线刚度模型参数　　　　　　　　　　表 5.2.5

节点类型	k_1 (kN·m)	β_1 (rad)	k_2 (kN·m)	β_2 (rad)	k_3 (kN·m)	β_3 (rad)
中间节点	80	0.014	102	0.036	5.3	0.16
边线节点	75	0.012	87	0.036	5.1	0.16
角部节点	70	0.007	77	0.036	4.5	0.16

5.2.6 满堂支撑架无支撑半刚性计算模型

从满堂支撑架的有限元失稳模式及试验现象中可以看出，在没有设置剪刀撑的情况下，满堂支撑架的失稳模式为沿刚度较弱方向发生有侧移失稳，因此，按照钢结构框架理论进行计算时，应按照有侧移框架进行结构模型选取。当满堂支撑架所有立杆顶端全部受荷载作用时，计算无剪刀撑满堂支撑架的承载力，可以忽略横向各排支架间的相互作用，将满堂支撑架简化为二维框架结构，同时考虑立杆与水平杆节点连接的半刚性特点，进而将其简化为二维半刚性连接的框架模型进行研究，计算模型如图 5.2.6-1 所示。

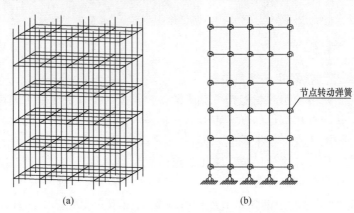

(a)　　　　　　　　　　　(b)

图 5.2.6-1　满堂支撑架无支撑半刚性计算模型
(a) 空间半刚性框架模型；(b) 简化后二维半刚性连接框架模型

为验证该方法用于钢管脚手架的有效性，首先对 5 个无剪刀撑扣件式钢管满堂支架的试验模型，按简化后的二维半刚性节点框架进行承载力有限元分析，并将其分析结果与相应的试验承载力进行了比较，其结果如表 5.2.6-1 所示。从表中可以看出，经过简化的二维半刚性连接框架与原始满堂支撑架的承载力基本相同。说明无剪刀撑的满堂支撑架采用有侧移半刚性框架理论进行分析是可行的。因碗扣式钢管脚手架与扣件钢管的架体结构类似，构造也基本相同，节点刚性也基本在同一水平，因此将该方法用于碗扣式钢管满堂支撑架的计算也是可行的。利用该法计算时，由于未考虑剪刀撑的支撑作用，因此计算承载力比实际设了剪刀撑时的承载力要低，这部分偏差可作为安全储备。

满堂支撑架试验承载力与二维半刚性连接框架有限元分析承载力的比较　　　表 5.2.6-1

序号	步距 (m)	立杆间距 (m)	满堂支撑架试验承载力 (kN)	二维半刚性连接框架有限元分析承载力 (kN)	两者之间误差 (%)
1	0.9	0.6×0.6	21.13	20.85	−1.33
2	0.6	0.4×0.4	20.58	20.55	0.00
3	1.5	1.2×1.2	15.70	15.70	0.00
4	1.5	1.2×1.2	15.30	15.30	0.00
5	1.5	1.2×1.2	17.86	17.84	−0.11

对于二维半刚性连接框架的承载力计算目前尚无相关的计算公式，还需要进一步选取

简化模型进行计算，以下讲解基于有侧移半刚性连接框架理论简化方法：

1. 有侧移半刚性连接框架理论中柱的计算长度

对于已经简化成二维半刚性连接框架的满堂支撑架，可以参考有侧移刚接框架柱稳定性理论对其立杆计算长度系数进行推导。在推导过程中，可以采用如图 5.2.6-2 所示的近似模型进行分析。其中包括立杆 c_2 以及与其上下相邻的两根约束杆 c_1、c_3，对立杆 c_2 起约束作用的 4 根水平杆 b_1、b_2、b_3、b_4。此处，在水平杆两端均设置弹簧约束以模拟碗扣节点的半刚性性质。

2. 基本假定

1）水平杆所受到的轴力很小，可以忽略；

2）在同一层中的各立杆同时发生失稳；

3）各水平杆近端及远端的转角大小相等，且方向相同，即水平杆按双向曲率屈曲。

3. 水平杆单元

如图 5.2.6-3 所示，两端半刚性约束的水平杆，长度为 L_b，θ_1、θ_2 分别为水平杆两端的转角，R_{k1}、R_{k2} 是水平杆两端弹簧刚度，即碗扣节点的转动刚度。在端部弯矩 M_1、M_2 的作用下，水平杆左端、右端相对转角分别为 $\theta_1 - M_1/R_{k1}$ 和 $\theta_2 - M_2/R_{k2}$。

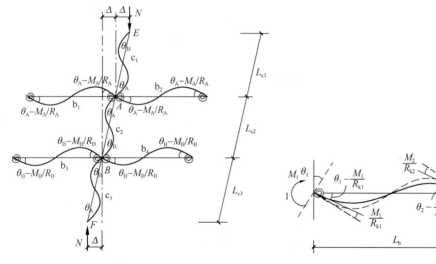

图 5.2.6-2　有侧移半刚性连接三层柱　　　　图 5.2.6-3　两端半刚性约束条件下的
　　　　　　　的框架模型　　　　　　　　　　　　　　　　　梁单元

当水平杆两端为半刚性连接时，其弯矩—转角方程为：

$$M_1 = \frac{EI_b}{L_b}\left[4\left(\theta_1 - \frac{M_1}{R_{k1}}\right) + 2\left(\theta_2 - \frac{M_2}{R_{k2}}\right)\right], M_2 = \frac{EI_b}{L_b}\left[2\left(\theta_1 - \frac{M_1}{R_{k1}}\right) + 4\left(\theta_2 - \frac{M_2}{R_{k2}}\right)\right]$$

$$(5.2.6\text{-}1)$$

令 $i_b = \dfrac{EI_b}{L_b}$，解方程（5.2.6-1）可以得到：

$$M_1 = \frac{i_b}{R^*}\left[\left(4 + \frac{12i_b}{R_{k2}}\right)\theta_1 + 2\theta_2\right], M_2 = \frac{i_b}{R^*}\left[2\theta_1 + \left(4 + \frac{12i_b}{R_{k1}}\right)\theta_2\right] \quad (5.2.6\text{-}2)$$

其中，

$$R^* = \left(1 + \frac{4i_b}{R_{k1}}\right)\left(1 + \frac{4i_b}{R_{k2}}\right) - \frac{4i_b^2}{R_{k1}R_{k2}} \tag{5.2.6-3}$$

对于有侧移框架水平杆，当不计轴力的影响时，发生异向曲率变形，即 $\theta_1 = \theta_2$。此时，水平杆端部弯矩为：

$$M_1 = 6i_b\theta_1\left(1 + \frac{2i_b}{R_{k2}}\right)/R^*，\quad M_2 = 6i_b\theta_1\left(1 + \frac{2i_b}{R_{k1}}\right)/R^* \tag{5.2.6-4}$$

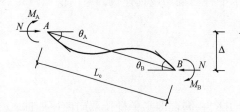

图 5.2.6-4　立杆计算单元

由于碗扣节点的转动刚度为定值，即 $R_{k1} = R_{k2}$。

令　　　　$a_u = \left(1 + \frac{2i_b}{R_{k1}}\right)/R^* \tag{5.2.6-5}$

则 $M_1 = M_2 = 6i_b a_u\theta_1$。

4. 立杆单元

如图 5.2.6-4 所示，立杆长度为 L_c，两端承受轴力 N 和弯矩 M_A、M_B，两端相对侧移为 Δ，则梁柱弯矩—转角方程用稳定函数表示如下：

$$M_A = K\left[C\theta_A + S\theta_B - (C+S)\frac{\Delta}{L_c}\right]，\quad M_B = K\left[S\theta_A + C\theta_B - (C+S)\frac{\Delta}{L_c}\right] \tag{5.2.6-6}$$

其中，$K = \dfrac{EI_c}{L_c}$ 为立杆的线刚度。

$$C = \frac{KL_c\sin(KL_c) - (KL_c)^2\cos(KL_c)}{2 - 2\cos(KL_c) - KL_c\sin(KL_c)} \tag{5.2.6-7}$$

$$S = \frac{(KL_c)^2 - KL_c\sin(KL_c)}{2 - 2\cos(KL_c) - KL_c\sin(KL_c)} \tag{5.2.6-8}$$

C 和 S 分别为水平杆在 A、B 端的抗弯刚度系数。

5. 立杆的计算长度系数

立杆 c_1 端部弯矩：

假设 c_1 的远端为铰接，则立杆 c_1 中 $(M_B)_{c_1} = 0$ 得到下式：

$$\theta_B = -\frac{S}{C}\theta_A + \left(1 + \frac{S}{C}\right)\frac{\Delta}{L_{c_1}} \tag{5.2.6-9}$$

则　　　　$(M_A)_{c_1} = K\left(C - \frac{S^2}{C}\right)\left(\theta_A - \frac{\Delta}{L_{c_1}}\right) \tag{5.2.6-10}$

立杆 c_2 端部弯矩：　$(M_A)_{c_2} = K\left[C\theta_A + S\theta_B - (C+S)\frac{\Delta}{L_{c_2}}\right] \tag{5.2.6-11}$

$$(M_B)_{c_2} = K\left[S\theta_A + C\theta_B - (C+S)\frac{\Delta}{L_{c_2}}\right] \tag{5.2.6-12}$$

立杆 c_3 端部弯矩：

假设 c_3 的远端为铰接，则立杆 c_3 中 $(M_A)_{c_3} = 0$，得到下式：

$$\theta_A = -\frac{S}{C}\theta_B + \left(1 + \frac{S}{C}\right)\frac{\Delta}{L_{c_3}} \tag{5.2.6-13}$$

则　　　　$(M_B)_{c_3} = K\left(C - \frac{S^2}{C}\right)\left(\theta_B - \frac{\Delta}{L_{c_3}}\right) \tag{5.2.6-14}$

水平杆 b_1 端部弯矩： $\qquad (M_\text{A})_{b_1} = 6i_{b_1}a_\text{u}\theta_\text{A}$ $\qquad$ (5.2.6-15)

水平杆 b_2 端部弯矩： $\qquad (M_\text{A})_{b_2} = 6i_{b_2}a_\text{u}\theta_\text{A}$ $\qquad$ (5.2.6-16)

水平杆 b_3 端部弯矩： $\qquad (M_\text{B})_{b_3} = 6i_{b_3}a_\text{u}\theta_\text{B}$ $\qquad$ (5.2.6-17)

水平杆 b_4 端部弯矩： $\qquad (M_\text{B})_{b_4} = 6i_{b_4}a_\text{u}\theta_\text{B}$ $\qquad$ (5.2.6-18)

平衡方程：

1）节点 A 处力矩平衡：

$$(M_\text{A})_{c_1} + (M_\text{A})_{c_2} + (M_\text{A})_{b_1} + (M_\text{A})_{b_2} = 0 \qquad (5.2.6\text{-}19)$$

2）节点 B 处力矩平衡：

$$(M_\text{B})_{c_2} + (M_\text{B})_{c_3} + (M_\text{B})_{b_3} + (M_\text{B})_{b_4} = 0 \qquad (5.2.6\text{-}20)$$

3）立杆平衡：

$$(M_\text{A})_{c_2} + (M_\text{B})_{c_2} + P\Delta = 0 \qquad (5.2.6\text{-}21)$$

其中，$P = R^2 EI_\text{c}$，立杆 c_2 的侧移角为：

$$p = \frac{\Delta}{L_{c_2}} \qquad (5.2.6\text{-}22)$$

由于在满堂支撑架中，水平杆与立杆的抗弯刚度 EI 均相等，所以设有侧移框架立杆上、下端约束系数 M_1 和 M_2（此处 $M_1 = M_2$）为：

$$M_1 = \frac{\sum\limits_A a_\text{u}EI_\text{b}/L_\text{b}}{\sum\limits_A EI_\text{c}/h} = M_2 = \frac{\sum\limits_B a_\text{u}EI_\text{b}/L_\text{b}}{\sum\limits_B EI_\text{c}/h} = M \qquad (5.2.6\text{-}23)$$

将式（5.2.6-10）～式(5.2.6-12)及式(5.2.6-14)～式(5.2.6-18)代入式（5.2.6-19）～式(5.2.6-21) 中，经过化简、整理，最终可以得到，当柱 c_1 和 c_3 远端为铰接时，有侧移框架柱计算长度系数 μ 的计算方程如下：

$$\pi\left[\left(6\mu^2 - 36\mu^2 M - 2\pi^2\right)\cos^2\left(\frac{\pi}{\mu}\right) + \left(\pi^2 - 12\mu^2 + 24\mu^2 M\right)\cos\left(\frac{\pi}{\mu}\right)\right.$$

$$\left. + \left(6\mu^2 + \pi^2 + 12\mu^2 M\right)\right]\sin\left(\frac{\pi}{\mu}\right)$$

$$+ \mu\left[\left(12\pi^2 M - 24\mu^2 M - 7\pi^2\right)\cos^2\left(\frac{\pi}{\mu}\right)\right.$$

$$\left. + \left(9\pi^2 + 24\mu^2 M\right)\cos\left(\frac{\pi}{\mu}\right) + \left(24\mu^2 M + 32\pi^2 - 12\pi^2 M\right)\right]\cos\left(\frac{\pi}{\mu}\right)$$

$$- \mu\left(5\pi^2 + 24\mu^2 M\right) = 0 \qquad (5.2.6\text{-}24)$$

6. 简化模型与有限元计算及试验结果的比较

梁两端弹簧刚度 R_{ki} 取碗扣节点的转动刚度，一般由试验测得，计算中假设立杆 c_1 和 c_3 远端约束均为铰接。对于搭设参数一定的无剪刀撑满堂支撑架，分别按式（5.2.6-3）和式（5.2.6-5）计算出 R^* 和 a_u，将 a_u 的数值代入到式（5.2.6-24）中，得到修正后的有侧移框架立杆上、下端约束系数，由式（5.2.6-24）可以得到立杆的计算长度系数 μ。

立杆的计算长度为 $l_0 = \mu h$，承载力计算为 $P = \dfrac{\pi^2 EI}{(\mu l_0)^2}$。以碗扣节点的弯矩—转角曲线的初始切线刚度 19kN·m/rad 作为梁两端弹簧刚度 R_{ki} 时，理论分析结果与试验及有限元计算结果相比较，如表 5.2.6-2 所示。

有侧移半刚性框架理论计算结果与有限元结果的比较（R_k＝19kN・m/rad）　　表 5.2.6-2

步距 (m)	立杆间距 (m)	有限元 (kN)	理论结果 (kN)	误差 (%)
1.5	1.2×1.2	18.32	21.40	16.81
1.5	0.9×0.9	22.43	22.12	−1.38
1.2	1.2×1.2	21.51	24.14	12.23
1.2	0.9×0.9	24.47	24.85	1.55
0.6	1.2×1.2	22.65	24.85	9.71
0.6	0.9×0.9	25.32	25.09	−0.91

从表中可以看出，采用基于有侧移半刚性理论简化方法计算得到的无剪刀撑满堂支撑架承载力的规律与空间有限元方法得到的结果吻合较好，证明了采用基于有侧移半刚性连接框架理论简化方法来计算无剪刀撑满堂支撑架的适用性、可行性及准确性。应用此种简化方法时，考虑了相邻的其他杆件以及碗扣节点的半刚性对中间立杆承载力的影响，更加符合实际情况，且更加合理。

有侧移半刚性方法能够充分反应碗扣节点的半刚性，但计算较为复杂，只能作为一种参考、比较的计算方法，距离实际工程应用尚有一定的距离。

5.3　有　限　元　模　拟

上述第 5.2 节详细介绍了碗扣式钢管脚手架自问世以来出现的各种计算方法和理论体系，但这些方法都是经过简化之后的平面计算模型或单杆模型，并需要引进很多的假设条件和修正系数才能与实验结果取得一定的吻合度。理论计算模型中，有的模型计算理论复杂，不一定有显式表达，有的过于简单，虽抓住了问题的主要矛盾，但忽略了结构整体的概念。

有限元技术是在数值模拟技术和计算机技术飞速发展的促进下形成的一种可靠的数值分析方法，用于结构分析能够获得较好的精准度。只要有限元模型的精度足够精细、边界条件设置准确、材料本构关系满足工程实际、加载模拟与实际相符，便能较好地模拟结构的力学性能。同时，现有的脚手架理论分析必须要经过现有的脚手架试验结果的校准方可采用。但到目前为止，国内外实施的双排脚手架和满堂支撑架的真型试验数据还不算多，要得到所有因素对脚手架承载力的影响规律，则需要数量巨大的试验样本。如果影响脚手架的构造因素有 8 个，每个构造因素有 3 次工况的变化，就要实施 6561 次试验；如果工况有 4 次变化时，需要实施 65536 次试验（可用组合数学算出），这样庞大的试验数量还尚未考虑单次试验的离散性（这在第 4 章的试验结果分析中可以看出）造成的结论的无效性，目前各类脚手架规范编制虽然花去很多试验费，但还是数字缺口还很大。在通过试验大致获得脚手架的变形和承载力规律以及基本力学参数后，借助有限元分析，可以在试验基础上进行大量有限元数值模拟，作为试验研究的有力补充，大大减轻试验投入。

有限元方法也仅仅是一种数值模拟技术，受输入条件的影响很大，模拟精度也受到计算机算法的影响。随着当今通用和专用结构有限元技术的发展，尤其是大型商业成熟有限元分析软件的不断完善，在分析杆系结构力学性能方面已十分成熟，尤其是在分析结构失稳模态方面有较高精度。利用有限元方法进行结构分析需要建立模型，但对于工程实际脚手架结构而言，杆件数量数以万计，要准确建立起架体模型是一件工作量极大的事情，这还不包括加载处理、计算、后处理分析寻找规律等工作。因此利用有限元法进行实际工程脚手架结构的设计计算不是首选方法。但在理论研究方面，尤其是在发现结构受力规律方面，以及针对真型试验未实现的加载工况进行补充模拟方面，是当今当之无愧的最佳选择。

利用有限元技术分析脚手架结构的力学性能，影响其准确性的其关键技术是准确模拟杆件交接处的节点性能。行业标准《建筑施工碗扣式钢管脚手架安全技术规范》JGJ 166—2016 特别给出了利用有限元方法进行架体整体计算时的碗扣节点的建议转动刚度值。有限元的结构分析理论与案例已非常成熟，此处不再赘述，本节重点对采用大型商业通用有限元软件 ANSYS 进行有限元分析的结果和所得结论及建议进行分析。

5.3.1 ANSYS 中计算模型的建立

1. 基本假定

1）模板支撑结构为三维空间杆系框架结构，立杆支座底部与地面铰接，立杆顶部为自由端，连接节点均为轴心作用。

2）水平杆与立杆之间半刚性连接，水平杆在立杆处断开，模拟碗扣架的实际搭设状态。

3）支模架立杆呈轴压形式，假定支撑结构立杆顶端受大小相等的轴心竖向力 P 作用。

4）剪刀撑与立杆之间铰接连接。

5）剪刀撑采用杆单元模拟，简化计算。

6）假定立杆材质为理想弹性材料。

2. 模拟单元

1）碗扣架立杆、水平杆均采用 $\phi 48 \times 3.0$ 的钢管，采用 Beam188 梁单元模拟。

2）碗扣架立杆连续，水平水平杆在立杆节点处断开，节点处为半刚性连接，在考虑节点的半刚性时，可以在梁单元端部加上弹簧单元，对原有的梁单元进行修正，以便计入连接节点刚度对钢框架力学性能的影响，如图 5.3.1 所示。

建立的 ANSYS 分析模型中，立杆与水平杆节点的 U_x、U_y、U_z、R_x、R_z 共 5 个自由度耦合，R_y 为水平杆端部的扭转自由度，水平杆端部采用 ANSYS 中 Combine14 一维转动弹簧单元模拟节点转动刚度，为线弹性单元。其中，转动刚度的取

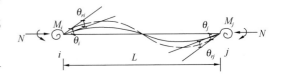

图 5.3.1 端部为半刚性连接梁单元

值，在国家标准《建筑施工脚手架安全技术统一标准》GB 51210—2016 中为 20kN·m/rad，国外相关文献给出的节点转动刚度为 77～102kN·m/rad。东南大学试验值：工地抽检为 25kN·m/rad，出口生产厂送检为 60～80kN·m/rad。

3）剪刀撑采用 Link8 杆单元模拟。

4）水平支撑采用刚性支座模拟。

5.3.2　无剪刀撑条件下节点转动刚度对架体承载力的影响

1. 模拟参数

对于碗扣式钢管脚手架，节点转动刚度对其承载力特征值影响较大。为了研究它的影响规律，设计了 3 组模拟试验架体通过有限元软件 ANSYS 参数化设计语言 APDL 编制程序，分别模拟当采用立杆不同纵、横间距时，不同节点转动刚度下满堂架承载力特征值的规律。该模型主要模拟节点转动刚度的影响，模型中不考虑竖向和水平剪刀撑的影响，以简化计算。

碗扣式脚手架转动刚度 R_k（kN·m/rad）的取值从小到大分别为 0.1、1、10、20、30、40、50、60、70、80、90、100、110、120、130、140、150、160、170、180、190、200、250、300、400 和 500。所采取的 3 组模拟试验架体的水平杆步距取为最常用的 1200mm；立杆纵距、横距取为 600mm、900mm、1200mm，模型参数见表 5.3.2。其中，架体高宽比不大于 3。为了便于分析研究，架体水平杆总行数取 7，横向立杆总行数取 5，纵向立杆总列数取 6，扫地杆距地面高度和顶端杆伸出都取为 300mm，3 组模拟试验架体编号及模型参数取值见表 5.3.2。

无剪刀撑架体模拟参数（mm）　　　　　　　表 5.3.2

编号	横距	纵距	步距
JSHJ-1	600	600	1200
JSHJ-2	900	900	1200
JSHJ-3	1200	1200	1200

2. 模拟结果

3 组模拟试验架体的立杆承载力与节点转动刚度的变化曲线如图 5.3.2-1 所示。架体的典型失稳模态如图 5.3.2-2 所示。

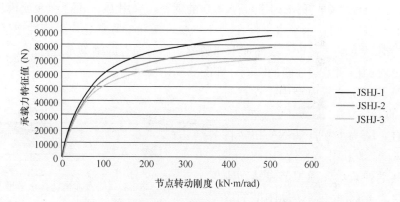

图 5.3.2-1　无剪刀撑架体立杆承载力与节点转动刚度对照图

3. 结论与建议

1）随着转动刚度的增加，架体整体承载力特征值也在增加，在转动刚度较小时，承载力随转动刚度的增加线性增长，但当转动刚度增加到一定程度后，承载力增加的幅度趋缓。这说明，对于碗扣质量比较差的碗扣架，提升碗扣质量（即增强节点转动刚度）对提升架体承载力有明显的效果，反之，碗扣质量低劣将严重降低架体承载力。因此，为确保施工安全，应严格控制进入施工现场的碗扣架构配件符合国家产品标准要求，杜绝严重缺陷的碗扣架在工地使用。

2）当节点转动刚超过 500kN·m/rad 时，承载力特征值基本不再增加，此时可将节点视为刚性节点。这说明，当碗扣质量达到一定水平时，再通过加强上下碗扣及水平杆插头的材质质量和几何尺寸，已对架体承载力提升无明显帮助。

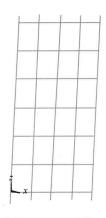

图 5.3.2-2　无剪刀撑架体失稳模态

3）当转动刚度小于 20kN·m/rad 时，不同纵横立杆距计算模型的承载力特征值相差不大；随着转动刚度的增加，不同纵横立杆间距对计算模型的承载力特征值的影响开始明显。这说明，对现场普遍存在的碗扣件（20kN·m/rad 为各地 WDJ 碗扣的普遍水平），立杆间距的变化对架体单杆承载的影响不大，这与4.4节、4.5节试验中得到的试验结论一致。从 3 个模拟试验架体的模拟结果来看，刚度为 20kN·m/rad 时，单杆承载力平均值为 21.61kN。

4）要准确获得碗扣式钢管支撑架的力学性能，需根据现有碗扣件材质、节点连接构造等工程实际情况通过试验获得较为精确的碗扣架节点转动刚度。由于在较低的节点转动刚度条件下，架体承载力变异性大，但节点刚度不是基本材料性能参数，不能通过简单的测试获得，随意选取节点转动刚度获得承载力结果对工程无指导意义，这也是有限元法一般不用于定量分析，而仅用于寻找力学规律的原因所在。

5.3.3　水平约束对架体承载力的影响

1. 模拟参数

对于碗扣式钢管支模架，其所受的水平约束，如抱柱连接、抵紧措施、连墙措施等，对架体整体稳定承载力也存在一定的影响。为模拟外部水平约束的影响，设计了 4 组模拟试验架体，架体的高度10m，对应1200mm 步距为 9 步，对应1800mm 步距为 6 步，架体均不设置竖向和水平剪刀撑。节点转动刚度取处于普遍水平的 20kN·m/rad。根据混凝土结构层高布置水平约束，1200mm 步距的架体为 3 步一约束（连墙件竖向间距 3.6m），1800 步距的架体为 2 步一约束（连墙件竖向间距 3.6m）。架体的高宽比控制为 2，纵横向杆件行数和列数布置数量相同。4 组模拟试验架体的编号及模型参数见表5.3.3-1。

水平约束条件下架体模拟参数　　　　　　　　　　　　表 5.3.3-1

编号	立杆横距（mm）	立杆纵距（mm）	架体步距（mm）	架体高度	架体宽度	水平约束间距
JSHJ-4	600	600	1200	$9 \times h$	$10 \times l_a$	3 步
JSHJ-5	900	900	1200	$9 \times h$	$7 \times l_a$	3 步
JSHJ-6	600	600	1800	$6 \times h$	$10 \times l_a$	2 步
JSHJ-7	900	900	1800	$6 \times h$	$7 \times l_a$	2 步

2. 模拟结果

4 组模拟试验架体的极限承载力与外部约束设置状况的对照如表 5.3.3-2 所示。架体的典型失稳模态如图 5.3.3 所示。

水平约束条件下立杆承载力与外部约束对照（kN）　　　　表 5.3.3-2

编号	无水平约束	有水平约束	编号	无水平约束	有水平约束
JSHJ-4	24449	41142	JSHJ-6	15625	32165
JSHJ-5	22915	39456	JSHJ-7	14699	31181

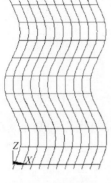

图 5.3.3　有水平
约束时架体
失稳模态

3. 结论与建议

1）沿架体高度设置水平支承约束可有效提高整架的承载力特征值，即减小单根杆件计算长度。同样立杆间距和水平杆步距条件下，对比 5.3.2 节的模拟内容可以发现，水平约束不超过 3 步时，单杆承载力可提升 85%，因此，施工中如果架体周边有既有的结构物，应尽可能将架体与之做约束连接。

2）未设置竖向剪刀撑 4 种模型的第一阶屈曲态基本一致，表现为水平支撑间距范围内的立杆半波失稳，整架体现出无侧移框架的变形形态。

3）实际施工过程中，对于可设置水平支撑约束的脚手架或高支模架，其计算长度可类似于双排脚手架的规定，考虑碗扣节点刚性，取水平约束点之间的垂直距离，并考虑小于 1 的修正系数。由于工程实际中很难满足对满堂支撑架 3 步设置一道水平约束的条件，而且水平约束点之间的水平距离往往较大（框架柱或桥梁墩柱的间距一般较大），对整架的约束水平较弱，因此往往将水平约束的设置作为架体稳定性的一种构造加强措施，不考虑其最承载力的提高，仅作为一种安全储备。

5.3.4　竖向剪刀撑设置对架体承载力的影响

1. 模拟参数

诸多文献的研究成果证明了支模架体系中竖向剪刀撑对整体稳定性影响尤为关键。在按照规范的构造要求布置了竖向剪刀撑后，支模架整体失稳形态发生变化，整体稳定承载力也随之大幅提高。为探索竖向剪刀撑设置对架体承载力的影响，设计了 9 组模拟试验架体，架体高度 10m，对应 1200m 步距为 8 步，对应 1800mm 步距为 6 步，9 组模型中，在架体周圈布置剪刀撑（分别为加强型剪刀撑、普通型剪刀撑和弱剪刀撑），其中弱剪刀撑为仅在 6m 杆长两端与支模架节点连接。节点转动刚度同样取 20kN·m/rad。扫地杆距底部高度均为 300mm，立杆顶部伸出长度均为 300mm。9 组模拟试验架体的编号及模型参数见表 5.3.4-1。

不同竖向剪刀撑设置条件下架体模拟参数　　　　表 5.3.4-1

编号	立杆横距 l_a	立杆纵距 l_b	架体步距 h	架体高度	架体宽度	剪刀撑设置
JSHJ-8	600	600	1200	$8 \times h$	$8 \times l_a$	四周加强型剪刀撑
JSHJ-9	600	600	1200	$8 \times h$	$8 \times l_a$	四周加普通剪刀撑
JSHJ-10	600	600	1200	$8 \times h$	$8 \times l_a$	四周弱剪刀撑

编号	立杆横距 l_a	立杆纵距 l_b	架体步距 h	架体高度	架体宽度	剪刀撑设置
JSHJ-11	900	900	1200	$8 \times h$	$8 \times l_a$	四周加强型剪刀撑
JSHJ-12	900	900	1200	$8 \times h$	$8 \times l_a$	四周加普通剪刀撑
JSHJ-13	900	900	1200	$8 \times h$	$8 \times l_a$	四周弱剪刀撑
JSHJ-14	900	900	1800	$6 \times h$	$8 \times l_a$	四周加强型剪刀撑
JSHJ-15	900	900	1800	$6 \times h$	$8 \times l_a$	四周加普通剪刀撑
JSHJ-16	900	900	1800	$6 \times h$	$8 \times l_a$	四周弱剪刀撑

2. 模拟结果

9组模拟试验架体的极限承载力与竖向剪刀撑设置状况的对照如表5.3.4-2所示，为便于比较，表中第二列首先给出了该架体搭设参数下，无剪刀撑时的立杆承载力。架体的失稳模态如图5.3.4-1所示。

竖向剪刀撑设置条件下立杆承载力与外部约束对照（kN） 表 5.3.4-2

编号	无剪刀撑	加强型剪刀撑	普通剪刀撑	弱剪刀撑
JSHJ-8	24085	88670	—	—
JSHJ-9	24085	—	81231	—
JSHJ-10	24085	—	—	36059
JSHJ-11	23402	59742	—	—
JSHJ-12	23402	—	59264	—
JSHJ-13	23402	—	—	34726
JSHJ-14	14602	49521	—	—
JSHJ-15	14602	—	46687	—
JSHJ-16	1402	—	—	20631

3. 结论与建议

1）由上述计算结果分析可得，采取加强型剪刀撑布置的独立高支模架其单杆计算承载力比不设置竖向剪刀撑时的承载力呈倍数增长，设置竖向剪刀撑对架体承载力的增强作用毋庸置疑。

2）竖向剪刀撑设置对架体承载力的提升幅度强烈依赖于剪刀撑的设置密度（剪刀撑的覆盖率），加强型剪刀撑（2步×2跨）相比于弱剪刀撑（4步×4跨）设置条件下，架体承载力提高1倍左右。

3）设置了加强型剪刀撑或普通型剪刀撑的架体，从失稳模态来看，其失稳部位发生在架体的顶部，表现为剪刀撑上下交叉平面间的半波至全波鼓曲，最大偏移点发生在立杆顶部悬臂端，立杆计算长度从直观的几何特性来看更接近于 $h+2a$ 的表达（图5.3.4-2）。进一步对比承载力数值可见，采取加强型剪刀撑布置的独立高支模架其整体稳定性的承载力特征值比单根立杆计算长度取 $h+2a$ 时的欧拉临界值 N_{cr}（$N_{cr} = \pi^2 EI/(\mu l)^2$）高；而采取普通剪刀撑布置的独立高支模架，其整体稳定性承载力特征值与单根杆计算长度取为 $h+2a$ 时的欧拉临界值较为接近。

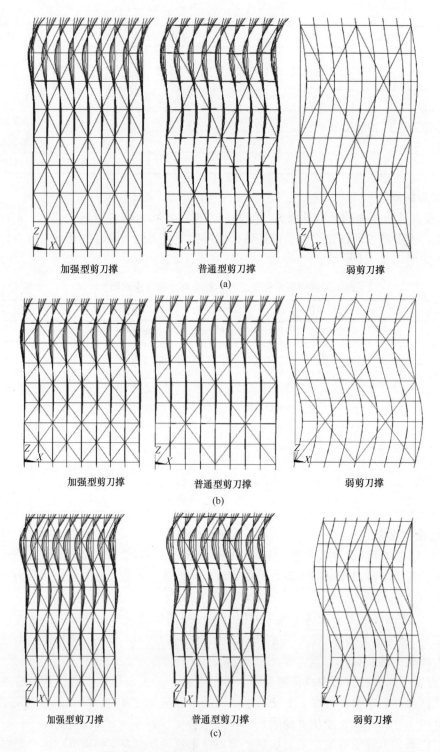

图 5.3.4-1　设置竖向剪刀撑时架体失稳模态

（a）步距 1200mm，纵、横立杆间距为 600mm；（b）步距 1200mm，纵、横立杆间距均为 900mm；

（c）步距 1800mm，纵、横立杆间距均为 900mm

4）弱剪刀撑布置独立高支模架，其屈曲失稳模态与水平约束条件下较为接近，整架的承载力特征值也基本一致，类似于无侧移框架的变形形态，由此可认为，该条件下剪刀撑上下交叉处的平面相当于加了等效的水平约束。但这种大剪刀撑杆件仅在端部与架体立杆连接的"浮扣"或"虚扣"搭设方式在实际搭设中是不允许的。

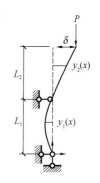

图 5.3.4-2　带悬臂端的顶部立杆段失稳计算模型

5）相同剪刀撑设置条件、相同步距和架高条件下，立杆纵、横间距增大，承载力下降，以设置普通型剪刀撑架体为例，立杆间距从 600mm 扩大到 900mm，单杆承载力降低 27%。这是因为立杆间距越大，水平杆的线刚度越低，对立杆的约束越弱，按照钢框架有侧移或无侧移计算理论，立杆计算长度系数越大。但该结论与架体真型试验结果有所偏差，为与试验结果保持一致，规范 JGJ 166—2016 规定架体设计中不考虑立杆间距变化因素对架体承载力的影响。

6）相同剪刀撑设置条件、相同立杆间距条件下，步距增大，承载力下降，以设置普通型剪刀撑架体为例，步距从 1200mm 扩大到 1800mm，单杆承载力降低 21%。

5.3.5　构造因素对架体承载力的影响

1. 模拟参数

根据上述分析结果，对普通剪刀撑布置形式的高支模架进一步设计模拟试验架体，设计了 8 组模拟试验架体模型（其中重复利用了 JSHJ-9 的模拟结果），全面考察立杆顶部悬臂长度、架体高度、节点转动刚度等参数的变化对架体承载力的影响。模拟所选取的架体步距为 1200mm，立杆纵、横距为 600mm，扫地杆距面 300mm，8 组模拟试验架体编号、模型参数及承载力结果取值见表 5.3.5。

不同立杆悬臂长度、架体高度、节点转动刚度条件下架体模拟参数　　　表 5.3.5

编号	立杆顶部悬臂长度（mm）	架体高度	架体宽度	节点转动刚度（kN·m/rad）	立杆承载力（N）
JSHJ-17	100	$8 \times h$	$8 \times l_a$	20	92104
JSHJ-18	200	$8 \times h$	$8 \times l_a$	20	88071
JSHJ-9	300	$8 \times h$	$8 \times l_a$	20	81231
JSHJ-19	400	$8 \times h$	$8 \times l_a$	20	72032
JSHJ-20	300	$8 \times h$	$8 \times l_a$	65	114956
JSHJ-21	300	$8 \times h$	$8 \times l_a$	110	129133
JSHJ-22	300	$12 \times h$	$8 \times l_a$	20	77804
JSHJ-23	300	$16 \times h$	$8 \times l_a$	20	74971

2. 模拟结果

8 组模拟试验架体的极限承载力与立杆顶部悬臂长度、架体高度、节点转动刚等参数变化的对照如表 5.3.5 所示。架体的失稳模态如图 5.3.5 所示。

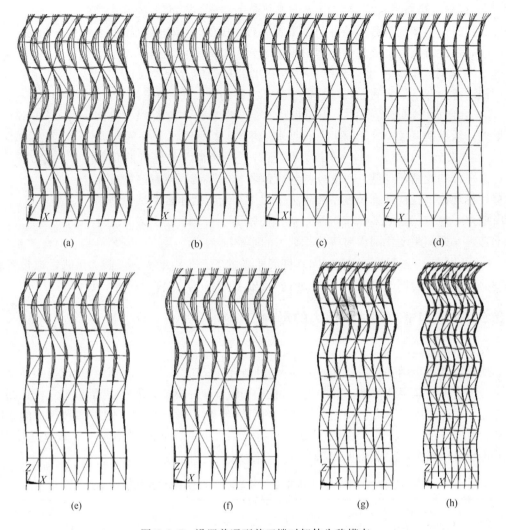

图 5.3.5　设置普通型剪刀撑时架体失稳模态

(a) $a=100mm$，$H=8h$，$R_k=20kN \cdot m/rad$；(b) $a=200mm$，$H=8h$，$R_k=20kN \cdot m/rad$；

(c) $a=300mm$，$H=8h$，$R_k=20kN \cdot m/rad$；(d) $a=400mm$，$H=8h$，$R_k=20kN \cdot m/rad$；

(e) $a=300mm$，$H=8h$，$R_k=65kN \cdot m/rad$；(f) $a=300mm$，$H=8h$，$R_k=110kN \cdot m/rad$；

(g) $a=300mm$，$H=12h$，$R_k=20kN \cdot m/rad$；(h) $a=300mm$，$H=16h$，$R_k=20kN \cdot m/rad$

3. 结论与建议

1）在搭设普通型剪刀撑的条件下，在特定区间内，节点转动刚度、立杆顶部悬臂长度、支架搭设高度变化均对架体承载力有影响。

2）在其他条件不变时，架体高度由 8 步增加到 12 步，承载力下降 40%，由 12 步增加到 16 步，承载力下降仅 3.7%

3）设置了竖向剪刀撑后，各搭设尺寸参数下，架体的失稳模态基本相同，但随着立杆悬臂长度的增大，架体变形趋于集中在架体顶部，当自由外伸悬臂长度达到 400mm 时，尤为明显，即：立杆顶部悬臂长越大，架体的失稳部位越往顶部集中，悬臂端长度对架体稳定性的影响也越显强烈。架体构造设计中，对立杆顶部悬臂长度较大的架体应加强顶部构造约束，如减小节点步距、增加水平剪刀撑、设置外部约束等。

4）从计算承载力来看，再一次证明设置普通型剪刀撑的独立支撑架，其整体稳定承载力特征值与单杆按照计算长度取 $h+2a$ 得到的欧拉临界值较为接近。

5.3.6 设置剪刀撑条件下节点转动刚度对架体承载力的影响

从前述模拟结果来看，在影响架体承载力的因素中，节点刚度变化因素是一个突出因素，为进一步研究节点刚度对架体承载力的影响，针对设置普通型剪刀撑条件下，步距为 1200mm 及 1800mm 分别设计了节点转动刚度分别为 0.01、10、20、30、40、50、60、70、80、90、100kN·m/rad（100kN·m/rad 基本为目前条件下出口碗扣产品所能达到的最高值）条件下的模拟试验架体进行计算，图 5.3.6 为节点转动刚度对架体承载力的影响状况。

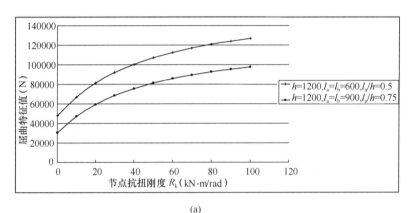

(a)

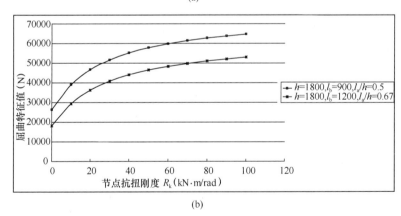

(b)

图 5.3.6 节点刚度对架体承载力的影响
（a）步距 1200mm 条件下，节点转动刚度对承载力的影响；
（b）步距 1800mm 条件下，节点转动刚度对承载力的影响

从承载力数据的对比来看，在相同搭设参数下，采用一般 WDJ 碗扣件产品（节点转动刚度为 20kN·m/rad 左右）与 CUPLOK 出口碗扣件产品（节点转动刚度可达到 100kN·m/rad 左右）的架体承载力相差 45%～65%。建议计算中考虑碗扣件材质对承载力的影响。

5.3.7 有限元分析的总体结论

1. 建议

本节采用有限元分析方法系统分析了碗扣节点转动刚度、外部水平约束设置情况、竖向剪刀撑设置情况、架体构造尺寸等因素对架体承载力的影响，总体结论以及对碗扣式钢管满堂架的设计计算建议如下：

1) 对于设置了普通型剪刀撑的满堂架，立杆计算长度采用 $h+2a$ 的基本表达形式是可行的，但应考虑节点刚度、架体高度、立杆间距对立杆计算长度的影响。

2) 当立杆计算长度采用 $h+2a$ 的基本表达形式时，可考虑立杆纵（横）距与步距的比值调整系数 k_1，以及节点转动刚度调整系数和 k_2，即 $l_0=k_1 k_2$ $(h+2a)$。

3) 架体纵距或横距（取大）与步距的比值为 $0.5(\max[l_a、l_b]/h=0.5)$ 时，立杆计算长度调整系数 k_1 可取为 1.0；立杆间距与步距的比值为 $0.75(\max[l_a、l_b]/h=0.75)$ 时，立杆计算长度调整系数 k_1 可取为 1.2，中间比值则可以采用线性插入获得调整系数 k_1。

4) 若现场采用的碗扣的节点转动刚度能够满足 $R_k\geqslant 20\mathrm{kN\cdot m/rad}$ 的条件时，可不考虑节点转动刚度调整系数 k_2 的影响，即 $k_2=1.0$；若现场采用的碗扣的节点转动刚度能够满足 $10\mathrm{kN\cdot m/rad}\leqslant R_k\leqslant 20\mathrm{kN\cdot m/rad}$，则节点转动刚度调整系数可取 $k_2=1.1$。施工现场应通过进场构配件质量控制，确保不出现 $R_k<10\mathrm{kN\cdot m/rad}$ 的现象。同时，为充分体现高质量碗扣对承载力的有利影响，当节点转动刚度 R_k 达到 $60\mathrm{kN\cdot m/rad}$ 时，可取 $k_2=0.8$，当节点转动刚度 R_k 达到 $100\mathrm{kN\cdot m/rad}$ 时，可取 $k_2=0.7$。

2. 在规范中的实现

行业标准《建筑施工碗扣式钢管脚手架安全技术规范》JGJ 166—2016 在编制过程中，充分考虑了上述因素对立杆计算长度的影响，体现在如下方面：

1) 立杆计算长度采用 $h+2a$ 的表达形式。

2) 考虑了立杆计算长度附加系数 k，该系数虽然是以搭设高度 H 的方式出现，但并不是仅仅反映了架体高度的影响，实为综合考虑了下列因素：

（1）所受荷载变异性较大；

（2）杆件、碗扣等产品质量、安装质量对高架体影响较大；

（3）结构、构件在使用过程中由于多次周转，导致存在初始缺陷，如杆件的弯曲、锈蚀、搭设尺寸误差较大。

上述这些因素，在模拟分析时无法精确考虑，因此，建议采纳对结构抗力除以大于 1.0 的调整系数 k，称之为计算长度附加系数，其值可通过与以往采用的安全系数 K（$K\geqslant 2$）进行确定。实际应用时，即反映在单根立杆的计算长度取值修正上，具体的修正系数如表 5.3.7 所示（理论推导见 5.4.3 节）。

满堂支撑架立杆计算长度附加系数　　　　　　　　　　　表 5.3.7

架体搭设高度 H (m)	$H\leqslant 8$	$8<H\leqslant 10$	$10<H\leqslant 20$	$20<H\leqslant 30$
k	1.155	1.185	1.217	1.291

3）在给定的构造条件下（按照普通型方式设置剪刀撑、立杆间距不大于 1.5m、步距不大于 1.8m）引入立杆计算长度系数 μ，综合考虑立杆间距与步距比值等因素的影响，为了与试验数据吻合，并保证高支模架满足不低于 2.2 的安全系数，该安全系数的取值为：步距为 0.6m、1.0m、1.2m、1.5m 时，取 1.1；步距为 1.8m、2.0m 时，取 1.0。

4）为确保安全，防止在某些计算工况下出现立杆承载力过高（虚高）的现象，给出了单杆承载力的上限，规定对于采用 Q235 级立杆的 WDJ 架体，单杆承载力设计值最高不超过 30kN。

5）在严格规定进场碗扣材质的情况下（满足 $R_k \geqslant 20$kN·m/rad 的条件），不考虑节点半刚性的影响；为保证安全，也不考虑优质碗扣对承载力的提高。

6）为使得采用有限元法进行整体分析时有标准可依，给出了用于计算的节点转动刚度取值：对采用碳素铸钢或可锻铸铁铸造的上碗扣，节点转动刚度 R_k 宜取为 25kN·m/rad；对采用碳素钢锻造的上碗扣，节点转动刚度 R_k 宜取为 40kN·m/rad。

按照上述方案，规范最终给出的承载力计算公式，结合配套的系列构造规定，以及在试验结果的基础上进行必要的修正，其计算结果与试验数据吻合较好，并能反映有限元方法分析得到的基本力学规律。

5.4 基于承载力试验的包络线理论

5.4.1 双排脚手架计算理论

双排脚手架是钢管脚手架领域研究较早的分支，由于其一个方向刚度强、另一个方向弱，且在较弱的方向设置了连墙件，这使得双排脚手架的计算模型比较清晰简单。通过简单的铰接理论就可以得到依赖于连墙件间距表达的立杆计算长度表达式，或得到不同连墙件竖向间距条件下依赖于步距的立杆计算长度表达式。不论哪种表达方式，只要架体满足最基本的构造要求，其承载力计算结果就能取得与试验结果较好的吻合度。另一方面，一般施工条件下，常用的脚手架都遵循着大致相同的架体构造尺寸（如常用步距、立杆间距、连墙件间距等），作业层设置方式和施工荷载无明显差异，因此多数情况下双排脚手架在设计中不需要计算。行业标准《建筑施工碗扣式钢管脚手架安全技术规范》JGJ 166—2016 针对双排脚手架设计计算的相关规定，遵从了如下原则：

1. 控制平面的确定

1）双排脚手架的纵向大面内的架体失稳不起控制作用，设计中仅需按照规范的构造要求在拐角、端头以及中间间隔不超过一定距离设置通高竖向专用外斜杆或钢管扣件交叉剪刀撑就能确保其平面内的稳定性，可不对该面内的稳定性进行计算。

2）横向平面（短向平面）由于仅有两排立杆组成，该方向架体抗侧刚度较弱，应作为控制性计算单元进行计算，并考虑连墙件、水平斜撑杆对其约束作用，考虑到设置廊道斜杆不利于脚手架作业，计算中不考虑廊道斜杆的影响（对应的构造措施中也不规定设置廊道斜杆）。

2. 计算单元的确定

1）对计算起控制作用的横向代表性平面的立杆不是与连墙件直接相连的立杆（受约束最强的立杆），而是不直接与连墙件直接相连的立杆（受约束最弱的立杆），不直接与连墙件相连的立杆也由于架体的整体性而受到连墙件的间接约束，但约束程度小于与连墙件直接相连的立杆（图 5.4.1-1）。

2）代表性计算立杆单元的计算简图应为侧向受到弹性约束（弹性约束由水平斜杆组成的水平加强桁架提供）的双排框架计算单元（图 5.4.1-1），但由于弹性约束刚度的复杂性，难以通过该计算简图确定立杆准确的计算长度。

3. 立杆计算长度系数

1）参照图 5.4.1-2 的双排脚手架试验得到的架体失稳变形图（2007 年河北建设集团有限公司等在清华大学土木工程系结构试验室实施的 6 组碗扣式钢管双排脚手架的真型力学性能试验），双排脚手架失稳控制立杆的失稳波鼓曲线半波长大于架体步距，但小于连墙件竖向垂直距离（图 5.4.1-1b）。因此双排脚手架的立杆计算长度可采取 $l_0 = \mu h$ 的表达方式，其中 μ 为大于 1.0，但小于连墙件步数的计算长度系数。

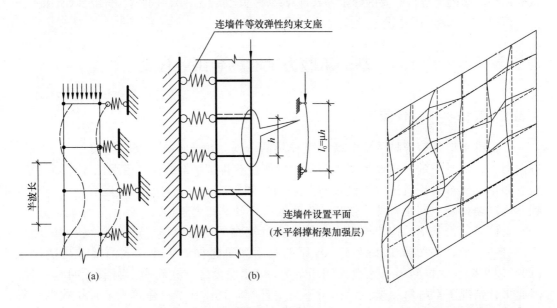

图 5.4.1-1　双排架手架立杆计算长度示意图
（a）立杆弹性约束及变形示意图；（b）计算长度示意图

图 5.4.1-2　双排架手架
试验变形图

2）结合有限元分析结果，并参照行业标准《建筑施工扣件式钢管脚手架安全技术规范》JGJ 130 的规定，取立杆计算长度系数为 $l_0 = k\mu h$，其中 k 为立杆计算长度附加系数，取 1.155，当验算立杆允许长细比时，取 1.000。μ 为考虑连墙件设置间距的立杆计算长度系数，当连墙件设置为二步三跨时，取 1.55；当连墙件设置为三步三跨时，取 1.75。采用该式计算并未考虑每步设置廊道斜杆等加强构造措施。试验结果与计算结果的对比如表 5.4.1 所示（表中换算承载力设计值是考虑 2.0 的安全系数以及 1.254 的综合分项系数换算求得）。

双排脚手架试验结果与计算结果的对比　　表 5.4.1

试验方案	架体试验参数		试验结果 (kN)	换算承载力设计值 (kN)	$\varphi = P/f \cdot A$	λ	l_0 (m)	$\mu = l_0/h$	备注
1989 星河机器人公司与北京住总试验，步距 1.8m	1	连墙件每步均设置，无水平斜杆，无廊道斜杆	57	35.74	0.354	139	2.21	1.228	每步设连墙件，不起控制作用
	2	连墙件每二步设置，无水平斜杆，无廊道斜杆	27.45	17.22	0.171	200	3.18	1.767	
2007 河北建设集团与中天建设集团试验，步距 1.8m	1	连墙件每二步设置，无水平斜杆，无廊道斜杆	33.5	21.01	0.208	185	2.94	1.634	
	2	连墙件每二步设置，连墙件高度位置设置水平斜杆，最上面一步每列立杆设廊道斜杆	41	25.71	0.254	167	2.65	1.475	
	3	连墙件每二步设置，无水平斜杆，最上面一步每列立杆设廊道斜杆，附加水平荷载作用	26.5	16.62	0.164	210	3.34	1.855	
	4	连墙件每三步设置，无水平斜杆，每列立杆每步设置廊道斜杆	75	47.03	0.465	118	1.88	1.042	每列设通高廊道斜杆，不起控制作用
	5	连墙件每三步设置，连墙件高度位置设置水平斜杆，每列立杆每步设置廊道斜杆	67	42.01	0.416	126	2.00	1.113	每步设连墙件，不起控制作用

4. 新旧规范的对比

行业标准《建筑施工碗扣式钢管脚手架安全技术规范》JGJ 166—2008 对双排脚手架立杆计算长度的规定为："两立杆间无斜杆时，等于相邻两连墙件间垂直距离；当连墙件间垂直距离小于或等于 4.2m 时，计算长度乘以折减系数 0.85；当两立杆间增设斜杆时，等于立杆相邻节点间的距离"。这与新规范 2016 版的整体计算思路相同，都是依赖于连墙件取立杆的计算长度。但规范 2008 版给出了设置廊道斜杆与不设置廊道斜杆的两种计算选项，但后续构造章节并未对廊道斜杆的设置方式做出规定，同时双排脚手架的用途和使用要求也决定了施工中不便于设置廊道斜杆（拐角和端部除外）。另一方面，即使设置了廊道斜杆，该部位也不起控制作用，最不利立杆依然为不设置廊道斜杆处的立杆，因此无必要给出设廊道斜杆时的取值规定。2008 版规范直接将立杆计算长度取为连墙件的垂直距离，这种处理方法造成二步设置连墙件和三步设置连墙件的计算长度突变，相当于取直接与连墙件连接的立杆作为控制性计算立杆，未考虑真正处于最不利状态的未直接与连墙件连接的立杆（图 5.4.1-3）。

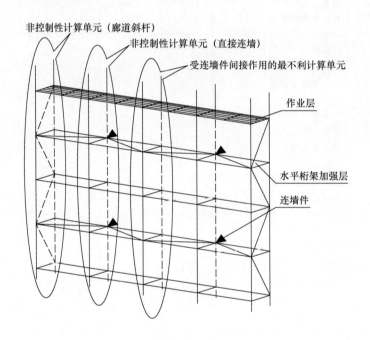

图 5.4.1-3　双排脚手架控制性计算单元的选取

5.4.2　模板支撑架计算理论

行业标准《建筑施工碗扣式钢管脚手架安全技术规范》JGJ 166—2016 在确定模板支撑架的计算模型时，并未采用贯穿规范 2008 版的铰接模型和几何不变体系理论，而是在基于真型试验的承载力结果与有限元受力规律分析的基础上采取了包络线理论，总体而言考虑了碗扣节点的半刚性影响。其理论成立的前提条件和公式确定的原理如下。

1. 保证条件

1）上下碗扣的产品质量应满足国家标准《碗扣式钢管脚手架构件》GB 24911—2010 的基本规定，能达到 $R_k = 20\text{kN} \cdot \text{m/rad}$ 的节点转动刚度。从有限元的分析结果来看，满足此要求时，不同纵、横立杆间距计算模型的承载力特征值相差不大，否则还应考虑立杆间距对单立杆承载力的影响。

2）满堂支撑架按照规定的构造要求设置普通型剪刀撑，不考虑连墙、抱柱等外部约束的影响，也不考虑水平剪刀撑的加强作用，如采取了这些加强措施，仅当作安全储备。

3）满堂支撑架立杆顶部自由外伸长度不超过 650mm。如超过此限值，一方面公式的拟合结果出现偏差，另一方面立杆长细比易超限，顶部容易造成薄弱环节，且超过 650mm 无可靠的试验数据作为支撑。

4）满堂支撑架立杆间距不超过 1.8m，水平杆步距不超过 1.8m（Q345 钢管不超过 2.0m）。后一个条件是作为构造条件的上限和控制长细比的需要而提出的规定，且超过该范围无可靠的试验数据作为支撑。

2. 确定原则

1）承载力结果的定量数值方面以试验结果为参考，因素变化对承载力影响方面以有限元分析结果为主。

2）立杆计算长度采用 $h+2a$ 的表达形式，引入立杆计算长度系数 μ，综合考虑立杆间距、剪刀撑设置等因素的影响。μ 值的确定过程如下。

在分析 2010 年河北建设集团 8 组碗扣式钢管满堂支撑架真型试验数据的基础上，综合考虑架体的临时支撑性质、施工搭设时的各种不利条件，以及试验得出数据的离散性和试验场地的各种有利条件、钢管的重复使用（按照规范规定，重复使用后不能留下太大缺陷）等，充分考虑可靠度因素，确保综合安全系数指标不小于 2.2，得到单杆临界荷载 P_{cr}，根据公式 $\varphi = P_{cr}/f \cdot A$，再根据轴心受压构件稳定系数 φ 与长细比 λ 的关系，从而反算得到立杆计算长度系数 μ，其结果如下：

（1）没有任何剪力撑时 $l_0 = 1.45(h+2a)$；

（2）只加水平剪力撑撑时，$l_0 = 1.25(h+2a)$；

（3）只加竖向专用斜杆时，$l_0 = 1.30(h+2a)$；

（4）既加水平剪力撑又加竖向专用斜杆时，$l_0 = 1.1(h+2a)$。

因为规范 2016 版严格要求架体设置竖向和水平剪刀撑或专用斜杆，因此，取 $\mu = 1.1$。值得注意的是该 μ 值已涵盖了立杆间距与步距的比值达到 0.75（max $[l_a, l_b]/h = 0.9 \div 1.2 = 0.75$）时的不利影响。从 5.3 节有限元分析结果来看，当碗扣节点转动刚度 R_k 达到 20kN·m/rad 的最低要求后，立杆间距变化对架体承载力的影响不明显，第 4 章的试验承载力结果也证明了这一点。因此规范 2016 版中，立杆计算长度采用 $h+2a$ 的表达形式中，并未显式表达立杆间距的影响，也没体现碗扣节点刚度对承载力的影响。

由于计算长度采用了 $h+2a$ 的表达形式，立杆顶部自由外伸长度 a 对立杆计算长度取值影响过于强烈，应对该因素对计算承载力结果的影响程度进行修正。从碗扣式钢管满堂架的试验结果来看，并结合近年来实施较多的扣件式钢管满堂架的承载力试验结果进行分析，立杆顶部自由外伸长度 a 从 650mm 降低到 200mm，对架体承载力的提升作用并不明显，一般在 15%～25%，考虑到这一事实，2016 版规范规定对所有的满堂支架，其承载力可按照 $a = 650$ 的最不利情况进行计算，$a = 200$ 时，其承载力提高 20%。这在一方面限制了立杆顶部外伸长度的上限，同时也限制了从降低 a 值的角度寻求更大的承载力空间。

取计算长度为 $l_0 = 1.1(h+2a)$ 时的承载力计算结果见表 5.2.4-1。

按 $l_0 = 1.1(h+2a)$ 确定立杆计算长度时的立杆承载力 **表 5.4.2-1**
对比 （Q235 级立杆 WDJ 脚手架）

步距（m）	计算参数取值			立杆间距 1.2m×1.2m～ 0.3m×0.3m	备注
				高宽比不大于 2.5	
1.8	$k=1.0$	μ		1.1	长细比 $\lambda = l_0 / i = k\mu(h+2a)/i$, $a = 650mm$, 钢管型号 $\phi48.3mm \times 3.5mm$, $A = 493mm^2$, $i = 15.9mm$
		λ		225	
		承载力设计值（$f=205N/mm^2$）		14.55kN	
		极限承载力（$f=235N/mm^2$）		16.68kN	
	$k=1.155$	承载力设计值（$f=205N/mm^2$）		12.03kN	
1.2	$k=1.0$	μ		1.1	
		λ		173	
		承载力设计值（$f=205N/mm^2$）		23.95kN	
		极限承载力（$f=235N/mm^2$）		27.46kN	
	$k=1.155$	承载力设计值（$f=205N/mm^2$）		18.19kN	
0.6	$k=1.0$	μ		1.1	
		λ		131	
		承载力设计值（$f=205N/mm^2$）		39.52kN	
		极限承载力（$f=235N/mm^2$）		45.30kN	$\mu=1.1$，与试验极限承载力一致
	$k=1.155$	承载力设计值（$f=205N/mm^2$）		30.42kN	

3）模糊考虑所受荷载变异性较大、构配件产品质量偏低、架体安装尺寸偏差、构配件多次周转使用、架体存在初始缺陷等比例因素，为保证支撑架能达到既定的可靠度要求，引入系数计算长度附加系数 k，其确定方法见 5.4.3 节，考虑该系数后，立杆计算承载力结果一并归入表 5.4.2-1。

3. 附加修正条件

立杆计算长度采用 $h+2a$ 表达形式的力学意义并不明显，更多的是为了保证与试验结果相吻合而采取的数学上的表达方式。在某些工况下会出现计算结果异常，因此应对特殊条件下立杆计算长度和计算承载力进行必要的修正。

计算长度系数取 $l_0 = 1.1k(h+2a)$ 计算的承载力结果（以 Q235 级立杆 WDJ 脚手架为例）与工程实际的对比见表 5.4.2-2，计算过程详见表 5.4.2-3、表 5.4.2-4，表中计算按照 $\phi48.3 \times 3.5$ 取值，修正结论如下：

1）步距 0.6m，立杆间距 0.3m×0.6m～0.6m×0.9m 时，计算结果与工程实际基本符合。

2）步距 0.6m，立杆间距 0.3m×0.3m 时，所支撑的混凝土厚度达到 9.29m，不符合工程实际。建议控制荷载，规定碗扣式钢管满堂架所支撑的混凝土厚度不超过 4m，或控制计算面积，按最小负荷面积 0.3m×0.6m 进行承载力计算。

3）步距 1.2m，立杆间距 0.3m×0.6m～0.6m×0.9m 计算结果与工程实际基本符合。步距 1.2m，立杆间距 0.3m×0.3m，所支撑的混凝土厚度达到 5.18m，不符合工程实际。建议控制荷载，规定碗扣式钢管满堂架所支撑的混凝土厚度不超过 4m，或控制计算面积，按最小负荷面积 0.3m×0.6m 进行承载力计算。

4）步距 1.8m，立杆间距 0.6m×0.6m～1.2m×1.2m，计算长度系数取 1.1，计算结果与工程实际有些差距。为了适应大步距条件下架体的承载力与实际相符，步距为 1.8m、2.0m（Q345 级立杆 CUPLOK 脚手架）时，取 $\mu = 1.0$。计算结果与工程实际（表 5.4.2-2 中步距 1.8m 对应的 Q235 级立杆 DWJ 架体承载力结果）基本符合。

ϕ48.3×3.5 常用碗扣式钢管模板支架的设计尺寸对应的
最大承载混凝土板厚汇总表

表 5.4.2-2

序号	步距 (m)	立杆间距 (m×m)	立杆顶部计算 $\lambda = k\mu(h+2a)/i$ $a = 0.65\text{m}$	
			模板支架高度 H 在下列范围时，所支撑混凝土板允许厚度(m)	
			计算长度系数 $\mu = 1.1$	说明
1	0.6	0.6×0.9	1.42	符合实际
2		0.6×0.6	2.16	符合实际
3		0.3×0.6	4.54	基本符合
4		0.3×0.3	9.29	不符合实际，建议控制荷载，所支撑混凝土厚度 不超过 4m，或按最小负荷面积 0.3m×0.6m 进行承载力计算
5	1.2	0.9×0.9	0.39	符合实际
6		0.6×0.9	0.67	符合实际
7		0.6×0.6	1.13	符合实际
8		0.3×0.6	2.51	符合实际
9		0.3×0.3	5.18	不符合实际，建议控制荷载，所支撑混凝土厚度 不超过 4m，或按最小负荷面积 0.3m×0.6m 进行承载力计算
10	1.8	1.2×1.2	0.04[0.07(μ=1.0 时)]	符合实际
11		0.9×1.2	0.09[0.15(μ=1.0 时)]	符合实际
12		0.9×0.9	0.15[0.24(μ=1.0 时)]	符合实际
13		0.6×0.9	0.28[0.42(μ=1.0 时)]	符合实际
14		0.6×0.6	0.51[0.71(μ=1.0 时)]	符合实际

5）当立杆采用 Q235 级材质钢管时，单根立杆轴力设计值不应大于 30kN。

规定立杆采用 Q235 级钢材质钢管时，单根立杆轴力设计值不应大于 30kN 是根据大量的碗扣式模板支架真型整架的承载力试验结果确定的。河北建设集团的承载力试验，单根立杆的极限承载力约为 $P_{cr} = 49\text{kN}$，考虑模板支撑架综合安全系数 $\beta = 2.2$，得到单根立杆的允许轴力标准值为 $N_k = P_{cr}/\beta = 22.27\text{kN}$，取永久荷载和可变荷载分项系数加权平均值 $\gamma_u = 1.363$，因此，单根立杆的允许轴力设计值 $N = \gamma_u N_k = 22.27 \times 1.363\text{kN} = 30.35\text{kN}$。

表 5.4.2-3

φ48.3×3.5 常用碗扣式钢管模板支架的设计尺寸对应的最大承载混凝土板厚推算（一）

序号	高度 H (m)	横距 l_b (m)	步距 h (m)	纵距 l_a (m)	模板支架结构自重标准值产生轴向力(kN) $N_{G1k}=H_{Gk}$	模板自重标准值产生轴向力(kN) $N_{G2k}=l_a l_b Q_{P1}$	模板支架结构自重、模板自重产生的轴向力设计值(kN) $1.35(N_{G1k}+N_{G2k})$ (1)	钢筋、混凝土自重产生的轴向力设计值(kN) $1.35N_{G3k}=1.35bl_a l_b Q_{P2}$	$1.4N_{Qk}=1.4 l_a l_b Q_k$ (kN)(2)	$\lambda=k\mu(h+2a)/i$ (4)	$\varphi f A$ (kN) (5)	混凝土板厚 b(m) $b=((5)-(1)-(2))\div(1.35\times25.5 l_a l_b)$
1	8	0.3	0.6	0.3	8×0.11= 0.88	0.3×0.3× 0.5=0.045	1.25	1.35×0.3× 0.3×25.5b	1.4×0.3×0.3 ×3.0=0.38	1.155×1.1× (190)/1.59 =152	0.301×493× 205=30.42	(30.42−1.25−0.38)÷ (1.35×0.3×0.3×25.5) =28.79÷3.1=9.29
2	8	0.3	0.6	0.6	8×0.13= 1.04	0.3×0.6× 0.5=0.09	1.53	1.35×0.3× 0.6×25.5b	1.4×0.3× 0.6×3.0 =0.76	1.155×1.1× (190)/1.59 =152	30.42	(30.42−1.53−0.76)÷ (1.35×0.3×0.6×25.5) =28.12÷6.2=4.54
3	8	0.6	0.6	0.6	8×0.18=1.44	0.6×0.6× 0.5=0.18	2.19	1.35×0.6× 0.6×25.5b	1.4×0.6× 0.6×3.0 =1.51	1.155×1.1× (190)/1.59 =152	30.42	(30.42−2.19−1.51)÷ (1.35×0.6×0.6×25.5) =26.72÷12.39=2.16
4	8	0.6	0.6	0.9	8×0.19=1.52	0.9×0.6× 0.5=0.27	1.79	1.35×0.6× 0.9×25.5b	1.4×0.9×0.6 ×3.0=2.27	1.155×1.1× (190)/1.59 =152	30.42	(30.42−1.79−2.27)÷ (1.35×0.9×0.6×25.5) =26.36÷18.59=1.42
5	8	0.3	1.2	0.3	8×0.16=1.28	0.3×0.3× 0.5=0.045	1.79	1.35×0.3× 0.3×25.5b	1.4×0.3× 0.3×3.0 =0.38	1.155×1.1× (250)/1.59 =200	0.18×493× 205=18.19	(18.19−1.79−0.38)÷ (1.35×0.3×0.3×25.5) =16.02÷3.1=5.18

续表

序号	高度 H (m)	横距 l_b (m)	步距 h (m)	纵距 l_a (m)	模板支架结构自重标准值产生轴向力 (kN) $N_{G1k}=H_{Gk}$	模板自重标准值产生的轴向力 (kN) $N_{G2k}=l_a l_b Q_{P1}$	模板支架结构自重、模板自重产生的轴向力设计值 (kN) $1.35(N_{G1k}+N_{G2k})$ (1)	钢筋、混凝土自重产生的轴向力设计值 (kN) $1.35N_{G3k}=1.35b l_a l_b Q_{P2}$	$1.4N_{Qk}=1.4l_a l_b Q_k$ (2) (kN)	$\lambda=\dfrac{k\mu(h+2a)}{i}$ (4)	φfA (kN) (5)	混凝土板厚 b (m) $b=((5)-(1)-(2))\div(1.35\times25.5l_a l_b)$
6	8	0.3	1.2	0.6	$8\times0.16=1.28$	$0.3\times0.6\times0.5=0.09$	1.85	$1.35\times0.3\times0.6\times25.5b$	$1.4\times0.3\times0.6\times3.0=0.76$	200	18.19	$(18.19-1.85-0.76)\div(1.35\times0.3\times0.6\times25.5)=15.58\div6.2=2.51$
7	8	0.6	1.2	0.6	$8\times0.23=1.84$	$0.6\times0.6\times0.5=0.18$	2.73	$1.35\times0.6\times0.6\times25.5b$	$1.4\times0.6\times0.6\times3.0=1.51$	200	18.19	$(18.19-2.73-1.51)\div(1.35\times0.6\times0.6\times25.5)=13.95\div12.39=1.13$
8	8	0.6	1.2	0.9	$8\times0.28=2.24$	$0.9\times0.6\times0.5=0.27$	3.39	$1.35\times0.6\times0.9\times25.5b$	$1.4\times0.6\times0.9\times3.0=2.27$	200	18.19	$(18.19-3.39-2.27)\div(1.35\times0.9\times0.6\times25.5)=12.53\div18.59=0.67$
9	8	0.9	1.2	0.9	$8\times0.32=2.56$	$0.9\times0.9\times0.5=0.405$	4.0	$1.35\times0.9\times0.9\times25.5b$	$1.4\times0.9\times0.9\times3.0=3.4$	200	18.19	$(18.19-4.0-3.4)\div(1.35\times0.9\times0.9\times25.5)=10.79\div27.88=0.39$

承载力计算公式：$1.35(N_{G1k}+N_{G2k}+N_{G3k})+1.4N_{Qk}=\varphi fA$，即：$1.35(H_{Gk}+l_a l_b Q_{P1})+1.35l_a l_b b Q_{P2}+1.4l_a l_b Q_k=\varphi fA$，$b=\{\varphi fA-1.35(H_{Gk}+l_a l_b Q_{P1})-1.4l_a l_b Q_k\}\div(1.35l_a l_b Q_{P2})$。

G_k模板支架自重标准值，N_{G1k}、N_{G2k}、N_{G3k}分别为模板支架、模板、钢筋混凝土自重标准值产生的轴力，Q_{P1}楼板模板自重标准值 = 0.3 kN/m²，Q_{P2}钢筋混凝土自重标准值 = 25.5 kN/m²，N_{Qk}为施工荷载标准值，Q_k为施工荷载作用中由施工荷载产生的轴向力标准值，取值 3.0 N/m²，计算中取最不利的 $a=65$cm，计算值 25.5 kN/m³；b 为混凝土板厚度。N_{Qk}为模板支撑架立杆中由施工荷载产生的轴力的标准值，取值 3.0 N/m²。计算中未考虑风荷载。

175

表 5.4.2-4

φ48.3×3.5 常用碗扣式钢管模板支架的设计尺寸对应的最大承载混凝土板厚推算(二)

序号	高度 H (m)	横距 l_b (m)	步距 h (m)	纵距 l_a (m)	模板支架结构自重标准值产生轴向力 $N_{G1k}=H_{Gk}$ (kN)	模板自重标准值产生的轴向力 $N_{G2k}=l_a l_b Q_{P1}$ (kN)	模板支架结构自重、模板自重产生的轴向力设计值 $1.35(N_{G1k}+N_{G2k})$ (1) (kN)	钢筋、混凝土自重产生的轴向力设计值 $1.35N_{G3k}=1.35 b l_a l_b Q_{P2}$ (kN)	$1.4N_{Qk}=1.4 l_a l_b Q_k$ (kN) (2)	$\lambda=\dfrac{k\mu}{(h+2a)/i}$ (4)	φfA (kN) (5)	混凝土板厚 b (m) $b=\{(5)-(1)-(2)\}\div(1.35\times25.5 l_a l_b)$
1	8	0.6	1.8	0.6	$8\times0.4=3.2$	$0.6\times0.6\times0.3=0.12$	4.48	$1.35\times0.6\times0.6\times25.5b$	$1.4\times0.6\times0.6\times2.5=1.26$	$1.155\times1.1\times(310)/1.59=248$	$0.119\times493\times205=12.03$	$(12.03-4.48-1.26)\div(1.35\times0.6\times0.6\times25.5)=6.29\div12.39=0.51$
	—	—	—	—	—	—	—	—	—	$1.155\times1.0\times(310)/1.59=225$	$0.144\times493\times205=14.55$	$(14.55-4.48-1.26)\div(1.35\times0.6\times0.6\times25.5)=8.81\div12.39=0.71$
2	8	0.6	1.8	0.9	$8\times0.43=3.44$	$0.9\times0.6\times0.3=0.16$	4.86	$1.35\times0.6\times0.6\times25.5b$	$1.4\times0.6\times0.6\times2.5=1.89$	$248k=1.1$	12.03	$(12.03-4.86-1.89)\div(1.35\times0.6\times25.5)=5.28\div18.59=0.28$
	—	—	—	—	—	—	—	—	—	$225\ (k=1)$	14.55	$7.8\div18.59=0.42$
3	8	0.9	1.8	0.9	$8\times0.43=3.44$	$0.9\times0.9\times0.3=0.24$	4.97	$1.35\times0.9\times0.9\times25.5b$	$1.4\times0.9\times0.9\times2.5=2.84$	248	12.03	$(12.03-4.97-2.84)\div(1.35\times0.9\times0.9\times25.5)=4.22\div27.88=0.15$
	—	—	—	—	—	—	—	—	—	225	14.55	$6.74\div27.88=0.24$
4	8	0.9	1.8	1.2	$8\times0.43=3.44$	$0.9\times1.2\times0.3=0.32$	5.08	$1.35\times0.9\times0.9\times25.5b$	$1.4\times0.9\times1.2\times2.5=3.78$	248	12.03	$(12.03-5.08-3.78)\div(1.35\times0.9\times1.2\times25.5)=3.17\div37.18=0.09$
	—	—	—	—	—	—	—	—	—	225	14.55	$5.69\div37.18=0.15$
5	8	1.2	1.8	1.2	$8\times0.49=3.92$	$1.2\times1.2\times0.3=0.43$	5.87	$1.35\times1.2\times1.2\times25.5b$	$1.4\times1.2\times1.2\times2.5=5.04$	248	12.03	$(12.03-5.87-5.04)\div(1.35\times1.2\times1.2\times25.5)=1.91\div49.57=0.04$
	—	—	—	—	—	—	—	—	—	225	14.55	$3.64\div49.57=0.07$

承载力计算公式：$1.35(N_{G1k}+N_{G2k}+N_{G3k})+1.4N_{Qk}=\varphi fA$，即：$1.35(H_{Gk}+l_a l_b Q_{P1})+1.35 l_a l_b b Q_{P2}+1.4 l_a l_b Q_k=(\varphi Af$，$b=\{\varphi Af-1.35(H_{Gk}+l_a l_b Q_{P1})-1.4 l_a l_b Q_k\}\div(1.35 l_a l_b Q_{P2})$。
G_k 模板支架自重标准值，N_{G1k}、N_{G2k}、N_{G3k} 分别为模板支架、模板、钢筋混凝土自重作用产生的轴向力，Q_{P1} 楼板模板自重标准值=0.3 kN/m²，Q_{P2} 钢筋混凝土自重标准值，取值 25.5 kN/m³；b 为混凝土板厚度。Q_{Qk} 为模板支架立撑杆中由施工荷载作用产生的轴力标准值，Q_k 为施工荷载标准值，取值 2.5 N/m²。计算中取最不利值 a=65cm。计算中未考虑风荷载。

按照计算长度公式 $l_0 = k\mu(h+2a)$，取 $h = 0.6m$，$a = 650mm$，计算长度系数 $\mu = 1.1$，调整系数 $k = 1.155$（此时，计算长度 $\lambda = 151$），钢管公称尺寸 $\phi 48.3 \times 3.5$（$i = 15.9mm$，$A = 493mm$），按照式 $P = \varphi fA$、$\lambda = \dfrac{k\mu(h+2a)}{i}$ 计算立杆承载力设计值为 30.42kN。

针对此架体构造，立杆轴力实际标准值为 $30.42/(1.363 \times 1.1) = 20.29kN$（1.363 为荷载分项系数，1.1 为结构重要性系数），而试验得到的立杆极限承载力为 45.3kN，考虑综合安全系数 2.2，得到 $45.3/2.2 = 20.59kN$，计算结果与实验结果吻合较好。而 0.6m 为碗扣式钢管模板支撑架的最小步距，所以，当立杆采用 Q235 级钢材质钢管时，模板支撑架单根立杆轴力设计值不应大于 30.0kN。如果大于 30kN，超过最大极限承载力，安全系数为 2.2 的最低要求不允许。

由于缺乏足够的工程经验和实验数据，规范 2016 版在编制中，并未给出立杆采用 Q345 级钢材质钢管时单根立杆轴力设计值的最大值。当立杆采用 Q345 级钢材质钢管时，单根立杆轴力设计值的最大值应由试验研究确定。

4. 承载力包络线

行业标准《建筑施工碗扣式钢管脚手架安全技术规范》JGJ 166—2016 综合考虑了各不利因素的影响，针对满堂模板支撑架在设置普通型剪刀撑的条件下，最终给出了 $l_0 = 1.1k(h+2a)$ 的立杆计算长度表达式。表 5.4.2-5 给出了各种架体搭设参数下，按照 $l_0 = 1.1k(h+2a)$ 确定的立杆承载力。汇总第 4 章所有试验得到承载力结果以及第 5.3 节针对设置普通型剪刀撑的满堂支撑架有限元分析结果，并考虑 2.2 的安全系数以及 1.363 的综合分项系数，换算为承载力设计值，汇总结果如表 5.4.2-6 所示。

承载力设计值理论计算汇总表　　　　　表 5.4.2-5

立杆步距 h(mm)		600		1200		1800	
顶部悬臂长度 a(mm)		650	200	650	200	650	200
计算长度系数 μ		1.1		1.1		1.0	
立杆计算长度 $l_0 = k\mu(h+2a)$ (mm)		2414	1271	3176	2032	3580	2541
立杆长细比 λ		151	80	199	128	225	159
稳定系数 φ		0.305	0.722	0.182	0.406	0.144	0.277
轴压稳定承载力 $P_{cr} = \varphi fA$ (kN)	$\phi 48 \times 3.0$ 钢管	27.8	62.8 (33.36)	15.8	35.3 (18.96)	12.5	24.1 (15)
	$\phi 48.3 \times 3.5$ 钢管	32.32	73 (38.78)	18.37	41.04 (22.04)	14.53	28.02 (17.44)

注：1　表中针对架体高度 8m 以下的满堂支撑架进行计算，立杆计算长度附加系数 $k = 1.155$；

　　2　钢管采用 $\phi 48.3 \times 3.5$ 规格；

　　3　括号内的数值为 $a = 200mm$ 对应的承载力，取 $a = 650mm$ 对应承载力的 1.2 倍；

　　4　表中计算针对 WDJ 碗扣架，立杆钢管材质 Q235。

试验及有限元分析承载力一览表

表 5.4.2-6

样本编号 代号	A组数据：铁道部1986年 5组井字架试验					B组数据：2010年清华大学3组满堂架试验			C组数据：2010年河北建设集团8组满堂架试验								D组数据：3组有限元模拟结果		
	A1	A2	A3	A4	A5	B1	B2	B3	C1	C2	C3	C4	C5	C6	C7	C8	D1	D2	D3
试验描述	双侧斜杆、步距1.8m	双侧斜杆、步距1.8m	四侧斜杆、步距1.8m	双侧斜杆、步距1.2m	四侧斜杆、步距1.8m	立杆间距0.9，步距1.2，无剪刀撑	立杆间距1.2，步距1.2，无剪刀撑	立杆间距1.2，步距1.2，有剪刀撑	步距1.2m，$a=$450mm，无剪刀撑	步距1.2m，$a=$450mm，H剪刀撑	步距1.2m，$a=$450mm，$V+H$剪刀撑	步距1.2m，$a=$450mm，V剪刀撑	步距1.2m，$a=$600mm，V剪刀撑	步距1.2m，$a=$450mm，无剪刀撑	步距1.8m，$a=$450mm，V剪刀撑	步距1.2m，$a=$450mm，V剪刀撑	步距1.2m，$a=$300mm	步距1.2m，$a=$300mm	步距1.8m，$a=$300mm
承载力试验值(kN)	38.3	32.3	60.5	44.75	87.8	41.6	45.5	67.5	29.8	33.4	49.4	48.6	43.6	33.0	34.4	41.9	81.2	59.2	46.7
换算承载力设计值(kN)	23.7	20.0	37.5	27.7	54.4	25.8	28.2	41.8	18.5	20.7	30.6	30.7	27.0	20.4	21.3	26.0	50.3	36.7	29.0

为直观对比按照该理论给出的承载力计算结果与现有碗扣架真型试验的实际承载力的相对水平，将理论计算值的最高值（$a=200$）与试验结果放置于同一图中（图5.4.2）。

从图中可以看出，按照2016版规范得到的满堂支撑架上限承载力计算结果基本能在下限兜住各种工况下的试验承载力，即规范的计算公式为实际承载力的下包络线，且满足规定的可靠度要求，是一种可靠的计算方法。

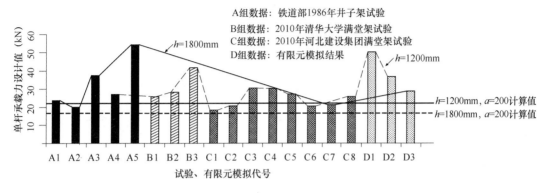

图5.4.2　满堂架计算计算包络线理论

为便于工程实际使用，将按照行业标准《建筑施工碗扣式钢管脚手架安全技术规范》JGJ 166—2016的承载力公式计算得到的各种架体搭设参数条件下的单立杆承载力设计值列于表5.4.2-7中，设计中初定架体设计尺寸时可以参考采用。计算中未考虑风荷载的影响，未考虑超过8m高度架体的不利影响因素，也未考虑碗扣节点刚度的实际影响，以及重复使用钢管的壁厚折减的不利影响，初定架体尺寸后可详细考虑这些因素的影响对架体进行承载力复核。

不同搭设参数下架体立杆承载力设计值汇总表　　　　　表5.4.2-7

架体类别	Q235级立杆 WDJ 脚手架						Q345级立杆 CUPLOK 脚手架					
立杆步距 h(mm)	600		1200		1800		1000		1500		2000	
顶部悬臂长度 a(mm)	650	200	650	200	650	200	650	200	650	200	650	200
计算长度系数 μ	1.1		1.1		1.0		1.1		1.1		1.0	
立杆计算长度 $l_0 = k\mu(h+2a)$(mm)	2414	1271	3176	2032	3580	2541	2922	1779	3557	2414	3811	2772
立杆长细比 λ	151	80	199	128	225	159	184	112	224	152	240	174
稳定系数 φ	0.305	0.722	0.182	0.406	0.144	0.277	0.155	0.392	0.106	0.224	0.092	0.173
轴压稳定承载力 $P_{cr} = \varphi f A$(kN)	32.32	38.78	18.37	22.04	14.53	17.44	22.9	27.5	15.67	18.8	13.6	16.3

注：1　表中针对架体高度8m以下的满堂支撑架进行计算，立杆计算长度附加系数 $k=1.155$；

2　钢管采用 $\phi48.3 \times 3.5$ 规格；

3　$a=200$mm 对应的承载力为 $a=650$mm 对应的承载力的1.2倍；

4　对应于出口的 Q345级立杆 CUPLOK 碗扣，未考虑其节点刚性增大对承载力的提升。

5.4.3　计算长度附加系数 k 的确定

前述双排脚手架和模板支撑架的立杆计算长度系数中，为考虑所受荷载变异性较大、构配件产品质量偏低、架体安装尺寸偏差、构配件多次周转使用、架体存在初始缺陷等不利因素，为保证支撑架能达到既定的可靠度要求，引入了计算长度附加系数 k，现就其取值说明如下。

本规范采用现行国家标准《建筑结构可靠度设计统一标准》GB 50068 规定的"概率极限状态设计法"，而结构安全度按以往容许应力法中采用的经验安全系数 K 校准。按照新发布的国家标准《建筑施工脚手架安全技术统一标准》GB 51210—2016 的规定，对脚手架结构，K 值为：强度 $K \geqslant 1.5$，双排脚手架稳定 $K \geqslant 2.0$，模板支撑架稳定性 $K \geqslant 2.2$，考虑脚手架工作条件的结构抗力调整系数值，可按承载能力极限状态设计表达式推导求得：

按现行国家标准《建筑结构可靠度设计统一标准》GB 50068 的规定，轴心受压杆件的稳定承载力极限状态表达式为：

$$\gamma_0 (\gamma_G \textstyle\sum N_{Gk} + \psi \gamma_Q \textstyle\sum N_{Qik}) \leqslant \varphi \frac{f_k}{\gamma_m} \cdot A \qquad (5.4.3\text{-}1)$$

式中：　　　γ_0——结构构件的重要性系数，按架体高度、荷载、功能不同取 1.1（Ⅰ级）、1.0（Ⅱ级）；

　　γ_G、γ_Q——永久荷载及可变荷载的分项系数，根据计算工况在 1.2、1.35、1.4 中选取；

$\sum N_{Gk}$、$\sum N_{Qik}$——永久荷载、可变荷载对立杆产生的轴力标准值；

　　　　ψ——组合系数，为简化计算，取 1.0；

　　　　φ——轴心受压构件的稳定系数；

　　　　A——立杆截面面积；

　　　　f_k——材料强度标准值；

　　　　γ_m——抗力分项系数，对钢管脚手架按现行国家标准《冷弯薄壁型钢结构技术规范》GB 50018 的规定取 1.165。

为了使碗扣式钢管脚手架的安全系数不低于 2.0 或 2.2，在式（5.4.3-1）的右端除以综合调整系数 γ'_R（或称之为材料强度附加分项系数），则结构设计表达式写为：

$$\gamma_0 \times (\gamma_G \textstyle\sum N_{Gk} + 1.0 \times \gamma_Q \textstyle\sum N_{Qik}) \leqslant \varphi \frac{f_k}{\gamma_m} \cdot A \cdot \frac{1}{\gamma_R} \qquad (5.4.3\text{-}2)$$

基于安全系数的容许应力法条件下的立杆轴心受压稳定承载能力极限状态表达式变为：

$$\gamma_G \textstyle\sum N_{Gk} + \psi \gamma_Q \textstyle\sum N_{Qik} \leqslant \varphi \frac{f_k}{K} \cdot A \qquad (5.4.3\text{-}3)$$

式中：K——安全系数，取 2.0（Ⅰ级）或 2.2（Ⅱ级）。

将式（5.4.3-2）整理，并将荷载分项系数 γ_G、γ_Q 用加权平均值 γ_u 表示：

$$\gamma_u = \frac{\gamma_G \sum N_{Gk} + \gamma_Q \sum N_{Qik}}{\sum N_{Gk} + \sum N_{Qik}} \qquad (5.4.3\text{-}4)$$

则式（5.4.3-2）写为：

$$\gamma_0 \gamma_u (\Sigma N_{Gk} + \Sigma N_{Qik}) \leqslant \varphi \frac{f_k}{\gamma_m} \cdot A \cdot \frac{1}{\gamma_m'} \tag{5.4.3-5}$$

对比式（5.4.3-4）和式（5.4.3-5），即得到调整系数 γ_m' 表达为：

$$\gamma_m' = \frac{K}{\gamma_0 \cdot \gamma_u \cdot \gamma_m} \tag{5.4.3-6}$$

γ_u 与永久荷载和可变荷载所占的比例有关，经反复试算、调整，将 γ_m' 的作用转化为碗扣式钢管脚手架的计算高度附加系数 k 予以考虑，最终得到了表5.4.3的模板支撑架立杆计算长度系数。对双排脚手架立杆计算长度附加系数 k，取 1.155。采取了 k 的附加系数，相当于按照《编制建筑施工脚手架安全技术标准的统一规定》（建标［1997］20号）的要求增加抗力分项系数，作此处理后，碗扣式钢管脚手架承载力计算能满足规定的综合安全系数。

模板支撑架立杆计算长度附加系数 表 5.4.3

架体搭设高度 H(m)	$H \leqslant 8$	$8 < H \leqslant 10$	$10 < H \leqslant 20$	$20 < H \leqslant 30$
k	1.155	1.185	1.217	1.291

长细比计算时 k 取 1.0，k 是提高脚手架安全度的一个换算系数，与长细比验算无关。

本 章 参 考 文 献

[1] 杜荣军. 扣件式钢管脚手架的设计与计算[J]. 建筑技术，1987(8).
[2] 杜荣军. 脚手架结构的稳定承载能力[J]. 施工技术，2001，30(4).
[3] 余宗明. 新型脚手架的结构原理及安全应用[M]. 北京：中国铁道出版社，2001.
[4] 衣振华，王有志. 碗扣式脚手架支撑在桥梁施工中的计算模型[J]. 工业建筑，2006，36(S1).
[5] 陈骥. 钢结构稳定理论与设计[M]. 北京：科学出版社 2003.
[6] 易桂香，辛克贵. 双排碗扣式钢管脚手架稳定承载力分析[J]. 工业建筑，2009.
[7] 黄勋. 钢管模板支撑架力学性能研究[硕士学位论文]. 北京：清华大学土木工程学院，2011.
[8] 陈志华，陆征然，王小盾，刘红波，刘群. 基于有侧移半刚性连接框架理论的无支撑模板支架稳定承载力分析及试验研究[J]. 建筑结构学报，2010，31(12).
[9] Zhang H，Chandrangsu T，Rasmussen K J R. Probabilistic study of the strength of steel scaffold systems[J]. Structural Safety，2010，32(6).

第6章 荷　载

目前，脚手架的设计采用概率论极限状态设计法的要求，用分项系数设计表达式进行计算。本章首先介绍概率论极限状态设计法的基本原理，在此基础上讲述作用在脚手架上的荷载及其标准值，并从极限状态设计法的要求介绍荷载分项系数以及荷载组合，最后详细描述风荷载体型系数的确定方法。

6.1　概率极限状态设计法

6.1.1　脚手架结构设计理论的发展概况

第5章指出，结构设计方法经历了百余年来长期使用的容许应力法和近30年发展起来的极限状态设计法。目前，世界各国脚手架的设计规范均已采用了极限状态设计方法，国际标准化组织出台的《结构可靠性总原则》ISO 2394为各国规范编制工作起到引领性作用。目前，某些工程领域或某些地域的工程技术人员仍然采用容许应力法进行脚手架等临时施工结构的设计，使用容许应力法进行脚手架结构设计存在较多不足，主要表现在以下几点：

1. 容许应力法采用安全系数表达，安全系数 K 为笼统的单一值，没有很好考虑荷载、材料特性等参数变化的影响，因而采用不同安全系数的临时脚手架结构之间缺乏可比性。

2. 仅采用容许应力法进行设计难以防止脚手架结构其他形态的破坏。脚手架结构除了强度上要满足容许应力的要求外，仍要防止其他破坏状态，如变形过大影响脚手架上人员正常作业等失效状态。

3. 安全系数的取值多凭经验和工程实践判断，难以准确评价脚手架结构的安全水准。

4. 仅靠单一安全系数来考虑不同性质的脚手架荷载不太合理，用其简单考虑作用荷载内力和架体结构承载力也是不准确的。

5. 对材料强度采取一定的安全折减来保持脚手架结构的使用性能和安全性，不能充分发挥材料性能，影响其技术经济性。

6. 脚手架结构变形、钢管及构配件材料性能劣化等情况不能直接控制，影响设计质量。

7. 使用容许应力法不利于脚手架结构对外交流和技术进步。

按照概率程度高低，极限状态设计法可以分为3个水准，即水准Ⅰ——半概率极限状态设计法，水准Ⅱ——近似概率极限状态设计法，水准Ⅲ——全概率极限状态法。目前国内外脚手架规范中采用较多的是近似概率极限状态设计法，脚手架结构的安全度仍然按以往容许应力法中采用的经验安全系数进行校准，如第5章的脚手架计算理论章节中关于立杆计算长度附加系数 k 的引入，其目的就是确保脚手架总体达到 $K=2.0$ 或 2.2 安全系数。目前的脚手架的设计理论虽然有着安全系数法的痕迹，但已上升到从失效概率和极限状态控制的层面进行架体结构设计。

6.1.2 可靠度理论

概率理论是研究随机变量规律性的数学方法。在脚手架结构设计中，荷载——无论是作为可变荷载的施工荷载、风荷载、混凝土振捣荷载等，还是作为永久荷载的架体结构的自重、脚手架附属构件自重、混凝土结构物的自重，都具有不确定性，其值都是随机的。在脚手架结构抗力方面，影响的因素也很多，比如钢管、碗扣及配件性能的影响，脚手架搭设施工技术的影响，计算模式的影响等，都使架体结构抗力具有不确定性，我们把这种具有不确定性的量叫随机变量。因此，有必要把概率论和数理统计的方法引入脚手架结构设计理论中，以研究与脚手架设计有关的那些变量的客观规律性及其相互关系，进一步完善结构设计理论。

所谓可靠度，是指结构在正常条件下（正常设计、正常施工、正常使用）和预定时间内（基准使用期内），完成规定功能的概率。对各项变量的研究，均以概率论和数理统计为基础，结构完成规定功能的能力，也以概率表示。极限状态，则是结构设计方法产生的根据，因此把这一设计方法称为概率极限状态设计法。

所谓极限状态是指：整个结构或结构的一部分超过某一特定状态，就不能满足某一规定功能的要求，这一特定状态就是极限状态。结构的极限状态主要分为两类：

承载能力极限状态：这种极限状态对应于结构或构件达到最大承载能力，或达到不适宜于继续承载的变形，如整个结构或其一部分作为刚体失去平衡（如倾覆）；结构构件或连接因超过材料强度而破坏（包括疲劳破坏），或因过度的塑性变形而不适宜于继续承载；结构变为可变体系；结构或构件丧失稳定性（如压屈等）等。

正常使用极限状态：这种极限状态对应于结构或构件达到正常使用和耐久性的各项规定限值，如影响结构正常使用或外观的过度变形等。

脚手架整体结构或构件的极限状态可用极限状态函数来描述：

$$Z(x_1, x_2, \cdots, x_n) = 0 \qquad (6.1.2\text{-}1)$$

式中：$x_i(i = 1, 2 \cdots, n)$——脚手架结构或构件的荷载效应、性能等基本变量；

$Z(x_1, x_2, \cdots, x_n)$——极限状态函数。

当用脚手架结构构件上的综合荷载效应（S）及构件抗力（R）两个基本变量表达时，极限状态函数表示为：

$$Z(R, S) = R - S = 0 \qquad (6.1.2\text{-}2)$$

当 $Z(R, S) > 0$ 时，架体结构可靠；当 $Z(R, S) < 0$ 时，架体结构失效；当 $Z(R, S) = 0$ 时，架体结构处于极限状态。

当仅有两个基本变量时，极限状态函数的几何意义如图 6.1.2-1 所示（为一直线）；当有多个基本变量时（如钢管强度、碗扣节点转动刚度、施工荷载等），极限状态函数几何意义变为空间曲面。

由于抗力 R 和荷载效应 S 都是随机变量，则可用概率理论求得各自的平均值和标准差 μ_R, σ_R, μ_S, σ_S。

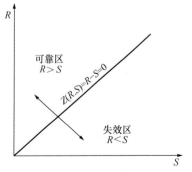

图 6.1.2-1 结构极限状态函数的几何含义

假设两个变量都服从正态分布，则有联合分布的平均值 μ_Z 为：

$$\mu_Z = \mu_R - \mu_S \tag{6.1.2-3}$$

标准差为：

$$\sigma_Z = \sqrt{\sigma_R^2 + \sigma_S^2} \tag{6.1.2-4}$$

脚手架能完成规定功能的概率 $P[Z>0]$ 为图 6.1.2-2 中非阴影部分面积，失效概率 $P_f = P[Z<0]$ 为阴影部分面积，两者相加有：

$$P[Z>0] + P[Z<0] = 1 \tag{6.1.2-5}$$

由于假定了变量服从正态分布，则失效概率 P_f 按下式计算：

$$P_f = P[Z<0] = P[R-S] = \Phi\left(\frac{0-\mu_Z}{\sigma_Z}\right) \tag{6.1.2-6}$$

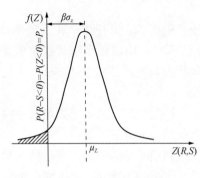

图 6.1.2-2　结构可靠指标 β

令 $\beta = \dfrac{\mu_Z}{\sigma_Z} = \dfrac{\mu_R - \mu_S}{\sqrt{\sigma_R^2 + \sigma_S^2}}$，则

$$P_f = \Phi(-\beta) = \int_{-\infty}^{-\beta} \frac{1}{\sqrt{2\pi}} e^{-\frac{x^2}{2}} \, \mathrm{d}x \tag{6.1.2-7}$$

式中：$\Phi(\cdot)$——标准正态分布函数，可查正态概率积分表。

由上式可以看出 β 与结构失效概率 P_f 具有一一对应的关系，也就是与结构的可靠度具有一一对应的关系，因而 β 又称为结构可靠指标。β 的含义如图 6.1.2-2 所示。β 与 P_f 的对应关系如表 6.1.2-1 所示。

β 与 P_f 的对应关系　　　　表 6.1.2-1

可靠指标 β	2.7	3.2	3.7	4.2
失效概率 P_f	10^{-2}	10^{-3}	10^{-4}	10^{-5}

例如：通过对某一结构的调查统计分析得出抗力 R、综合荷载效应 S 服从正态分布，平均值和标准差分别为 $\mu_R = 123.7\ \mathrm{N/mm^2}$，$\sigma_R = 5\ \mathrm{N/mm^2}$；$\mu_S = 100\ \mathrm{N/mm^2}$，$\sigma_S = 4\mathrm{N/mm^2}$，则该结构的可靠指标及失效概率求解如下：

$$\beta = \frac{\mu_R - \mu_S}{\sqrt{\sigma_R^2 + \sigma_S^2}} = \frac{123.7 - 100}{\sqrt{5^2 + 4^2}} = 3.7013$$

$P_f = \Phi(-3.7013) = 0.000108 = 10^{-4}$，即该结构的失效概率为 1/10000。

与结构设计有关的随机变量的数字特征（平均值、标准差、变异系数等）要通过大量的调查、实测，统计计算得出，并对全国要有代表性。随机变量的分布类型由统计检验得出。若随机变量为多个，且不服从正态分布时，可进行当量正态化：通过在设计验算点处当量正态变量与原变量的概率分布函数值（尾部面积）相等及概率密度值相等的条件转换。

要调查统计结构在基准作用期内荷载（包括可变荷载如施工荷载、风荷载、泵送荷载等；永久荷载如碗扣架自重、混凝土和钢筋自重等）、截面几何性能（钢管有效壁厚、连墙件截面面积等）、材料性能（钢管钢材强度、弹性模量等）各方面的资料，然后通过现行脚手架规范的"校准"，即对现行脚手架规范的反演计算，找出隐含于按现行规范设计的脚手架结构中相应的可靠指标 β 值。经综合分析后，确定出今后设计中宜采用的可靠指标值，我们把它叫作目标可靠指标，即今后脚手架设计达到的结构可靠度水准。其实质是承认以现行脚手架规范为标准设计的结构可靠度水准，从总体来讲是可以接受的。

有了目标可靠指标，就有了结构失效概率的控制标准，我国现行国家标准《建筑结构可靠度设计统一标准》GB 50068 中各类结构的目标可靠指标如表 6.1.2-2 所示。

结构构件承载能力极限状态的可靠指标 β　　　　表 6.1.2-2

破坏类型	安全等级		
	一级	二级	三级
塑性破坏	3.7	3.2	2.7
脆性破坏	4.2	3.7	3.2

钢管脚手架结构为塑性结构，安全等级为Ⅰ级时，$\beta = 3.7$，安全等级为Ⅱ级时，$\beta = 3.2$。脚手架有了目标可靠指标及荷载和抗力方面的各统计特征值，就可以进行结构构件的设计。

6.1.3　脚手架结构承载力设计表达式

1. 荷载组合设计表达式

考虑到简便实用和照顾工程技术人员长期以来的使用习惯，工程实际中不直接按目标可靠指标进行脚手架结构设计（房屋建筑结构和桥梁结构也不直接用可靠指标进行设计），也不可能对每个脚手架都去进行各类参数的调查统计，而是采用传统的定值单一系数或分项系数设计表达式。其中基本变量（永久荷载、可变荷载、材料性能、几何特性等）仍要以标准值的形式出现。

用单一系数表达时，设计公式形如：

$$\mu_R \geqslant K\mu_S \tag{6.1.3-1}$$

式中：K——中心安全系数，通过脚手架承载能力抗力 R 和综合荷载效应 S 的统计参数求得。

一般选择分项系数表达式为佳，因它适应性较广，便于使结构在各种不同情况下符合目标可靠指标 β 的要求，且国际趋势也多是选择多系数表达式。目前各类脚手架规范均采用多个分项系数的表达法进行承载力设计。式中的各项参数均由调查统计分析得出。用分项系数表达时为：

$$\gamma_G S_{Qk} + \gamma_Q S_{Qk} \leqslant R_k / \gamma_R \tag{6.1.3-2}$$

通式为：

1）由可变荷载控制的组合：

$$\gamma_0 \left(\sum_{j=1}^m \gamma_{Gj} S_{Gjk} + \gamma_{Q1} \gamma_{l1} S_{Q1k} + \sum_{i=2}^n \gamma_{Qi} \gamma_{li} \psi_{Ci} S_{Qik} \right) \leqslant R(\gamma_R, f_k, a_k \cdots) \tag{6.1.3-3}$$

2）由永久荷载控制的组合：

$$\gamma_0 \left(\sum_{j=1}^m \gamma_{Gj} S_{Gjk} + \sum_{i=1}^n \gamma_{Qi} \gamma_{li} \psi_{Ci} S_{Qik} \right) \leqslant R(\gamma_R, f_k, a_k \cdots) \tag{6.1.3-4}$$

式中：γ_0——结构重要性系数，对安全等级为Ⅰ级的脚手架按 1.1 采用，对安全等级为Ⅱ级的脚手架按 1.0 采用。脚手架的安全等级，应根据架体种类、搭设高度和所受荷载，按表 6.1.3-1 的规定采用；

γ_{Gj}，γ_{Qi} ——分别为第 j 个永久荷载和第 i 个可变荷载的分项系数，按脚手架种类的不同，荷载分项系数按表 6.1.3-2 取值；

γ_{li} ——可变荷载考虑设计使用年限调整系数，对脚手架结构取 1.0。

S_{Gjk}，S_{Qik} ——分别为第 j 个永久荷载和第 i 个可变荷载的标准值效应，$S_{Gjk} = C_{jG}G_{jk}$，$S_{Qik} = C_{Qi}Q_{ik}$；

ψ_{Ci} ——第 i 个可变荷载效应组合系数；

C_{Gj}，C_{Qi} ——分别为第 j 个永久荷载，第 i 个可变荷载在结构构件上的效应系数；

G_{jk}，Q_{ik} ——分别为第 j 个永久荷载和第 i 个可变荷载的标准值；

γ_R ——材料抗力分项系数；

f_k ——材料强度标准值；

a_k ——脚手架材料、构配件、结构的几何参数标准值。

双排脚手架结构及构配件承载能力极限状态设计时，荷载的基本组合按表 6.1.3-3 采用；满堂模板支撑架结构及构配件承载能力极限状态设计时，荷载的基本组合按表 6.1.3-4 采用。

脚手架的安全等级　　　　　　　　　　　　　表 6.1.3-1

双排脚手架		模板支撑架		安全等级
搭设高度(m)	荷载标准值(kN)	搭设高度(m)	荷载标准值	
≤40	—	≤8	≤15kN/m² 或≤20kN/m 或最大集中荷载≤7kN	Ⅱ
>40	—	>8	>15kN/m² 或>20kN/m 或最大集中荷载>7kN	Ⅰ

注：模板支撑架的搭设高度、荷载中任一项不满足安全等级为Ⅱ级的条件时，其安全等级应划为Ⅰ级。

荷载分项系数　　　　　　　　　　　　　表 6.1.3-2

脚手架种类	验算项目	荷载分项系数			
		永久荷载分项系数 γ_G		可变荷载分项系数 γ_Q	
双排脚手架	强度、稳定性	1.2		1.4	
	地基承载力	1.0		1.0	
	挠度	1.0		1.0	
模板支撑架	强度、稳定性	由可变荷载控制的组合	1.2	1.4	
		由永久荷载控制的组合	1.35		
	地基承载力	1.0		1.0	
	挠度	1.0		0	
	倾覆	有利	0.9	有利	0
		不利	1.35	不利	1.4

双排脚手架荷载的基本组合 表 6.1.3-3

计算项目	荷载的基本组合
水平杆及节点连接强度	永久荷载＋施工荷载
立杆稳定承载力	永久荷载＋施工荷载＋ψ_w 风荷载
连墙件强度、稳定承载力和连接强度	风荷载＋N_0
立杆地基承载力	永久荷载＋施工荷载

注：1 表中的"＋"仅表示各项荷载参与组合，而不表示代数相加；

    2 立杆稳定承载力计算在室内或无风环境不组合风荷载；

    3 强度计算项目包括连接强度计算；

    4 ψ_w 为风荷载组合值系数，取 0.6；

    5 N_0 为连墙件约束脚手架平面外变形所产生的轴力设计值。

满堂模板支撑架荷载的基本组合 表 6.1.3-4

计算项目		荷载的基本组合
立杆稳定承载力	由永久荷载控制的组合	永久荷载＋ψ_c 施工荷载＋ψ_w 风荷载
	由可变荷载控制的组合	永久荷载＋施工荷载＋ψ_w 风荷载
立杆地基承载力	由永久荷载控制的组合	永久荷载＋ψ_c 施工荷载＋ψ_w 风荷载
	由可变荷载控制的组合	永久荷载＋施工荷载＋ψ_w 风荷载
门洞转换横梁强度	由永久荷载控制的组合	永久荷载＋ψ_c 施工荷载
	由可变荷载控制的组合	永久荷载＋施工荷载
倾覆		永久荷载＋风荷载

注：1 同表 6.1.3-3 注 1、注 2、注 3；

    2 ψ_c 为施工荷载及其他可变荷载组合值系数，取 0.7；

    3 立杆地基承载力计算在室内或无风环境不组合风荷载；

    4 倾覆计算时，当可变荷载对抗倾覆有利时，抗倾覆荷载组合计算可不计入可变荷载。

2. 荷载组合相关说明

上述表 6.1.3-3 及式表 6.1.3-4 是行业标准《建筑施工碗扣式钢管脚手架安全技术规范》JGJ 166—2016 给出的碗扣式钢管双排脚手架和模板支撑架承载力极限状态计算时荷载的基本组合。现对组合工况的主要依据说明如下：

1）双排脚手架荷载组合工况

（1）对于落地双排脚手架，主要是计算水平杆抗弯强度及连接强度、立杆稳定承载力、连墙件强度及稳定承载力、立杆地基承载力；对于悬挑脚手架，除上述架体计算内容外，主要是计算悬挑支承结构强度、稳定承载力及锚固承载力。对于附着式升降脚手架，除架体计算与落地作业脚手架相同外，主要是计算水平支承桁架及固定吊拉杆强度、竖向主框架及附墙支座强度、稳定承载力。理论分析和试验结果表明，当搭设架体的材料、构配件质量合格，结构和构造符合脚手架相关的国家现行标准的规定，剪刀撑等加固杆件、连墙件按要求设置的情况下，上述计算内容满足安全承载要求，则架体也满足安全承载要求。因此所列计算内容之外的计算部位和承载力指标一般情况下不需计算，满足规范构造要求即可，如行业标准《建筑施工碗扣式钢管脚手架安全技术规范》JGJ 166—2008 提出了对斜杆的抗风计算要求，而该规范的 2016 版不再作此规定，仅将斜杆或剪刀撑作为构造保证措施。

（2）水平杆件一般只进行抗弯强度和连接强度计算，风荷载作用下，考虑节点的半刚性，理论上会在水平杆中产生附加弯矩和轴力，但影响很小，因此实际工程中，可不组合风荷载。

（3）理论分析和试验结果表明，在连墙件正常设置的条件下，落地作业脚手架破坏均属于立杆稳定破坏，故只计算双排脚手架立杆稳定项目。悬挑脚手架除架体的悬挑支承结构外，其他计算都与落地作业脚手架相同，作用在悬挑支承结构上的荷载即为双排脚手架底部立杆的轴向力。

（4）连墙件荷载组合中除风荷载外，还包括附加水平力 N_0，这是考虑到连墙件除受风荷载作用外，还受到其他水平力作用，主要是两个方面：

① 双排脚手架的作业层荷载作用对于立杆来说是偏心的，在偏心力作用下，作业脚手架承受着倾覆力矩的作用，此倾覆力矩由连墙件的水平反力抵抗。

② 连墙件是被用作减小架体立杆轴心受压构件自由长度的侧向支撑，承受约束支撑力反力。

综合以上两个因素，因精确计算以上两项水平力目前还难以做到，根据以往经验，标准中给出固定值 N_0。

2）模板支撑架荷载组合工况

（1）对于模板支撑架的设计计算主要是水平杆抗弯强度及连接强度、立杆稳定承载力、架体抗倾覆、立杆地基承载力，理论分析和试验结果表明，在搭设材料、构配件质量合格，架体构造符合本标准和脚手架相关的国家现行标准的要求，剪刀撑或斜撑杆等加固杆件按要求设置的情况下，上述 4 项计算满足安全承载要求，则架体也满足安全承载要求，对节点强度、斜杆或剪刀撑承载力一般不需单独计算。

（2）根据《建筑结构荷载规范》GB 50009—2012 的规定，在模板支撑架荷载的基本组合中，应有由永久荷载控制的组合项，而且当永久荷载值较大的情况下（如混凝土模板支撑架上混凝土板的厚度或梁的截面较大时），由永久荷载控制的组合值起控制作用。但准确判断组合效应中是由永久荷载还是可变荷载起控制作用需要额外的计算。工程实际中，通常是按照两种组合分别进行计算，取荷载效应最不利的组合，但这增加了工作量。根据分析得知，当 $\dfrac{\text{永久荷载效应}}{\text{可变荷载效应}} \geqslant 2.8$ 时，应按永久荷载控制组合进行荷载组合；当 $\dfrac{\text{永久荷载效应}}{\text{可变荷载效应}} < 2.8$ 时，应按可变荷载控制组合进行荷载组合，这是简化的判断方法。

（3）规定模板支撑架立杆地基承载力计算时应组合风荷载，是因为传至地基表面的荷载总是与立杆相同，其荷载计算工况同立杆计算工况。

（4）模板支撑架整体稳定只考虑风荷载作用这一种水平荷载情况，是因为对于如混凝土模板支撑架，因施工等不可预见因素所产生的水平力与风荷载产生的水平力相比，前者不起控制作用。如果混凝土模板支撑脚手架上安放有混凝土输送泵管，或支撑脚手架上有较大集中水平力作用时，架体整体稳定应单独计算。

3）规范表格中未规定计算的构配件、加固杆件等只要其规格、性能、质量符合脚手架相关的国家现行标准的要求，架体搭设时按其性能选用，并按标准规定的构造要求设置，其强度、刚度等性能指标均会满足要求，可不必另行计算。

必须注意，规范中给出的荷载组合表达式都是在以荷载与荷载效应存在线性关系为前提，对于明显不符合该条件的涉及非线性问题时，应根据问题的性质另行设计计算。

6.1.4 脚手架正常使用设计表达式

对于正常使用极限状态，脚手架设计尚未上升到基于概率论的极限状态设计法，即无安全系数的概念，也无可靠度的体现。对正常使用极限状态，按荷载的标准组合计算荷载组合的效应设计值，并应采用下列设计表达式进行设计：

$$S_d \leqslant C \tag{6.1.4}$$

式中：S_d——荷载组合的变形效应设计值，采用荷载效应标准组合的设计值，各类荷载的
        分项系数均取 1.0，荷载的标准组合按表 6.1.4-1 采用；

    C——架体构件的容许变形值，对脚手架而言，主要是各类受弯构件的挠度，其容
        许值按表 6.1.4-2 采用。

脚手架荷载的标准组合   表 6.1.4-1

计算项目	荷载标准组合
双排脚手架水平杆挠度	永久荷载＋施工荷载
模板支撑架门洞转换横梁挠度	永久荷载

脚手架受弯构件的容许挠度   表 6.1.4-2

构件类别	容许挠度 $[v]$
双排脚手架脚手板和纵向水平杆、横向水平杆	$l/150$ 与 10mm 取较小值
双排脚手架悬挑受弯杆件	$l/400$
模板支撑架受弯构件	$l/400$

注：l 为受弯构件的计算跨度；对悬挑构件为其悬伸长度的 2 倍。

6.1.5 结论

1. 概率极限状态设计法的原理和实质

碗扣式钢管脚手架的承载力设计采用了概率极限状态设计法，在形式上采取了多分项系数表达法，但应认识到其原理：

1）脚手架规范虽采用概率极限状态设计法，而结构安全度按以往容许应力法中采用的经验安全系数校准，从公式的表达形式来看，单一系数表达的概率极限状态设计公式与传统容许应力公式形式基本相同，但安全系数 K 的含义却有本质上的不同。容许应力法中的 K 是以工程实践经验为基础而定的，带有主观性，极限状态法中的 K 是以概率统计为根据而制定的，更符合设计中各变量的客观实际。用分项系数表达时，比单一系数更佳。

2）采用分项系数表达的承载力设计式可转换为单一安全系数法进行表达，但这个单一安全系数 K（或分项系数）是建立在概率论的基础上的，是由结构的可靠度的概率定义产生的，有其对应的目标可靠指标，有明确、具体的物理意义，也使结构设计的安全度有了一致的衡量标准。而容许应力法中的安全系数 K 的含义不明确。

3）概率极限状态法更全面地考虑了影响结构安全度诸因素的客观变异性，使设计的脚手架结构更加合理，可以更好地处理结构的安全性和经济性之间的矛盾，并可使同类架体结构在不同荷载情况下具有较佳的安全度一致性。

4）概率极限状态设计法给出了结构极限状态的确切定义，把极限状态作为结构安全和失效的界限，且能用数学形式表达，使结构设计理论更趋于完善。

2. 碗扣式钢管脚手架的简化设计表达式

式（6.1.3-2）、式（6.1.3-3）和式（6.1.3-4）按照现行国家标准《建筑结构可靠度设计统一标准》GB 50068 和国家标准《建筑结构荷载规范》GB 50009 给出了采用分项系数表达的概率论承载力极限状态设计法的通用计算公式。对脚手架承载能力极限状态，按荷载的基本组合计算荷载组合的效应设计值，采用设计表达式 $\gamma_0 S_d \leqslant R_d$（$S_d$ 为荷载组合的效应设计值，R_d 为架体结构或构件的抗力设计值）进行架体及构配件承载力计算时，考虑到脚手架的实际荷载情况，取表 6.1.3-2 给出的荷载分项系数，并采用表 6.1.3-3、表 6.1.3-4 给出的各计算工况下的实际荷载组合和荷载分项系数，可以得出承载力极限状态计算时，碗扣式钢管脚手架的荷载组合公式如下：

由可变荷载控制的组合：

$$S_d = 1.2 \sum_{i=1}^{m} S_{Gki} + 1.4(S_{Qk} + 0.6S_{wk}) \tag{6.1.5-1}$$

由永久荷载控制的组合：

$$S_d = 1.35 \sum_{i=1}^{m} S_{Gki} + 1.4(0.7S_{Qk} + 0.6S_{wk}) \tag{6.1.5-2}$$

对于双排脚手架而言，可变荷载控制的组合起控制作用，一般架体上无其他可变荷载，只有施工荷载和风荷载。因此，在计算双排脚手架水平杆强度和立杆稳定性时，可按下式进行荷载组合计算：

$$S_d = 1.2 \sum_{i=1}^{m} S_{Gki} + 1.4S_{Qk} \tag{6.1.5-3}$$

对于满堂支撑架而言，可能是由可变荷载控制的组合起控制作用（对于较薄的楼板），也可能是由永久荷载控制的组合起控制作用（对梁和较厚的楼板），应分别进行组合计算并取较大值。因此，在计算模板支撑架水平杆强度和立杆稳定性时，可按下列公式进行荷载组合计算：

计算水平杆强度时，按下列公式进行荷载组合计算，并取各自最不利的组合进行设计：

$$S_d = 1.2 \sum_{i=1}^{m} S_{Gki} + 1.4S_{Qk} \tag{6.1.5-4}$$

$$S_d = 1.35 \sum_{i=1}^{m} S_{Gki} + 1.4 \times 0.7S_{Qk} \tag{6.1.5-5}$$

计算立杆稳定性时，按下列公式进行荷载组合计算，并取各自最不利的组合进行设计：

$$S_d = 1.2 \sum_{i=1}^{m} S_{Gki} + 1.4(S_{Qk} + 0.6S_{wk}) \tag{6.1.5-6}$$

$$S_d = 1.35 \sum_{i=1}^{m} S_{Gki} + 1.4(0.7 S_{Qk} + 0.6 S_{wk}) \qquad (6.1.5\text{-}7)$$

式中：S_{Gki}——第 i 个永久荷载标准值产生的效应；

$\quad\quad\ S_{Qk}$——施工荷载标准值产生的效应；

$\quad\quad\ S_{wk}$——风荷载标准值产生的效应；

$\quad\quad\ m$——永久荷载数。

应当注意的是，进行脚手架立杆稳定性计算时，按上述公式组合计算的内力设计值是立杆轴力设计值，对于由风荷载引起的立杆弯矩设计值应单独计算，并应分别乘以可变荷载分项系数 1.4 和风荷载组合值系数 0.6。脚手架根据不同工况进行承载力计算时，仅需将上述表达式中的荷载效应 S_d 采取相应的内力即可，如杆件轴力 N、弯矩 W 等。

6.2 荷 载 的 分 类

6.2.1 脚手架上荷载种类

作为一种临时施工结构，作用于碗扣式钢管脚手架上的荷载相比于永久性结构物（如房屋建筑、桥梁等）而言，种类较少，作用荷载较为明确。根据脚手架的施工受力情况，并结合现行国家标准《建筑结构荷载规范》GB 50009 的规定，作用于脚手架上的荷载分为永久荷载（通常称之为恒荷载）和可变荷载（通常称之为活荷载）两类。

永久荷载是在结构使用期间，其值不随时间变化，且其变化值与平均值相比可以忽略不计的荷载，对永久结构而言主要包括结构自重、土压力、预应力等。对脚手架结构而言，永久荷载主要是架体结构及配件自重，模板支撑架结构的永久荷载还需计入可调托撑上主楞、次楞、模板以及上部承受的钢筋混凝土构件的钢筋和混凝土的自重（虽然混凝土浇筑过程中，混凝土的自重是逐步增大的，但浇筑成型后凝固前，混凝土构件自重施加在支撑架上的荷载是比较固定的，不像施工荷载那样变异性大）。

可变荷载是指在结构使用期间，其值随时间变化，且其变化值与平均值相比不可忽略的荷载，对于建筑结构而言主要包括楼面活荷载、屋面活荷载和积灰荷载、吊车荷载以及雪荷载等，对于桥梁结构而言主要包括人群荷载、车辆荷载等。对于脚手架结构而言，可变荷载主要是指施工期间作用在架体上的施工人员及设备荷载、振捣混凝土时产生的垂直荷载标准值、假想水平力荷载、施工中引起的水平力荷载以及风荷载等。

结构上还有一种可能出现的荷载——偶然荷载，偶然荷载在结构使用期间不一定出现，一旦出现，其值很大且出现时间很多，如撞击力、爆炸力等。脚手架结构使用时间相对较短，且通常设置防护设施避免外力冲击，脚手架设计中不考虑偶然荷载作用。

根据上述分析，碗扣式钢管脚手架设计中需考虑的荷载归类如下。

6.2.2 双排脚手架上荷载内容

1. 双排脚手架的永久荷载

1）架体结构的自重，包括：立杆、水平杆、间水平杆、挑梁、斜撑杆、剪刀撑、连墙件和配件的自重。

2）脚手板、挡脚板、栏杆、梯道、安全网等附件的自重。

2. 双排脚手架的可变荷载

1）施工荷载，包括作业层上操作人员、存放材料、运输工具及小型机具等的自重。

2）风荷载。

6.2.3 满堂支撑架上荷载内容

1. 支撑架的永久荷载

1）架体结构自重，包括：立杆、水平杆、斜撑杆、剪刀撑、可调托撑和配件的自重。

2）模板及支撑梁的自重。

3）作用在模板上的混凝土和钢筋的自重。

2. 支撑架的可变荷载

1）施工荷载，包括：

（1）超过浇筑混凝土构件厚度的混凝土料堆放荷载。

（2）施工作业人员、施工设备的自重。

（3）浇筑及振捣混凝土时产生的荷载。

（4）冬期施工保温设施荷载。

（5）雪荷载。

2）风荷载。

3）其他可变荷载，包括：

（1）水流荷载（作用于水中的桥梁支架）。

（2）水中漂浮物冲击荷载（作用于水中的桥梁支架）。

（3）泵送混凝土或不均匀堆载等因素产生的附加水平荷载。

6.2.4 荷载分类的相关说明

1）碗扣式钢管脚手架上的荷载分类，是以现行国家标准《建筑结构荷载规范》GB 50009 为依据，对永久荷载及可变荷载按双排脚手架及模板支撑架两种不同的使用工况分别列出其具体对应的荷载项目；

2）荷载效应组合中，不考虑偶然荷载，这是因为双排脚手架和模板支撑架严格禁止有撞击力等作用于架体；双排脚手架和模板支撑架的设计中也不考虑地震和爆炸作用的影响（此类荷载在施工期发生的概率很低，且结构施工期相对较短，因此在一般情况下可不考虑），但应根据实际情况考虑可能存在的其他外部作用；

3）作用在模板支撑架上的其他可变荷载主要指作用在架体结构顶部的泵送混凝土或不均匀堆载等因素产生的附加水平荷载。根据理论分析和试验研究，该项荷载对模板支撑架的稳定性影响很小，计算中可忽略其影响，当确有必要考虑此项荷载时，应按照现行国家标准《混凝土结构工程施工规范》GB 50666—2011 的规定，将该荷载标准值取为竖向永久荷载标准值的 2%，并应作用在模板支撑架上端水平方向；

4）模板支撑架上超过浇筑构件厚度的混凝土料堆的自重因其位置和数值不固定，变异性大，因此该部分荷载应作为施工荷载考虑；

5）部分模板支撑架（如桥梁模板支撑架）顶面四周外侧设置有作业平台，该平台类似于双排脚手架作业层的设置，其上有脚手板、栏杆、挡脚板和密目网等附件，但该部位架体总体荷载较小，不是模板支撑架的稳定性计算控制部位，因此，模板支撑架的永久荷载项中未列出作业层附件的自重标准值。但当模板作业层下部搭设了安全平网或脚手板硬质防护层时，应据实考虑；

6）在进行架体设计时，应根据施工要求，在架体专项施工方案中明确规定构配件的设置数量，并且在施工过程中不能随意增加。脚手板粘积的砂浆等引起的增重是安全隐患，规范中采用永久荷载的分项系数进行考虑；

7）支撑架除用于现浇混凝土结构的模板支撑架系统外，也可用于钢结构安装等的满堂支撑系统，此时架体顶部施工层由于大型钢构件临时堆放（或预制拼装构件合拢前用满堂架支撑进行空间定位），产生的荷载由于变异性大，应将该部分荷载作为可变荷载，并根据施工工况据图确定其数值；

8）施工中，由于施工行为产生的偶然增大的荷载效应，如用于边坡支护施工的脚手架上，由于锚杆孔钻机产生的振动效应等，也应根据实际情况考虑确定。

总之，结构设计中的荷载确定不是千篇一律的事情，脚手架上实际产生的荷载效应当施工环境和施工工艺不同时，可能会有不同的体现形式，规范中所列出的荷载种类是针对一般施工条件下可能存在的荷载形式给出的，具体情况需具体分析。例如，碗扣式钢管脚手架还可以搭设防护棚、临时人行便桥、临时舞台等，甚至还可以搭设起重拔杆，这些特殊使用工况需进行专门荷载分析和不同工况下组合分析。

6.3 荷 载 标 准 值

6.3.1 双排脚手架荷载标准值

1. 双排脚手架杆系结构自重标准值

对于碗扣式钢管双排脚手架杆系结构，应考虑所有杆件及配件的重量之和（包括立杆、水平杆、间水平杆、挑梁、斜撑杆、剪刀撑和配件的自重）对立杆产生的轴力，计算中应根据架体的实际搭设尺寸和斜杆（或剪刀撑）布置方式，按表 6.3.1-1 所示的构配件理论重量进行计算。

碗扣式钢管脚手架主要构配件理论重量　　　　　　表 6.3.1-1

名称	常用型号	主要规格(mm)	材质	理论重量(kg)
立杆	LG-A-120	$\phi48.3\times3.5\times1200$	Q235	7.05
	LG-A-180	$\phi48.3\times3.5\times1800$	Q235	10.19
	LG-A-240	$\phi48.3\times3.5\times2400$	Q235	13.34
	LG-A-300	$\phi48.3\times3.5\times3000$	Q235	16.48
	LG-B-80	$\phi48.3\times3.5\times800$	Q345	4.30
	LG-B-100	$\phi48.3\times3.5\times1000$	Q345	5.50
	LG-B-130	$\phi48.3\times3.5\times1300$	Q345	6.90
	LG-B-150	$\phi48.3\times3.5\times1500$	Q345	8.10

续表

名称	常用型号	主要规格(mm)	材质	理论重量(kg)
立杆	LG-B-180	φ48.3×3.5×1800	Q345	9.30
	LG-B-200	φ48.3×3.5×2000	Q345	10.50
	LG-B-230	φ48.3×3.5×2300	Q345	11.80
	LG-B-250	φ48.3×3.5×2500	Q345	13.40
	LG-B-280	φ48.3×3.5×2800	Q345	15.40
	LG-B-300	φ48.3×3.5×3000	Q345	17.60
水平杆	SPG-30	φ48.3×3.5×300	Q235	1.32
	SPG-60	φ48.3×3.5×600	Q235	2.47
	SPG-90	φ48.3×3.5×900	Q235	3.69
	SPG-120	φ48.3×3.5×1200	Q235	4.84
	SPG-150	φ48.3×3.5×1500	Q235	5.93
	SPG-180	φ48.3×3.5×1800	Q235	7.14
间水平杆	JSPG-90	φ48.3×3.5×900	Q235	4.37
	JSPG-120	φ48.3×3.5×1200	Q235	5.52
	JSPG-120+30	φ48.3×3.5×(1200+300)用于窄挑梁	Q235	6.85
	JSPG-120+60	φ48.3×3.5×(1200+600)用于宽挑梁	Q235	8.16
专用外斜杆	WXG-0912	φ48.3×3.5×1500	Q235	6.33
	WXG-1212	φ48.3×3.5×1700	Q235	7.03
	WXG-1218	φ48.3×3.5×2160	Q235	8.66
	WXG-1518	φ48.3×3.5×2340	Q235	9.30
	WXG-1818	φ48.3×3.5×2550	Q235	10.04
窄挑梁	TL-30	φ48.3×3.5×300	Q235	1.53
宽挑梁	TL-60	φ48.3×3.5×600	Q235	8.60
立杆连接销	LJX	φ10	Q235	0.18
可调底座	KTZ-45	T38×5.0，可调范围≤300	Q235	5.82
	KTZ-60	T38×5.0，可调范围≤450	Q235	7.12
	KTZ-75	T38×5.0，可调范围≤600	Q235	8.50
可调托撑	KTC-45	T38×5.0，可调范围≤300	Q235	7.01
	KTC-60	T38×5.0，可调范围≤450	Q235	8.31
	KTC-75	T38×5.0，可调范围≤600	Q235	9.69

注：表中所列立杆型号标识为"-A"代表节点间距按0.6m模数(Q235材质立杆)设置；标识为"-B"代表节点间距按0.5m模数(Q345材质钢管)设置。

钢管脚手架的立杆轴力组成中，不管是双排脚手架还是满堂支撑架，由架体自重产生的立杆轴力所占比重较小，精确计算每根杆件、每个配件的重量需要较大的工作量，且意义不大。因此，实际计算中，对规则搭设的架体，可采用近似计算法，表6.3.1-2是针对常用的双排脚手架搭设尺寸，按照表6.3.1-1构配件单件重量给出的立杆承受的每延米架体结构的自重标准值 g_k(kN/m)，其计算公式为：

$$g_k = (h \cdot t_1 + 0.5t_2 + t_3 + 0.5t_4 + 0.5t_5 + 0.5t_6)/h \qquad (6.3.1)$$

式中：h——步距(m)；

t_1——立杆每米重量(kN/m)，平均取 0.058kN/m(含上下碗扣)；

t_2——横向水平杆单件重量(kN)，根据杆件型号，按表 6.3.1-1 采用；

t_3——纵向水平杆单件重量(kN)，根据杆件型号，按表 6.3.1-1 采用；

t_4——内外立杆间廊道斜杆重量(kN)，根据斜杆长度，按 0.0397kN/m 采用，斜杆连接头旋转扣件取 0.0146kN/个，设置廊道斜杆处的立杆其稳定承载力计算不起控制作用，可不予考虑廊道斜杆的自重；

t_5——水平斜杆及扣件等重量(kN)，根据斜杆长度，按 0.0397kN/m 采用，斜杆连接头旋转扣件取 0.0146kN/个，其中水平斜杆按照每 2 层设置一道；

t_6——外立面竖向斜杆及扣件等重量(kN)，根据斜杆长度，按 0.0397kN/m 采用，斜杆连接头旋转扣件取 0.0146kN/个。

当采用计算机软件进行计算时，尤其是当前发展起来的 BIM(建筑信息模型)已在脚手架领域成熟应用的条件下，可由计算机程序按照架体的实际搭设情况进行架体重量的精确计算，这对非常规搭设条件下的架体重量计算是极为方便的。

碗扣式钢管双排脚手架立杆沿高度承受的每延米架体自重标准值 g_k(kN/m)　　　表 6.3.1-2

步距(m)	纵距(m)		
	1.2	1.5	1.8
1.20	0.1538	0.1667	0.1796
1.50	0.1336	0.1444	0.1552
1.80	0.1202	0.1295	0.1389
2.00	0.1134	0.1221	0.1307

2. 双排脚手架作业层附件自重标准值

作业层附件主要包括脚手板、挡脚板、栏杆、挑梁和密目立网等(图 6.3.1-1)，计算其自重时应按照其产品实际单件重量或重力密度计算，通常情况下，可按下列方法确定：

1)脚手板(图 6.3.1-1)自重标准值，按分别抽样 12～50 块的平均值加 2 倍标准差求得，计算中可按表 6.3.1-3 采用。

脚手板自重标准值　　　表 6.3.1-3

类别	标准值(kN/m²)	类别	标准值(kN/m²)
冲压钢脚手板	0.30	木脚手板	0.35
竹串片脚手板	0.35	竹笆脚手板	0.10

2)栏杆与挡脚板自重标准值，可按图 6.3.1-1 的图示进行计算。其构造情况为：栏杆含两根纵向碗扣式水平杆，挡脚板挡板高 0.18m。其中，栏杆、冲压钢脚手板挡板的每延米重量为：$0.3 \times 0.18 + 0.0397 \times 1.0 \times 2 + 0.0132 \times 2 = 0.16$kN/m；栏杆、竹串片脚手板挡板的每延米重量为：$0.35 \times 0.18 + 0.0397 \times 1.0 \times 2 + 0.0132 \times 2 = 0.17$kN/m；栏杆、木脚手板挡板的每延米重量为：$0.35 \times 0.18 + 0.0397 \times 1.0 \times 2 + 0.0132 \times 2 = 0.17$kN/m。

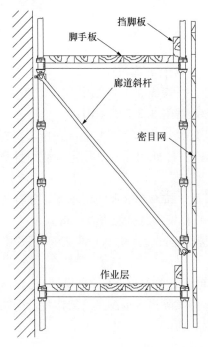

图 6.3.1-1 双排脚手架作业层构造

因此，计算中可按表 6.3.1-4 采用，当栏杆与脚手板的构造方式、尺寸和所用材料与上述条件不同时，应据实计算。

栏杆与挡脚板自重标准值　　表 6.3.1-4

类　别	标准值（kN/m）
栏杆、冲压钢脚手板挡板	0.16
栏杆、竹串片脚手板挡板	0.17
栏杆、木脚手板挡板	0.17

3）外侧安全网自重标准值根据产品实际情况确定，但不低于 0.01kN/m²。

3. 双排脚手架的施工荷载标准值

双排脚手架作业层上的施工荷载标准值的取值需结合脚手架的用途，根据实际情况确定，且不应低于表 6.3.1-5 的规定。当同时存在 2 个及以上作业层作业时（图 6.3.1-2），在同一跨距内各作业层的施工荷载标准值总和取值不应低于 4.0kN/m²，且同一个跨距内各操作层的施工均布荷载标准值总和一般应控制在 5.0kN/m² 内，这是安全保证措施。

双排脚手架施工荷载标准值　　　　　　　　表 6.3.1-5

双排脚手架用途	荷载标准值（kN/m²）
混凝土、砌筑工程作业	3.0
装饰装修工程作业	2.0
防　护	1.0

注：斜梯施工荷载标准值按其水平投影面积计算，取值不应低于 2.0kN/m²。

上述为行业标准《建筑施工碗扣式钢管脚手架安全技术规范》JGJ 166—2016 关于双排脚手架施工荷载取值的规定，是近年来在广泛的调研的基础上，对以前脚手架规范中双排脚手架施工荷载标准值做出的调整，主要是依据以下理由：

1）原双排脚手架结构施工荷载标准值取值为 3kN/m²，是根据主体砌筑用脚手架制定的。墙体砌筑作业时，脚手架作业层上需堆放砖块，摆放砂浆桶，甚至是推车，因此规定取施工荷载标准值为 3kN/m²。随着科学技术的发展，现行的建筑主体结构施工工艺已发生了重大改变，已不在作业脚手架上大量堆放建筑材料。

2）混凝土结构和其他主体结构施工

图 6.3.1-2　设置多个作业层的双排
脚手架（建筑外立面装修）

时，双排脚手架主要是作为操作人员的作业平台，作业层上一般只有作业人员和其使用的工具及少量材料荷载，如果仍取 3kN/m² 就显然偏大了。

3）有专家提出，在混凝土结构施工和装修施工时，作业脚手架施工荷载标准值取为 1～1.5 kN/m²；考虑到施工时的具体情况，兼顾设计人员的习惯及施工安全性，最终确定为其施工荷载标准值取值仍为 3.0kN/m²。

规范中强调双排脚手架作业层施工荷载标准值的取值要根据实际情况确定，对于特殊用途的脚手架，应根据架上的作业人员、工具、设备、堆放材料等因素综合确定施工荷载标准值的取值。

6.3.2 满堂支撑架荷载标准值

1. 满堂支撑架杆系结构自重标准值

同双排脚手架的处理方法，对规则搭设的架体，可采用近似计算法计算架体杆系结构的自重，表 6.3.2-1 是针对常用的满堂支撑架搭设尺寸，按照表 6.3.1-1 构配件单件重量给出的立杆承受的每延米架体结构的自重标准值 g_k（kN/m），其计算公式为：

$$g_k = (h \cdot t_1 + t_2 + t_3 + 0.5t_4/3 + t_5/4)/h \qquad (6.3.2)$$

式中　h——步距（m）；

t_1——立杆每米重量（kN/m），平均取 0.058kN/m（含上下碗扣）；

t_2——横向水平杆单件重量（kN），根据杆件型号，按表 6.3.1-1 采用；

t_3——纵向水平杆单件重量（kN），根据杆件型号，按表 6.3.1-1 采用；

t_4——竖向斜杆重量（kN），根据斜杆长度，按 0.0397kN/m 采用，斜杆连接头旋转扣件取 0.0146kN/个，式中 t_4 数值除以 3 是考虑到竖向斜杆在竖向网格内的覆盖率大致为 1/3；

t_5——水平斜杆及扣件等重量（kN），根据斜杆长度，按 0.0397kN/m 采用，斜杆连接头旋转扣件取 0.0146kN/个，式中 t_5 数值除以 4 是考虑到水平斜杆在竖向大致每 4 步设置一道。

碗扣式钢管满堂支撑架立杆沿高度承受的每延米
架体自重标准值 g_k（kN/m）　　　　　表 6.3.2-1

步距 h (m)	横距 l_b (m)	纵距 l_a (m)					
		0.3	0.6	0.9	1.2	1.5	1.8
0.60	0.3	0.1711	0.1901	0.2186	0.2471	0.2756	0.2770
	0.6	0.1907	0.2103	0.2396	0.2689	0.2982	0.3005
1.00	0.6	0.1496	0.1637	0.1849	0.2061	0.2272	0.2297
	0.9	0.1708	0.1855	0.2075	0.2295	0.2515	0.2549
1.20	0.6	0.1290	0.1404	0.1576	0.1747	0.1918	0.1942
	0.9	0.1462	0.1580	0.1716	0.1935	0.2112	0.2144
	1.2	0.1633	0.1756	0.1939	0.2123	0.2306	0.2347
1.50	0.9	0.1314	0.1415	0.1567	0.1719	0.187	0.1902
	1.2	0.1461	0.1565	0.1722	0.1879	0.2035	0.2074
	1.5	0.1535	0.1641	0.18	0.1959	0.2118	0.2160

续表

步距 h (m)	横距 l_b (m)	纵距 l_a (m)					
		0.3	0.6	0.9	1.2	1.5	1.8
1.80	1.2	0.1346	0.1439	0.1577	0.1716	0.1786	0.1855
	1.5	0.1477	0.1572	0.1715	0.1858	0.2001	0.2044
2.00	1.2	0.1279	0.13671	0.14982	0.1630	0.17623	0.17984
	1.5	0.1447	0.1541	0.1681	0.1821	0.1961	0.2003
	1.8	0.1476	0.1572	0.1715	0.1857	0.2001	0.2043

2. 模板支撑架的模板自重标准值

模板自重标准值应根据模板方案设计确定。准确计算模板支撑系统的模板和主次楞的重量并最终求得传至立杆的荷载较为复杂，但这部分荷载在立杆轴力的占比较小，为此可简化计算。对房屋建筑结构的一般梁板结构（肋梁楼盖）和无梁楼板结构（无梁平板楼盖）模板的自重面荷载标准值可按表 6.3.2-2 采用。其中，肋梁楼盖的模板自重包含梁侧及梁底模板的单位面积重量（按展开面积计算），无梁楼盖的模板自重包含了承托模板的次楞梁。但同时强调了模板自重标准值应根据模板方案设计确定，对于复杂的楼盖结构，应按照模板的实际配板方案和模板材料的重力密度计算确定。对于 4m 以下的楼板满堂模板支撑架自重，行业标准《建筑施工模板安全技术规范》JGJ 162—2008 给出了更为简化的计算方法：将支架重量分摊至单位面积的模板的重量，采用木模板时为 0.75kN/m²，采用钢模板时为 1.1kN/m²（表 6.3.2-2）。

房屋建筑楼板模板自重标准值（kN/m²）　　　　　　　　表 6.3.2-2

模板类别	木模板	定型钢模板
梁板模板（其中包括梁模板）	0.50	0.75
无梁楼板模板（其中包括次楞）	0.30	0.50
楼板模板及支架（楼层高度为 4m 以下）	0.75	1.10

对桥梁结构的模板和分配梁的自重标准值，应根据模板方案设计和工程实际使用的材料自重确定。对一般箱梁的箱室结构和悬挑翼缘板结构，模板自重在架体顶面产生的均布荷载标准值可按表 6.3.2-3 采用。其中，箱梁箱室部分的模板自重应包含腹板侧模的重量按展开面积计算，悬挑翼缘板模板自重包含了承托模板的次分配梁的自重。但本条同时强调了模板自重标准值应根据模板方案设计确定，对于特殊的上部现浇结构，应按照模板的实际配模方案和模板材料的重力密度计算确定。

桥梁箱梁模板自重标准值（kN/m²）　　　　　　　　表 6.3.2-3

模板类别	木模板	定型钢模板
箱室结构模板（其中包括腹板侧模）	1.0	1.5
悬挑翼缘板模板（其中包括次分配梁）	0.5	0.75

注：1　表中自重面荷载按混凝土构件水平投影面积计算；
　　2　表中箱室结构模板自重标准值适用于截面高度在 3m 以内的箱梁。

需要注意的是，房屋建筑和桥梁工程施工中，对顶托上主次支撑梁有不同的称呼习惯，一般前者称之为主次楞，后者称之为主次分配梁。

3. 其他用途支撑架的支撑梁和支撑板自重标准值

除用于模板支撑架外，碗扣式钢管满堂架还可用于钢结构、大型设备安装、预制混凝土构件等的支撑体系，这些支撑结构的可调顶托上部同样需要设置主梁、次梁和支撑板等。其中主梁、次梁有木制的，也有型钢的，支撑板也有木制的或钢材的。通常情况下，这些主次梁和支撑板的单位面积自重可按照表 6.3.2-4 采用。表中所给数值是考虑最不利荷载情况下主次梁和支撑板的实际布置进行计算得到的：木质主梁根据立杆间距不同，按截面 100mm×100mm～160mm×160mm 考虑，木质次梁按截面 50mm×100mm～100mm×100mm 考虑，间距按 200mm 考虑。支撑板按木脚手板（单位面积自重 0.35kN/m²）考虑。上述钢、木材料分别按不同立杆间距计算单位面积自重取较大值。表中型钢主梁按 H100mm×100mm×6mm×8mm 考虑。通常情况下，表 6.3.2-4 的数值能够满足施工计算需要，如果所支撑的构件自重较大，则支撑分配梁也将采用较大型号。因此这类主次梁应按实际情况计算。

其他支撑架主梁、次梁及支撑板自重标准值（kN/m²）　　　表 6.3.2-4

类　别	立杆间距（m）	
	>0.75×0.75	≤0.75×0.75
木质主梁（含 φ48.3×3.6 双钢管）、次梁，木支撑板	0.6	0.85
型钢主梁、次梁，木支撑板	1.0	1.2

4. 模板支撑架在结构施工期内所受荷载统计分析

目前，国内外对永久性混凝土结构使用期荷载的调查研究已经比较成熟，而施工期荷载的调查研究由于施工方法多样且受到场地条件、使用浇筑设备以及具体施工工艺等条件的影响，还没有足够的施工期荷载统计资料以确定施工期荷载的概率模型。在对施工期结构可靠性分析的少有的文献中，施工期活荷载统计参数的取值差别较大，现场实际调查获得的数据也较为缺乏，所得的施工期荷载概率模型也不相一致，不适用于模板支撑体系的设计与分析，针对施工期钢筋混凝土结构安全性分析进行的荷载现场调查与统计分析的报道相对较少。基于此，2010 年西安建筑科技大学依托国家自然科学基金项目，对高大模板支撑体系施工过程中的荷载进行了现场调查、统计和分析，确定了钢管满堂模板支撑架施工期荷载概率模型与取值建议，给高支模体系的设计计算以及脚手架规范的修订与编制提供了可靠的数据支撑和科学合理的意见，这是目前国内对模板支撑体系施工期荷载较为系统的分析研究。为便于工程技术人员对目前施工工艺条件下，满堂模板支撑架上实际荷载的水平有一个背景式的了解，此处简要介绍本次统计分析的结果。

1）样本选择

本次研究的调查分析中，为了获得较为精确的施工荷载分布规律，随机地从西安、上海两地在建项目中抽取了近 20 个被调查的现浇钢筋混凝土结构高层和多层工程项目（调查面积近 30000m²），对施工期荷载进行的调查，收集了足够的样本数据。所涉及的施工单位均为一级资质，施工方法为目前普遍采用的泵送混凝土。

2）分析方法

对混凝土自重的分析，采用施工现场同条件养护试块称重与构件钻取芯样称重相结合的方法来研究混凝土自重的变化规律，进而研究新浇筑混凝土产生的永久荷载的变化规律。对施工荷载的分析，采取在荷载调查平面图上划分均等网格的方法，取每个网格作为一个单元，将该网格内施工荷载平均到整个网格上所得结果作为该单元的施工荷载值。使用 DH 3816 静态应变测试仪和 LTR－1 型拉压传感器等仪器，实地测试典型工程中满堂模板支撑体系各阶段的内力值，用于校核调查结果，保证统计结果的准确度。具体调查步骤如下：

（1）确定将要调查的施工平面。

（2）在测试工地现场，预留边长 150mm 的标准立方体试块（同条件养护），在龄期 0，3，7，9d 时分别对其称重；在龄期为 14，22，28，45，60d 时分别在结构构件上钻取芯样（每次 6 个芯样）称重。

（3）统计该平面施工人员及设备荷载的情况。此类荷载统计具体步骤为：

① 在荷载调查平面图上划分 3m×3m 的均等网格；

② 取每个网格作为一个单元，将该网格内的荷载总值（包括材料堆积荷载，施工机械荷载，施工人员荷载等）平均到整个网格上，所得结果作为该单元的荷载值；如果有零值出现，则把该单元称为零荷载单元，否则称为非零荷载单元；

③ 设每个荷载单元的荷载值为 x_i（$i=$ 1，2，…，N）作为统计分析的样本值。

（4）实时监测典型工程高支模体系的受力情况。

（5）整理调查记录并统计分析。

3）新浇筑混凝土产生的永久荷载统计结果与分析

按照上述方法，对混凝土试块和样品进行统计，其自重平均值和变异系数变化规律如图 6.3.2-1、图 6.3.2-2 所示。

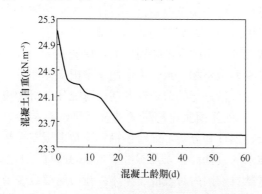

图 6.3.2-1　新浇混凝土自重变化规律

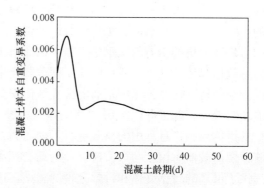

图 6.3.2-2　同时刻新浇混凝土自重
变异系数变化规律

分析得知：任意时刻新浇筑混凝土自重的平均值和变异系数随混凝土龄期的不断增长虽有所波动，但总体趋势不断减小并趋于稳定；混凝土在浇筑完毕时刻，自重达最大值 25.13kN/m³，自重变异系数在混凝土龄期为 3d 左右时达最大值 0.0068，此阶段为混凝土自重变化幅度最大阶段。

对于模板支撑体系，所关注的是混凝土在浇筑完毕时刻的自重取值问题，其统计直方

图如图 6.3.2-3 所示。从图中可以看出，混凝土在任意时刻的自重量值服从正态分布

$$f_1(x) = \frac{1}{\sqrt{2\pi}} \int_{-\infty}^{x} \exp\left(-\frac{(x-\mu)^2}{2\sigma^2}\right) dx，平均值为 25.13，均方差为 0.0793，代入正态分布$$

函数，检验两个参数的显著性可知：在显著性水平 $\alpha = 0.05$ 的情况下可以接受估计值。由此可得混凝土浇筑完毕时刻的标准值，取有 95% 的保证率的荷载值为 25.59kN/m³，大于现行有关规范中规定的 24kN/m³。这是由于相关规范是按照混凝土龄期为 10d 时的自重值进行取值的，从安全方面考虑，建议将混凝土自重标准值取为 25.6kN/m³，用于模板支撑体系的设计与校核。

4）混凝土浇筑施工荷载统计结果与分析

根据上述调查分析方法对施工人员及设备荷载进行统计分析，共得到有效网格 3355 个，各个网格平均活荷载值分布见图 6.3.2-4。

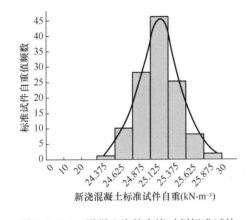

图 6.3.2-3 混凝土浇筑完毕时刻标准试块
自重值分布规律

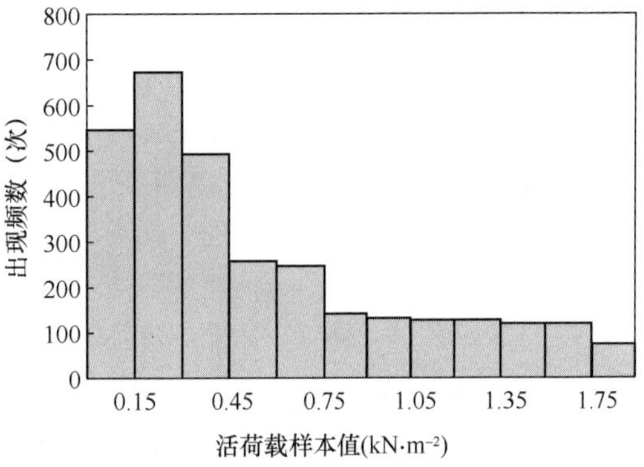

图 6.3.2-4 混凝土浇筑施工荷载样本统计直方图

观察各阶段荷载分布直方图发现，施工人员及设备荷载分布明显呈偏态，具有指数分布的基本特征。假定此类值符合指数分布 $f_2(x) = 1 - \exp(-\lambda^x)$，用矩估计法计算非零荷载分布函数参数为 $\lambda = 1.9054$，代入指数分布函数检验其显著性水平可知：在显著性水平 $\alpha = 0.05$ 的情况下可以接受估计值。

由于非零荷载与零荷载在总体上满足 0～1 分布，施工人员及设备荷载概率分布函数形式为：$f_3(x) = p_0 + p_1 f_2(x)$。式中：$p_0$ 为零荷载样本数量占样本总数量的比率；p_1 为非零荷载样本数量占样本总数量的比率，经计算得 $p_0 = 0.1636$、$p_1 = 0.8364$，代入 $f_2(x)$ 和 $f_3(x)$ 可得到施工人员及设备荷载数值的指数分布函数（图 6.3.2-5）。利用此荷载分布规律，参照结构正常使用阶段荷载标准值的取法（标准值取有 95% 的保证率的荷载值），取模板支撑体系的施工人员及设备荷载标准值为 1.478kN/m²。从安全方面考虑，建议施工人员

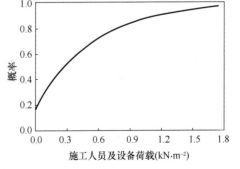

图 6.3.2-5 施工人员及设备荷载概率
分布函数

及设备荷载标准值取 1.5kN/m²。该值针对的是常规泵送混凝土浇筑工况，对有大型浇筑设备如上料平台、混凝土输送泵等，需按实际情况计算。

将按照上述分析理论得到的混凝土自重荷载标准值和施工人员及设备荷载标准值，用于实际混凝土工程的满堂支撑架立杆计算，附加振捣混凝土时产生的竖向荷载标准值取2.0kN/m²，计算得到的立杆轴力与现场实测的数值大 9.9%。

5. 模板支撑架新浇筑混凝土自重标准值

新浇筑混凝土重量是模板支撑架上占主导地位的永久荷载，其取值的准确性对支撑体系的安全至关重要。关于新浇筑混凝土的自重标准，不同的规范给出了不尽相同的取值。如现行国家标准《混凝土结构工程施工规范》GB 50666 和现行行业标准《建筑施工模板安全技术规范》JGJ 162 规定，普通混凝土取 24kN/m³，钢筋单独计算，对一般梁板结构，楼板钢筋自重取 1.1kN/m³，梁钢筋自重取 1.5kN/m³；现行行业标准《建筑施工承插型盘扣式钢管支架安全技术规程》JGJ 231 规定，钢筋与混凝土合并综合考虑，普通梁钢筋混凝土自重标准值采用 25.5kN/m³，普通板钢筋混凝土自重采用 25.1kN/m³；公路和铁路桥梁施工相关标准规定钢筋混凝土自重标准值可采用 26kN/m³。

在对比现行脚手架系列规范的基础上，行业标准《建筑施工碗扣式钢管脚手架安全技术规范》JGJ 166—2016 对新浇筑混凝土（包含钢筋）的自重给出的标准值规定为："**4.2.4 条 2** 混凝土和钢筋的自重标准值应根据混凝土和钢筋实际重力密度确定，对普通梁的钢筋混凝土自重标准值可采用 25.5kN/㎥，对普通板的钢筋混凝土自重标准值可采用 25.1kN/m³。"该值低于西安建筑科技大学通过调查分析得出的 25.6kN/m³，这是考虑到按照 25.6kN/m³ 计算得到的立杆轴力较实测轴力大 9.9%。

应注意的是，特殊混凝土应根据其实际重力密度确定自重标准值，如用于桥梁施工的配重混凝土容重可达 35～55kN/m³。

确定了新浇筑混凝土（含钢筋）的自重荷载标准值 γ_{ck}（kN/m³）后，可以得到混凝土构件在底模板上产生的面荷载标准值 p_{ck}（kN/m²），计算公式为 $p_{ck} = \gamma_{ck} \cdot h_x$，$h_x$（m）为计算部位混凝土构件的高度，对于楼面或屋面梁、板分别取梁高和板厚，对于桥梁箱梁结构，按箱梁翼缘、腹板、底板（含底板上方顶板）的梁体高度分别考虑。如某 40m 跨度高架路现浇连续箱梁沿桥梁纵向及不同横断面处，其钢筋混凝土自重产生的荷载标准值分布如图6.3.2-6、图 6.3.2-7 所示。由构件钢筋混凝土自重产生的底模面荷载标准值确定后，即可进行分配梁线荷载标准值和顶托集中荷载标准值计算。从图中可见，对空间造型复杂的

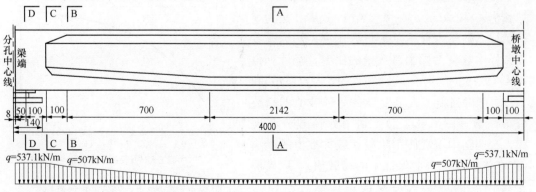

图 6.3.2-6 箱梁钢筋混凝土自重在底模产生的线荷载标准值分布（纵桥向断面）

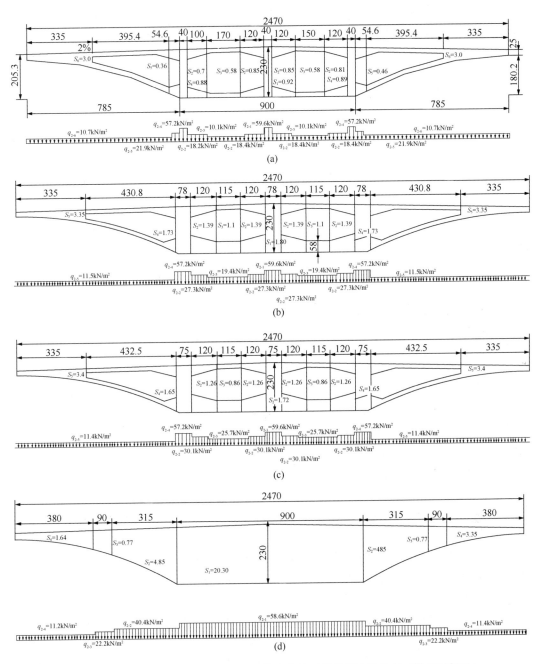

图 6.3.2-7　箱梁钢筋混凝土自重在底模产生的面荷载标准值分布（横桥向断面）

(a) A-A；(b) B-B；(c) C-C；(d) D-D

混凝土构件，要准确计算其重力在底板的作用力分布是较为复杂的，实际计算中可简化计算构件自重效应在模板支撑体系中的内力分布：可大致按照截面厚度，偏保守地将构件分为若干厚度大致相等的区域，近似计算底模板面荷载，如，对箱梁而言，可分为翼缘区域、等效上下面板区域、横隔板区域以及腹板区域，而不再区分渐变过渡段、倾斜段等，也可仅对其控制作用的等效腹板区进行计算。在初步估算支撑架立杆间距时，该方法尤为有效，可将梁板结构按照厚板（厚度取梁高度），将桥梁箱梁结构按照等厚板（高度等于箱梁高度的实心板）进行初步计算。

目前，随着有限元技术的发展，也可通过有限元模型准确模拟箱梁的空间三维构件的重力对承托模板、分配梁和顶托产生的压力分布。

6. 模板支撑架施工荷载标准值

"施工荷载"这一提法及取值，在目前各类规范中的表述方法不一。

1) 行业标准《建筑施工模板安全技术规范》JGJ 162—2008 并未提及"施工荷载"这一概念，而是将可变荷载分为施工人员及设备荷载（仅在楼板和薄壳的模板和支架的承载力计算中考虑）、振捣混凝土对水平模板和竖向模板产生的荷载（仅在梁和拱的底模、侧模和支架的承载力计算中考虑，以及边长不大于 300mm 的柱和厚度不大于 100mm 的墙的侧模承载力计算中考虑）、倾倒混凝土对竖向模板产生的水平荷载（仅在大体积结构、边长大于 300mm 的柱、厚度大于 100mm 的墙侧模承载力计算中考虑）。从条文表达来看，本规范将"施工荷载"在计算支撑架立杆轴力时分解为 2 项独立的可变荷载：(1) 施工人员及设备荷载，(2) 振捣混凝土荷载。前者针对楼板，后者针对梁，二者不同时存在。且计算板的模板系统时，其施工人员及设备荷载标准值又区分不同的计算内容：计算模板和次楞承载力时，取面荷载 2.5kN/m² 计算，同时再用集中荷载 2.5kN 进行复核；计算主楞时，取面荷载 1.5kN/m² 计算；计算支架时，取面荷载 1.0kN/m² 计算。

其中，本规范条文中所提到的集中荷载 2.5kN 的规定沿用了我国 20 世纪 60 年代编写的国家标准《钢筋混凝土工程施工及验收规范》GBJ 10—65 的附录一中普通模板设计计算参考资料的规定，除考虑均布荷载外，还考虑双轮手推车运输混凝土的轮子压力 250kg 的集中荷载，国标《混凝土结构施工质量验收规范》GB 50204—92 沿用了此规定。这显然是已不符合现在的混凝土浇筑工艺的实际情况。

总而言之，计算混凝土板的支撑架承载力时，行业标准《建筑施工模板安全技术规范》JGJ 162—2008 规定，"施工荷载"取 1.0kN/m²，计算混凝土梁时，"施工荷载"取 2.0kN/m²。"施工人员及设备荷载"与"振捣混凝土荷载"不同时存在，"施工荷载"在两者中取其一。

2) 国家标准《混凝土结构工程施工规范》GB 50666—2011 在附录 A 中规定：施工人员及施工设备产生的荷载标准值可按实际情况计算，且不应小于 2.5km/m²。该国标也未提及"施工荷载"这一概念，但也未提及"振捣混凝土荷载"这一概念，这相当于规定"施工荷载"就是"施工人员及设备荷载"，且取值下限为 2.5km/m²。

国家标准《混凝土结构工程施工规范》GB 50666—2011 在附录 A 的条文说明中提到：GB 50204—92 编制中综合考虑了模板支撑架计算荷载由上至下传递的分散均摊作用，由于施工过程中不均匀堆载等施工荷载的不确定性，造成工程技术人员计算施工荷载的不确定性更大，加之局部荷载作用下荷载的扩散作用缺乏足够的统计数据，在模板支撑架设计中存在荷载取值偏小的不安全因素。同时指出，由于施工现场材料堆放和施工人员荷载具有随意性，且往往材料堆积越多的地方人员越密集，产生的集中荷载不可忽视。为此，东南大学和中国建筑科学研究院合作，在 2009 年初通过现场模拟楼板浇筑时施工荷载的分布扩散和传递测试试验，证明了在局部荷载作用的区域内的满堂模板支架立杆承受了 90% 以上的荷载，相邻立杆仅承受了相当少的荷载，受荷区域外的立杆几乎不受影响。综上，国家标准《混凝土结构工程施工规范》GB 50666—2011 规定模板、次楞、主楞、支撑架计算时，取相同的均布施工荷载标准值 2.5kN/m²。

3）行业标准《建筑施工临时支撑结构技术规范》JGJ 300—2013 直接采用了"施工荷载"概念，并规定施工荷载最低取值为：模板支撑架为 2.5kN/m²；钢结构施工支撑架为 3.0kN/m²；其他支撑架根据实际情况确定，不低于 2.0kN/m²。

4）行业标准《建筑施工承插型盘扣式钢管支架安全技术规程》JGJ 231—2010 规定：作用在模板支架上的施工人员及设备荷载标准值可按实际情况计算，一般情况下可取 3.0kN/m²。该标准也将施工荷载视为施工人员及设备荷载。

5）铁路行业标准《铁路混凝土梁支架法现浇施工技术规程》TB 10110—2011 规定作用在钢管满堂支架上的"施工荷载"分为"施工人员、材料及施工机具荷载（取值同 JGJ 162—2008）"、"振捣混凝土时产生的荷载（取值同 JGJ 162—2008）"、"浇筑混凝土时产生的冲击荷载（取 2.0 kN/m²）"共 3 个部分，且在计算支架承载力和稳定性时同时存在。

6）国家标准《建筑施工脚手架安全技术统一标准》GB 51210—2016 根据施工工艺的不同，给出混凝土模板支撑架及钢结构安装支撑架的施工荷载标准值如表 6.3.2-5 所示。

GB 51210 给出的满堂支撑架架施工荷载标准值　　　　表 6.3.2-5

类	别	施工荷载标准值（kN/m²）
混凝土结构模板支撑脚手架	一般	2.0
	有水平泵管设置	4.0
钢结构安装支撑脚手架	轻钢结构、轻钢空间网架结构	2.0
	普通钢结构	3.0
	重型钢结构	3.5
其他		≥2.0

可见，模板支撑架的施工荷载标准值取值直接关系到支撑体系的安全性，在一些使用条件下，施工荷载对支架稳定性起控制性作用。但由于施工期施工荷载的确定比较复杂，目前各规范给出的取值并不一致。美国《The Scaffolding and Shoring Institute》给出施工期活荷载最小值为 1.20kN/m²，ACI347R—88 给出施工期活荷载最小值为 2.44kN/m²，可见国外规范也未给出统一的标准，甚至差别较大。

在分析现有的国内外相关规范规定以及相关单位现场调查分析的基础上，新发布的行业标准《建筑施工碗扣式钢管脚手架安全技术规范》JGJ 166—2016 给出的施工荷载标准值为："模板支撑架的施工荷载标准值的取值应根据实际情况确定，并不应低于表 6.3.2-6 的规定。"其中，应注意 3 点：（1）施工荷载不再区分施工人员及设备荷载与振捣混凝土荷载。对架体稳定性计算而言，施工人员及设备荷载与混凝土浇筑、振捣荷载同时发生，因此将此两项荷载统一规定为施工荷载；（2）施工荷载不再区分梁和板各自的取值，对所有的浇筑部位采取统一的施工均布荷载，也不再考虑集中荷载的作用；（3）因为模板支撑架的施工荷载标准值的取值大小与实际采用的混凝土浇筑工艺和浇筑设备有很大关系，强调模板支撑架的施工荷载标准值的取值要根据实际情况确定。规范罗列出了一般浇筑工艺、有水平泵管或布料机以及桥梁结构浇筑三种典型情况下的施工荷载标准值的最低数值。

模板支撑架施工荷载标准值 表 6.3.2-6

类 别	荷载标准值（kN/m²）
一般浇筑工艺	2.5
有水平泵管或布料机	4.0
桥梁结构	4.0

7. 其他用途支撑架的施工荷载

用于钢结构、大型设备安装、预制混凝土构件等的碗扣式钢管支撑架的施工荷载较为复杂。钢结构施工一般情况下，施工均布荷载标准值不超过 3.0kN/m²，永久荷载与可变荷载标准值之和不大于 4.2 kN/m²。对于大型钢构件或预制混凝土构件、大型设备产生的施工荷载，或产生较大集中荷载的情况，施工均布荷载标准值超过 3.0kN/m²，永久荷载与可变荷载标准值之和超过 4.2 kN/m² 的情况，支撑架上的荷载必须按实际情况计算确定。碗扣式钢管支撑架上的施工荷载标准值可参照行业标准《建筑施工扣件式钢管脚手架安全技术规范》JGJ 130—2011 的规定采用：

（1）永久荷载与可变荷载（不含风荷载）标准值之和不大于 4.2kN/m² 时，施工均布荷载标准值按照双排脚手架施工荷载标准值采用；

（2）永久荷载与可变荷载（不含风荷载）标准值之和大于 4.2kN/m² 时，施工均布荷载标准值取施工人员及设备荷载，并叠加大型设备、结构构件（含大型钢构件、预制混凝土构件等）的自重荷载。

另外，用于钢结构安装的碗扣式钢管支撑架，其作业层上的施工荷载标准值也可直接按国家标准《建筑施工脚手架安全技术统一标准》GB 51210—2016 的规定，按如下情况取值：轻钢结构、轻钢空间网架结构取 2.0kN/m²；普通钢结构取 3.0kN/m²；重型钢结构取 3.5kN/m²。以上为施工荷载标准值的取值下限，具体应根据实际情况确定。应注意的是，钢结构支撑架施工荷载标准值取值大小与施工方法紧密相关。如空间网架或空间桁架结构安装施工，当采用高空散装法施工时，施工荷载是均匀分布的；当采用在地面组拼后分段整体吊装法施工时，分段吊装组拼安装节点处支撑架所承受的施工荷载是点荷载，应单独计算，并对支撑架局部采取加强措施。

由于施工荷载是均布的面荷载，其在模板分配梁中产生的线荷载标准值以及在立杆中产生的轴力标准值可根据计算对象的负荷范围简单相乘求取。

6.3.3 模板支撑架上其他可变荷载

1. 水流荷载（作用于水中的桥梁支架）

碗扣式钢管满堂支撑架一般不直接搭设于水中，水流环境下的满堂支模架一般搭设于梁柱式支架上部。计算下部梁柱式支架时，作用于支撑架立柱上的水流荷载标准值可参照公路、铁路工程的有关标准规定按下式计算：

$$p_\mathrm{w} = k_\mathrm{w} A_\mathrm{w} \frac{\gamma_\mathrm{w} v_\mathrm{w}^2}{2g} \qquad (6.3.3\text{-}1)$$

式中：p_w——水流荷载标准值（kN/m²），流水压力为倒三角分布，合力作用在施工水位线以下 1/3 水深处；

k_w——立柱形状系数，对圆形截面立柱取 0.8，方形断面立柱取 1.5，矩形断面立柱取 1.3；

γ_{w}——水的容重（kN/m^3）；

v_{w}——水流速度（m/s）；

A_{w}——支撑架立柱阻水面积（m^2）；

g——重力加速度（m/s^2），取 9.81。

2. 泵送混凝土或不均匀堆载等因素产生的附加水平荷载

国家标准《混凝土结构工程施工规范》GB 50666—2011 在附录 A 中规定：泵送混凝土或不均匀堆载等因素产生的附加水平荷载的标准值，可取计算工况下竖向永久荷载标准值的 2%，并作用在模板支架上端水平方向。

通过理论分析，该项荷载对满堂架结构影响较小，一般可忽略不计。但第 4.6 节的试验结果（SGB 公司，1988）说明，该水平附加荷载的施加对架体的承载力有显著影响。计算中，根据使用工况，该荷载不与风荷载同时组合，其荷载效应要比风荷载小，考虑风荷载作用后可不考虑该荷载作用。但特殊施工工艺或施工环境下，如存在较大的水平推力，则应根据实际情况考虑。

6.3.4 风荷载

1. 风荷载计算公式

对钢管脚手架而言，风荷载是除施工荷载之外最重要的可变荷载，在某些计算工况下对架体的稳定性起控制作用。

根据现行国家标准《建筑结构荷载规范》GB 50009 的规定并参考国外同类标准，作用于碗扣式钢管脚手架上的水平风荷载标准值应按下式计算：

$$w_k = \mu_z \mu_s w_0 \tag{6.3.4-1}$$

式中：w_k——风荷载标准值（kN/m^2）；

w_0——基本风压值（kN/m^2），按现行国家标准《建筑结构荷载规范》GB 50009 的规定采用，取重现期 $n=10$ 对应的风荷载，为便于采用，将基本风压列于表 6.3.4-1 中；

μ_z——风压高度变化系数，按表 6.3.4-2 采用（两高度之间的风压高度变化系数按表中数据采用线性插值确定）；

μ_s——风荷载体型系数，按表 6.3.4-3 的规定采用。

式（6.3.4-1）来源于现行国家标准《建筑结构荷载规范》GB 50009 对永久建筑结构风荷载的计算规定，用于临时钢管脚手架时有所不同，现对式（6.3.4-1）的水平风荷载计算公式的使用做如下说明。

1)《建筑结构荷载规范》规定，建筑物表面的风荷载标准值 w_k 计算式为 $w_k = \beta_z \cdot \mu_z \cdot \mu_s \cdot w_0$，$\beta_z$ 为 z 高度处的风振系数，用于考虑风压脉动对结构的影响，因为脚手架是附在建筑物上的，因此取 $\beta_z = 1.0$，计算式中不再出现系数 β_z（行业标准《建筑施工碗扣式钢管脚手架安全技术规范》JGJ 166—2008 取 $\beta_z = 0.7$）；

2) 脚手架使用期限较短，一般不超过 2~3 年，使用期间遇到强风的概率较小，式中 w_0 值按重现期 10 年确定，是偏于安全的。

3) 风荷载高度变化系数 μ_z 应根据结构所处的环境条件确定，按《建筑结构荷载规范》GB 50009 的规定，对于平坦或稍有起伏的地形，风压高度变化系数应根据地面粗糙度类别按表 6.3.4-2 采用。应注意的是，计算风荷载所采用的高度指的是脚手架计算部位离地面的高度，而不是脚手架的搭设高度，因此表中给出了数百米的离地高度所对应的高度变化系数。其中地面粗糙度可分为 A、B、C、D 四类：

A 类指江河、湖岸地区；

B 类指田野、乡村、丛林、丘陵及房屋比较稀疏的乡镇和城市郊区；

C 类指有密集建筑群的城市市区；

D 类指有密集建筑群且房屋较高的城市市区。

全国部分主要城市的基本风压 w_0　　　　　　表 6.3.4-1

城市名		海拔高度（m）	风压（kN/m²）		
			$R=10$	$R=50$	$R=100$
北京		54	0.3	0.45	0.50
天津	天津市	3.3	0.30	0.50	0.60
	塘沽	3.2	0.40	0.55	0.65
上海		2.8	0.40	0.55	0.60
重庆		259.1	0.25	0.40	0.45
石家庄市		80.5	0.25	0.35	0.40
秦皇岛市		2.1	0.35	0.45	0.50
太原市		778.3	0.30	0.40	0.45
呼和浩特市		1063.0	0.35	0.55	0.60
沈阳市		42.8	0.40	0.55	0.60
长春市		236.8	0.45	0.65	0.75
哈尔滨市		142.3	0.35	0.55	0.70
济南市		51.6	0.30	0.45	0.50
青岛市		76	0.45	0.60	0.70
南京市		8.9	0.25	0.40	0.45
杭州市		41.7	0.3	0.45	0.5
合肥市		27.9	0.25	0.35	0.40
南昌市		46.7	0.30	0.45	0.55
福州市		83.8	0.40	0.70	0.85
厦门市		139.4	0.50	0.80	0.95
西安市		397.5	0.25	0.35	0.40
兰州市		1517.2	0.20	0.30	0.35
银川市		1111.4	0.40	0.65	0.75
西宁市		2261.2	0.25	0.35	0.40
乌鲁木齐市		917.9	0.40	0.60	0.70
郑州市		110.4	0.30	0.45	0.50
武汉市		23.3	0.25	0.35	0.40
长沙市		44.9	0.25	0.35	0.40
广州市		6.6	0.30	0.50	0.60
南宁市		73.1	0.25	0.35	0.40
海口市		14.1	0.45	0.75	0.90
三亚市		5.5	0.5	0.85	1.05
成都市		506.1	0.20	0.30	0.35
贵阳市		1074.3	0.20	0.30	0.35
昆明市		1891.4	0.20	0.30	0.35
拉萨市		3658.0	0.20	0.30	0.35

风压高度变化系数 μz　　　　　　　　　　　　　　　　表 6.3.4-2

离地面高度 (m)	地面粗糙度类别			
	A	B	C	D
5	1.09	1.00	0.65	0.51
10	1.28	1.00	0.65	0.51
15	1.42	1.13	0.65	0.51
20	1.52	1.23	0.74	0.51
30	1.67	1.39	0.88	0.51
40	1.79	1.52	1.00	0.60
50	1.89	1.62	1.10	0.69
60	1.97	1.71	1.20	0.77
70	2.05	1.79	1.28	0.84
80	2.12	1.87	1.36	0.91
90	2.18	1.93	1.43	0.98
100	2.23	2.00	1.50	1.04
150	2.46	2.25	1.79	1.33
200	2.64	2.46	2.03	1.58
250	2.78	2.63	2.24	1.81
300	2.91	2.77	2.43	2.02
350	2.91	2.91	2.60	2.22
400	2.91	2.91	2.76	2.40
450	2.91	2.91	2.91	2.58
500	2.91	2.91	2.91	2.74
≥550	2.91	2.91	2.91	2.91

2. 脚手架风荷载体型系数

将水平风荷载视为静力荷载进行计算时，最关键的计算参数是根据脚手架的空间形体确定风荷载体型系数，准确给出脚手架的体形系数需根据试验得出。根据多年来工程界对脚手架的风荷载研究，借助《建筑结构荷载规范》GB 50009 的相关表达式，碗扣式钢管脚手架的体形系数可按表 6.3.4-3 采用。

脚手架风荷载体型系数 μs　　　　　　　　　　　　　表 6.3.4-3

背靠建筑物的状况	全封闭墙	敞开、框架和开洞墙
全封闭双排脚手架	1.0Φ	1.3Φ
敞开式模板支撑架	μ_{stw} 或 μ_{st}	

注：1　Φ 为脚手架挡风系数，$\Phi = 1.2 A_n / A_w$，其中：A_n 为脚手架迎风面挡风面积（m²），A_w 为脚手架迎风面轮廓面积（m²）；

2　当采用密目安全网全封闭时，取 $\Phi = 0.8$，μ_s 最大值取 1.0；

3　μ_{st} 为单榀桁架风荷载体型系数，μ_{stw} 为多榀平行桁架整体风荷载体型系数，μ_{st} 和 μ_{stw} 应按现行国家标准《建筑结构荷载规范》GB 50009 的相关规定计算，当单榀桁架挡风系数小于或等于 0.1 时，应取系数 $\eta = 0.97$；

4　模板支撑架的体型系数应根据计算部位和工况规定采用单榀桁架体型系数 μ_{st} 或多榀平行桁架整体体型系数 μ_{stw}。

对表 6.3.4-3 的体形系数规定，作如下说明。

1）双排脚手架

（1）根据安全文明施工的相关规定，双排脚手架只有全封闭一种状态，而无敞开、半封闭状态，这也意味着今后不允许使用敞开、半封闭作业脚手架。

（2）双排钢管脚手架是附在主体结构上设置的框架结构，风对其作用分布比较复杂，与双排脚手架的背靠建筑物的状况及双排脚手架采用的围护材料、围护状况有关，表 6.3.4-3 给出的全封闭双排脚手架风荷载体型系数，是根据《建筑结构荷载规范》GB 50009 的规定给出的，其数值完全依赖于密目式安全网的透风情况，即挡风系数。对于采用了挡风系数为 Φ 的密目式安全立网全封闭的双排脚手架，相关试验结果表明，脚手架的体形系数又取决于其背后依附的建筑结构的透风情况，当脚手架背靠全封闭墙时，$\mu_s = 1.0\Phi$；当脚手架背靠敞开、框架和开洞墙时，$\mu_s = 1.3\Phi$。

（3）表 6.3.4-3 规定当采用密目安全网全封闭时，取 $\Phi = 0.8$，是根据密目式安全立网网目密度不小于 2000 目/100cm^2 计算而得。按《编制建筑施工脚手架安全技术标准的统一规定》（建标［1993］062 号）的规定，密目安全立网的挡风系数为 0.5，但有关试验表明，脚手架采用密目式安全网全封闭状况下，其挡风系数 $\Phi \approx 0.7$。考虑到杆件挡风面积以及积灰的影响建议取为 0.8，也有多位学者专门分析了密目安全网与扣件钢管架结合使用的挡风系数为 0.84 左右。其理论计算过程如下：

① 国家标准《安全网》GB 5725—2009 第 3.4 条规定："密目式安全立网：网眼孔径不大于 12mm，垂直于水平面安装，用于阻挡人员、视线、自然风、飞溅及失控小物体的网，简称为密目网。"脚手架立网应该使用密目式安全网，其每 10cm×10cm＝100cm^2 的面积上，有 2000 个以上网目。根据此产品特性，设 100cm^2 密目式安全立网的网目目数为 $n > 2000$ 目，每目孔隙面积为 A_0（cm^2），则密目式安全立网挡风系数为：

$$\Phi_1 = \frac{1.2A_{n1}}{A_{w1}} = \frac{1.2(100 - nA_0)}{100} \tag{6.3.4-2}$$

式中：1.2——面积增大系数；

A_{n1}——密目式安全立网在 100cm^2 内的挡风面积（cm^2）；

A_{w1}——密目式安全立网在 100cm^2 内的迎风面积（cm^2）。

② 敞开式钢管脚手架的杆件挡风系数为：

$$\Phi_2 = \frac{1.2A_{n2}}{l_a h} \tag{6.3.4-3}$$

式中：1.2——面积增大系数；

A_{n2}——一步一纵距（跨）内钢管的总挡风面积（m^2）；

l_a——立杆跨距（纵距）；

h——步距（m）。

③ 密目式安全立网全封闭脚手架挡风系数：

$$\Phi = \frac{1.2A_n}{A_w} = \frac{1.2\left(\frac{A_{n1}}{A_{w1}}l_a h\right) - \frac{A_{n1}}{A_{w1}}A_{n2} + A_{n2}}{l_a h}$$

$$= \frac{1.2A_{n1}}{A_{w1}} - \frac{1.2A_{n1}}{A_{w1}} \cdot \frac{A_{n2}}{l_a h} + \frac{1.2A_{n2}}{l_a h}$$

$$=\Phi_1 + \Phi_2 - \Phi_1 \cdot \Phi_2 / 1.2 \qquad (6.3.4\text{-}4)$$

按式（6.3.4-4）计算挡风面积时，考虑扣除密目式安全网在一步一跨内与脚手架钢管重叠的面积，如果不考虑这一点，密目式安全网封闭脚手架挡风系数近似等于：$\Phi \approx \Phi_1 + \Phi_2$。

（4）外立面围挡采用非密目式安全立网的其他材料时，挡风系数 Φ 应根据实际围挡材料特性计算。密目式安全立网每目孔隙面积 A_0 在购货时，应向该安全网生产厂家咨询，根据具体材料尺寸参数确定挡风系数 Φ。

（5）有关试验表明，采用密目式安全网时的脚手架体型系数 μ_s 最大值超过 1.0 时，取 $\mu_s = 1.0$。

2）敞开式模板支撑架的挡风系数

为减小风荷载的倾覆效应，满堂模板支撑架一般采用外立面不设置密目网的敞开式结构。敞开式满堂支撑架的挡风系数 Φ 由下式计算确定：

$$\Phi = \frac{1.2 A_n}{l_a \cdot h} \qquad (6.3.4\text{-}5)$$

式中：1.2——节点面积增大系数；

A_n——一步一纵距（跨）内钢管的总挡风面积（m），$A_n = (l_a + h + 0.325 l_a \cdot h) d$；

l_a——立杆纵距（m）；

0.325——脚手架立面每 m² 内剪刀撑的平均长度（/m）；

h——步距（m）；

d——钢管外径（m）。

工程实际中，如每个工程都需要工程师计算架体的挡风系数，则太繁琐。根据式（6.3.4-5），常用搭设尺寸条件下，敞开式满堂支撑架的挡风系数 Φ 值，可按表 6.3.4-4 取用。

常用搭设尺寸下满堂支撑架的挡风系数 Φ 值　　　　　　表 6.3.4-4

步距 h (m)	纵距 l_a (m)					
	0.3	0.6	0.9	1.2	1.5	1.8
0.6	0.256	0.212	0.180	0.164	0.154	0.148
1.0	0.224	0.173	0.141	0.125	0.115	0.109
1.2	0.216	0.164	0.132	0.115	0.106	0.099
1.5	0.240	0.154	0.122	0.106	0.096	0.090
1.8	0.202	0.148	0.115	0.099	0.090	0.083
2.0	0.232	0.144	0.112	0.096	0.086	0.080

注：1　表中计算采用的 $\Phi 48.3$ 钢管；

　　2　表中右下角阴影区域为挡风系数 Φ 小于 0.1 的区域。

3）敞开式模板支撑架的体型系数

表 6.3.4-3 中将敞开式满堂模板支撑架视作桁架，按照《建筑结构荷载规范》GB 50009 进行体型系数的计算。按照《建筑结构荷载规范》GB 50009—2012 的规定，风对敞开式满堂架整体作用的水平荷载标准值，应按空间桁架整体风荷载体型系数 μ_{stw} 计算，

μ_{stw} 计算表达式为：

$$\mu_{stw} = \mu_{st} \cdot \frac{1 - \eta^n}{1 - \eta}$$

(6.3.4-6)

式中：μ_{st}——迎风面单榀桁架的体型系数，$\mu_{st} = \Phi\mu_s$；

Φ——敞开式模板支撑架的挡风系数，按 $\Phi = 1.2A_n/A$ 计算，或按式（6.3.4-5）计算，对常用搭设尺寸的架体按表 6.3.4-4 采用，1.2 为节点面积增大系数；

μ_s——桁架件的体型系数，由《建筑结构荷载规范》GB 50009 中根据钢管杆件几何特性查得，对脚手架结构，取 1.2，将单榀桁架的杆件体型系数取为 1.2，是按照国家标准《建筑结构荷载规范》GB 50009—2012 中表 8.3.1 第 37 项中（b）整体计算时的体型系数表中 $\mu_z\omega_0 d^2 \leqslant 0.002$ 以及 $H/d \geqslant 25$ 的条件确定的；

A_n——架体迎风面挡风面积（mm^2）；

A——桁架外轮廓面积（mm^2）；

η——系数，据 Φ 及 l/H 值由《建筑结构荷载规范》GB 50009 查得；

n——迎风平行桁架榀数；

H——脚手架的高度；

l——脚手架的跨距。

满堂支撑架桁架风荷载体型系数示意图如图 6.3.4-1 所示。

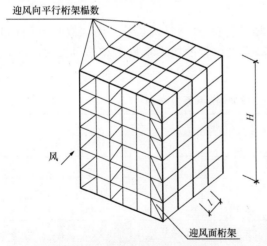

迎风向平行桁架榀数

风

H

l

迎风面桁架

图 6.3.4-1 满堂支撑架桁架风荷载体型
系数示意图

4）满堂支撑架体型系数计算说明

式（6.3.4-6）为根据国家标准《建筑结构荷载规范》GB 50009—2012 的规定，将满堂支撑架视为桁架的一般计算公式，实际计算过程中，应分清以下工况下的计算参数。

（1）满堂支撑架的体型系数应根据具体计算工况采用单榀桁架体型系数 μ_{st} 或多榀平行桁架整体体型系数 μ_{stw}，切不可千篇一律采用多榀桁架的整体体形系数 μ_{stw}：

① 对满堂架体整体结构进行抗倾覆验算，以及计算风荷载作用下立杆的附加轴力时，取多榀平行桁架整体体型系数 μ_{stw}，即考虑架体的整体迎风作用；

② 计算立杆在风荷载作用下的弯矩时，采用单榀桁架体型系数 μ_{st}，即仅考虑单片架的迎风作用；

③ 计算架体上部模板的风荷载作用力时，将模板单独考虑，体型系数 μ_s 取 1.3。

④计算架体上封闭栏杆（含安全网）的风荷载作用力时，将该部分单独考虑，体型系数 μ_s 取 1.0。

（2）多榀平行桁架整体体型系数 μ_{stw} 的计算方法

将迎风面的一榀杆件框架视作平面桁架，由于该桁片仅由若干纵向和横向钢管及少量斜杆组成，因此面内空隙大，桁片挡风系数往往会出现小于或等于 0.1 的情况（表 6.3.4-4 阴影区域），此时查表 6.3.4-5 得到的 η 值为 1.0，按照式（6.3.4-6）给出的 μ_{stw} 公式计算会出现奇异点。为规避奇异现象，并得到切合实际的多榀桁架整体体型系数，需进一步对计算式进行修正。

系数 η 表 6.3.4-5

Φ	$l_b/H \leqslant 1$
$\leqslant 0.1$	1.00
0.2	0.85
0.3	0.66

注：1 l_b—脚手架立杆横距或宽度；H—脚手架高度。
   2 Φ 为挡风系数，$\Phi = A_n/A_w$，其中 A_n 为挡风面积；A_w 为迎风面积（轮廓面积）。

① 处理方法一：逼近法

将 η 系数定格在表 6.3.4-5 中 $l_b/H \leqslant 1$ 栏目中，同时将挡风系数 Φ 选 0.11 从而避开奇异点。用线性插值法求得系数为 $\eta = 0.985$，并设脚手架的迎风平行桁架榀数 $n = 10$ 时，计算得到的多榀桁架整体风荷载体形系数 μ_{stw} 近似于所有单榀桁架体形系数 μ_{st} 之和 $10\mu_{st}$（误差不足 1/10），参见下式：

$$\mu_{stw} = \mu_{st} \frac{1-\eta^n}{1-\eta} = 9.3513038494\mu_{st};$$

同理，当 $\Phi = 0.2$，$\eta = 0.85$，$n = 10$ 时，$\mu_{stw} = \mu_{st} \frac{1-\eta^n}{1-\eta} = 5.3541706377\mu_{st}$；

当 $\Phi = 0.3$，$\eta = 0.3$，$n = 10$ 时，$\mu_{stw} = \mu_{st} \frac{1-\eta^n}{1-\eta} = \mu_{st} \frac{1-\eta^n}{1-\eta} = 2.8950489153\mu_{st}$；

当 $\Phi = 0.4$，$\eta = 0.5$，$n = 10$ 时，$\mu_{stw} = \mu_{st} \frac{1-\eta^n}{1-\eta} = 1.998046875\mu_{st}$；

当 $\Phi = 0.5$，$\eta = 0.33$，$n = 10$ 时，$\mu_{stw} = \mu_{st} \frac{1-\eta^n}{1-\eta} = \mu_{st} \frac{1-\eta^n}{1-\eta} = 1.492514454\mu_{st}$；

当 $\Phi = 0.6$，$\eta = 0.15$，$n = 10$ 时，$\mu_{stw} = \mu_{st} \frac{1-\eta^s}{1-\eta} = 1.1764705815\mu_{st}$

当将 n 增至 15 时再观察上面计算结果的变化：

当 Φ 接近 0.11 时，上面公式系数变化从 9.3513038494 改变为 13.52291642339；
当 $\Phi = 0.2$ 时，系数 5.3541706377 改变为 6.084305206；
当 $\Phi = 0.3$ 时，系数 2.8950489153 改变为 2.9353997666；
当 $\Phi = 0.4$ 时，系数 1.998046875 改变为 1.9999389648；
当 $\Phi = 0.5$ 时，系数 1.492514454 改变为 1.42514454；
当 $\Phi = 0.6$ 时，系数 1.1764705815 改变为 1.176470582。

通过上面计算数字分析发现当挡风系数为 0.11 时，且 n 为 10 或 15 时，架体整体风载体形系数近似为单片脚手架体形系数乘以架体平行榀数。另一方面当挡风系数增至 0.3 以上时脚手架整体体形系数不会随着脚手架的排数增加而增加（在本案中 n 为 10 至 14 作

213

比较）。由表 6.3.4-4 可知，一般碗扣式钢管满堂支撑架的挡风系数在 0.1～0.25 之间，对此，有研究者建议，为简化计算可将脚手架单排的体形系数乘以脚手架的排数，即 $\mu_{stw} = n \cdot \mu_{st}$，这对于解决挡风系数 $\Phi \leqslant 0.1$ 的计算奇异问题尤为有效。

② 处理方法二：级数分解法

为避免计算奇异，将式（6.3.4-6）进行基数变换，消除分母，得到空间多榀平行桁架的风荷载体形系数的级数表达为：

$$\mu_{stw} = 1.2\Phi(1-\eta^n)/(1-\eta) = 1.2\varphi(1+\eta+\eta^2+\eta^3+\cdots\cdots+\eta^{n-1}) \quad (6.3.4-7)$$

对于 $\Phi \leqslant 0.1$ 时，$\eta = 1$ 的情况，可以得到：$\mu_{stw} = n \cdot \mu_{st}$，其结论与上述第一个近似方法相同。但当桁架榀数较多时，计算量较大。

③ 处理方法三：拟合法

当单榀桁架挡风系数小于或等于 0.1 时，直接取系数 $\eta = 0.97$。计算系数与桁架榀数的关系参见表 6.3.4-6。可见，该处理方法得到的多榀平行桁架体形系数，当桁架榀数较少时，逼近于 $\mu_{stw} = n \cdot \mu_{st}$，且在榀数增多时，能体现出后续榀数的风荷载衰减作用。

$\Phi \leqslant 0.1$ 时，取 $\eta = 0.97$ 对应的多榀桁架风荷载计算系数 表 6.3.4-6

n	1	2	3	4	5	6	10	20	30	40	50
$(1-\eta^n)/(1-\eta)$	1	1.97	2.91	3.82	4.71	5.57	8.75	15.21	19.97	23.48	26.06

为规避奇异现象，并得到切合实际的多榀桁架整体体型系数，行业标准《建筑施工碗扣式钢管脚手架安全技术规范》JGJ 166—2016 规定当桁架挡风系数小于或等于 0.1 时，取系数 $\eta = 0.97$。该法计算简单，仅用于 $\Phi \leqslant 0.1$ 的情况。

但应指出的是，计算多榀平行桁架的整体体形系数时，无论按照哪种方法，桁架榀数 n 越多，整体体形系数越大。根据理论分析和试验结果，设置了剪刀撑或专用斜杆的满堂支撑架，以 4～5 跨立杆组成的计算框架单元为一个稳定受力结构，因此当考虑前后立杆影响时，可取 $n = 2$～6 计算风荷载体形系数 μ_{stw}。

3. 考虑风荷载的条件

1）双排脚手架

从第 4.3 节的有水平荷载作用的碗扣式钢管双排脚手架的真型试验结果来看，水平荷载作用显著降低架体的承载力，增加架体面外变形。因此，对双排脚手架而言，风荷载是对架体整体稳定起控制作用的荷载之一。风荷载的大小不仅对双排脚手架的立杆承载力有较大的影响，而且对架体的允许搭设高度直接相关（JGJ 166 的双排脚手架允许搭设高度直接与基本风压相关）。双排脚手架风荷载也是影响连墙件设置方式（设置间距、连墙强度等）的决定性因素。在高层建筑施工中，高空中的双排脚手架或临江河、临海的双排外脚手架计算中，风荷载对架体和连墙件承载力的控制作用越加明显。

2）模板支撑架

通过对有代表性的多排钢管支模架风荷载影响的计算分析得出：当模板支架的高宽比不大于 3 时且支架顶部无高大的模板时，其风荷载作用在多排钢管支架上产生的附加轴力值不大，一般可以忽略此项计算，如高宽比为 3.0 的满堂支撑架，当基本风压为 0.35kN/m^2 时，风荷载在立杆中产生的附加应力小于设计强度的 5%。对于搭设在空旷地面上的高宽比大于 3.0 的高大支模架，并在支架顶部有大梁侧模板挡风时，应计算风荷载对整体稳定性的影响。当满堂架架体与既有结构物或已浇筑的混凝土竖向构件可靠连接时，风荷载对整个架体产生的倾覆效应很小，因此，风荷载在架体立杆产生的附加轴力也可忽略不计。对于架体迎风面产生的立杆弯矩，由于满堂支撑架一般情况下不设置密目网或其他硬质围挡，因此挡风系数小，风荷载值也相对较小，一般情况下可不计入。总而言之，瘦高的支撑架、顶部有截面高度较大的模板的支架、空旷地带的支架、侧面设置了围挡的支架，其风荷载的倾覆效应显得突出。此时不可忽略其荷载效应，尤其是空旷地带的桥梁高大支模架，在模板安装完成、浇筑混凝土前，应作为控制工况验算立杆是否出现拉力，以免导致支架倾覆。

在一般房屋建筑的楼层支模架体系中，由于支模架架体外侧高度范围内均设置了满布密目安全网的双排防护脚手架，风荷载作用于支模架上的量值将更为微小。

本 章 参 考 文 献

[1] 沈其明，邓和平 . 结构设计中的容许应力法和概率极限状态设计法[J]. 重庆交通学院学报，1985，13(2).

[2] 建筑施工碗扣式钢管脚手架安全技术规范 JGJ 166—2016[S]：北京：中国建筑工业出版社，2016

[3] 梅源，胡长明 . 高大模板支撑体系在结构施工期内所受荷载统计分析[J]. 工业建筑，2010，40(2).

[4] 高秋利 . 碗扣式钢管脚手架施工现场使用手册[M]：北京：中国建筑工业出版社，2012.

第7章 设 计 计 算

第 5 章详细综述了钢管脚手架 30 余年来的计算模型演变过程，并在总结试验结果的基础上阐述了行业标准《建筑施工碗扣式钢管脚手架安全技术规范》JGJ 166—2016 所采用的计算模型。第 6 章详细描述了作用在脚手架上的荷载种类以及各自的标准值计算方法，并在结构设计可靠度分析的基础上，给出了进行承载力极限状态和正常使用极限状态计算时的荷载组合及相关分项系数。本章将在此基础上讲述碗扣式钢管脚手架的设计计算方法。

7.1 碗扣式钢管脚手架受力模式

7.1.1 双排脚手架荷载传递模式

双排脚手架是由两纵列立杆通过横向短水平杆连接而成的双榀平行框架结构，一个或多个作业层的施工荷载通过脚手板传递至纵横水平杆，再由水平杆传递至立杆。其典型特点是荷载通过水平杆往立杆传递（图 7.1.1）。碗扣节点虽然可以保证在节点交汇的立杆和水平杆在同一面内，但由于节点的半刚性，水平杆的弯矩还是会传递至立杆，但该弯矩量值较小，计算中可忽略不计。在外荷载的传递过程中，节点下碗扣是向立杆传递作业层荷载的关键部位，其焊接抗剪（抗竖向滑移）能力显得至关重要，水平杆接头的焊接抗剪能力同样对外力的传递能力起控制作用。分析双排脚手架的结构特点和传力机理可知：

1）作用于脚手架上的全部竖向荷载最终均通过立杆传递至基础。竖向荷载作用下，立杆为轴心受压杆件，为脚手架最重要的受力杆件。

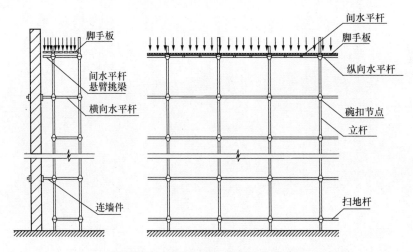

图 7.1.1　双排脚手架荷载传递示意图

216

2）碗扣式钢管脚手架的作业层有两种设置方式：（1）脚手板纵铺，荷载传递路径为：脚手板作业层荷载传递至间水平杆（根据具体工程实际可带悬挑端，也可不带悬挑端）和节点横向水平杆（根据工程实际可带挑梁，也可不带挑梁），节点横向水平杆荷载直接传递至立杆，间水平杆荷载先传递至纵向水平杆，再由纵向水平杆传至立杆；（2）脚手板横铺，荷载传递路径为：脚手板作业层荷载传递至附加纵向水平杆，再由节点横向水平杆（根据具体工程实际可带悬挑端，也可不带悬挑端）荷载直接传递至立杆。因此，各个方向的水平杆均是传递竖向荷载的重要中间杆件，均为受弯杆件（虽然水平杆中有剪力作用，对钢管而言，承载力计算和挠曲变形计算可忽略不计）。

3）在水平风荷载作用下，水平风荷载通过外立面满挂的安全密目立网传递至立杆，再通过横向水平杆和连墙件将风荷载传递至结构物。连墙件为传递风荷载的关键杆件，不仅传递风荷载，还在脚手架面外协调脚手架面内变形而承受附加内力。连墙件为承受轴心拉力和压力的构件，除了连墙件杆件本身受力较大以外，还由于其连接点是临时设置的，因此其连接点（焊接、锚固、螺栓连接等方式）也是重要的传力部位，连接点设置薄弱导致杆件与墙体的连接处被拉裂或压溃是大风条件下双排外脚手架失效的常见形式。

4）双排脚手架的斜杆（包括作业层设置的水平斜杆和架体端部廊道斜杆，以及外立面的构造斜杆或剪刀撑）均为确保架体整体稳定性的构造性杆件，虽然在架体受力过程中也会有杆件内力，但临时结构设计中仅将其作为辅助杆件，在抽象出的计算模型中可将其作为多余杆件去掉，仅作为安全储备。

5）双排脚手架工作过程中，杆件交汇的连接点（碗扣节点）将会受到杆件的拉力或压力作用，尤其是在风荷载作用下的节点拉、压力不可忽略，应根据内力分析结果进行校核。节点的抗拉、压以及抗滑移承载力指标可从规范查得。

6）当用碗扣式钢管脚手架搭设成方塔架、防护棚等重复使用的定型结构时，往往采用整体吊装的方式将其转移使用地点，在此过程中，除了考虑吊装过程中碗扣节点的受力外，在立杆的套筒接头部位会产生较大的拉力。此时，套筒接头通过 $\phi 10$ 连接销连接，应对连接的抗拉能力进行校核。

7）碗扣式钢管脚手架由定型构配件组成，组架过程中采用挑梁、挑檐架等配合形成内侧悬挑铺板作业层，这些定型配件也是传递外荷载的重要构件，产品出厂时给出了其容许外荷载指标，使用中也应进行相应校核。

7.1.2 满堂支撑架荷载传递模式

相比于双排脚手架，满堂支撑架的结构构造和使用用途、荷载传递方式有较大的不同。首先是由纵横多排立杆组成的空间框架，通过按照一定方式设置剪刀撑或专用斜杆提高其抗侧能力和整体稳定性，该结构特点决定了满堂架体没有明显的强、弱受力方向之分（只有迎风方向和横风方向之分）；其次，满堂架体不设置连墙件，虽然架体中部和周边有既有结构物时，架体要与既有结构物连接，但这只是起安全储备的构造性加强方式，与双排脚手架的连墙件有本质区别，理论分析表明，即使在风荷载作用下，这些连接点的受力也小到可以忽略不计，因此满堂支撑架在力学模型上为独立的稳定结构，即带斜杆的半刚性框架结构；再次，使用用途上，满堂支撑架的主要作用是通过顶托支撑上部浇筑混凝土的重量和施工荷载，且满堂架体对风荷载不敏感，一般可不考虑，因此传力方式上，满堂支撑架为主要由立杆传递作业层荷载的竖向受压型结构。满堂支撑架的荷载传递示意如图7.1.2所示。

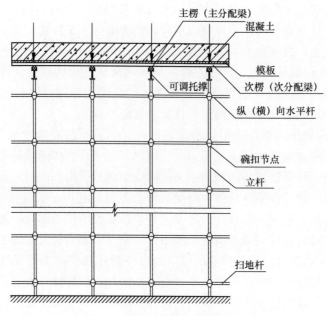

图 7.1.2 满堂支撑架荷载传递示意图

分析满堂支撑架的结构特点和传力机理可知：

1）满堂支撑架（包括模板支撑架和其他施工支撑架）是以立杆轴心受力为主的结构体系，荷载传递路线上，纵横水平杆、斜杆不直接参与传力，架体失效体现为立杆失稳破坏，满堂架体力学模型简单。

2）满堂架斜杆和水平杆仅为支撑立杆、减小立杆计算长度、提高立杆承载能力的辅助杆件，试验中虽然测得水平杆和斜杆中有内力产生，但架体失稳前数值较小，可认为这些辅助杆件在正常使用下不参与受力，为构造性杆件，不必专门进行计算。

3）满堂钢管架体一般情况下对水平风荷载不敏感，将立杆视为轴心受力杆件在通常情况下满足工程需要，相应的节点也不需要进行承载力复核。

4）实现上述假设的前提条件是，架体严格满足一定规则的构造要求，一方面水平杆的间距不能过大，另一方面斜杆的设置不能太稀疏，在有既有结构处，架体能连则连。

7.2 碗扣式钢管脚手架的一般设计规定

7.2.1 设计原则

1. 碗扣式钢管脚手架的结构设计采用以概率论为基础的极限状态设计法，用分项系数的设计表达式进行计算，设计表达式及荷载效应分项系数、组合系数、架体安全等级、结构重要性系数参见第6章。极限状态设计应分为承载力极限状态和正常使用极限状态，并应符合下列规定：

1) 脚手架承载能力极限状态可理解为架体结构或结构件发挥最大允许承载能力的状态。结构构件由于连接节点滑脱或由于塑性变形而使其几何形态发生显著改变，虽未达到最大承载能力，但已彻底不能使用，也属于这一状态。对钢管脚手架临时结构而言，当脚手架出现下列状态之一时，应判定为超过承载能力极限状态：

（1）结构构件或连接件因超过材料强度而破坏，或因连接节点产生滑移而失效，或因过度变形而不适于继续承载；

（2）整个脚手架结构或其一部分失去平衡；

（3）脚手架结构转变为机动体系；

（4）脚手架结构整体或局部杆件失稳；

（5）地基失去继续承载的能力。

2) 脚手架正常使用极限状态可理解为架体结构或结构件变形达到使用功能上允许的某个限值的状态，主要是针对架体结构或某些结构件的变形必须控制在满足使用要求的范围而言。过大的变形会造成使用的不安全和心理上的不安全，满堂支撑架如发生过大变形可能会影响建筑结构质量。当脚手架出现下列状态之一时，应判定为超过正常使用极限状态：

（1）影响正常使用的变形，如双排脚手架水平杆变形过大影响作业人员操作等；

（2）影响正常使用的其他状态，如模板支撑架的分配梁或门洞横梁变形过大，影响混凝土浇筑；

3) 脚手架应按正常搭设和正常使用条件进行设计，可不计入短暂作用、偶然作用、地震荷载作用。

2. 碗扣式钢管脚手架的架体设计应确保架体为稳定结构体系，并应具有足够的承载力、刚度和整体稳定性。所设计的架体应适应工程特点，并满足规范的构造要求。在某些使用条件下，构造措施比结构计算的保障作用更重要，如造型复杂，但荷载不大的使用工况。

碗扣式钢管脚手架节点为半刚性节点，但设置必要的斜杆能有效保证架体为几何不变体系，并显著提高架体的抗侧移能力。满足架体为几何不变体系的条件是：对于双排脚手架沿纵向（x 方向）的两片网格结构应每层至少设一根斜杆；对于模板支撑架应满足沿立杆轴线的每行每列网格结构竖向每层不得少于一根斜杆；也可采用侧面增加链杆与建筑结构的柱、墙相连的方法。行业标准《建筑施工碗扣式钢管脚手架安全技术规范》JGJ 166—2016 所采取的设计理论虽然不是基于空间几何不变体系的铰接理论，而且在特定情况下允许不设置剪刀撑或斜撑杆（JGJ 166—2016 第 6.3.12 条），但作为保持"几何不变体系"的最低斜杆构造要求还是应严格满足。

3. 当采用规范规定的架体构造尺寸时，双排脚手架架体可不进行设计计算，但连墙件和立杆地基承载力应根据实际情况进行设计计算。

7.2.2　计算内容

碗扣式脚手架应根据架体构造、搭设部位、使用功能、荷载等因素确定设计计算内容。双排脚手架和模板支撑架设计计算应包括下列内容：

1. 双排脚手架

1）水平杆及节点连接强度和挠度；

2）立杆稳定承载力；

3）连墙件强度、稳定承载力和连接强度；

4）立杆地基承载力。

2. 满堂模板支撑架

1）立杆稳定承载力；

2）立杆地基承载力；

3）当设置门洞时，进行门洞转换横梁强度和挠度计算。

4）必要时进行架体抗倾覆能力计算。

需注意的是：脚手架的设计是按承载能力极限状态进行设计，并按正常使用极限状态复核检验其是否满足要求。上述规定中给出了一般情况下脚手架设计计算内容，但不仅仅局限于所列内容，设计时应根据架体结构、工程概况、搭设部位、使用功能要求、荷载等因素具体确定。脚手架的设计计算内容是因架体的结构和构造等因素不同而变化的，在设计计算内容选择时，应具体分析确定。脚手架实际使用中会遇到双排脚手架与模板支撑架联合搭设（用于单层结构）、设置三排及以上立杆的满堂脚手架、双排脚手架随结构外立面倾斜、模板支撑架设置挑梁或跨空结构、架体基础有高差或顶部有高差等特殊情况。规范不可能逐一罗列这些特殊工况并逐一给出设计规定。实际使用当中，应严格按照规范的荷载要求、构造要求、荷载效应组合设计表达式、总体安全系数要求等具体情况具体分析。如图 7.2.2 所示的碗扣式钢管拱桥模板支撑架，所搭设的支撑架基础为常备式钢构件（军用梁、万能杆件等）所搭设的梁柱式支架，架体底标高和顶标高均不断变化，这类复杂情况下，需要进行专项设计。

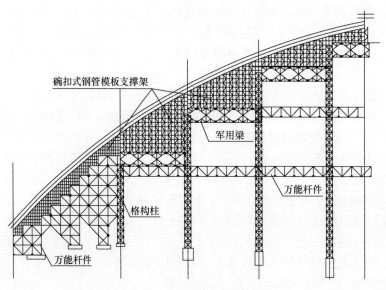

图 7.2.2　拱桥模板支撑架

7.2.3　计算部位的选择

钢管脚手架是由成千上万杆件组合而成的复杂超静定结构，实际计算中，不可能对所有部位和杆件、节点均进行设计计算。脚手架结构设计时，应先对架体结构进行受力分析，明确荷载传递路径，选择具有代表性的最不利杆件或构配件作为计算单元。

对于钢管脚手架的设计步骤，一般是根据工程概况和有关技术要求先进行初步方案设计，之后对初步方案进行验算、调整，再验算、再调整，直至满足技术要求后而最终确定架体搭设方案。计算时，先对架体进行受力分析，在明确荷载传递路径的基础上，再选择有代表性的最不利杆件或构配件作为计算单元进行计算。有代表性的最不利的计算单元主要是指下述情况：

1. 受力最大的杆件、构配件；

2. 跨距、间距增大部位的杆件和构配件，杆件或构配件的荷载虽不是最大，但其自身的几何形状或承力特性（计算长度、截面面积、抵抗矩、回转半径等）与其他杆件或构配件相比发生改变的杆件或构配件；

3. 架体结构构造改变处、薄弱处及架体需加强部位等处的杆件、构配件，如门洞等部位；

4. 荷载性质发生改变处杆件，如由拉力转变为压力的杆件，荷载集中作用处杆件，如当脚手架上有集中荷载作用时，尚应选取集中荷载作用范围内受力最大的杆件、构配件作为控制性计算单元。

7.2.4 杆件受力形态的确定

当无风荷载作用时，脚手架立杆按轴心受压杆件计算；当有风荷载作用时，直接受风荷载作用的脚手架立杆宜按压弯构件计算。

对于双排脚手架的作业层水平杆，荷载是通过水平杆传给立杆，由于节点半刚性影响，立杆中会产生一定的弯矩，但该弯矩值较小，计算中不考虑。因此不考虑风荷载时，双排脚手架立杆宜按轴心受压杆件计算。风荷载作用下，由于连墙件的存在，不考虑风荷载在立杆中产生的附加轴力，应当考虑迎风面立杆中产生的弯矩，此时立杆为压弯构件。双排脚手架水平杆虽有剪力作用，但可按照纯弯构件进行承载力和变形计算。连墙件由于受到较大的轴力作用，应按照轴心受拉（净截面承载力计算）和轴心受压（毛截面压杆稳定性计算）分别计算。

对于满堂钢管支撑架，虽有风荷载作用，一般情况下可不考虑风荷载在立杆中产生的弯矩和附加轴力，但当架体高宽比超过 3.0，或架体顶部有高大模板迎风面，且架体未与既有结构做可靠连接的情况下，应充分考虑风荷载作用，将立杆按照压弯构件考虑。

7.2.5 基本设计变量

当按脚手架承载能力极限状态设计时，应采用荷载设计值和强度设计值进行计算；当按脚手架正常使用极限状态设计时，应采用荷载标准值和变形限值进行计算。基本变量的设计值宜符合下列规定：

1. 荷载设计值 N_d 可按下式确定：

$$N_d = \gamma_n F_k \qquad (7.2.5-1)$$

式中：N_d——以立杆轴力为代表的永久荷载、可变荷载的荷载设计值（kN）；

F_k——永久荷载、可变荷载的荷载标准值（kN）；

γ_n ——荷载分项系数。

荷载的设计值 N_d，一般表示为荷载的代表值与荷载的分项系数 γ_n 的乘积。对于可变荷载，其代表值包括标准值和组合值。组合值可通过对可变荷载标准值的折减来表示，即对可变荷载的标准值乘以组合值系数后求和。

脚手架结构按不同极限状态设计时，在相应的荷载组合中对可能同时出现的荷载，应采用不同的荷载设计值。荷载分项系数 γ_n 的取值，按规范规定取用。

2. 材料强度设计值 f_d 可按下式确定：

$$f_d = \frac{f_k}{\gamma_m} \tag{7.2.5-2}$$

式中：f_d ——材料强度设计值（N/mm^2）；

f_k ——材料强度标准值（N/mm^2）；

γ_m ——材料抗力分项系数。

3. 几何参数设计值 a_d 可采用几何参数的标准值 a_k；当几何参数的变异性对结构性能有明显影响时，几何参数设计值可按下式确定：

$$a_d = a_k \pm \Delta a \tag{7.2.5-3}$$

式中：a_d ——脚手架材料、构配件、结构的几何参数设计值（mm）；

a_k ——脚手架材料、构配件、结构的几何参数标准值（mm）；

Δa ——脚手架材料、构配件、结构的几何参数附加量值（mm），应按实际测量值与标准值误差的加权平均值取值。

在脚手架的实际使用中经常会遇到几何参数的附加量值 Δa 为零的情况，此时，几何参数的设计值与几何参数的标准值相同。碗扣式钢管脚手架构件的国家产品标准《碗扣式钢管脚手架构件》GB 24911—2010 规定钢管的公称壁厚为 3.5mm，出厂时不允许出现负偏差，但经周转使用后允许负偏差，最小壁厚不允许小于 3.0mm，因此计算中应考虑壁厚偏差影响。

4. 新研制的碗扣式钢管脚手架的配套产品的抗力设计值应根据脚手架构配件试验与分析确定。

7.2.6 基本设计指标

1. 脚手架杆件允许长细比

根据国家标准《钢结构设计规范》GB 50017—2003 对受压构件长细比限值规定的条文解释，碗扣式钢管脚手架作为临时结构，其杆件容许长细比仅是从立杆的运输、安装和自重作用下构件变形等要求出发，即对杆件局部（自身）稳定性的限制要求。关于双排脚手架和模板支撑架杆件长细比，在现行国家标准《冷弯薄壁型钢结构技术规范》GB 50018 的基础上参考国外相关标准的规定给出下列控制指标：

1）脚手架立杆长细比不得大于 230。

2）斜撑杆和剪刀撑斜杆长细比不得大于 250。

3）受拉杆件长细比不得大于 350。

规定受压杆件最大长细比 230，主要是碗扣架立杆的碗扣节点间距为 0.6m，按照立杆计算长度 3.6m 时的长细比 227 确定的。

对脚手架杆件的长细比进行控制，其作用在于：1）控制不同步距条件下双排脚手架的连墙件间距，如采用 Q345 级钢材立杆的 CUPLOK 脚手架，如果步距为 2.0m，则连墙件三步设置时，计算长度 $l_0 = \rho h = 1.75 \times 2.0 = 3.5\text{m}, \lambda = 3500/15.9 = 220$ 基本为长细比上限，模板支撑架步距为 2.0m，则顶部自由外伸长度为 650mm 时，计算长度 $l_0 = \mu(h + 2a) = 1.1 \times (2000 + 2 \times 650) = 3630, \lambda = 3630/15.9 = 228$，也基本为长细比上限，架体的实际搭设尺寸不可再突破此上限规定；2）确保立杆稳定性，根据国家标准《冷弯薄壁型钢结构技术规范》GB 50018—2002 的规定，对应 230 的长细比，采用 Q235 及 Q345 级钢材时，压杆稳定系数分别为 0.138 和 0.100，在该条件下立杆稳定性已很差，不允许进一步突破该长细比。

2. 构件变形允许值

受弯构件的容许挠度应符合表 7.2.6-1 的规定。

脚手架受弯构件的容许挠度   表 7.2.6-1

构件类别	容许挠度 $[v]$
双排脚手架脚手板和纵向水平杆、横向水平杆	$l/150$ 与 10mm 取较小值
双排脚手架悬挑受弯杆件	$l/400$
模板支撑架受弯构件	$l/400$

注：l 为受弯构件的计算跨度；对悬挑构件为其悬伸长度的 2 倍。

对双排脚手架而言，水平杆或脚手板弯曲过大将影响作业层人员的正常施工作业；对模板支撑架而言，顶托上部的分配梁或门洞转换横梁过大的变形将直接影响混凝土的浇筑质量。尤其对于采用了 Q345 级钢材立杆的 CUPLOK 碗扣脚手架，立杆间距明显提升，双排脚手架的作业层承重水平杆或模板支撑架的顶部分配梁的跨度也有了较大提升，这些受弯构件的挠度将大幅提升（挠度与受弯构件计算跨度的四次方成正比），在某些搭设参数条件下，受弯杆件的挠曲变形控制将起控制作用。对脚手架构件变形提出上限要求是在保证承载力的条件下对架体结构构造提出的附加限制条件。

碗扣式钢管脚手架产品体系里面有专用的带悬挑段的间水平杆（用于非主节点处的外挑），也有专用三角挑梁（用于主节点处的外挑），在悬挑长度较大时，应注意按照悬挑构件的容许挠度验算其变形。

3. 材料强度设计值

碗扣式钢管脚手架所用钢管的钢材强度设计值与弹性模量的取值按现行国家标准《冷弯薄壁型钢结构技术规范》GB 50018 的规定取用。对支撑架顶部采用的型钢分配梁等钢材强度设计值与弹性模量的取值按现行国家标准《钢结构设计规范》GB 50017 的规定取用，为便于工程应用，不同材质的型钢和钢管的钢材强度设计值与弹性模量取值可按附录 A 采用。

满堂支撑架顶部可调托撑上面的主次分配梁采用方木时，木材的强度设置及和弹性模量可按附录 A 采用。

满堂支撑架基础采用混凝土垫层或下部梁柱式支架的基础为混凝土桩基础或明挖扩展基础时，常用混凝土强度设计值和弹性模量可按附录 A 取值。

4. 钢管及钢构件截面特性

碗扣式钢管脚手架公称规格及考虑周转使用后实际截面尺寸对应的截面特性可参照附

录 B 采用。根据国家标准《碗扣式钢管脚手架构件》GB 24911—2010 及行业标准《建筑施工碗扣式钢管脚手架安全技术规范》JGJ 166—2016 的规定，碗扣式钢管脚手架钢管宜采用公称尺寸为 ϕ48.3mm×3.5mm 的钢管，外径允许偏差应为±0.5mm，壁厚偏差不应为负偏差。经各地调研发现，工程实际应用中，钢管壁厚普遍存在负偏差，CUPLOK 高强碗扣脚手架立杆的壁厚普遍为 3.2mm。工程技术人员已普遍习惯于按照钢管实际外径和壁厚进行截面特性计算（但这不能成为纵容壁厚负偏差的理由，负偏差主要是由于构配件工厂制造时由于轧制装备的制造偏差形成）。附录 B 中给出了常用截面尺寸的钢管截面几何特性，实际应用中可根据实际尺寸采用，或按照附录公式进行计算。

满堂支撑架顶部可调托撑上面的主次分配梁一般采用各种热轧或冷弯型钢（槽钢或工字钢）。当满堂支撑架下部为梁柱式门洞支架时，立柱通常采用焊接大钢管，其连接系通常采用热轧或冷弯型钢（多为角钢或槽钢）。各种型号的热轧型钢、冷弯型钢、焊接型钢的截面特性可参照附录 C 采用。

当满堂支撑架下部为梁柱式门洞支架时，经常采用万能杆件、贝雷梁等常备式钢构件，万能杆件和贝雷梁的截面几何特性以及承载力设计值可参照附录 D 采用。

5. 配件及节点承载力设计值

碗扣式钢管脚手架除了应对立杆和受弯水平杆进行设计计算外，还应对杆件连接点及可调托撑、底座的承载力进行验算，其承载力设计值可按表 7.2.6-2 采用。

脚手架杆件连接点及可调托撑、底座的承载力设计值（kN）　　　　表 7.2.6-2

项　　目		承载力设计值
碗扣节点	水平向抗拉（压）	30
	竖向抗压（抗剪）	25
立杆插套连接抗拉		15
可调托撑抗压		80
可调底座抗压		80
扣件节点抗剪（抗滑）	单扣件	8
	双扣件	12

注：1　表中所列配件及连接的承载力设计值是根据构配件的性能试验得到的承载力极限值取一定安全系数得到的；

　　2　立杆插套连接宜采用 ϕ10 连接销。

因双排脚手架在工作状态时水平杆中存在轴向力（直接与连墙件连接的水平杆轴力最大），因此，立杆与水平杆的连接节点必须能够传递水平杆轴向力。

目前，碗扣式钢管脚手架立杆接长采用两种方式对接，一种是采用外套筒对接连接（WDJ 脚手架），另一种是采用内套筒连接（CUPLOK 脚手架），两者均为承插式连接。立杆主要是承受压力荷载，但在某种特定情况下个别立杆有时也会出现一定的拉力（如塔架整体吊装时），因此立杆对接连接节点要能够承受一定的拉力，避免个别立杆在承受拉力荷载时脱开。

6. 节点转动刚度

随着有限元和计算机技术的发展，对钢管脚手架结构进行整体计算也是目前经常采用的架体设计方法。从第 5 章的分析结果可以看出,进行整体杆系有限元计算的核心计算参数是半刚性节点的转动刚度。

节点转动刚度直接影响架体的承载力,应充分注意不同材质和成型方法的碗扣架的节点转动刚度差异大。关于碗扣式钢管脚手架的节点转动刚度,国内外均进行了相关研究。

行业标准《建筑施工碗扣式钢管脚手架安全技术规范》JGJ 166－2016 编制组对碗扣式钢管脚手架的节点转动刚度进行了系列试验,试件来源分为施工现场抽样的立杆为 Q235 钢的普通碳素铸钢铸造的上碗扣节点,以及由外贸出口生产厂提供的立杆为 Q345 钢的优质碳素钢锻造的上碗扣节点。节点试验的步距分为 0.6m、1.2m 和 1.8m 不等,碗扣节点处 4 个方向均插入水平杆,加载的水平杆长为 1.2m,集中荷载加载点离节点 600mm,逐级加载至水平杆的扭转角足够大为止,试验结果如下:

1. 采用目前国内工程普遍使用的 Q235 钢管立杆,并采用碳素铸钢铸造的上碗扣和钢板冲压形成的下碗扣组成的节点,经试验其平均转动刚度为 28kN・m/rad。

2. 采用 Q345 钢管立杆,并采用碳素钢锻造的上碗扣和钢板冲压形成的下碗扣组成的节点,经试验其平均转动刚度为 62kN・m/rad。

3. 国外悉尼大学碗扣架节点转动刚度试验结果为 100(kN・m)/rad。

当对模板支撑架结构进行整体计算分析时,碗扣节点应视为半刚性节点,其转动刚度根据上述试验结果可按下列规定采用:

1. 对采用碳素铸钢或可锻铸铁铸造的上碗扣,节点转动刚度 R_k 宜取为 25kN・m/rad。

2. 对采用碳素钢锻造的上碗扣,节点转动刚度 R_k 宜取为 40kN・m/rad。

7.3　脚手架立杆压弯构件承载力计算表达式

现行国家标准《钢结构设计规范》GB 50017、《冷弯薄壁型钢结构技术规范》GB 50018 均给出了弯矩和轴力联合作用下压弯构件的承载力设计表达式,脚手架立杆理论上可按照钢结构设计规范的相关公式进行压弯稳定性计算,考虑到钢管脚手架的特殊性,应对立杆压弯稳定性计算公式进行简化计算。

行业标准《建筑施工碗扣式钢管脚手架安全技术规范》JGJ 166—2016 规定:轴向压力和水平风荷载产生的弯矩共同作用下的脚手架立杆稳定承载力按下式计算:

$$\frac{\gamma_0 N}{\varphi A} + \frac{\gamma_0 M_w}{W} \leqslant f \tag{7.3-1}$$

式中:γ_0——结构重要性系数,对安全等级为Ⅰ级的脚手架按 1.1 采用,对安全等级为Ⅱ级的脚手架按 1.0 采用;

　　N——立杆的轴力设计值(N);

　　φ——轴心受压构件的稳定系数,根据立杆长细比 λ 查表取值;

　　λ——长细比,$\lambda = \dfrac{l_0}{i}$;

　　l_0——立杆计算长度(mm);

　　i——钢管截面回转半径(mm);

　　A——立杆的毛截面面积（mm²）；

　　W——立杆的截面模量（mm³）；

　　M_w——立杆由风荷载产生的弯矩设计值（N·mm）；

　　f——钢材的强度设计值（N/mm²）。

在现行国家规范《钢结构设计规范》GB 50017 中，弯矩作用在对称轴平面内（绕 x 轴）的实腹式压弯构件，其稳定承载力是按下列公式计算：

弯矩作用平面内的稳定承载力：

$$\frac{N}{\varphi_x A} + \frac{\beta_{mx} M_x}{\gamma_x W_{1x}\left(1 - 0.8\dfrac{N}{N'_{Ex}}\right)} \leqslant f \tag{7.3-2}$$

弯矩作用平面外的稳定承载力：

$$\frac{N}{\varphi_y A} + \eta\frac{\beta_{tx} M_x}{\varphi_b W_{1x}} \leqslant f \tag{7.3-3}$$

式中：N——所计算构件段范围内的轴心压力（N）；

　　N'_{Ex}——参数，$N'_{Ex} = \pi^2 EA/(1.1\lambda_x^2)$；

　　λ_x——构件在弯矩作用平面内的长细比；

　　φ_x——弯矩作用平面内的轴心受压构件稳定系数；

　　A——毛截面面积（mm²）；

　　M_x——所计算构件段范围内的最大弯矩（N·mm）；

　　γ_x——与截面模量相应的截面塑性发展系数；

　　W_{1x}——在弯矩作用平面内对较大受压纤维的毛截面模量（mm³）；

　　β_{mx}——等效弯矩系数（弯矩作用平面内），对于脚手架钢管，两端弯矩相同，可取 $\beta_{mx} = 1.0$；

　　φ_y——弯矩作用平面外的轴心受压构件稳定系数；

　　φ_b——均匀弯曲的受弯构件整体稳定系数；

　　η——截面影响系数，钢管可取 0.7；

　　β_{tx}——等效弯矩系数（弯矩作用平面外），脚手架钢管可取 1.0。

钢结构压弯构件稳定承载力极限值，不仅与构件的长细比 λ 和偏心率 e 有关，且与构件的截面形式和尺寸、构件轴线的初弯曲、截面上残余应力分布和大小、材料的应力—应变特性以及失稳的方向等因素有关，也与轴心力与弯矩的联合作用有关。式（7.3-2）是实腹式截面压弯构件，当弯矩作用在对称轴平面内时（绕 x 轴），其弯矩作用平面内的稳定承载力计算式。式（7.3-3）是双轴对称截面压弯构件，其弯矩作用平面外的稳定承载力计算式。

在现行国家规范《冷弯薄壁型钢结构技术规范》GB 50018 中，对于双轴对称截面的压弯构件，当弯矩作用于对称平面内时，压弯构件弯矩作用平面内的稳定承载力是按下式计算：

$$\frac{N}{\varphi A_e} + \frac{\beta_m M}{\left(1 - \dfrac{N}{N'_E}\varphi\right)W_e} \leqslant f \tag{7.3-4}$$

式中：N——轴向力设计值（N）；

M ——弯矩设计值（N·mm）；

φ ——轴心受压构件的稳定系数；

A_e ——有效截面面积（mm²）；

β_m ——等效弯矩系数；

N'_E ——参数，$N'_E = \dfrac{\pi^2 EA}{1.165\lambda^2}$；

E ——钢材弹性模量（N/mm²）；

λ ——构件在弯矩作用平面内的长细比；

W_e ——构件对最大受压边缘的有效截面模量（mm³）。

式（7.3-4）是根据构件边缘屈服准则，假定钢材为理想弹塑性体，构件两端简支，作用着轴心压力和两端等弯矩，并考虑了初始弯曲和初始偏心的影响，构件的变形曲线为半个正弦波，在这些理想条件均满足的前提下导出的。在此基础上，又计入长度系数来考虑构件端部约束的影响，以等效弯矩系数 β_m 来考虑其他荷载的影响，又以 $1/(1-\varphi \cdot N/N'_E)$（压力和弯矩联合作用下的弯矩放大系数）考虑了轴心力和弯矩的联合作用下，轴心力对弯矩的放大作用。式（7.3-4）适用于各类薄壁双轴对称截面压弯构件弯矩作用平面内的稳定承载力计算。其中，N'_E 为欧拉临界力。

根据钢结构压弯构件稳定承载力计算公式和有关钢结构压弯构件稳定承载力计算理论，在不考虑钢材塑性展开情况下，可推导出钢管脚手架立杆在竖向轴向力和水平风荷载产生的弯矩联合作用下的稳定承载力计算公式：

$$\frac{N}{\varphi A} + \frac{M_w}{W\left(1 - 1.1\varphi\dfrac{N}{N'_E}\right)} \leqslant f \tag{7.3-5}$$

式中：N ——立杆轴向力设计值（N）；

φ ——轴心受压构件的稳定系数；

A ——立杆毛截面面积（mm²）；

M_w ——风荷载引起的立杆弯矩设计值（N·mm）；

W ——立杆截面模量（mm³）；

N'_E ——立杆欧拉临界力（N），$N'_E = \dfrac{\pi^2 EA}{\lambda^2}$；

λ ——计算长细比，$\lambda = l_0/i$；

l_0 ——立杆计算长度（mm）；

i ——立杆截面回转半径（mm）；

E ——钢材弹性模量（N/mm²）；

f ——钢材的抗压强度设计值（N/mm²）。

行业标准《建筑施工碗扣式钢管脚手架安全技术规范》JGJ 166—2016 规定在轴向力和弯矩的共同作用下，脚手架立杆稳定承载力按式（7.3-1）计算，而不采用式（7.3-5）计算，主要是基于以下理由：

1. 对于脚手架而言，在正常使用条件下，式（7.3-1）与（7.3-5）的计算结果相比较，偏差较小，可以忽略不计。

采用 ϕ48mm×3.5mm 的钢管，对搭设的钢管双排脚手架和模板支撑架分别按式

（7.3-1）、式（7.3-5）计算分析如下：

例 1：双排脚手架。步距分别为 1.5 m 和 1.8m，纵距 1.5m，横距 1.05m，架体总高 24m，施工均布荷载标准值按 2 层同时作业考虑取为 5.0kN/m²，基本风压 w_0 分别取值为 0.1kN/m²、0.2kN/m²、0.3kN/m²、0.4kN/m²、0.5kN/m²，连墙件布置方式为二步三跨。计算结果分析对比见表 7.3-1。

双排脚手架计算结果分析对比 表 7.3-1

步距 (m)	风荷载 (kN/m²)	轴力 (kN)	弯矩 (kN·m)	计算长度 (m)	长细比	稳定系数	应力（N/mm²）		偏差
							式 (7.3-5)	式 (7.3-1)	
1.5	0.1	13.466	0.035	2.599	164	0.262	113	112	0.72%
	0.2	13.466	0.069	2.599	164	0.262	120	119	1.33%
	0.3	13.466	0.104	2.599	164	0.262	128	126	1.88%
	0.4	13.466	0.139	2.599	164	0.262	136	132	2.37%
	0.5	13.466	0.174	2.599	164	0.262	143	139	2.81%
1.8	0.1	12.771	0.050	3.118	197	0.186	151	150	0.74%
	0.2	12.771	0.100	3.118	197	0.186	162	160	1.38%
	0.3	12.771	0.150	3.118	197	0.186	173	170	1.94%
	0.4	12.771	0.200	3.118	197	0.186	184	180	2.43%
	0.5	12.771	0.250	3.118	197	0.186	195	190	2.87%

例 2：模板支撑架。混凝土板 200mm 厚，步距分别为 1.2m、1.5 m 和 1.8m，纵距 0.9m，横距 0.9 m，架体总高 8m，架体长度和宽度都为 8 m，施工均布荷载取值为 2kN/m²，风荷载 w_0 取值分别为 0.1kN/m²、0.2kN/m²、0.3kN/m²、0.4kN/m²、0.5kN/m²。在永久荷载、施工荷载不变的情况下，计算分析结果见表 7.3-2。

模板支撑架计算结果对比 表 7.3-2

步距 (m)	风荷载 (kN/m²)	轴力 (kN)	弯矩 (kN·m)	计算长度 (m)	长细比	稳定系数	应力（N/mm²）		偏差
							式 (7.3-5)	式 (7.3-1)	
1.2	0.1	7.665	0.011	2.432	154	0.298	54.90	54.76	0.25%
	0.2	7.680	0.021	2.432	154	0.298	57.10	56.83	0.46%
	0.3	7.695	0.032	2.432	154	0.298	59.51	59.10	0.68%
	0.4	7.709	0.042	2.432	154	0.298	61.70	61.17	0.86%
	0.5	7.724	0.053	2.432	154	0.298	64.11	63.44	1.05%
1.5	0.1	7.738	0.017	3.041	192	0.195	84.72	84.50	0.26%
	0.2	7.753	0.033	3.041	192	0.195	88.23	87.80	0.48%
	0.3	7.768	0.05	3.041	192	0.195	91.95	91.30	0.71%
	0.4	7.782	0.066	3.041	192	0.195	95.47	94.61	0.90%
	0.5	7.797	0.083	3.041	192	0.195	99.19	98.11	1.09%

续表

步距 (m)	风荷载 (kN/m²)	轴力 (kN)	弯矩 (kN·m)	计算长度 (m)	长细比	稳定 系数	应力 (N/mm²)		偏差
							式 (7.3-5)	式 (7.3-1)	
1.8	0.1	7.812	0.024	3.649	231	0.138	120.81	120.49	0.27%
	0.2	7.827	0.048	3.649	231	0.138	126.07	125.43	0.51%
	0.3	7.841	0.072	3.649	231	0.138	131.34	130.37	0.74%
	0.4	7.856	0.096	3.649	231	0.138	136.61	135.31	0.95%
	0.5	7.871	0.119	3.649	231	0.138	141.66	140.06	1.13%

例3：模板支撑架。混凝土板厚分别为 100mm、200mm、300mm 和 400mm，步距 1.8m，纵距 0.9m，横距 0.9m，架体总高 8m，架体长度和宽度都为 8m，施工均布荷载取值为 $2kN/m^2$，基本风压 w_0 取值为 $0.3kN/m^2$。在施工荷载、风荷载不变情况下，计算分析结果见表 7.3-3。

模板支撑架计算结果对比　　　　　　　　　　表 7.3-3

板厚 (mm)	风荷载 (kN/m²)	轴力 (kN)	弯矩 (kN·m)	计算长度 (m)	长细比	稳定 系数	应力 (N/mm²)		偏差
							式 (13)	式 (6.2.4-2)	
100	0.3	5.311	0.072	3.649	231	0.138	93.51	92.87	0.69%
200	0.3	7.750	0.072	3.649	231	0.138	129.97	129.01	0.74%
300	0.3	10.189	0.072	3.649	231	0.138	166.44	165.16	0.77%
400	0.3	12.628	0.072	3.649	231	0.138	202.93	201.30	0.80%

从上面计算结果分析可知，式（7.3-5）的计算结果比式（7.3-1）的计算结果稍大，但都不超过 3%。变化规律与步距的关系不大，与轴力的关系也不是很明显，与风荷载呈线性关系。根据双排脚手架和满堂支撑架正常使用条件计算结果分析，两个公式计算结果的偏差均不超过 3%，因此可忽略不计。

2. 脚手架、构配件的综合安全系数 K 值已考虑脚手架的各种不利因素。

《建筑施工脚手架安全技术统一标准》GB 51210—2016 中规定双排脚手架的综合安全系数在立杆稳定承载力计算时，取值为 $K \geqslant 2.0$；满堂支撑架的综合安全系数在立杆稳定承载力计算时，取值 $K \geqslant 2.2$，行业标准《建筑施工碗扣式钢管脚手架安全技术规范》JGJ 166—2016 采用了同样的综合安全系数。脚手架综合安全系数 K 值已考虑了脚手架立杆稳定承载力计算中的各种相关因素和各种不利影响，其中包括：立杆的初始弯曲和初始偏心影响；立杆端部约束影响；轴心力和弯矩联合作用下，轴心力对弯矩的放大作用影响等。

3. 保证脚手架的稳定承载，一是靠设计计算控制，二是靠结构和构造措施保证。其中，结构和构造措施保证是根本。

脚手架立杆的稳定承载力计算，是根据脚手架结构设计所选定的立杆间距、步距、荷载等计算参数进行计算的。对于双排脚手架而言，在立杆间距、架体步距、荷载相同的条件下，立杆的稳定承载力计算结果是相同的；但是对于连墙件、剪刀撑、斜撑杆、扫地杆采用不同方式设置的双排脚手架，其实际立杆稳定承载力是不相同的。同理，对于满堂支撑架而言，剪刀撑、扫地杆采用不同方式设置的满堂支撑架，及纵向和横向水平杆不通长满设的满堂支撑架，其实际立杆稳定承载力也是不相同的。脚手架立杆稳定承载力计算的先决条件是架体的结构和构造措施必须满足其计算的边界条件的要求，因此，必须强调脚手架的结构和构造应满足要求。

4. 施工现场的应用计算应强调简便、正确、可靠。

按式（7.3-1）计算脚手架的立杆稳定承载力，已应用多年，其计算方法及计算的技术要求已被广大工程技术人员所认知。多年来，没有发生因计算的误差而导致的脚手架质量安全事故。总结以往的经验教训，脚手架由于立杆失稳而发生的质量安全事故，多是因为使用了不合格钢管和不合格的连接件、构造上不符合要求、施工操作方法不当等原因造成的。从多年脚手架应用的实践看，JGJ 166—2016 的式（7.3-1）的计算简便，计算结果能够保证脚手架立杆安全稳定承载的要求。而按式（7.3-5）进行计算，较为繁琐，不便于施工现场应用。

7.4 双排脚手架设计计算

7.4.1 双排脚手架水平杆计算

1. 荷载传递及计算简图

1）脚手板纵搭

当采用冲压钢脚手板、木脚手板、竹串片脚手板时，脚手板一般铺设在横向水平杆上（简称脚手板纵搭方案），我国北方地区习惯采用这种做法。该铺设条件下，作业层荷载的传递路径为：脚手板→横向水平杆→纵向水平杆→立杆。在这种脚手板铺设样式下，每块纵铺脚手板应设置在 3 根横向水平杆上，相邻的 2 根主节点横向水平杆间还需增设间水平杆，间水平杆的设置位置取决于脚手板的实际长度，而且还需满足脚手板的探头长度（端部伸出水平杆的悬臂长度）不大于 150mm（图 7.4.1-1）。因此对每种结构尺寸的架体，其间水平杆的设置数量和设置位置不尽相同，如图 7.4.1-1 所示。

碗扣式钢管脚手架水平杆与扣件式钢管脚手架水平杆在构造上最大的不同之处在于，前者的主节点水平杆在碗扣节点处断开，各跨水平杆均按单跨结构考虑；而后者的主节点水平杆是连续的（连续长度不小于 3 跨），但碗扣式钢管的非节点水平杆也是连续的，如带悬臂端的间水平杆、脚手板横搭条件下附加的纵向水平杆，计算简化中应区别对待。

脚手板通过附加间水平杆纵搭条件下的作业层传力简图如图 7.4.1-2 所示。

2）脚手板横搭

当采用竹笆脚手板时，脚手板一般铺设在多根平行的纵向水平杆上（简称脚手板横搭

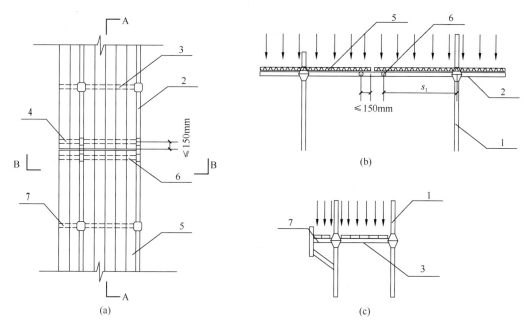

图 7.4.1-1 脚手板纵搭方案作业层构造图

(a) 平面图；(b) A-A 纵立面图；(c) B-B 横断面图

1—立杆；2—纵向水平杆；3—横向水平杆；4—间水平杆悬挑端；5—脚手板；6—间水平杆；7—主节点挑梁

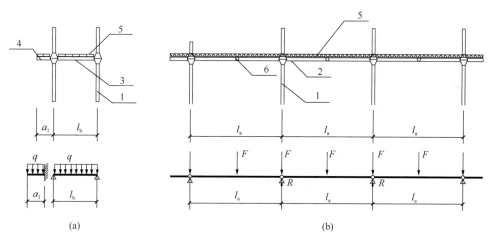

图 7.4.1-2 双排脚手架纵向、横向水平杆计算简图（一）

（a）双排脚手架横向水平杆计算简图；（b）双排脚手架纵向水平杆计算简图

1—立杆；2—纵向水平杆；3—横向水平杆；4—水平杆悬挑端；5—脚手板；6—间水平杆

方案)，我国南方地区竹资源丰富，习惯采用这种做法。该铺设条件下，作业层荷载的传递路径为：脚手板→纵向水平杆→横向水平杆→立杆，作业层的传力简图如图 7.4.1-3 所示。

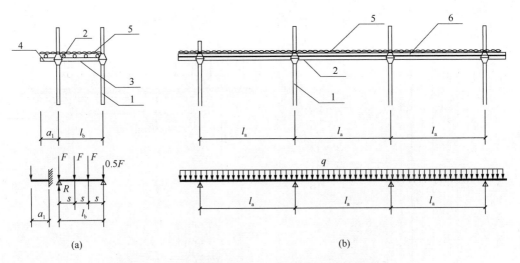

图 7.4.1-3 双排脚手架纵向、横向水平杆计算简图（二）

（a）双排脚手架横向水平杆计算简图；（b）双排脚手架纵向水平杆计算简图

1—立杆；2—纵向水平杆；3—横向水平杆；4—水平杆悬挑端；5—竹笆脚手板；6—附加纵向水平杆

2. 承载力与变形计算内容

1）双排脚手架作业层纵向、横向水平杆抗弯强度应符合下列公式要求：

$$\frac{\gamma_0 M_s}{W} \leqslant f \tag{7.4.1-1}$$

$$M_s = 1.2 M_{Gk} + 1.4 M_{Qk} \tag{7.4.1-2}$$

式中：M_s——水平杆弯矩设计值（N·mm）；

W——水平杆的截面模量（mm³），可按附录 B 采用；

M_{Gk}——水平杆由脚手板自重产生的弯矩标准值（N·mm）；

M_{Qk}——水平杆由施工荷载产生的弯矩标准值（N·mm）；

f——钢材的抗弯强度设计值（N/mm²），按附录 A 采用。

2）水平杆端部接头剪切承载力应符合下列规定：

$$R \leqslant [R_0] \tag{7.4.1-3}$$

式中：R——水平杆支座反力（kN）；

$[R_0]$——水平杆接头焊接剪切承载力设计值，取 10kN；

3）碗扣节点抗滑移承载力应符合下列规定：

$$\Sigma R \leqslant [R] \tag{7.4.1-4}$$

式中：ΣR——交汇于碗扣节点的所有水平杆的支座反力之和（kN）；

$[R]$——碗扣节点竖向抗滑移（抗剪）承载力设计值，取 25kN。

4）双排脚手架作业层纵向、横向水平杆挠度应符合下式规定：

$$\upsilon \leqslant [\upsilon] \tag{7.4.1-5}$$

式中：υ——水平杆挠度；

7.4 双排脚手架设计计算

$[\upsilon]$——容许挠度,按表7.2.6-1采用。

3. 内力计算模型

计算纵向、横向水平杆的内力与挠度时,与主节点相连的纵向水平杆和横向水平杆均按简支梁计算,计算跨度取各自对应的立杆间距 l_a 或 l_b ,主节点横向水平杆的挑梁或间水平杆的悬挑端按独立的悬臂构件计算,计算原则如下:

1)采用冲压钢脚手板、木脚手板、竹串片脚手板时,作业层施工荷载由纵向水平杆传递至立杆,横向水平杆和间水平杆均按受均布荷载的简支梁计算其弯曲正应力和挠度。根据碗扣式钢管脚手架的产品特点,主节点的横向水平杆端部设置有挑梁,但挑梁和横向水平杆在碗扣节点处是不连续的,各自分离计算;非主节点的附加间水平杆端部带有悬挑端,悬挑端和间水平杆是连续的,但计算中不计入悬挑端的有利影响。纵向水平杆按受集中荷载的简支梁计算其弯曲正应力和挠度。验算碗扣节点抗滑移(抗剪)承载力时,应计入横向水平杆悬挑端的荷载作用。计算简图如图7.4.1-2所示。

2)采用竹笆脚手板时,作业层施工荷载由横向水平杆传递至立杆,主节点纵向水平杆不参与受力(仅起组架作用),附加纵向水平杆间距不应大于400mm,按受均布荷载的3跨连续梁计算其弯曲正应力和挠度。脚手板横铺方案条件下,不设置间水平杆,带端部挑梁的节点横向水平杆按承受集中荷载的简支梁计算其弯曲正应力和挠度,同样不计入悬挑端的有利影响。验算碗扣节点抗滑移(抗剪)承载力时,应计入横向水平杆悬挑端的荷载作用。计算简图如图7.4.1-3所示。

4. 水平杆计算模型的相关说明

1)作业层纵向、横向水平杆按照受弯构件进行计算时,按照计算跨度为节间长度的简支梁进行计算,不考虑碗扣节点的半刚性作用,将节点的嵌固作用作为安全储备。这是出于确保安全条件下的简化计算考虑。

2)梁柱框架结构的横梁计算跨度与轴线间距不完全相等,出于确保安全条件下的简化计算考虑,纵向、横向水平杆的计算跨度取架体纵向、横向立杆间距。

3)纵向、横向水平杆的自重与脚手板的自重相比,其荷载效应可忽略不计。

4)为保证安全,纵向、横向水平杆的弯矩、支座反力应按不利荷载组合计算。纵向、横向水平杆在不利荷载组合工况下的内力和变形计算方法可按附录E的静力计算表格采用(相关内力和变形计算也适用于模板支撑体系的分配梁、下部梁柱式支架的受弯、受剪杆件计算)。

5)水平杆端部接头剪切承载力一般情况下不需要进行计算,满足国家标准《碗扣式钢管脚手架构件》GB 24911的构配件能承受一般使用工况条件下的水平杆支座反力,特殊使用条件下应按照式(7.4.1-3)进行验算。

6)上述计算内容中未列入水平杆抗剪计算,这是因为对于钢管脚手架,杆件截面抗剪不起控制作用,长度为1.8m的水平钢管,支座处剪应力与跨中弯曲正应力相比,其数值可以忽略不计,可不考虑截面弯剪联合作用(最大剪应力与最大正应力不发生在同一位置)。

5. 水平杆内力和变形计算公式

根据上述模型假设,碗扣式钢管脚手架纵向、横向水平杆的内力和变形计算可按照表7.4.1-1和表7.4.1-2进行。

233

脚手板纵搭时水平杆内力和变形计算公式 　　　表 7.4.1-1

使用冲压钢脚手板、木脚手板、竹串片脚手板时，纵向水平杆为横向水平杆的支座，通过水平杆插头固定在立杆碗扣上，施工荷载由纵向水平杆至立杆

序号	项　目	内力、变形计算公式
横向水平杆	弯矩： 横向水平杆	抗弯强度计算公式： $$\frac{\gamma_0 M}{W} \leqslant f$$ $$M = q l_b^2 / 8$$ 式中：q ——作用于横向水平杆的线荷载设计值： 　　　$q = (1.2 Q_p + 1.4 Q_k) s_1$ 　　Q_p ——脚手板自重标准值； 　　Q_k ——施工均布荷载标准值； 　　s_1 ——施工层横向水平杆间距，$s_1 \leqslant l_a/2$ 　　l_b ——立杆横向间距， 　　l_a ——立杆纵向间距； 　　a_1 ——横向水平杆外伸长度。 挑梁和间水平杆为构造设计，可不计算
	挠度： 	挠度计算公式： $$\upsilon \leqslant [\upsilon]$$ $$\upsilon = \frac{5 q_k l_b^4}{384 EI}$$ 式中：q_k ——作用于横向水平杆的线荷载标准值： 　　　$q_k = (Q_p + Q_k) s_1$ 　　E ——钢材的弹性模量； 　　I ——钢管的截面惯性矩。 挑梁和间水平杆为构造设计，可不计算
纵向水平杆	弯矩： 	抗弯强度计算公式（简支梁）： $$\frac{\gamma_0 M}{W} \leqslant f$$ $$M = 0.25 F l_a$$ 式中：F ——由横向水平杆传给纵向水平杆的集中力设计值： $$F = 0.5 q l_b \left(1 + \frac{a_1}{l_b}\right)^2$$
	挠度： 	挠度计算式（简支梁）： $$\upsilon \leqslant [\upsilon]$$ $$\upsilon = \frac{F_k l_a^3}{48 EI}$$ 式中：F_k ——由横向水平杆传给纵向水平杆的集中力标准值： $$F_k = 0.5 q_k l_b \left(1 + \frac{a_1}{l_b}\right)^2$$
	碗扣节点抗滑移竖向力	$R = 2F$

脚手板横搭时水平杆内力和变形计算公式　　　　　　　　　　　**表 7.4.1-2**

使用竹笆脚手板时，纵向水平杆应采用直角扣件固定在横向水平立杆上，并应等间距设置，间距不应大于 400mm。双排脚手架的横向水平杆的两端，通过水平杆插头固定在立杆碗扣上。施工荷载由横向水平杆传至立杆

序号	项　　目			内力、变形计算公式
1	纵向水平杆	弯矩： l_a　l_a　l_a q_1 l_a　l_a　l_a q_2 l_a　l_a　l_a		抗弯强度计算公式（支座处）： $$\frac{\gamma_0 M}{W} \leqslant f$$ $$M = 0.1 q_1 l_a^2 + 0.117 q_2 l_a^2$$ 式中：q_1——脚手板作用于纵向水平杆的线荷载 　　　　　设计值； 　　　q_2——施工荷载作用于纵向水平杆的线荷 　　　　　载设计值； 　　　　　$q_1 = 1.2 Q_p s$ 　　　　　$q_2 = 1.4 Q_k s$ 　　　s——施工层纵向水平杆间距。
		挠度： l_a　l_a　l_a q_{k1} l_a　l_a　l_a q_{k2} l_a　l_a　l_a		挠度计算公式： $$\upsilon \leqslant [\upsilon]$$ $$\upsilon = \frac{l_a^4}{100 EI}(0.677 q_{k1} + 0.99 q_{k2})$$ 式中：q_{k1}——脚手板作用于纵向水平杆的线荷载 　　　　　标准值； 　　　q_{k2}——施工荷载作用于纵向水平杆的线荷 　　　　　载标准值； 　　　　　$q_{k1} = Q_p s$ 　　　　　$q_{k2} = Q_k s$
2	横向水平杆	弯矩	a_1　l_b 	抗弯强度计算公式： $$\frac{\gamma_0 M}{W} \leqslant f$$ $$M = F l_b / 3$$ 式中：F——由纵向水平杆传给横向水平杆的集 　　　　中力设计值： 　　　　$F = 1.1 q_1 l_a + 1.2 q_2 l_a$
		挠度	F F F　$0.5F$ R s s s a_1　l_a 当立杆横距 $l_b \leqslant 1.2$m 时，$s = l_b/3 \leqslant 0.4$m	挠度计算公式： $$\upsilon \leqslant [\upsilon]$$ $$\upsilon = \frac{23 F_k l_b^3}{648 EI}$$ 式中：F_k——由纵向水平杆传给横向水平杆的集 　　　　中力标准值： 　　　　$F_k = 1.1 q_{k1} l_a + 1.2 q_{k2} l_a$
	碗扣节点抗滑移竖向力			$$R = 1.5F + F'(1 + a_1/l_b)$$ $$F' = (1.32 Q_p + 1.68 Q_k) l_a a_1$$

序号	项 目		内力、变形计算公式
2	横向水平杆	弯矩	抗弯强度计算公式： $$\frac{\gamma_0 M}{W} \leqslant f$$ $$M = F l_b / 2$$ 式中：F——由纵向水平杆传给横向水平杆的集中力设计值： $$F = 1.1 q_1 l_a + 1.2 q_2 l_a$$
		挠度	挠度计算公式： $$\upsilon = \frac{19 F_k l_b^3}{384 EI}$$ 式中：F_k——由纵向水平杆传给横向水平杆的集中力设计值： $$F = 1.1 q_{k1} l_a + 1.2 q_{k2} l_a$$
	碗扣节抗滑移竖向力		$$R = 2F + F'(1 + a_1 / l_b)$$ $$F' = (1.32 Q_p + 1.68 Q_k) l_a a_4$$

当立杆横距 $1.2\text{m} < l_b \leqslant 1.5\text{m}$ 时，$s = l_b / 3 \leqslant 0.4\text{m}$

7.4.2 双排脚手架立杆计算

碗扣式钢管脚手架的整体稳定性计算简化为立杆稳定承载力计算，采用立杆计算长度系数综合反映架体构造因素（搭设高度、步距、连墙件设置等）对架体整体稳定性的影响。

1. 立杆稳定性计算公式

双排脚手架稳定承载力按室内或无风环境搭设和室外搭设两种工况分别进行计算。室内或无风环境搭设的作业脚手架不需组合风荷载值，室外搭设的作业脚手架应组合风荷载值。因是两种不同工作环境下的作业脚手架，所以需单独计算各自的立杆稳定承载力。双排脚手架立杆稳定性应符合下列公式要求：

1）当无风荷载时：

$$\frac{\gamma_0 N}{\varphi A} \leqslant f \qquad\qquad (7.4.2\text{-}1)$$

2）当有风荷载时：

$$\frac{\gamma_0 N}{\varphi A} + \frac{\gamma_0 M_w}{W} \leqslant f \qquad\qquad (7.4.2\text{-}2)$$

式中：N——立杆的轴力设计值（N）；

φ——轴心受压构件的稳定系数，根据立杆长细比 λ，按附录 F 取值；

λ——长细比，$\lambda = \dfrac{l_0}{i}$；

l_0——立杆计算长度（mm）；

i——截面回转半径（mm）；

A——立杆的毛截面面积（mm^2）；

W——立杆的截面模量（mm^3）；

M_w——立杆由风荷载产生的弯矩设计值（N·mm）；

f——钢材的强度设计值（N/mm^2）。

2. 立杆内力计算

1）双排脚手架立杆的轴力设计值应按下式计算：

$$N = 1.2 \sum N_{Gk1} + 1.4 N_{Qk} \tag{7.4.2-3}$$

$$\sum N_{Gk1} = N_{G1k} + N_{G2k} \tag{7.4.2-4}$$

$$N_{G1k} = g_k \cdot H \tag{7.4.2-5}$$

$$N_{G2k} = m \left(g_{1k} \frac{l_a \cdot l_b}{2} + g_{2k} \cdot l_a \right) + g_{3k} \cdot l_a \cdot H \tag{7.4.2-6}$$

$$N_{Qk} = n_c \cdot Q_k \frac{l_a \cdot l_b}{2} \tag{7.4.2-7}$$

式中：$\sum N_{Gk1}$——立杆由架体结构及附件自重产生的轴力标准值总和（N）；

N_{G1k}——由架体自重产生的轴向力标准值（N）；

g_k——立杆承受的每延米结构自重标准值（N/mm），可按表 6.3.1-2 采用；

N_{G2k}——由脚手架附件（脚手板、挡脚板、栏杆、安全立网）自重产生的轴向力标准值（N）；

N_{Qk}——立杆由施工荷载产生的轴力标准值（N）；

m——脚手板层数；

g_{1k}——脚手板自重标准值（N/mm^2），可按表 6.3.1-3 采用；

g_{2k}——作业层的栏杆与挡脚板自重标准值（N/mm），可按表 6.3.1-4 采用；

g_{3k}——外侧安全立网自重标准值（N/mm^2），根据产品实际情况确定，但不低于 $0.01kN/m^2$；

l_a——立杆纵向间距（mm）；

l_b——立杆横向间距（mm）；

H——架体搭设高度（mm）；

n_c——作业层层数；

Q_k——作业层均布施工荷载标准值（N/mm^2），按表 6.3.1-5 采用。

2）双排脚手架立杆由风荷载产生的弯矩设计值应按下列公式计算：

$$M_w = 1.4 \times 0.6 M_{wk} \tag{7.4.2-8}$$

$$M_{wk} = 0.05 \xi w_k l_a H_c^2 \tag{7.4.2-9}$$

式中：M_w——立杆由风荷载产生的弯矩设计值（N·mm）；

M_{wk}——立杆由风荷载产生的弯矩标准值（N·mm）；

ξ——弯矩折减系数，当连墙件设置为二步距时，取0.6；当连墙件设置为三步
距时，取0.4；

w_k——风荷载标准值（N/mm²）；

l_a——立杆纵向间距（mm）；

H_c——连墙件间竖向垂直距离（mm）。

式（7.4.2-4）、式（7.4.2-5）是经对双排脚手架在水平风荷载的作用下模拟计算分析并与各类脚手架规范中公式计算结果比较分析的基础上给出的。双排脚手架在水平风荷

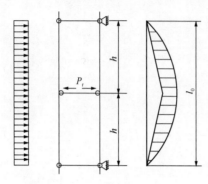

图7.4.2 双排脚手架立杆弯矩
计算图

载的作用下，外立杆通过水平横杆将一部分水平力传递给内立杆，内外立杆共同抵抗水平风荷载，并通过连墙件将水平风荷载的水平力传递给建筑结构。因此，内外立杆与水平杆是组成了一个桁架，共同承担风荷载，并形成以连墙件为支点的竖向多跨连续桁架梁（图7.4.2）。经分析研究，双排脚手架立杆由水平风荷载产生的弯矩设计值与连墙件竖向间距的平方成正比，连墙件竖向间距越大，立杆由风荷载产生的弯矩值也越大。因为有的碗扣式钢管脚手架部分内外立杆跨间设有廊道斜杆，对水平风荷载在立杆中产生的弯矩值有减小作用，因此在计算时，应选择无廊道斜杆的部位作为计算单元。

应强调的是：双排脚手架计算立杆段由风荷载产生的应力值计算，是以架体顶部最大风荷载标准值为依据。式（7.4.2-2）左端可分为两项来理解，其中：$\dfrac{\gamma_0 N}{\varphi A}$ 项为立杆轴向力产生的立杆应力值；$\dfrac{\gamma_0 M_w}{W}$ 项为立杆在风荷载作用下产生的应力值。实际上，立杆的最大轴力和最大风荷载弯矩并不发生在同一位置，前者发生在架体底部，而后者发生在架体最顶部。在确保安全的条件下，为简化计算，有风荷载时立杆稳定计算形式上采用式（7.4.2-2），但轴力取立杆最底部的最大轴力，弯矩取顶部立杆段的最大风荷载作用弯矩。

3. 立杆计算长度

双排脚手架立杆计算长度应按下式计算：

$$l_0 = k\mu h \qquad\qquad (7.4.2\text{-}10)$$

式中：k——立杆计算长度附加系数，取1.155，当验算立杆允许长细比时，取1.000；

μ——立杆计算长度系数，当连墙件设置为二步三跨时，取1.55；当连墙件设置为三步三跨时，取1.75；

h——步距。

特殊约束条件下的受压杆件的计算长度取值可按附录E采用。

4. 连接点承载力计算

特殊工况下，需进行脚手架连接点的承载力计算，如采用碗扣式钢管脚手架搭设塔架，当采用整体吊装方式转移位置时，提升中的架体立杆连接头承受拉力，此时立杆连接头应进行受拉计算；又如，当连墙件采用专用杆件通过碗扣接头与架体相连时，风荷载

作用下，连墙件与架体的连接节点受到风荷载拉力或压力，此时应进行节点水平向抗拉或抗压承载力计算。

双排脚手架杆件连接节点承载力应符合下式要求：

$$\gamma_0 F_J \leqslant F_{JR} \tag{7.4.2-11}$$

式中：F_J——作用于脚手架杆件连接节点的荷载设计值；

F_{JR}——脚手架杆件连接节点的承载力设计值，根据计算工况和部位，按表 7.2.6-2 采用。

5. 连墙件计算

连墙件是确保双排脚手架平面外稳定性的重要部件，连墙件设置不足或连墙件任意拆除是导致双排脚手架坍塌的重要原因，因此，各脚手架安全技术规范均应将连墙件作为双排脚手架的重要计算部分。双排脚手架连墙件主要需计算三项内容：连墙件的抗拉（压）强度、抗压稳定承载力、连接强度。

1）双排脚手架连墙件杆件的强度及稳定性应符合下列公式要求：

（1）强度：

$$\frac{\gamma_0 N_L}{A_n} \leqslant 0.85 f \tag{7.4.2-12}$$

（2）稳定性：

$$\frac{\gamma_0 N_L}{\varphi A} \leqslant 0.85 f \tag{7.4.2-13}$$

$$N_L = N_{Lw} + N_0 \tag{7.4.2-14}$$

$$N_{Lw} = 1.4 w_k L_c H_c \tag{7.4.2-15}$$

式中：N_L——连墙件轴力设计值（N）；

N_{Lw}——连墙件由风荷载产生的轴力设计值（N）；

N_0——连墙件约束脚手架平面外变形所产生的轴力设计值（N），取 3.0kN；

A_n——连墙件的净截面面积（mm^2）；

A——连墙件的毛截面面积（mm^2）；

φ——轴心受压构件的稳定系数，根据其长细比和钢材等级查规范对应表格取值；

L_c——连墙件间水平投影距离（mm）；

H_c——连墙件间竖向垂直距离（mm）；

f——连墙件钢材的强度设计值（N/mm^2）。

连墙件杆件可简化为轴心受力构件进行计算，由于连墙件可能偏心受力，或可能有少量的弯矩、扭矩作用，故在公式的右端对强度设计值乘以 0.85 的折减系数，以考虑这一不利因素。对计算中的"连墙件约束脚手架平面外变形所产生的轴力 N_0"取值说明如下：

为防止双排脚手架的平面外失稳，连墙件应能承受架体平面外变形所产生的连墙件轴向力。此外，连墙件还应能承受施工荷载偏心作用所产生的水平力。该约束力的计算可参照现行国家标准《钢结构设计规范》GB 50017 中规定的"用作减小受压构件（柱）自由长度的支撑"的支撑点轴力的计算方法：

用作减小受压构件（柱）自由长度的支撑，当其轴线通过被支撑构件截面剪心时，沿被撑构件屈曲方向的支撑力应按下列公式计算：

单根立柱设置 m 道等间距（或间距不等但与平均间距相比相差不超过 20%）支撑时，各支撑点的支撑力计算公式为：

$$F_{bm} = \frac{N}{30(m+1)} \tag{7.4.2-16}$$

被支撑的构件为 n 根柱组成的柱列，在柱高度中央附近设置一道支撑时，支撑力计算公式为：

$$F_{bn} = \frac{\sum N_i}{60}\left(0.6 + \frac{0.4}{n}\right) \tag{7.4.2-17}$$

式中：F_{bn} ——n 根立柱组成的柱列在柱高度中央附近设置一道支撑时各支撑点的支撑力设计值；

$\sum N_i$ ——被支撑立柱同时存在的轴心压力设计值之和。

借鉴以上计算规定，考虑我国长期工程经验，连墙件约束双排脚手架平面外变形所产生的轴力 N_0 为 3kN。

2）双排脚手架连墙件与架体、连墙件与建筑结构连接的承载力应符合下式要求：

$$\gamma_0 N_L \leqslant N_{LR} \tag{7.4.2-18}$$

式中：N_L ——连墙件轴力设计值；

N_{LR} ——连墙件与双排脚手架、连墙件与建筑结构连接的抗拉（压）承载力设计值，根据连接方式按国家现行相应标准规定计算。当采用焊接或螺栓连接的连墙件时，对焊缝和螺栓应按现行国家标准《冷弯薄壁型钢结构技术规范》GB 50018 的规定计算；当连墙件与混凝土中的预埋件连接时，预埋件尚应按现行国家标准《混凝土结构设计规范》GB 50010 的规定计算；当采用碗扣产品的专用连墙件时，连墙件与架体的连接承载力按表 7.2.6-2 采用。

7.4.3 双排脚手架允许搭设高度

双排脚手架允许搭设高度的确定，分为不组合风荷载和组合风荷载两种情况。脚手架架体和附件的自重与搭设高度成正比，脚手架如果搭设过高将大大降低架体的整体稳定性。双排脚手架的允许搭设高度是由最不利立杆单肢承载力（应为立杆最下段）来确定，与施工荷载及同时作业层数、脚手板铺设层数、立杆纵向与横向间距及步距、连墙件间距及风荷载等因素有关。工程中应按照实际情况通过结构计算的结果确定才能保证安全。

双排脚手架允许搭设高度应按下列公式计算，并应取较小值：

1）不考虑风荷载参与组合时：

$$[H] = \frac{\varphi A f - (1.2N_{G2k} + 1.4N_{Qk})}{1.2g_k} \tag{7.4.3-1}$$

2）考虑风荷载参与组合时：

$$[H] = \frac{\varphi A f - \left[1.2N_{G2k} + 0.9\times1.4\left(N_{Qk} + \frac{M_{wk}}{W}\varphi A\right)\right]}{1.2g_k} \tag{7.4.3-2}$$

式中：$[H]$——双排脚手架允许搭设高度（mm）；

g_k——立杆承受的每延米结构自重标准值（N/mm），可按表 6.3.1-2 采用；

N_{G2k}——由脚手架附件（脚手板、挡脚板、栏杆、安全立网）自重产生的轴向力标准值（N），按式（7.4.2-6）计算；

N_{Qk}——立杆由施工荷载产生的轴力标准值（N），按式（7.4.2-7）计算；

M_{wk}——双排脚手架计算立杆段由风荷载作用产生的弯矩标准值（N·mm），应按式（7.4.2-8）、式（7.4.2-9）计算。

英国标准将按容许应力法计算出的搭设高度 $[H]$ 乘以搭设高度系数 $K_H = \dfrac{1}{1+0.005[H]}$（$K_H$ 为《编制建筑施工脚手架安全技术标准的统一规定》（建标 [1993] 062 号）给出的符号）后作为双排脚手架的实用最大搭设高度 $H_{max} = \dfrac{[H]}{1+0.005[H]}$（分母中 $[H]$ 以 m 计，但为无量纲），在我国的脚手架规范中不再考虑 K_H。

立杆计算高度并无单独的计算公式，只是在立杆稳定性计算公式中，将搭设高度 H 定为未知数，通过公式变换而来。有风荷载组合时，式（7.4.2-2）并未解耦，因为 M_{wk} 的计算中与风荷载有关，而风荷载标准值又强烈依赖于架体的搭设高度，实际计算中，在保证安全的条件下，为便于计算，可取高度 50m 处的风荷载进行计算。

工程实际中，当进行立杆稳定性计算后，按照式（7.4.2-1）、式（7.4.2-2）计算双排脚手架的允许搭设高度并无实际意义，因为立杆稳定性验算和允许搭设高度是根据同一公式进行计算的，只是公式做了变换，只是前者以"容许"应力表达，而后者采用"容许"高度的形式表达。进行允许搭设高度计算的实际意义在于确定常用的搭设条件下的双排脚手架的允许搭设高度，将其列成实用表格，工程应用中，只要满足表格中常用的搭设尺寸，且其高度未超过表中的允许搭设高度，则不必进行架体的稳定性计算。

7.5 满堂支撑架设计计算

7.5.1 满堂支撑架荷载传递及计算简图

1. 荷载传递方式

从架体构造上而言，满堂支撑架的计算模型要比双排脚手架简单。满堂支撑架可视为空间半刚性框架，作业层荷载通过模板传递至次楞，次楞进一步传递至主楞，主楞通过可调托撑传至立柱（图 7.5.1-1）。规范要求作业层上荷载必须通过可调托撑轴心传递至立杆（图 7.5.1-2），水平杆和斜杆并不受到荷载作用，而仅起到对立杆的侧向支撑作用。

模板支撑架顶部施工荷载通过可调托撑轴心传递给立杆，此种情况下，水平杆不需要进行承载力和变形计算。但在梁板结构的支模体系中，楼板的荷载，以及当梁截面较小时，梁的施工荷载往往通过水平钢管，借助于扣件传递至梁侧板下立杆中（图 7.5.1-3）。这种情况下，由于水平杆通过扣件将竖向荷载传至立杆，水平杆和竖向立杆不在同一平面内，竖向荷载存在 53mm 的偏心，严格来讲这种传力模式在高大模板支撑体系中是不允许的。

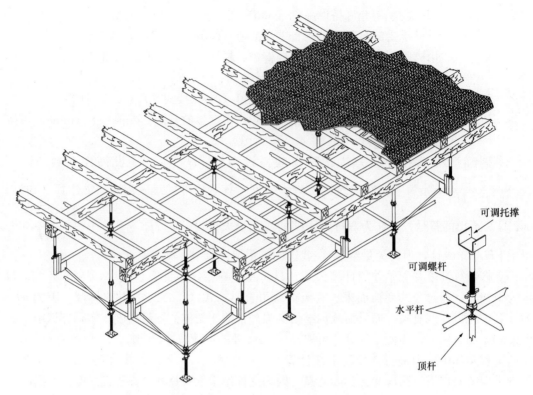

图 7.5.1-1　满堂模板支撑架示意图

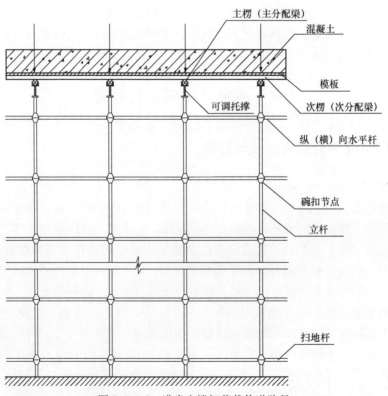

图 7.5.1-2　满堂支撑架荷载传递路径

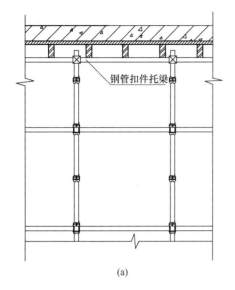
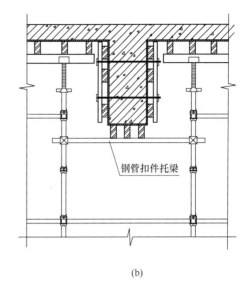

(a)　　　　　　　　　　　　　　　　　(b)

图 7.5.1-3　钢管扣件偏心受力模式

（a）板支模；（b）梁支模

国家标准《混凝土结构工程施工规范》GB 50666—2011 规定，当采用钢管扣件偏心传递模板支撑架作业层荷载时，立杆应按照表小于 50mm 的偏心距进行承载力验算，高大模板支架的立杆应考虑不小于 100mm 的偏心距进行承载力验算。此时还应参照双排脚手架关于水平杆的计算规定对水平杆进行承载力（分由永久荷载控制的组合和由可变荷载控制的组合两种情况）和变形进行计算，并对节点连接承载力进行计算。

截面尺寸较小的梁，但其下部不设置支撑立杆时，为解决其水平托梁向立杆传力时存在偏心距的影响，可采用图 7.5.1-4 所示的轴心传力扣件，水平托梁的力总是对称出现在立杆的两侧，有效消除偏心弯矩。采用碗扣式钢管脚手架的专用支模悬挑托架亦是一种解决方案（图 7.5.1-5）。

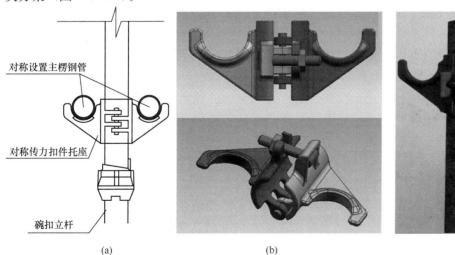

对称设置主楞钢管

对称传力扣件托座

碗扣立杆

(a)　　　　　　　　　　　(b)　　　　　　　　　　　(c)

图 7.5.1-4　水平托梁轴心传力扣件

（a）托座扣件传力图；（b）轴心传力扣件大样图；（c）轴心传力扣件实物

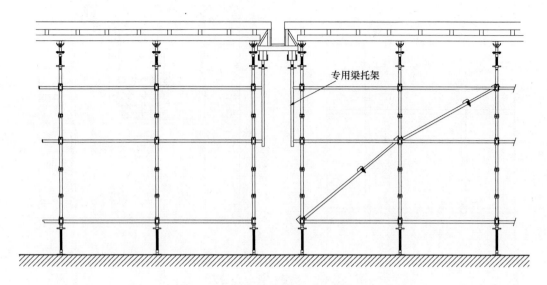

图 7.5.1-5 专用支模悬挑托架传力

2. 计算简图

满堂支撑架是一个杆件数量较多的空间超静定结构，考虑其空间失稳进行准确计算难度较大。为便于工程应用，选定的计算方法应力求简单、准确、可靠。由于受力形态上满堂支撑架以立杆轴心受压为主，架体整体失效形态体现为架体的整体失稳，因此最为简单的架体计算模型为：以单立杆的轴心受压失稳反应架体的整体失稳。在表达形式上，满堂支撑架的立杆稳定性计算公式同双排脚手架，均采用立杆计算长度系数反映立杆的稳定性，但实质上是对满堂支撑架整体稳定性计算。

应注意的是，规范给出的立杆计算长度表达式较为简单，仅有高度影响系数 k 和立杆计算长度系数 μ，且 μ 为常数，与架体的步距、立杆间距、斜杆设置方式等具体的构造参数无直接关系。这是行业标准《建筑施工碗扣式钢管脚手架安全技术规范》JGJ 166—2016 对满堂支撑架整体稳定性的整体解决理念，即要求架体严格满足一定的构造要求（如最大立杆间距、最大架体步距、最大斜杆间距、最大高宽比、立杆顶部自由外伸长度等），在满足这些基本构造要求的框架范围内，在充分的试验数据样本条件下，通过承载力包络线理论，得到表达形式简单、计算值包得住试验承载力的立杆计算长度表达式。也就是说，计算形式虽然简单，但其前提条件是与计算相配套的约束条件和构造措施必须跟得上，比如：碗扣件质量必须满足国家标准《碗扣式钢管脚手架构件》GB 24911 的规定，只有达到该条件（即节点转动刚度能达到 20kN·m/rad），立杆间距对架体稳定性的影响才能忽略不计。又如，只有按照规范要求设置了立面斜杆，且斜杆间距及每道斜杆所在立面的间隔距离不超过规范的最低要求，立杆计算长度系数才能统一取 $\mu = 1.1$。通俗理解，碗扣式钢管满堂支撑架的构造要求是设计计算公式的必要组成部分或附加条件。

在满足规范对满堂支撑架基本构造约束条件下，整体失稳是满堂支撑架的主要破坏形式。整体破坏时，架体呈现出沿着刚度较弱方向大波鼓曲现象（图 7.5.1-6a）。计算中可选取代表性的立面计算单元进行计算（图 7.5.1-6b），进一步地选取最不利的立杆进行计算（图 7.5.1-6c）。图 7.5.1-6c 即为满堂支撑架的最简化的计算模型，将杆件数量众多的满堂支撑架，在满足规范构造要求的前提条件下，简化为轴心受压冷弯薄壁钢构件。架体杆件的空间整体作用被等效为图 7.5.1-6c 中各水平杆对计算立杆的弹性约束，弹性约束的强弱体现在计算立杆的计算长度系数 k 和 μ 中。

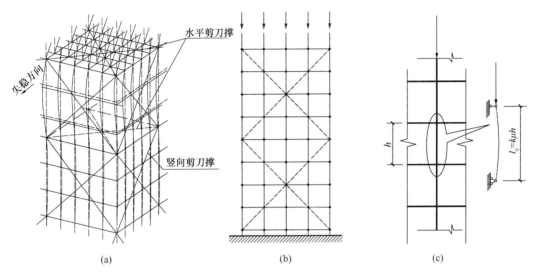

图 7.5.1-6　脚手架计算简图及空间失稳模态
(a) 脚手架空间失稳模态；(b) 脚手架平面计算模型；(c) 单立杆计算模型

虽然规范的构造要求主要是围绕架体的整体失稳时提出的，但在工程实际中，在架体的局部构造薄弱环节，仍可能会出现立杆的局部失稳。规范要求对可能出现的局部薄弱的立杆段（最大步距、最大立杆间距、集中荷载作用范围、水平杆错层部位等的立杆）进行稳定性计算。

7.5.2　水平受弯构件计算

满堂支撑架作业层顶部的施工荷载通过模板、次楞、主楞传递至可调托撑，设置门洞的满堂架，门洞上部的荷载通过门洞转换横梁将上部荷载转换至横梁边立柱。因此满堂支撑架应根据实际荷载状况和几何参数进行上述水平构件计算，计算中应符合下列原则：

1. 模板可取单位宽度的板带单元，按照 3 跨连续梁进行抗弯承载力和挠曲变形计算。

2. 主楞（主分配梁）、次楞（次分配梁），当跨数大于或等于按 3 跨连续梁进行计算，跨数为 2 跨时按 2 跨连续梁进行计算，单跨时按简支梁进行计算，但应充分考虑端部悬挑端（图 7.5.2）的影响，并进行悬挑部分本身的承载力和变形计算。

3. 门洞转换横梁应考虑照门洞跨数和横梁的接长形式、接头位置，按照简支梁或连续梁进行承载力和变形计算。

4. 水平受弯杆件的计算可按附录 E 的静力计算表格采用，常用的分配梁截面特性可按照附录 B 采用。

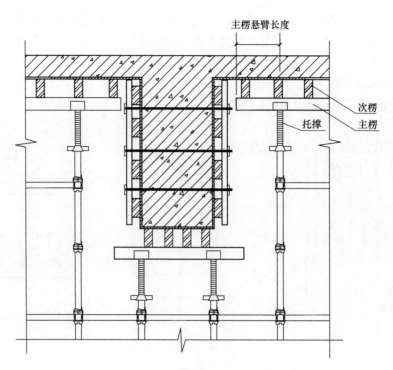

图 7.5.2　主楞悬臂长度示意图

7.5.3　立杆稳定性计算

1. 立杆稳定性计算公式

　　碗扣式钢管满堂支撑架立杆稳定承载力计算，按室内或无风环境搭设和室外搭设两种不同工况分别单独计算。室内或无风环境搭设的满堂支撑架不需组合风荷载值，室外搭设的满堂支撑架应组合风荷载值。因是两种不同工作环境下的满堂支撑架，所以需单独计算其各自的立杆稳定承载力。满堂支撑架立杆稳定性验算应符合下列规定：

　　1）当无风荷载时，按下式进行验算：

$$\frac{\gamma_0 N}{\varphi A} \leqslant f \qquad (7.5.3-1)$$

　　2）当有风荷载时，应分别按下列两式验算，并应同时满足稳定性要求：

$$\frac{\gamma_0 N}{\varphi A} \leqslant f \qquad (7.5.3-2)$$

$$\frac{\gamma_0 N}{\varphi A} + \frac{\gamma_0 M_{\mathrm{w}}}{W} \leqslant f \qquad (7.5.3-3)$$

式中：N——立杆的轴力设计值（N）；

　　　φ——轴心受压构件的稳定系数，根据立杆长细比 λ，按附录 F 取值；

　　　λ——长细比，$\lambda = \dfrac{l_0}{i}$；

　　　l_0——立杆计算长度（mm）；

　　　i——截面回转半径（mm）；

A——立杆的毛截面面积（mm^2）；

W——立杆的截面模量（mm^3）；

M_w——立杆由风荷载产生的弯矩设计值（N·mm）；

f——钢材的强度设计值（N/mm^2）。

经理论分析表明，支撑脚手架在水平风荷载的作用下，立杆产生的最大附加轴向力与最大弯曲应力不发生在同一个位置，可视为不同时出现在所选择的计算单元内，因此，在上述风荷载组合计算时，应分别进行组合计算。

2. 立杆轴力计算工况

1）当无风荷载时，立杆的轴力设计值应按式（7.5.3-4）、式（7.5.3-5）分别计算，并应取较大值；

2）当有风荷载时，立杆的轴力设计值和弯矩设计值应符合下列规定：

（1）当按式（7.5.3-2）计算时，立杆的轴力设计值应按式（7.5.3-6）、式（7.5.3-7）分别计算，并应取较大值。

（2）当按式（7.5.3-3）计算时，立杆的轴力设计值应按式（7.5.3-4）、式（7.5.3-5）分别计算，并应取较大值。

3. 立杆轴力设计值计算公式

1）不组合由风荷载产生的附加轴力时，应按下列公式计算：

（1）由可变荷载控制的组合：

$$N = 1.2(\Sigma N_{Gk1} + \Sigma N_{Gk2}) + 1.4 N_{Qk} \tag{7.5.3-4}$$

（2）由永久荷载控制的组合：

$$N = 1.35(\Sigma N_{Gk1} + \Sigma N_{Gk2}) + 1.4 \times 0.7 N_{Qk} \tag{7.5.3-5}$$

2）组合由风荷载产生的附加轴力时，应按下列公式计算：

（1）由可变荷载控制的组合：

$$N = 1.2(\Sigma N_{Gk1} + \Sigma N_{Gk2}) + 1.4(N_{Qk} + 0.6 N_{wk}) \tag{7.5.3-6}$$

（2）由永久荷载控制的组合：

$$N = 1.35(\Sigma N_{Gk1} + \Sigma N_{Gk2}) + 1.4(0.7 N_{Qk} + 0.6 N_{wk}) \tag{7.5.3-7}$$

式中：ΣN_{Gk1}——立杆由架体结构及附件自重产生的轴力标准值总和；

ΣN_{Gk2}——模板支撑架立杆由模板及支撑梁自重和混凝土及钢筋自重产生的轴力标准值总和；

N_{Qk}——立杆由施工荷载产生的轴力标准值；

N_{wk}——满堂支撑架立杆由风荷载产生的最大附加轴力标准值。

4. 立杆计算长度

碗扣式钢管模板支撑架立杆轴心受压稳定系数，应根据立杆计算长度确定的长细比，按附录 F 取值。立杆计算长度应按下式计算：

$$l_0 = k\mu(h + 2a) \tag{7.5.3-8}$$

式中：h——步距；

a——立杆伸出顶层水平杆长度，可按 650mm 取值。当 $a=200mm$ 时，取 $a=650mm$ 对应承载力的 1.2 倍；当 $200mm < a < 650mm$ 时，承载力可按线性插入；

μ——立杆计算长度系数，步距为 0.6m、1.0m、1.2m、1.5m 时，取 1.1；步距为

1.8m、2.0m 时，取 1.0；

注：当立杆采用 Q235 级材质钢管，且步距为 0.6m、1.2m，立杆间距为 0.3m×0.3m 时，架体支撑的混凝土构件厚度不应超过 4m，或将立杆最小计算面积取为 0.3m×0.6m。

k——立杆计算长度附加系数，按表 7.5.3-1 采用。

模板支撑架立杆计算长度附加系数　　　　　　　　　　表 7.5.3-1

架体搭设高度 H (m)	$H \leqslant 8$	$8 < H \leqslant 10$	$10 < H \leqslant 20$	$20 < H \leqslant 30$
k	1.155	1.185	1.217	1.291

注：当验算立杆允许长细比时，取 $k=1.000$。

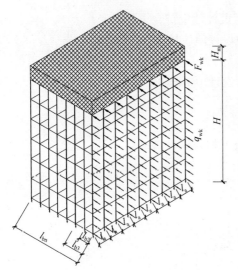

图 7.5.3-1　风荷载作用示意图

5. 风荷载倾覆力矩计算

满堂支撑架由风荷载作用而产生的倾覆力矩，是风对满堂支撑架的整体作用，一是风对满堂支撑架上部竖向封闭栏杆或模板的作用；二是风对架体的作用。风荷载作用下倾覆力矩是计算立杆附加轴力以及进行架体抗倾覆验算的先决条件。满堂支撑架在风荷载作用下的计算示意图如图 7.5.3-1 所示。为计算方便，取满堂支撑架一列横向计算单元作为计算单元（图 7.5.3-2）。

平面计算单元的倾覆力矩标准值按下列公式计算：

$$M_{\text{Tk}} = \frac{1}{2} H^2 \cdot q_{\text{wk}} + H \cdot F_{\text{wk}} \quad (7.5.3-9)$$

$$q_{\text{wk}} = l_a \cdot w_{\text{fk}} \quad (7.5.3-10)$$

$$F_{\text{wk}} = l_a \cdot H_m \cdot w_{\text{mk}} \quad (7.5.3-11)$$

式中：M_{Tk}——满堂支撑架计算单元在风荷载作用下的倾覆力矩标准值（N·mm）；

q_{wk}——风荷载作用在满堂支撑架计算单元的架体范围内的均布线荷载标准值（N/mm）；

F_{wk}——风荷载作用在模板支撑架计算单元的竖向栏杆围挡（模板）范围内产生的水平集中力标准值（N），作用在架体顶部；

H——架体搭设高度（mm）；

l_a——立杆纵向间距（mm）；

w_{fk}——满堂支撑架架体风荷载标准值（N/mm²），以多榀平行桁架整体风荷载体型系数 μ_{stw} 计算；

w_{mk}——模板支撑架竖向栏杆围挡（模板）的风荷载标准值（N/mm²），其中封闭栏杆（含安全网）体型系数 μ_s 宜取 1.0；模板体型系数 μ_s 宜取 1.3；

H_m——模板支撑架顶部竖向栏杆围挡（模板）的高度（mm），当钢筋未绑扎时，顶部只计算安全网的挡风面积；当钢筋绑扎完毕，已安装完梁板模板后，应将安全立网和侧模两个挡风面积分别计算，取大值。

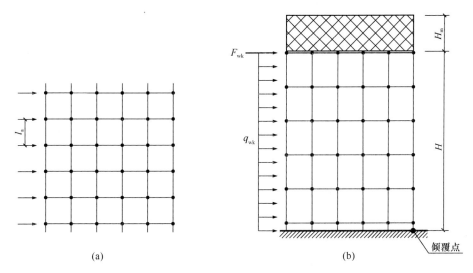

图 7.5.3-2 风荷载沿架体横向计算单元作用示意图
（a）平面图；（b）立面图

6. 风荷载产生的附加轴力计算公式

立杆在风荷载作用下产生的附加轴向力，可作如下理解：满堂支撑架在水平风荷载的作用下，使满堂架的架体和竖向栏杆（模板）分别产生一个水平力，两个水平力共同作用使架体产生了顺风向倾覆力矩，满堂支撑架为抵抗倾覆力矩，在立杆内产生了对应的拉、压轴力，这些轴力形成了相应的力偶矩，并在架体迎风面立杆中引起轴力减小，背风面立杆轴力增大（图 7.5.3-3a）。架体的立杆距倾覆圆点的距离不同，其相应的轴力值也不同，架体倾覆圆点连线处的轴力最大，此轴力即为立杆在风荷载作用下产生的最大附加轴向力（图 7.5.3-3b）。在风荷载的作用下，计算单元立杆产生的附加轴向力值是近似（看作是）按线性分布的，因为满堂支撑架有竖向剪刀撑或斜杆等杆件作用，剪力滞效应使立杆产生的轴向力分布比较复杂。规范中为了使计算方便、简化，给出了满堂支撑架立杆在风荷载作用下的最大附加轴向力标准值计算公式。应该说明的是，这个公式计算的结果是一个近

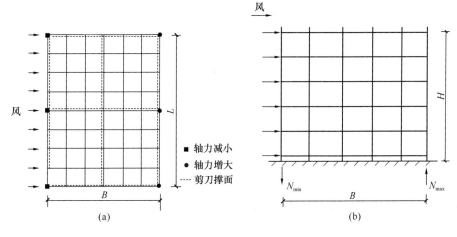

图 7.5.3-3 风荷载作用立杆轴力变化示意图
（a）立杆轴力变化趋势；（b）立杆最大轴力位置

似值。

满堂支撑架在风荷载作用下，立杆产生的附加轴力（图 7.5.3-4）可根据计算单元的倾覆力矩，按线性分布确定（平截面假定），并可按下式计算立杆最大附加轴力标准值：

$$N_{wk} = \frac{6n}{(n+1)(n+2)} \cdot \frac{M_{Tk}}{B} \tag{7.5.3-12}$$

式中：N_{wk}——满堂支撑架立杆由风荷载产生的最大附加轴力标准值（N）；

　　　n——满堂支撑架计算单元立杆跨数；

　　　M_{Tk}——满堂支撑架计算单元在风荷载作用下的倾覆力矩标准值（N·mm）；

　　　B——满堂支撑架横向宽度（mm）。

7. 风荷载弯矩计算公式

风荷载作用于满堂支撑架，迎风面立杆将产生弯矩。对于有斜向支撑（剪刀撑）的满堂支撑架体系，假定风荷载作用下立杆节点无侧向位移，可将立杆作为竖向连续梁，其弯矩分布如图 7.5.3-5 所示。

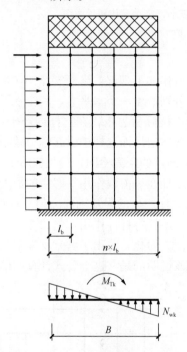

图 7.5.3-4　风荷载作用下立杆附加轴力分布示意图

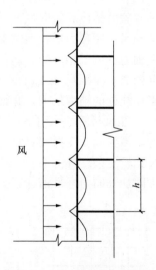

图 7.5.3-5　风荷载作用下立杆节间弯矩图

满堂支撑架立杆由风荷载产生的弯矩设计值按下式计算：

$$M_w = 1.4 \times 0.6 M_{wk} \tag{7.5.3-13}$$

式中：M_w——立杆由风荷载产生的弯矩设计值（N·mm）；

　　　M_{wk}——立杆由风荷载产生的弯矩标准值（N·mm）；

立杆由风荷载产生的弯矩标准值按下式计算：

$$M_{wk} = \frac{l_a w_k h^2}{10} \tag{7.5.3-14}$$

式中：l_a——立杆纵向间距（mm）；

　　　w_k——风荷载标准值（N/mm²），以单榀桁架风荷载体型系数 μ_{st} 算；

　　　h——步距（mm）。

8. 不考虑风荷载作用引起立杆附加轴力的条件

国家标准《建筑施工脚手架安全技术统一标准》GB 51210—2016 规定：除混凝土模板支撑架以外，室外搭设的支撑架在立杆轴向力设计值计算时，应计入由风荷载产生的立杆附加轴向力，但当同时满足表 7.5.3-2 中某一序号条件时，可不计入由风荷载产生的立杆附加轴向力。

满堂支撑架可不计算由风荷载产生的立杆附加轴向力条件　　　表 7.5.3-2

序号	基本风压值 w_0 （kN/m²）	架体高宽比 （H/B）	作业层上竖向封闭栏杆（模板）高度 （m）
1	≤0.2	≤2.5	≤1.2
2	≤0.3	≤2.0	≤1.2
3	≤0.4	≤1.7	≤1.2
4	≤0.5	≤1.5	≤1.2
5	≤0.6	≤1.3	≤1.2
6	≤0.7	≤1.2	≤1.2
7	≤0.8	≤1.0	≤1.2
8	按构造要求设置了连墙件或采取了其他防倾覆措施		

表 7.5.3-2 中提出的不计入由风荷载产生的立杆附加轴向力的条件，是按序号分别独立的。只要施工现场所搭设的满堂支撑架分别同时满足某一个序号所列基本风压值、架体高宽比、作业层上竖向封闭栏杆（模板）高度这三个条件，即可不计入风荷载产生的支撑脚手架立杆附加轴向力。其中：设置了连墙件或采取了其他防倾覆措施，即可消除风荷载作用下的立杆附加轴向力，也可增强架体抗倾覆能力。当满堂支撑架符合序号 1～7 所列情况时，经分析计算风荷载产生的立杆附加轴向力较小，可不计入。应注意的是附加轴向力受架体高宽比影响较大，在其他条件无变化的情况下，附加轴向力随架体高宽比变化比较明显。

在上述规定基础上，对于碗扣式钢管满堂模板支撑架而言，当符合下列条件之一时，模板支撑架立杆可不计入由风荷载产生的附加轴力标准值：

1）独立架体高宽比不大于 3，且作业层上竖向栏杆围挡（模板）高度不大于 1.2m。

2）架体按规范的构造要求与既有建筑结构进行了可靠连接。

3）采取了其他防倾覆措施。

只要满足上述其中任意一个条件，碗扣式钢管满堂模板支撑架计算中可不计入由风荷载产生的立杆附加轴力，三个条件的含义为：

1）第一个条件为架体高宽比限值和架体顶部竖向栏杆围挡（模板）高度限值的条件，符合该条件时，风荷载在架体中产生的立杆附加轴力很小，对立杆稳定性影响不大。

2）第二个条件为按照规范构造要求设置了周边和内部的连墙件。

3）第三个条件为采取了其他有效的防倾覆措施。

采取了后两个条件后，风荷载已被传递到周边或内部结构构件，从而有效降低了立杆中的附加轴力。但应注意的是，架体满足不考虑风荷载产生的附加轴力条件后，虽然可不计入立杆轴力的增大，应当考虑风荷载直接作用于立杆上产生的弯矩（按单榀桁架体形系

数 μ_{st} 计算体形系数）。

7.5.4 悬挑与跨空支撑结构计算

1. 悬挑支撑结构

采用碗扣式钢管脚手架搭设悬挑支撑结构（图 7.5.4-1）时，应分别对其悬挑部分、

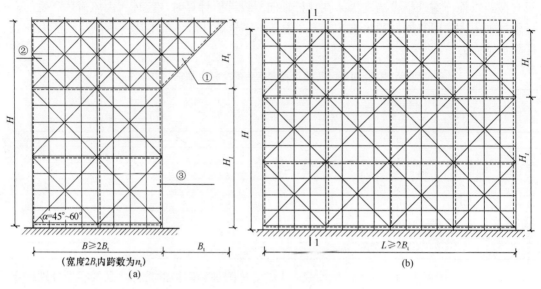

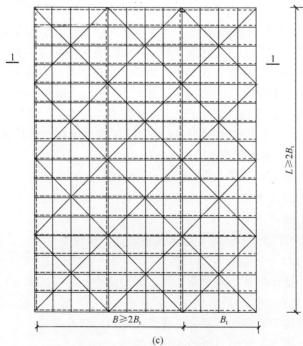

图 7.5.4-1 悬挑支撑结构示意图
（a）侧立面图（1-1 剖面图）；（b）正立面图；（c）平面图
①—悬挑部分；②—平衡段；③—落地部分
注：虚线表示垂直于图面的剪刀撑或斜杆。

落地部分和平衡段进行设计计算与构造设计。

1) 悬挑部分

悬挑部分可通过控制其竖向荷载代替杆件承载力计算。悬挑部分竖向荷载设计值 p_t 应符合下式要求：

$$p_t \leqslant p_{t,max} \tag{7.5.4-1}$$

式中：p_t——悬挑部分竖向荷载设计值（含悬挑部分自重）（kN/m²）；

$p_{t,max}$——悬挑部分的竖向荷载限值（kN/m²），按表 7.5.4-1 采用

悬挑部分的竖向荷载限值 $p_{t,max}$　　　表 7.5.4-1

B_t(m)	$l_a \times l_b$(m×m)	$p_{t,max}$(kN/m²)
2.4	0.6×0.6	40
	0.9×0.9	22
	1.2×1.2	14
4.8	0.6×0.6	20
	0.9×0.9	11
	1.2×1.2	7

注：1　本表适用于钢管截面尺寸为 $\phi48 \times 3.5$ 的悬挑支撑结构。

2　表示 $p_{t,max}$ 是竖向外荷载和悬挑部分自重之和的限值。

3　本表适用于悬挑部分通过杆件直接传力的情况，不适用于通过扣件抗滑传力的情况。

4　表中字母含义为：

B_t——悬挑部分长度；

l_a、l_b——悬挑部分杆件的纵向、横向间距。

2) 落地部分

落地部分按照满堂支撑架进行稳定性计算即可，稳定性验算时应计入悬挑部分承受竖向荷载的倾覆力矩引起的附加轴力，总高度应取支撑结构的高度 H。附加轴力设计值 N_t 按下式计算：

$$N_t = \eta_t \cdot p_t \cdot l_a \cdot B_t \tag{7.5.4-2}$$

式中：η_t——悬挑支撑结构的附加轴力计算系数，按表 7.5.4-2 取值。

l_a——悬挑部分杆件纵向间距（mm）；

p_t——悬挑部分架体的线荷载设计值（N）；

B_t——悬挑部分长度（mm）。

悬挑支撑结构的附加轴力计算系数 η_t　　　表 7.5.4-2

n_t	4	8	12	16	20	24	28
η_t	0.75	0.45	0.32	0.25	0.20	0.17	0.15

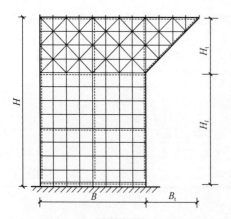

图 7.5.4-2 悬挑支撑结构剖面图

3）平衡段

平衡段需满足满堂支撑架的构造要求，还应增设剪刀撑或斜杆，使沿悬挑方向的每排杆件形成桁架，平衡段的顶层与底层应设置水平剪刀撑或满布斜杆（图 7.5.4-2）。

4）悬挑支撑结构构造要求（图 7.5.4-1）

（1）悬挑支撑结构的悬挑长度 B_t 不宜超过 4.8m；

（2）落地部分宽度 B 不应小于悬挑长度 B_t 的 2 倍；

（3）支撑结构纵向长度 L 不应小于悬挑长度 B_t 的 2 倍；

（4）悬挑部分沿悬挑方向的每排杆件应形成桁架。悬挑部分的顶层及悬挑斜面应设置水平剪刀撑或满布斜杆；

（5）使用前宜进行荷载试验。

2. 跨空支撑架构

采用碗扣式钢管脚手架搭设跨空支撑结构（图 7.5.4-3）时，应分别对其跨空部分、落地部分和平衡段进行设计计算与构造设计。

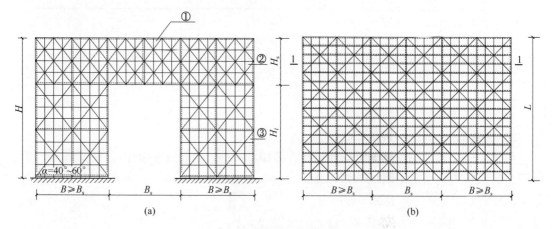

图 7.5.4-3 跨空支撑结构示意图

（a）立面图；（b）平面图

①—跨空部分；②—平衡段；③—落地部分

注：虚线表示垂直于图面的剪刀撑或斜杆。

1）跨空部分

跨空部分可通过控制其竖向荷载代替杆件承载力计算。跨空部分竖向荷载设计值 p_s 应符合下式要求：

$$p_s \leqslant p_{s,\max} \qquad (7.5.4-3)$$

式中：p_s——跨空部分竖向荷载设计值（含跨空部分自重）（kN/m²）；

$p_{s,\max}$——跨空部分的竖向荷载限值（kN/m²），按表 7.5.4-3 采用。

跨空部分的竖向荷载限值 $p_{s,max}$　　　　　　　表 7.5.4-3

B_s(m)	H_s(m)	$l_a \times l_b$(m×m)	$p_{s,max}$(kN/m²)
4.8	1.2	0.6×0.6	17
		0.9×0.9	7
	2.4	0.6×0.6	29
		0.9×0.9	11
		1.2×1.2	6
7.2	2.4	0.6×0.6	20
		0.9×0.9	7
7.2	3.6	0.6×0.6	30
		0.9×0.9	12
		1.2×1.2	5
	4.8	0.6×0.6	42
		0.9×0.9	16
		1.2×1.2	7
9.6	3.6	0.6×0.6	24
		0.9×0.9	10
	4.8	0.6×0.6	30
		0.9×0.9	11
		1.2×1.2	5
	6	0.6×0.6	38
		0.9×0.9	14
		1.2×1.2	7

注：1 本表适用于钢管截面尺寸为 $\phi 48 \times 3.5$ 的跨空支撑结构。
　　2 表中 $p_{s,max}$ 是竖向外荷载和跨空部分自重之和的限值。
　　3 本表适用于跨空部分通过杆件直接传力的情况，不适用于通过扣件抗滑传力的情况。
　　4 表中字母含义为：
　　　　B_s——跨空部分跨度；
　　　　H_s——跨空部分高度；
　　　　l_a、l_b——跨空部分杆件的纵向、横向间距。

2）落地部分

落地部分按照满堂支撑架进行稳定性计算即可，稳定性验算时应计入跨空部分承受竖向荷载的倾覆力矩引起的附加轴力，总高度应取支撑结构的高度 H。附加轴力设计值 N_s 按下式计算：

$$N_s = \eta_s \cdot p_s \cdot l_a \cdot B_s \qquad (7.5.4-4)$$

式中：η_s——跨空支撑结构的附加轴力计算系数，按表 7.5.4-4 取值。

　　　l_a——跨空部分杆件纵向间距（mm）；

　　　p_s——跨空部分架体的线荷载设计值（N）；

　　　B_s——跨空部分跨度（mm）；

　　　n_s——落地部分靠近跨空部分宽度 B_s 内立杆跨数。

跨空支撑结构的附加轴力计算系数 η_s 表 7.5.4-4

n_s	4	8	12	16	20	24	28
η_s	0.33	0.20	0.14	0.11	0.09	0.08	0.07

3）平衡段

平衡段需满足满堂支撑架的构造要求，还应增设剪刀撑或斜杆，使沿跨空方向的每排杆件形成桁架，平衡段的顶层与底层应设置水平剪刀撑或满布斜杆（图 7.5.4-4）。

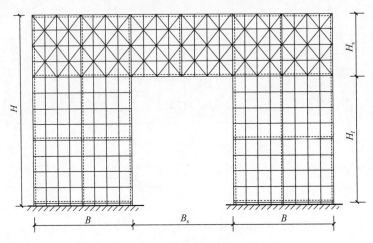

图 7.5.4-4　跨空支撑结构剖面图

4）跨空支撑结构构造要求（图 7.5.4-3）

（1）跨空支撑结构的跨空长度 B_s 不宜超过 9.6m；

（2）落地部分宽度 B 不应小于悬挑长度 B_s；

（3）跨空部分沿跨空方向的每排杆件应形成桁架。跨空部分的顶层及底层应设置水平剪刀撑或满布斜杆；

（4）使用前宜应进行荷载试验。

7.5.5　四杆格构柱加强满堂支撑架计算

如 4.6 节所述，满堂支撑架中经常设置格构式"四管柱"，并将格构式方塔架在满堂支撑架中按一定的规律交错分布，通过局部格构柱的形式对架体的整体稳定性起着加强作用。现行行业标准《建筑施工临时支撑架构技术规范》JGJ 300—2013 专门给出了设置四杆格构柱（称之为"单元桁架"）的满堂支撑架的计算方法，并给出了四杆格构柱在满堂架体中设置的构造规定。

1. 四杆格构柱的设置方式

1）格构方塔架的斜杆设置要求

从 4.6 节铁道部的方塔架试验结果来看，在四根立杆的四个侧面均设置斜杆才能取得格构柱整体较高的承载力整体稳定性，因此在格构方塔架的四个立面严格按照一定规律设置斜杆是重要的构造要求。现行行业标准《建筑施工临时支撑结构技术规范》JGJ 300—2013 规定：单元桁架（格构方塔架）的竖向斜杆布置可采用对称式或螺旋式（图 7.5.5-

1)，且应在单元桁架各层满布，水平斜杆间隔2～3步布置一道，顶层及底层应布置水平斜杆。

2）格构方塔架在满堂架中的布置方式

行业标准《建筑施工临时支撑结构技术规范》JGJ 300—2013 规定：单元桁架（格构方塔架）在满堂支撑结构中的分布可采用矩阵形（图 7.5.5-2）或梅花形分布（7.5.5-3）。单元桁架间隔不应超过1跨，单元桁架之间的每个节点都应通过水平杆相互连接。

3）满堂架体的整体斜杆设置

（1）满堂架外立面应满布竖向斜杆（图 7.5.5-3b）；

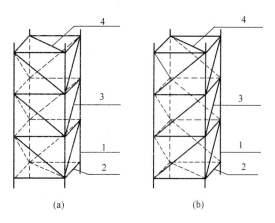

图 7.5.5-1　单元桁架的斜杆布置示意图

（a）对称式；（b）螺旋式

1—立杆；2—水平杆；3—竖向斜杆；4—水平斜杆

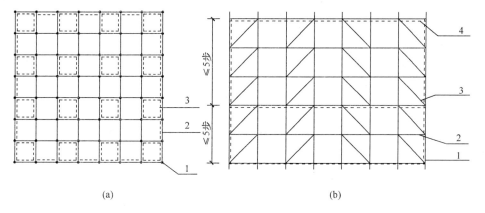

（a）　　　　　　　　　　　　（b）

图 7.5.5-2　单元桁架的矩阵形布置

（a）平面图；（b）立面图

1—立杆；2—水平杆；3—竖向斜杆；4—水平斜杆

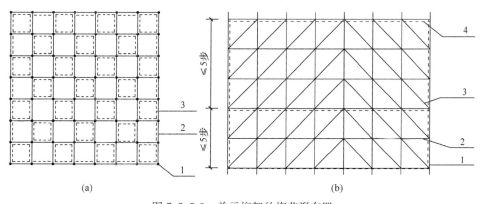

（a）　　　　　　　　　　　　（b）

图 7.5.5-3　单元桁架的梅花形布置

（a）平面图；（b）立面图

1—立杆；2—水平杆；3—竖向斜杆；4—水平斜杆

（2）满堂架周边应布置封闭的水平斜杆（图 7.5.5-4a），其间隔不应超过 6 步；

（3）顶层应满布水平斜杆（图 7.5.5-4b），扫地杆设置层宜满布水平斜杆。

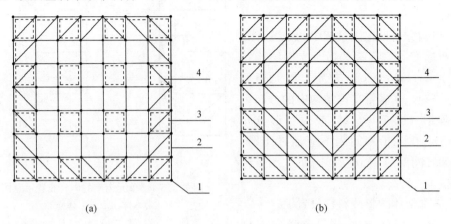

(a)
(b)

图 7.5.5-4 水平斜杆布置平面图
(a) 中间层；(b) 顶层
1—立杆；2—水平杆；3—竖向斜杆；4—水平斜杆

2. 四杆格构柱的计算

桁架式满堂支撑架不仅需进行单立杆局部稳定性验算，还需进行四杆格构柱塔架的整体稳定性计算，其失稳模态图分别如图 7.5.5-5a、b 所示。

1）单立杆局部稳定性计算

由于单元桁架四个立面均按规范要求设置了对称式或螺旋式布置的斜杆，单元桁架的每根格构柱立杆类似于英国规范中"几何不变体系"中的杆件，其立杆稳定性计算可按照计算长度 $l_0 = h + 2a$（h 为架体步距，a 为立杆顶部自由外伸长度）进行轴心受压或偏心受压计算［式（7.5.3-1）～式（7.5.3-3）］，但风荷载作用下的立杆附加轴力计算有所不同，其计算简图如图 7.5.5-6 所示。

（1）单元桁架矩阵形布置时（图 7.5.5-2）：

风荷载对整个支撑结构的弯矩由顺风方向的 n_u 个单元架承担，每个单元架承受的弯矩均相同，为 $\dfrac{w_k l_a H^2}{2n_u}$

则最大轴力为 $\dfrac{w_k l_a H^2}{2n_u l_b}$。一般而言 $n_u = n_b/2$，则最大轴力为 $\dfrac{w_k l_a H^2}{B}$，因此风荷载作用下立杆最大附加轴力计算式为：

$$N_{wk} = \frac{p_{wk} H^2}{B} \qquad (7.5.5-1)$$

（2）单元桁架梅花形布置时（图 7.5.5-3）：

其计算方法同满堂支撑架，假定风荷载倾覆力矩在立杆底部产生的附加轴力按直线分布（平截面假定），可

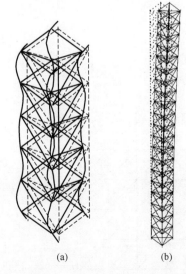

图 7.5.5-5 四杆格构柱失稳
模态图
(a) 局部失稳模态；
(b) 整体失稳模态

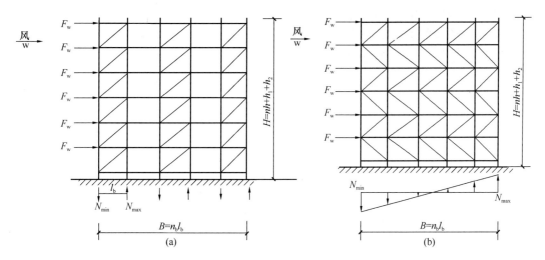

图 7.5.5-6 桁架式支撑结构风荷载引起的立杆轴力计算简图
（a）单元桁架矩阵形布置；（b）单元桁架梅花形布置

简化分析得到：

$$N_{wk} = \frac{3p_{wk}l_b H^2}{B^2} \qquad (7.5.5\text{-}2)$$

式中：B——支撑结构横向宽度；

$\quad H$——支撑结构高度；

$\quad p_{wk}$——风荷载的线荷载标准值，$p_{wk} = w_k l_a$；

$\quad w_k$——H 高度处风荷载标准值；

$\quad l_a$——立杆纵向间距；

$\quad l_b$——立杆横向间距。

2）单元桁架整体稳定性计算

四杆方塔架的整体稳定性计算时，将单元桁架视作整体格构柱进行计算，分别按轴心受压和偏心受压进行计算。

（1）不组合风荷载时：

$$\frac{\overline{N}}{\varphi \overline{A}} \leqslant f \qquad (7.5.5\text{-}3)$$

（2）组合风荷载时

$$\frac{\overline{N}}{\varphi \overline{A}} + \frac{\overline{M}}{\overline{W}\left(1 - 1.1\overline{\varphi}\dfrac{\overline{N}}{N'_E}\right)} \leqslant f \qquad (7.5.5\text{-}4)$$

其中

$$\overline{N} = 4N \qquad (7.5.5\text{-}5)$$

$$\overline{M} = \gamma_Q \frac{2p_{wk}l_b H^2}{B} \qquad (7.5.5\text{-}6)$$

式中：$\overline{N}$——单元桁架轴力设计值；

$\quad N$——单立杆轴力设计值；

$\overline{A}$——四杆截面积之和；

$\overline{M}$——单元桁架弯矩设计值；

$\overline{W}$——单元桁架等效截面模量，$\overline{W} = 2Al_{min}$；

$\overline{N}'_E$——单元桁架欧拉临界力，$\overline{N}'_E = \dfrac{\pi^2 EA}{\lambda^2}$；

$\overline{\lambda}$——单元桁架的等效长细比，$\overline{\lambda} = 2H/\overline{i}$；

$\overline{i}$——单元桁架等效截面回转半径，$\overline{i} = l_{min}/2$；

l_{min}——立杆横向间距 l_b、纵向间距 l_a 中的较小者。

7.5.6　组合式支架（门洞支架）计算

1. 门洞支架的分类及适用范围

满堂支撑架由于受各种条件的影响，不能采取满堂落地的搭设形式。第一种情况为受架体中部通行车辆或行人的要求需搭设门洞通道；第二种情况为受场地地形、搭设总高度控制的影响，需搭设下部为梁柱式门洞、上部为满堂架体的组合式支架。

一般而言，满堂支架的适用范围为：

1）模板下部无净空通行要求、无跨越既有设施要求。

2）架体总高度不超过 30m（不宜超过 20m）。

3）架体高宽比不超过 3.0（不宜超过 2.5）。

4）支撑的混凝土构件厚度或截面高度不超过 4.0m。

5）地基平整（或分阶平整）、无需特殊处理。

不满足上述条件则需要采取下部为梁柱式、横梁转换式的门洞支架（或称为门形支架、稀疏立杆支架）等的组合式支架。

按照门洞的大小来分，可分为大门洞支架和小门洞支架。小门洞支架主要指的是门洞净高不大于 5.5m、净宽不大于 4.0m、与上部支撑的混凝土梁体中心线正交时的门洞支架（图 7.5.6-1）。大门洞主要指当需设置的机动车道净宽大于 4.0m 或与上部支撑的混凝土梁体中心线斜交时搭设的门洞支架。

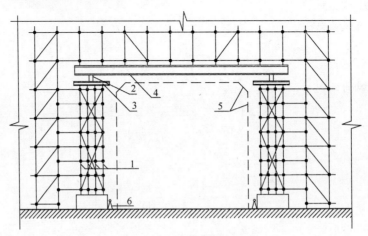

图 7.5.6-1　小门洞设置示意

1—加密立杆；2—纵向型钢分配梁；3—横向型钢分配梁；4—转换横梁；5—门洞净空

小门洞支架的构造较为简单，可理解为将部分立杆抽空，通过设置转换横梁和加密支座立杆而形成的门洞支架。小门洞支架仅需对转换横梁（一般为型钢梁）、支座分配梁进行设计计算，其余架体部分按照满堂支撑架进行设计计算，并按照《建筑施工碗扣式钢管脚手架安全技术规范》JGJ 166—2016关于门洞立杆的构造要求进行构造设计。

当超出小门洞的适用范围后，应采用适应能力更强的大门洞。大门洞由立柱与横梁组成，相关规范将其称之为梁柱式支架。梁柱式支架上部继续设置满堂支撑架形成组合式支架。

梁柱式门洞结构应为由基础、立柱（含立柱顶分配梁和落架装置）、横梁、纵梁及连接系等部分组成的单跨或多跨门形结构（图7.5.6-2）。支撑架的基础、立柱和横梁、纵梁应根据计算确定。支撑架各部分的组成应符合下列规定：

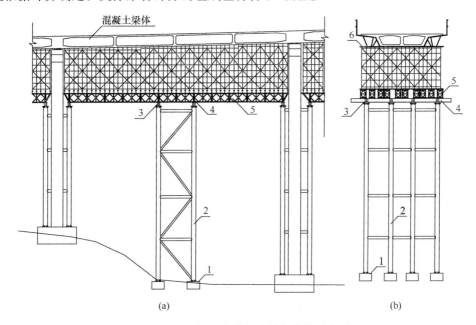

图7.5.6-2　梁柱式模板支撑架结构示意图

(a) 纵剖面图；(b) 横剖面图

1—基础；2—立柱；3—柱头；4—横梁；5—纵梁；6—模板及分配梁

1）基础应根据地质条件、荷载、支撑架跨度布置等选择扩展基础或桩基础，并应尽量利用已浇筑的承台等永久结构作为支撑架基础；

2）立柱可采用钢管柱、钢管格构柱、钢管混凝土柱、型钢格构柱、万能杆件等，也可采用已浇筑的墩柱等永久结构作为支撑架立柱；

3）承重梁可采用贝雷梁、万能杆件等常备式定型钢构件或型钢梁等。其跨度应符合下列规定：

（1）型钢梁的单跨跨度不宜超过7.5m。

（2）贝雷梁的单跨跨度不宜超过15m。

（3）万能杆件的单跨跨度不宜超过30m。

门洞式支架跨越既有通行道路时，架体结构应符合下列规定（图7.5.6-3）：

1）支架跨孔净空及限速要求应符合表7.5.6-1的规定，同时应满足道路管理的要求；

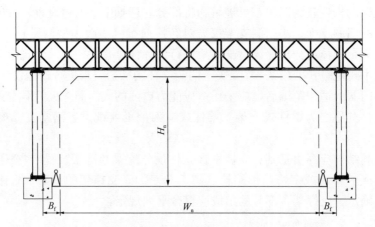

图 7.5.6-3 门洞支架净空示意图

W_n—跨孔净宽；H_n—跨孔净高；B_f—安全防护带宽度

2）支架下部单幅道路宜采取单跨跨越。

门洞支架跨越道路的净空及限速要表　　　　　　表 7.5.6-1

跨越道路类型	人行通道	支路或小车专用低速通道	支路或大车低速通道	次干路	主干路	快速路
净高 H_n（m）	≥2.50	≥3.00	≥4.50	≥4.50	≥4.50	≥5.00
净宽 W_n（m）	—	满足既有道路或桥面净空宽度要求，单幅道路宜单跨跨越				
安全防护带宽度 B_f（m）	≥0.20	≥0.30	≥0.50	≥0.50	≥0.50	≥0.75
限速（km/h）	—	10	10	20	40	60

注：跨越公路、铁路等既有设施的支撑架应进行专项设计。

门洞式支架有多种立柱和横梁的组合形式，如表 7.5.6-2 所示。

梁柱式支架常用组合形式　　　　　　表 7.5.6-2

组合形式	图式	适用范围	备注
脚手架钢管＋钢管梁		仅适用于跨越人行通道的防护架、检修架等的非承重门洞式支架。 $W_n=1.5\sim2.2m$，$H_k\geq2.5m$；横梁上方荷载≤2.0kN/m²；冲击荷载小于 1.0kN	非承重门洞式支架，立柱为 3 排及以上脚手架钢管，横梁为脚手架钢管，立柱与横梁采用扣件连接
型钢（或大钢管）立柱＋型钢梁		适用于跨越次干路、支路的承重门洞式支架。 $H_z>5.0m$，$H_k>5.0m$，$L_0\leq5.0m$	承重门洞式支架，立柱为型钢或大钢管，立柱顶部和底部设法兰盘，基础一般设计为混凝土基础，设预埋件与立柱底部栓接或焊接。横梁为型钢横梁，通过分配梁与立柱栓接或焊接

续表

组合形式	图式	适用范围	备注
型钢（或大钢管）立柱＋贝雷梁		适用于跨越快速路、主干路、次干路、支路、特殊道路。$H_z > 6.5m$，$H_k > 6.5m$，$L_0 \leqslant 20.0m$	承重门洞式支架，立柱结构同上。横梁为贝雷梁，横梁设通过分配梁与立柱连接。 贝雷梁上方设型钢分配梁，支承横梁上方的模板支架体系
型钢（或大钢管）立柱＋万能杆件梁		适用于跨越快速路、主干路、次干路、支路、特殊道路。$H_z > 7.0m$，$H_k > 7.0m$，$L_0 \leqslant 20.0m$	承重门洞式支架，立柱结构同上，横梁为万能杆件结构，万能杆件端节点通过分配梁与立柱顶连接。万能杆件上方一般设两层型钢分配梁，支承横梁上方的模板支架体系
万能杆件立柱＋万能杆件梁（或贝雷梁）		适用于跨越快速路、主干路、次干路、支路、特殊道路。$H_z > 7.0m$，$H_k > 7.0m$，$L_0 \leqslant 20.0m$	承重门洞式支架，跨度一般大于5.0m。一般设混凝土基础，立柱与基础预埋件连接牢固。 横梁为万能杆件时，立柱采用新制板件与横梁连接，横梁采用贝雷梁时，在立柱顶设型钢分配梁，与横梁螺接连接
其他	支架结构形式可以根据实际情况进行基础、立柱和横梁的多种组合。由于贝雷梁和万能杆件横梁自身高度较高，占用较大的净空，当门洞式支架对梁的高度有较大限制时，横梁应作特别设计，可采用钢桁、钢箱等结构。支架结构形式也可不采用门形结构		

2. 门洞支架计算

1）门洞支撑架结构应分别按承载能力极限状态和正常使用极限状态来确定其计算项目。根据支撑架结构的具体情况，计算项目应包含下列内容：

（1）按承载能力极限状态的计算项目：

① 立柱、横梁、纵梁、纵横向连接系的承载力；

② 支撑架结构节点的连接强度；

③ 支撑架结构的整体和局部稳定性；

④ 支撑架基础和地基承载能力。

（2）正常使用极限状态计算时应计算横梁、纵梁挠曲变形。

2）梁柱式门洞结构宜按空间体系进行结构整体分析，当进行简化分析时，可沿柱列分解为纵、横两个方向的平面结构分别进行分析计算，但应考虑平面结构的空间协同工作。

3）门洞支撑架结构可采用结构静力学方法进行一阶弹性分析。当结构的二阶效应可能使作用效应显著增大时，在支撑架结构分析中应按现行国家标准《钢结构设计规范》GB 50017 的规定采用柱顶附加水平力的方法考虑二阶效应的不利影响，也可采用有限元法进行重力二阶效应分析。

4）门洞支撑架结构的弹性内力和位移分析以及结构的整体稳定性分析，宜按照结构力学或弹性力学理论，采用有限元法等可靠方法进行计算。

5）门洞支撑架结构力学上宜作简化处理，使其既能反映结构的受力性能，又适应于所选用的计算分析软件的力学模型。门洞支撑架各部位的简化应符合下列规定：

（1）立柱与基础的连接宜按刚节点处理（立柱与基础的连接应采用直接埋入或与基础预埋件焊接、螺栓连接等方式，预埋件钢垫板应与立柱及基础密贴并连接牢固）；立柱与横梁，纵梁与横梁间的连接宜按铰接点处理；

（2）立柱上横梁和纵梁可根据支撑架构造形式，按平面简支梁或多跨连续梁（端部可能带悬臂段）进行计算；

（3）横梁或纵梁采用贝雷梁时，可将贝雷梁简化为等效的实腹梁或将各内部杆件按刚性节点梁单元处理；按等效实腹梁计算时，贝雷梁的承载力设计值和截面几何特性可按附录 D 取值；

（4）立柱或纵梁、横梁采用万能杆件时，可将各内部杆件按铰接点桁杆单元处理，万能杆件的承载力计算指标可按附录 D 取值；

（5）双根或多根型钢通过填板连接成的组合轴心受压或偏心受压构件，当单肢型钢构件的分肢长细比不大于 40，且两个侧向支撑点间的填板数不少于 2 个时，可按实腹式构件进行计算；

（6）通过缀条或缀板连接而成的多根立柱，当缀件设置满足下列条件时，可等效为格构柱进行计算：

① 缀件为缀板时，同一截面处缀板的线刚度之和不小于立柱较大分肢线刚度的 6 倍，且分肢对最小刚度轴的长细比不大于 40，同时不大于组合立柱两方向长细比（对虚轴取换算长细比）较大值的 0.5 倍；

② 缀件为缀条时，分肢对最小刚度轴的长细比不大于组合立柱两方向长细比（对虚轴取换算长细比）较大值的 0.7 倍。

（7）当按等效实腹构件计算格构式柱和桁架式梁的惯性矩时，应考虑柱或梁截面高度变化和缀件（或腹杆）变形的影响。

6）横梁和纵梁的计算应符合下列规定：

（1）每片梁承担的模板自重荷载、拟浇筑梁体自重荷载和施工荷载可按横梁或纵梁的间距确定的负荷面积分配计算；

（2）贝雷梁和万能杆件梁的变形应考虑荷载效应产生的弹性变形和因节段连接时销孔或螺栓孔间隙产生的非弹性变形；

（3）横梁或纵梁的杆件或等效实腹杆件应在内力计算的基础上，应按照现行国家标准《钢结构设计规范》GB 50017 规定的进行强度、整体稳定性和局部稳定性计算，并对杆件连接进行计算；

（4）横梁或纵梁主桁间的连接系构件应满足梁部整体稳定性计算，并应满足现行国家标准《钢结构设计规范》GB 50017 长细比限值要求。

7）立柱的计算应符合下列规定：

（1）对单肢立柱应按照现行国家标准《钢结构设计规范》GB 50017 的规定按实腹构件进行轴心受压或偏心受压计算和局部稳定性计算，并对杆件节点的连接强度进行计算；

（2）当缀条或缀板的设置满足格构柱的构造规定时，应按照现行国家标准《钢结构设计规范》GB 50017 的规定按格构式构件进行轴心受压或偏心受压计算，并对杆件节点的连接强度进行计算；

（3）钢管混凝土柱应按照现行标准《钢管混凝土结构技术规程》CECS 28 的规定进行计算；

（4）立柱间横向连接系构件或立柱与桥梁墩台、身间的连接件可视为用于减小立柱计算长度的支撑，其支撑力应按照现行国家标准《钢结构设计规范》GB 50017 相关附录的规定计算；

（5）格构柱缀件应能承担格构柱的剪力，立柱剪力的确定应符合下列规定：

① 轴心受压构件的剪力应按下式进行计算：

$$V = \frac{Af}{85}\sqrt{\frac{f_y}{235}} \qquad (7.5.6\text{-}1)$$

式中：V——立柱剪力设计值（N）；

A——格构柱毛截面面积（mm^2）；

f——钢材的抗拉、抗压和抗弯强度设计值（N/mm^2）；

f_y——钢材的屈服强度（N/mm^2）。

② 压弯构件的剪力应为构件的实际剪力和上式计算的剪力两者中的较大值。

8）构件的计算长度应符合下列规定：

（1）桁架弦杆和腹杆在桁架平面内的计算长度应取为构件节间几何长度，弦杆在桁架平面外的计算长度应取为侧向支撑点之间的距离；

（2）格构立柱的分肢计算长度应取计算方向分肢柱支撑点之间的长度；

（3）单肢柱沿横梁方向的计算长度应取连接系支撑点之间的距离；

（4）单肢柱沿纵梁方向的计算长度应符合下列规定：

① 当立柱与桥梁墩柱进行了可靠连接时，附墩立柱计算长度为连接点之间的距离，未附墩立柱计算长度应取为立柱高度的 0.7 倍；

② 当立柱未与桥梁墩柱进行连接时，立柱计算长度应取为立柱高度的 2 倍。

9）门洞式支撑架结构应组合风荷载进行整体抗倾覆稳定性分析，并应按模板安装后尚未安装梁体钢筋前的工况为控制工况，按下式进行抗倾覆稳定性计算：

$$\gamma_0 M_T \leqslant M_R \qquad (7.5.6\text{-}2)$$

式中：M_R——支撑架抗倾覆力矩设计值（kN·m），由支撑架结构和模板体系自重荷载对倾覆支点取矩；

M_T——支撑架倾覆力矩设计值（kN·m），由作用在支撑架结构和模板体系上的风荷载共同对倾覆支点取矩。

10）门洞式支撑架结构的扩展基础和桩基础，可分别按现行国家标准《建筑地基基础设计规范》GB 50007、现行行业标准《建筑桩基技术规范》JGJ 94 和现行地方标准《建筑地基基础设计规范》DBJ 50—047 的规定进行设计；地基处理可按现行行业标准《建筑地基处理技术规范》JGJ 79 的规定进行设计。

3. 门洞支架构造要求

1）基本构造要求

（1）梁柱式模板支撑架的搭设高度不宜超过 50m；当超过 50m 时，应另行专门设计。

（2）梁柱式模板支撑架的构造应便于构件制作、运输、安装，架体构件宜采用常备式、定型工具式钢构件，架体构件应满足重复使用的要求。

（3）杆件连接宜采用螺栓连接或销轴连接或其他工具式连接。

（4）同一桥跨的支撑架宜采用相同类型的基础、立柱和承重梁结构。

（5）支撑架搭设场地和构配件堆放场地应有可靠排水设施，不应有积水。

2）立柱构造要求

（1）采用大钢管时作为立柱时，其外径与壁厚之比不应超过 $100\sqrt{235/f_y}$（f_y 为钢材的屈服强度或屈服点）。

（2）立柱之间连接系的设置应符合下列规定：

① 连接系的设置应满足立柱长细比的要求以及稳定性计算的要求；

② 型钢或钢管立柱高度大于 5m 时，横向（梁体断面方向）相邻柱件宜设置横向连接系；

③ 万能杆件立柱高度大于 10m 时，宜设置横向连接系。

（3）用于减小立柱平面外计算长度的连接系杆件、格构柱的缀板或缀条与立柱之间宜通过节点板进行连接。

（4）邻近桥梁墩、台的单排钢管立柱宜采用刚性结构将钢管立柱与桥梁墩台、身进行可靠连接。

（5）格构柱或实腹柱在有较大水平力处和运送单元的端部应设置横隔，横隔的间距不应大于柱截面长边尺寸的 9 倍，且不应大于 8m。

（6）型钢或钢管立柱的接长应符合下列规定：

① 钢管立柱应采用法兰盘或环焊缝对接。

② 型钢立柱应采用螺栓连接或焊接连接。

③ 立柱采用螺栓连接或法兰盘连接时，螺栓应连接牢固。

④ 相邻立柱的接头宜错开设置。

（7）立柱顶落架装置的构造应符合下列规定：

① 组装好的落架装置上下支撑面应平行，并由锁定装置锁定；

② 安装在支撑架上的落架装置上下支撑面应与支撑架结构连接牢固；

③ 落架装置的上部应设横向分配梁；

④ 落架装置的预留下沉量应在拟浇筑梁体计算挠度的基础上增加 30～50mm；

（8）型钢或钢管立柱应由柱头、柱身和柱脚组成，各部分的构造应符合下列规定：

① 柱脚：立柱与基础的连接应采用直接埋入或与基础预埋件焊接、螺栓连接等方式，预埋件钢垫板应与立柱及基础密贴并连接牢固。

② 柱头：立柱顶端应考虑局部应力的影响采取加强构造措施，立柱顶端与横梁应紧

密接触并连接牢固；

③ 柱身与柱头或柱脚承力钢板间应设置加劲肋。

3）纵梁、横梁构造要求

（1）采用型钢作支撑架横梁或纵梁时，应符合下列构造要求：

① 两根及以上型钢构成的组合梁，应采用填板、加劲肋将型钢连接成整体；

② 型钢不宜接长使用，宜采用通长型钢梁；

③ 型钢接长使用时，应采用焊接或螺栓连接，接头强度不得小于型钢自身强度；

④ 在有较大集中荷载的横梁或纵梁支承位置应设置支承加劲肋。支承加劲肋与横梁或纵梁应连接牢固；

⑤ 当纵梁跨度超过 8m 时，应在跨中和支座位置设置横向连接将同跨内全部纵梁连接成整体；

⑥ 纵梁在横梁的搁置位置以及横梁在立柱顶部宜设置可靠的限位装置。

（2）当采用贝雷梁、万能杆件等常备式定型钢构件作支撑架横梁或纵梁（以下统称"桁架梁"）时，应符合下列构造要求：

① 应根据桁架梁的跨度和结构特点，设置通长横向连接系将同跨内全部纵梁连接成整体，横向连接系的设置应满足桁架梁横向稳定性计算结果要求；贝雷梁两端及支承位置均应设置通长横向连接系，且其间距不应大于 9m；

② 桁架梁支承位置宜设置在其主节点上，当支承位置不在其主节点上时，以及在剪力较大的支座附近应设置加强竖杆或 V 形斜杆对桁架进行加强，并满足局部承载力计算结果；

③ 应在桁架梁支承位置设置限位装置，不宜将桁架梁直接焊接在其支承结构上。

（3）立柱顶横梁应适当加长，以便于支撑架纵梁横移拆除。

（4）当横梁或纵梁设置坡度时，支座处应采取的防滑移固定措施应满足抗滑移计算结果要求。

7.5.7 架体抗倾覆计算

当架体高宽比较大时，横向风荷载作用极易使立杆产生拉压力，它的力学特征实际上就是造成架体的"倾覆"。为了避免架体出现"倾覆"的情况，架体应进行风荷载作用下的抗倾覆验算。需进行抗倾覆承载力计算的条件同需考虑风荷载作用下立杆附加轴力的条件，也就是说，立杆附加轴力是与架体抗倾覆密切相关的，倾覆效应显著的架体，立杆在风荷载作用下产生的附加轴力也显著。

水平风荷载作用下，架体抗倾覆计算公式推导如下：

$$\gamma_0 M_{\mathrm{T}} \leqslant M_{\mathrm{R}} \tag{7.5.7-1}$$

$$M_{\mathrm{T}} = 1.4 M_{\mathrm{Tk}} \tag{7.5.7-2}$$

$$M_{\mathrm{R}} = 0.9 \left[\frac{1}{2} B^2 l_{\mathrm{a}} (g_{1\mathrm{k}} + g_{2\mathrm{k}}) + \sum_{j=1}^{n} G_{j\mathrm{k}} b_j \right] \tag{7.5.7-3}$$

将式（7.5.7-2）、式（7.5.7-3）带入式（7.5.7-1）得到：

$$B^2 l_{\mathrm{a}} (g_{1\mathrm{k}} + g_{2\mathrm{k}}) + 2 \sum_{j=1}^{n} G_{j\mathrm{k}} b_j \geqslant 3 \gamma_0 M_{\mathrm{Tk}} \tag{7.5.7-4}$$

如果架体上部无集中堆放的物料，则式（7.5.7-4）简化为：

$$g_{1k} + g_{2k} \geqslant \frac{3\gamma_0 M_{Tk}}{B^2 l_a}$$ （7.5.7-5）

式中：B——模板支撑架横向宽度（mm）；

l_a——立杆纵向间距（mm）；

g_{1k}——模板支撑架均匀分布的架体及附件自重面荷载标准值（N/mm²）；

g_{2k}——模板支撑架均匀分布的架体上部的模板等物料自重面荷载标准值（N/mm²）；

G_{jk}——模板支撑架计算单元上集中堆放的物料自重标准值（N）；

b_j——模板支撑架计算单元上集中堆放的物料至倾覆原点的水平距离（mm）；

M_{Tk}——模板支撑架计算单元在风荷载作用下的倾覆力矩标准值（N·mm）。

抗倾覆力矩仅考虑模板支架架体及附件自重和顶部模板等物料自重，混凝土自重虽然为永久荷载，但不应计入，这是根据倾覆验算的最不利阶段确定的。施工荷载对抗倾覆有利，也不应计入。对抗倾覆有利的自重荷载，分项系数取 0.9。

7.5.8　预拱度计算

根据国家标准《混凝土结构工程施工规范》GB 50666—2011 的规定，现浇混凝土构件的模板应进行预拱度设置，以抵消构件本身的变形和支架的变形。对于房屋建筑的梁板结构，预拱度一般不需要进行计算，当梁、板的跨度不小于 4m 时，其模板起拱高度宜为梁、板跨度的 1/1000～3/1000。对于大跨度桥梁结构，满堂支撑架在荷载作用下架体及基础将产生一定的挠曲变形及沉降变形，为保证成桥的线性，预拱度显得尤为重要。上述两个因素叠加对模板支撑架的起拱提出了综合要求，尤其是对于设置了门洞的满堂支撑架，门洞横梁的挠曲变形对模板的下挠影响不可忽略。

1. 预拱度因素

梁板底模板应在加载预压前设置预拱度，并根据加载预压结果进行调整，梁体挠曲、架体变形和基础沉降的变形量取值可按表 7.5.8 采用。

模板支撑架预拱度因素　　　　　　　　表 7.5.8

项　目	参考取值		
由梁体自重、二期恒载、1/2 活载及混凝土收缩徐变、预应力施加等引起的梁体竖向挠度 δ_1	设计提供		
相应于荷载标准组合时支撑架在作业层荷载作用下的弹性变形 δ_2	按架体结构计算确定		
相应于荷载标准组合时支撑架在作业层荷载作用下的非弹性变形 δ_3	木与木每个接头：顺木纹 2mm，横木纹 3mm		
	木与钢或混凝土每个接头约 2mm		
	落架装置的承压变形	砂筒：2～4mm	
		木楔：每个接缝约 2mm	
相应于荷载标准组合时支撑架基础沉降变形 δ_4	基础沉降应根据地基基础设计计算及试验确定		

2. 预拱度计算公式

模板支撑架结构可按拱二次抛物线根据下式进行预拱度设置:

$$\delta_x = \frac{4\delta_{1x} \cdot x \cdot (L-x)}{L^2} + \delta_{2x} + \delta_{3x} + \delta_{4x} \tag{7.5.8}$$

式中: δ_x——距梁体支座 x 处的预拱度 (mm);

x——预拱度设置点距梁体支座的距离 (mm);

L——梁体跨度 (mm);

δ_{1x}、δ_{2x}、δ_{3x}、δ_{4x}——距梁体支座 x 处的梁体竖向挠度、支撑架弹性变形、非弹性变形和基础沉降引起的支撑架变形 (mm)。

应该注意的是,上述预拱度计算只是一个理论值,对于桥梁结构,预拱度需借助于预压得到的沉降变形结果最终确定支架顶部的立模标高。

7.5.9 支撑架下层楼面承载力计算

当满堂支撑架搭设在既有结构楼面时,如果支撑架立杆传递至楼面的施工荷载小于既有楼面的楼面设计活荷载,则楼面安全。当根据楼面结构实际情况进行承载力校核时,应对混凝土楼板进行抗冲切、抗剪切、抗弯承载力验算和挠度验算,验算时可按素混凝土板简化计算。计算板的弯矩、剪力、挠度可采用无梁楼盖计算弯矩的方法,具体方法如下:

1. 混凝土楼板抗弯验算

$$\sigma = \frac{1.25M}{W} \leqslant f_t \tag{7.5.9-1}$$

$$W = \frac{ah^2}{6} \tag{7.5.9-2}$$

式中,1.25 为放大系数。

2. 抗剪切验算

$$1.15V \leqslant 0.7\beta_h f_t u_m h_0 \tag{7.5.9-3}$$

$$\beta_h = \left(\frac{800}{h_0}\right)^{1/4} \tag{7.5.9-4}$$

3. 抗冲切验算

$$1.15F_l \leqslant 0.7\beta_h f_t \eta u_{ml} h_0 \tag{7.5.9-5}$$

式中 1.15 为放大系数。

式中系数 η,应按下列两个公式计算,并取其中的较小值:

$$\eta_1 = 0.4 + \frac{1.2}{\beta_s} \tag{7.5.9-6}$$

$$\eta_2 = 0.5 + \frac{\alpha_s h_0}{4u_m} \tag{7.5.9-7}$$

4. 挠度验算

$$f = 0.163 \frac{q l_0^4}{E h^3} \leqslant [f] \tag{7.5.9-8}$$

式 (7.5.9-1)~式 (7.5.9-8) 中:

M、V、F_l——混凝土楼板计算宽度的弯矩设计值、沿立杆周边的混凝土板的剪力、局部荷载设计值或集中反力设计值(板柱节点,取柱所承受的轴向压力设计值的层间差值减去柱顶冲切破坏锥体范围内板所承受的荷载设计值）；宜通过有限元计算，也可按无梁楼盖经验系数法近似估算；

W——混凝土楼板计算宽度的面积矩；

a——弯矩 M 的作用宽度；

h——楼板厚度；

f_t、E——混凝土在各龄期下的抗拉强度、混凝土弹性模量；

β_h——截面高度影响系数：当 h_0 小于 800mm 时，取 800mm；当 h_0 大于 2000mm 时，取 2000mm；

u_m——计算截面的周长，取早拆头与混凝土接触部分的周长；

u_{ml}——计算截面的周长，取距离局部荷载或集中反力作用面积周边 $h_0/2$ 处板垂直截面的最不利周长；

h_0——截面有效高度，取两个方向配筋的截面有效高度平均值，当不考虑钢筋作用时取板厚 d；

η_1——局部荷载或集中反力作用面积形状的影响系数；

η_2——计算截面周长与板截面有效高度之比的影响系数；

β_s——局部荷载或及集中反力作用面积为矩形时的长边与短边尺寸的比值，β_s 不宜大于 4；当 β_s 小于 2 时取 2；对圆形冲切面，β_s 取 2；

α_s——柱位置影响系数：中柱，α_s 取 40；边柱，α_s 取 30；角柱，α_s 取 20；

q——荷载的准永久组合；

l_0——板的跨度；

h——楼板厚度；

$[f]$——允许挠度值，取 $[f] = l_0/500$。

上述抗弯承载力公式是无梁楼盖在竖向均布荷载下计算内力的经验系数法，使用该方法时，应满足：（1）每个方向至少有三个连续跨；（2）任一个区格内的长边与短边之比不大于 2；（3）同一方向上的相邻跨度不相同时，大跨与小跨之比不大于 1.2；（4）活载与恒载之比应不大于 3。在计算弯矩时，x 向总弯矩设计值公式为：$M_0 = \frac{1}{8} q l_y \left(l_x - \frac{2}{3} c \right)^2$，$y$ 向总弯矩设计值公式为：$M_0 = \frac{1}{8} q l_x \left(l_y - \frac{2}{3} c \right)^2$，但考虑到计算配筋时是按每米来计算的，所以求的总弯矩在除以它们各方向上的等效宽度后，即得到上文中的计算公式。

在将总弯矩分配时，分配原则为：柱上板带的弯矩设计值：$M_c = \beta_1 M_0$，跨中板带的弯矩设计值为：$M_m = \beta_2 M_0$。柱上板带和跨中板带弯矩系数如表 7.5.9 所示。

板带抗弯系数

表 7.5.9

部位	截面位置	柱上板带 β_1	跨中板带 β_2
端跨	边支座截面负弯矩	0.48	0.05
	跨中正弯矩	0.22	0.18
	第一个内支座截面负弯矩	0.50	0.17
内跨	支座截面负弯矩	0.50	0.17
	跨中正弯矩	0.18	0.15

注：1 表中系数按 $l_x/l_y = 1$ 确定，当 $l_x/l_y \leqslant 1.5$ 时也可近似取用。

2 表中系数为无悬挑板时的经验值，当有较小悬挑板时仍可采用，如果悬挑板挑出较大且负弯矩大于边支座截面负弯矩时，应考虑悬臂弯矩对边支座及内跨弯矩的影响。

实际计算中，只选取弯矩最大的那一部分来验算，而弯矩最大时所分配系数为0.5。

7.6 立杆地基承载力计算

7.6.1 地基承载力计算公式

双排脚手架和模板支撑架立杆底部地基承载力应符合下列公式规定：

$$p_k = \frac{N_k}{A_g} \leqslant f_a \tag{7.6.1-1}$$

$$N_k = \frac{N}{\gamma_u} \tag{7.6.1-2}$$

$$A_g = C \times D \tag{7.6.1-3}$$

$$C = c + 2h_0 \text{tg}\alpha \tag{7.6.1-4}$$

$$D = d + 2h_0 \text{tg}\alpha \tag{7.6.1-5}$$

式中：p_k——相应于荷载效应标准组合时，立杆基础底面处的平均压力标准值（MPa）；

N_k——相应于荷载效应标准组合时，上部结构传至立杆基础顶面的轴力标准值（N）；

N——计算立杆段的轴力设计值（N）；

γ_u——永久荷载和可变荷载分项系数加权平均值，对于双排脚手架，取1.254；对于模板支撑架，取1.363；

A_g——立杆底座或垫板底面积（mm²），当基础底面积大于0.3m²时，计算所采用的值不宜超过0.3m²；

c、d——立杆底座或垫板底面长度和宽度（mm）；

C、D——立杆基础地面计算长度和宽度（mm），计算值不应大于相邻立杆间距；

h_0——立杆基础垫层厚度（mm）；

α——垫层应力扩散角（°），取$\alpha = 45°$；

f_a——修正后的地基承载力特征值（MPa）。

对脚手架立杆地基承载力的计算公式说明如下：

1）立杆为薄壁钢管，直接与地基接触的面积较小，容易将地基剪切破坏。立杆下部需借助于底座或垫板将轴力传至下层地基土。当地基较为软弱时，可在垫板或底座下层设置垫层（一般采用混凝土），通过垫层材料的应力扩散将垫板或底座的力传至面积更大的土层，从而有效降低地基应力（图7.6.1）。

2）立杆与底座或垫板接触后，由于底座或垫板以及土体为弹性体，发生变形后其底部的应力分布并不均匀，如图7.6.1所示的基底应力图，靠近立杆处应力大，远离立杆处应力减小，因此垫板尺寸超过一定范围后，外围部分的传力作用衰减至可忽略不计，

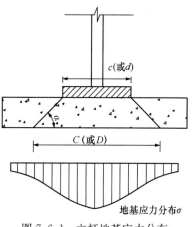

图7.6.1 立杆地基应力分布

理论分析表明，当基础底面积大于 $0.3m^2$ 时，超出面积可不计入计算范围，垫板底面积按实际计算，最大不超过 $0.3m^2$。

3）底座或垫板下部的垫层将沿一定的角度将上部荷载往下层土体扩散，扩散角度一般取 $\alpha = 45°$。

4）垫层底部的应力分布较为复杂，为方便计算，一般将地基顶面的压应力按均匀应力计算（取平均压应力），并对地基承载力进行修正以反映这种应力不均匀现象。

5）脚手架为临时结构，只对立杆地基承载力进行计算，不进行地基变形计算。但地基的不均匀沉降将会危及脚手架结构的安全，故施工现场应经常对脚手架地基沉降进行观测，发现异常及时处理。

7.6.2 地基承载力特征值的取值

由于立杆基础（底座、垫板、垫层）通常置于地面表层，不埋入土层一定深度，地基承载力经常受到外界各种因素的影响，因此脚手架立杆地基承载力与永久结构的地基承载力计算有所不同，为保证脚手架安全，应采取调整系数对地基承载力进行调整。

根据国家现行标准《建筑地基基础设计规范》GB 50007 的规定：地基承载力特征值 f_{ak} 可由载荷试验或其他原位测试、公式计算，并结合工程实践经验等方法综合确定。

修正后的地基承载力特征值 f_a 应按下式进行计算：

$$f_a = m_f f_{ak} \tag{7.6.2}$$

式中：m_f——地基承载力修正系数按表 7.6.2-2 采用。

f_{ak}——地基承载力特征值（MPa），应按现行国家标准《建筑地基基础设计规范》GB 50007 的规定，可由载荷试验、其他原位测试、公式计算或按工程地质报告提供的数据采用。当不具备条件进行现场试验、测试时，可按表 7.6.2-1 参考采用。

地基承载力特征值　　　　　　　　　　　表 7.6.2-1

施工方法	垫层材料	压实系数 λ_c	承载力容许值（kPa）
碾压、振实或夯实	碎石、卵石	0.94~0.97	200~300
	砂夹石（其中碎石、卵石占总质量 30%~50%）		200~250
	土夹石（其中碎石、卵石占总质量 30%~50%）		150~200
	中砂、粗砂、砾砂		150~200

注：1 压实系数 λ_c 为土的控制干密度 ρ_d 与 $\rho_{d,max}$ 的比值。土的最大干密度宜采用击实试验确定；碎石最大干密度可取 $2.0~2.2t/m^3$。

　　2 当采用轻型击实试验时压，实系数 λ_c 宜取高值；采用重型击实试验时候，压实系数 λ_c 可取低值。

地基承载力修正系数 m_f　　　　　　　　表 7.6.2-2

地基土类别	修正系数	
	原状土	分层回填夯实土
多年填积土	0.6	—
碎石土、砂土	0.8	0.4
粉土、黏土	0.7	0.5
岩石、混凝土	1.0	—

7.6.3 楼层传力

1. 多楼层传力计算模型

竖向支撑拆模时间应通过计算确定，且应保留有不少于 2 层的支撑，悬挑部分应至少保留 6 层支撑。满堂支撑体系是一个涉及施工层模撑体系、施工层以下多层满堂架体、时变混凝土结构的综合体系，它反映了模板支撑体系与时变混凝土结构的相互作用和共同工作的机理；对现浇混凝土起临时支承作用的不仅仅是施工层模撑体系，而是一个由施工层模撑体系、施工层以下多层单立杆与楼板结构共同组成的支撑体系；在这个临时支撑体系中施工层的单立杆、施工以下层的多层单立杆、时变混凝土结构均既是承载分体系又是传力分体系；支撑体系中的支撑轴力和时变混凝土结构不是固定不变的，而是随时

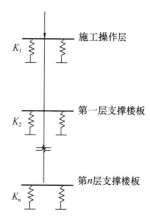

图 7.6.3 多层模板
支撑体系受力模型

间、施工工艺等的变化而变化，支撑架和时变混凝土结构不是相互独立的结构体系，而是同一体系中相互影响的不同结构分体系，通过合理的布置和管理可以实现两者间支撑力的转移与分配。因此，对于钢管满堂模板支撑体系，其支撑系统的内力一般需要依靠多层楼板承担，如图 7.6.3 所示。

2. 各层荷载分配计算公式

理论分析表明，多层模板支架体系中楼板承担的施工荷载具有以下特征：

1）带弹性支撑的楼板承担的力与楼板的刚度成正比；

2）带弹性支撑的楼板承担的力与弹性支撑的刚度成反比（即与弹性支撑的变形成正比）。

与通常结构承担的力按构件刚度分配机制不同，施工时变结构中，楼板承担的内力除按楼板刚度进行分配外，同时还按楼板下弹性支撑的变形能力进行分配。在综合考虑楼板混凝土的弹性模量、各层楼板和梁的截面尺寸、模板支撑的刚度的基础上，得到各楼层荷载的荷载分配方式如下：

第 i 层分配到的荷载可按下列公式计算：

$$F_i = m_i F_0 \tag{7.6.3-1}$$

$$m_i = \frac{r_i E_i I_i}{\sum\limits_{i=1}^{n} r_i E_i I_i} \tag{7.6.3-2}$$

$$E_i = 0.23(\ln t + 1) E_{28} \tag{7.6.3-3}$$

当各楼层楼板和梁的结构布置和截面尺寸均相同时（标准层楼面，各楼层混凝土构件的惯性矩总和 E_i 相同），各楼层分配到的荷载计算式简化为：

$$\mu_i = r_i E_i / \sum E \tag{7.6.3-4}$$

第 i 层承载力应符合下式规定：

$$F_i \leqslant \frac{f_{c,t}}{f_{28}} F_{\min} \tag{7.6.3-5}$$

式中：F_i——第 i 层分配到的需承担的荷载设计值；

F_0——支模楼层所需承担的全部荷载设计值；

F_{min}——龄期28d时混凝土楼盖的抗弯、冲切、抗剪最低设计承载力；

m_i——第 i 层分配到的荷载占比；

E_i——龄期 t 天第 i 层混凝土的弹性模量；

E_{28}——龄期28d时混凝土的弹性模量；

I_i——第 i 层的混凝土构件的惯性矩总和；

r_i——各层楼板的刚度调幅系数，取 $r_1=0.95$，$r_2=1.0$，$r_3=1.05$，$r_4=1.10$；

$f_{c,t}$——龄期 t 天时混凝土的抗压强度设计值；

f_{28}——龄期28d混凝土的抗压强度设计值。

3. 荷载分配计算实例

1）荷载：

（1）一般楼面荷载：每层楼板厚150mm，自重 $G_{1k}=25\times0.15=3.75\,kN/m^2$；装修荷载 $G_{2k}=1.0\,kN/m^2$；其他结构自重 $G_{3k}=0.3\,kN/m^2$；隔墙自重 $G_{4k}=2.0\,kN/m^2$；正常使用期间活荷载 $Q_{1k}=2.5\,kN/m^2$。

（2）施工期间：模板自重 $G_{5k}=0.15\,kN/m^2$；支撑自重 $G_{6k}=0.1\,kN/m^2$；施工荷载 $Q_{2k}=2.5\,kN/m^2$；

2）楼盖的最低承载力，取楼盖的设计承载力：

$$F_{min}=1.35(G_{1k}+G_{2k}+G_{3k}+G_{4k})+1.4Q_{1k}$$
$$=1.35\times(3.75+1.0+0.3+2.0)+1.4\times2.5=13.02kN/m^2$$

3）不同龄期各楼板的最低承载力：

假如共设有三层支撑（第八层、第九层、第十层），拆除第八层梁、板支撑并在第十层楼面进行作业时，可能出现的最不利情况。假设此时，第十层混凝土龄期为1.5d，第九层混凝土龄期为5.5d，第八层混凝土龄期为9.5d。混凝土在不同龄期的弹性模量为：$E_i=0.23(\ln t+1)E_{28}$（式中，t 为混凝土龄期，按天计），故有：$E_{1.5d}=0.32E_{28}$，$E_{5.5d}=0.62E_{28}$，$E_{9.5d}=0.75E_{28}$，$\Sigma r_iE_i=(0.95\times0.32+1.0\times0.62+1.05\times0.75)E_{28}=1.71E_{28}$。

$\dfrac{f_{c,t}}{f_{28}}$ 按相关施工手册给出的普通硅酸盐水泥拌制的混凝土在20℃下的强度增长率图取值：1.5d时取0.30，5.5d时取0.62，9.5d时取0.78。不同混凝土龄期时，各层楼板承载力允许值见表7.6.3。

第 i 层楼板承载力允许值　　　　　　　　表 7.6.3

楼层号	混凝土龄期（d）	楼板承载力允许值
第十层	1.5d	$13.02\times0.30=3.91kN/m^2$
第九层	5.5d	$13.02\times0.62=8.07kN/m^2$
第八层	9.5d	$13.02\times0.78=10.16kN/m^2$

4）根据这些刚度大小，各层楼板分配荷载及承载力验算如下：

（1）施工阶段荷载：

$$F=1.35(3G_{1k}+G_{5k}+3G_{6k})+1.4Q_{2k}$$

$$=1.35 \times (3 \times 3.75 + 0.15 + 3 \times 0.1) + 1.4 \times 2.5 = 19.30 \text{kN/m}^2$$

（2）第十层：$F_{10} = 19.30 \times \dfrac{0.95 \times 0.32}{1.71} = 3.43 \text{ kN/m}^2 < 3.91 \text{ kN/m}^2$，满足要求。

（3）第九层：$F_9 = 19.30 \times \dfrac{1.0 \times 0.62}{1.71} = 6.99 \text{ kN/m}^2 < 8.07 \text{ kN/m}^2$，满足要求。

（4）第八层：$F_8 = 19.30 \times \dfrac{0.85}{1.97} = 8.88 \text{ kN/m}^2 < 10.16 \text{ kN/m}^2$，满足要求。

本算例仅用于说明计算过程，在实际应用中各参数的取值需按实际取值。

7.7　计　算　实　例

上文详细描述了碗扣式钢管双排脚手架和满堂支撑架的设计计算方法、计算模型、图式等。下面将举例对双排脚手架和满堂支撑架的设计计算进行说明。本节所列举的实例仅表达了计算的步骤、内容和方法，实际脚手架应根据其工程实际进行具体计算。

7.7.1　双排脚手架设计计算

1. 工程概况

双排脚手架搭设高度 30m，采用 $\phi 48.3 \times 3.5$ 钢管，外侧采用密目式安全网全封闭，密目网自重为 0.01kN/m^2，脚手架用途为结构施工脚手架，设置 2 层施工作业层，施工荷载为（3+2）kN/m^2。施工地区为基本风压 0.35kN/m^2 的市区。建筑物结构形式为通透的框架结构。地基土为砂、石填土、分层夯实，地基承载力特征值 240kN/m^2（kPa），采用 WDJ 碗扣式钢管双排脚手架，立杆采用 Q235 级钢管。

2. 架体搭设参数

根据《建筑施工碗扣式钢管脚手架安全技术规范》JGJ 166—2016 表 6.2.1 常用密目式安全网全封闭式双排脚手架的设计尺寸，选用搭设尺寸如下：

立杆的纵距 $l_a = 1.50\text{m}$，立杆的横距 $l_b = 1.2\text{m}$，水平杆的步距 1.80m，架体靠建筑物一侧设置 300mm 的窄挑梁形成悬挑操作平台。连墙件采用钢管，2 步 3 跨，竖向间距 3.6m，水平间距 4.5m，采用扣件连接。

3. 水平杆计算

1）脚手板横搭

作业层采用竹笆脚手板铺设，脚手板自重标准值 0.10kN/m^2。纵向水平杆采用直角扣件固定在横向水平杆上，并等间距设置，间距 900mm/3＝300mm（满足 $s \leqslant 400\text{mm}$ 的构造规定）。双排脚手架的横向水平杆的两端，采用水平杆插头固定在立杆上下碗扣间。施工荷载由横向水平杆传至立杆，计算模型如图 7.7.1-1 所示。

（1）纵向水平杆计算

纵向水平杆按照三跨连续梁进行强度和挠度计算。按照纵向水平杆上面的脚手板自重和施工荷载作为均布荷载计算纵向水平杆的最大弯矩和变形。计算简图如图 7.7.1-2、图 7.7.1-3 所示。

① 均布荷载值计算

脚手板的荷载标准值 $q_{k1} = 0.10 \times 0.9/3 = 0.03\text{kN/m}$

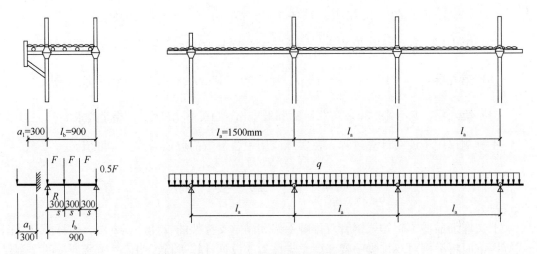

图 7.7.1-1 脚手板横搭计算模型简图

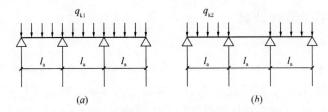

图 7.7.1-2 纵向水平杆计算荷载组合（跨中最大挠度）
（a）脚手板自重（永久荷载）；（b）施工荷载（可变荷载）

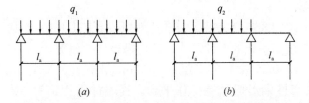

图 7.7.1-3 纵向水平杆计算荷载组合（支座最大弯矩）
（a）脚手板自重（永久荷载）；（b）施工荷载（可变荷载）

施工荷载标准值 $q_{k2} = 3 \times 0.9/3 = 0.9 \text{kN/m}$

永久荷载的设计值 $q_1 = 1.2 \times 0.03 = 0.036 \text{kN/m}$

活荷载的设计值 $q_2 = 1.4 \times 0.9 = 1.26 \text{kN/m}$

② 抗弯强度计算

最大弯矩：

$M = 0.1 q_1 l_a^2 + 0.117 q_2 l_a^2 = (0.10 \times 0.036 + 0.117 \times 1.26) \times 1.5^2 = 0.340 \text{kN} \cdot \text{m}$

最大弯曲应力：

$$\sigma = M/W = 0.340 \times 10^6/5260 = 64.61 \text{N/mm} < f = 205.0 \text{ N/mm}^2$$

纵向水平杆的计算抗弯强度小于抗弯强度设计值，满足要求！

③ 挠度计算

最大挠度：

$$v = \frac{l_a^4}{100EI}(0.677q_{k1} + 0.99q_{k2}) = (0.677 \times 0.03 + 0.9 \times 1.2)$$
$$\times 1500^4/(100 \times 2.06 \times 10^5 \times 127100)$$
$$= 2.17\text{mm} < l_a/150 = 10\text{mm}$$

纵向水平杆最大挠度小于 1500/150 与 10mm，满足
要求！

（2）横向水平杆计算

横向水平杆按照简支梁进行强度和挠度计算，纵向
水平杆应采用直角扣件固定在横向水平杆上，横向水平
杆为纵向水平杆的支座。

用纵向水平杆支座的最大反力计算值计算最不利状
态下横向水平杆的最大弯矩和变形。计算简图见图
7.7.1-4。其中，$s = l_b/3 = 0.3\text{m} < 0.4\text{m}$。

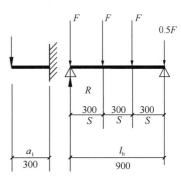

图 7.7.1-4 横向水平杆计算简图

① 抗弯强度计算

由纵向水平杆传给横向水平杆集中力设计值：

$$F = 1.1q_1 l_a + 1.2q_2 l_a = 1.1 \times 0.036 \times 1.5 + 1.2 \times 1.26 \times 1.5 = 2.33\text{kN}$$

最大弯矩：

$$M = Fl_b/3 = 2.33 \times 0.9/3 = 0.70\text{kN} \cdot \text{m}$$

$$\sigma = M/W = 0.70 \times 10^6/5260 = 133.1\text{N/mm} < f = 205.0 \text{ N/mm}^2$$

纵向水平杆的计算抗弯强度小于抗弯强度设计值，满足要求！

② 挠度计算

由纵向水平杆传给横向水平杆集中力标准值：

$$F_k = 1.1q_{k1}l_a + 1.2q_{k2}l_a = 1.1 \times 0.03 \times 1.5 + 1.2 \times 0.9 \times 1.5 = 1.67\text{kN}$$

挠度：

$$v = \frac{23F_k l_b^3}{648EI}$$
$$= 23 \times 1.95 \times 1050^3 \times 10^3/(648 \times 2.06 \times 10^5 \times 127100)$$
$$= 2.62\text{mm} < l_b/150 = 6\text{mm}$$

纵向水平杆最大挠度小于 900/150 与 10mm，满足要求！

2）脚手板纵搭

作业层采用竹串片脚手板铺设，脚手板自重标准值 0.35kN/m²。间水平杆采用专用
卡具固定在纵向水平杆上，每个立杆纵距内设置 1 根间水平杆，端部设置 300mm 的挑梁
操作平台，水平杆间距 $s_1 = l_a/2 = 1500/2 = 750\text{mm}$。双排脚手架的纵向水平杆的两端，采
用水平杆插头固定在立杆上下碗扣间。施工荷载由纵向向水平杆和节点横向水平杆传至立
杆，计算模型如图 7.7.1-5 所示。

（1）横向水平杆计算

横向水平杆按照简支梁进行强度和挠度计算。按照横向水平杆上面的脚手板自重和施
工荷载作为均布荷载计算纵向水平杆的最大弯矩和变形，不考虑悬臂端的影响。计算简图

如图 7.7.1-6 所示。

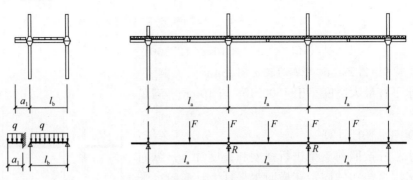

图 7.7.1-5 脚手板纵搭计算模型简图

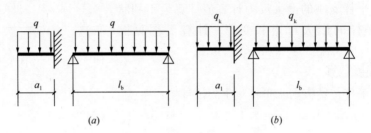

图 7.7.1-6 横向水平杆计算简图

(a) 跨中最大弯矩；(b) 跨中最大挠度

① 均布荷载值计算

作用于横向水平杆的线荷载标准值：

$$q_k = (Q_p + Q_k)s_1 = (0.35 + 3.0) \times 0.75 = 2.51 \text{kN/m}$$

作用于横向水平杆的线荷载设计值：

$$q = (1.2Q_p + 1.4Q_k)s_1 = (1.2 \times 0.35 + 1.4 \times 3.0) \times 0.75 = 3.47 \text{kN/m}$$

② 抗弯强度计算

最大弯矩：

$$M = ql_b^2/8 = 3.47 \times 0.9^2/8 = 0.35 \text{kN} \cdot \text{m}$$

最大弯曲应力：

$$\sigma = M/W = 0.350 \times 10^6/5260 = 66.51 \text{N/mm} < f = 205.0 \text{ N/mm}^2$$

横向水平杆的计算抗弯强度小于抗弯强度设计值，满足要求！

③ 挠度计算

最大挠度：

$$v = \frac{5q_k l_b^4}{384EI} = \frac{5 \times 2.51 \times 900^4}{384 \times 2.06 \times 10^5 \times 127100}$$

$$= 0.82 \text{mm} < l_b/150 = 6 \text{mm}$$

横向水平杆最大挠度小于 900/150 与 10mm，满足要求！

(2) 纵向水平杆计算

由于杆端通过水平杆接头插入上下碗扣，纵向水平杆按照简支梁进行强度和挠度计算，纵向水平杆为横向水平杆的支座。

用横向水平杆支座的最大反力计算值，计算最不利状态下纵向水平杆的最大弯矩和变形。计算简图见图 7.7.1-7。

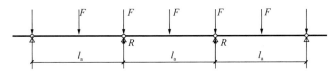

图 7.7.1-7 纵向水平杆计算简图

① 抗弯强度计算

由横向水平杆传给纵向水平杆集中力设计值：

$$F = 0.5ql_b\left(1 + \frac{a_1}{l_b}\right)^2 = 0.5 \times 3.47 \times 0.9 \times \left(1 + \frac{0.3}{0.9}\right)^2 = 2.78\text{kN}$$

最大弯矩：

$$M = Fl_a/4 = 2.78 \times 1.5/4 = 1.04\text{kN} \cdot \text{m}$$

$$\sigma = M/W = 1.04 \times 10^6/5260 = 197.7\text{N/mm} < f = 205.0 \text{ N/mm}^2$$

纵向水平杆的计算抗弯强度小于抗弯强度设计值，满足要求！

② 挠度计算

由横向水平杆传给纵向水平杆集中力标准值：

$$F_k = 0.5q_kl_b\left(1 + \frac{a_1}{l_b}\right)^2 = 0.5 \times 2.51 \times 0.9 \times \left(1 + \frac{0.3}{0.9}\right)^2 = 2.01\text{kN}$$

挠度：

$$v = \frac{F_kl_a^3}{48EI} = \frac{2.01 \times 1000 \times 1500^3}{48 \times 2.06 \times 10^5 \times 127100} = 5.40\text{mm} < l_a/150 = 10\text{mm}$$

纵向水平杆最大挠度小于 1500/150 与 10mm，满足要求！

4. 碗扣节点抗滑力的计算

1）脚手板横搭时

由横向水平杆传给立杆竖向力：$R = 1.5F + F'(1 + a_1/l_b)$

脚手板自重标准值 $Q_p = 0.35\text{kN/m}^2$，上层施工荷载标准值 $Q_k = 3\text{kN/m}^2$

悬挑部分纵向水平杆传给横向水平杆集中力：

$$F' = 1.1 \times 1.2Q_pa_1l_a + 1.2 \times 1.4Q_ka_1l_a$$
$$= 1.2 \times 1.1 \times 0.35 \times 0.3 \times 1.5 + 1.4 \times 1.2 \times 3 \times 0.3 \times 1.5$$
$$= 2.48\text{kN}$$

碗扣节点支座反力：

$R = 1.5F + F'(1 + a_1/l_b) = 1.5 \times 2.33 + 2.48(1 + 0.3/0.9) = 6.80\text{kN} \leqslant [R] = 25\text{kN}$

碗扣节点抗滑承载力的设计计算，满足要求！

2）脚手板纵搭时

由纵向水平杆和横向水平杆传给立杆竖向力：$R = 2F = 2 \times 2.78 = 5.56\text{kN} \leqslant [R] = 25\text{kN}$

碗扣节点抗滑承载力的设计计算，满足要求！

5. 脚手架立杆稳定计算

1) 脚手架荷载标准值

作用于脚手架的荷载包括永久荷载、施工荷载、风荷载。

永久荷载标准：

(1) 脚手架结构自重产生的轴向力标准值：

脚手架立杆承受的每米结构自重标准值：本案例架体搭设参数条件下，每延米立杆承受的架体自重标准值为 $g_k = 0.1295kN/m$，架体构配件及附件产生的立杆轴力标准值：

$$N_{G1k} = H \times g_k = 30 \times 0.1295 = 3.89kN$$

(2) 脚手板自重标准值产生的轴向力标准值：

竹笆脚手板自重标准值为 $0.10kN/m^2$，在立杆中产生的轴力标准值：

$$N_{G2} = 0.1 \times 2 \times 1.5 \times (1.05 + 0.3) / 2 = 0.203kN$$

(3) 栏杆与挡脚板自重标准值产生的轴向力标准值：

采用栏杆、木脚手板挡板，线荷载标准值为 $0.17kN/m$，在立杆中产生的轴力标准值：

$$N_{G3} = 0.170 \times 1.500 \times 2 = 0.510kN$$

(4) 密目式安全立网自重标准值产生的轴向力标准值：

密目式安全立网自重标准值为 $0.01kN/m^2$，在立杆中产生的轴力标准值：

$$N_{G4} = 0.01 \times 1.5 \times 30 = 0.45kN$$

经计算得到作业层构配件自重产生的轴向力标准值：

$$N_{G2k} = N_{G2} + N_{G3} + N_{G4} = 0.203 + 0.51 + 0.45 = 1.163kN$$

(5) 施工荷载在立杆中产生的轴向力标准值总和：

$$\sum N_{Qk} = (3.0 + 2.0) \times 1.5 \times (1.05 + 0.3)/2 = 5.06kN$$

(6) 计算风荷载产生的立杆段弯矩设计值 M_w：

立杆稳定验算部位，取脚手架立杆底部，作用于脚手架上的水平风荷载标准值：

$$w_k = \mu_z \cdot \mu_s \cdot \omega_0$$

根据《建筑结构荷载规范》GB 50009—2012，大城市市区，地面粗糙度为 C 类条件下：

风压高度变化系数 $\mu_z = 0.65$。

密目式安全网全封闭脚手架的挡风系数 $\varphi = 0.8$。

建筑物结构形式为敞开式框架结构，脚手架风荷载体型系数 $\mu_s = 1.3\varphi = 1.3 \times 0.8 = 1.04$，取 $\mu_s = 1.0$。

根据现行国家标准《建筑结构荷载规范》GB 50009—2012 附表 E.5 的规定，重现期 $n = 10$ 对应的风压值，即：基本风压值 $\omega_0 = 0.35kN/m^3$ 条件下的风荷载标准值为：

$$\omega_k = \mu_z \cdot \mu_s \cdot \omega_0 = 0.65 \times 1.0 \times 0.35 = 0.24kN/m^2$$

风荷载产生的立杆段弯矩设计值 M_w 为：

$$M_w = 0.9 \times 1.4 M_{wk} = \frac{0.9 \times 1.4 \, \omega_k \, l_a \, h^2}{10}$$

$$= 0.9 \times 1.4 \times 0.24 \times 1.5 \times 1.8^2 \div 10 = 0.15kN/m^2$$

2) 计算立杆段的轴向力设计值 N 与标准值 N_k

（1）不组合风荷载时：

轴向力设计值：

$$N = 1.2(N_{G1k} + N_{G2k}) + 1.4 \sum N_{Qk} = 1.2(3.89 + 1.163) + 1.4 \times 5.06 = 13.15\text{kN}$$

轴向力标准值：

$$N_k = (N_{G1k} + N_{G2k}) + \sum N_{Qk} = (3.89 + 1.163) + 5.06 = 10.11\text{kN}$$

（2）组合风荷载时：

轴向力设计值：

$$N = 1.2(N_{G1k} + N_{G2k}) + 0.7 \times 1.4 \sum N_{Qk}$$
$$= 1.2 \times (3.89 + 1.163) + 0.7 \times 1.4 \times 5.06 = 11.02\text{kN}$$

轴向力标准值：

$$N_k = (N_{G1k} + N_{G2k}) + 0.7 \sum N_{Qk} = (3.89 + 1.163) + 0.7 \times 5.06 = 8.60\text{kN}$$

3）立杆的稳定性计算：

（1）长细比验算

根据行业标准《建筑施工碗扣式钢管脚手架安全技术规范》JGJ 166—2016 第5.2.7条的规定，连墙件设置为2步3跨时，脚手架立杆得计算长度系数 $\mu = 1.55$，长细比 $\lambda = l_0/i = k\mu h/i$；$k = 1$ 时，$\lambda = 1.55 \times 180/1.59 = 175.47 < [\lambda] = 230$，满足要求！

$k = 1.155$ 时，$\lambda = 1.155 \times 1.55 \times 180/1.59 = 202.67 < [\lambda] = 230$，查《规范》附录C，得轴心受压构件得稳定系数 $\varphi = 0.176$。

（2）稳定性计算：

不组合风荷载时：

$$\frac{N}{\varphi A} = 13.15 \times 10^3/(0.188 \times 506) = 138.23\text{N/mm}^2 < f = 205.0\text{N/mm}^2$$

组合风荷载时：

$$\frac{N}{\varphi A} + \frac{M_w}{W} = 11.02 \times 10^3/(0.188 \times 506) + 0.15 \times 10^6/5260$$
$$= 144.36\text{N/mm}^2 < f = 205.0\text{N/mm}^2$$

立杆稳定性满足要求！

6. 连墙件计算

1）扣件连接抗滑承载力验算：

（1）作用于脚手架上的水平风荷载标准值 w_k：

连墙件均匀布置，受风荷载作用最大的连墙件应在脚手架的最高部位，计算按30m考虑，施工地区为基本风压 0.35kN/m^2 大城市市区。

风压高度变化系数 $\mu_z = 0.88$。

建筑物结构型式为框架结构，脚手架背靠建筑物的状况为敞开式框架，脚手架风荷载体型系数 $\mu_s = 1.3\varphi$。

密目式安全网全封闭脚手架挡风系数 φ 不宜小于0.8，取 $\varphi = 0.8$，风荷载体型系数为：$\mu_s = 1.3\varphi = 1.3 \times 0.8 = 1.04$，取 $\mu_s = 1.0$

作用于脚手架上的水平风荷载标准值：

$$w_k = \mu_z \cdot \mu_s \cdot w_0 = 0.88 \times 1.0 \times 0.35 = 0.32\text{kN/m}^2$$

（2）连墙件的轴向力设计值 N_L：

双排脚手架连墙件约束脚手架平面外变形产生的轴向力 $N_0 = 3\text{kN}$。

由风荷载产生的连墙件的轴向力设计值（每个连墙件的覆盖面积内脚手架外侧面的迎风面积 A_w 为连墙件水平间距×连墙件竖向间距）：

$$N_{Lw} = 1.4 \cdot w_k A_w = 1.4 \times 0.32 \times 2 \times 1.8 \times 3 \times 1.5 = 7.26\text{kN}$$

连墙件的轴向力设计值：

$$N_L = N_{Lw} + N_0 = 7.26 + 3 = 10.26\text{kN}$$

（3）扣件连接抗滑移验算：

单个直角扣件抗滑承载力设计值 $R_c = 8\text{kN}$

$$N_L = 10.26\text{kN} > R_c = 8\text{kN}$$

连墙件使用一个扣件不满足要求。

连墙件采用双扣件：即连墙杆采用直角扣件与脚手架的内、外排立杆连接，连墙杆与建筑物连接时，应在建筑物的内、外墙面附加短管处各加两只直角扣件扣牢。双扣件抗滑承载力按 12kN 考虑。

$$N_L = 10.26\text{kN} < 12\text{kN}$$

连墙件使用双扣件满足要求！

2）连墙件杆件的强度验算：

强度：

$$\sigma = \frac{N_L}{A_n} \leqslant 0.85f$$

$$\sigma = \frac{N_L}{A_n} = 10.26 \times \frac{10^3}{506} = 20.28\text{N/mm}^3$$

$$\leqslant 0.85f = 0.85 \times 205 = 174.25\text{N/mm}^3$$

连墙件强度满足条件！

3）连墙杆稳定承载力验算。

连墙杆采用 $\phi 48 \times 3.5$ 钢管时，杆件两端均采用直角扣件分别连于脚手架及附加的墙内、外侧短钢管上，因此连墙杆的计算长度可取脚手架距墙距离，即 $l_0 = 30\text{cm}$。

长细比：$\lambda = l_0/i = 30/1.59 = 19 < [\lambda] = 150$（《冷弯薄壁型钢结构技术规范》GB 50018 的规定）。

连墙件长细比满足要求！

轴心受压立杆的稳定系数，由长细比 λ 查表得到 $\varphi = 0.949$；

$$N_L/\varphi A = 10.26 \times 10^3 / (0.949 \times 506) = 21.37\text{N/mm}^2 < 0.85[f] = 174.25$$

连墙杆稳定承载力计算满足要求！

7. 脚手架地基底面的平均压力满足下式的要求

立杆基础底面处的平均压力标准值

$$P_k = \frac{N_k}{A} \leqslant f_a$$

上部结构传至立杆基础顶面的轴向力标准值 $N_k = 10.11\text{kN}$。

垫板应采用长度不少于 2 跨、厚度不小于 50mm、宽度不小于 200mm 的木垫板，基

础底面面积按 $0.2\,m^2$ 计。

$$P_k = \frac{N_k}{A} = 10.11 \div 0.2 = 50.55kN/m^2$$

修正后的地基承载力特征值 f_a（kPa）：

$$f_a = 240 \times 0.4 = 96kN/m^2$$

$$P_k \leqslant f_a$$

地基承载力的计算满足要求！

7.7.2 楼板满堂模板支撑架设计计算

1. 工程概况

某无梁楼板现浇混凝土采用 WDJ 碗扣式钢管满堂模板支撑架，架体搭设高度 $H=9.1m$，采用 $\phi48.3\times3.5$ 钢管，楼板度为厚 $0.45m$，模板支撑架上可调托撑上主楞（主分配梁）采用 $100mm\times100mm$ 木方，主楞上的次楞（次分配梁）采用 $50mm\times100mm$ 木方，间距 $300mm$。混凝土模板采用厚 $15mm$ 的胶合板。采用布料机上料进行浇筑混凝土，施工地区为基本风压 $0.35kN/m^2$ 的市区。地基土为回填土，分层夯实，地基承载力特征值 $180kN/m^2$（kPa）。

2. 架体搭设参数

立杆间距 $l_a\times l_b=0.9m\times0.9m$，步距 $h=1.2m$，立杆伸出顶层水平杆中心线至支撑点的长度 $a=0.5m$。

在模板支撑架上的布料机对架体产生荷载增大，此处立杆加密，立杆间距 $0.3m\times0.3m$，在原立杆间距中部加两根，立杆步距 $1.2m$。

架体高宽比不大于 2（局部高宽比大于 2，不大于 3），满堂模板支撑架应在支架的四周和中部与结构柱进行刚性连接，连墙件水平间距应为 $6\sim9m$（具体取决于框架柱分布），竖向间距为 2 步。

在架体外侧周边及内部纵、横向每 5 跨（4.5m），应由底至顶设置连续竖向剪刀撑，剪刀撑宽度为 5 跨（4.5m）（图 7.7.2-1、图 7.7.2-2）。

3. 荷载

1）恒荷载：

（1）模板自重，取 $0.3kN/m^2$。

（2）每延米模板支架自重，取 $0.32kN/m$。

（3）钢筋混凝土（楼板）自重，取 $25.1kN/m^3$。

2）活荷载：

（1）施工均布荷载，$2.5kN/m^2$。

（2）风荷载，施工地区为市区，基本风压 $0.35kN/m^2$。

4. 模板面板计算

面板为受弯结构，需要验算其抗弯强度和变形。模板面板按照 3 跨连续梁计算。计算单元取：梁纵向立杆间距 $900mm$。

强度验算考虑荷载：钢筋混凝土板自重，模板自重，施工荷载；挠度验算考虑荷载：钢筋混凝土板自重，模板自重。

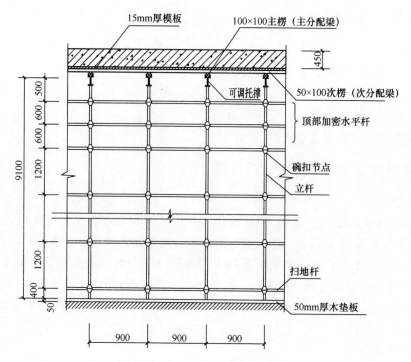

图 7.7.2-1 楼板支模架立面图

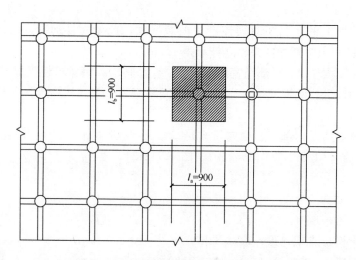

图 7.7.2-2 楼板支模架立杆计算单元图

1）荷载计算：

永久荷载标准值 $q_{1k} = 25.1 \times 0.45 \times 0.9 + 0.3 \times 0.9 = 10.44 \text{kN/m}$

可变荷载标准值 $q_{2k} = 2.5 \times 0.9 = 2.25 \text{kN/m}$

按可变荷载效应控制的组合方式：

$\gamma_0 S = 1.1 \times (1.2 q_{1k} + 1.4 q_{2k}) = 1.1 \times (1.2 \times 10.44 + 1.4 \times 2.25) = 17.25 \text{kN/m}$

说明：架体高度大于 8.0m，为 I 级支撑架，结构重要系数 1.1。

按永久荷载效应控制的组合方式：

$$\gamma_0 S = 1.1 \times (1.35 q_{1k} + 1.4 \psi_c q_{2k}) = 1.1 \times (1.35 \times 10.44 + 1.4 \times 0.7 \times 2.25)$$
$$= 17.93 \text{kN/m}$$

说明：永久荷载控制的组合，可变荷载组合值系数 ψ_c 取 0.7。

根据以上两者比较应取 $S = 17.93 \text{kN/m}$ 作为设计依据，即：取按永久荷载效应控制的组合方式。

2）永久荷载设计值：

钢筋混凝土自重、模板自重设计值：

$$q_1 = \gamma_0 \times 1.35 q_{1k} = 1.1 \times 1.34 \times 10.44 = 15.50 \text{kN/m}$$

3）施工荷载设计值：

$$q_2 = \gamma_0 \times 1.4 \times q_{2k} \times 0.9 = 1.1 \times 1.4 \times 2.5 \times 0.9 = 3.47 \text{kN/m}$$

4）面板的截面惯性矩 I 和截面惯性矩 W 分别为：

$$I = bh^3/12 = 90 \times 1.5 \times 1.5 \times 1.5/12 = 25.31 \text{cm}^4$$
$$W = bh^2/6 = 90 \times 1.5 \times 1.5/6 = 33.75 \text{cm}^3$$

说明：模板厚 $h = 15 \text{mm}$，板宽取 $b = 900 \text{mm}$ 计算。

胶合板面板强度容许值 $[f] = 27 \text{N/mm}^2$，胶合板面板弹性模量为 $E = 3150 \text{N/mm}^2$

5）抗弯强度计算

抗弯强度计算时，施工荷载按均布荷载布置如图 7.7.2-3。

最大弯矩：

$$M = 0.1 q_1 l^2 + 0.117 q_2 l^2 = 0.1 \times 15.50 \times 0.3^2 + 0.117 \times 3.47 \times 0.3^2 = 0.18 \text{kN·m}$$

抗弯强度 $\sigma = M/W = 0.18 \times 1000 \times 1000/33750 = 5.21 \text{N/mm}^2 = [f] = 27 \text{N/mm}^2$

面板的抗弯强度满足要求！

6）挠度计算

挠度计算时，荷载简图如图 7.7.2-4。

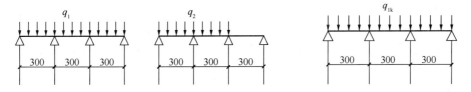

图 7.7.2-3　模板面板计算荷载组合简图（支座最大弯矩）　图 7.7.2-4　模板面板挠度计算简图

面板最大挠度计算值：

$$v = 0.677 \times 10.44 \times 300^4/(100 \times 3150 \times 253100) = 0.7 \text{mm} < [v] = l/250 = 1.2 \text{mm}$$

模板挠曲变形满足要求！

5. 次楞木方计算

按由永久荷载效应控制的组合考虑，永久荷载分项系数取 1.35。木方按 3 跨连续梁计算。

1）荷载计算

（1）永久荷载为钢筋混凝土板自重与模板的自重，次楞木方间距 0.3m，永久荷载标准值：

$$q_{3k} = 25.1 \times 0.45 \times 0.3 + 0.3 \times 0.3 = 3.48 \text{kN/m}$$

（2）可变荷载为施工荷载，施工面荷载标准值荷载取 2.5kN/m^2，次楞木方线布施工荷载标准值：

$$q_{4k} = 2.5 \times 0.3 = 0.75 \text{kN/m}$$

（3）永久荷载设计值：

$$q_3 = \gamma_0 1.35 \times q_{3k} = 1.1 \times 1.35 \times 3.48 = 5.17 \text{kN/m}$$

（4）施工荷载设计值：

$$q_4 = \gamma_0 1.4 \times 0.75 = 1.1 \times 1.4 \times 0.75 = 1.16 \text{kN/m}$$

2）次楞木方截面惯性矩 I 和截面抵抗矩 W 分别为：

$$I = 5 \times 10 \times 10 \times 10 / 12 = 416.67 \text{cm}^4$$

$$W = 5 \times 10 \times 10 / 6 = 83.33 \text{cm}^3$$

根据现行国家标准《木结构设计规范》GB 50005 的规定，并考虑使用条件，设计使用年限，木材抗弯强度设计值 $f_m = 13 \text{N/mm}^2$，抗剪强度设计值 $f_v = 1.5 \text{N/mm}^2$，弹性模量 $E = 9350 \text{N/mm}^2$。

3）次楞木方强度计算

① 抗弯强度计算

抗弯强度计算时，施工荷载按均布荷载布置如图 7.7.2-5。

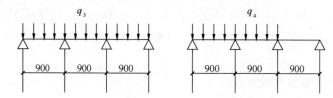

图 7.7.2-5 次楞木方计算荷载组合简图（支座最大弯矩、最大剪力）

最大弯矩：

$$M = 0.1q_3 l^2 + 0.117 q_4 l^2 = 0.1 \times 5.17 \times 0.9^2 + 0.117 \times 1.16 \times 0.9^2 = 0.53 \text{kN} \cdot \text{m}$$

$$\sigma = M/W = 0.53 \times 1000 \times 1000 / 83330 = 6.34 \text{N/mm}^2 < [f_m] = 13 \text{N/mm}^2$$

次楞木方的抗弯计算强度满足要求！

② 抗剪强度计算

最大剪力：

$$Q = (0.6q_3 + 0.617 q_4)l$$
$$= (0.6 \times 5.17 + 0.617 \times 1.16) \times 0.9 = 3.44 \text{kN}$$

截面抗剪强度：

$$T = 3Q/2bh = 3 \times 3436 / (2 \times 50 \times 100)$$
$$= 1.04 \text{N/mm}^2 < [f_v] = 1.5 \text{N/mm}^2$$

次楞木方的抗剪强度计算满足要求！

4）次楞木方挠度计算

挠度计算时，荷载简图如图 7.7.2-6。

最大变形：

$$v = 0.677 q_{3k} l^4 / 100EI$$
$$= 0.677 \times 3.48 \times 900^4 / (100 \times 9350 \times 4166700)$$
$$= 0.4mm < [v] = l/250 = 3.6mm$$

次楞木方挠曲变形满足要求！

6. 主楞木方计算

主楞按照集中荷载 3 跨连续梁计算，计算简图见图 7.7.2-7。

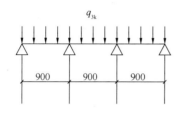
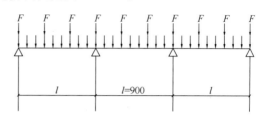

图 7.7.2-6 次楞木方挠度计算简图   图 7.7.2-7 主楞木方计算简图

1）荷载计算

（1）集中荷载取次楞木方的支座反力（图 7.7.2-5）：

$$F = 1.1 q_3 + 1.2 q_4$$
$$= 1.1 \times 5.17 + 1.2 \times 1.16$$
$$= 7.08kN$$

（2）均布荷载取主楞的自重 $q_5 = 0.1kN/m$

2）截面惯性矩 I 和截面抵抗矩 W 分别为：

$$I = 10 \times 10 \times 10 \times 10/12 = 833.33 \ cm^4$$
$$W = 10 \times 10 \times 10/6 = 166.67 cm^3$$

3）主楞木方强度计算

（1）抗弯强度计算

最大弯矩：

$M = 0.1 q_5 l^2 + 0.267 Fl = 0.1 \times 0.1 \times 0.9^2 + 0.267 \times 7.08 \times 0.9 = 1.71kN \cdot m$

抗弯计算强度 $\sigma = M/W = 1.71 \times 10^6 / 166670 = 10.26N/m^2 < [f_m] = 13N/m^2$

主楞木方的抗弯满足要求！

（2）抗剪强度计算

最大剪力：

$$Q = 0.6 q_5 l + 1.267 F = 0.6 \times 0.1 \times 0.9 + 1.267 \times 7.08 = 9.02kN$$

截面抗剪强度必须满足：

$$T = 3Q/2bh < [f_v]$$

截面抗剪强度计算值 $T = 3 \times 9020/(2 \times 100 \times 100) = 1.35N/mm^2 < [f_v] = 1.5N/mm^2$

主楞木方抗剪强度满足要求！

4）主楞木方挠度计算

集中荷载标准值：

$$F_k = F/\gamma_u = 7.08/1.363 = 5.19 \text{kN}$$

γ_u 为永久荷载和可变荷载分项系数加权平均值，当按永久荷载控制组合时，取 1.363。

最大变形：

$$\upsilon = 1.883 F_k l^3 / 100 EI$$
$$= 1.883 \times 5.19 \times 10^3 \times 900^3 / (100 \times 9350 \times 8333300)$$
$$= 0.97 \text{mm} < 900/250 = 3.6 \text{mm}$$

主楞挠曲变形满足要求！

7. 立杆稳定计算

1）模板支架荷载：

作用于模板支架的荷载包括永久荷载、施工荷载和风荷载。

（1）永久荷载标准值计算：

① 模板支架自重标准值：

本案例架体搭设参数条件下，每延米立杆承受的架体自重标准值为 $g_k = 0.1716 \text{kN/m}$，架体构配件及附件产生的立杆轴力标准值：

顶部：$\Sigma N_{Gk1} = (1.2 + 0.5) \times 0.1716 = 0.2917 \text{kN}$

底部：$\Sigma N_{Gk1} = 9.1 \times 0.1716 = 1.562 \text{kN}$

② 模板的自重标准值：

$$N_{Gk2-1} = 0.9 \times 0.9 \times 0.3 = 0.24 \text{kN}$$

③ 钢筋混凝土楼板自重标准值：

$$N_{Gk2-2} = 25.1 \times 0.9 \times 0.9 \times 0.45 = 9.15 \text{kN}$$

永久荷载对立杆产生的轴向力标准值总和：

顶部：$\Sigma N_{Gk1} + \Sigma N_{Gk2} = N_{Gk1} + N_{Gk2-1} + N_{Gk1-2} = 0.2917 + 0.24 + 9.15 = 9.68 \text{kN}$

底部：$\Sigma N_{Gk} = N_{Gk1} + N_{Gk2} + N_{Gk3} = 1.562 + 0.24 + 9.15 = 10.95 \text{kN}$

（2）施工荷载标准值计算：

$$N_{Qk} = 2.5 \times 0.9 \times 0.9 = 2.03 \text{kN}$$

（3）风荷载计算

施工地区为基本风压 0.35N/m^2 的市区。

城市地区，地面粗糙度为 C 类，支撑架高度为 9.1m，底部至顶部风压高度变化系数 μ_z 不变，即：$\mu_z = 0.65$。基本风压 $w_0 = 0.35 \text{N/m}^2$。

敞开式满堂支撑架的挡风系数：

$$\Phi = \frac{1.2 A_n}{l_a \cdot h} = \frac{1.2(l_a + h + 0.325 l_a \cdot h)d}{l_a \cdot h} = 0.132$$

风荷载体型系数 $\mu_s = \mu_{stw} = \mu_{st}(1 - \eta^n)(1 - \eta) = 1.2\Phi(1 + \eta + \eta^2 + \eta^3 + \cdots + \eta^{n-1})$。

$$\mu_{st} = \Phi \cdot \mu_s = 1.2\Phi = 1.2 \times 0.132 = 0.158$$

风荷载分别作用于每排立杆上，立杆计算按每一个纵距、横距为计算单元，根据满堂支撑架整体稳定性试验，以 4～5 跨为一个受力稳定结构（本例最少跨为 5 跨），所以，考虑前排立杆的影响，可取排数 $n = 2 \sim 6$。偏安全考虑，本例取排数 $n = 5$ 计算风荷载。

根据现行国家标准《建筑结构荷载规范》GB 50009 的规定，η 系数按表 7.7.2 采用。

7.7 计 算 实 例

Φ	$l_b/H \leqslant 1$
$\leqslant 0.1$	1.00
0.2	0.85
0.3	0.66

注：l_b——支架立杆横距；H——脚手架高度。

查表插值计算得到：

$$\eta = 0.952$$

$$\mu_{stw} = 1.2 \times 0.132 \times (1 - 0.952^5)/(1 - 0.952) = 0.72 。$$

支架顶部竖向栏杆围挡高度为 $H_m = 1.5m$，该处风荷载体型系数 $\mu_s = 1.0$。

作用于脚手架上的水平风荷载标准值：

$$w_{fk} = \mu_z \cdot \mu_s \cdot w = 0.72 \times 0.65 \times 0.35 = 0.16 kN/m^2 。$$

作用于脚手架顶部竖向栏杆围挡范围的水平风荷载标准值：

$$w_{mk} = \mu_z \mu_s w_0 = 0.56 \times 1.0 \times 0.35 = 0.196 \ kN/m^2$$

由风荷载产生的计算立杆段弯矩设计值 M_w：

$$M_w = \gamma_0 \times 0.6 \times 1.4 M_{wk} = \frac{1.1 \times 0.6 \times 1.4 \, w_k \, l_a \, h^2}{10}$$

$$= 1.1 \times 0.6 \times 1.4 \times 0.16 \times 0.9 \times 1.2^2 \div 10 = 0.02 kN \cdot m (顶部或底部)$$

上式中 1.1 为脚手架安全等级系数（高度超过 8m，为 I 级脚手架，安全等级系数 γ_0 为 1.1）

模板支撑架计算单元在风荷载作用下的倾覆力矩标准值：

$$M_{Tk} = \frac{1}{2} H^2 \cdot q_{wk} + H \cdot F_{wk} = \frac{1}{2} H^2 \cdot (l_a \cdot w_{fk}) + H \cdot (l_a \cdot H_m \cdot w_{mk})$$

$$= \frac{1}{2} \times 9.1^2 \times (0.9 \times 0.16) + 9.1 \times (0.9 \times 1.5 \times 0.196)$$

$$= 105.66 kN \cdot m$$

模板支撑架在风荷载作用下，计算单元立杆产生的附加轴力标准值（取立杆排数 $n = 10$）：

$$N_{wk} = \frac{6n}{(n+1)(n+2)} \cdot \frac{M_{Tk}}{B} = \frac{6 \times 10}{(10+1)(10+2)} \times \frac{105.66}{10 \times 0.9} = 4.93 kN$$

2）计算立杆段的轴向力设计值 N

（1）考虑风荷载附加轴力时：

$$N = \gamma_0 (1.35 \sum N_{Gk} + 0.7 \times 1.4 N_{Qk} + 0.6 N_{wk})$$

$$= 1.1 \times [1.35 \times 10.95 + 0.7 \times 1.4 \times 2.03 + 0.6 \times 1.4 \times 4.93] = 23.00 kN$$

（2）不考虑风荷载附加轴力时：

$$N = \gamma_0 (1.35 \sum N_{Gk} + 0.7 \times 1.4 N_{Qk}) = 1.1 \times [1.35 \times 10.95 + 0.7 \times 1.4 \times 2.03]$$

$$= 18.45 kN$$

3）立杆稳定性计算

（1）立杆计算长度（支撑架高度 $H = 9.1m$，$k = 1.185$）：

$a = 650mm$ 时：

$l_{01} = k\mu(h+2a_1) = 1.185 \times 1.1 \times (1.2+2\times0.65) = 3.26\text{m}$, $\lambda_1 = 3260/15.9 = 205$, $\varphi_1 = 0.172$

$a=200\text{mm}$ 时：

$$\varphi_2 = \varphi_1 \times 1.2 = 0.172 \times 1.2 = 0.206$$

$a=500\text{mm}$ 时：

插值计算得到：$\varphi = \varphi_1 + (\varphi_2-\varphi_1)\dfrac{l-l_{01}}{l_{02}-l_{01}} = 0.172 + (0.206-0.172)\left(\dfrac{650-500}{650-200}\right) = 0.183$

因此，$a=500\text{mm}$ 时，取 $\varphi = 0.183$

长细比验算（取 $k=1.0$）：

$$l_0 = k\mu(h+2a) = 1.1 \times (1.2+2\times0.5) = 2.42\text{m}$$

立杆长细比 $\lambda = l_0/i = 2.42/0.0159 = 152.2 < 230$

长细比满足要求！

（2）按压弯构件计算时，按下式验算立杆稳定

$$\frac{N}{\varphi A} + \frac{M_w}{W} \leqslant f$$

$$\sigma = \frac{N}{\varphi A} + \frac{M_w}{W} = \frac{18.45 \times 10^3}{0.183 \times 506} + \frac{0.02 \times 10^6}{5.26 \times 10^3} = 202.5 \text{ N/mm}^2 < [f] = 205 \text{ N/mm}^2$$

（3）按轴心受压构件计算时，按下式验算立杆稳定

$$\frac{N}{\varphi A} \leqslant f$$

$$\sigma = \frac{N}{\varphi A} = \frac{23.00 \times 10^3}{0.183 \times 506} = 248.39 \text{ N/mm}^2 > [f] = 205 \text{ N/mm}^2$$

立杆稳定性不满足要求！

将顶部 2 个 1200mm 的标准步距加密为 4 个 600mm 的步距，取 $h=600\text{mm}$，此时计算过程及结果如下：

$$l_0 = k\mu(h+2a) = 1.1 \times (0.6+2\times0.5) = 1.76\text{m}（用于长细比计算）$$

$a=650\text{mm}$ 时：

$l_{01} = k\mu(h+2a_1) = 1.185 \times 1.1 \times (0.6+2\times0.65) = 2.48\text{m}$, $\lambda_1 = 2480/15.9 = 155.8$, $\varphi_1 = 0.290$

$a=200\text{mm}$ 时：

$$\varphi_2 = \varphi_1 \times 1.2 = 0.290 \times 1.2 = 0.348$$

$a=500\text{mm}$ 时：

插值计算得到：$\varphi = \varphi_1 + (\varphi_2-\varphi_1)\dfrac{l-l_{01}}{l_{02}-l_{01}} = 0.290 + (0.348-0.290)\left(\dfrac{650-500}{650-200}\right) = 0.309$

因此，$a=500\text{mm}$ 时，取 $\varphi = 0.309$

此时，按轴心受压构件计算时，验算结果如下：

$$\sigma = \frac{N}{\varphi A} = \frac{23.00 \times 10^3}{0.309 \times 506} = 147.10 \text{ N/mm}^2 < [f] = 205 \text{ N/mm}^2$$

水平杆加密后，立杆稳定性满足要求！

8. 地基承载力计算

立杆传至基础顶面最大的轴力设计值 $N=23\text{kN}$。

垫板应采用长度不少于 2 跨、厚度不小于 50mm、宽度不小于 200mm 的木垫板。

修正后的地基承载力特征值 $f_a=180\times0.4=72\text{kN/m}^2$

不设置垫层时，立杆基础底面积 $A_g=0.2\times0.9\text{m}=0.18\text{m}^2<0.3\text{m}^2$

立杆地基承载力应符合下式要求：

$$\frac{N}{A_g}\leqslant\gamma_u f_a$$

$$\frac{N}{\gamma_u A_g}=\frac{23.00}{1.363\times0.18}=93.7\text{kN/m}>f_a=72\text{kN/m}^2$$

不设置垫层时地基承载力不满足要求。

为使地基承载力满足承载力要求，设置 $h_0=200\text{mm}$ 厚的混凝土垫层后，立杆基础底面积为：

$$A_g=C\times D=(c+2h_0\text{tg}45°)\times(d+2h_0\text{tg}45°)$$
$$=(0.2+2\times0.2\times1.0)\times(0.9+2\times0.2\times1.0)$$
$$=0.78\text{m}^2>0.3\text{m}^2$$

取 $A_g=0.3\text{m}^2$，此时：

$$\frac{N}{\gamma_u A_g}=\frac{23.00}{1.363\times0.3}=56.24\text{kN/m}<f_a=72\text{kN/m}^2$$

设置混凝土垫层后，地基承载力的计算满足要求！

9. 加密区架体计算

在模板支撑架上的布料机对架体产生集中荷载，此处立杆加密，立杆间距 0.3m×0.3m，在原立杆间距中部加一根，立杆的步距 1.2m。计算方法同上。

本 章 参 考 文 献

[1] 徐佳炜. 高层建筑多层模板支撑体系及其安全性研究[硕士学位论文]. 上海：同济大学，2008

[2] 陈萌. 商品混凝土早龄期受拉弹性模量的试验研[J]. 建筑科学，2007，23(11)

[3] 李国胜. 简明高层钢筋混凝土设计手册[M]. 北京：中国建材工业出版社，2011

第 8 章 脚 手 架 构 造

任何一种结构的设计，不管是永久性结构还是临时性结构，都是在特定的构造措施保证下进行的。可以认为，构造措施不仅是结构计算模型成立的前提条件，也是在确保结构安全方面对结构计算重要的补充条件。行业标准《建筑施工碗扣式钢管脚手架安全技术规范》JGJ 166—2016 对碗扣式钢管脚手架采取的以立杆稳定性表达架体整体稳定性的简化计算方法，其成立的前提条件就是在既定的一整套构造措施条件下，确保架体失效时为整体失稳，且计算公式中采取的所有计算参数也是在严格的构造措施条件下适用的。本章将分别针对双排脚手架和满堂支撑架，对其地基基础、立杆、水平杆、扫地杆、剪刀撑或斜撑杆、连墙件、可调托撑、高宽比等方面的构造要求给出详细的说明。

8.1 碗扣式钢管脚手架的一般构造要求

碗扣式钢管双排脚手架和满堂支撑架在有些构造方面的规定是共性的，本节逐一说明如下。

8.1.1 地基基础构造

双排脚手架和满堂支撑架的立杆由于向地基传递较大的轴向集中力，与其接触的地基应能可靠传递这些轴力，并不应发生不均匀沉降。因此立杆基础必须具备足够的承载力，并不应受到水的浸泡。与永久结构地基基础不同的是，脚手架立杆钢管截面尺寸较小（圆环截面），与地基的接触面小，不能直接与土层地基接触，必须通过底座、垫板或混凝土垫层等将上部荷载传递至土层地基（直接由既有结构楼面支承脚手架时不存在该问题）。为满足这些条件，脚手架立杆地基基础构造应符合下列规定：

1. 地基应坚实、平整，场地应有排水措施，不应有积水。

"坚实、平整"是对脚手架立杆地基最基本的要求，包含两方面的含义：其一，地基为原状土层时，应进行土体平整、压实处理，确保土体稳固，并应消除斜坡（通常处理为阶地）；其二，满堂支撑架立杆搭设于门洞支架上，或双排脚手架搭设于悬挑型钢上时，其地基基础为型钢梁、贝雷梁等受弯钢构件时，为实现"坚实、平整"的要求，支承钢构件除了具有弯、剪承载力外，还应具有足够的刚度，否则上部架体会发生较大不均匀沉降，即地基不坚实。本条执行应注意以下情况：

1) 脚手架在使用期间，难免会遇到降雨，而位于土层上的立杆，不管是否设置了垫层，雨水浸泡是导致基础失效的最大威胁。因此，各类施工安全规范均对立杆基础的排水设施的设置提出了明确的要求。场地内应采取设置排水沟等有组织排水措施（图8.1.1-1），及时排走地面积水。

2) 施工工程中，有时支架位于倾斜的楼面上（如影院、演讲厅等楼面支模架的立杆位于下层倾斜的楼面），既有楼面虽然能满足坚实的要求，但要满足平整的要求，需要进行一定的处理，图 8.1.1-2 为采取楔形块架抗滑锚桩方法处理倾斜楼面上立杆基础平整度的措施之一。图中，通长楔形块长度不小于 2 个立杆跨距，可采取带孔为木楔块，孔距与抗滑锚筋位置对应，抗滑锚筋间距不大于立杆间距。

图 8.1.1-1 场地排水设施

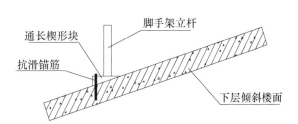

图 8.1.1-2 倾斜楼面上立杆基础整平措施

3）在沟谷等地势极不平坦的地带搭设满堂支撑架时，由于满足地基平整的要求较为困难，原则上不适合采取落地式支架，推荐采取跨越式结构进行转换，将架体支承于满足"平整、坚实"的托梁上，如图 8.1.1-3 所示的坡地支架地基转换处理方式。

图 8.1.1-3 坡地支架地基转换处理

4）双排脚手架坐落于建筑结构后浇带、采光井等孔洞上时，架体底部宜采用型钢横梁支承；型钢横梁的规格应经计算确定（图 8.1.1-4）。

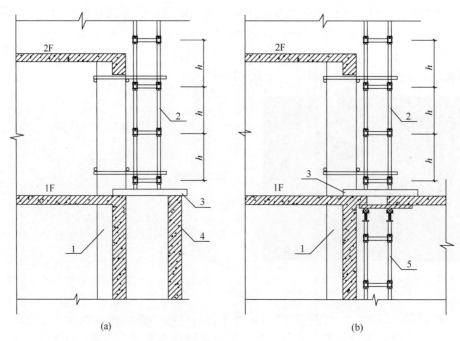

图 8.1.1-4　双排脚手架位于采光井或后浇带时基础处理

（a）采光井处立杆基础；（b）后浇带处立杆基础

1—结构柱；2—双排脚手架；3—型钢横梁；4—采光井剪力墙；5—后浇带模板支撑架

2. 土层地基上的立杆底部应设置底座和混凝土垫层，垫层混凝土标号不应低于 C15，厚度不应小于 150mm（图 8.1.1-5a）；当采用垫板代替混凝土垫层时，垫板宜采用厚度不小于 50mm、宽度不小于 200mm、长度不少于二跨的木垫板（图 8.1.1-5b）。

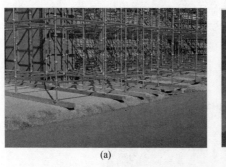

图 8.1.1-5　立杆地基垫层或垫块处理

（a）混凝土垫层基础；（b）木垫板基础

该规定是对土层地基做出的要求，其目的是避免钢管薄壁截面直接作用于土体引起土体的剪切破坏失效，立杆的轴力（集中荷载）需通过一定的刚性块体扩散至尽可能大的土体范围（图 8.1.1-6）。规定混凝土垫层具备一定的强度是为了确保垫层混凝土的局部受压能力；规定垫料的厚度、宽度是为了将立杆的集中轴力分摊传递至尽可能大面积的土层。当土层地基承载力较低时可通过增大垫层或垫板厚度及面积的方法进行地基处理。底座本身具有分摊荷载的作用，且具有固定立杆位置的作用（底座杆插入钢管），混凝土垫层或其他垫料上应在立杆底部设置专用底座，当采用钢板代替底座时，钢板上应有固定立杆的短钢柱，钢板厚度不应小于4mm（确保钢板面外弯曲刚度的需要），宽度不应小于10mm（关于采取钢板代替底座的措施，在规范中并未提及，其作用等同底座，施工中可灵活使用）。除此之外，立杆下部还可采取预制混凝土块等其他刚性垫块（8.1.1-7）。

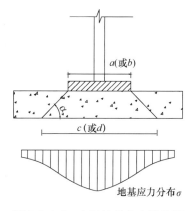

图 8.1.1-6 立杆地基应力扩散图

图 8.1.1-7 立杆底部混凝土垫块

3. 混凝土结构层上的立杆底部应设置底座或垫板。

该规定明确提出，即使立杆支承于既有混凝土结构上，立杆底部也应设置底座或垫板，其作用是避免对混凝土构件的冲切破坏或局部压溃。

4. 对承载力不足的地基土或混凝土结构层，应进行加固处理。

软弱地基土的处理方法详见第9章。实际工程中，经常出现脚手架搭设于既有混凝土结构楼面，应对支承楼面的承载力进行验算，当支承楼面不足以承受立杆传递的荷载时，应采取在楼层下部增设回顶支架等方法对支承楼面进行加固处理。

5. 湿陷性黄土、膨胀土、软土地基应有防水措施。

6. 当基础表面高差较小时，可采用可调底座调整（图8.1.1-8），但应注意控制低跨处扫地杆离地间距不应超过400mm，或采取支撑措施；当基础表面高差较大时，可利用立杆碗扣节点位差配合可调底座进行调整，且高处的立杆距离坡顶边缘不宜小于500mm（图8.1.1-9），但应注意将高处架体扫地杆与低处架体相应高度的水平杆拉通。

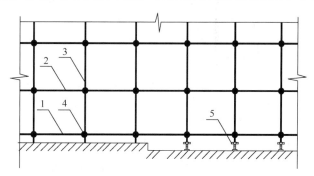

图 8.1.1-8 基础顶面高差较小时扫地杆构造

1—扫地杆；2—水平杆；3—立杆；4—碗扣节点；5—可调底座

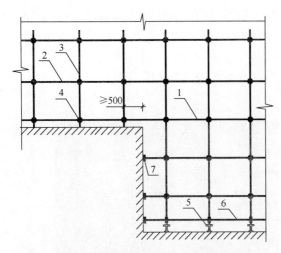

图 8.1.1-9 基础顶面高差较大时扫地杆构造
1—拉通扫地杆；2—水平杆；3—立杆；4—架体碗扣节点；
5—可调底座；6—低处扫地杆；7—抵紧构造

8.1.2 立杆接头构造

由于碗扣式脚手架立杆的最大长度为3m，双排脚手架和模板支撑架的立杆都不可避免的接长使用。但接头位置破坏了立杆的竖向连续性，造成了受力的薄弱环节，为避免接头出现在同一水平高度，规范规定架体水平杆的接头应满足下列要求：双排脚手架起步立杆应采用不同型号的杆件交错布置，架体相邻立杆接头应错开设置，不应设置在同步内（图8.1.2），模板支撑架相邻立杆接头宜交错布置。

脚手架的实际搭设中，支架底层一般选用3.0m和1.8m两种不同型号的立杆相互交错、参差设置，在后续的同一层中采用相同长度同一规格的立杆接长即可实现立杆接头的错开。这种处理方法在双排脚手架中容易实现，因为脚手架顶部出现不同伸出长度的立杆不影响作业层的设置。但在模板支撑架中，立杆顶部应处于统一标高，中间采取不同规格立杆交错布置后，顶部统一找平较为困难，因此规范建议性地规定满堂支撑架相邻立杆接头交错布置。

关于脚手架立杆接头的规定，行业标准《建筑施工扣件式钢管脚手架安全技术规范》JGJ 130—2011 规定，扣件

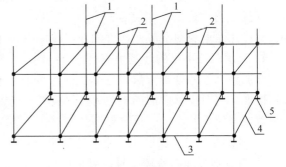

图 8.1.2 双排脚手架起步立杆布置示意图
1—第一种型号立杆；2—第二种型号立杆；
3—纵向扫地杆；4—横向扫地杆；5—立杆底座

式钢管脚手架相邻立杆接头不仅要错开，而且接头距离主节点距离不大于步距的1/3，碗扣式钢管脚手架的产品型号和特点能自动满足该要求。

8.1.3 水平杆与扫地杆构造

水平杆、扫地杆在双排脚手架和模板支撑架中具有重要作用，都是架体的主要结构杆件，水平杆、扫地杆与其他杆件共同构成架体的整体稳定结构体系，并且使架体纵向和横向具有足够的联系和约束，保证架体的刚度，并且也是抵抗水平荷载的重要构件。水平杆按步距纵向和横向连续设置是脚手架设计计算必须满足的基本假定条件。扫地杆的最大离地高度是确保架体底部立杆局部稳定性的重要构造措施。过大的离地间距将会造成架体立杆底部的薄弱环节，扫地杆漏设造成的架体坍塌事故也发生过多起。

不同的脚手架安全技术规范对扫地杆离地最大间距的规定不尽相同，比如行业标准《建筑施工扣件式钢管脚手架安全技术规范》JGJ 130—2011 规定扣件式钢管脚手架扫地

杆离地间距不超过 200mm，行业标准《建筑施工承插型盘扣式钢管支架安全技术规程》JGJ 231—2010 规定扫地杆离地间距不超过 550mm，行业标准《建筑施工临时支撑结构技术规范》JGJ 300—2013 规定各类满堂支撑架扫地杆离地间距不超过 550mm。

在总结施工经验，借鉴相关脚手架标准对扫地杆离地间距的规定，并结合理论分析，充分考虑碗扣式钢管脚手架立杆产品特点，行业标准《建筑施工碗扣式钢管脚手架安全技术规范》JGJ 166—2016 规定：脚手架的水平杆应按步距沿纵向和横向连续设置，不得缺失。在立杆的底部碗扣处应设置一道纵向水平杆、横向水平杆作为扫地杆，扫地杆距离地面高度不应超过 400mm，水平杆和扫地杆应与相邻立杆连接牢固。

扫地杆距离地面高度不应超过 400mm，是针对可调底座不设置水平限位措施条件下提出的限制要求。在地面有高差条件下，可调底座的外伸长度较大导致扫地杆距离地面高度超过 400mm 时，应对底座采取必要的拉结措施。比如，实际操作中可在底座螺杆底部增设一层钢管扣件扫地杆（此时底座螺杆底部应设置一截 ϕ48.3mm 的钢管），并将斜撑杆或剪刀撑延伸至该层（图 8.1.3a）。这种做法来源于英国 SGB 的架体底部构造措施，SGB 将其称为有支撑的底座设置，该

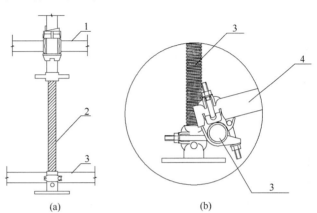

图 8.1.3 附加扫地杆做法
（a）钢管扣件附件扫地杆；（b）斜杆延伸至附加扫地杆
1—扫地杆；2—可调底座螺杆；3—附加钢管扣件扫地杆
（底座水平约束）；4—延伸斜撑杆

条件下，可认为在扫地杆下增设了步距，为增加约束效果，相应的斜撑杆或剪刀撑杆件贯穿至该层（图 8.1.3b），承载力试验也验证了该构造措施的有效性。此外还有在底座螺杆底部增设碗扣的方法，更便于设置碗扣水平杆作为附加扫地杆，对立杆扫地段的约束效果也更好。

8.1.4 剪刀撑杆件构造

在不具备专用斜撑杆的条件下，施工现场经常采用钢管扣件剪刀撑代替专用斜撑的设置，采用剪刀撑时，应符合下列规定（图 8.1.4）：

1. 竖向剪刀撑两个方向的交叉斜向钢管宜分别采用旋转扣件设置在立杆的两侧。

规定剪刀撑交叉斜杆设置在立杆两侧是一种理想的设置方式，可最大限度减小斜杆与立杆不在同一竖向平面的影响，但不便于设置密目安全网。

2. 竖向剪刀撑斜向钢管与地面的倾角应在 45°～60°之间。超过此范围的夹角将削弱斜杆对架体的支撑作用，降低其抗侧刚度。

3. 剪刀撑杆件应每步与交叉处立杆或水平杆扣接。

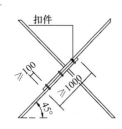

图 8.1.4 剪刀撑斜杆构造

每步扣接是对剪刀撑斜杆固定提出的基本要求，通过调研发

现施工现场采用剪刀撑时普遍存"浮扣"现象，斜杆与立杆或水平杆漏设扣接点，导致剪刀撑斜杆计算长度超过规范规定的 250 的长细比，大大削弱了斜杆对架体的支撑作用。这也是规范推荐优先设置专用跨间定长斜撑杆的原因之一。

4. 剪刀撑杆件接长应采用搭接，搭接长度不应小于 1m，并应采用不少于 2 个旋转扣件扣紧，且杆端距端部扣件盖板边缘的距离不应小于 100mm；

5. 扣件扭紧力矩应为 40～65N·m。

8.1.5 作业层构造

作业层是双排脚手架为高空作业人员提供的落脚点和作业平台，满堂支撑架当外侧不设置作业脚手架时，自身也应设置用于防护和提供作业空间的作业层。为避免人员高处坠落和物体打击事故的发生，提高作业人员作业舒适性，脚手架作业层设置应符合下列规定：

图 8.1.5-1 工具式挂钩钢脚手板

1. 作业平台脚手板应铺满、铺稳、铺实。

这是对脚手架作业层提出的最重要的构造要求，是预防人员高处坠落的重要保证条件，以下具体规定各类脚手板的铺设构造要求。

2. 工具式钢脚手板必须有挂钩，并应带有自锁装置与作业层横向水平杆锁紧，严禁浮放（图 8.1.5-1）。

碗扣式钢管脚手架为定型杆件产品，杆件模数能实现与工具式钢脚手板的匹配，推荐使用此类脚手板。由于脚手板与水平杆或间水平杆采用挂扣连接，本身对架体起到了加强作用。

3. 木脚手板、竹串片脚手板、竹笆脚手板两端应与水平杆绑牢，作业层相邻两根横向水平杆间应加设间水平杆，脚手板探头长度不应大于 150mm。

该类脚手板属于散拼脚手板，使用中最大的安全隐患是脚手板端部未与水平杆绑牢，或脚手板端部伸出水平杆长度（探头长度）过大，从而存在导致脚手板倾翻或滑脱的隐患。

1）木脚手板可采用杉木、白松，为确保其弯曲承载力，板厚不应小于 50mm，板宽宜为 200～300mm，板长宜为 6m，在距板两端 80mm 处，用 10♯ 钢丝紧箍两道或用薄铁皮包箍钉牢。

2）竹串片脚手板（竹片并列脚手板或立人板）采用螺栓穿过并列的竹片拧紧而成。螺栓直径为 8～10mm，间距为 500～600mm，螺栓孔直径不大于 10mm。板的厚度不小于 50mm，宽度为 250～300mm，长度为 2～3.5m（图 8.1.5-2）。

采用木脚手板或竹串片脚手板时，脚手板应沿双排脚手架纵向铺设（脚手板纵搭方案），为满足承载力要求，其计算跨度应进行控制，作业层相邻两根横向水平杆间应加设间水平杆（图 8.1.5-3）。

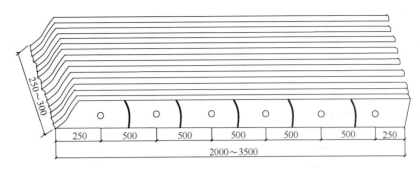

图 8.1.5-2　竹串片脚手板

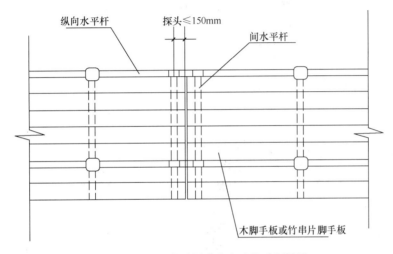

图 8.1.5-3　木脚手板或竹串片脚手板铺设

3）竹笆脚手板应采用平放的竹片纵横编织而成。纵片不得少于 5 道，且第一道用双片，横片则一反一正，四边端纵横片交点用钢丝穿过钻孔每道扎牢。竹片厚度不小于 10mm，竹片宽度可为 30mm。每块竹笆板沿纵向用钢丝扎两道宽 40mm 双面夹筋，此夹筋不得用圆钉固定。竹笆板长可为 1.5～2.5m，宽可为 0.8～1.2m，长竹笆用作斜道板时，应将横筋作纵筋。（图 8.1.5-4）。

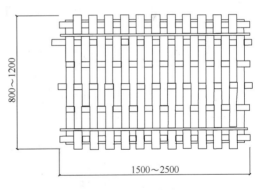

图 8.1.5-4　竹笆板

4）整竹拼制脚手板（图 8.1.5-5）可采用大头直径为 30mm，小头直径为 20～25mm 的整竹大小头一顺一倒相互排列而成。此板长可为 0.8～1.2m，宽可为 1.0m。整竹之间可用 14 号铅丝编扎，宜 150mm 一道。脚手板两端及中间可对称设四道双面木板条，用铅丝绑牢。

各类竹制脚手板应符合行业标准《建筑施工竹脚手架安全技术规范》JGJ 254—2011 的规定。竹笆脚手板铺设时采用横搭方案，应在脚手架两侧的纵向水平杆间增设纵向水平杆。

4. 立杆碗扣节点间距按 0.6m 模数设置时，外侧应在立杆 0.6m 及 1.2m 高的碗扣节

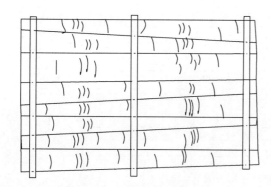

图 8.1.5-5 整竹拼制脚手板

点处搭设两道防护栏杆；立杆碗扣节点间距按 0.5m 模数设置时，外侧应在立杆 0.5m 及 1.0m 高的碗扣节点处搭设两道防护栏杆。并应在外立杆的内侧设置高度不低于 180mm 的挡脚板。

5. 作业层脚手板下应采用安全平网兜底，以下每隔 10m 应采用安全平网封闭。

6. 作业平台外侧应采用密目安全网进行封闭，网间连接应严密，密目安全网宜设置在脚手架外立杆的内侧，并应与架体绑扎牢固。密目安全网应为阻燃产品。

7. 双排脚手架内立杆与建筑物距离不宜大于 150mm，当双排脚手架内立杆与建筑物距离大于 150mm 时，应采用脚手板或安全平网封闭。

立杆距离建筑物的距离设置是由脚手架的使用功能确定的：

1）当进行外墙涂料、一般粉刷、面砖镶贴等施工操作时，脚手架内侧立杆距离墙面的最佳距离为 250～350mm。

2）当进行外墙幕墙、干挂作业时，内侧立杆距离墙面的最佳距离为 400～500mm。

因此一般情况下，双排脚手架与建筑物之间的临空区域应进行封闭。当选用窄挑梁或宽挑梁设置作业平台时，挑梁应单层挑出，严禁增加层数。内挑梁作业层设置如图 8.1.5-6、图

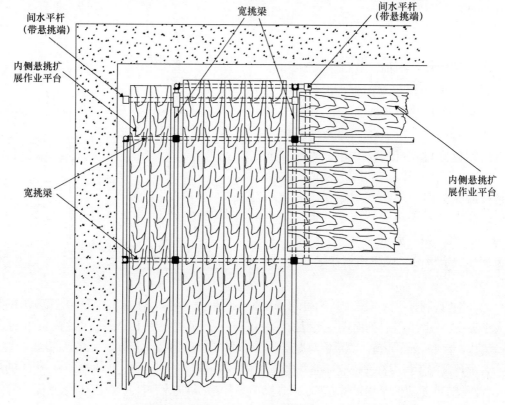

图 8.1.5-6 结构物与脚手架内排立杆间隙处理方法（结构物阴角处理）

8.1.5-7 所示,挑梁扩展作业层构配件细部构造如图 8.1.5-8、图 8.1.5-9 所示。

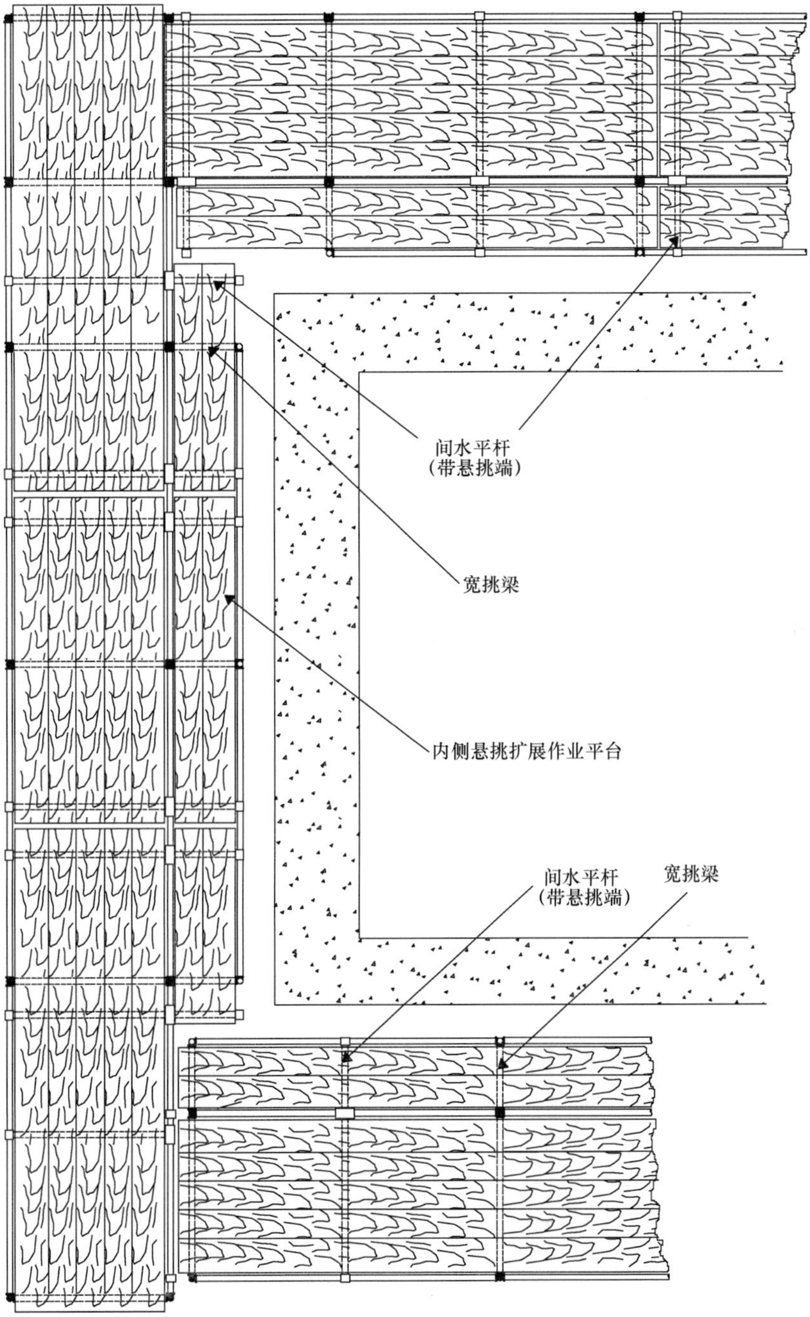

图 8.1.5-7 结构物与脚手架内排立杆间隙处理方法(结构物阳角处理)

8. 桥梁模板支撑架顶面四周应设置作业平台,作业层宽度不应小于 900mm。

桥梁施工由于外侧不设置双排外脚手架,为提供四周的操作平台并提供临边防护,应在支撑架顶面四周设置作业平台:

1)将支模范围内的架体往四周各扩展一跨,在该跨顶面设置脚手板、挡脚板、栏杆、

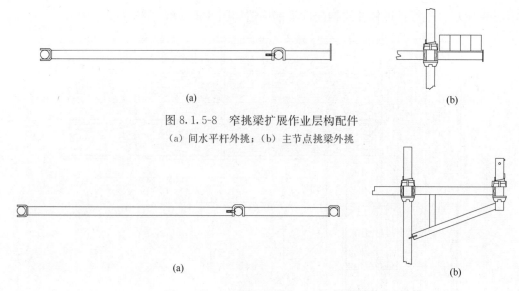

图 8.1.5-8 窄挑梁扩展作业层构配件

（a）间水平杆外挑；（b）主节点挑梁外挑

图 8.1.5-9 宽挑梁扩展作业层构配件

（a）间水平杆外挑；（b）主节点挑梁外挑

密目网形成操作平台（图 8.1.5-10），这种操作平台设置方法也适用于无外架的单层房屋建筑结构施工。

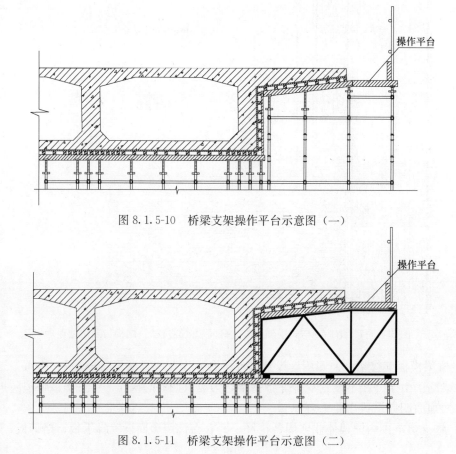

图 8.1.5-10 桥梁支架操作平台示意图（一）

图 8.1.5-11 桥梁支架操作平台示意图（二）

2）当桥梁箱梁翼缘板下部立杆不伸翼缘板，而采取专用工具式支撑体系式，可在支撑体系上部周边采用同样方法设置操作平台（图 8.1.5-11）。

8.1.6 上下通道构造

行业标准《建筑施工高处作业安全技术规范》JGJ 80—2016 规定脚手架操作层上严禁架设梯子作业。上下脚手架作业层必须采用专用梯道或坡道（斜道），不得使用梯子攀爬脚手架。

行业标准《建筑施工碗扣式钢管脚手架安全技术规范》JGJ 166—2016 规定，脚手架应设置人员上下专用梯道或坡道（图 8.1.6-1），并应符合下列规定：

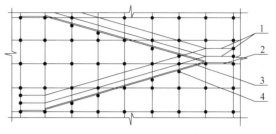

图 8.1.6-1 脚手架通道设置
1—护栏；2—平台脚手板；3—人行梯道或
坡道脚手板；4—增设水平杆

1. 人行梯道的坡度不宜大于 1：1，人行坡道坡度不宜大于 1：3，坡面应设置防滑装置。

2. 通道应与架体连接固定，宽度不应小于 900mm，并应在通道脚手板下增设水平杆，通道可折线上升。

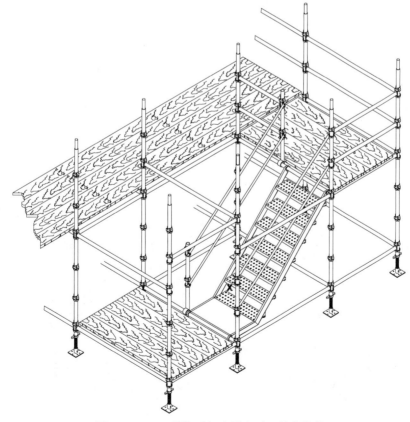

图 8.1.6-2 双排脚手架人员上下工具式梯道

303

3. 通道两侧及转弯平台应按脚手架作业层构造要求设置脚手板、防护栏杆和安全网。

上述构造措施主要应用于依附于双排脚手架的人员上下梯道或坡道,其空间构造如图 8.1.6-2 所示。对于碗扣式钢管满堂支撑架,当搭设高度较大时,往往采用碗扣式专用人行塔梯上下作业层,其构造如图 8.1.6-3 所示,实际工程应用如图 8.1.6-4 所示。人行塔梯应按双排脚手架的规定设置连墙件及外立面斜撑杆或剪刀撑。

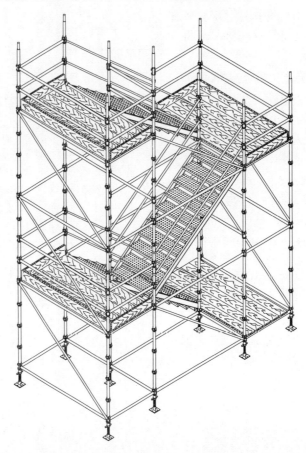

图 8.1.6-3 满堂支撑架人员上下工具式梯道

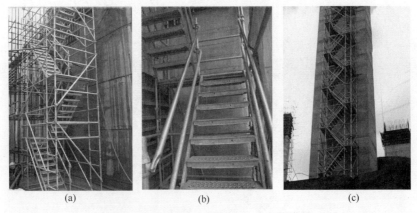

（a）　　　　　　　　（b）　　　　　　　　（c）

图 8.1.6-4 满堂支撑架碗扣式人行塔梯

8.2 双排脚手架构造

8.2.1 双排脚手架常用尺寸及常用搭设高度

7.2.3 节给出了双排脚手架允许搭设高度的计算公式，为说明其影响因素，此处再次列出（取下列两种情况的较小值）：

不考虑风荷载参与组合时：

$$[H] = \frac{\varphi A f - (1.2N_{G2k} + 1.4N_{Qk})}{1.2g_k} \qquad (8.2.1\text{-}1)$$

考虑风荷载参与组合时：

$$[H] = \frac{\varphi A f - \left[1.2N_{G2k} + 0.9 \times 1.4\left(N_{Qk} + \frac{M_{wk}}{W}\varphi A\right)\right]}{1.2g_k} \qquad (8.2.1\text{-}2)$$

式中：$[H]$——双排脚手架允许搭设高度；

g_k——立杆承受的每延米结构自重标准值；

N_{G2k}——由脚手架附件（脚手板、挡脚板、栏杆、安全立网）自重产生的轴向力标准值；

N_{Qk}——立杆由施工荷载产生的轴力标准值；

M_{wk}——双排脚手架计算立杆段由风荷载作用产生的弯矩标准值。

立杆计算高度只是在立杆稳定性计算公式中，将搭设高度 H 定为未知数，通过公式变换而来，是将立杆应力转换为架体高度的承载力表达式。从式中可以看出，影响架体搭设高度的因素主要有：1）架体水平杆步距、立杆纵横间距，此二参数决定了立杆承受的每延米结构自重标准值，步距也决定了立杆轴压稳定系数 φ；2）连墙件设置间距，其竖向设置间隔步数也影响立杆轴压稳定系数 φ 和风荷载弯矩 M_{wk} 的取值；3）脚手架的用途及作业层设置数量，该参数决定了立杆由施工荷载产生的轴力标准值 N_{Qk}；4）作业层的构造，如脚手板、挡脚板、密目网，栏杆的材质及构造尺寸，其自重对立杆轴力有影响；5）架体所处区域的基本风压。

由于碗扣式钢管脚手架的杆件为符合模数的定尺构件，双排脚手架实际应用中，架体搭设参数较为固定，考虑到人员操作的方便性，WDJ 脚手架常用的步距为 1.8m，CU-PLOK 脚手架常用步距为 2.0m，两种脚手架的立杆横距一般为 0.9m、1.2m、1.5m，纵距一般为 1.2m、1.5m、1.8m，其他搭设尺寸仅在特殊条件下采用。为方便采用，行业标准《建筑施工碗扣式钢管脚手架安全技术规范》JGJ 166—2016 针对设置二层装修作业层、二层作业脚手板、外挂密目安全网封闭时的基本工况，按照式（8.2.1-1）、式（8.2.1-2）给出了最常用条件下双排脚手架的允许搭设高度，如表 8.2.1 所示。

碗扣式钢管双排脚手架设计尺寸（m）   表 8.2.1

连墙件设置	步距 h	横距 l_b	纵距 l_a	脚手架允许搭设高度 $[H]$		
				基本风压值 w_0（kN/m²）		
				0.4	0.5	0.6
二步三跨	1.8	0.9	1.5	48	40	34
		1.2	1.2	50	44	40
	2.0	0.9	1.5	50	45	42
		1.2	1.2	50	45	42

连墙件设置	步距 h	横距 l_b	纵距 l_a	脚手架允许搭设高度 [H]		
				基本风压值 w_0 (kN/m²)		
				0.4	0.5	0.6
三步三跨	1.8	0.9	1.2	30	23	18
		1.2	1.2	26	21	17

注：表中架体允许搭设高度的取值基于下列条件：
  1 计算风压高度变化系数时，按地面粗糙度为 C 类采用，即工程所在地为有密集建筑群的城市市区；
  2 作业层设置情况为最经常采用的二层装修作业层，装修作业层施工荷载标准值按 2.0kN/m² 采用，脚手板自重标准值按 0.35kN/m² 采用；
  3 作业层横向水平杆间距不大于立杆纵距的 1/2 设置；
  4 当基本风压值、地面粗糙度、架体设计尺寸和脚手架用途及作业层数与上述条件不相符时，架体允许搭设高度应另行计算确定。

表 8.2.1 的使用应注意下列几点：

1）表中所列的步距、立杆纵、横间距是参考我国碗扣式钢管脚手架的长期使用经验数据。

2）不同立杆间距的水平杆抗弯承载力、挠曲变形、碗扣节点抗滑均根据二层作业层上的施工荷载按规范规定进行了核算。

3）表 8.2.1 按给定的构造要求和施工条件计算出双排脚手架允许搭设高度限值，也就是平常所说的限高，供施工参考。

4）由于施工现场脚手架的实际构造各种各样，不能机械照搬表 8.2.1，当与给定的条件不相符时，应按照式（8.2.1-1）、式（8.2.1-2）及规范规定进行架体的承载力、稳定性和变形计算综合确定架体搭设参数的有效性，并最终确定架体搭设高度。

5）当架体搭设参数及施工条件符合规定的条件时，可从表 8.2.1 选取适合实际工程的架体搭设尺寸，并将架体的最大搭设高度控制在对应条件下的允许搭设高度范围内即可认为架体构配件承载力及整架稳定性满足要求，可不再进行架体设计计算，但连墙件应根据其实际设计情况和组成方式，根据实际风荷载，按规范规定进行设计计算。此外，地基基础也应根据地基实际情况进行承载力验算。

6）表 8.2.1 除外的条件下，计算得到的架体最大搭设高度可能会超过 50m，但双排脚手架的搭设高度不宜超过 50m（JGJ 166—2016 的规定）；当搭设高度超过 50m 时，应采用分段搭设等措施，如采用悬挑脚手架分段搭设。

7）双排脚手架立杆顶端防护栏杆宜高出作业层 1.5m。此为临边作业防护要求。

8.2.2 拐角及曲线布架

1. 拐角布架

对一般方形建筑物的外脚手架，在拐角处两直角交叉的排架要连在一起，避免形成开口架，以增强脚手架的整体稳定性。连接形式有两种，一种是直接拼接法，即当两排脚手架刚好整框垂直相交时，可直接将两垂直方向的水平杆连接在同一碗扣接头内，从而将两个方向的脚手架连在一起（图 8.2.2-1）。

另一种是直角撑搭接，当受建筑物尺寸限制，两垂直方向脚手架非整框垂直相交但节点不在同一位置时（实际工程中，往往属于此种情况），可用碗扣式钢管脚手架中的专用直角撑实现任意部位的直角交叉。连接时将一端同脚手架水平杆装在同一接头内，另一端卡在相垂直的脚手架水平杆上（图8.2.2-2）。

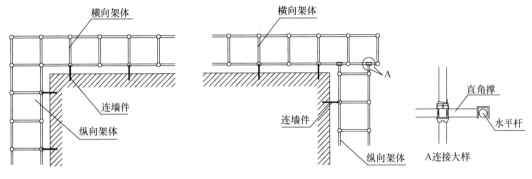

图 8.2.2-1　直拼连接组架　　　　　　　　　图 8.2.2-2　挑梁挂接组架

当双排脚手架拐角为非直角，或受尺寸限制不能直接用水平杆组架时，可将架体分开搭设，采用钢管扣件连接组架（图8.2.2-3），连接钢管应扣接在立杆上。

2. 曲线布架

同一碗扣接头内，水平杆接头可以插在下碗扣的任意位置，即水平杆方向可以任意布置，因此，可进行曲线布置。根据碗扣产品特点，同一碗扣节点内两水平杆轴线最小夹角为75°，内、外排用同样长度的水平杆可以实现0°～15°的转角，转角相同时不同长度的水平杆所组成的曲线脚手架曲率半径也不同。

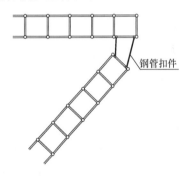

图 8.2.2-3　钢管扣件非直角组架

当建筑物平面为曲线时，双排脚手架可利用碗扣节点内水平杆可旋转的特点，采用不同长度的水平杆可以搭设成不同曲率半径的曲线脚手架。实际布架时，可根据需要的曲率半径，选择弦长（纵向水平杆长度）和弦切角 θ（水平杆转角），当 $\theta < 15°$ 时，选用内外排相同型号的水平杆，每跨转角 θ，当转角累计达到15°时，再选择内外不同长度的水平杆实现不同转角，此为一组，如果曲线形建筑物外立面的曲率不变，则由几组组合即可满足要求。

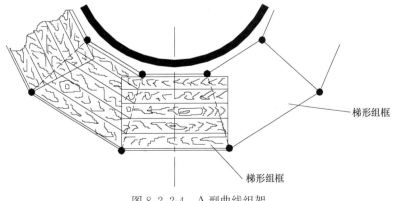

图 8.2.2-4　A 型曲线组架

用不同长度的内外水平杆梯形组框交叉分布（A 型曲线组架，图 8.2.2-4）或用不同长度的内外水平杆梯形组框与相同长度的内外水平杆平行四边形组框混合分布（B 型曲线组架，图 8.2.2-5），能组成曲率半径大于 2.4m 的任意曲线布架。但这种组架方式实际应用时不可避免存在杆件长度不满足模数要求的非标准水平杆。

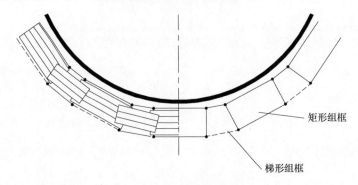

矩形组框

梯形组框

图 8.2.2-5　B 型曲线组架

当仅采用杆件长度满足模数的标准水平杆进行曲线组架时，当立杆横向间距固定为 1.2m 时，如内外排采用相同的水平杆，不同长度的水平杆组成的曲线脚手架的内弧排架的最小曲率半径如表 8.2.2-1 所示；内外排采用不同长度的水平杆可组成不同转角、不同曲率半径的曲线脚手架，不同组合状态下内弧排架的最小曲率半径如表 8.2.2-2 所示。曲线脚手架的平面布置构造如图 8.2.2-6 所示。实际工程应用中，应根据建筑物不同的平面曲线通过计算确定水平杆件的组合情况。

内外排采用相同水平杆时曲线脚手架的曲率半径　　　　　　表 8.2.2-1

水平杆型号	SPG-240	SPG-180	SPG-150	SPG-120	SPG-90
水平杆长度（m）	2.4	1.8	1.5	1.2	0.9
最小曲率半径（m）	4.6	3.5	2.9	2.3	1.7

内外排采用不同水平杆时曲线脚手架的曲率半径　　　　　　表 8.2.2-2

组合杆件名称	每组最大转角（°）	最小曲率半径（m）
SPG-240，SPG-180	28	3.7
SPG-180，SPG-150	14	6.1
SPG-180，SPG-120	28	2.5
SPG-150，SPG-120	14	4.8
SPG-150，SPG-90	28	1.9
SPG-120，SPG-90	14	3.6

单排碗扣式脚手架最容易进行曲线布置，两根单水平转角在 0°～30°之间任意设置，即两纵向水平杆之间的夹角在 150°～180°之间任意设置，因而特别适用于烟囱、水塔、桥墩等圆形建筑物和构筑物。当进行圆曲线布置时，两纵向水平杆之间的夹角最小为 150°，故搭设成的圆形脚手架最少为 12 边形。实际使用时，只需根据曲线及荷载要求，选择适当的立杆纵距即可。曲线脚手架的斜杆应用碗扣式斜杆，其设置密度应不小于整架的 1/4；对

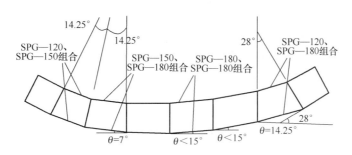

图 8.2.2-6 曲线脚手架平面布置构造

于截面沿高度变化的建筑物，可以用不同单排水平杆以适应立杆至墙间距离的变化，其中 1.4m 单水平杆，立杆至墙间距离在 0.7～1.10m 可调，1.8m 的单水平杆，立杆至墙间距离在 1.10～1.5m 可调，当这两种单水平杆不能满足要求时，可以增加其他任意长度的单排水平杆，其长度可按两端铰接的简支梁计算设计。

8.2.3 斜撑杆或剪刀撑设置

1. 斜撑杆设置

1）纵向平面内竖向斜撑杆设置

碗扣式钢管脚手架的杆件为定尺杆件，产品开发之初就为之设计了专用于双排脚手架外立面的跨间斜杆，专用斜杆由于直接插入碗扣节点（图 8.2.3-1），因此对架体提供的支撑作用较强。双排脚手架应优先设置专用斜杆，其设置应符合下列规定（图 8.2.3-2）：

（1）竖向斜撑杆应采用专用外斜杆，并应设置在有纵向及横向水平杆的碗扣节点上。

（2）在双排脚手架的转角处、开口型双排脚手架的端部应各设置一道竖向斜撑杆。

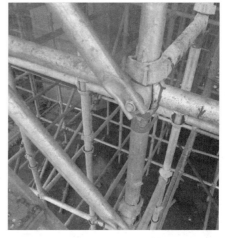

图 8.2.3-1 碗扣式钢管脚手架专用外斜杆

（3）当架体搭设高度在 24m 以下时，应每隔不大于 5 跨设置一道竖向斜撑杆；当架体搭设高度在 24m 及以上时，应每隔不大于 3 跨设置一道竖向斜撑杆；相邻斜撑杆宜对称八字形设置。

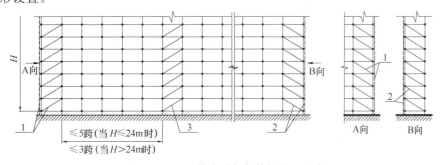

图 8.2.3-2 双排脚手架斜撑杆设置示意

1—拐角竖向斜撑杆；2—端部竖向斜撑杆；3—中间竖向斜撑杆

（4）每道竖向斜撑杆应在双排脚手架外侧相邻立杆间由底至顶按步连续设置。

（5）当斜撑杆临时拆除时，拆除前应在相邻立杆间设置相同数量的斜撑杆。

上述关于碗扣式钢管双排外脚手架斜杆的构造要求主要针对架体的大面和拐角、端部的斜杆设置做出了规定。转角处、开口型双排脚手架的端部设置自底至顶的斜杆是确保架体稳定性的基本要求，当架体较长时，在中间间隔一定跨距再设置一道自底至顶的斜杆目的是增加架体的平面内整体稳定可靠度。双排外脚手架由于每个主节点处最多插入 3 根水平杆，每个节点均可再插入 1 个斜杆插头，因此双排脚手架具备设置专用外斜杆的条件，规范规定双排脚手架的斜杆应采用专用外斜杆。但除端部碗扣节点外，中间碗扣节点只有一个插口位置可用，因此自底至顶的同跨内斜杆必须按同一倾斜方向平行设置，而无法采用之字形设置，这是由产品特点决定的。

2）横向斜撑杆（廊道斜杆）设置

行业标准《建筑施工扣件式钢管脚手架安全技术规范》JGJ 130—2011 规定脚手架内外排立杆的同一节间应设置自底至顶的之字形横向斜撑，该斜撑应在架体端部、拐角处及中间间隔 6 跨设置一道（图 8.2.3-3a）。该横向斜撑用于碗扣式钢管脚手架时，一般称之为"廊道斜杆"，且碗扣式钢管脚手架的产品目录中有专门的廊道内斜杆。从结构分析的角度出发，廊道斜杆对提高双排脚手架的平面外稳定性有积极作用，但其设置将会影响脚手架作业层的人员作业要求，且不便于脚手板的铺设，行业标准《建筑施工碗扣式钢管脚手架安全技术规范》JGJ 166—2016 并未对廊道斜杆的设置做出规定（除一字形及开口形脚手架的两端）。也就是说在满足其他构造要求的前提条件下，廊道斜杆是可以不设置的，但为保证架体的在平面外的整体稳定性，规范给出了设置水平斜撑杆的构造规定。但具备设置条件时，推荐设置廊道斜杆。

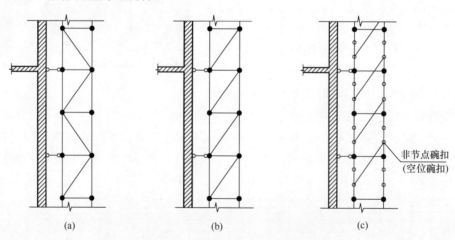

图 8.2.3-3　双排脚手架廊道斜杆设置
（a）钢管扣件斜撑杆；（b）节点斜杆；（c）非节点斜杆

廊道斜杆主要用于加强脚手架横向框架刚度，防止横向失稳破坏。对于一字形及开口形脚手架，应在两端横向框架内沿全高连续设置节点廊道斜杆（相当于端部设置的横向斜撑杆）。用碗扣式斜杆设置廊道斜杆时，除脚手架两端框架可以设成节点斜杆外（图8.2.3-3b），中间框架只能设成非节点斜杆（图 8.2.3-3c），但不通过主节点的斜撑杆对架体提供的抗侧能力不及通过主节点的斜撑杆。

当设置高层卸荷拉结杆时，须在拉结点以上第一层加设廊道水平斜杆，以防止卸荷时水平框架变形。斜杆既可用碗扣脚手架系列专用斜杆，也可用钢管扣件代替，或采用端部带固定半扣件专用内斜杆（图 8.2.3-3a），这样可使斜杆的设置更加灵活，而不受接头内所装杆件数量的限制。

3）水平斜撑杆设置

由于碗扣节点采取的是水平杆插片接头插入上下碗扣的组装形式，水平杆在接头处断开，在架体的水平框格内，水平杆可以绕节点转动，转动刚度较小，类似于纯铰接。为增强水平框格的稳定性，需在水平面内设置水平斜撑杆，同时设置了水平斜撑杆后，水平框格变成了水平桁架，对这个架体的平面外稳定起到较强的增强作用，其作用类似于通高廊道斜杆组成的竖向桁架加强作用。

规范规定：当双排脚手架高度在 24m 以上时，顶部 24m 以下所有的连墙件设置层应连续设置之字形水平斜撑杆，水平斜撑杆应设置在纵向水平杆之下（图 8.2.3-4）。

理论分析表明：当架体搭设高度大于 24m 时，应考虑无连墙件立杆对架体承载能力及整体稳定性的影响，在连墙件标高处增加水平斜撑杆，使纵向水平杆、横向水平杆与斜撑杆形成水

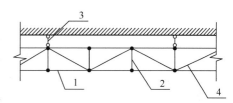

图 8.2.3-4　水平斜撑杆设置示意
1—纵向水平杆；2—横向水平杆；
3—连墙件；4—水平斜撑杆

平桁架，使无连墙立杆构成支撑点，以保证无连墙立杆的强度及稳定性（图 8.2.3-5）。通过荷载试验证明在连墙件标高处设置水平斜撑杆比不设置水平杆承载力提高 54%。

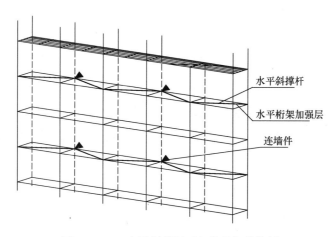

图 8.2.3-5　水平斜撑杆对架体的加强作用

根据钢管脚手架数十年的应用实践经验，当脚手架搭设高度不大于 24m 时，不设置水平斜撑杆能保证安全使用。但当脚手架高度大于 24m 时，架体整体刚度将逐渐减弱。因此要求 24m 以下立杆连墙件水平位置处增设水平斜撑杆，以保证整个架体刚度和承载力，同时也不影响施工作业。例如：60m 高的双排脚手架，只要求 36m 以下连墙件处必须设置水平斜撑杆。

按照上述规定设置了纵向斜撑杆、横向斜撑杆（廊道斜杆）、水平斜撑杆后，碗扣式钢管双排脚手架的定型斜撑杆布置如图 8.2.3-6 所示。

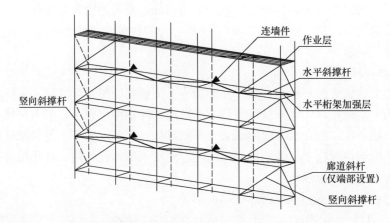

图 8.2.3-6　碗扣式钢管脚手架定型斜撑杆整体设置图

2. 剪刀撑设置

当现场无专用斜撑杆时，可采用钢管扣件剪刀撑代替专用斜撑杆的设置。当采用钢管扣件剪刀撑代替竖向斜撑杆时（图 8.2.3-7），应符合下列规定：

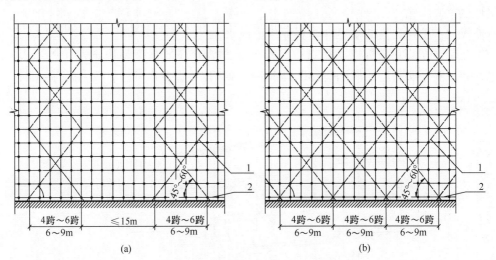

图 8.2.3-7　双排脚手架剪刀撑设置

（a）不连续剪刀撑设置；（b）连续剪刀撑设置

1—竖向剪刀撑；2—扫地杆

1）当架体搭设高度在 24m 以下时，应在架体两端、转角及中间间隔不超过 15m，各设置一道竖向剪刀撑（图 8.2.3-7a）；当架体搭设高度在 24m 及以上时，应在架体外侧全立面连续设置竖向剪刀撑（图 8.2.3-7b）。

2）每道剪刀撑的宽度应为 4～6 跨，且不应小于 6m，也不应大于 9m。

3）每道竖向剪刀撑应由底至顶连续设置。

采用钢管扣件替代斜撑杆时，如搭设成内外对称的成对八字形斜杆，也可对脚手架大面

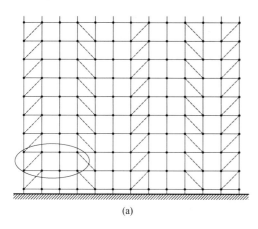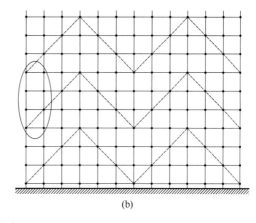

图 8.2.3-8　斜撑杆覆盖率示意图

(a) 斜杆通高设置；(b) 斜杆八字形设置

形成有效的约束，但八字形钢管扣件斜杆在实际工程中使用较少，行业标准《建筑施工碗扣式钢管脚手架安全技术规范》JGJ 166—2016 未对八字形钢管扣件斜杆的设置做出规定，工程实际中如采取八字形设置，则应满足与交叉剪刀撑斜杆在外立面等覆盖率的要求。

3. 斜杆的等覆盖率原则

斜杆的等覆盖率是行业标准《建筑施工碗扣式钢管脚手架安全技术规范》JGJ 166 在2016 修订版中提出的新概念，国家标准《建筑施工脚手架安全技术统一标准》GB 51210—2016 对各类脚手架的互换也引入了等覆盖率的概念。

所谓的斜杆覆盖率是指脚手架外立面上设置了斜杆的矩形框格占外立面所有矩形框格的比率。例如图 8.2.3-8 所示的两种斜撑杆设置方式中，尽管斜杆的设置方式不同，但在图中的椭圆形范围内，立杆的覆盖率均为 1/3（图 8.2.3-8a 中斜杆在水平向每 3 个框格中设置 1 件斜杆，图 8.2.3-8b 中斜杆在竖向向每 3 个框格中设置 1 件斜杆），因此两种斜撑杆的设置方式其覆盖率相等，这就是立面斜杆的等覆盖率设置。采用剪刀撑代替斜撑杆时，如采用图 8.2.3-9 的设置方式，则 6 步 6 跨的范围内，每 36 个框格有 12 个框格穿过

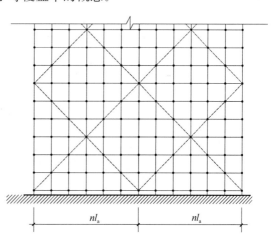

图 8.2.3-9　剪刀撑杆件覆盖率示意图

了剪刀撑杆件，其剪刀撑杆件的覆盖率为 12/36＝1/3，因此该剪刀撑设置方式下，斜杆覆盖率等同于图 8.2.3-8 斜杆的覆盖率。对于剪刀撑跨越 n 跨立杆的设置条件下（图 8.2.3-9），斜杆覆盖率为 $2n/n \cdot n = 2/n$，如剪刀撑跨越 4 跨立杆时，斜杆覆盖率为 1/2。碗扣式钢管双排脚手架和满堂支撑架实际搭设中，专用斜撑杆也可设置成图 8.2.3-9 所示的"大交叉"形式，外形类似剪刀撑，但实际上每一个框格都是一根独立的短斜杆（图 8.3.8-5）。无论哪种设置方式，立面上必须满足斜杆等覆盖率原则。

8.2.4　连墙件设置

由于双排脚手架在横向（刚度弱方向）的抗侧刚度和稳定性远不及纵向，横向稳定性对架体整体稳定性起控制作用，连墙件的设置对维持架体平面外的稳定性起着至关重要的作用。连墙件的设置除应根据立杆稳定性计算确定外，尚应符合下列规定：

1. 连墙件应采用能承受压力和拉力的构造，并应与建筑结构和架体连接牢固。

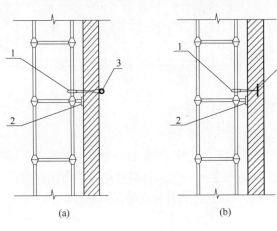

图 8.2.4-1　柔性连墙件
1—拉结钢丝；2—碗扣钢管抵紧件；
3—埋入短钢管或短钢筋；4—预埋件

本规定要求连墙件必须为刚性连墙件，这是为了保证连墙件能对架体起到可靠支承和水平支座约束作用。有的现场采取图 8.2.4-1 所示的柔性连墙件，虽然该连墙件既能承受压力又能传递压力，但不满足刚性约束要求，应尽量避免单独使用，但可用在刚性连墙件之间，用于加强刚性连墙件。

2. 同一层连墙件应设置在同一水平面，连墙点的水平投影间距不得超过三跨，竖向垂直间距不得超过三步，连墙点之上架体的悬臂高度不得超过二步。

三步三跨是双排脚手架连墙件设置的最大间距，竖向超过三步间距的连墙件设置将导致立杆计算长度过大，规范对立杆计算长度的规定中不再对三步以上连墙件设置情况作出规定，过大的连墙件设置还会导致风荷载作用下连墙件的轴力过大。为此，行业标准《建筑施工扣件式钢管脚手架安全技术规范》JGJ 130—2011 规定双排落地脚手架的单个连墙件作用面积不应大于 $40m^2$，双排悬挑脚手架的单个连墙件作用面积不应大于 $27m^2$。北京市地方标准《钢管脚手架、模板支架安全选用技术规程》DB11/T 583—2015 规定单个连墙件作用面积不应大于 $24m^2$。碗扣式钢管双排脚手架的连墙件设置可参照执行。

对于多层房屋建筑结构施工，连墙件的竖向间距不能单由设计计算确定，其设置位置通常需要与所施工的主体结构的楼层高度相匹配，但实际楼层高度不一定与碗扣式钢管脚手架的碗扣节点间距或架体步距相一致，因此连墙件的实际设置位置和与之匹配的构造方式是一个复杂的问题。第 8.2.5 节将详细描述不同情况下连墙件的构造方式。

此外，连墙件间的竖向间距还宜与竖向构件施工缝的设置位置相一致（如桥梁墩柱、烟囱、筒仓等竖向连续结构施工）。

连墙点之上架体的悬臂高度过大时，由于悬挑部分缺乏必要的约束，为导致失稳的薄弱部位，应严格控制顶部自由高度。

3. 在架体的转角处、开口型双排脚手架的端部应增设连墙件，连墙件的竖向垂直间距不应大于建筑物的层高，且不应大于 4m。

双排脚手架的转角处、一字型双排脚手架的端部是稳定性的薄弱环节，规定对其加强连墙件的设置（缩小竖向间距），是为了加强这些部位与建筑结构的连接，确保架体安全。

4. 连墙件宜从底层第一道水平杆处开始设置。

5. 连墙件宜采用菱形布置，也可采用矩形布置。

6. 连墙件中的连墙杆宜呈水平设置，也可采用连墙端高于架体端的倾斜设置方式，如图 8.2.4-2 所示。

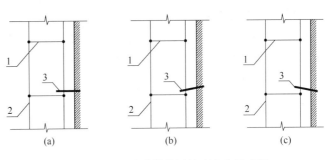

图 8.2.4-2 连墙件设置坡度方向示意图
(a) 正确；(b) 容许；(c) 不容许
1—横向水平杆；2—立杆；3—连墙件

7. 连墙件应设置在靠近有横向水平杆的碗扣节点处，当采用钢管扣件做连墙件时，连墙件应与立杆连接，连接点距架体碗扣主节点距离不应大于 300mm。

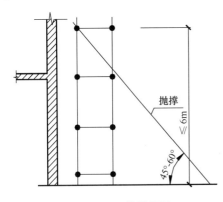

图 8.2.4-3 抛撑设置

连墙设置位置应尽量靠近碗扣节点，距离过大则其提供的支座刚性约束效果将降低，当连墙件的设置层设置了水平斜撑杆时，连墙件对水平桁架的刚性约束显得更为重要。当采用碗扣式专用连墙件可有效解决该问题（图 8.2.5-1）。

8. 当双排脚手架下部暂不能设置连墙件时，应采取可靠的防倾覆措施，但无连墙件的最大高度不得超过 6m。

该条件下可采取设置抛撑等临时抗倾覆措施，抛撑可采取钢管扣件设置，抛撑与地面角夹角应在 45°～60°之间（图 8.2.4-3）。

8.2.5 常用的连墙件构造形式

连墙件的设置形式取决于架体的步距以及内侧建筑物的结构形式和构件布置，在构造方式上还取决于建筑外立面功能及防水要求等。

1. 碗扣式连墙件

碗扣式钢管脚手架的连墙件应尽量采用碗扣件产品目录立面提供的碗扣式专用连墙件，其一端采用杆端插片接头（同水平杆接头）插入碗扣节点，另一端与结构物预埋件连接，如图 8.2.5-1 所示。

采用碗扣式专用连墙件可确保连墙杆穿过架体主节点，对架体的约束效果最佳，但其使用的前提条件是设置连墙件的主节点部位应有可锚入预埋件的结构构件，当不满足此条件时（如连墙件设置位置为建筑物洞口、房屋开间部位），应采取其他连墙件构造方式。

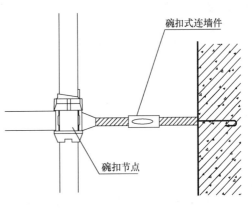

图 8.2.5-1 碗扣式连墙件构造

2. 钢管扣件连墙件

由于设置部位灵活，钢管扣件连墙件为施工现场最经常采用的连墙件设置方式。钢管扣件连墙件由连墙件、扣件或预埋件等组成的部件，其连墙件、扣件连接或预埋件焊接既能承受拉力又能承受压力，具有较大的刚度，在荷载作用下变形很小，并能通过灵活的处理方式解决内侧建筑物外立面开洞口等特殊环境。钢管与扣件组合的连墙件（图8.2.5-2、图8.2.5-3），连墙杆采用 ϕ48.3 钢管，连墙杆与脚手架、连墙件与建筑物的连接采用扣件。其特点是构造简单、施工方便。其构造方式为：单根或双根横向水平杆穿过洞口（图8.2.5-2a、b）或墙体（图8.2.5-2c），在墙体两侧用短钢管（长度≥0.6m，立放或平放）或适长钢管（具体根据洞口尺寸决定）塞以垫木（6cm×9cm 或 5cm×10cm 木方）固定。钢管扣件连墙件与独立的外立面梁连接时，可采用抱接方式（图8.2.5-3a），但对于楼面梁通常采用图8.2.5-3b 所示的预埋短钢管的构造方式。

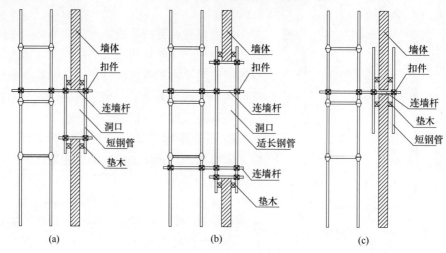

图 8.2.5-2　钢管扣件方式的墙体连墙件

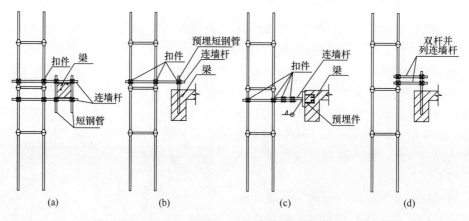

图 8.2.5-3　钢管扣件方式的楼面梁连墙件

3. 钢管（或工具式钢杆）、螺栓或焊缝组合的连墙件

图 8.2.5-3c 为螺栓或焊缝组合的连墙件。连墙杆与脚手架连接一般采用两个扣件（与内、外排立杆各扣一个），连墙件采用螺栓或焊接与由建筑物伸出的预埋件相连。此种构造方式可

以承受、传递较大的水平荷载，适用于高架、风荷较大情况。与连墙杆焊接的钢板，可以通过预埋件固定，也可以直接与钢筋焊接一体预埋。在钢板上焊以适长的短钢管，钢管长度以能与立杆或架体水平杆可靠连接为准。拆除时需用气割从钢管焊接处割开。

4. 钢管扣件连墙件的加强

由于一个扣件的抗滑移承载能力仅有 8.0kN（设计值），因此在高架、风荷较大情况下，连墙件需加密设置或采用双扣件连接（连墙件与建筑物连接时，应在建筑物的内、外墙面附加短管处各加两只直角扣件扣牢）。图 8.2.5-3d 所示的双杆并列连墙件的拉压承载能力优于双扣件串连形式的单杆连墙件。

5. 钢管扣件抱柱连墙件

当建筑物外立面为框架柱时，可采取将钢管扣件与框架柱抱接的连墙件设置方式（图 8.2.5-4）。其中图 8.2.5-4b 适合于柱间距较大超过连墙件的水平间距时的处理方案，也可在两柱之间设置四杆格构柱将上下楼板抵紧作为中间连墙件的着力点（图 8.2.5-4c）。抱柱连墙件用适长的横向水平杆和短钢管各 2 根抱紧柱子固定。

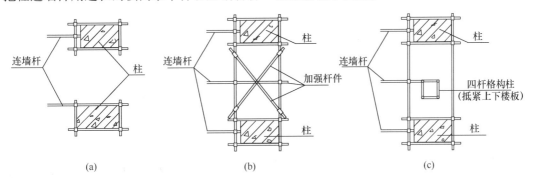

图 8.2.5-4 钢管扣件方式的抱柱连墙件

（a）小柱距单柱连墙件；（b）大柱距柱间连墙件（柱间加强件）；（c）大柱距柱间连墙件（柱间四杆格构柱）

6. 防水功能要求限制条件下连墙件构造

在砌体结构或框架、剪力墙结构的填充墙施工中，如设置连墙件时占用了砌体墙的空间位置（如图 8.2.5-5 所示，施工时需设连墙件的竖向短钢管位置留设洞口），后期一般在待连墙件拆除后用细石混凝土封堵。对洞口若稍不慎重，将导致洞口修补不密实，从而给外墙防水留下隐患（图 8.2.5-6），尤其是东南沿海地区和内地多雨区的建筑，对这些预留洞口的修补更应引起重视。

图 8.2.5-5 连墙件预留洞口

图 8.2.5-6 连墙件洞口修补导致的外墙渗漏

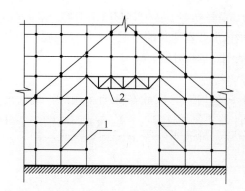

图 8.2.6-1 双排外脚手架门洞设置
1—双排脚手架；2—专用桁架托梁

为减小连墙件导致的外墙渗漏隐患，应尽可能避免设置连墙件时采取预留墙面洞口后补洞的方式，可采用在墙或梁外侧面设置预埋板，拆除时采用气割拆除的设置方式（图 8.2.5-3c）；也可采用图 8.2.5-1 所示的碗扣式连墙件构造，通过螺栓连接可避免连墙件拆除造成的防水问题。

8.2.6 门洞式设置

当双排脚手架设置门洞时，应在门洞上部架设专用桁架托梁，门洞两侧立杆应对称加设竖向斜撑杆或剪刀撑（图 8.2.6-1）。其中专用桁架托梁分为窄托梁（图 8.2.6-2）和宽托

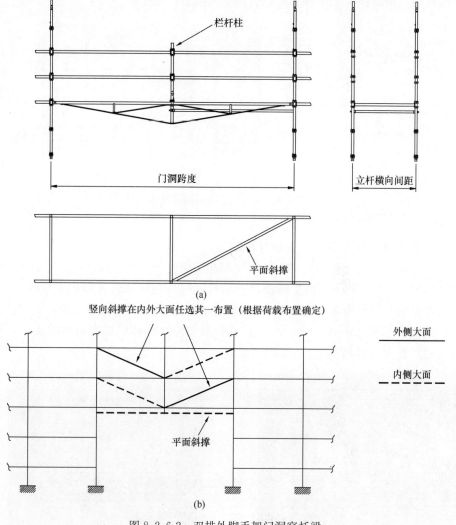

图 8.2.6-2 双排外脚手架门洞窄托梁
（a）托梁平立剖面构造；（b）洞口加强斜撑布置

梁（图 8.2.6-3），分别用于单立杆抽空和双立杆抽空。托梁为平面桁架结构，两端通过专用插片插头（同水平杆插头）插入立杆碗扣节点，内外两片平面托梁间通过设置连接系组成整体。托架上设置栏杆柱，用于接长洞口以上架体。

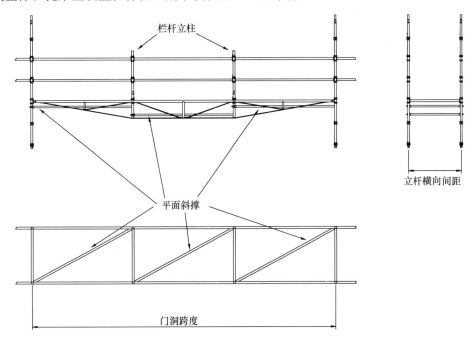

图 8.2.6-3　双排外脚手架门洞宽托梁

实际设置洞口时，可参照现行行业标准《建筑施工扣件式钢管脚手架安全技术规范》JGJ 130 的规定在洞口周边设置平面桁架，在平面桁架的节间设置斜腹杆对洞口进行加强。

8.2.7　脚手架卸荷

搭设高度大于 35m 的双排脚手架应采用钢丝绳保险体系，卸荷装置如图 8.2.7a 所示，钢丝绳不得参与受力计算。保险钢丝绳上拉点可采用预埋直径不小于 20mm 的钢筋锚环或穿梁、抱梁、抱墙、背钢管等拉结方式，上部拉结点设置如图 8.2.7b 所示。

8.2.8　悬挑脚手架

碗扣式钢管双排脚手架当高度超过允许搭设高度时，应在竖向分段搭设，悬挑式脚手架为最常用的分段搭设方式。行业标准《建筑施工碗扣式钢管脚手架安全技术规范》JGJ 166—2016 并未给出悬挑式脚手架的相关规定，实际工程应用中，应符合下述规定。

1. 悬挑型钢型号

悬挑型钢的型号宜采用双轴对称截面的型钢，其型号应按计算确定，截面高度不应小于 160mm。实际工程中，当型钢悬挑式双排脚手架的搭设条件满足表 8.2.8-1 的规定时，悬挑型钢型号可根据悬挑端长度、作业层施工荷载、双排架高度按表 8.2.8-2 选用。

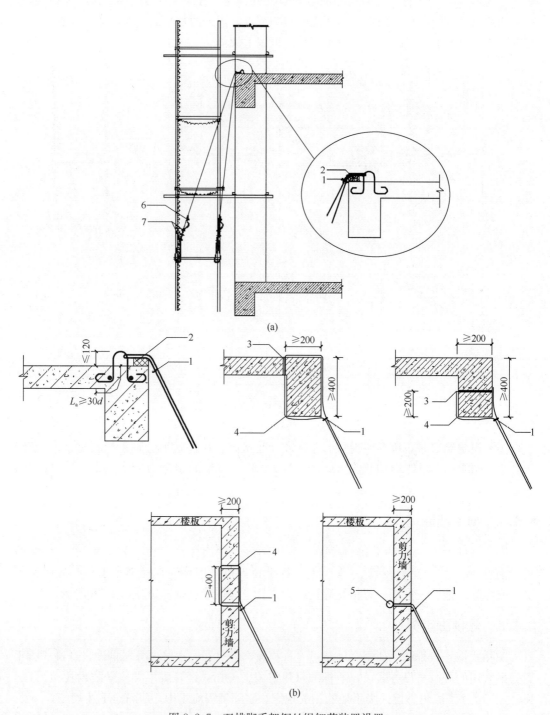

图 8.2.7　双排脚手架钢丝绳卸荷装置设置

（a）钢丝绳卸荷装置；（b）卸荷钢丝绳上部拉结点设置

1—钢丝绳卡；2—垫块；3—套管；4—结构阳角防磨构造软垫；

5—钢管和防滑移卡；6—钢丝绳受力观察卡；7—钢丝绳受力卡

型钢悬挑式双排脚手架常用的应用条件　　　　表 8.2.8-1

项　目	要　求	说　明
支撑悬挑梁的主体结构	钢筋混凝土梁板结构	其中板厚≥120mm
悬挑梁	工字钢	截面高度不小于 160mm
架体高度	<20m	超过 20m 时应分段搭设或另行设计，架体所处高度≤100m
作业层施工荷载标准值	≤2kN/m²	装修用
	≤3kN/m²	结构用
总作业层施工荷载标准值	≤5kN/m²	—
作业层数量	≤2 层	—
铺设脚手板层数	≤3 层	作业层垂直高度大于 10m 时，应铺设防护脚手板或防护安全网

注：当架体高度<10m 时，脚手板限搭二层，作业层限搭一层。

悬挑型钢型号选用　　　　表 8.2.8-2

L_1 (m) ＼ H (m)	工字钢梁选用型号			
	2kN/m²		3kN/m²	5kN/m²
	<10	10～20	<20	<20
1.50	16 号	16 号	16 号	18 号
1.75	16 号	18 号	18 号	20a 号
2.00	18 号	20a 号	20a 号	22a 号
2.25	18 号	20a 号	22a 号	25a 号
2.50	20a 号	22a 号	25a 号	25a 号
2.75	22a 号	25a 号	25a 号	28a 号
3.00	22a 号	25a 号	28a 号	28a 号

注：1　表中 H 为每挑架体的搭设高度，L_1 为型钢的外挑长度；

　　2　表中型钢型号选用中，立杆横向间距按照 1.2m 计算，内立杆距离墙面距离按照 0.3m 计算。

2. 架体构造

不同搭设高度处的架体构造应符合表 8.2.8-3 的规定。

不同搭设高度处的架体构造　　　　表 8.2.8-3

架体所处高度 Z (m)	立杆步距 h (m)	立杆横距 l_b (m)	立杆纵距 l_a (m)
≤60	≤1.8	≤1.2	≤1.5
>60～100	≤1.5	≤0.9	≤1.5

3. 悬挑型钢构造

1）悬挑钢梁悬挑长度应按施工方案确定，固定段长度不应小于悬挑段长度的 1.25 倍。

2）悬挑支承点应设置在主体结构上，悬挑端应按悬挑跨度起拱 0.5%～1%。支承点应设置在结构梁或墙上；若设置在外伸阳台上或悬挑板上时，应有加固措施，并经结构设计负责人确认。悬挑型钢的外伸及固定如图 8.2.8-1 所示。

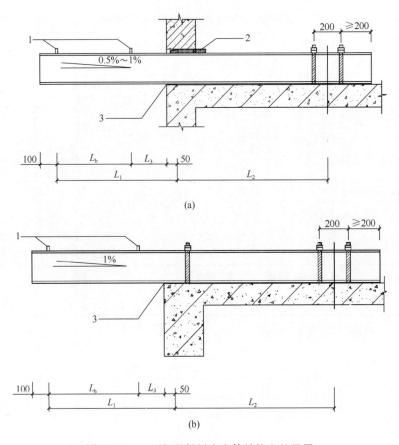

图 8.2.8-1 型钢悬挑梁在主体结构上的设置

（a）型钢悬挑梁穿墙设置；（b）型钢悬挑梁楼面设置

1—φ25 短钢筋（高 150mm）与钢梁焊接；2—硬木楔子楔紧锚固段压点；3—钢板（150mm×100mm×10mm）

4. 悬挑型钢布置

1）型钢悬挑梁间距应按悬挑架架体立杆纵距设置，每一纵距设置一根；当立杆下不能设置型钢悬挑梁时，应在悬挑钢梁增设纵向钢梁作为分配梁（图 8.2.8-2）。

图 8.2.8-2 悬挑型钢梁上设纵向分配梁

2）型钢悬挑式脚手架搭设在非直线（折、弧线）的结构外围时，悬挑梁应垂直于外围面或为径向，架体应按照最大荷载进行设计。

5. 悬挑型钢梁与结构的固定构造

1）型钢悬挑梁末端应采用不少于 2 个预埋环或预埋 U 形螺栓与建筑结构梁板固定，预埋环或预埋 U 形螺栓宜预埋至混凝土梁内、板底层钢筋位置，并应与混凝土梁内、板底层钢筋绑扎牢固，其锚固长度应符合现行国家标准《混凝土结构设计规范》GB 50010 中钢筋锚固的规定。悬挑型钢末端预埋 U 形螺栓固定如图 8.2.8-3 所示，末端预埋"几"字形锚环固定如图 8.2.8-4 所示。平面转角处悬挑梁末端锚固位置应互相错开（图 8.2.8-5）。

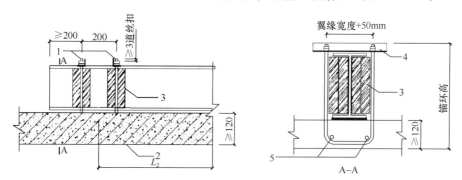

图 8.2.8-3　悬挑型钢末端预埋 U 形螺栓固定
1—直径≥18mm 锚固螺栓；2—主体结构楼板；3—硬木楔子侧向楔紧；
4—L63 角铁、长度≥260mm；5—2φ18 锚固加强钢筋、长度 1000mm

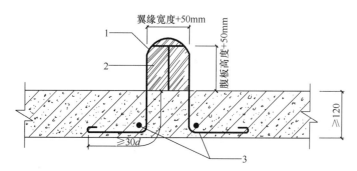

图 8.2.8-4　悬挑型钢末端"几"字形预埋锚环固定
1—直径≥16mm 预埋环；2—硬木楔子楔紧；3—2φ18 锚固加强钢筋、长度 1000mm

2）预埋锚环圆钢的直径不应小于 16mm，宽度宜为 160mm，高度应经计算确定；预埋环的锚固端平直段应埋置于楼板底排钢筋以下。

3）预埋 U 形螺栓的直径不应小于 18mm，宽度宜为 160mm，高度应经计算确定；U 形螺栓丝扣应采用机床加工，不得使用板牙套丝或挤压滚丝，长度宜不小于 120mm。

4）预埋环、U 形螺栓与型钢间隙应用硬木楔楔紧。

6. 悬挑脚手架架体构造

1）架体所处高度低于 60m 时，连墙件按 2 步 3 跨设置；所处高度大于 60m 时，连墙件按 2 步 2 跨设置。

2）外立面剪刀撑应自下而上连续设置。

3）脚手架架体底部与悬挑构件应固定牢固，不得滑动或窜动，固定方式如图 8.2.8-6 所示。

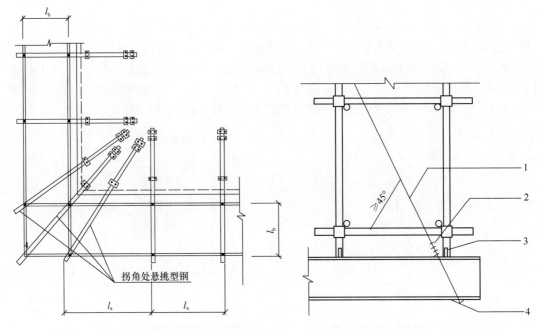

图 8.2.8-5　转角处悬挑梁末端锚固
位置互相错开示意

图 8.2.8-6　悬挑架体底部固定做法
1—钢丝绳；2—钢丝绳卡；3—φ25 短钢筋与
钢梁焊接；4—钢丝绳防滑移顶棍

7. 钢丝绳保险装置

1）钢丝保险绳不应参与悬挑钢梁受力计算，且直径不宜小于 15.5mm。

2）钢丝保险绳每两跨设置不少于 1 道，并应与上部结构拉结；外墙阳角处、楼梯间、悬挑结构构件等处每个型钢悬挑梁外端应设置钢丝绳与上部结构拉结。

3）钢丝绳与建筑结构拉结的吊环应使用 HPB300 级钢筋，其直径不宜小于 20mm，吊环预埋锚固长度应符合现行国家标准《混凝土结构设计规范》GB 50010 中钢筋锚固的规定。

4）钢丝绳的作用位置宜与悬挑结构轴线一致。

5）钢丝绳与预埋钢筋锚环拉结处宜设置钢丝绳梨形环，钢丝绳绳卡规格应与绳径匹配，数量不应少于 3 个，间距不应小于绳径的 6 倍，绳夹夹座应安放在长绳一侧，不得正反交错设置，端部应设置观察卡。钢丝绳与钢梁的水平夹角不小于 45°。悬挑脚手架构造及卸荷装置如图 8.2.8-7a 所示，钢丝绳上部与结构拉结做法如图 8.2.8-7b 所示。

8. 长悬挑梁处理

悬挑钢梁悬挑长度一般不超过 2m 时均能满足需要，但在建筑物拐角、采光井或其他平面存在外挑、内收部位，以及有可能局部需要设置大悬挑型钢梁，局部大悬挑一般不宜超过 3m，大悬挑需另行设计及论证。

9. 转角处理

在建筑结构角部，钢梁宜作扇形布置（图 8.2.8-5）。平面转角处应采取加强措施

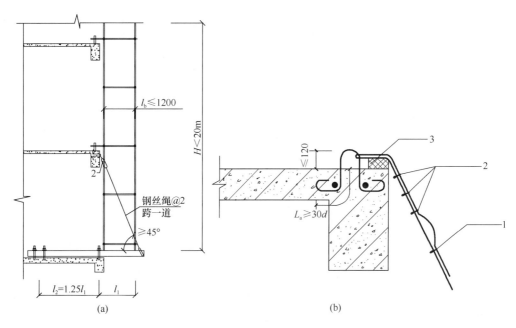

图 8.2.8-7 悬挑脚手架构造及卸荷装置

（a）带卸荷装置的悬挑脚手架整体构造；（b）悬挑脚手架上部与结构拉结做法

1—钢丝绳受力观察卡；2—钢丝绳受力卡；3—垫块

图 8.2.8-8 三脚架加强悬挑构造

（a）底部；（b）上部

（如：在下层设置卸荷斜支撑杆），并进行验算。悬挑型钢梁应避开框架柱和暗柱，该部位可采取预埋焊接型钢三脚架等支承加强措施（图 8.2.8-8）。

悬挑钢梁支承点应设置在结构梁上，未经加固不得设置在外伸阳台或悬臂板上，该部位设置悬挑钢梁时，可采取图 8.2.8-9 的卸荷措施，其中图 8.2.8-9a 是在阳台板或悬臂板根部向结构 100～150mm 加钢垫，并借助于卸荷钢丝绳使阳台板或悬臂板不受力；图 8.2.8-9b 是在悬挑钢梁下设置下撑杆件。

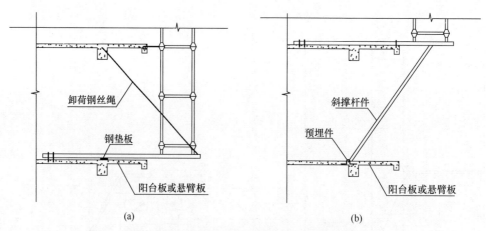

(a)   (b)

图 8.2.8-9 外伸阳台或悬臂板悬挑梁卸荷法

(a) 垫钢板加钢丝绳卸荷法；(b) 下撑杆卸荷法

8.3 满堂支撑架构造

8.3.1 满堂支撑架搭设尺寸限值

模板支撑架搭设高度不宜超过30m，超过此高度时，建议下部采取梁柱式支架，上部搭设满堂支撑架，减小架体搭设高度。

8.3.2 顶部构造

1. 传力装置

碗扣式钢管满堂支撑架立杆顶部承受竖向荷载时，应采取可调托撑传力（图8.3.2-1a），立

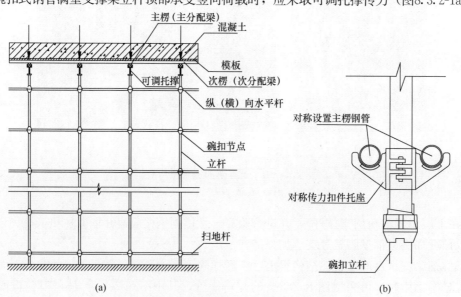

(a)   (b)

图 8.3.2-1 支撑架立杆轴心传力示意图

(a) 立杆顶部可调托撑设置；(b) 立杆中部轴心传力扣件

杆中部承受竖向荷载时，应采取能够确保立杆轴心受压的传力装置（图8.3.2-1b）。不建议采用水平钢管及扣件传递楼面梁的荷载（8.3.2-2），扣件传力将会由于偏心作用而在立杆中产生偏心弯矩。钢管扣件传力在扣件式钢管满堂支撑架中经常采用，但梁下立杆采用钢管扣件传力时（图8.3.2-2b）将存在如下问题：

1）单扣件抗滑能力难以满足承载力要求；

2）扣件传力时，托梁主楞只能采用单钢管，其抗弯承载能力有限；

3）水平钢管两边与立杆连接部位往往受到碗扣占位的影响。

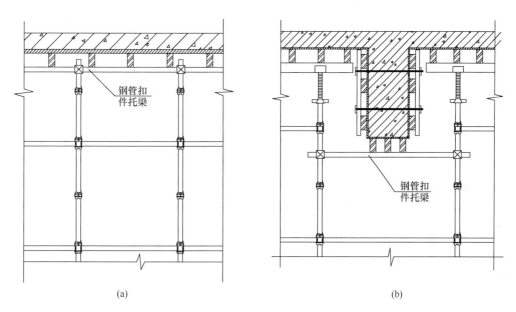

(a) (b)

图8.3.2-2 钢管扣件偏心传力模式

（a）板顶部立杆扣件传力；（b）梁顶部立杆扣件传力

2. 挑梁传力模式

为确保立杆轴心受力，碗扣式钢管脚手架也可采用的专用三角挑梁支架或专用梁托架传递顶部荷载，其支模样式分别如图8.3.2-3、图8.3.2-4所示。图8.3.2-3所示的专用三角挑梁支架用于边梁或悬挑构件的支模，用于扩展支模架的支模范围，图8.3.2-4所示的专用梁托架主要用于支撑截面尺寸较小的梁，其缺点是该托架破坏了水平杆的连续布置。

3. 桥梁翼缘板专用花架

桥梁箱梁支模时，翼缘板的支模处理为架体构造的难点之一。为了保证支撑架顶部处于同一高度，并实现不同翼缘板底部的曲线或折线造型，该部位一般采用定型工具式钢桁架（图8.3.2-5）。但该钢架通用型差，不能灵活适应不同桥梁翼缘板的空间造型，采用工具式可调长度斜撑杆配合铰接型钢主楞可以解决这一问题，且能灵活调整折线或曲线形支模（图8.3.2-6、图8.3.2-7）。

4. 主分配梁构造

主分配梁是将上部作业层荷载传至可调托撑的转换构件，主分配梁可采用木方（不小于100mm×100mm）、双钢管、型钢梁、专用铝梁、工字木梁、双U形钢托梁等，不管

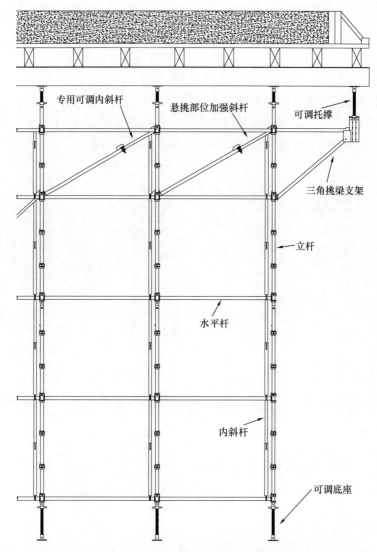

图 8.3.2-3　专用碗扣式三角挑梁支架支模

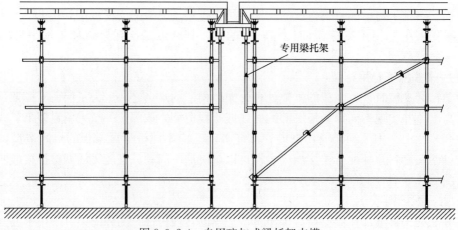

图 8.3.2-4　专用碗扣式梁托架支模

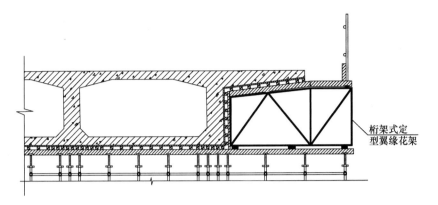

图 8.3.2-5　箱梁翼缘板定型桁架支模

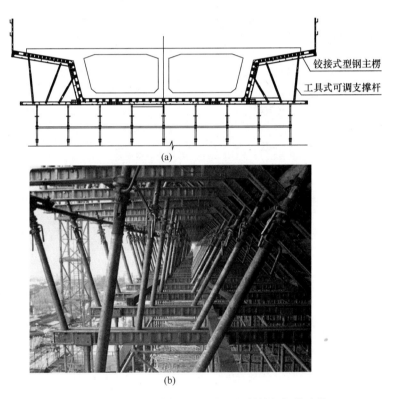

图 8.3.2-6　箱梁翼缘板工具式可调斜撑杆折线支模
(a) 折线支模示意图；(b) 折线支模实际操作图

采用哪种类型的分配梁，承载力满足要求是首要考虑的因素，尤其在采用了高强 CU-PLOK 脚手架后，单杆承载力大大提高，立杆间距可以显著增大，主分配梁计算跨度也增大，其选用更应考虑满足承载力的要求。

各类分配梁均有最大长度限制（一般单根长度不超过 6m），因此在顶托上部主分配梁不可避免地要接长使用，如果不精心设计主分配梁的接长位置，经常会造成主分配梁一端的悬臂长度过大，影响其承载力。行业标准《建筑施工碗扣式钢管脚手架安全技术规范》JGJ 166—2016 规定：可调托撑上主楞支撑梁应居中设置，接头宜设置在 U 形托板上，同

(a)

(b)

图 8.3.2-7 箱梁翼缘板工具式可调斜撑曲折线支模
(a) 曲线支模示意图；(b) 曲线支模实际操作图

一断面上主楞支撑梁接头数量不应超过 50%。当受到分配梁型号的限制无法将接头设置在可调托撑上时，应采取可靠措施将主分配梁做连接处理（如焊接、螺栓连接等），保证其连续性。主楞上部的次楞梁（次分配梁）应交错搭接在下层主楞（主分配梁）上。

5. 立杆顶部自由外伸长度

碗扣式钢管满堂支撑架立杆顶端可调托撑伸出顶层水平杆的悬臂长度（图 8.3.2-8）不应超过 650mm。可调托撑和可调底座螺杆插入立杆的长度不得小于 150mm，伸出立杆的长度不宜大于 300mm，安装时其螺杆应与立杆钢管上下同心，且螺杆外径与立杆钢管内径的间隙不应大于 3mm。

当被支撑的建筑结构底面存在坡度时，应随坡度调整架体高度，可利用立杆碗扣节点位差增设水平杆，并应配合可调托撑进行调整（图 8.3.2-9），从而确保立杆顶部自由外伸长度不超限。

当受支模高度和被支撑混凝土构件截面尺寸限制而出现立杆顶端可调托撑伸出顶层水平杆的悬臂长度超过 650mm 时，可采取专用带碗顶托形成顶部附加封顶杆，从而有效降低立杆顶部自由外伸长度（图8.3.2-10a）。也可采用类似于扫地杆离地间距超标时的底座附加支撑措施，在立杆可调托撑螺杆顶部增设一层钢管扣件扫地杆（此时螺杆顶部应设置一截 ϕ48.3mm 的钢管，如图8.3.2-10b）。两种附加封顶杆设置方式下，应将斜撑杆或剪刀撑延伸至该层（图8.3.2-11）。

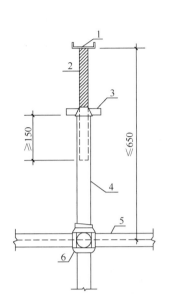

图8.3.2-8　立杆顶端可调托撑
伸出顶层水平杆的悬臂长度（mm）
1—托座；2—螺杆；3—调节螺母；4—立杆；
5—顶层水平杆；6—碗扣节点

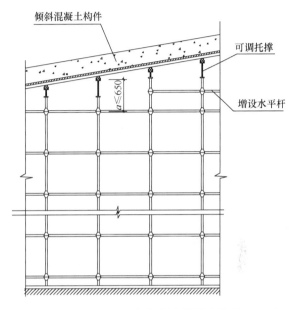

图8.3.2-9　顶部倾斜支模构造处理

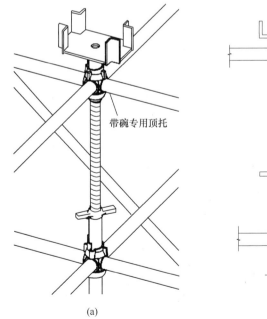

(a)

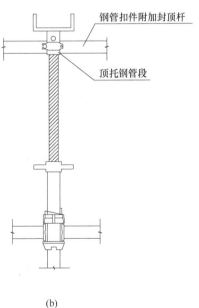

(b)

图8.3.2-10　立杆顶部外伸长度超限处理方法
（a）带碗顶托构造；（b）带钢管段顶托构造

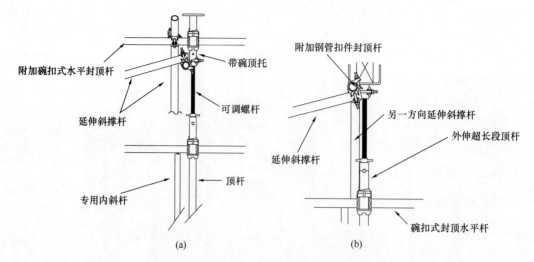

图 8.3.2-11　立杆顶部外伸长度超限斜撑加固

(a) 带碗顶托；(b) 带钢管段顶托

8.3.3　水平杆构造

碗扣式钢管满堂支撑架水平杆步距应通过设计计算确定，并应符合下列规定：

1. 步距应通过立杆碗扣节点间距均匀设置。当梁板结构中梁截面高度较大，打断两侧板下水平杆时，为控制梁下立杆自由外伸长度不超过 650mm，应通过立杆碗扣加密水平杆（图 8.3.3-1），此时出现了非标准步距，但这是确保梁下立杆稳定性的构造要求，计算时按标准步距取值。

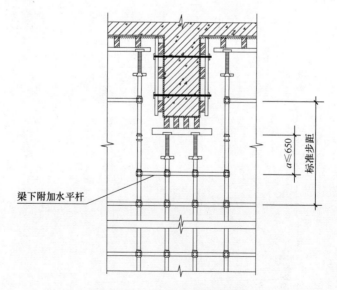

图 8.3.3-1　梁下立杆加密构造

2. 当立杆采用 Q235 级材质钢管时，步距不应大于 1.8m。

3. 当立杆采用 Q345 级材质钢管时，步距不应大于 2.0m。

4. 对安全等级为Ⅰ级的模板支撑架，架体顶层二步距应比标准步距缩小至少一个节点间距，但立杆稳定性计算时的立杆计算长度应采用标准步距。

5. 除顶部和底部有高差时需设置附加水平杆外，各层水平杆应拉通，保持在同一直线，尽量避免错层水平杆设置（图8.3.3-2）。

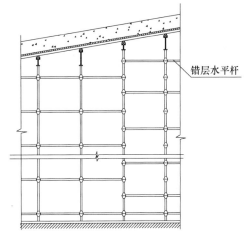

图8.3.3-2 错层水平杆布置（不推荐）

8.3.4 立杆构造

1. 立杆间距

立杆间距应通过设计计算确定，并应符合下列规定：

1）当立杆采用Q235级材质钢管时，立杆间距不应大于1.5m。

2）当立杆采用Q345级材质钢管时，立杆间距不应大于1.8m。

立杆间距的选择必须满足立杆稳定承载力计算结果，过大的立杆间距将导致立杆负荷面积大，立杆轴力相应大，立杆稳定性将难以得到保证。除了满足承载力计算外，立杆间距还应满足上述最大立杆间距要求。通过立杆承载力反推立杆间距时，单根立杆轴力设计值除应满足立杆稳定性计算要求外，当立杆采用Q235级材质钢管时，单根立杆轴力设计值最大不应大于30kN，该限制条件是根据碗扣式钢管满堂支撑架承载力真型试验结果得出的，其推导过程详见第5.4.2节。

2. 立杆设置基本原则

1）支撑架纵向和横向立杆应排列规则，应确保横向成排、纵向成列。由于碗扣式钢管脚手架采用了定尺杆件，可以从根本上确保本原则，"横向成排、纵向成列"是规范提出的计算模型成立的基本前提条件。

2）立杆的布置位置和间距应当满足支撑架承载力计算要求，同一支撑架的各部位立杆受力宜均匀。从第4章所述的满堂架加载试验结果可以看出，当满堂架立杆受力大小不均时，架体可能在整体失稳之前发生立杆局部屈曲失稳现象，因此立杆的设置间距应根据上部支撑混凝土结构厚度的变化采取不同的间距设置，力求各部位立杆所受轴力处于同一水准。为实现这一要求，实际布杆时应符合立杆加密的要求，即：

（1）当支撑架局部承受荷载较大时，应在荷载较大部位加密立杆，立杆加密后增设的水平杆应向非加密区延伸至少2跨，并与非加密区水平杆利用扣件扣紧（图8.3.4-1a）。

（2）梁板结构支撑架在承受线荷载较大处应沿梁底纵向和横向加密立杆，在加密区沿竖向宜同时加密水平杆，非加密区立杆间距应与加密区立杆间距互为倍数（图8.3.4-1b）。

（3）支撑架在同一方向加密区与非加密区立杆间距宜成倍数设置。

3）对多层现浇混凝土结构，支撑架上下层立杆宜对位布置。

3. 梁板结构立杆设置方式

根据上述"立杆受力均匀"的原则，根据被支撑混凝土结构的结构布置便可以进行满

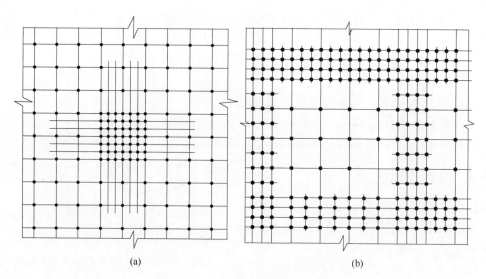

图 8.3.4-1　满堂支撑架加密区立杆平面布置图
(a) 局部荷载较大处立杆加密；(b) 梁板结构梁下立杆加密

堂支撑架立杆设置。但在梁板结构中，由于梁和板的底面不在同一标高，在执行上述布杆原则时，应根据楼面结构的实际情况按下列方式设置立杆：

1）当梁截面尺寸满足表 8.3.4-1 的条件时（仅针对 WDJ 架体），梁下可不设置立杆（图 8.3.4-2a）。梁下不设置立杆时，梁的重量通过梁下水平托梁（主楞）往两侧板底立杆传递，水平托梁可根据具体情况采取不同的与两侧立杆的连接方式（搭边方式），搭边方式在后文详述。实际布杆中，应控制梁两侧立杆距离梁边线距离不宜大于 300mm，该长度过大将导致板下主楞的悬挑长度过大。

2）当梁截面尺寸满足表 8.3.4-2（不设置剪刀撑）和表 8.3.4-3（设置剪刀撑）的条件时（仅针对 WDJ 架体），梁下可设置 1 排主承立杆（图 8.3.4-2b），由于顶部可调托撑内主楞托梁与两侧立杆在同一竖向平面内，托梁无法与两侧立杆搭边，单根立杆支承托梁缺乏稳定性，因此梁下设置立杆时尽量不采取设置 1 排立杆。梁下设置 1 排主承立杆时，同样应控制梁两侧立杆距离梁边线距离不大于 300mm。

采用梁下设置一排立杆的构造方式时，理论上，增设的梁底立杆承受梁的绝大多数荷载，反不如不设立杆，将梁的重量均匀分配至两边的立杆中。

梁下不设置立杆时的应用条件　　　　　　　表 8.3.4-1

支架高度	$H \leqslant 3m$	$3m < H < 5m$	$5m \leqslant H < 8m$
梁截面（mm）	$b \leqslant 300$ 且 $h \leqslant 500$		
梁边板厚（mm）	$h \leqslant 150$		
剪刀撑	无	无	有
立杆纵距（mm）	1200	900	900
梁两侧立杆横距（mm）	900	900	900
步距（mm）	1200	1200	1200

梁下设置 1 排立杆时的应用条件（不设置剪刀撑） 表 8.3.4-2

支架高度	$H \leqslant 3m$		$3m < H \leqslant 5m$	
梁截面积（m²）	≤0.27	≤0.45	≤0.2	≤0.33
梁边板厚（mm）	$h \leqslant 150$			
立杆纵距（mm）	1200	600	1200	600
梁两侧立杆横距（mm）	900	900	900	900
步距（mm）	1200	1200	1200	1200

梁下设置 1 排立杆时的应用条件（设置剪刀撑） 表 8.3.4-3

支架高度	$H < 5m$		$5m \leqslant H < 8m$		$8m \leqslant H < 10m$		$10m \leqslant H < 15m$		$15m \leqslant H < 20m$	
梁截面积（m²）≤	0.35	0.55	0.4	0.6	0.35	0.55	0.3	0.5	0.25	0.45
梁边板厚（mm）	$h \leqslant 150$									
立杆纵距（mm）	1200	1200/2	900	900/2	900	900/2	900	900/2	900	900/2
步距（mm）	1200	1200	1200	1200	1200	1200	1200	1200	1200	1200
梁两侧立杆横距（mm）	900	900	900	900	900	900	900	900	900	900

3）当梁截面尺寸超过上述规定时，应在梁下设置多排加密立杆（图 8.3.4-2c），设置的多排立杆形成的间距应与两侧板下立杆间距成倍数。该布杆条件下，除应满足梁两侧立杆距离梁边线距离不大于 300mm 的条件外，还应控制梁下立杆距离梁边线距离不超过 150mm（也是控制托梁悬臂长度的需要）。

梁下设置一根或多根立杆时，由于托梁与立杆在同一竖向平面内，梁下水平托梁均无法实现托梁与两侧立杆搭边连接，因此"梁板共用立杆"的支模方式不易实现（顶托内设置一根脚手架钢管作为水平主楞托梁时可勉强实现，但水平钢管中心线将偏离立杆轴线，存在偏心传力）。实际工程中可参照后文所述的立杆断开的支模方式实现托梁的搭边。

上述布杆方式为一般浇筑工艺条件下的推荐构造方式，实际应根据立杆承载力计算确定，并应满足立杆轴力大致相等原则以及梁板下立杆间距相等或成倍数的原则。当立杆在沿梁纵向也进行了加密设置时，梁底横向立杆设置应根据轴力大小实际确定。

4）箱梁结构宜在腹板下设置多排加密立杆，并与非加密区立杆间距成倍数设置（图 8.3.4-3）。

4. 梁下不设立杆时的托梁构造

1）托梁采用钢管扣件形式

采用钢管作为梁下主楞托梁时（图 8.3.4-4a），由于需通过扣件与立杆相连，水平托梁钢管只能采用单钢管，此时存在下列缺点：

（1）扣件抗滑能力有限，扣件传力在荷载较大时不可靠；

（2）单钢管作为托梁抗弯承载力较弱，且由于下部无中间立杆导致计算跨度较大，梁截面面积稍大时，抗弯承载力不满足要求；

（3）水平托梁钢管通过扣件传力，存在偏心距，不满足轴心传力的要求，增大了安全隐患；

（4）某些情况下，水平钢管托梁与立杆搭边位置受到碗扣的占位影响，无法连接（图 8.3.4-4b）

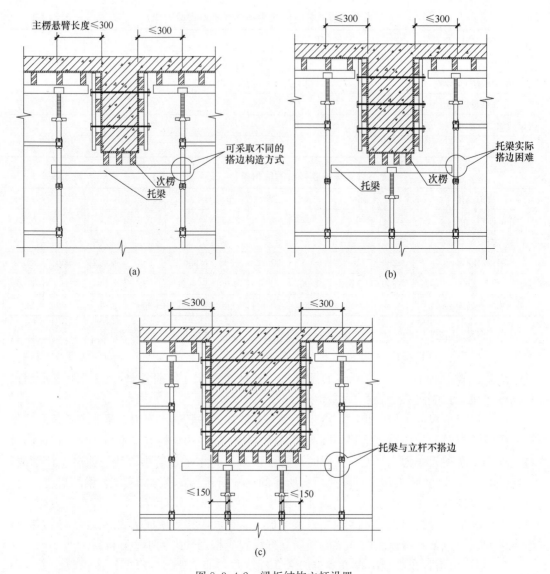

图 8.3.4-2　梁板结构立杆设置

（a）梁下不设置立杆；（b）梁下设置1根立杆；（c）梁下设置多根立杆

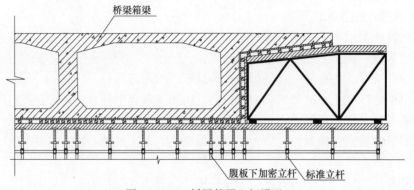

图 8.3.4-3　桥梁箱梁立杆设置

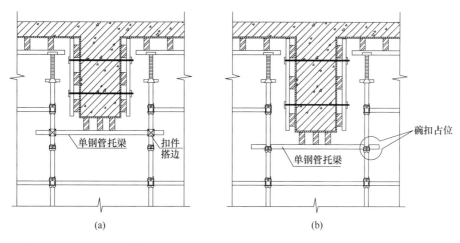

图 8.3.4-4 梁下不设立杆时钢管扣件托梁设置

（a）单钢管扣件托梁；（b）碗扣占位

2）托梁采用轴心传力专用扣件传力

当水平杆位置不受立杆占位影响时，为减小扣件传力的偏心影响，并增大托梁承载力，可采用轴心传力专用扣件与立杆搭边（图 8.3.2-1b），其应用的前提条件是，专用扣件抗滑承载力满足要求。

3）托梁专用碗扣式梁托架传力

采用碗扣式专用梁托架时，其支撑样式如图 8.3.2-4 所示，专用碗扣式梁托架的设置方式和实物如图 8.3.4-5 所示。

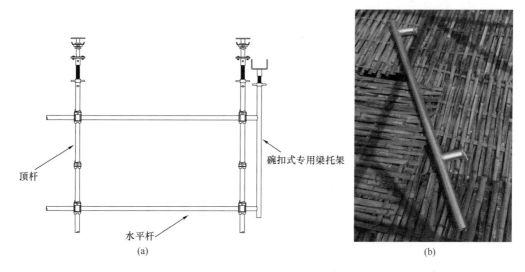

图 8.3.4-5 专用碗扣式梁托架

（a）梁托架设置；（b）梁托架实物

4）立杆二次顶支模方式

为不影响托梁对立杆的偏心传力作用，且有效避免碗扣的占位影响，可采取图 8.3.4-6 所示的立杆断开支模方式（二次顶支模方式）。托梁上下立杆应对齐（图

8.3.4-6a)；当板下主楞悬臂长度过大时，也可采取上下立杆不对齐的设置方式（图 8.3.4-6b、图 8.3.4-6c），施工中应注意，此模式下，应先施工完成梁的支模方可进行板下支架搭设。立杆断开支模方式也可成功解决图 8.3.4-2b 中梁下设置 1 根立杆时托梁的搭边处理（图 8.3.4-6d）。

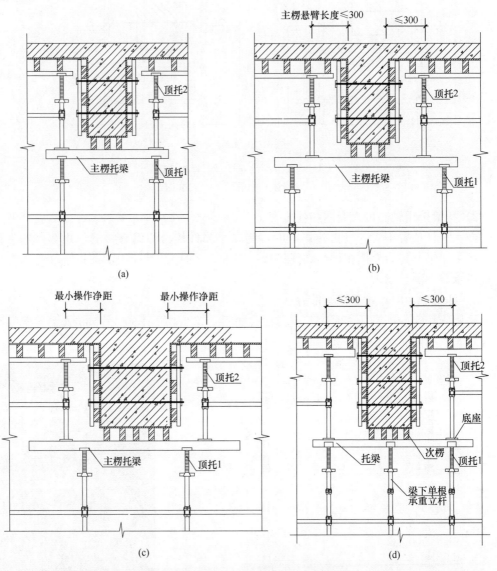

图 8.3.4-6　立杆二次顶支撑架设置方式
(a) 上下立杆对齐；(b) 上下立杆不对齐（窄梁）；(c) 上下立杆不对齐（宽梁）；
(d) 梁下设置 1 根立杆时托梁搭边方式

5. 梁板结构立杆间距调节

碗扣式钢管脚手架采用定尺杆件组架，立杆间距一般只能取为 300m、600mm、900mm、1200mm 等符合 300mm 模数的数值，但梁板结构的结构平面布置中，梁的轴线间距往往不符合 300mm 模数的要求。为适应这种模数的不协调性，应对立杆间距的选型进行调整。

立杆设置时，应以梁底立杆为基准，遵从板底立杆与梁底立杆相适应的基本布杆原则，在板底中央采用固定立杆间距不满足要求时，可通过引入1个或多个板下立杆调整间距（不大于计算用的标准立杆间距），从而确保梁底加密立杆中心线不至于过大偏离梁中心线，并保证板下主楞的悬臂长度不超过300mm、梁下立杆距离梁边线距离不超过150mm。梁板结构立杆调整布置原理如图8.3.4-7所示。采用该方法协调模数时，不可避免的出现梁下加密立杆在中心线出现一定程度的偏离梁中心线，只要立杆承载力满足要求即可。应强调的是，梁板结构的布杆中，应尽量避免采用钢管扣件立杆进行间距调节，只要按照上述原则进行精心布杆设计，采用碗扣式钢管脚手架专用构配件是完全能实现梁板结构布杆的。

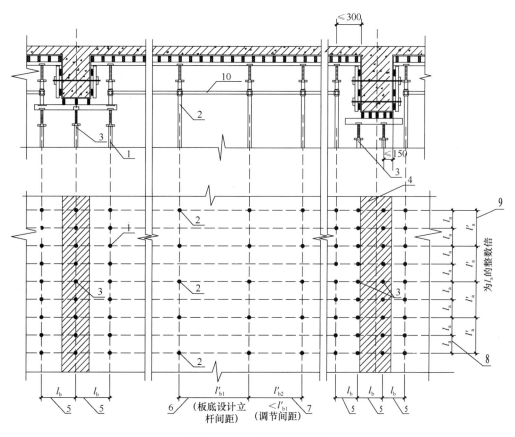

图8.3.4-7 立杆平面布置

1—梁侧辅助立杆（兼做板下立杆）；2—板下立杆；3—梁下主承立杆；4—梁宽度范围；

5—梁下立杆横向间距；6—板下立杆第一种横向间距；7—板下立杆第二种横向间距；

8—梁下立杆纵向间距；9—板下立杆纵向间距；10—板底封顶杆

6. 立杆的平面排头位置

从上述梁板结构的布杆调节分析中可以看出，不管是房屋建筑的楼屋面、桥梁结构的箱梁、轨道交通工程的箱涵结构，在满足计算承载力的立杆间距的理论值确定后，更重要的是确定立杆排头的起点。在复杂的曲线形组架、构件肋梁分布复杂的工程中，有时确定立杆的排头位置比确定立杆的实际间距更起控制作用，这既是支撑架设计的过程，也是施工过程。立杆的起点位置确定应遵从下列原则：

1）高铁车站，地铁停车场、车辆段、换乘站，及商业建筑的梁板结构，梁是主要的荷载，需要以梁作为首要的控制性对象进行考虑；以梁支架为起点，即搭设前需要放出梁线，以梁位置支架为起点开始支架搭设，向两侧进行延伸，再设计板支架，特别注意梁交叉位置的支架、模板设计。

2）对于桥梁箱梁结构，需要结合不同的桥梁截面设计不同的支架间距，所以需要确定各排立杆的起点位置，并充分结合水平杆长度为 300mm 模数的特点选取标准间距与调节间距以适应立杆与腹板、翼缘板、墩柱、盖梁等控制部位的空间协调关系。搭设开始时，桥梁工程需要放出墩柱中心线、箱梁边线，以靠近桥墩位置箱梁中心线开始向两侧搭设支架。

3）曲线桥箱梁支架的设计，主要考虑以桥墩作为起点向两侧开始搭设，这是立杆设计的起点，也是架体搭设的起点。

8.3.5　特殊组架方式

1. 架体交叉叠合搭设

由于碗扣式钢管脚手架采用定尺的水平杆进行搭设，整体搭设的架体立杆间距受水平杆长度的模数限制较大，即架体只能实现 300mm 倍数的立杆间距。在特殊混凝土结构支模设计中，通常会遇到不能符合模数的立杆间距，在这种条件下可以采用两组或多组架体交叉叠合搭设。

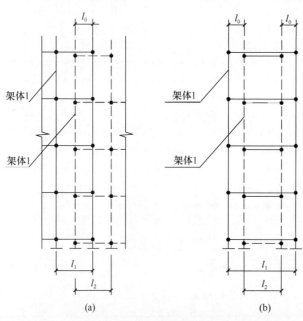

当采用长水平杆搭设高密度满堂支撑架时，采用两组或多组大立杆间距的架体交叉叠合布置，水平杆错层连接，架体交错布置后将产生所需的加密立杆间距。如图 8.3.5-1a 中，两组立杆水平间距分别为 l_1 和 l_2 的架体交叉叠合后，将产生加密立杆间距 l_0，l_0 可以是不受水平杆模数限制的任意尺寸。

图 8.3.5-1　架体交叉及内套搭设立面示意图
(a) 架体交叉搭设；(b) 架体内套搭设

2. 架体内套叠合搭设

在某些局部重荷载区域（如门洞两端立杆加密范围内），可采用大立杆间距双排架体内套小立杆间距双排架体形成立杆间距加密的组合架体（图 8.3.5-1b）。根据需要，可采用 2 种及以上数量的架体内套组合形式。

3. 内套搭设实例

某桥梁箱梁模板支撑架采用碗扣式钢管满堂架体搭设 9m 跨度、5m 净空的双车道大门洞（图 8.3.5-2）。由于门洞跨度大，两侧需采用加密立杆承受横梁的支座反力。为获得

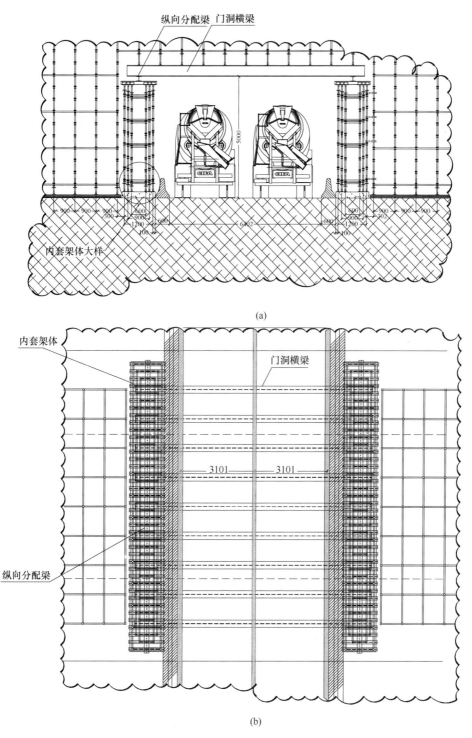

(a)

(b)

图 8.3.5-2 门洞架体内套结构布置图

（a）门洞架体横断面图；（b）门洞架体平面图

小间距的立杆布置，可采用 3 种立杆横距（1200mm、900mm、600mm）的双排交替相互嵌套搭设，形成了立杆横距为 150mm、纵距为 300mm 的局部加强内套组合架体。该内套架体的细部尺寸及内套和交叉设置大样如图 8.3.5-3 所示。

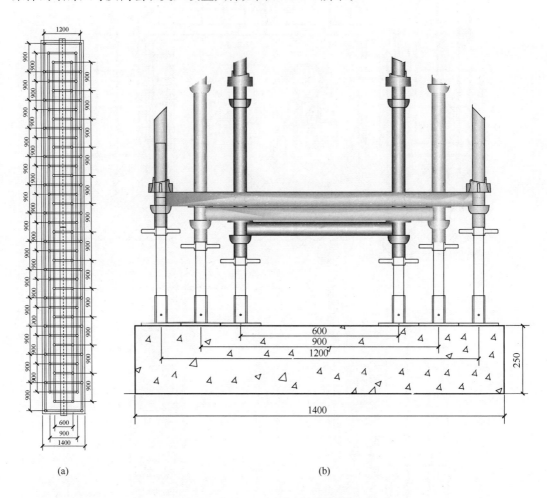

(a)   (b)

图 8.3.5-3 门洞架体内套设置方式

（a）架体内套搭设尺寸；（b）架体内套组架大样

4. 曲线组架

当被支撑的混凝土构件为曲线形布置时（如曲线形布置的桥梁箱梁等结构），理论上可采取类似于双排外脚手架的曲线组架方式，但由于在满堂支撑架体中此种方式曲线组架时需采用的非标准杆件数量过多，该法不实用。对于曲率半径较小的弯桥，可采用扩大正交架体平面尺寸的方式，将曲线梁全覆盖，从而避免了复杂的拐角组架方式。

对于一般的大曲率半径桥梁，可采取设置多组正交架体的组架方式，每组正交架体旋转不同的角度从而实现大致模拟桥梁平曲线形状的目的（图 8.3.5-4）。各组独立正交架体之间采用钢管扣件连接以增加架体的整体性。架体相交的三角形区域"真空"区域应增加正交架体框格，次楞铺设在相邻两组正交架体的边跨主楞之上，次楞的跨度应满足抗弯承载力的要求。

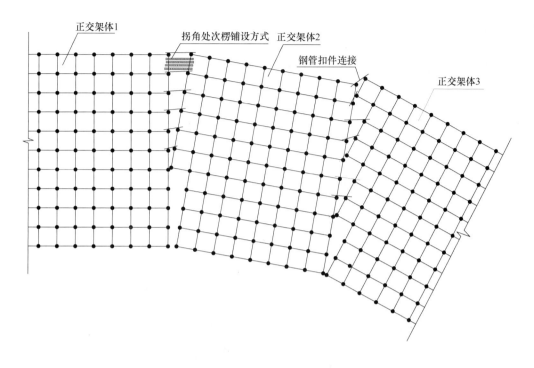

图 8.3.5-4 正交架体的组合曲线布架

8.3.6 满堂支撑架常用搭设参数的选用

由于碗扣式钢管脚手架水平杆长度和立杆碗扣节点间距的模数特性，常用的架体搭设立杆间距、步距较为固定，从而各种常用搭设参数下单立杆的承载力较为固定。在一般的梁板结构支模施工中，为方便架体设计，当满足一定的搭设条件时，可直接查相关表格选取适合的架体搭设参数。对于一般的梁板结构，当采用 WDJ 碗扣式脚手架构配件，且满足表 8.3.6-1 所示的使用条件时，可按照表 8.3.6-2 和表 8.3.6-3 选用架体搭设参数。

量大面广的钢筋混凝土住宅结构，可按照表 8.3.6-4 的使用条件和搭设参数进行碗扣式钢管模板支撑架的搭设。

梁板结构满堂支撑架常用的应用条件 表 8.3.6-1

项目	要求	说明
混凝土结构构件类型	钢筋混凝土梁、板等平面构件	采用特殊混凝土的梁板构件或采用钢与混凝土的组合构件时，应另行计算
搭设高度	≤20m	当搭设高度超过 20m 时应另行计算
主次龙骨、模板面板	采用一般木模板和木方主次楞，自重面荷载不大于 0.35kN/m²	
架体类型	WDJ 碗扣式钢管脚手架	采用 CUPLOK 高强碗扣式钢管脚手架时应另行计算

碗扣式钢管满堂模板支撑架常用搭设尺寸（板类构件）

表 8.3.6-2

支架高度(m)	板厚(mm)	≤120	121~200	201~300	301~400	401~500	501~600	601~700	701~800	801~900	901~1000
<5m	立杆纵距(mm)	1200	1200	900	900	900	900	900	900	900	600
	立杆横距(mm)	1200	900	900	900	900	600	600	600	600	600
	步距(mm)	1800	1800	1800	1200	1200	1200	1200	1200	1200	1200
5m≤H<8m	立杆纵距(mm)	1200	1200	1200	900	900	900	900	600	600	600
	立杆横距(mm)	900	900	900	900	600	600	600	600	600	600
	步距(mm)	1800	1800	1200	1200	1200	1200	1200	1200	1200	1200
8m≤H<10m	立杆纵距(mm)	1200	900	900	900	900	900	600	600	600	600
	立杆横距(mm)	1200	900	900	900	600	600	600	600	600	600
	步距(mm)	1800	1800	1200	1200	1200	1200	1200	1200	1200	1200
10m≤H<15m	立杆纵距(mm)	900	1200	900	900	900	600	600	600	600	600
	立杆横距(mm)	900	900	900	600	600	600	600	600	600	600
	步距(mm)	1800	1200	1200	1200	1200	1200	1200	1200	1200	1200
15m≤H<20m	立杆纵距(mm)	1200	900	900	900	900	600	600	600	600	600
	立杆横距(mm)	900	600	600	600	600	600	600	600	600	600
	步距(mm)	1200	1200	1200	1200	1200	1200	1200	1200	1200	600

碗扣式钢管满堂模板支撑架常用搭设尺寸（梁类构件）

表 8.3.6-3

支架高度（m）		梁高（mm）									
		180～300	301～600	601～900	901～1200	1201～1500	1501～1800	1801～2100	2101～2400	2401～2700	2701～3000
<5m	立杆纵向间距（mm）	1200	1200	1200	900	900	600	600	600	600	600
	立杆横向间距（mm）	900	900	600	600	300	300	300	300	300	300
	步距（mm）	1800	1800	1200	1200	1200	1200	1200	1200	600	600
5m≤H<8m	立杆纵向间距（mm）	1200	1200	1200	900	900	600	600	600	600	600
	立杆横向间距（mm）	900	900	600	600	300	300	300	300	300	300
	步距（mm）	1800	1800	1200	1200	1200	1200	1200	1200	600	600
8m≤H<10m	立杆纵向间距（mm）	1200	1200	1200	600	600	600	600	600	—	—
	立杆横向间距（mm）	900	600	600	600	300	300	300	300	—	—
	步距（mm）	1200	1200	1200	1200	1200	1200	600	600	—	—
10m≤H<15m	立杆纵向间距（mm）	900	900	900	600	600	600	600	600	—	—
	立杆横向间距（mm）	900	600	600	600	300	300	300	300	—	—
	步距（mm）	1200	1200	1200	1200	1200	1200	600	600	—	—
15m≤H≤20m	立杆纵向间距（mm）	900	900	900	600	600	600	600	600	—	—
	立杆横向间距（mm）	900	600	600	600	300	300	300	300	—	—
	步距（mm）	1200	1200	1200	1200	1200	1200	600	600	—	—

住宅工程碗扣式钢管满堂模板支撑架应用条件和搭设参数　　表8.3.6-4

层高	≤3
楼板厚度	≤120mm
施工方法	先施工墙，后施工楼板
扫地杆距地面高度（a'）	≤400mm
架体顶层水平杆中心线至可调托撑托板顶面的距离（a）	≤650mm
步距（h）	≤1800mm
立杆纵横向间距	≤1200mm

注：混凝土布料机等集中荷载部位不适于本表，需按受力计算进行布置。按照此表选用的模架体系，竖向和水平向构件应分开施工，边立杆已施工完竖向结构不大于300mm。

8.3.7　与既有结构的连接

1. 连接构造措施

当有既有建筑结构时，模板支撑架应与既有建筑结构可靠连接，并应符合下列规定：

1）连接点竖向间距不宜超过二步，并应与水平杆同层设置。

2）连接点水平向间距不宜大于8m。

3）连接点至架体碗扣主节点的距离不宜大于300mm（图8.3.7a）。

4）当遇柱时，宜采用抱箍式连接措施（图8.3.7b）。

5）当架体两端均有墙体或边梁时，可设置水平杆与墙或梁顶紧。

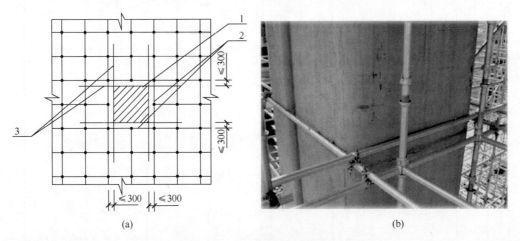

(a)　　　　　　　　　　　　　　(b)

图8.3.7　架体抱柱构造措施

（a）架体抱柱点设置构造尺寸；（b）架体抱柱设置

1—结构柱；2—相邻架体竖向框架；3—抱柱水平杆

2. 与既有结构连接的作用

当满堂架体设置了与既有结构的连接措施后，应从两个方面认识连接构造的作用：

1）与既有结构的连接是提高架体稳定的一种附加加强措施，其设置与否对架体的理论承载力并无影响，当设置了连接措施，并满足上述间距条件后，可认为架体设置了"可靠"的连接措施，此时可不进行架体的抗倾覆验算，也可不考虑风荷载作用于架体引起的立杆附加轴力。

2）只有具备了设置连接的条件后，架体方可与既有结构连接，如果竖向结构与水平结构连接同时浇筑，则架体无既有结构可以连接或抵紧。对于大跨度框架结构或桥梁墩柱结构，即使采取了先浇筑框架柱或桥梁墩柱的施工工艺，但由于相邻柱的距离较大，架体可用连接设置点间距往往超过8m，此时虽作了连接处理，但不能将其认为是"可靠"的连接措施，不能忽略架体抗倾覆验算和立杆的风荷载附加轴力计算。这种条件下只能将架体与既有结构的连接视作一种架体稳定性保障措施，或者为一种安全储备措施。

8.3.8　斜撑杆或剪刀撑设置

1. 不设置斜撑杆或剪刀撑的条件

由于碗扣节点为半刚性节点，架体本身具有一定的稳定性和抗侧移能力，因此在荷载不大、架体搭设高度不高的情况下可以不设置斜撑杆及剪刀撑，第4章的无斜撑杆及剪刀撑满堂支撑架体的承载力试验证明了不设置斜撑杆及剪刀撑架体的受力可靠性。当模板支撑架同时满足下列条件时，可不设置竖向及水平向的斜撑杆和剪刀撑：

1）搭设高度小于5m，架体高宽比小于1.5。

2）被支撑结构自重面荷载标准值不大于$5kN/m^2$，线荷载标准值不大于8kN/m。

3）架体按规范 JGJ 166—2016 第6.3.7条的构造要求与既有建筑结构进行了可靠连接。

4）场地地基坚实、均匀，满足承载力要求。

2. 斜撑杆设置

1）竖向斜撑杆设置

碗扣式钢管满堂支撑架应优先设置专用斜撑杆，与双排外脚手架不同的是，满堂支撑架由于内部碗扣节点的四个方向均设置了水平杆，不具备设置插片式斜杆的条件，因此不能采用专用外斜杆。但碗扣式钢管脚手架的产品体系里面有专门的满堂架内斜杆，一种是两端带有半扣件接头的斜杆（双排脚手架的廊道斜杆）；另外一种是两端带有挂扣式楔紧头，且杆件长度可调的专用内斜杆，最常用的是后者所述的可调长度的楔紧挂扣式接头专用斜撑杆，如图8.3.8-1所示。该类型斜杆需设置在水平杆上，距离碗扣主节点的距离不应超过100mm（图8.3.8-2）。

采用专用内斜杆作为满堂支撑架的斜撑杆时，其设置应符合下列规定：

（1）安全等级为Ⅰ级的模板支撑架应在架体周边、内部纵向和横向每隔4～6m各设置一道竖向斜撑杆；安全等级为Ⅱ级的模板支撑架应在架体周边、内部纵向和横向每隔6～9m各设置一道竖向斜撑杆（图8.3.8-3a、图8.3.8-4a）；

（2）每道竖向斜撑杆可沿架体纵向和横向每隔不大于2跨在相邻立杆间由底至顶连续设置（图8.3.8-3b）；也可沿架体竖向每隔不大于2步距采用八字形对称设置（图8.3.8-4b），或采用等覆盖率的其他设置方式。

综合上述两种竖向斜撑杆的设置样式，每道竖向斜撑杆在竖向平面内的框格覆盖率最小值为1/3，除上述两种设置方式外，竖向斜撑杆还可采取其他等覆盖率的设置方式，如图8.3.8-5a和图8.3.8-5b所示的专用斜撑杆交叉设置模式中，斜撑杆的立面覆盖率分别为1/2和100%。

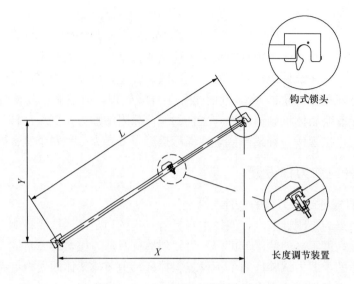

图 8.3.8-1　可调长度专用内斜杆

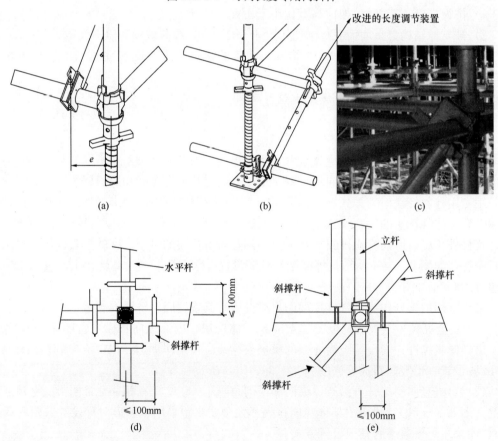

图 8.3.8-2　专用斜杆节点构造

（a）斜杆接头距离主节点距离（$e \leqslant 100$mm）；（b）附加扫地杆的斜杆设置；

（c）斜杆接头现场设置；（d）斜杆节点设置平面图；（e）斜杆节点设置立面图

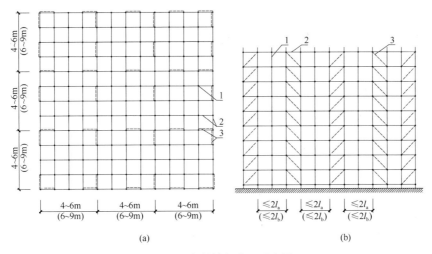

图 8.3.8-3 竖向斜撑杆布置示意图（一）

（a）平面图；（b）立面图

1—立杆；2—水平杆；3—竖向斜撑杆

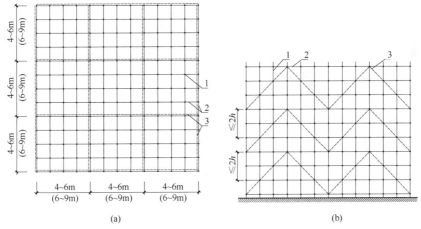

图 8.3.8-4 竖向斜撑杆布置示意图（二）

（a）平面图；（b）立面图

1—立杆；2—水平杆；3—竖向斜撑杆

图 8.3.8-5 竖向专用斜撑杆交叉设置方式

（a）2×2立面交叉斜撑杆；（b）1×1立面交叉斜撑杆

现场应用中，在不具备专用斜撑杆的条件下，可采用短钢管和扣件代替专用斜杆。该设置方式可有效避免受架体竖向框格尺寸种类多、斜杆不便于管理的缺点，能灵活适应各个部位的斜杆搭设，但现场的搭设整洁度稍受影响（图 8.3.8-6）。

图 8.3.8-6　短钢管扣件斜撑杆设置方式

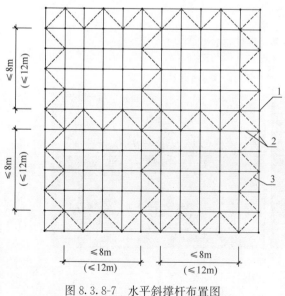

图 8.3.8-7　水平斜撑杆布置图
1—立杆；2—水平杆；3—水平斜撑杆

2）水平斜撑杆设置

为加强满堂模板支撑架在水平面内的刚度，架体应设置水平斜撑杆形成水平加强层（图 8.3.8-7），从第 4 章的满堂架试验结果来看，设置水平斜杆或剪刀撑对架体整体承载力有显著提升，现行规范对架体承载力的计算公式规定也是在基于有水平斜杆或剪刀撑的条件下提出的。采用专用内斜杆作为水平斜杆时，斜杆结构可设置在对角线立杆上。碗扣式钢管满堂模板支撑架的水平斜撑杆设置应符合下列规定：

（1）安全等级为Ⅰ级的模板支撑架应在架体顶层水平杆设置层、竖向每隔不大于8m设置一层水平斜撑杆；每层水平斜撑杆应在架体水平面的周边、内部纵向和横向每隔不大于8m设置一道。

（2）安全等级为Ⅱ级的模板支撑架宜在架体顶层水平杆设置层设置一层水平剪刀撑；水平斜撑杆应在架体水平面的周边、内部纵向和横向每隔不大于12m设置一道。

（3）水平斜撑杆应在相邻立杆间呈条带状连续设置。

3. 剪刀撑设置

当现场无专用斜撑杆时，可采用钢管扣件剪刀撑代替专用斜撑杆的设置。当采用钢管扣件剪刀撑代替水平斜撑杆时（图8.3.8-8），应符合下列规定：

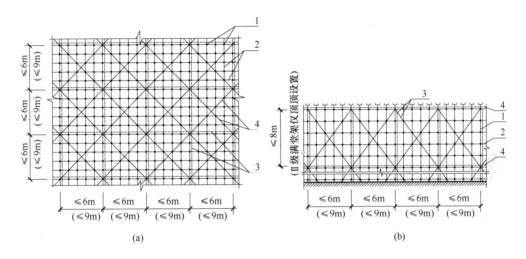

图 8.3.8-8　满堂支撑架剪刀撑布置图

（a）平面图；（b）立面图

1—立杆；2—水平杆；3—竖向剪刀撑；4—水平剪刀撑

1）竖向剪刀撑

（1）安全等级为Ⅰ级的模板支撑架应在架体周边、内部纵向和横向每隔不大于6m设置一道竖向钢管扣件剪刀撑；

（2）安全等级为Ⅱ级的模板支撑架应在架体周边、内部纵向和横向每隔不大于9m设置一道竖向钢管扣件剪刀撑；

（3）每道竖向剪刀撑应连续设置，剪刀撑的宽度宜为6～9m。

2）水平剪刀撑

（1）安全等级为Ⅰ级的模板支撑架应在架体顶层水平杆设置层、竖向每隔不大于8m设置一道水平剪刀撑；

（2）安全等级为Ⅱ级的模板支撑架宜在架体顶层水平杆设置层设置一道水平剪刀撑；

（3）每道水平剪刀撑应连续设置，剪刀撑的宽度宜为6～9m。

4. 塔架斜撑杆设置

被支撑荷载标准值大于30kN/m²的满堂支撑架可采用塔型桁架矩阵式布置，塔型桁架的水平截面形状及布局，可根据荷载等因素选择（图8.3.8-9）。

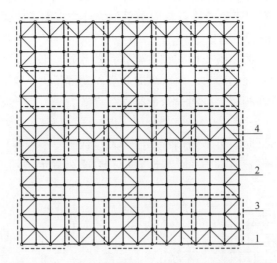

图 8.3.8-9 竖向塔型桁架、水平斜撑杆布置示意图
1—立杆；2—水平杆；3—竖向塔型桁架；4—水平斜撑杆

8.3.9 架体高宽比要求

独立的碗扣式钢管满堂模板支撑架高宽比不宜大于 3；当大于 3 时，应采取下列加强措施：

1. 将架体超出顶部加载区投影范围向外延伸布置 2～3 跨，将下部架体尺寸扩大，也可在底部部分高度范围内将架体扩大（图 8.3.9）。

2. 按第 8.3.7 节的构造要求将架体与既有建筑结构进行可靠连接；

3. 当无建筑结构进行可靠连接时，宜在架体上对称设置缆风绳或采取其他防倾覆的措施。

8.3.10 门洞设置

满堂支撑架下设置的门洞分为小门洞和大门洞，小门洞支撑架主要指的是门洞净高不大于 5.5m、净宽不大于 4.0m、与上部支撑的混凝土梁体中心线正交时的门洞支架，超过此范围时应按照第 7.5.6 的规定，按梁柱式大门洞进行计算和构造设计。

1. 门洞构造

小门洞设置应符合下列规定（图 8.3.10）：

1）门洞净高不宜大于 5.5m，净宽不宜大于 4.0m；当需设置的机动车道净宽大于 4.0m 或与上部支撑的混凝土梁体中心线斜交时，应采用梁柱式门洞结构。

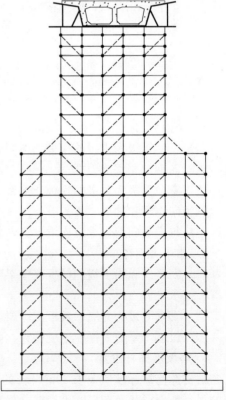

图 8.3.9 扩大架体尺寸控制架体高宽比示意图

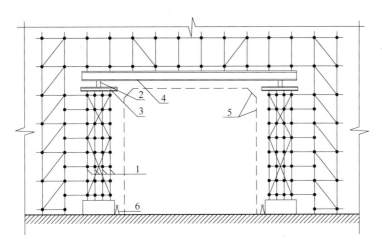

图 8.3.10 门洞设置

1—加密立杆；2—纵向分配梁；3—横向分配梁；4—转换横梁；

5—门洞净空（仅车行通道有此要求）；6—警示及防撞设施（仅用于车行通道）

2）通道上部应架设转换横梁，横梁设置应经过设计计算确定。

3）横梁下立杆数量和间距应由计算确定，且立杆不应少于 4 排，每排横距不应大于 300mm。

4）横梁下立杆应与相邻架体连接牢固，横梁下立杆斜撑杆或剪刀撑应加密设置。

5）横梁下立杆应采用扩大基础，基础应满足防撞要求。

6）转换横梁和立杆之间应设置纵向分配梁和横向分配梁。

7）门洞顶部应采用木板或其他硬质材料全封闭，两侧应设置防护栏杆和安全网。

8）对通行机动车的洞口，门洞净空应满足既有道路通行的安全界限要求，且应按规定设置导向、限高、限宽、减速、防撞等设施及标识、标示。

2. 门洞防护要求

1）支撑架跨越既有通行道路时，应符合下列构造规定：

（1）支撑架下净空必须满足既有通行道路的安全限界要求。

（2）支撑架下方通道必须按规定设置导向、限高、限宽、减速、防撞等设施及标识、标示。

（3）支撑架底部必须采用硬质材料全封闭，两侧应设置防护栏杆和安全网。

2）支撑架跨越既有通行道路时，应根据道路等级和车速，在支撑架前方设置限高限宽门，限高限宽门与支撑架的距离应满足下列规定：

（1）快速路或车速大于 40km/h，应不小于 200m。

（2）主干路，应不小于 100m。

（3）次干路，应不小于 50m。

（4）支路、大车低速通道、小车低速通道，应不小于 20m。

<h2 style="text-align:center">本 章 参 考 文 献</h2>

[1] 王宇辉，王勇等．脚手架施工与安全[M]．北京：中国建材工业出版社：2008

第9章 脚手架施工

9.1 施工准备

9.1.1 专项施工方案编制

1. 方案编制内容

碗扣式钢管双排脚手架、悬挑脚手架、满堂支撑架在搭设与使用前均应按规定编制专项施工方案，方案应有针对性，架体结构和连墙件、立杆地基承载力应进行设计计算。

根据《危险性较大的分部分项工程安全管理办法》（建质［2009］87号）的规定，危险性较大的分部分项工程在施工前应编制安全专项施工方案（施工单位在编制施工组织（总）设计的基础上，针对危险性较大的分部分项工程单独编制的安全技术措施文件）。搭设高度24m及以上的落地式钢管脚手架，悬挑式脚手架工程，搭设高度5m及以上、搭设跨度10m及以上、施工总荷载10kN/m² 及以上、集中线荷载15kN/m 及以上、高度大于支撑水平投影宽度且相对独立无联系构件的混凝土模板支撑工程，用于钢结构安装等满堂支撑体系为危险性较大的分部分项工程。实际工程中其规模未达到上述规定的碗扣式钢管作业脚手架和支撑架工程也可参照文件的规定进行安全专项施工方案的编制。

安全专项施工方案的编制应当包括以下内容：

1) 工程概况：危险性较大的分部分项工程概况、施工平面布置、施工要求和技术保证条件。

2) 编制依据：相关法律、法规、规范性文件、标准、规范及图纸（国标图集）、施工组织设计等。

3) 施工计划：包括施工进度计划、材料与设备计划。

4) 施工工艺技术：技术参数、工艺流程、施工方法、检查验收等。

5) 施工安全保证措施：组织保障、技术措施、应急预案、监测监控等。

6) 劳动力计划：专职安全生产管理人员、特种作业人员等。

7) 计算书及相关图纸。

对于碗扣式钢管高大模板支撑系统，其安全专项施工方案的编制内容尚需遵守《建设工程高大模板支撑系统施工安全监督管理导则》（建质［2009］254号）的相关规定。

2. 方案的审批

国家标准《建筑施工组织设计规范》GB/T 50502—2009、《市政工程施工组织设计规范》GB/T 50903—2013均规定了施工方案的审核、审批流程。《危险性较大的分部分项工程安全管理办法》（建质［2009］87号）规定安全专项施工方案应当由施工单位技术部门组织本单位施工技术、安全、质量等部门的专业技术人员进行审核。经审核合格的，由施工单位技术负责人签字。实行施工总承包的，专项方案应当由总承包单位技术负责人及相关专业承包单位技术负责人签字。

不需专家论证的安全专项施工方案，经施工单位审核合格后报监理单位，由项目总监理工程师审核签字。

3. 方案的论证

双排脚手架当架体搭设高度在 50m 及以上时，悬挑式脚手架架体高度在 20m 以上时，满堂模板支撑架搭设高度 8m 及以上、搭设跨度 18m 及以上、施工总荷载 15kN/m² 及以上、集中线荷载 20kN/m 及以上时，用于钢结构安装等满堂支撑体系，承受单点集中荷载 700kg 以上时，应当由施工单位组织召开专家论证会，实行施工总承包的，由施工总承包单位组织召开专家论证会。

《危险性较大的分部分项工程安全管理办法》（建质〔2009〕87 号）给出了专项施工方案专家论证的参会人员、专家组成、论证的主要内容、方案的修改完善等具体规定。

9.1.2 技术交底

各类碗扣式钢管脚手架专项施工方案实施前以及在架体拆除作业实施前，应按专项施工方案向施工人员进行交底，并逐级进行。负责人交底时，应注意方案中脚手架的使用条件与工程施工工况条件是否相符的问题，安全技术交底应形成文字记录。

脚手架安全技术交底应重点针对下列内容进行：

1. 脚手架立杆地基基础的处理方法

基础处理的技术交底要重点根据地基土的类型（回填土地基或天然地基），表达土层换填、分层碾压等加固技术参数，以及垫层混凝土的厚度和混凝土等级、上部垫块的材料和尺寸、底座的选用型号等。斜坡地带应重点表达地面的整平措施、台阶形处理的台阶尺寸等技术参数。当采用悬挑式脚手架或满堂架下部设置门洞时，还应重点表达型钢的型号、固定方式或下部梁柱式门形支架的结构参数和细部构造参数等。此外，还应向被交底人阐明架体搭设场地排水坡度，排水沟的设置走向和断面尺寸与构造方式，湿陷性黄土、膨润土、软土地基等的防水参数等。底座、垫板的选择和扫地杆离地间距也是交底的重点。

2. 架体的搭设参数

架体的各类搭设参数是脚手架工程交底的关键，应包含下列内容：

1）双排脚手架

（1）架体的立杆纵横间距、水平杆步距等基本参数，以及特殊部位（卸料平台处、局部内凹或外凸处、地基不等高处等）的架体参数、最顶部连墙件上部架体的自由高度限值、曲线组架方式和相关参数、立杆接头竖向交错配杆参数等。

（2）连墙件的设置位置、设置方式（矩形、梅花形等）、竖向间距、水平间距等基本参数，以及连墙件的连墙杆类型（钢管扣件、专用碗扣连墙杆、其他连墙杆）和连接构造方式（预埋钢管式、预埋锚固件式、抱柱式、辅助构件式），并重点阐述特殊部位（大洞口、小洞口、大层高、大柱距、架体端部、开口处）连墙件的设置方式。由于建筑或结构物的外立面形式复杂多样，连墙件的交底宜借助于工程项目的连墙件设置图进行。

（3）架体的竖向剪刀撑或斜杆（纵向剪刀撑或斜杆、横向廊道斜杆）和水平斜撑杆的杆件类型、设置位置、间距等，并重点表达开口等部位的廊道斜杆设置。

（4）作业层的设置方式，包括脚手板的搭设方式（纵搭方式或横搭方式）以及对应的脚手板类型（冲压钢脚手板、木脚手板、竹串片脚手板、竹笆脚手板、钢脚手板、钢筋脚手板等）、脚手板的连接方式（对接或搭接等）、间水平杆的选型和设置间距或根数（脚手板纵搭方案）、纵向附加水平杆的设置间距或根数（脚手板横搭方案）、内部扩展作业层的设置方式（宽挑梁或窄挑梁等）、挡脚板的材质和尺寸、密目网的类型和固定方法、栏杆的设置间距和高出作业层高度及固定方式等。

（5）人员上下脚手架专用梯道或坡道的设置方式和构造参数。

（6）门洞的设置位置、尺寸和专用桁架托梁的选型以及洞口周边的加强斜杆设置。

2）满堂支撑架

（1）架体的立杆纵横间距、水平杆步距等基本参数，以及特殊部位（边梁、邻柱或邻墙等部位）的架体参数、立杆顶部自由外伸长度、曲线组架方式等。

（2）立杆加密部位的水平杆加强措施、架体顶部步距的加密步距设置参数。

（3）架体与既有结构连接的设置部位、水平间距、间隔步数和连接方式。

（4）顶部可调托撑的选型、螺杆伸出长度、顶部坡面的找平措施。

（5）顶托上部主次楞的型号、材质、间距、接长位置、接头构造方式，并阐明次楞的排头位置。

（6）架体竖向及水平斜杆或剪刀撑的杆件类型、设置位置、跨度或间距、布置形状等。

（7）架体高宽比超限时的加强措施（扩大架体平面尺寸、设置缆风绳等）。

（8）门洞的设置方式。

（9）顶部周边操作平台的设置方式。

3. 施工安全技术措施

1）双排脚手架、物料平台或满堂支撑架作业层的实际荷载限值。可量化为材料堆载重量、人员数量控制等。

2）脚手架防护棚上严禁上人堆料等规定。

3）架体主节点处纵横水平杆不得缺失、严禁未经加固的任意拆除等规定。

4）碗扣节点的销紧、扣件的拧紧等技术参数。

5）双排脚手架连墙件随架体升高及时设置、作业层高出相邻连墙件 2 步时必须采取临时拉结措施、架体拆除必须按照自上而下顺序进行、连墙件应随架体逐层拆除等安全规定。

6）在影响脚手架地基安全的范围内，严禁进行挖掘作业的规定。

7）严禁将模板支撑架、缆风绳、混凝土输送泵管、卸料平台及大型设备的附着件等固定在双排脚手架上的规定。

8）搭设脚手架时操作人员正确佩戴安全帽、安全带和防滑鞋的安全操作规定。

9）遇六级及以上强风、浓雾、雨或雪天气时，停止架体搭设与拆除作业，以及雨、雪、霜后上架作业应有防滑措施，并及时清除水、冰、霜、雪的安全规定。

10）搭设与拆除脚手架作业时，设置安全警戒线和警戒标志、设专人监护、严禁非作业人员进入作业范围的规定。

11）脚手架使用过程中设专人监护，出现异常情况及时停止施工，撤离作业人员的规定。

12）满堂模板支撑架的混凝土浇筑顺序、拆模时混凝土的强度要求、架体的拆除顺序等规定。

13）满堂模板支撑架混凝土浇筑过程中监测的技术规定。

14）脚手架与架空线路之间的最小安全距离规定。

由于双排脚手架从地基处理、原材料进场验收、架体搭设、防护设施设置、安全使用到架体拆除的整个过程所涉及的工作内容较多，可采取分阶段交底的方法。同时由于交底涉及的安全和技术内容较为繁杂，且每个工程均有特殊性，建议结合架体的具体设计图纸进行细致的参数化交底。各个施工阶段交底内容应有针对性地进行细化、量化，并形成表格，交底后应形成文字记录，交底人和接受交底人员应书面签字确认。

4. 安全技术交底记录

根据行业标准《建筑施工安全检查标准》JGJ 59—2011 的规定，各类脚手架、模板支撑架搭设前应进行交底，并有文字记录。由于碗扣式钢管脚手架搭设过程的工艺流程较多，任何一个环节不到位都可能留下安全隐患，因此有必要规范各施工环节的交底记录表格。实际施工中发现，脚手架施工安全技术交底的记录较为混乱，普遍存在内容简短、空洞、无针对性等问题，为便于施工应用，此处给出碗扣式钢管脚手架主要构配件进场质量控制、架体搭设、细部构造、安全管理等的通用验收记录表格（表 9.1.2-1～表 9.1.2-14）。

1）主要构配件进场质量控制交底记录

安全技术交底记录　　　　　　　　　　　表 9. 1. 2-1

编号：＿＿＿

工程名称	××工程		
施工单位	××公司		
交底项目	杆件及材质进场质量控制	工种	

交底内容：

1. 进入施工现场的脚手架主要构配件应有产品质量合格证、产品性能检验报告，并应对其表面观感质量、规格尺寸等进行抽样检验。

2. 钢管表面平直光滑，无裂缝、结疤、分层、错位、硬弯、毛刺、压痕和深的划痕及严重锈蚀等缺陷；构配件表面涂刷防锈漆或进行镀锌处理。对进场的钢管应逐根进行全数表观质量检查。

3. 进入施工现场的钢管最小壁厚不小于 3.0mm，否则应作退场处理。对壁厚的抽检数量不小于 3%。

4. 碗扣及水平杆和斜杆的接头的铸造件表面光滑平整，无砂眼、缩孔、裂纹、浇冒口残余等缺陷，表面粘砂清除干净；锻造上碗扣、水平杆或斜杆接头，以及采用冲压成型的下碗扣件无毛刺、裂纹、氧化皮等缺陷。

5. 构配件的各焊缝饱满，无未焊透、夹砂、咬肉、裂纹等缺陷。

6. 采用钢板冲压及焊接成型的上碗扣和水平杆接头不得使用。

7. 当下碗扣采用钢板冲压成型时，其板材厚度不得小于 4mm，严禁利用废旧锈蚀钢板改制。

8. 上碗扣能上下窜动、转动灵活，无卡滞现象。

9. 构配件表面应涂刷防锈漆或进行镀锌处理，涂层应均匀、牢靠，表面应光滑，在连接处不得有毛刺、滴瘤和多余结块。

10. 主要构配件应有生产厂标识。

11. 重复使用的钢管，其两端面切斜偏差、表面锈蚀深度、钢管弯曲变形应符合表1规定。

构配件允许偏差				表1
序号	项目		允许偏差 Δ（mm）	示意图
1	钢管两端面切斜偏差		1.70	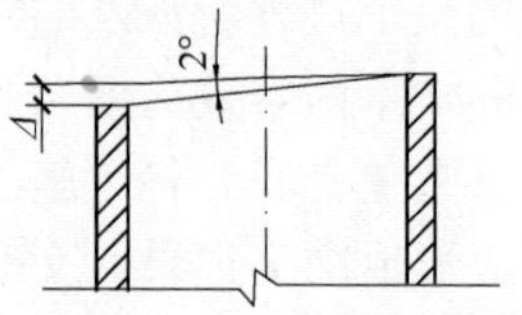
2	钢管外表面锈蚀深度		≤0.18	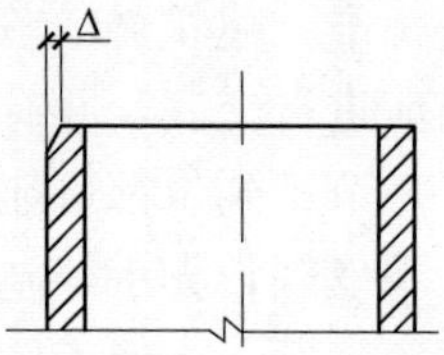
3	钢管弯曲	各种杆件钢管的端部弯曲 l≤1.5m	≤5	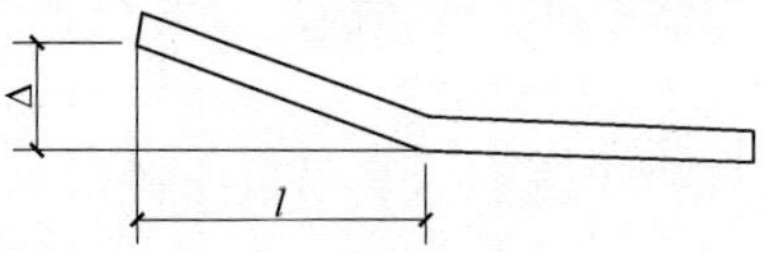
		立杆钢管弯曲	≤12	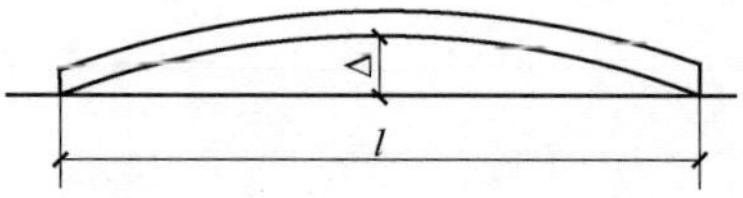
		水平杆、斜杆的钢管弯曲	≤30	

交底部门		交底人		接底人		交底日期	

注：项目部对操作人员进行安全技术交底时填写此表（一式三份：交底人、接底人、安全员各一份）。

安全技术交底记录

表9.1.2-2

编号：____

工程名称	××工程	
施工单位	××公司	
交底项目	脚手架附件及安全防护材料进场质量控制	工种

交底内容：

1. 可调托撑与底座应有产品质量合格证、质量检验报告，抗压承载力不应小于100kN。

2. 可调托撑及可调底座螺杆外径不得小于38mm。

3. 可调托撑和可调底座螺杆插入立杆的长度不得小于150mm，伸出立杆的长度不宜大于300mm，安装时其螺杆应与立杆钢管上下同心，且螺杆外径与立杆钢管内径的间隙不应大于3mm。

4. 螺杆与调节螺母啮合长度不得少于5扣，螺母厚度不小于30mm。

续表

5. 螺杆与顶托板或垫座板焊接要牢固，环焊焊脚尺寸不应小于钢板厚度；可调托撑 U 形顶托板厚度不得小于 5mm；可调底座垫座板厚度不得小于 6mm，顶托板和垫座板厚度允许尺寸偏差均不应超过±0.2mm，承力面钢板长度和宽度均不应小于 120mm×80mm；承力面钢板与螺杆应采用环焊，并应设置加劲片或加劲拱度，可调托撑 U 形顶托板应设置开口挡板，挡板高度不应小于 20mm。

6. 可调托撑弯曲变形 △ 不大于 1mm：

7. 严禁使用有裂缝的支托板、螺母。

8. 可调托撑与底座的表面应涂刷防锈漆或进行镀锌处理，涂层应均匀、牢靠。

9. 新冲压钢脚手板应有产品质量合格证；且不得有裂纹、开焊与硬弯；新、旧脚手板均应涂防锈漆；脚手板应有防滑措施。冲压钢脚手板尺寸偏差应满足：板面挠曲≤12mm（l≤4m）或≤16mm（l>4m）；板面扭曲≤5mm（任意一角翘起）。

10. 木脚手板不得有扭曲变形、劈裂、腐朽；木脚手板的宽度不宜小于 200mm，厚度不应小于 50mm，板厚允许偏差－2mm，两端宜各设置直径不小于 4mm 的镀锌钢丝箍两道。

11. 竹脚手板宜采用由毛竹或楠竹制件的竹串片板、竹笆板。竹串片脚手板宜采用螺栓将并列的竹片串联而成，螺栓直径宜为 3～10mm，螺栓间距宜为 500～600mm，螺栓离板端宜为 200～250mm，板宽 250mm，板长 2000mm、2500mm、3000mm。

12. 钢、木、竹脚手板的单块重量不宜超过 30kg。

13. 脚手板的对接、搭接应符合表 1 规定。

脚手板连接方式   表 1

项目		技术要求	示意图
脚手板外伸长度	对接	$a＝130～150mm$ $l≤300mm$	
	搭接	$a≥100mm$ $l≥200mm$	

14. 密目式阻燃安全网的标准规格为每 10cm×10cm 的面积上，应有 2000 个网目，应有检验证件，并经耐贯穿试验，将网与地面成 30°夹角，在中心上主 3m 处用 5kg 重钢管垂直自由落下不穿透为合格。除满足网目要求外，其锁扣间距应控制在 300mm 以内，安全网绳不得损坏和腐朽，平支安全网宜使用锦纶安全网。

交底部门		交底人		接底人		交底日期	

注：项目部对操作人员进行安全技术交底时填写此表（一式三份：交底人、接底人、安全员各一份）。

2）脚手架搭设及拆除交底记录

安全技术交底记录 表 9.1.2-3

编号：____

工程名称		××工程		
施工单位		××公司		
交底项目		地基与基础施工	工种	

交底内容：

1. 脚手架地基与基础的施工，应根据脚手架所受荷载、搭设高度、搭设场地土质情况、方案设计规定的地基承载力与现行国家标准《建筑地基基础工程施工质量验收规范》GB 50202 的有关规定进行。

2. 压实填土地基的填料要求如下：

1）级配良好的砂土或碎石土；2）性能稳定性的工业废料；3）以砾石、卵石或块石作调料时，分层夯实时其最大粒径不宜大于 400mm；分层压实时其最大粒径不宜大于 200mm；4）以粉质黏土、粉土作为填料时，其含水量宜为最优含水量；5）土料含水量一般以手握成团，落地开花为适宜。当含水量过大，应采取翻松、晾干、风干、换土回填、掺入干土或其他吸水性材料等措施；如土料过干，则应预先洒水湿润；6）在气候干燥时，须采取加速挖土、运土、平土和碾压过程，以减少土的水分散失；7）当填料为碎石类土（填充物为砂土）时，碾压前应充分洒水湿透，以提高压实效果。

3. 人工土方（素土）回填地基施工应符合下列规定：

1）回填土时从场地最低部分开始，由一端向另一端自下而上分层铺填；每层铺设厚度，用人工木夯夯实时，不大于 20cm；用打夯机械夯实时不大于 25cm。用蛙式打夯机等小型机具夯实时，打夯之前对填土应初步平整，打夯机依次夯打，均匀分布，不留间隙；

2）人工夯实前应将填土初步整平，打夯要按一定方向进行，一夯压半夯，夯夯相接，行行相连，两遍纵横交叉，分层分打；

3）铺填料前，应清除或处理场地内填土层底面以下的耕土和软弱土层；

4. 脚手架地基回填施工应尽可能避开雨期，宜安排在雨期之前，也可安排在雨期之后进行。

5. 灰土地基处理应符合下列要求：

1）灰土的体积比配合应满足一般规定，体积比为 3∶7 或 2∶8，灰土应搅拌均匀；

2）灰土施工时，应当控制其含水量，以手握成团，两指轻捏能碎为宜，如土料水分过多或不足时，可以晾干或洒水湿润。灰土应拌合均匀，颜色一致，拌好应及时铺设夯实。铺土厚度按表1规定执行。

灰土最大虚铺厚度 表 1

夯实机具种类	虚铺厚度（mm）	备　　注
石夯	200～250	人力送夯，落距 400～500mm，一夯压半夯，夯实后约 80～100mm 厚
轻型夯实机械	200～250	蛙式送夯、柴油打夯机，夯实后约 100～150mm 厚
压路机	200～250	双轮

6. 脚手架底座安装基本要求：1）脚手架底座一般情况要求底座置于面积不小于 0.15m² 垫木上，垫板采用长度不少于 2 跨、厚度不小于 50mm、宽度不小于 200mm 的木垫板；2）垫板、底座应准确地放在定位线上；3）垫板必须铺放平稳，不得悬空 4）立杆垫板或底座底面标高宜高于自然地坪 50mm～100mm；5）当脚手架搭设在结构楼面、挑台上时，立杆底座下宜铺设垫板或垫块，并对楼面或挑台等结构进行强度验算。

交底部门		交底人		接底人		交底日期	

注：项目部对操作人员进行安全技术交底时填写此表（一式三份：交底人、接底人、安全员各一份）。

安全技术交底记录

表 9.1.2-4

编号：＿＿＿

工程名称	××工程		
施工单位	××公司		
交底项目	架体搭设基本要求	工种	

交底内容：

1. 脚手架立杆纵向间距、横向间距、水平杆步距应严格按照架体方案设计的规定进行搭设。

2. 碗扣节点组装时，应通过限位销将上碗扣锁紧水平杆。

3. 脚手架的水平杆应按步距沿纵向和横向连续设置，不得缺失。在立杆的底部碗扣处应设置一道纵向水平杆、横向水平杆作为扫地杆，扫地杆距离地面高度不应超过400mm，水平杆和扫地杆应与相邻立杆通过上下碗扣连接牢固。

4. 当基础表面高差较小时，可采用可调底座调整（图1），但应注意控制低跨处扫地杆离地间距不应超过400mm，或采取支撑措施；当基础表面高差较大时，可利用立杆碗扣节点位差配合可调底座进行调整，且高处的立杆距离坡顶边缘不宜小于500mm（图2），但应注意将高处架体扫地杆与低处架体相应高度的水平杆拉通。

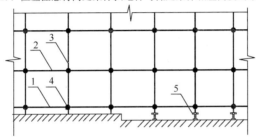

图1 基础顶面高差较小时扫地杆构造
1—扫地杆；2—水平杆；3—立杆；4—碗扣节点；5—可调底座

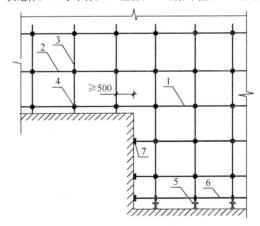

图2 基础顶面高差较大时扫地杆构造

1—拉通扫地杆；2—水平杆；3—立杆；4—架体碗扣节点；

5—可调底座；6—低处扫地杆；7—抵紧构造

5. 作业及防护脚手架立杆顶端栏杆宜高出作业层1.5m。

6. 立杆搭设前，应将底座和垫板准确地放在定位线上。

7. 土层地基上的立杆底部应设置底座和混凝土垫层，垫层混凝土标号不应低于C15，厚度不应小于150mm；当采用垫板代替混凝土垫层时，垫板宜采用厚度不小于50mm、宽度不小于200mm、长度不少于二跨的木垫板。

8. 立杆应纵成线，横成方，脚手架每搭完一步架体后，应校正水平杆步距、立杆间距、立杆垂直度和水平杆水平度。架体立杆在1.8m高度内的垂直度偏差不得大于5mm，架体全高的垂直度偏差应小于架体搭设高度的1/600，且不得大于35mm；相邻水平杆的高差不应大于5mm。

9. 开始搭设立杆时，应每隔6跨设置一根抛撑，直至连墙件安装稳定后，方可根据情况拆除。

10. 当搭设至有连墙件的构造点时，在搭设完该处的纵、横向水平杆后，应立即设置连墙件。

交底部门		交底人		接底人		交底日期	

注：项目部对操作人员进行安全技术交底时填写此表（一式三份：交底人、接底人、安全员各一份）。

安全技术交底记录

表 9.1.2-5

编号：____

工程名称	××工程		
施工单位	××公司		
交底项目	双排脚手架连墙件设置要求	工种	

交底内容：

1. 脚手架连墙件设置的位置、数量应按方案设计确定。

2. 连墙件的布置要求：1）连墙件应设置在靠近有横向水平杆的碗扣节点处，当采用钢管扣件做连墙件时，连墙件应与立杆连接，连接点距架体碗扣主节点距离不应大于 300mm；2）应从底部第一步纵向水平杆处设置，当该处设置有困难时，应采用其他可靠措施固定；3）宜优先采用菱形布置，也可采用方形、矩形布置；4）在架体的转角处、开口型脚手架的两端必须设置连墙件，连墙件的垂直间距不应大于建筑物的层高，并不应大于 4m（两步）；5）一层连墙件应设置在同一水平面，连墙点的水平投影间距不得超过三跨，竖向垂直间距不得超过三步，连墙点之上架体的悬臂高度不得超过二步；6）连墙件中的连墙杆宜呈水平设置，也可采用连墙端高于架体端的倾斜设置方式。

3. 连墙件布置最大间距见表 1。

连墙件布置最大间距

表 1

架体类型	高度（地面至架顶）	竖向间距（步距 h）	水平间距（纵距 l_a）	每根连墙件覆盖面积（m²）
双排落地	≤50m	$3h$	$3l_a$	≤40
双排悬挑	>50m	$2h$	$3l_a$	≤27

4. 对高度在 24m 以下的单、双排脚手架，宜采用刚性连墙件与建筑物可靠连接，亦可采用拉筋和顶撑配合使用的附墙连接方式。严禁使用仅有拉筋的柔性连墙件。

5. 对高度 24m 以上的双排脚手架，必须采用刚性连墙件与建筑物可靠连接。

6. 连墙件必须采用可承受拉力和压力的构造，连墙件或拉筋宜呈水平设置，当不能水平设置时，与脚手架连接的一端应下斜连接，不应采用上斜连接。

7. 当搭至有连墙件的构造点时，在搭设完该处的立杆、纵向水平杆、横向水平杆后，应立即设置连墙件。

8. 当脚手架下部暂不能设连墙件时应采取防倾撑措施。当搭设抛撑时，抛撑应采用通长杆件，并用旋转扣件固定在脚手架上，与地面的倾角应在 45°～60°之间；连接点中心至主节点的距离不应大于 300mm。抛撑应在连墙件搭设后再拆除。

9. 连墙件的安装应随脚手架搭设同步进行，不得滞后安装；单、双排脚手架一次搭设高度不宜超过相邻连墙件以上两步；当单、双排脚手架施工操作层高出相邻连墙件以上两步时，应采取确保脚手架稳定的临时拉结措施，直到上一层连墙件安装完毕后再根据情况拆除。

10. 单、双排脚手架拆除作业必须由上而下逐层进行，严禁上下同时作业；连墙件必须随脚手架逐层拆除，严禁先将连墙件整层或数层拆除后再拆脚手架；分段拆除高差大于两步时，应增设连墙件加固。

11. 当双排脚手架下部暂不能设置连墙件时，应采取可靠的防倾覆措施，但无连墙件的最大高度不得超过 6m。

12. 当脚手架拆至下部最后一根长立杆的高度时，应先在适当位置搭设临时抛撑加固后，再拆除连墙件。当单、双排脚手架采取分段、分立面拆除时，对不拆除的脚手架两端，必须设置连墙件，连墙件的垂直间距不应大于建筑物的层高，并且不应大于 4m。

13. 在脚手架使用期间，严禁拆除连墙件。

14. 架高超过 40m 且有风涡流作用时，应采取抗上升翻流作用的连墙措施。

交底部门		交底人		接底人		交底日期	

注：项目部对操作人员进行安全技术交底时填写此表（一式三份：交底人、接底人、安全员各一份）。

安全技术交底记录

表 9.1.2-6

编号：____

工程名称	××工程	
施工单位	××公司	
交底项目	作业层设置要求	工种

交底内容：

1. 当采用当采用冲压钢脚手板、木脚手板、竹串片脚手板时，脚手板铺设在横向水平杆上。该铺设条件下，每块纵铺脚手板应设置在至少3根横向水平杆或间水平杆上，相邻的2根主节点横向水平杆间还需增设间水平杆，间水平杆的设置位置取决于脚手板的实际长度，而且还需满足脚手板的探头长度（端部伸出水平杆的悬臂长度）不大于150mm（图1）。

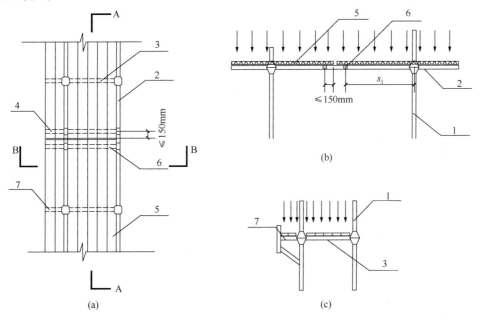

图 1 脚手板纵搭方案作业层构造图

（a）平面图；（b）A-A纵立面图；（c）B-B横断面图

1—立杆；2—纵向水平杆；3—横向水平杆；4—水平杆悬挑端；

5—脚手板；6—间水平杆；7—主节点挑梁

2. 当采用竹笆脚手板时，脚手板应铺设在多根平行的纵向水平杆上。该铺设条件下，附加的纵向水平杆应采用直角扣件固定在横向水平杆上，并应等间距设置，间距不应大于400mm（图2）。

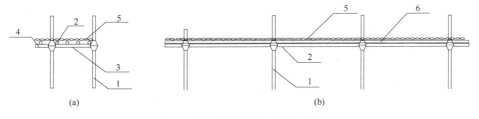

图 2 脚手板横搭方案作业层构造图

（a）双排脚手架横向水平杆计算简图；（b）双排脚手架纵向水平杆计算简图

1—立杆；2—纵向水平杆；3—横向水平杆；4—水平杆悬挑端；

5—竹笆脚手板；6—附加纵向水平杆

3. 脚手板应铺满、铺稳、铺实，离墙面的距离不应大于150mm（设置了挑梁扩展作业平台后）。

4. 作业层端部脚手板探头长度应不大于150mm，其板的两端均应用ϕ3.2mm的镀锌钢丝固定于支撑杆件上。

5. 在拐角、斜道平台口处的脚手板，应用镀锌钢丝固定在横向水平杆上，防止滑动。

6. 冲压钢脚手板、木脚手板、竹串片脚手板等，应设置在三根横向水平杆上。当脚手板长度小于2m时，在满足承载力条件下可采用两根横向水平杆支承，但应将脚手板两端与横向水平杆可靠固定，严防倾翻。

7. 脚手板的铺设应采用对接平铺或搭接铺设。脚手板对接平铺时，接头处应设两根横向水平杆，脚手板外伸长度应取130～150mm，两块脚手板外伸长度的和不应大于300mm（图1a）；脚手板搭接铺设时，接头应支在横向水平杆上或间水平杆，搭接长度不应小于200mm，其伸出横向水平杆的长度不应小于100mm（图1b）

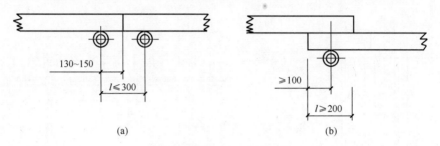

(a)　　　　　　　　　　　　　　　　(b)

图1　脚手板对接、搭接构造

（a）脚手板对接；（b）脚手板搭接

8. 不得使用扭曲变形、劈裂、腐朽的木脚手板。木脚手板的宽度不宜小于200mm，厚度不应小于50mm，板厚允许偏差－2mm，两端宜各设置直径不小于4mm的镀锌钢丝箍两道。脚手板对接、搭接应符合如下规定：

1）冲压新钢脚手板，必须有产品质量合格证。新、旧脚手板均匀涂防锈漆；应有防滑措施，板面应冲有防滑圆孔；

2）竹笆脚手板应按其主竹筋垂直于纵向水平杆方向铺设，且采用对接平铺，四个角应用直径1.2mm的镀锌钢丝固定在纵向水平杆上；

3）翻脚手板应两人操作，配合要协调，要按每档由里逐块向外翻，到最后一块时，站到临近的脚手板把外边一块翻上去。翻、铺脚手板时必须系好安全带。脚手板翻板后，下层必须留一层脚手板或兜一层水平安全网，作为防护层。

9. 工具式钢脚手板必须有挂钩，并应带有自锁装置与作业层横向水平杆锁紧，严禁浮放。

10. 立杆碗扣节点间距按0.6m模数设置时，外侧应在立杆0.6m及1.2m高的碗扣节点处搭设两道防护栏杆；立杆碗扣节点间距按0.5m模数设置时，外侧应在立杆0.5m及1.0m高的碗扣节点处搭设两道防护栏杆。并应在外立杆的内侧设置高度不低于180mm的挡脚板。

11. 作业层脚手板下应采用安全平网兜底，以下每隔10m应采用安全平网封闭。

12. 作业平台外侧应采用密目安全网进行封闭，网间连接应严密，密目安全网宜设置在脚手架外立杆的内侧，并应与架体绑扎牢固。密目安全网应为阻燃产品。

交底部门		交底人		接底人		交底日期	

注：项目部对操作人员进行安全技术交底时填写此表（一式三份：交底人、接底人、安全员各一份）。

安全技术交底记录 表 9.1.2-7

编号：____

工程名称	××工程		
施工单位	××公司		
交底项目	双排脚手架斜杆、剪刀撑设置	工种	

交底内容：

1. 双排脚手架设置专用斜杆时，其设置应符合下列规定（图1）：

1）竖向斜撑杆应采用专用外斜杆，并应设置在有纵向及横向水平杆的碗扣节点上；

2）在双排脚手架的转角处、开口型双排脚手架的端部应各设置一道竖向斜撑杆；

3）当架体搭设高度在24m以下时，应每隔不大于5跨设置一道竖向斜撑杆；当架体搭设高度在24m及以上时，应每隔不大于3跨设置一道竖向斜撑杆；相邻斜撑杆宜对称八字形设置；

4）每道竖向斜撑杆应在双排脚手架外侧相邻立杆间由底至顶按步连续设置；

5）当斜撑杆临时拆除时，拆除前应在相邻立杆间设置相同数量的斜撑杆。

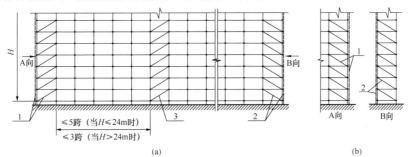

图1 双排脚手架斜撑杆设置示意

（a）正立面图；（b）侧立面图

1—拐角竖向斜撑杆；2—端部竖向斜撑杆；3—中间竖向斜撑杆

2. 当采用钢管扣件剪刀撑代替竖向斜撑杆时（图2），应符合下列规定：

1）当架体搭设高度在24m以下时，应在架体两端、转角及中间间隔不超过15m，各设置一道竖向剪刀撑（图2a）；当架体搭设高度在24m及以上时，应在架体外侧全立面连续设置竖向剪刀撑（图2b）；

2）每道竖向剪刀撑应由底至顶连续设置。

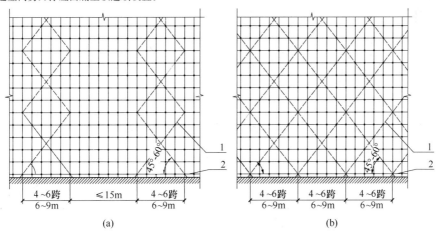

图2 双排脚手架剪刀撑设置

（a）不连续剪刀撑设置；（b）连续剪刀撑设置

1—竖向剪刀撑；2—扫地杆

3. 每道剪刀撑的宽度应为 4 跨～6 跨，且不应小于 6m，也不应大于 9m，同时每道剪刀撑跨越立杆根数应符合表 1 的规定。

剪刀撑跨越立杆的最多根数 表 1

剪刀撑斜杆与地面的倾角 α	45°	50°	60°
剪刀撑跨越立杆的最多根数 n	7	6	5

4. 钢管扣件剪刀撑杆件应符合下列规定：

1）竖向剪刀撑两个方向的交叉斜向钢管宜分别采用旋转扣件设置在立杆的两侧；

2）竖向剪刀撑斜向钢管与地面的倾角应在 45°～60° 之间；

3）剪刀撑杆件应每步与交叉处立杆或水平杆扣接；

4）剪刀撑杆件接长应采用搭接，搭接长度不应小于 1m，并应采用不少于 2 个旋转扣件扣紧，且杆端距端部扣件盖板边缘的距离不应小于 100mm；

5）扣件扭紧力矩应为 40～65kN·m。

5. 当双排脚手架高度在 24m 以上时，顶部 24m 以下所有的连墙件设置层应连续设置之字形水平斜撑杆，水平斜撑杆应设置在纵向水平杆之下（图 3）。

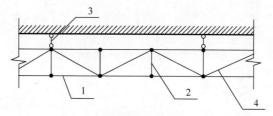

图 3 水平斜撑杆设置示意图

1—纵向水平杆；2—横向水平杆；3—连墙件；4—水平斜撑杆

6. 剪刀撑与双排脚手架横向斜撑应随立杆、纵向和横向水平杆等同步搭设，不得滞后安装。

7. 脚手架廊道斜杆的设置位置应符合方案设计的规定，不同类型的廊道斜杆设置方式见图 4。

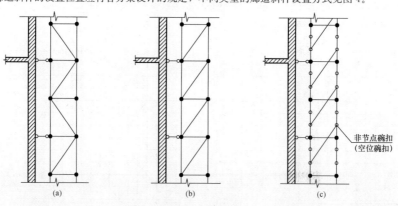

图 4 双排脚手架廊道斜杆设置

（a）钢管扣件斜撑杆；（b）节点斜杆；（c）非节点斜杆

交底部门		交底人		接底人		交底日期	

注：项目部对操作人员进行安全技术交底时填写此表（一式三份：交底人、接底人、安全员各一份）。

安全技术交底记录

表 9.1.2-8

编号：_____

工程名称	××工程	
施工单位	××公司	
交底项目	满堂支撑架斜杆、剪刀撑设置	工种

交底内容：

1. 安全等级为Ⅰ级的模板支撑架（高度超过8m，或施工总荷载标准值超过15kN/m²，或集中线荷载标准值超过20kN/m，或最大集中荷载标准值超过7kN）应在架体周边、内部纵向和横向每隔4～6m各设置一道竖向斜撑杆；安全等级为Ⅱ级的模板支撑架应在架体周边、内部纵向和横向每隔6～9m各设置一道竖向斜撑杆（图1a、图2a）。

2. 每道竖向斜撑杆可沿架体纵向和横向每隔不大于2跨在相邻立杆间由底至顶连续设置（图1b）；也可沿架体竖向每隔不大于2步距采用八字形对称设置（图2b），或采用等覆盖率的其他设置方式。

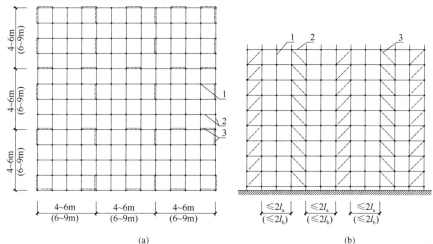

图1 竖向斜撑杆布置示意图（一）
（a）平面图；（b）立面图
1—立杆；2—水平杆；3—竖向斜撑杆

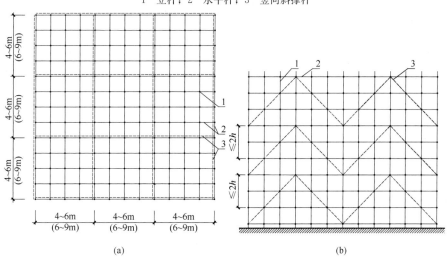

图2 竖向斜撑杆布置示意图（二）
（a）平面图；（b）立面图
1—立杆；2—水平杆；3—竖向斜撑杆

3. 当采用钢管扣件剪刀撑代替竖向斜撑杆时，应符合下列规定：

1）安全等级为 I 级的模板支撑架应在架体周边、内部纵向和横向每隔不大于 6m 设置一道竖向钢管扣件剪刀撑；

2）安全等级为 II 级的模板支撑架应在架体周边、内部纵向和横向每隔不大于 9m 设置一道竖向钢管扣件剪刀撑；

3）每道竖向剪刀撑应连续设置，剪刀撑的宽度宜为 6～9m。

4. 模板支撑架应设置水平斜撑杆（图 3），并应符合下列规定：

1）安全等级为 I 级的模板支撑架应在架体顶层水平杆设置层、竖向每隔不大于 8m 设置一层水平斜撑杆；每层水平斜撑杆应在架体水平面的周边、内部纵向和横向每隔不大于 8m 设置一道；

2）安全等级为 II 级的模板支撑架宜在架体顶层水平杆设置层设置一层水平剪刀撑；水平斜撑杆应在架体水平面的周边、内部纵向和横向每隔不大于 12m 设置一道；

3）水平斜撑杆应在相邻立杆间呈条带状连续设置。

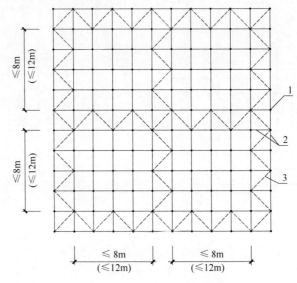

图 3　水平斜撑杆布置图

1—立杆；2—水平杆；3—水平斜撑杆

5. 当采用钢管扣件剪刀撑代替水平斜撑杆时，应符合下列规定：

1）安全等级为 I 级的模板支撑架应在架体顶层水平杆设置层、竖向每隔不大于 8m 设置一道水平剪刀撑；

2）安全等级为 II 级的模板支撑架宜在架体顶层水平杆设置层设置一道水平剪刀撑；

3）每道水平剪刀撑应连续设置，剪刀撑的宽度宜为 6～9m。

6. 钢管扣件剪刀撑杆件应符合下列规定：

1）竖向剪刀撑两个方向的交叉斜向钢管宜分别采用旋转扣件设置在立杆的两侧；

2）竖向剪刀撑斜向钢管与地面的倾角应在 45°～60°之间；

3）剪刀撑杆件应每步与交叉处立杆或水平杆扣接；

4）剪刀撑杆件接长应采用搭接，搭接长度不应小于 1m，并应采用不少于 2 个旋转扣件扣紧，且杆端距端部扣件盖板边缘的距离不应小于 100mm；

5）扣件扭紧力矩应为 40 ～65kN·m。

交底部门		交底人		接底人		交底日期	

注：项目部对操作人员进行安全技术交底时填写此表（一式三份：交底人、接底人、安全员各一份）。

安全技术交底记录

表 9.1.2-9

编号：____

工程名称	××工程	
施工单位	××公司	
交底项目	型钢悬挑脚手架搭设	工种	

交底内容：

1. 型钢悬挑扣件式钢管脚手架一次悬挑脚手架高度不宜超过 20m，上部双排脚手架的立杆横向间距不应大于 1200mm（图 1）。

2. 型钢悬挑梁宜采用双轴对称截面的型钢。悬挑钢梁型号及锚固件应按设计确定，钢梁截面高度不应小于 160mm。悬挑梁尾端应在两处及以上固定于钢筋混凝土梁板结构上（图 1）。

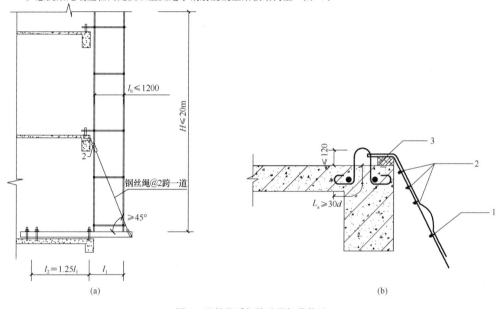

图 1　悬挑脚手架构造及卸荷装置

（a）带卸荷装置的悬挑脚手架整体构造；

（b）悬挑脚手架上部与结构拉结做法

1—钢丝绳受力观察卡；2—钢丝绳受力卡；3—垫块

3. 用于锚固型钢梁的 U 形钢筋拉环或螺栓应采用冷弯成型。U 形钢筋拉环、锚固螺栓与型钢间隙应用钢楔或硬木楔楔紧。

4. 每个型钢悬挑梁外端宜设置钢丝绳或钢拉杆与上一层建筑结构斜拉结。钢丝绳、钢拉杆不参与悬挑钢梁受力计算；钢丝绳与建筑结构拉结的吊环应使用 HPB300 级钢筋，其直径不宜小于 20mm，吊环预埋锚固长度不小于 50（钢筋直径）（图 1b）。

5. 当型钢悬挑梁与建筑结构采用螺栓钢压板连接固定时，钢压板尺寸不应小于 100mm×10mm（宽×厚）；采用螺栓角钢压板连接时，角钢的规格不应小于 63mm×63mm×6mm。

6. 型钢悬挑梁悬挑端应设置能使脚手架立杆与钢梁可靠固定的定位点，定位点离悬挑梁端部不应小于 100mm。

7. 悬挑钢梁悬挑长度应按方案设计确定，固定段长度不应小于悬挑段长度的 1.25 倍。型钢悬挑梁固定端采用 2 个（对）及以上 U 形预埋螺栓或"几"字形预埋锚环与建筑结构梁板固定，U 形螺栓或"几"字形锚环应预埋至混凝土梁、板底层钢筋位置，并应与混凝土梁、板底层钢筋焊接或绑扎牢固，其锚固长度不小于 50d（钢筋直径）（图 2、图 3）。

8. 预埋锚环圆钢的直径不应小于 16mm，宽度宜为 160mm，高度应经计算确定；预埋环的锚固端平直段应埋置于楼板底排钢筋以下。

9. 预埋 U 型螺栓的直径不应小于 18mm，宽度宜为 160mm，高度应经计算确定；U 形螺栓丝扣应采用机床加工，不得使用板牙套丝或挤压滚丝，长度宜不小于 120mm。

10. 预埋环、U 形螺栓与型钢间隙应用硬木楔楔紧。

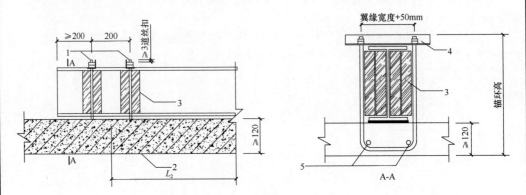

图 2　悬挑型钢末端预埋 U 形螺栓固定

1—直径≥18mm 锚固螺栓；2—主体结构楼板；3—硬木楔子侧向楔紧；
4—L63 角铁、长度≥260mm；5—2φ18 锚固加强钢筋、长度 1000mm

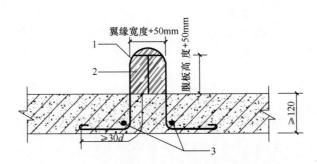

图 3　悬挑型钢末端"几"字形预埋锚环固定

1—直径≥16mm 预埋环；2—硬木楔子楔紧；3—2φ18 锚固加强钢筋、长度 1000mm

11. 锚固位置设置在楼板上时，楼板的厚度不宜小于 120mm。如果楼板的厚度小于 120mm 应采取加固措施。

12. 悬挑梁间距应按悬挑架架体立杆纵距设置，每一纵距设置一根。

13. 锚固型钢的主体结构混凝土强度等级不得低于 C20。

14. 悬挑钢梁支承点应设置在结构梁上，未经加固不得设置在外伸阳台或悬臂板上，该部位设置悬挑钢梁时，可采取在阳台板或悬臂板根部向结构 100～150mm 加钢垫，并借助于卸荷钢丝绳使阳台板或悬臂板不受力的措施；或采取在悬挑钢梁下设置下撑杆件的加强措施。

交底部门		交底人		接底人		交底日期	

注：项目部对操作人员进行安全技术交底时填写此表（一式三份：交底人、接底人、安全员各一份）。

安全技术交底记录

表 9.1.2-10

编号：＿＿＿

工程名称	××工程		
施工单位	××公司		
交底项目	脚手架拆除基本要求	工种	

交底内容：

1. 脚手架拆除应按专项方案中规定的顺序进行。

2. 当脚手架分段、分立面拆除时，应按照专项施工方案确定的分界处技术处理措施进行补强，分段后的架体应稳定。

3. 脚手架拆除前应全面检查脚手架的碗扣节点连接、连墙件、支撑体系等是否符合构造要求，确保架体处于稳固状态后方可实施拆除施工操作。

4. 拆除时应根据对脚手架架体的全面检查结果，按照经补充完善、并经审批后的脚手架专项方案中的拆除顺序和措施实施拆除作业。

5. 应清除脚手架上杂物及地面障碍物。

6. 双排脚手架拆除作业必须由上而下逐层进行，严禁上下同时作业；连墙件必须随脚手架逐层拆除，严禁先将连墙件整层或数层拆除后再拆脚手架；拆除作业过程中，当架体的自由端高度大于两步时，必须增设临时拉结件。

7. 当脚手架拆至下部最后一根长立杆的高度时，应先在适当位置搭设临时抛撑加固后，再拆除连墙件。当双排脚手架采取分段、分立面拆除时，对不拆除的脚手架两端，必须设置连墙件，连墙件的垂直间距不应大于建筑物的层高，并且不应大于4m，并设置端部廊道斜杆。

8. 双排脚手架的斜撑杆、剪刀撑等加固件应在架体拆除至该部位时，才能拆除。

9. 架体拆除作业应设专人指挥，当有多人同时操作时，应明确分工、统一行动，且应具有足够的操作面。

10. 卸料时各构配件严禁抛掷至地面。

11. 运至地面的构配件应及时检查、整修与保养，并应按品种、规格分别存放。

12. 拆除脚手架时，地面应设围栏和警戒标志，并应派专人看守，严禁操作人员入内。

13. 拆除时如附近有供电线路，要采取隔离措施，严禁架杆接触电线。

14. 拆除时不应碰坏门窗，玻璃，水落管，地下明沟等物。

15. 模板支撑结构拆除前，项目技术负责人、项目总监理工程师应核查混凝土同条件试块强度报告，达到拆模强度后方可拆除，并履行拆模审批签字手续。预应力混凝土构件的支撑架拆除应在预应力施工完成后进行。

16. 模板支撑架的拆除顺序、工艺应符合设计的要求，设计无明确规定时，应符合下列规定：

1）应先拆除后搭设的部分，后拆除先搭设的部分；

2）架体拆除必须自上而下逐层进行，严禁上下层同时拆除作业，分段拆除的高度不应大于两层；

3）梁下架体的拆除，宜从跨中开始，对称地向两端拆除；悬臂构件下架体的拆除，宜从悬臂端向固定端拆除。

17. 当只拆除部分支撑结构时，拆除前应对不拆除支撑结构进行加固，确保稳定。

18. 当多层支撑结构，当楼层结构不能满足承载要求时，严禁拆除下层支撑。

19. 对设有缆风绳的支撑结构，缆风绳应对称拆除。

20. 有六级及以上大风或雨、雪时，应停止作业。

21. 在暂停拆除施工时，应采取临时固定措施，已拆除和松开的构配件应妥善放置。

交底部门		交底人		接底人		交底日期	

注：项目部对操作人员进行安全技术交底时填写此表（一式三份：交底人、接底人、安全员各一份）。

3）脚手架安全管理交底记录

安全技术交底记录 表9.1.2-11

编号：____

工程名称	××工程	
施工单位	××公司	
交底项目	脚手架荷载控制	工种

交底内容：

1. 各类作业脚手架作业层上的施工荷载应符合设计要求，施工过程中不得超载，荷载限值见表1。

施工均布荷载标准值 表1

类　别	标准值（kN/m²）
防护脚手架	1.0
装修脚手架	2.0
混凝土、砌筑结构脚手架	3.0
轻型钢结构及空间网格结构脚手架	2.0
普通钢结构脚手架	3.0

2. 当在双排脚手架上同时有2个及以上操作层作业时，在同一个跨距内操作层的施工均布荷载标准值总和不得超过5.0kN/m²。

3. 满堂脚手架施工层不得超过1层。

4. 不得将模板支架、缆风绳、卸料平台、大型设备的附着件、泵送混凝土和砂浆的输送管等固定在作业脚手架上；严禁在作业脚手架上悬挂起重设备，严禁拆除或移动架体上安全防护设施。

5. 满堂支撑架顶部的实际荷载不得超过设计规定，荷载限值见表2。

满堂支撑架荷载与架体搭设参数关系表（Q235立杆） 表2

荷载与立杆间距关系				
混凝土厚	荷载标准值	步距（m）	立杆间距（m）	斜杆或剪刀撑设置
3~4m	20kN/单立杆	0.6	0.3×0.3	加强型
1.5~2m	—	0.6~1.2	（0.3~0.6）×（0.3~0.6）	加强型
0.8~1m	—	0.6~1.2	0.6×0.9	加强型
0.35~0.55m		1.2	0.6×0.9~0.9×0.9	加强型
0.1~0.15m	—	1.2~1.8	1.2×1.2	普通型，或高度不大于5m时不设置

注：1 按规范设置专用斜杆或剪刀撑，一般情况，高大重载支撑（含高大模板支撑），剪刀撑加强型设置：纵、横向竖向剪刀撑间距不大于5m，水平剪刀撑间距8m，非高大重载支撑，剪刀撑普通型设置：纵、横向竖向剪刀撑间距不大于8m，水平剪刀撑在顶层设置；

2 支架立杆上部的自由长度 a 不大于650mm；

3 高宽比不大于并应超过3，当高宽比超过3时，应设置连墙件。连墙件水平间距应不超过8m，竖向间距应不超过2步。也可在有空间部位，满堂支撑架宜超出顶部加载区投影范围向外延伸布置2~3跨；当无建筑结构进行可靠连接时，宜在架体上对称设置缆风绳或采取其他防倾覆的措施。当遇柱时，宜采用抱箍式连接措施；当架体两端均有墙体或边梁时，可设置水平杆与墙或梁顶紧；

4 架体搭设高度超过20m（不大于30m），立杆间距、步距应向下限调整；

5 同一档次对应的架体搭设参数值，荷载较大取下限值。

6. 钢结构满堂支撑架（或非模板支撑架），永久荷载与可变荷载（不含风荷载）标准值总和不大于4.2kN/m²时，施工均布荷载标准值取2~3kN/m²；永久荷载与可变荷载（不含风荷载）标准值总和大于4.2kN/m²时，作业层上的人员及设备荷载标准值取1.0kN/m²，大型设备、结构构件等可变荷载按实际计算，支撑架上实际荷载不得超过上述限值。

交底部门		交底人		接底人		交底日期	

注：项目部对操作人员进行安全技术交底时填写此表（一式三份：交底人、接底人、安全员各一份）。

安全技术交底记录

表 9.1.2-12

编号：____

工程名称	××工程		
施工单位	××公司		
交底项目	脚手架与架空线路安全距离以及脚手架接地、避雷措施	工种	

交底内容：

1. 脚手架的周边与架空线路的边线之间的最小安全操作距离应符合表 1 的规定。

脚手架的周边与架空线路的边线之间的最小安全操作距离　　表 1

外电线路电压等级（kV）	<1	1~10	35~110	220	330~500
最小安全操作距离（m）	4.0	6.0	8.0	10	15

注：上、下脚手架的斜道不宜设在有外电线路的一侧。

2. 当达不到表 1 规定时，必须采取绝缘隔离防护设施，并应悬挂醒目的警告标志。架设防护设施时，必须经有关部门批准，采用线路暂时停电或其他可靠的安全技术措施，并应有电气工程技术人员和专职安全人员监护。

3. 防护设施与外电线路之间的安全距离不应小于表 2 所列数值。

防护设施与外电线路之间的最小安全距离　　表 2

外电线路电压等级（kV）	≤10	35	110	220	330	500
最小安全操作距离（m）	1.7	2.0	2.5	4.0	5.0	6.0

4. 防护设施应坚固、稳定，且对外电路的隔离防护应达到 IP30 级。

5. 施工现场内的钢管脚手架，当在相邻建筑物、构筑物等设施的防雷装置接闪器（避雷针）的保护范围以外时，应按表 3 规定安装防雷装置。表 3 中地区年均雷暴日（d）应按《施工现场临时用电安全技术规范》JGJ 46 附录 A 执行的有关规定执行。

高钢管脚手架安装防雷装置的规定　　表 3

地区年平均雷暴日（d）	脚手架高度（m）
≤15	≥50
>15，<40	≥32
≥40，<90	≥20
≥90 及雨害特别严重地区	≥12

6. 施工现场内所有防雷装置的冲击接地电阻值不得大于 30Ω（或 10Ω）。

交底部门		交底人		接底人		交底日期	

注：项目部对操作人员进行安全技术交底时填写此表（一式三份：交底人、接底人、安全员各一份）。

安全技术交底记录

表 9.1.2-13

编号：＿＿＿

工程名称	××工程		
施工单位	××公司		
交底项目	外电线路防护架搭拆作业	工种	

交底内容：

1. 参加外电线路防护架搭设人员必须持证上岗。

2. 作业人员必须经过入场教育，考核合格，并熟悉工作环境。

3. 作业人员必须经过体格检查，凡患有心脏病，高血压，精神病，贫血，年老体衰，视力不好，癫痫病等不适合高处作业的人员禁止安排此项工作。

4. 作业人员的衣着要灵便，作业时穿软底防滑鞋，不得赤脚，穿拖鞋、硬底鞋和带钉易滑的鞋。戴好安全帽，系好下颚带，高处作业时必须系安全带，高挂低用。

5. 操作时，要严格遵守各项安全操作规程和劳动纪律，严禁在作业过程中追逐、打闹。严禁酒后操作。

6. 防护架工操作应按防护架搭、拆施工方案执行，保证架体稳定。

7. 作业点必须设警戒区，由专人看守，严禁非作业人员进入施工区域，并设标志牌。

8. 施工过程中发现安全设施有缺陷或隐患，务必及时处理并对危及人身安全的隐患立即停止作业。

9. 所有安全防护设施和安全标志，严禁任何人擅自移动和拆除。如因施工需要而暂时移位的须报经施工负责人审批后才能拆除，并在工作完毕后立即复原。

10. 在搭、拆过程中要思想集中，要统一指挥，上下呼应，互相关照。

11. 架体施工用的主要材料必须是符合安全要求，合格的绝缘不导电体材料，绑扎用的铁丝长度必须在保证捆绑过程中与线路边线的安全距离，并由专人备好后再送到操作人手中。所有材料、工具严禁抛投，必须用专用工具袋装好，用绳系好后上下传递。

12. 搬运材料时，人员应前后呼应，统一指挥，步调一致，同起同落，严防砸伤。从大堆上抬材料时，注意材料从上面滚下砸伤，搬运过程中，转变时注意过往行人及车辆。

13. 五级以上风、大雾、雨雪天气时，禁止进行搭、拆作业，风雨雪后须先检查架子的稳定性，并保证材料干燥后，再进行施工搭设。

14. 架体施工过程中，如遇休息，下班，必须将已搭设好的架子加固好，保证不倾覆，坍塌，并清理现场及架上杂物，设警戒区、标志牌，派专人看守后再下班休息。

15. 架体施工过程中必须保证杆件不能倾倒，架子上严禁存放任何物件。

16. 搭设防护设施时，必须经电业部门批准，采用线路暂时停电，或其他可靠的安全技术措施。必须有电气工程技术人员和施工队安全员坚守现场实施全方位监控。

17. 架子搭好后，应在架子及压栏明显部位设标志牌。

18. 搭设完毕后应履行验收手续。

19. 拆除外线防护时的拆除顺序与安装顺序相反，应由上至下进行，一步一清、严禁一次放倒，严禁立体交叉作业。拆下的材料要从上往下传递，拆除的部件禁止抛掷，拆除金属材料时应注意与外线路的安全距离，并注意金属材料因应力引起的崩窜，使金属材料接触外电线路而引起的触电事故。

交底部门		交底人		接底人		交底日期	

注：项目部对操作人员进行安全技术交底时填写此表（一式三份：交底人、接底人、安全员各一份）。

安全技术交底记录

表 9.1.2-14

编号：____

工程名称	××工程		
施工单位	××公司		
交底项目	脚手架安全管理	工种	

交底内容：

1. 碗扣式钢管脚手架搭拆人员必须是经考核合格的专业架子工。架子工应持证上岗。工人入场前必须进行三级教育，考试合格后方可上岗。

2. 在脚手架上作业人员必须戴安全帽、系好下颚带，锁好带扣；正确佩戴使用安全带、穿防滑鞋。着装灵便。

3. 登高（2m以上）作业时必须系合格的安全带，系挂牢固，高挂低用。

4. 脚手板必须铺严、实、平稳；作业层端部脚手板探头长度应取150mm，其板的两端均应用直径3.2mm的镀锌钢丝固定于支承杆件上。

5. 严禁在架子上作业时嬉戏、打闹、躺卧，严禁攀爬脚手架。

6. 严禁酒后上岗，严禁高血压、心脏病、癫痫病等不适宜登高作业人员上岗作业。

7. 搭拆脚手架时，要有专人协调指挥，地面应设警戒区，要有旁站人员看守，严禁非操作人员入内。

8. 架子在使用期间，严禁拆除与架子有关的任何杆件，必须拆除时，应经项目部经理与技术负责人批准。

9. 搭、拆架子时必须设置物料提上、吊下设施，严禁抛掷。

10. 脚手架作业面外立面设挡脚板加两道护身栏杆，挂满密目网。

11. 架子搭设完后，要经有关人员验收，填写验收合格单后方可投入使用。

12. 满堂支撑架在使用过程中，应设有专人监护施工，当出现异常情况时，应立即停止施工，并应迅速撤离作业面上人员。应在采取确保安全的措施后，查明原因、做出判断和处理。

13. 当有六级强风及以上风、浓雾、雨或雪天气时应停止脚手架搭设与拆除作业。雨、雪后上架作业应有防滑措施，并应扫除积雪。

14. 夜间不宜进行脚手架搭设与拆除作业。

15. 脚手板应铺设牢靠、严实，并应用安全网双层兜底。施工层以下每隔10m应用安全网封闭。

16. 双排脚手架、悬挑式脚手架沿架体外围应用密目式安全网全封闭，密目式安全网宜设置在脚手架外立杆的内侧，并应与架体绑扎牢固。

17. 在脚手架使用期间，严禁拆除下列杆件：①主节点处的纵、横向水平杆，纵、横向扫地杆；②连墙件。

18. 在脚手架基础下有设备基础、管沟时，在脚手架使用过程中开挖，必须采取加固措施。

19. 脚手架立杆的基础（地）应平整夯实，具有足够的承载力和稳定性。设于坑边或台上时，立杆距坑、台的上边缘不得小于1m。

20. 满堂脚手架与满堂支撑架在安装过程中，应采取防倾覆的临时固定措施。

21. 在脚手架上进行电、气焊作业时，应有防火措施和专人看守。作业时要铺铁皮接着火星、移去易燃物，以防火星点着易燃物。按防火措施方案执行。一旦着火时，及时予以扑灭。

22. 搭拆脚手架时，地面应设围栏和警戒标志，并应派专人看守，严禁操作人员入内。

23. 钢管脚手架的高度超过周围建筑物或在雷暴较多的地区施工时，应安设防雷装置。其接地电阻应不大于4Ω。

24. 脚手架搭设作业时，应按形成基本构架单元的要求逐排、逐跨和逐步地进行搭设，矩形周边脚手架宜从其中的一个角部开始向两个方向延伸搭设。确保已搭部分稳定。

25. 搭设作业，应按以下要求做好自我保护和保护好作业现场人员的安全。

1）在架上作业人员应穿防滑鞋和佩挂安全带。保证作业的安全，脚下应铺设必要数量的脚手板，并应铺设平稳，且不得有探头板。当暂时无法铺设落脚板时，用于落脚或抓握、把（夹）持的杆件均应为稳定的构架部分，着力点与构架节点的水平距离应不大于0.8m，垂直距离应不大于1.5m。位于立杆接头之上的自由立杆（尚未与水平立杆连接者）不得用作把持杆。

2）架上作业人员应做好分工和配合，传递杆件应掌握好重心，平稳传递。不要用力过猛，以免引起人身或杆件失衡。对每完成的一道工序，要相互询问并确认后才能进行下一道工序。

3）作业人员应佩戴工具袋，工具用完后装于袋中，不要放在架子上，以免掉落伤人。

4）架设材料要随上随用，以免放置不当时掉落。

5）每次收工以前，所有上架材料应全部搭设上，不要存留在架子上，而且一定要形成稳定的构架，不能形成稳定的构架的部分应采取临时撑拉措施予以加固。

6）在搭设作业进行中，地面上的配合人员应避开可能落物的区域。

26. 架上作业时的安全注意事项：

1）作业前应检查作业环境是否可靠，安全防护设施是否齐全有效，确认无误后方可作业。

2）作业时应注意随时清理落在架面上的材料，保持架面上规整清洁，不要乱放材料、工具以免影响作业的安全和发生掉物伤人。

3）在进行撬、拉、推等操作时，要注意采取正确的姿势，站稳脚跟，或一手把持在稳定的架构或支撑物上，以免用力过猛身体失去平衡或把东西甩出。在脚手架上拆除模板时，应采取必要的支托措施，以防拆下的模板材料掉落架外。

4）当架面高度不够、需要垫高时，一定要采取稳定可靠的垫高办法，且垫高不要超过 50cm，超过 50cm 时，应按搭设规定升高铺板层。在升高作业面时，应相应加高防护措施。

5）在架面上运送材料经过正在作业中的人员时，要及时发出"请注意""请让一让"的信号。材料要轻搁轻放，不许采用倾倒、猛磕或其他匆忙卸料方式。

6）严禁在架面上打闹戏耍、退着行走和跨坐在外防护横杆上休息。不要在架面上抢行、跑跳，相互避让时应注意身体不要失衡。

7）运进杆配件应尽量利用垂直运输设施或悬挂滑轮提升，并绑扎牢固。尽量避免或减少用人工层层传递。

8）除搭设过程中必要的 1-2 步架的上下外，作业人员不得攀缘脚手架上下，应走房屋楼梯或另设安全人梯。

9）在搭设脚手架时，不得使用不合格的架设材料。

10）作业人员要服从统一指挥，不得自行其是

27. 架上作业应按规范或设计规定的荷载使用，严禁超载。并应遵守如下要求：

1）作业面上的荷载，包括脚手板、人员、工具和材料，当施工组织设计无规定时，应按规范的规定值控制，即结构脚手架不超过 $3kN/m^2$；装修脚手架不超过 $2kN/m^2$；维护脚手架不超过 $1kN/m^2$。

2）脚手架的铺脚手板层和同时作业层的数量不得超过规定。

3）垂直运输设施（如物料提升架等）与脚手架之间的转运平台的铺板层数和荷载控制应按施工方案规定执行，不得任意增加铺板层的数量和在转运平台上超载堆放材料。

4）架面荷载宜均匀分布，避免荷载集中于一侧。

5）过梁等墙体构件要随运随装，不得存放在脚手架上。

6）较重的施工设备（如电焊机等）不得放置在脚手架上，严禁将模板支撑、缆风绳泵送混凝土及砂浆的输送管等固定在脚手架上及任意悬挂起重设备。

28. 架上作业时，不要随意拆除基本结构杆件和连墙件，因作业的需要必须拆除某些杆件自连墙点时，必须取得施工主管和技术人员的同意，并采取可靠地加固措施后方可拆除。

29. 架上作业时，不要随意拆除安全防护设施，未有设置或设置不符合要求时，必须补设或改善后，才能上架进行作业。

30. 脚手架拆除作业前，应制订详细的拆除施工方案和安全技术措施。并对参加作业全体人员进行技术安全交底，在统一指挥下，按照确定的方案进行拆除作业，注意事项如下：

1）一定要按照先上后下、先外后里、先架面材料后构架材料、先铺件后结构件和先结构件后附墙件的顺序，一件一件地松开联结，取出后随即吊下（或集中到毗邻的未拆的架面上，扎捆后吊下）。

2）拆卸脚手板，杆件、门架及其他较长、较重、有两端联结的部件时，必须要两人或多人一组进行。禁止单人进行拆卸作业，防止把持杆件不稳、失衡而发生事故。拆除水平杆件时，松开联结后，水平托持取下。拆除立杆时，在把稳上端后，再松开下端联结取下。

3）多人或多组进行拆卸作业时，应加强指挥，并相互询问和协调作业步骤，严禁不按程序进行的任意拆卸。

4）因拆除上部或一侧的附墙拉结而使架子不稳时，应加设临时撑拉措施，以防因架子晃动影响作业安全。

5）拆除现场应有可靠的安全围护，并设专人看管，严禁非作业人员进入拆卸作业区内。

6）严禁将拆卸下的杆部件和材料向地面抛掷。已吊至地面的架设材料应随时运出拆卸区域，保持现场文明。

31. 架上作业时，不要随意拆除安全防护设施，未有设置或设置不符合要求时，必须补设或改善后，才能上架进行作业。

32. 搭设和拆除作业中应采取下列安全防护措施：

1）作业现场应设安全围护和警示标志，禁止无关人员进入危险区域。

2）对尚未形成或已失支稳结构的脚手架部位加设临时支撑或拉结。

3）设置材料提上或吊下的设施，禁止投掷。

33. 脚手架作业层应采取下列安全防护：

1）脚手架的作业面的脚手板必须满铺，不得留有空隙和探头板。脚手板与墙面之间的距离一般不应大于150mm，超过150mm时应设置挑梁作业层或其他覆盖措施。脚手板应与脚手架可靠拴结。

2）作业面的外侧立面的防护措施如下：

（1）挡脚板加二道防护栏杆。

（2）二道防护水平杆满挂安全立网。

34. 临街防护：

1）防护棚的顶棚使用竹笆或胶合板搭设时，应采用双层搭设，间距不应小于700mm；当使用木板时，可采用单层搭设，木板厚度不应小于50 mm，或可采用与木板等强度的其他材料搭设。防护棚的长度应根据建筑物高度与可能坠落半径确定。

2）当建筑物高度大于24m、并采用木板搭设时，应搭设双层防护棚，两层防护棚的间距不应小于700mm。

3）临街人员进出的通道口应搭设双层防护棚，篷顶临街一侧应设高于篷顶不小于1m的围护，密目网封闭，以免落物又反弹到街上。

4）采用安全立网将脚手架的临街面完全封闭。

35. 施工人员进出的通道口应搭设双层防护棚。

36. 脚手架使用中，应定期检查下列要求内容：

1）基础应无积水，基础周边应排水有序，底座和可调托撑应无松动，立杆应无悬空；

2）碗扣节点应无松动；

3）基础应无明显沉降，架体应无明显变形；

4）立杆、水平杆、斜撑杆、剪刀撑和连墙件应无缺失、松动；

5）架体应无超载使用情况；

6）模板支撑架监测点应完好；

7）安全防护设施应齐全有效，无损坏缺失。

交底部门		交底人		接底人		交底日期	

注：项目部对操作人员进行安全技术交底时填写此表（一式三份：交底人、接底人、安全员各一份）。

9.2　脚手架构配件进场

1. 所使用的碗扣式钢管脚手架的构配件进入施工现场时，应按照行业标准《建筑施工碗扣式钢管脚手架安全技术规范》JGJ166—2016 规定的质量要求、抽检数量和检查方法对脚手架杆件、接头、套管以及可调托撑和底座等配件进行质量检查，并对所采用的扣件按规定进行复试，不合格产品不得使用。

2. 对检验合格的构配件应按品种、规格分类码放，并应标识数量和规格。构配件堆放场地排水应畅通，不得有积水。为了便于材料的管理和物流的运作，并减少构配件丢失，提升施工现场的整洁度，实现构配件的分类堆放，可使用专用的四脚支架来分类堆放产品构件，其设计荷载为 18kN（1800kg/每个货架），专用存放货架的构造如图 9.2-1 所示，脚手架构配件的现场存放如图 9.2-2 所示。

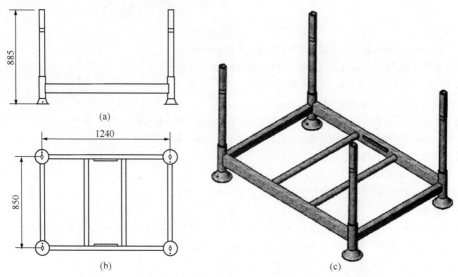

图 9.2-1　脚手架构件专用存放货架

图 9.2-2　脚手架构配件现场存放

3. 当采取预埋方式设置脚手架连墙件时，应按设计要求预埋。外墙外保温施工阶段，焊接固定连墙件的钢板，如果由膨胀螺栓固定，膨胀螺栓深入结构的深度，应由拉拔试验确定。在混凝土浇筑前，采取预埋方式设置的连墙件应进行隐蔽检查。

9.3 地 基 处 理

脚手架地基与基础的施工，应根据脚手架所受荷载、搭设高度、搭设场地土质情况，对地基基础进行设计，根据设计结果对搭设场地的地基进行平整、夯实等处理，确保立杆有稳固可靠的地基。

脚手架基础施工应符合专项施工方案要求，应根据地基承载力要求按现行国家标准《建筑地基基础工程施工质量验收规范》GB 50202 的规定进行验收。

当地基土不均匀或原位土承载力不满足要求或基础为软弱地基时，应进行处理。压实土地基应符合现行国家标准《建筑地基基础设计规范》GB 50007 的规定；灰土地基应符合现行国家标准《建筑地基基础工程施工质量验收规范》GB 50202 的规定。

地基处理的基本原则如下：

1. 地基处理前，应对处理范围测量放样，标示出处理范围边界，处理范围应比支架平面投影周边宽 1.0m 以上。

2. 支架范围内地面附着物和腐殖土、淤泥、冻融循环深度内的冻土等软弱土质应全部清除，清理后的坑槽应及时填筑，避免雨水浸泡。

3. 填筑土体顶面不应低于地下水位，地基表层清除后的表层应填筑到原地面以上。填筑应分层进行、逐层压实，填筑材料及其压实度应满足地基承载力要求。

4. 处理完成后的地基应进行地基承载力检测，合格后方可施工垫层。

5. 垫层施工应控制其顶面标高和平整度。

6. 基础周边应设置排水沟，将地表水引排至基础 5m 以外。排水沟及基础至排水沟之间宜采用砂浆抹面封闭。

7. 地基处理和基础施工完成后，应进行检查验收，合格后方可进行脚手架搭设。

8. 支架的地基可能会在冬期形成冻土，冬期过后地基冻土发生融化，会导致支架地基基础承载力不满足要求，严重影响支架承载安全。因此，寒冷地区应对冬期停工时已完成的支架及地基基础采取保护措施；恢复施工时应对支架及地基基础进行全面检查，符合要求后方可进行后续施工。

9.3.1 地基类型

施工现场脚手架地基分为回填土地基与天然地基，常见类型如下：

1. 回填土地基

1) 立杆底座或垫板置于场地表面，地基大部分为回填土。

2) 基槽基础外围脚手架地基，一般情况为天然地基土（原状土），但由于基础施工时有可能扰动或存在部分回填土。

3) 地表面土（回填土）表面一般浇筑厚度不小于 100mm 厚的混凝土垫层。

4) 基础施工完成后，建筑结构周围基槽回填 3:7 灰土、2:8 灰土及黏土等。

5）灰土地基、砂和砂石基础、土工合成材料地基、粉煤灰地基、强夯地基、注浆地基、预压地基等。

2. 天然地基

1）天然地基（原状土）浇筑 100mm 厚混凝土垫层，或天然地基土上永久性建筑结构混凝土基础。

2）天然地基为岩石（山坡等）。

3）各类天然地基土。

9.3.2　填土地基施工

1. 压实填土地基

压实填土包括分层压实和分层夯实填土。当利用压实填土作为脚手架的地基持力层时，在平整场地前，应根据脚手架（含支撑架）结构类型、填料性能和现场条件等，对拟压实的填土提出质量要求。压实填土应采用下列填料：

1）级配良好的砂土和碎石土。

2）性能稳定的工业废料。

3）以砾石、卵石或块石作填料时，分层夯实时其最大粒径不宜大于 400mm；分层压实时其最大粒径不宜大于 200mm。

4）以粉质黏土、粉土作填料时，其含水量宜为最优含水量。

5）挖高填低或开山填沟的土料和石料，应符合设计要求。

6）不得使用淤泥、耕土、冻土、膨胀性土以及有机质含量大于 5% 的土。

7）含水量要求：

（1）在夯实（碾压）前应预先实施试验，以得到符合密实度要求条件下的最优含水量和最少夯实（或碾压）遍数。填土土料含水量的大小，直接影响夯实（碾压）质量。含水量过小，夯实（碾压）不实；含水量过大，则易成橡皮土。

（2）当填土为黏性土或排水不良的砂土时，其最优含水量与相应的最大干密度，应用击实试验测定。

（3）土料含水量一般以手握成团，落地开花为适宜。当含水量过大，应采取翻松，晾干、风干、换土回填、掺入干土或其他吸水性材料等措施；如土料过干，则应预先洒水湿润，每 1m³ 铺好的土层需要补充水量按下式计算：

$$V = \rho_w(1+W)/(W_{0p}-W) \tag{9.3.2}$$

式中：V——单位体积内需要补充的水量（L）；

W——土的天然含水量（%）（以小数计）；

W_{0p}——土的最优含水量（%）（以小数计）；

ρ_w——填土碾压前的密度（kg/m³）。

（4）在气候干燥时，必须采取加速挖土、运土、平土和碾压过程，以减少土的水分散失。

（5）当填土为碎石类土（填充物为砂土）时，碾压前应充分洒水湿透，以提高压实效果。

2. 人工土方（素土）回填地基

素填土是指天然结构被破坏后又重新堆填在一起的土，其成分主要为黏性土、砂或碎石，夹有少量的碎砖、瓦片等杂物，有机含量不超过 10%，按土的类别又可分为：碎石素填土、黏性素填土、砂性素填土，按堆积年限又分为新素填土和老素填土两类，老素填土由于堆积时间较长，土质密集，孔隙比较小，特别是颗粒较粗的老填土仍可以作为较好的地基土。人工土方回填地基的施工方法如下：

1）回填土时从场地最低的部分开始，由一端向另一端自下而上分层铺填：每层虚铺厚度，用人工木夯夯实时，不大于 200mm；用打夯机械夯实时不大于 250mm。用蛙式打夯机等小型机具夯实时，打夯之前对填土应初步平整，打夯机依次夯打均匀分布，不留空隙。

人工夯实前应将填土初步整平，打夯要按一定方向进行，一夯压半夯，夯夯相接，行行相连，两遍纵横交叉，分层夯实。夯实基槽及地坪时，行夯路径应由四边开始，然后再夯向中间。

2）基坑（槽）回填应在相对两侧或四周同时进行回填与夯实。深浅坑（槽）相连时，应先填深坑（槽），填平后与浅坑全面分层填夯。如果采取分段填筑，铰接处应填成阶梯形。回填管沟时，应用人工先在管道周围填土夯实，并应从管道两侧同时进行，直至管顶 0.5m 以上。在不损坏管道情况下，方可采用机械填土回填和夯实。

3）人工夯填土，用 60～80kg 的木夯或铁、石夯，由 4～8 人拉绳，二人扶夯，举高不小于 0.5m，一夯压半夯，按次序进行。

4）较大面积人工回填用打夯机夯实。两机平行时其间距不小于 3m，在同一夯打路线上，前后间距不得小于 10m。

5）铺填料前，应清除或处理场地内填土层底面以下的耕土和软弱土层。

3. 机械填土地基

1）推土机填土

（1）填土应由下而上分层铺填，每层虚铺厚度不宜大于 300mm。大坡度堆填土，不得居高临下、不分层次一次堆填。

（2）推土机运土回填，可采取分堆集中，一次运送方法，分段间距约为 10～15m，以减少运土漏失量。

（3）土方堆至填方部位时，应提起一次铲刀，成堆卸土，并向前行驶 0.5～1.0m，利用推土机向后时将土刮平。

（4）用推土机来回行驶进行碾压，履带应重叠一半。

（5）填土程序宜采用纵向铺填顺序，从挖土区段至填土区段，以 400～600mm 距离为宜。

2）铲运机填土

（1）铲运机填土，铺填土区段，长度不宜小于 20m，宽度不宜小于 8m。

（2）填土应分层进行，每次铺土厚度不应大于 300～500mm（视所有压实机械的要求而定）。每层铺土后，利用空车返回时将地面刮平。

（3）填土顺序尽量采取横向或纵向分层卸土，以利行驶时初步压实。

3）自卸汽车填土

（1）自卸汽车为成堆卸土，须配以推土机推送、摊平。

（2）每层的铺土厚度不大于 300～500mm（随选用的压实机具而定）。

（3）填土可利用汽车行驶作部分压实工作，行车路线须均匀分布于填土层上。

（4）汽车不能在虚土上行驶，卸土推平和压实工作须采取分段交叉进行。

4. 机械压实地基

1）填土在碾压机械碾压之前，宜先用轻型填土机、拖拉机推平，低速行驶预压 4～5 遍，使其表面平实，采用振动平碾压实爆破石渣或碎石类土，应先用静压而后振压。

2）碾压机械压实填土时应控制行驶速度：一般平碾、振动碾不超过 2km/h；羊足碾压不超过 3km/h，并要控制压实遍数。

3）用压路机进行填土碾压，应采用"薄填、慢驶、多次"的方法，填土厚度不宜超过 250～300mm；碾压方向应从两边逐渐压向中间，碾轮每次重叠宽度约 150～250mm，边角、坡度压实不到之处，应辅以人力夯或小型夯实机械夯实。压实密实度除另有规定外，应压至轮子下沉量不超过 10～20mm 为宜，每碾压一层完后，应用人工或机械（推土机）将表面拉毛，以利接合。

4）用羊足碾碾压时，填土宽度不宜大于 500mm，碾压方向应从填土区的两侧逐渐压向中心。每次碾压应有 150～200mm 重叠，同时随时清除粘着于羊足之间的土料。为提高上部土层密实度，羊足碾压过后，宜再辅以拖式平碾或压路机压平。

5）用铲运机及运土工具进行压实，铲运机及运土工具的移动须均匀分布于填筑层的表面，逐次卸土碾压。

9.3.3　灰土地基施工

1. 灰土土料、石灰或水泥（当水泥替代灰土中的石灰时）等材料及配合比应符合设计要求，灰土应搅拌均匀。

2. 施工过程中应检查分层铺设的厚度、分段施工时上下两层的搭接长度、夯实时加水量、夯压遍数、压实系数。

3. 施工结束后，应检验灰土地基的承载力。

4. 灰土地基的质量检验标准应符合表 9.3.3-1 的规定。

灰土地基质量检验标准　　　　　　　　　　　　　　　　表 9.3.3-1

项目	序号	检查项目	允许偏差或允许值		检查方法
			单位	数值	
主控项目	1	地基承载力	设计要求		按规定方法
	2	配合比	设计要求		按拌合时的体积比
	3	压实系数	设计要求		现场实测
一般项目	1	石灰粒径	mm	≤5	筛分法
	2	土料有机质含量	%	≤5	实验室焙烧法
	3	土颗粒粒径	mm	≤15	筛分法
	4	含水量（与要求的最有含水量比较）	%	±2	焙烧法
	5	分层厚度偏差（与设计值要求比较）	mm	±50	水准仪

5. 脚手架灰土地基注意要点

1）材料要求

（1）土料：采用就地挖出的黏性土及塑性指数不大于 4 的粉土，土内不得含有松软杂质或使用耕植土；土料须过筛，其粒径不大于 15mm。

（2）石灰：应用Ⅲ级以上新鲜的块灰，含氧化钙、氧化镁宜高，使用前 1～2d 消解并过筛，其粒径不应大于 5mm，且不应夹有未熟化的生石灰块粒及其他杂质，也不得含有过多的水分。

2）施工要点

（1）铺设前应先检查基槽，待符合要求后方可施工。

（2）灰土的体积比配合应满足一般规定，一般体积比宜为 3∶7 或 2∶8。

（3）灰土施工时，应适当控制其含水量，以手握成团，两指轻捏能碎为宜，如土料水分过多或不足时，可以晾干或洒水湿润。灰土应拌合均匀，颜色一致，拌好应及时铺设夯实。铺土厚度可按表 9.3.3-2 规定采用。厚度用样桩控制，每层灰土夯打遍数，应根据设计的干土质量密度在现场试验确定。

灰土最大虚铺厚度
表 9.3.3-2

序号	夯实机械种类	质量（t）	虚铺厚度（mm）	备注
1	石夯	0.04～0.08	200～250	人力送夯，落距 400～500mm，一夯压半夯，夯实后约 80～10mm 厚
2	轻型夯实机械	0.12～0.4	200～250	蛙式夯机、柴油打夯机，夯实后约 100～150mm 厚
3	压路机	6～10	200～250	双轮

（4）在地下水位以下的基槽、基坑内施工时，应先采用排水措施，在无水情况下施工。应注意在夯实后的灰土两天内不得受水浸泡。

（5）灰土分段施工时，不得在墙角、柱墩及承重窗间墙下接缝，上下相邻两层灰土的接缝间距不得小于 50mm，接缝处的灰土应充分夯实。

（6）灰土打完后，应及时进行基础施工，并随时准备回填土，否则，须做临时遮盖，防止日晒雨淋，如刚打完毕或还未打完夯实的灰土，突然受雨淋浸泡，则须将积水及松软土除去并补填夯实，稍微受到浸泡的灰土，可以在晾干后再补夯。

（7）冬期施工时，应采取有效的防冻措施，不得采用含有冻土的土块作灰土地基的材料。

（8）质量检查可用环刀取样测量土质量密度，按设计要求或不小于表 9.3.3-3 规定。

灰土质量标准
表 9.3.3-3

项次	土料种类	灰土最小干土质量密度（g/m³）
1	粉土	1.55～1.60
2	粉质黏土	1.50～1.55
3	黏土	1.45～1.50

（9）确定贯入度时，应先进行现场试验。

（10）施工结束后，应检验灰土地基的承载力。

3）施工常见质量问题

（1）原材料杂质过多，配合比不符合要求及灰土搅拌不均匀。

（2）垫层铺设厚度不能达到设计要求，分段施工时没有控制好上下两层的搭设长度，夯实的加水量，夯压遍数。

（3）灰土地基的压实系数 λ_c 不能达到设计要求。

（4）灰土地基宽度不足以承担上部荷载。

4）检验数量

对灰土地基、砂和砂石地基、土工合成材料地基、粉煤灰地基、强夯地基、注浆地基、预压地基，其竣工后的结果（地基强度或承载力）必须达到设计要求的标准值。检验数量，每单位工程不应少于 3 点，1000 m^2 以上工程，每 100 m^2 至少应有 1 点，300 m^2 以上工程，每 3000 m^2 至少应有 1 点，脚手架立杆位于回填基槽顶时，基槽每 20m 应有 1 点。

9.3.4 地基表面处理

地基施工完成后，脚手架搭设前，应对地基表面进行清理、平整，地基应坚实、均匀。场地应设置排水沟等排水设施，并设置一定的排水坡度，排水沟内侧应采取抹面处理措施。脚手架搭设前应对地基承载力、平整度、排水设施等检查项目，按照规范规定的质量要求、抽检数量和检查方法（JGJ 166—2016 附录表 D 2），对照专项施工方案规定的技术参数逐一进行检查。检查地基表面平整度，平整度偏差不得大于 20mm，平整度检查可采用 2m 直尺，检查地基承载力可采用触探法。

当脚手架基础为楼面等既有建筑结构或贝雷梁、型钢等临时支撑结构时，对不满足承载力要求的既有建筑结构应按方案设计的要求进行加固，对贝雷梁、型钢等临时支撑结构应按相关规定对临时支撑结构进行验收。

地基和基础经验收合格后，应按专项施工方案的要求放线定位。脚手架立杆垫板、底座应准确放置在定位线上，垫板应平整、无翘曲，立杆应无悬空。不得采用已开裂的垫板，底座的轴心线应与地面垂直。

9.4 架 体 搭 设

9.4.1 架体搭设基本规定

1. 脚手架搭设顺序应符合下列规定：

1）双排脚手架搭设应按立杆、水平杆、斜杆、连墙件的顺序配合施工进度逐层搭设。一次搭设高度不应超过最上层连墙件 2 步，且自由长度不应大于 4m。

2）模板支撑架应按先立杆、后水平杆、再斜杆的顺序搭设形成基本架体单元，并应以基本架体单元逐排、逐层扩展搭设成整体支撑架体系，每层搭设高度不宜大于 3m。

3）斜撑杆、剪刀撑等加固件应随架体同步搭设，不得滞后安装。

2. 双排脚手架连墙件必须随架体升高及时在规定位置处设置；当作业层高出相邻连墙件以上 2 步时，在上层连墙件安装完毕前，必须采取临时拉结措施。

3. 碗扣节点组装时，应通过限位销将上碗扣锁紧水平杆（图9.4.1）。

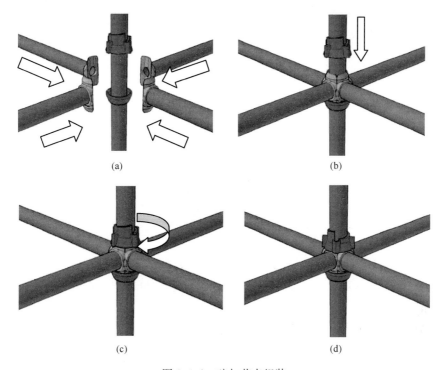

图 9.4.1 碗扣节点组装
(a) 放置水平杆；(b) 放下上碗扣；(c) 向下旋动上碗扣；(d) 锁紧碗扣节点

4. 脚手架每搭完一步架体后，应校正水平杆步距、立杆间距、立杆垂直度和水平杆水平度。架体立杆在 1.8m 高度内的垂直度偏差不得大于 5mm，架体全高的垂直度偏差应小于架体搭设高度的 1/600，且不得大于 35mm；相邻水平杆的高差不应大于 5mm。

5. 当双排脚手架内外侧加挑梁时，在一跨挑梁范围内不得超过 1 名施工人员操作，严禁堆放物料。

6. 在多层楼板上连续搭设模板支撑架时，应分析多层楼板间荷载传递对架体和建筑结构的影响，上下层架体立杆宜对位设置。

7. 模板支撑架应在架体验收合格后，方可浇筑混凝土。

9.4.2 双排脚手架搭设步骤与方法

搭设落地碗扣式钢管双排脚手架应从中间向两边，或向同一方向进行，不得采用两边向中间合拢的方法搭设，否则中间的杆件会难以安装。

1. 搭设顺序

安放立杆底座或可调底座→搭设立杆、安放扫地杆→安装底层水平杆→安装斜杆→接头销紧→铺放脚手板→安装上层立杆→紧固立杆连接销→安装水平杆→设置连墙杆→设置人行梯→设置剪刀撑→挂设安全网。

2. 立杆搭设

根据布架设计，在已处理好的地基上安放立杆底座，然后将立杆插在其上，采用

3.0m 和 1.8m（CUPLOK 脚手架采用 2.0m）两种不同长度立杆相互交错、参差布置，上面各层采用 3.0m 长立杆接长，顶部再用 1.8m（CUPLOK 脚手架采用 2.0m）长立杆找齐（或同一层用同一种规格立杆，最后找齐），以避免立杆接头处于同一水平面上。架设在坚实平整的地基基础上的脚手架，其立杆底座可直接用立杆垫座，地势不平或高层及重载脚手架底部应采用立杆可调座。当相邻立杆地基高差小于碗扣节点间距时，可直接用立杆可调座调整立杆高度，使立杆碗扣接头处于同一水平面内；当相邻立杆地基高差大于碗扣节点间距时，则先调整立杆节间，即对于高差超过碗扣节点间距的地基，立杆相应增长一个节间，使同一层碗扣接头高差小于碗扣节点间距，再用立杆可调座调整高度，使其处于同一水平面内。

在装立杆时应及时设置扫地水平杆，将所装立杆连成一整体，以保证立杆的整体稳定性。立杆同水平杆的连接是靠碗扣接头锁定，连接时，先将上碗扣滑至限位销以上并旋转，使其搁在限位销上，将水平杆接头插入下碗扣，待应装水平杆接头全部装好后，落下上碗扣并预锁紧。

立杆的接长是靠焊于立杆顶端的连接管承插（WDJ 采用外套管、CUPLOK 采用内套管）而成，立杆插好后，使上部立杆底端连接孔同下部立杆顶端连接孔对齐，插入立杆连接销并锁定。

3. 底层水平杆搭设

碗扣式钢管脚手架的步距应符合 WDJ 脚手架或 CUPLOK 脚手架的立杆节点间距模数，并严格符合专项施工方案的规定，一般采用 1.8m、2.0m，只有在荷载较大或较小的情况才采用 1.0m、1.2m、1.5m、2.4m。

1）水平杆与主立杆的连接安装

将水平杆接头插入立杆的下碗扣接头内，然后将上碗扣沿限位销扣下，并顺时针旋转，靠上碗扣螺栓旋面使之与限位销顶紧，将水平杆与立杆牢固地连在一起，形成框架结构。

2）检查

碗扣式钢管脚手架的底层组架最为关键，其组装的质量直接影响到整架的质量，因此，要严格控制搭设质量。当组装完两层水平杆后，首先应检查并调整水平框架的直角度和纵向直线度，对曲线布置的脚手架应保证立杆的正确位置，其次应检查水平杆的水平度，并通过调整立杆可调座使水平杆间的水平偏差小于 1/400，并确保相邻水平杆的高差小于 5mm。同时应逐个检查立杆底脚，并确保所有立杆不松动。当底层架体符合搭设要求后，检查所有碗扣接头，并锁紧。在搭设过程中，应随时注意检查上述内容，并及时调整。

4. 斜杆和剪刀撑搭设

斜杆可增强脚手架的抗侧刚度和稳定性，它的合理设置位置及设置方式对提高脚手架的承载力、保证施工安全具有重要意义。斜杆可采用碗扣式钢管脚手架的配套斜杆，也可以用钢管扣件代替。

1）纵向斜杆

纵向斜杆采用专用外斜杆时，其端部连接方式同水平杆与立杆的连接方式。对于不同尺寸的框架应配备相应长度的斜杆。斜杆可装成节点斜杆（即斜杆接头同水平杆接头装在同一碗扣接头内）或非节点斜杆（解决碗扣内杆件数量限制问题），其构造如图 9.4.2-1 所示。

斜杆应尽量布置在框架节点上，对于高度在 30m 以下的脚手架，可根据荷载情况，设置斜杆的覆盖面积宜为整架立面面积的 1/2～1/5，对于高度超过 30m 的高层脚手架，设置斜杆的框架面积不宜小于整架面积的 1/2。在拐角边缘及端部必须设置斜杆，中间可均匀间隔布置。外立面纵向斜杆的设置方式和间距还应严格满足专项施工方案的要求。

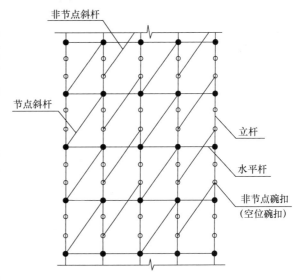

图 9.4.2-1　脚手架外立面专用斜杆布置方式

2）横向斜杆（廊道斜杆）

在双排脚手架横向框架内设置的斜杆称为廊道斜杆，廊道斜杆主要用于加强脚手架横向框架刚度，防止横向失稳破坏。因此，在横向框架内设置廊道斜杆有助于提高脚手架的平面外稳定性。规范规定对于双排脚手架拐角处，以及一字形、开口形脚手架，应在两端横向框架内沿全高连续设置节点斜杆。中间位置，规范并未作出设置横向斜杆的规定，实际搭设中，除了应满足规范的最低要求外，可参照下列规定设置廊道斜杆：

（1）对于 30m 以下的脚手架，中间可不设廊道斜杆；

（2）对于 30m 以上的脚手架，中间应每隔 5～6 跨设置一道沿全高连续搭设的廊道斜杆；

（3）对于高层和重载脚手架，除按上述构造要求设置廊道斜杆外，当横向平面框架所承受的总荷载达到或超过 25kN 时，该框架应增设廊道斜杆；

（4）用钢管扣件设置廊道斜杆时，斜杆均可设置为节点斜杆，用碗扣式斜杆设置廊道斜杆时，除脚手架两端框架可以设成节点斜杆外，中间框架只能设成非节点斜杆（图 9.4.2-2）。

（5）当设置高层卸荷拉结杆时，须在拉结点以上第一层加设廊道水平斜杆，以防止卸荷时水平框架变形。

3）水平斜杆

当脚手架搭设高度不大于 24m 时，不设置水平斜撑杆能保证安全使用。但当脚手架高度大于 24m 时，架体整体刚度将逐渐减弱。因此要求 24m 以下立杆连墙件水平位置处增设水平斜撑杆，以保证整个架体刚度和承载力，同时也不影响施工作业。例如：60m 高的双排脚手架，只要求 36m 以下连墙件处必须设置水平斜撑杆。水平斜杆可采用专用内斜杆，也可采用钢管扣件设置。

4）竖向剪刀撑

双排脚手架外立面也可采用剪刀撑代替纵向斜杆的设置，也可与碗扣式专用外斜杆的

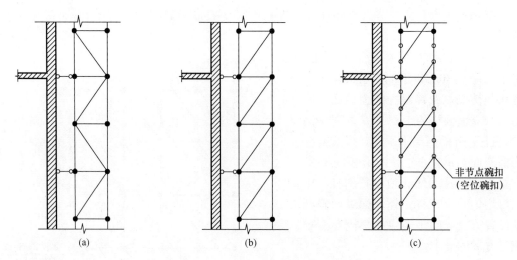

非节点碗扣
（空位碗扣）

图9.4.2-2　双排脚手架廊道斜杆设置

（a）钢管扣件斜撑杆；（b）节点斜杆；（c）非节点斜杆

设置相配合。

当架体搭设高度在24m以下时，应在架体两端、转角及中间间隔不超过15m，各设置一道竖向剪刀撑；当架体搭设高度在24m及以上时，应在架体外侧全立面连续设置竖向剪刀撑。每道剪刀撑的宽度应为4～6跨，且不应小于6m，也不应大于9m。每道竖向剪刀撑应由底至顶连续设置。两组剪刀撑之间可增设碗扣式专用内斜杆。

5. 连墙件设置

连墙件是脚手架与建筑物之间的连接件，对提高脚手架的横向稳定性，承受偏心荷载和水平荷载等具有重要作用。连墙件的设置间距除了应符合规范的规定外，实际搭设中还应注意下列事项：

1）连墙件设置应尽量采用梅花形布置方式，另外，当设置宽挑梁、提升滑轮、安全网支架、高层卸荷拉结杆等构件时，应增设连墙件，对于物料提升架也要相应地增设连墙件数目。

2）连墙件应尽量连接在水平杆节点碗扣接头内，当不能设置在碗扣接头内时，应采用扣件式连墙件连接。连墙件应同脚手架、墙体保持垂直，并随建筑物及架子的升高及时设置，设置时要注意调整间隔，使脚手架竖向平面保持垂直。碗扣式专用连墙件与脚手架的连接方式同水平杆与立杆的连接方式。扣件式连墙件同脚手架的连接是靠扣件把连墙件同脚手架水平杆或立杆连接起来，其设置与扣件式钢管脚手架连墙件的设置方法相同。

6. 脚手板安放

脚手板可以使用碗扣式脚手架配套设计的钢制脚手板，也可使用其他普通钢脚手板、木脚手板、竹脚手板等，其材料选用及设置方式应严格按照专项施工方案的规定执行。当使用配套设计的钢脚手板时，必须将其两端的挂钩牢固地挂在水平杆上，不得有翘曲或浮放；当使用其他类型脚手板时应配合为其专门设计的间水平杆一同使用，即当脚手板端头正好处于两横向水平杆之间需要水平杆支撑时，则在该处需加设间水平杆作支撑。

在作业层及其下面一层要满铺脚手板，施工时，作业层升高一层，即把下面一层脚手板倒至上面作业层脚手板，两层交错上升。当架设梯道时，在每一层架梯拐角处铺设脚手板作为休息平台。

7. 斜道板及人行梯设置

斜脚手板可作为行人及车辆的栈道，一般限定在1.8m跨距的脚手架上使用，坡度为1：3，在斜道板框架两侧设置水平杆和斜杆作为扶手和护栏。

架梯设在1.8m×1.8m框架内，其上有挂钩，直接挂在水平杆上。梯子宽为540mm，一般1.2m宽脚手架正好布置两个，可在一个框架高度内折线布置。人行梯转角处的水平框架要铺设脚手板，在立面框架上安装斜杆和水平杆作为扶手。

8. 挑梁的设置

当遇到某些建筑物有倾斜或凹进凸出时，窄挑梁上可铺设1块脚手板，宽挑梁上可铺设2～3块脚手板，其外侧立柱可用立杆接长，以便装防护栏杆。挑梁一般只作为作业人员的工作平台，不容许堆放重物。在设置挑梁的上、下两层框架的水平杆层上要加设连墙件，把窄挑梁连续设置在同一立杆内侧的每个碗扣接头内，可组成爬梯，爬梯步距为0.60m（0.50m），设置时在立杆左右两跨内要增护栏杆和安全网等安全设施，以确保人员上下安全。

9. 提升滑轮设置

随着建筑物的升高，当人梯运料不太方便时，可采用物料提升滑轮来提升小物料及脚手架物件，其提升物的质量应不超过100kg。提升滑轮要与宽挑梁配套使用，使用时，将滑轮插入宽挑梁垂直杆下端的固定孔中，并用销钉锁定即可。在设置提升滑轮的相应层及物料提升架应加设连墙件。

10. 安全网防护设置

安全网的设置要求与落地扣件式钢管外脚手架相同，一般沿脚手架外侧要满挂封闭式安全网，以防止人或物体掉落至脚手架外侧。立网应与脚手架立杆、水平杆绑扎牢固，绑扎间距小于0.30m。根据规定应在脚手架底部和层间使用专用碗扣式安全网支架设置水平安全网。安全网支架可直接用碗扣接头固定在脚手架上。

11. 高层卸荷拉结杆设置

高层卸荷拉结杆主要是为减轻脚手架荷载而设计的一种专用构件。高层卸荷拉结杆的设置要根据脚手架高度和作业荷载而定，一般每30m高卸荷一次，但总高度在50m以下的脚手架可不用卸荷。高层卸荷拉结杆所卸荷载的大小取决于卸荷拉结杆的几何性能及其装配的预紧力，可以通过选择拉杆截面尺寸、吊点位置以及调整索具螺旋扣等来调整卸荷的大小。一般在选择拉杆及索具螺旋时，按能承受卸荷层以上全部荷载来设计；在确定脚手架卸荷层及其位置时，按能承受卸荷层以上全部荷载的1/3来计算。

卸荷层应将拉结杆同每一根立杆连接卸荷，设置时，将拉结杆一端用预埋件固定在墙体上，另一端固定在脚手架水平杆层下碗扣底下，中间用索具螺旋调节拉力，以达到悬吊卸荷目的。卸荷层要设置水平廊道斜杆，以增强水平框架刚度。另外，要用横托撑同建筑物顶紧，以平衡水平力。卸荷点的上、下两层需增设连墙件。

9.4.3 满堂支撑架搭设步骤与方法

满堂支撑架与双排脚手架的搭设方法有所不同。其搭设操作如图9.4.3-1所示。

1. 搭设顺序

安放立杆底座或可调底座→搭设立杆、安放扫地杆→安装底层水平杆→安装竖向斜杆→接头销紧→安装上层立杆→紧固立杆连接销→安装水平杆→设置水平斜杆→与既有结构连接→设置人行梯→架体升高→顶部周边操作层设置。

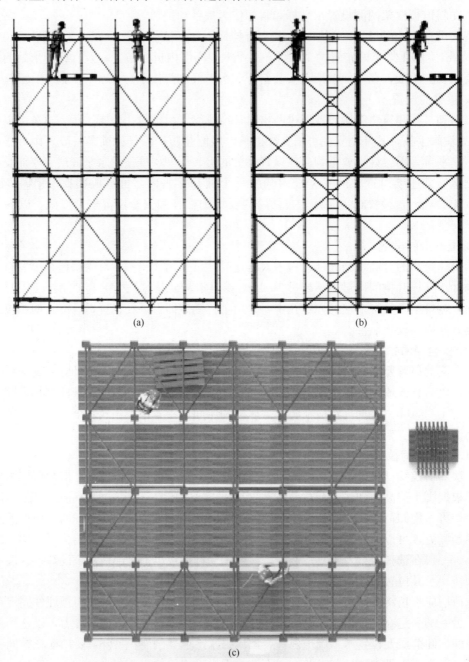

图 9.4.3-1　满堂支撑架搭设施工操作全貌

（a）侧立面图；（b）正立面图；（c）平面图

2. 操作步骤

1）底座摆放（图9.4.3-2）

（1）根据专项施工方案中的立杆平面布置图，画出地面网格线，准确定位支架搭设位置。

（2）根据图纸调节底座丝杆高度（±20mm）。

（3）根据实际情况，在底座下面放置木板，将立杆荷载均匀地传递到基础。

（4）搭设时从高处起杆往低处搭。

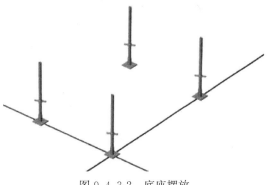

图9.4.3-2 底座摆放

2）立杆与扫地杆安装（图9.4.3-3）

摆放底座后，在底座上方放置立杆，然后将水平杆放进下碗中，并利用上碗下旋锁紧，照此安装其余跨。

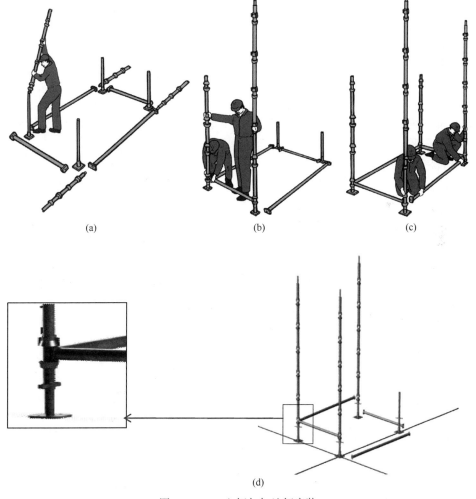

(a)   (b)   (c)

(d)

图9.4.3-3 立杆与扫地杆安装

（a）首根立杆安装；（b）安装第二根立杆；（c）首个扫地杆框格组装；（d）底部节点组装

3）基本单元的搭设（图 9.4.3-4）

继续以上方法完成基本单元的架体安装，间距应严格满足专项施工方案的规定，并按架体设计图纸确定搭设间距（600mm，1200mm，1800mm……）。

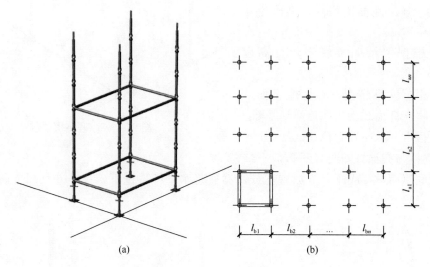

图 9.4.3-4　基本单元组装

（a）基本格构单元；（b）基本单元的平面布置

4）构配件摆放（图 9.4.3-5）

提前将材料放在正确的位置上，将能提高搭设效率节省搭设时间。搭设过程中结构必须始终保持水平。

5）斜杆安装（图 9.4.3-6）

图 9.4.3-5　构配件摆放　　　　　图 9.4.3-6　斜杆安装

基本架体单元搭设完成后，继续安装至下一跨，按图在需要搭设斜杆的位置搭设斜杆，步骤是安插立杆→搭设水平杆→装配斜杆。重复以上步骤，以基本单元为中心往其他跨间延伸搭设，完成首步架体框架的搭设（9.4.3-7）。

6）水平斜杆安装（图 9.4.3-8）

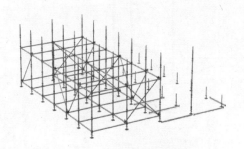 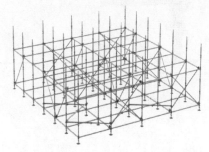

图 9.4.3-7　扩展形成首步架体框架　　　　图 9.4.3-8　水平斜杆的安装

在完成水平杆和竖向斜杆的搭设后，在设计图纸规定的需设置水平斜杆的高度同步搭设水平斜杆。

7）架体升高搭设（图 9.4.3-9）

继续第二层的支架搭设，首先在带接长插套立杆上插入立杆，然后安装水平杆、斜杆。重复上述步骤直至达到架体设计高度。

8）设置顶托并铺设主次楞

在立杆顶部插入可调托撑，根据立模标高调节可调螺杆至适当长度，当立杆顶部自由外伸长度超过 650mm，或虽未超过 650mm 但荷载较大，需要对顶部立杆段进行支撑加强时，设置顶层附加斜撑杆件，扫地杆离地超过 400mm，或虽未超过

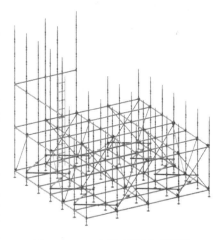

图 9.4.3-9 架体逐层升高搭设

400mm 但荷载较大时也采取相同的斜杆加强措施（图 9.4.3-10）。顶托设置后，在 U 形顶托板中设置木方、铝梁、型钢梁、工字木梁等主楞及次楞（图 9.4.3-11）。主楞木方与

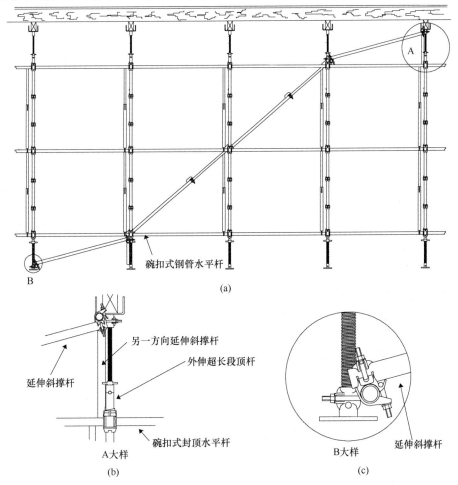

图 9.4.3-10 顶托及底座斜杆加强构造

托撑之间的间隙，可采用将顶托夹角设置，并采用木楔楔紧牢固固定（图9.4.3-12）。

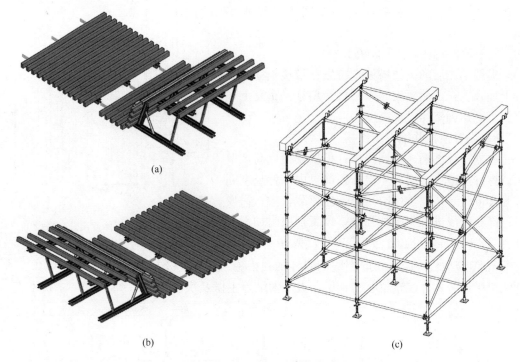

(a)

(b)

(c)

图9.4.3-11　顶部主次楞设置

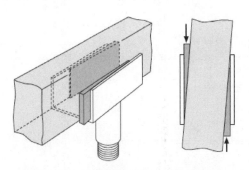

图9.4.3-12　顶部主楞木方楔紧固定

3. 安全操作规程

1）底层搭设以及一般性安全操作要求

在完成第一层支架搭设后，工人将在高处作业，安全操作显得尤为重要，上下攀爬需借助于爬梯，爬梯必须紧靠支架。在开始二层搭设前，工人必须在每一跨铺设跳板（至少3块，每块大约宽200mm）。然后向上安插立杆并且立即搭设水平杆，水平杆用来挂扣安全绳，因此需保证合适的水平杆高度。按类似方法继续向上搭设（图9.4.3-13）。

所有的零配件必须及时安装以防止遗失，这样相当于加快了搭设速度。在搭下一层支架前，必须先铺好跳板，并通过爬梯攀爬至跳板上，然后在合适的高度搭设水平杆用来扣挂安全绳。搭设时可以先在一块区域满铺跳板，放置一些材料，提高作业效率。

2）中间层搭设安全操作要求

当第二层搭设完成，跳板必须上移至上一层，但要确保爬梯所在跨留有跳板（安全平台），相应的爬梯也应该同步向上搭设。在开始第三层的搭设前要先在每跨铺设跳板形成安全工作平台，然后继续完成第三层的水平杆、立杆、斜杆安装（图9.4.3-14）。为了避免高处坠落的风险，禁止通过立杆和水平杆攀爬。

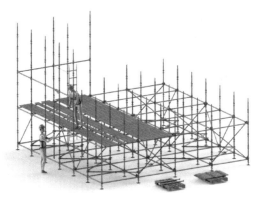

图 9.4.3-13　底层搭设安全操作示意

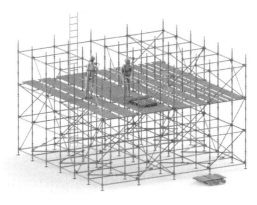

图 9.4.3-14　中间层搭设安全操作示意

3）顶层搭设安全操作要求

从爬梯攀爬到上面一层，继续搭设第一根水平杆并满足安全带的正常悬挂高度。当顶层搭设完成后，工作区域应满铺跳板，相应的爬梯应靠近所在层并根据安全手册要求进行延伸，形成安全过道（图 9.4.3-15）。

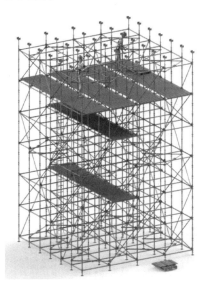

图 9.4.3-15　顶层搭设安全操作示意

9.5　架　体　拆　除

9.5.1　拆除前的准备工作

当脚手架拆除时，应按专项施工方案的规定进行操作，拆除前应做好下列准备工作：

1. 应全面检查脚手架各部位的构造状况：

1）全面检查脚手架的节点连接、连墙件、斜杆、卸荷装置、脚手架变形等是否符合构造要求，特别是建筑物与脚手架之间的拉、顶、夹是否完好、牢固；

2）因拆除脚手架后会影响其他部位的稳定与安全时，必须事先进行加固；

3）充分检查作业环境，拆除架体内及拆除影响范围内的电线、水管或其他影响安全的设施时，应清除拆除施工范围内的地面设施等各类障碍物，确保拆除作业安全。如临时发生障碍，必须通知专业人员进行处理，确认清理完毕后方可继续作业。

2. 根据检查结果补充完善脚手架专项施工方案中的拆除顺序和措施，经审批后方可实施。

3. 拆除前应对施工人员进行安全技术交底。

4. 应清除脚手架上杂物及地面障碍物。

5. 周边警戒：拆除脚手架前，必须全部封闭拆除范围内的通道，地面应设置围栏和警戒标志，尤其是在拆除范围附近的主要道路入口处应设置警示标志，提醒司机及行人注意安全，并应安排专人看守，监护人员应配备良好的通讯装置。拆除作业时，严禁非作业人员进入拆除区域。

9.5.2　双排脚手架拆除

1. 当脚手架拆除时，应按专项施工方案中规定的顺序拆除。

2. 当脚手架分段、分立面拆除时，应确定分界处的技术处理措施，分段后的架体应处于稳定状态。分段拆除时，不拆除的部分形成了开口型脚手架，其端部必须设置连墙件和廊道斜杆进行端部加固，且该开口部位的连墙件竖向垂直距离不应大于建筑物层高，并且不应大于4m。增设的廊道斜杆应在同一节间，由底至顶连续布置。

3. 脚手架拆除前，应清理作业层上的施工机具及多余的材料和杂物。拆除的材料必须及时清理，作业层堆放荷载不宜超过 $1kN/m^2$，并应在班前全部清理至地面。

4. 脚手架拆除作业应设专人指挥，当有多人同时操作时，应明确分工、统一行动，且应具有足够的操作面。

5. 拆除过程中严禁用榔头等硬物件打、撬、挖杆件。拆除的脚手架构配件应采用起重设备吊运或人工传递到地面，严禁抛掷。

6. 拆除的脚手架构配件应分类堆放，并应便于运输、维护和保管，拆除的构配件宜分批次退场。

7. 双排脚手架的拆除作业，必须符合下列规定：

1）架体拆除应自上而下逐层进行，从一端向另一端逐层拆除，一步一清，严禁上下层同时拆除。拆除操作顺序与搭设顺序相反，先搭后拆、后搭先拆，具体拆除顺序为：安全网→脚手板→防护栏杆→斜撑杆→连墙件→间水平杆或附加纵向水平杆→横向水平杆→纵向水平杆→立杆。

2）同一层构配件和加固杆件应按先上后下、先外后里的顺序拆除。除密目网、栏杆应站在本层拆除外，其余各部位必须站在下层拆上层。拆除剪刀撑杆件时，应先拆中间扣，再拆两头扣，由中间操作人员往下顺杆件。

3）连墙件应随脚手架逐层拆除，严禁先将连墙件整层或数层拆除后再拆除架体。

4）双排脚手架的斜撑杆、剪刀撑等加固件应在架体拆除至该部位时，才能拆除。

5）拆除作业过程中，当架体的自由端高度大于两步时，必须增设临时拉结件。

8. 双排脚手架拆除时应按下列规定做好建筑物的成品保护：

1）外墙装修已完成，拆除脚手架时需注意成品保护，避免返工造成损失。

2）在架体拆除过程中应注意钢管的摆放方向，尽量避免与外墙的碰撞，防止污染和破坏外墙。水平杆、扣件等小型构配件需要操作人员用手传递至室内，不得随意乱扔。传递时应注意窗框和地面的保护，小心轻放。

9.5.3 模板支撑架拆除

1. 拆除条件

1）模板支撑架拆除，应符合设计要求，当设计无具体要求时，应符合下列规定：

（1）侧模在混凝土强度能保证其表面及棱角不因拆除模板而受损坏后，方可拆除。

（2）底模应符合现行国家标准《混凝土结构工程施工规范》GB 50666 中混凝土强度的规定（表 9.5.3-1）后，方可拆除。

（3）拆模作业前应填写表 9.5.3-2 所示的"模板拆除申请表"。

2）预应力混凝土构件的架体拆除应在预应力施工完成后进行。

底模拆除时混凝土强度要求 　　　　　　　　　表 9.5.3-1

结构类型	结构跨度（m）	按设计的混凝土强度标准值的百分率计（%）
板	≤2	≥50
	>2 且<8	≥75
	≥8	≥100
梁、拱、壳	≤8	≥75
	>8	≥100
悬臂构件	≤2	≥100
	>2	≥100

模板拆除申请表 　　　　　　　　　表 9.5.3-2

工程名称		施工单位	
混凝土浇筑日期		设计拆模强度	
混凝土实际强度		试块报告编号	
拆除部位		监 护 人	
拆模警戒范围		拆模班组	

拆模安全技术措施：

施工部门负责人：

说明：模板支撑系统拆除时，混凝土强度必须符合国家标准《混凝土结构工程施工规范》GB 50666—2011 第 4.5.2 条规定，才能进行。

申请人：	年　月　日	技术负责人：	年　月　日
劳务负责人：	年　月　日	质检员：	年　月　日
		安全员：	年　月　日

2. 混凝土结构拆模后承载时的强度要求

混凝土结构在模板和支架拆除后，需待混凝土强度达到设计混凝土强度等级后，方可承受全部上部使用荷载（如上层支模等）；当施工荷载所产生的效应比使用荷载的效应更为不利时，必须经过核算，必要时加设临时支撑。

3. 支撑架拆除顺序

架体的拆除顺序、工艺应符合专项施工方案的要求。当专项施工方案无明确规定时，应符合下列规定：

1) 支架拆除，应先拆除后搭设的部分，后拆除先搭设的部分。拆除应按顺序由上而下，一步一清，严禁上下同时作业。

2) 架体拆除必须自上而下逐层进行，严禁上下层同时拆除作业，分段拆除的高度不应大于两层。

3) 当拆除 4～8m 跨度的梁下立杆时，应先从跨中开始，对称地分别向两端拆除。拆除时，严禁采用连梁底模板向旁侧拉倒的拆除方法。

4) 悬臂构件下架体的拆除，宜从悬臂端向固定端拆除。

4. 支撑架安拆安全技术规定

1) 拆模板及支架前先进行针对性的安全技术交底，并做好记录，交底双方履行签字手续。模板拆除前必须办理拆除模板审批手续，经技术负责人、监理工程师审批签字后方可拆除。

2) 支拆模板及支架时，2m 及以上高处作业应设置可靠的立足点，并有相应的安全防护措施。拆模顺序应遵循先支后拆，后支先拆，从上往下的原则。

3) 模板及支架拆除前必须有混凝土强度报告，强度达到规定要求后方可拆模。

4) 楼板、梁模板拆除，应先拆除楼板底模，再拆除梁侧模。楼板模板拆除应先拆除水平杆，然后拆除板立杆，每排留 1～2 根立杆暂不拆，操作人员应站在已拆除的空隙，拆去近旁余下的立杆使木挡自由坠落，再用钩子将模板钩下。等该段的模板全部脱落后，集中运出集中堆放，木模板的堆放高度不超过 2m。楼层较高，支模采用双层排架时，先拆除上层排架，使木挡和模板落在底层排架上，上层模板全部运出后再拆底层排架，有穿墙螺栓的应先拆除穿墙螺杆，再拆除梁侧模和底模。

5) 支架拆除时，周围应设围栏或警示标志，并专人看管，禁止施工人员以外的人员入内。

6) 当立杆的水平杆超过 2 层时，应首先拆除 2 层以上的拉杆。当拆除最后一道水平杆时，应和拆除立杆同时进行。

7) 凡是高血压、心脏病、癫痫病、晕高或视力不够等不适合做高处作业的人员，均不得从事架子搭设和拆除作业。配备架子工的徒工时，在培训以前必须经过医务部门体检合格，操作时必须有技工带领、指导，由低到高，逐步增加，不得任意单独上架子操作。要经常进行安全技术教育。凡从事架子工种的人员，必须定期（每年）进行体检。

8) 模板及支撑架现场施工，应根据场地要求和施工现场总平面图，确定模板堆放区、配件堆放区及模板周转用地等。

9) 有恶劣气候（如风力 5 级以上，高温、雨雪天气等）影响安全施工时应停止高处作业。

本 章 参 考 文 献

［1］ 王宇辉，王勇等．脚手架施工与安全［M］．北京：中国建材工业出版社：2008
［2］ 刘群．建筑施工扣件式钢管脚手架安全技术手册［M］．北京：中国建筑工业出版社：2015

第10章 检查与验收

10.1 验收阶段的划分及组织

10.1.1 验收阶段

按照建筑工程施工质量验收的理念，仅需对永久结构进行检查验收并留下相关记录，但碗扣式钢管脚手架、模板支撑架所涉及的施工环节多，任何一环节的缺陷都可能会造成架体的安全隐患，因此行业标准《建筑施工碗扣式钢管脚手架安全技术规范》JGJ 166—2016提出了按照施工环节进行分阶段验收并留下相关记录的规定，类似于建筑工程按分部分项工程进行验收的规定。根据施工进度，脚手架应在下列环节进行检查与验收：

1. 施工准备阶段，构配件进场时。
2. 地基与基础施工完后，架体搭设前。
3. 首层水平杆搭设安装后。
4. 双排脚手架每搭设一个楼层高度，投入使用前。
5. 模板支撑架每搭设完4步或搭设至6m高度时。
6. 双排脚手架搭设至设计高度后。
7. 模板支撑架搭设至设计高度后。

10.1.2 验收需具备的资料

碗扣式钢管脚手架检查验收应具备下列资料：

1. 专项施工方案及变更文件；
2. 周转使用的脚手架构配件使用前的复验合格记录；
3. 构配件进场、基础施工、架体搭设、防护设施施工阶段的施工记录及质量检查记录。

10.1.3 验收的组织

1. 阶段验收

脚手架在10.1.1节所规定的各施工阶段的验收，应分为以下两种形式进行组织：

1) 当由施工单位直接施工时，验收组的人员应包括：施工单位项目技术负责人、安全、质量和施工人员、现场专业监理工程师。验收合格，经施工单位项目技术负责人及现场专业监理工程师签字后，方可进入后续工序的施工。

2) 当由专业分包单位施工时，验收组的人员应包括：专业分包单位项目技术负责人、施工单位项目技术负责人、安全、质量和施工人员，现场专业监理工程师。验收合格，经专业分包单位项目技术负责人、施工单位项目技术负责人及现场专业监理工程师签字后，方可进入后续工序的施工。

3）当前一阶段未检查验收合格时，不得进行后一阶段的施工。

2. 完工验收

脚手架搭设完成在投入使用前，应在阶段检查验收的基础上按照下列规定进行完工验收：

1）完工验收应由施工单位项目负责人组织。

2）完工验收组的人员应包括：施工单位项目技术负责人、安全、质量和施工人员、支撑架专业分包单位项目技术负责人、监理单位项目总监和专业监理工程师。

3）完工验收应通过对脚手架工程实体和相关验收资料两方面的内容进行检查评价，并形成完工验收记录。

4）脚手架验收合格，并经施工单位项目技术负责人、项目负责人及项目专业监理工程师、总监理工程师签字后方可投入使用。

当各地对脚手架的验收组织另有规定时，应遵照其具体规定执行。

10.2　构配件进场验收

使用前对进场构配件进行检查，是验证架体所使用构配件质量是否良好的重要工作环节。无论新产品还是周转使用过的构配件，通过检查、复验，防止有质量弊病、严重受损的构配件用于架体搭设，是保证整架搭设质量和架体使用安全的一项预控措施。

构配件应由专业厂家负责生产，产品出厂检验应按照现行国家标准《碗扣式钢管脚手架构件》GB 24911进行。进入施工现场的构配件生产厂家应配备出厂合格证，经销商（租赁公司）应在合格证上加盖单位公章，使用单位应对构配件进行质量抽查复检。

10.2.1　构配件检查及验收项目

进入施工现场的脚手架主要构配件应有产品质量合格证、产品性能检验报告，并应按表10.2.1的规定对其表面观感质量、规格尺寸等进行抽样检验。

主要构配件检查验收　　　　　　　　　　　　　　　表 10.2.1

序号	检查项目	质量要求	抽检数量	检查方法
1	钢管	表面平直光滑，无裂缝、结疤、分层、错位、硬弯、毛刺、压痕和深的划痕及严重锈蚀等缺陷；构配件表面涂刷防锈漆或进行镀锌处理	全数	目测
		最小壁厚不小于3.0mm	3%	游标卡尺
2	上下碗扣、水平杆和斜杆接头	碗扣的铸造件表面光滑平整，无砂眼、缩孔、裂纹、浇冒口残余等缺陷，表面粘砂清除干净	全数	目测
		锻造件和冲压件无毛刺、裂纹、氧化皮等缺陷	全数	目测
		各焊缝饱满，无未焊透、夹砂、咬肉、裂纹等缺陷	全数	目测
		上碗扣能上下窜动、转动灵活，无卡滞现象	全数	目测

序号	检查项目	质量要求	抽检数量	检查方法
3	立杆连接套管	立杆接长当采用外插套时，外插套管壁厚不小于 3.5mm，当采用内插套时，内插套管壁厚不小于 3.0mm。插套长度不小于 160mm，焊接端插入长度不小于 60mm，外伸长度不小于 110mm，插套与立杆钢管间的间隙不大于 2mm	3%	游标卡尺、钢板尺
		套管焊缝应饱满，立杆与立杆的连接孔应能插入 ϕ10mm 连接销	全数	目测
4	可调底座及可调托撑	螺杆外径不得小于 38mm；空心螺杆壁厚不得小于 5mm，螺杆与调节螺母啮合长度不得少于 5 扣，螺母厚度不小于 30mm；可调托撑 U 形托板厚度不得小于 5mm，弯曲变形不应大于 1mm，可调底座垫板厚度不得小于 6mm；螺杆与托板或垫板应焊接牢固，焊脚尺寸不应小于钢板厚度	3%	游标卡尺、钢板尺
5	脚手板	冲压钢脚手板 / 应有产品质量合格证	—	检查资料
		冲压钢脚手板板面挠曲≤12mm（l≤4m）或≤16mm（l>4m）；板面扭曲≤5mm（任意一角翘起）	3%	钢板尺
		不得有裂纹、开焊与硬弯；新、旧脚手板均应涂防锈漆	全数	目测
		木脚手板 / 材质应符合现行国家标准《木结构设计规范》GB 50005 中 II a 级材质的规定；扭曲变形、劈裂、腐朽的脚手板不得使用	全数	目测
		木脚手板的宽度不宜小于 200mm，厚度不应小于 50mm，板厚允许偏差－2mm	3%	钢板尺
		竹脚手板 / 宜采用由毛竹或楠竹制件的竹串片板、竹笆板	全数	目测
		竹串片脚手板宜采用螺栓将并列的竹片串联而成。螺栓直径宜为 3～10mm，螺栓间距宜为 500～600mm，螺栓离板端宜为 200～250mm，板宽 250mm，板长 2000mm、2500mm、3000mm	3%	钢板尺
6	安全网	安全网绳不得损坏和腐朽，平支安全网宜使用锦纶安全网；密目式阻燃安全网除满足网目要求外，其锁扣间距应控制在 300mm 以内	全数	目测

10.2.2　构配件允许偏差

碗扣式钢管脚手架进场的构配件尺寸允许偏差应符合表 10.2.2 的规定。

钢管及配件允许偏差 表 10.2.2

序号	项目		允许偏差 Δ（mm）	示意图	检查工具
1	钢管两端面切斜偏差		1.70		塞尺、拐角尺
2	钢管外表面锈蚀深度		≤0.18		游标卡尺
3	钢管弯曲	各种杆件钢管的端部弯曲 l≤1.5m	≤5		钢板尺
		立杆钢管弯曲	≤12		
		水平杆、斜杆的钢管弯曲	≤30		
4	冲压钢脚手板尺寸偏差	板面挠曲 l≤4m l>4m	≤12 ≤16		钢板尺
		板面扭曲（任意一角翘起）	≤5		
5	木脚手板的宽度、厚度		－2		钢板尺
6	可调托撑 U 形顶托板变形		1.0		钢板尺 塞尺

10.2.3 扣件进场复试

碗扣式钢管脚手架搭设采用的扣件，进场时应按表 10.2.3 的规定的检查数目和质量判定标准进行拧紧抽样检测。

扣件拧紧抽样检查数目及质量判定标准   表 10.2.3

项次	检查项目	安装扣件数量（个）	抽检数量（个）	允许不合格数
1	连接立杆与纵（横）向水平杆或剪刀撑的扣件； 接长立杆、纵向水平杆或剪刀撑的扣件	51～90 91～150 151～280 281～500 501～1200 1201～3200	5 8 13 20 32 50	0 1 1 2 3 5
2	连接横向水平杆与纵向水平杆的扣件（非主节点处）	51～90 91～150 151～280 281～500 501～1200 1201～3200	5 8 13 20 32 50	1 2 3 5 7 10

10.3 地基基础施工质量检查与验收

10.3.1 脚手架立杆基础

双排脚手架或满堂支撑架立杆地基基础检查验收项目、质量要求、抽检数量、检验方法应符合表 10.3.1 的规定，并应重点检查和验收下列内容：

1. 地基的处理、承载力应符合方案设计的要求。
2. 基础顶面应平整坚实，并应设置排水设施。
3. 基础不应有不均匀沉降，立杆底座和垫板与基础间应无松动、悬空现象。
4. 地基基础施工记录和试验资料应完整。

地基基础检查验收   表 10.3.1

序号	检查项目	质量要求	抽检数量	检查方法
1	地基处理、承载力	符合方案设计要求	每 100m² 不少于 3 个点	触探
2	地基顶面平整度	20mm	每 100m² 不少于 3 个点	2m 直尺
3	垫板铺设	土层地基上的立杆应设置垫板，垫板长度不少于 2 跨，并符合方案设计要求	全数	目测
4	垫板尺寸	垫板厚度不小于 50mm，宽度不小于 200mm，并符合方案设计要求	不少于 3 处	游标卡尺、钢板尺

序号	检查项目	质量要求	抽检数量	检查方法
5	底座设置情况	符合方案设计要求	全数	目测
6	立杆与基础的接触紧密度	立杆与基础间应无松动、悬空现象	全数	目测
7	排水设施	完善，并符合方案设计要求	全数	目测
8	施工记录、试验资料	完整	全数	查阅记录

10.3.2　梁柱式门洞支架立柱基础

当满堂支撑架下部设置梁柱式门洞支架时，应对立柱基础进行检查验收。当采用明挖扩大基础时，其检查验收项目、质量要求、抽检数量、检验方法应符合表 10.3.2-1 的规定；当采用钻（挖）孔桩基础时，其检查验收项目、质量要求、抽检数量、检验方法应符合表 10.3.2-2 的规定。

梁柱式门洞支架明挖扩大基础检查验收　　　　　　　　　表 10.3.2-1

序号	检查项目	质量要求	检验方法	检验数量
1	地基承载力	符合方案设计要求	触探等	每个基础不少于 3 个点
2	基础平面位置	±50mm	测量	全部
3	基础结构尺寸	不小于方案设计	尺量	全部
4	基础顶面高程	±10mm	测量	每个基础不少于 3 个点
5	预埋件位置/数量	符合方案设计要求	测量、查看	全部
6	混凝土强度	符合方案设计要求	取样试验	每个基础 3 组试件
7	施工记录、试验资料	完整	查看资料	全部

梁柱式门洞支架桩基础检查验收　　　　　　　　　表 10.3.2-2

序号	检查项目	质量要求	检验方法	检验数量
1	孔的中心位置	±50mm	测量	全部
2	孔径、孔深	不小于方案设计值	检孔、测量	全部
3	垂直度	钻孔：<1%；挖孔：<0.5%	测量	全部
4	沉渣厚度	摩擦桩：≤200mm；端承桩：≤50mm	测量	全部
5	钢筋笼	钢筋间距：±20mm；结构尺寸：±20mm；顶面标高：±20mm	尺量	每个
6	混凝土强度	符合方案设计要求	取样试验	每根桩 2 组试件
7	桩顶高程和桩头处理	符合方案设计要求	测量、查看	全部
8	施工记录、试验资料	完整	查看资料	全部

10.4　架体搭设质量检查与验收

10.4.1　脚手架架体

双排脚手架或满堂支撑架架体检查验收项目、质量要求、抽检数量、检验方法应符合表 10.4.1 的规定，并应重点检查和验收下列内容：

1. 架体三维尺寸和门洞设置应符合方案设计的要求。

2. 斜撑杆和剪刀撑应按方案设计规定的位置和间距设置。

3. 纵向水平杆、横向水平杆应连续设置，扫地杆距离地面高度应满足规范要求。

4. 模板支撑架立杆伸出顶层水平杆长度不应超出规范的上限要求。

5. 双排脚手架连墙件应按方案设计规定的位置和间距设置，并应与建筑结构和架体可靠连接。

6. 模板支撑架应与既有建筑结构可靠连接。

7. 上碗扣应将水平杆接头锁紧。

8. 架体水平度和垂直度偏差应在规范允许范围内。

脚手架架体检查验收　　　　　　　　　　表 10.4.1

序号	检查项目			质量要求	抽检数量	检查方法
1	可调底座		垂直度	±5mm	全部	经纬仪或吊线和卷尺
			插入立杆长度	≥150mm		钢板尺
2	模板支撑架可调托撑		螺杆垂直度	±5mm	全部	经纬仪或吊线和卷尺
			插入立杆长度	≥150mm		钢板尺
3	碗扣节点		锁紧度	水平杆接头插入上、下碗扣，上碗扣通过限位销旋转锁紧水平杆	全部	目测
4	立杆		间距	符合方案设计要求	全部	目测、钢板尺
			双排脚手架接头	相邻立杆接头不在同一步距内	全部	目测
			垂直度	1.8m 高度内偏差小于 5mm	全部	经纬仪或吊线和卷尺
			模板支撑架立杆伸出顶层水平杆长度	符合方案设计要求，且≤650mm	全部	钢板尺
5	水平杆		完整性	纵、横向贯通，不缺失	全部	目测
			步距	符合方案设计要求	全部	目测
			水平度	相邻水平杆高差小于 5mm	全部	水平仪或水平尺
			扫地杆距离地面高度	符合方案设计要求，且≤400mm	全部	钢板尺
6	斜撑杆、剪刀撑		斜撑杆位置和间距	符合方案设计要求	全部	目测
		剪刀撑	间距、跨度	符合方案设计要求	全部	目测、钢卷尺
			与地面夹角	45°～60°	全部	目测、钢板尺
			搭接长度及扣件数量	搭接长度≥1m，搭接扣件不少于 2 个	全部	目测、钢板尺
			与立杆（水平杆）扣接情况	每步扣接，与节点距≤150mm	全部	目测、钢板尺
			扣件拧紧力矩	40～65N·m	全部	力矩扳手复拧

续表

序号	检查项目		质量要求	抽检数量	检查方法
7	双排脚手架连墙件的竖向和水平间距		符合方案设计要求	全部	目测、钢卷尺
8	模板支撑架与既有建筑结构连接点的竖向和水平间距		符合方案设计要求	全部	目测、钢卷尺
9	架体全高垂直度		≤架体搭设高度的1/600，且＜35mm	每段内外立面均不少于4根立杆	经纬仪或吊线和卷尺
10	门洞	双排脚手架门洞结构（宽度、高度、专用托梁设置等）	符合方案设计要求	全部	目测、钢卷尺
		模板支撑架门洞结构（立杆间距、横梁及分配梁型号、间距、扩大基础尺寸等）	符合方案设计要求	全部	目测、钢卷尺

10.4.2　梁柱式门洞支架

当满堂支撑架下部设置梁柱式门洞支架时，应对梁柱式支架进行检查验收，其立柱、梁部检查验收项目、质量要求、抽检数量、检验方法应分别符合表10.4.2-1、表10.4.2-2的规定。

梁柱式门洞支架立柱质量检查验收 表 10.4.2-1

序号	检查项目		质量要求	检验方法	检验数量
1	立柱总体质量	与预埋件基础接触面	预埋件表面平整，与立柱密贴	查看、尺量	全部
		平面位置	50mm	测量	全部
		垂直度	≤H/600，且≤35mm	测量	全部
		顶标高	−20～0mm	测量	全部
		连接系统或缀件	位置准确、连接牢固	查看、尺量	全部
		预埋件位置和结构尺寸	符合方案设计要求	查看、尺量	全部
2	钢管	规格	符合方案设计要求	尺量、查看	全部
		外观质量	弯曲矢高≤L/1000，且＜10mm，不得有严重锈蚀，脱皮，表面无凹凸	尺量、查看	全部
		焊缝　外观质量	符合方案设计	尺量、查看	全部
		焊缝　内部质量	符合方案设计	探伤检查	20%
3	钢管混凝土	混凝土强度等级	符合方案设计	检查记录	全部
		饱满、密实	符合方案设计	敲击	全部
4	万能杆件	截面杆件根数、连接螺栓直径和个数，垫板、填板设置等	符合方案设计	查看	全部
		螺栓拧紧程度	符合方案设计	复拧检查	全部
5	立柱顶分配梁	规格	符合方案设计	查看	全部
		外观质量	弯曲矢高≤L/1000，且＜10mm，不得有严重锈蚀	尺量、查看	全部
		加工、安装质量	加劲肋符合方案设计	尺量、查看	全部

注：H——立柱总高度，L——钢管长度或立柱顶分配梁跨度。

407

梁柱式门洞支架梁部质量检查验收 表 10.4.2-2

序号	检查项目			质量要求	检验方法	检验数量
1	型钢		型号、数量、位置	符合方案设计	查看、尺量	全部
			加劲肋设置间距	符合方案设计	尺量	全部
			加劲肋焊缝	符合方案设计	查看	全部
			侧向弯曲矢高	$\leqslant L/1000$，且不大于 10mm	查看、尺量	全部
			扭曲	$\leqslant h/250$，且不大于 5mm	尺量	全部
			纵、横向连接系	符合方案设计	查看	全部
		焊缝	外观质量	符合方案设计	尺量、查看	全部
			内部质量	符合方案设计	探伤检查	20%
2	贝雷梁		型号、数量、位置	符合方案设计	查看	全部
			连接系或支撑架安装	符合方案设计	查看	全部
			桁架连接销	齐全	查看	全部
			加强弦杆螺栓	不得漏设	查看	全部
			支座处增设竖杆、斜杆	符合方案设计且应磨光顶紧	查看	全部
			构件检查和整修情况		查看记录	全部
			侧向弯曲矢高	$\leqslant L/1000$，且不大于 20mm	查看	全部
3	万能杆件		截面杆件根数、连接螺栓直径和个数，垫板、填板设置等	符合方案设计	查看	全部
			螺栓拧紧程度	符合方案设计	复拧检查	全部
			所承托的上部梁的设置位置	位于桁架节点中心	查看	全部

注：h——型钢截面高度，L——梁跨度。

10.5 安全防护设施施工质量检查与验收

碗扣式钢管脚手架安全防护设施检查验收项目、质量要求、抽检数量、检验方法应符合表 10.5 的规定，并应重点检查和验收下列内容：

1. 作业层宽度、脚手板、挡脚板、防护栏杆、安全网、水平防护的设置应齐全、牢固。

2. 梯道或坡道的设置应符合方案设计的要求，防护设施应齐全。

3. 门洞顶部应封闭，两侧应设置防护设施，车行通道门洞应设置交通设施和标志。

安全防护及附属设施质量检查验收 表 10.5

序号	检查项目		质量要求	抽检数量	检查方法
1	作业层、作业平台	宽度	符合方案设计要求，且≥900mm	全部	钢板尺
		脚手板材质、规格和安装	符合方案设计要求，铺满、铺稳、铺实	全部	目测、钢板尺
		挡脚板位置和安装	立杆内侧、牢固，高度≥180mm	全部	目测、钢板尺
		安全网	外侧安全网牢固、连续	全部	目测

续表

序号	检查项目		质量要求	抽检数量	检查方法
1	作业层、作业平台	防护栏杆高度	立杆内侧、离地高度分别为 0.6m（0.5m）、1.2m（1.0m）	全部	目测
		层间防护	脚手板下采用安全平网兜底，水平网竖向间距≤10m；内立杆与建筑物间距离≥150mm时，间隙应封闭	全部	目测、钢卷尺
2	梯道、坡道	宽度	符合方案设计要求，且≥900mm	全部	钢板尺
		坡度	梯道坡度≤1：1，坡道坡度≤1：3	全部	钢板尺
		坡道防滑装置	符合方案设计要求，并完善、有效	全部	目测
		转角平台脚手板材质、规格和安装	符合方案设计要求，铺满、铺稳、铺实	全部	目测
		安全网	牢固、连续	全部	目测
		通道、转角平台防护栏杆高度	立杆内侧、离地高度分别为 0.6m（0.5m）、1.2m（1.0m）	全部	目测
3	模板支撑架门洞安全防护	车行通道导向、限高、限宽、减速、防撞等设施及标识、标志	符合方案设计要求，并完善、有效	全部	目测
		顶部封闭、两侧防护栏杆及安全网	符合方案设计要求，并完善、有效	全部	目测

10.6 验 收 记 录

10.6.1 验收记录规定

1. 按照上述规定在原材料进场、基础完工、分段搭设、分段使用等各施工阶段应进行分阶段验收时，应并形成验收记录。

2. 脚手架搭设至设计高度后，在投入使用前，应办理完工验收手续。完工验收应形成记录，并经责任人签字确认。

3. 各阶段检查验收内容和指标应按规范要求进行量化。

4. 验收合格后应在明显位置悬挂验收合格牌。

10.6.2 验收记录表

1. 脚手架在原材料进场、基础完工、分段搭设、分段使用等各施工阶段施工完成后，应表 10.6.2-1 形成阶段检查验收记录。

2. 脚手架搭设至设计高度后，在投入使用前，应在阶段检查验收的基础上进行完工验收，并应按表 10.6.2-2 形成完工验收记录。

3. 当各地对脚手架的验收记录另有规定时，应遵照其具体规定。

_____阶段检查验收记录 表 10.6.2-1

项目名称							支撑架结构形式		
实施单位							检查阶段		
施工日期		年 月 日至 年 月 日					检查验收日期		年 月 日
检查项目及检查结论									
序号	检查项目	规范或方案的质量规定		检查过程记录					检查结论
1									
2									
3									
4									
5									
6									
7									
8									
9									
10									
11									
12									
13									
14									
验收组人员签字									
序号	实施单位作业负责人员		职务					验收人签字	

注：1 检查阶段应分为 1）构配件、2）基础、3）架体、4）安全防护及附属设施体系；

2 各检查阶段的检查项目应根据第 10.2～10.5 节的规定列出；

3 检查项目的质量要求应符合第 10.2～第 10.5 节和安全专项施工方案的规定。

脚手架完工验收验收记录 表 10.6.2-2

项目名称				架体类型	双排脚手架□ 模板支撑架□	
搭设部位		搭设高度		搭设跨度		施工荷载	

检查与验收情况记录					
序号	检查项目	检查内容及要求		实际情况	符合性
1	专项施工方案	搭设前应编制专项施工方案，进行架体结构布置和计算，专项施工方案应经审核、批准			
2	构配件	进场的主要构配件应有产品质量合格证、产品性能检验报告，构配件观感质量、规格尺寸应按规定的抽检数量进行抽检			
3	地基基础	地基处理和承载力应符合方案设计要求，地基应坚实、平整；垫板的尺寸及铺设方式应符合方案设计要求；立杆与基础应接触紧密；地基排水设施应完善，并符合方案设计要求，排水应畅通；施工记录和试验资料应完整			
4	架体搭设	立杆纵、横间距及水平杆步距应符合方案设计要求；架体水平度和垂直度应符合规范要求；水平杆应纵、横向贯通，不得缺失			
5	杆件连接	碗扣节点组装时，应通过限位销确保上碗扣锁紧水平杆；双排脚手架相邻立杆接头不应在同一步距内			
6	架体构造	扫地杆离地间距、立杆伸出顶层水平杆长度（模板支撑架）、斜撑杆和剪刀撑设置位置和间距、连墙件（双排脚手架）或架体与既有建筑结构连接点（模板支撑架）的竖向和水平间距应符合方案设计和规范要求			
7	可调托撑与底座	螺杆垂直度、插入立杆长度应符合规范要求			
8	安全防护设施	应按方案设计和规范要求设置作业层脚手板、挡脚板、安全网、防护栏杆和专用梯道或坡道；门洞设置应符合方案设计和规范要求			

施工单位 检查结论	结论： 检查日期： 年 月 日 检查人员： 项目技术负责人： 项目经理：
监理单位 验收结论	结论： 验收日期： 年 月 日 专业监理工程师： 总监理工程师：

第 11 章　模板支撑架预压

11.1　预压目的及原理

碗扣式钢管模板支撑架当有下列情况之一时，宜按现行行业标准《钢管满堂支架预压技术规程》JGJ/T 194 的规定对模板支撑架进行预压及监测：

1. 承受重载或设计有特殊要求时。

2. 地基为不良地质条件时。

3. 被支撑的混凝土构件跨度大（如大跨度桥梁结构等），对拆模成型后构件线型和表面质量要求高时。

4. 满堂支架下部设置梁柱式门洞支架时。

对模板支撑体系进行预压的作用：

1. 按照支架在浇筑工况下的最大荷载，并考虑必要的超载系数，对支架进行加载试验，检验支撑架最不利使用工况下的承载力和整体稳定性。能够承受预压荷载且支架变形和沉降能控制在一定范围内的支架，可认为能够承受混凝土浇筑条件下的最大荷载，并能满足拟浇筑混凝土构件的线型要求，即支架是可靠的。

2. 通过模拟混凝土浇筑工况施加荷载，卸载后能够充分消除支架各部位的非弹性变形，如各部位杆件的接触间隙、材料本身的塑性变形等。

3. 通过对加载、卸载过程支架变形的观测，能够准确获得在加载工况下支架的最大竖向变形，以及卸载后支架的竖向可恢复变形，即弹性压缩变形，二者的差值即为支架体系的塑性变形。所获得的弹性变形即为模板预拱度调节的重要依据之一。

支架预压应在支架结构检查合格，确保整架的搭设质量满足支架施工设计要求后进行。

支撑架预压完成后，应对预压结果进行检查验收，对预压中发现的问题进行整改，并应根据预压结果调整支撑架的预拱度。

11.2　预　压　段　选　取

预压主要针对桥梁模板支架，地基条件、基础、构造形式相同和高度相近的支架，可选择代表性浇筑段进行预压，首次浇筑段的桥梁支架必须进行预压。

代表性浇筑段针对多跨简支梁或多节段连续梁支架法现浇施工，综合考虑支架地基条件、构造形式、高度和梁体荷载情况，选择支架受力最不利的一跨或一个节段梁体作为预压区段，预压区段的变形应能反应整跨结构或全桥结构的实际变形规律。对一次性连续浇筑的连续梁，预压区段是指靠主墩位置中跨或边跨梁体的一半长度段。

支架预压加载范围不应小于现浇混凝土结构物预压区段的实际投影面积。

11.3 加 载 和 卸 载

11.3.1 预压荷载

1. 支架的预压荷载应符合设计要求；当设计无具体要求时，不应小于支架所承受的混凝土结构自重标准值与模板自重标准值（当已安装模板时，不含已安装的模板及主次楞重量）的110%。

支架预压的主要目的是为了掌握支架在荷载作用下的沉降、变形规律，为梁体预拱度的合理设置提供依据，同时检验支架的安全可靠性。在预压荷载标准的选取上，参考行业标准《钢管满堂支架预压技术规程》JGJ/T 194—2009和其他相关施工技术规范，考虑到预压荷载标准过高会增加现场预压工作量和施工难度，并增加架体坍塌风险，因此要求以满足设计要求为原则，设计无要求时，不小于支架所承受最大施工施工荷载的110%为标准。

需强调的是，预压荷载不是越大越好，能反应支架实际工况的最大荷载即可。从第4.9节的现场加载试验结果可以看到，过大的预压荷载将导致架体进入欠稳定的状态，杆件内力呈非线性快速增长，极易发生安全事故。因此最大预压荷载不应超过支架所承受最大施工荷载的120%。

2. 支架预压应选用重量稳定和易于计量、装卸的材料；当采用砂（土）作加载材料时应防止雨水影响其重量。

支架预压期间，降雨可能带来预压荷载的增加和地基承载能力减弱，在预压材料的选取、支架承重平台排水和地基基础防排水措施上要有充分考虑。

3. 支撑架的预压区域应根据混凝土梁体断面形状划分为若干预压单元，各预压单元内的荷载分布应与支撑架实际永久荷载的分布基本一致。每个预压单元内的预压荷载宜采用均布形式，实际荷载强度的最大值不应超过该预压单元内预压荷载强度平均值的110%。预压单元的设置及加载方式如图11.3.1所示。

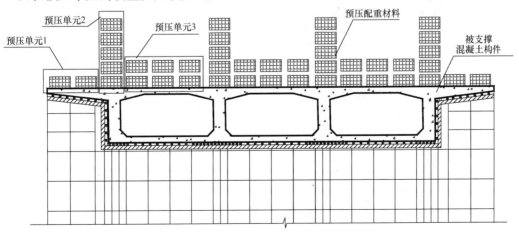

图 11.3.1 预压单元划分及加载方式

11.3.2　加载与卸载分级

1. 支撑架预压可按支撑架预压单元内预压荷载最大值的 60%、80%、100%分 3 级进行，加载重量偏差应控制在同级荷载的±5%以内，预压荷载强度（预压荷载最大值）取钢筋混凝土重量的 110%。

2. 加载过程中如发生异常情况时应立即停止加载，经查明原因并采取措施保证支架安全后方可继续加载。

3. 支撑架预压加载和卸载应按照对称、分层、分级的原则进行，严禁集中加载和卸载：

1）当纵向加载时，应从混凝土结构跨中开始向支座处进行对称布载。

2）当横向加载时，应从混凝土结构中心线向两侧进行对称布载。

支架预压过程中对称、分层、分级加载和卸载的目的是为了避免偏载或局部集中荷载过大对支架造成不利影响；不对称、不合理加载或卸载程序容易造成支架局部变形过大引发支架结构失稳倒塌事故。

11.4　预　压　监　测

11.4.1　监测内容

支撑架预压时应进行竖向和水平位移监测，监测内容包括：

1. 基础沉降变形。

2. 支撑架竖向位移。

3. 支撑架顶面水平位移。

4. 下部梁柱式门洞支架的横梁和纵梁的挠度。

11.4.2　监测点布置

1. 满堂支撑架预压监测点布置应符合下列规定：

1）监测断面应设置在预压区域的两端及纵向间隔 1/4 跨径位置。

2）每个监测断面上应布置不少于 5 个监测点，并应对称布置。

3）对于支架基础沉降监测，在支架基础条件变化处应增加监测点。

4）支架沉降监测点应在支架顶部和底部对应位置上分别布置。

2. 下部设置梁柱式门洞支架时，预压监测点布置应符合下列规定：

1）监测点应设置在预压区域的立柱和纵梁跨中位置。

2）立柱的基础、横梁顶面和纵梁跨中应对称梁体中心线各布置 5 个以上监测点。纵梁上设置的满堂式支架，应在满堂式支架顶面对应设置监测点。

11.4.3　监测频率

支撑架预压监测频率应符合下列规定：

1. 支撑架加载前，应监测记录各监测点位置的初始值。

2. 每级加载完成 1h 后进行支撑架的变形观测，以后间隔 6h 监测记录各监测点的位移量，当相邻两次监测位移平均值之差不大于 2mm 时，方可进行后续加载。

3. 全部预压荷载施加完成后，应间隔 6h 监测记录各监测点的位移量；当连续 12h 监测位移平均值之差不大于 2mm 时，方可卸除预压荷载。

4. 支撑架卸载 6h 后，应监测记录各监测点位移量。

11.4.4　监测方法

1. 支撑架沉降监测宜采用水准仪，测量精度应符合三等水准测量要求；支撑架平面位移宜采用全站仪进行观测。支撑架预压应进行监测数据记录。

2. 支撑架预压完成后，应根据监测数据计算分析基础沉降量和支撑架弹性变形量、非弹性变形量及平面位移量，评价支撑架安全性并调整支撑架预拱度和立模标高，形成支撑架预压试验报告。

11.5　支架预压实例

11.5.1　工程概况

某连续刚构桥，主跨采用挂篮进行悬臂浇筑，其边跨现浇段采用 CUPLOK 高强碗扣式钢管脚手架搭设满堂支撑架进行浇筑。边跨现浇梁端结构按横向截面形状划分为标准段、变截面段和实心段。其中标准段纵向长度 6.5m、混凝土体积 73.45m³，变截面段 2m、混凝土体积 35.28m³，实心段 2.26m、混凝土体积 53.96m³，现浇段共长 10.76m、混凝土体积 162.7m³。横向宽度 12m，高度 3.3m，现浇段空间模型如图 11.5.1 所示。

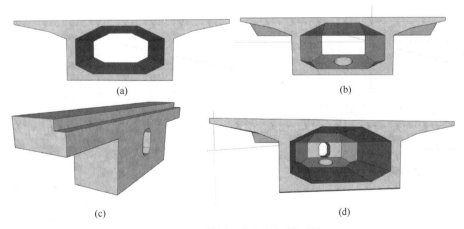

图 11.5.1　箱梁现浇段空间模型图

（a）标准段箱梁正立面图；（b）变截面段箱梁正立面图（c）实心段梁侧立面图；（d）现浇段整体图

11.5.2　预压荷载

1. 预压方式

支架翼缘板模板以及底板模板安装完成后采用砂袋堆载的方式进行预压。边跨现浇段混凝土体积 162.7m³，重量 431.7t。该桥梁边跨现浇段箱梁在顺桥向有 3 种断面：实体段、渐变段、标准段。各节段混凝土的空间分布不同，为简化计算，采取以下近似原则进行计算：中间变截面段箱梁取中间箱梁截面作为计算截面，按照支架的布置位置以及箱梁的各个断面变化对断面进行等截面换算。将预压荷载按照混凝土重量的 60%、80%、100%、110% 分 4 级进行。

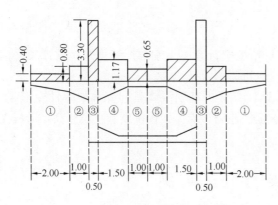

图 11.5.2-1　箱梁标准段 A-A 截面换算示意图

2. 标准节段荷载计算（A 断面）

等重量换算截面如图 11.5.2-1 所示。

边跨现浇段标准节段长度为 6.5m，根据箱梁结构自重按①区、②区、③区、④区、⑤区 5 个部分分别计算箱梁预压重量，并按规范要求进行三级预压：60%→80%→100%。（C55 混凝土自重按 2.6t/m³ 计算）。根据箱梁混凝土的实际体积分布得到各区域混凝土的重量分布为：

A-①区混凝土自重荷载 = 0.4×2.6×9.8 = 10.192kN/m²

A-②区混凝土自重荷载 = 0.8×2.6×9.8 = 20.384kN/m²

A-③区混凝土自重荷载 = 3.3×2.6×9.8 = 84.084kN/m²

A-④区混凝土自重荷载 = 1.17×2.6×9.8 = 29.812kN/m²

A-⑤区混凝土自重荷载 = 0.65×2.6×9.8 = 16.562kN/m²

预压荷载强度分布为：

A-①区 = 10.192×2×6.5×1.1 = 145.75kN

A-②区 = 20.384×1×6.5×1.1 = 145.49kN

A-③区 = 84.084×0.5×6.5×1.1 = 300.60kN

A-④区 = 29.812×1.5×6.5×1.1 = 319.74kN

A-⑤区 = 16.562×1×6.5×1.1 = 118.42kN

由此得到标准段箱梁的预压重量分布如表 11.5.2-1 所示。

标准节段 A 箱梁预压重量分配表　　　　　　表 11.5.2-1

部位	预压荷载（t）	理论预压 60% 预压重量（t）	理论预压 80% 预压重量（t）	理论预压 100% 预压重量（t）
A-①	14.58	8.75	7.00	14.58
A-②	14.55	8.73	6.98	14.55
A-③	30.06	18.04	14.43	30.06
A-④	31.97	19.18	15.35	31.97
A-⑤	11.84	7.10	5.68	11.84
合计（①+②+③+④+⑤）×2	206.0	123.6	98.9	206.0

3. 实心段荷载计算（B 断面）

等重量换算截面如图 11.5.2-2 所示。

边跨现浇段箱梁实心段长度为2.26m，根据箱梁结构自重按①区、②区、③区3个部分分别计算箱梁预压重量，并按规范要求进行三级预压：60%→80%→100%。（C55混凝土自重按2.6t/m³计算）。根据箱梁混凝土的实际体积分布得到各区域混凝土的重量分布为：

B-①区混凝土荷载＝1×2.6×9.8＝25.48kN/m²

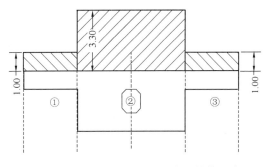

图11.5.2-2　箱梁实心段B-B截面换算示意图

B-②区混凝土荷载＝3.3×2.6×9.8＝84.084kN/m²

B-③区混凝土荷载＝1×2.6×9.8＝25.48kN/m²

预压荷载强度分布为：

B-①区＝25.48×3×2.26×1.1＝190.03kN

B-②区＝84.084×6×2.26×1.1＝1254.20kN

B-③区＝25.48×3×2.26×1.1＝190.03kN

由此得到实心段箱梁的预压重量分布如表11.5.2-2所示。

标准节段B箱梁预压重量分配表　　　　　　　　　　表11.5.2-2

部位	预压荷载（t）	理论预压60%	理论预压80%	理论预压100%
		预压重量（t）	预压重量（t）	预压重量（t）
B-①	19.00	11.4	15.2	19.00
B-②	125.42	75.25	100.34	152.42
B-③	19.00	11.4	15.2	19.00
合计①＋②＋③	163.42	98.05	130.74	163.42

4. 渐变段荷载计算（C断面）

等重量换算截面如图11.5.2-3所示。

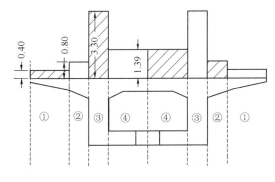

图11.5.2-3　箱梁实心段C-C截面换算示意图

边跨现浇段箱梁渐变段长度为2m，根据箱梁结构自重按①区、②区、③区、④区4个部分分别计算箱梁预压重量，并按规范要求进行三级预压：60%→80%→100%。（C55混凝土自重按2.6t/m³计算）。根据箱梁混凝土的实际体积分布得到各区域混凝土的重量分布为：

C-①区混凝土荷载＝0.4×2.6×9.8＝10.192kN/m²

C-②区混凝土荷载＝0.8×2.6×9.8＝20.384kN/m²

C-③区混凝土荷载＝3.3×2.6×9.8＝84.084kN/m²

C-④区混凝土荷载＝1.39×2.6×9.8＝35.42kN/m²

预压荷载：

C-①区＝10.192×2×2×1.1＝44.84kN

C-②区＝20.384×1×2×1.1＝44.84kN

C-③区＝84.084×0.5×2×1.1＝92.49kN

C-④区＝35.42×1.5×2×1.1＝116.89kN

由此得到实心段箱梁的预压重量分布如表11.5.2-3所示。

渐变节段 C 箱梁预压重量分配表　　　　　　　　　　表 11.5.2-3

部位	预压荷载（t）	理论预压 60%	理论预压 80%	理论预压 100%
		预压重量（t）	预压重量（t）	预压重量（t）
C-①	4.48	2.688	3.584	4.48
C-②	4.48	2.688	3.584	4.48
C-③	9.25	5.55	7.4	9.25
C-④	11.69	7.014	9.352	11.69
合计（①+②+③+④）×2	59.8	35.88	47.84	59.8

11.5.3　加载方法

1. 加载流程

加载按照预压荷载强度的 60%→80%→100%分级进行加载：

设置沉降观测点→支架预压前观测→支架预压荷载加载到 60%→支架沉降观测→支架预压荷载加载到 80%→支架沉降观测→支架预压荷载加载到 100%→支架沉降观测→等待沉降稳定→支架沉降观测→卸载→支架非弹性沉降观测→第三方监控量测得出欲抬高值→重新调整顶托及底模标高；每级加载完成后，应每间隔 12h 对支架沉降量进行监测；当支架测点连续 2 次沉降差平均值均小于 2mm 时，方可继续加载。

支架预压采用砂袋预压，在加载过程中如果有降雨天气出现，应及时根据吸水后的砂袋重量调整加载砂袋数量，以免对实验结果造成过大的误差。

2. 加载顺序

在加载过程实际混凝土浇筑过程相似，应遵循均匀对称加载，分层加载，第一层所有砂袋加载完成后方可加载第二层，以此类推，以免造成偏压失稳。加载顺序如图 11.5.3-1 所示。

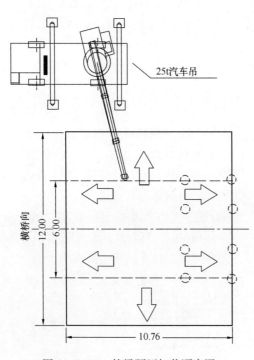

图 11.5.3-1　箱梁预压加载顺序图

3. 加载砂袋数量计算

单个砂袋装袋后为圆柱体，直径 0.8m，装沙高度 1.2m，单袋重量为 0.9t。根据箱梁重力分配表得出各级预压砂袋个数如表 11.5.3-1 所示。

预压砂袋分布表

11.5.3-1

标准节段 A 箱梁预压砂袋分配表			
部位	预压荷载（t）	理论预压 60%	理论预压 80%	理论预压 100%
		预压砂袋（个）	预压砂袋（个）	预压砂袋（个）
A-①	14.58	10	13	16
A-②	14.55	10	13	16
A-③	30.06	20	26	33
A-④	31.97	22	29	36
A-⑤	11.84	8	10	13
合计（①+②+③+④+⑤）×2	206.0	137	183	229

实心节段 B 箱梁预压砂袋分配表			
部位	预压荷载（t）	理论预压 60%	理论预压 80%	理论预压 100%
		预压砂袋（个）	预压砂袋（个）	预压砂袋（个）
B-①	27.16	30	18	24
B-②	151.62	168	101	135
B-③	27.16	30	18	24
合计①+②+③	205.94	229	137	183

渐变节段 C 箱梁预压砂袋分配表			
部位	预压荷载（t）	理论预压 60%	理论预压 80%	理论预压 100%
		预压砂袋（个）	预压砂袋（个）	预压砂袋（个）
C-①	4.48	5	3	4
C-②	4.48	5	3	4
C-③	9.25	10	6	8
C-④	11.69	13	8	10
合计（①+②+③+④）×2	59.8	66	40	53

根据上述计算，得到各预压区段在不同预压阶段的砂袋摆放方式如图 11.5.3-2～图 11.5.3-4 所示。

4. 预压后卸载

当支架预压各测点沉降量平均值小于 1mm；连续三次各测点沉降量平均值累计小于 5mm 时，可进行支架卸载。

卸载按照加载顺序的反向进行，分三级卸载，按照 100%→80%→60%→0% 的顺序卸载。

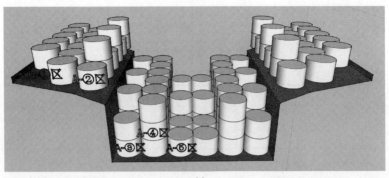

(a)

(b)

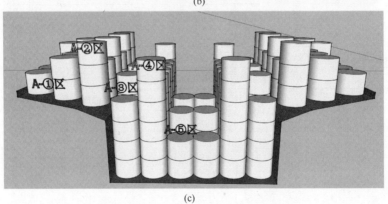

(c)

图 11.5.3-2　箱梁标准段预压砂袋堆放

（a）箱梁标准段 60％预压荷载正立面示意图；（b）箱梁标准段 80％预压荷载正立面示意图；

（c）箱梁标准段 100％预压荷载正立面示意图

　　每一级卸载按照先加载的后卸，后加载的先卸的原则进行，卸载时分层从中间向两边对称卸载。卸载时应只有一名操作人员负责绑扎砂袋，直至所有砂袋卸载完成。

　　5. 预压加载沉降及变形观测

　　1）观测内容

　　支架预压加载观测内容包括前后两次观测的沉降差、支架弹性变形量及支架非弹性变形量。记录表格应符合表 11.5.3-2 的规定，支架预压中应测量下列标高：

　　（1）加载之前测点标高 h_0；

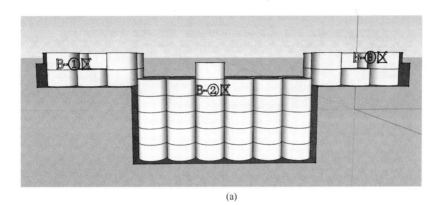

(a)

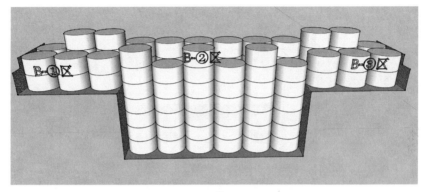

(b)

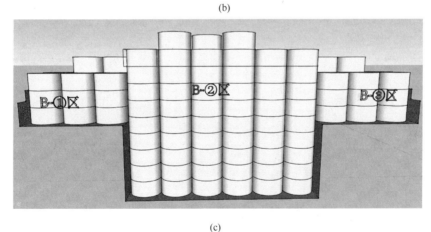

(c)

图 11.5.3-3 箱梁实心段预压砂袋堆放

（a）箱梁实心段 60％预压荷载正立面示意图；（b）箱梁实心段 80％预压荷载正立面示意图；

（c）箱梁实心段 100％预压荷载正立面示意图

（2）每级加载后测点标高 h_j；

（3）加载后间隔 24h 测点标高 h_i；

（4）卸载 6h 后测点标高 h_c。

2）测点布置

现浇段截面跨径小于 40m，因此按沿结构的纵向每隔 1/4 跨径应布置一个观测断面，每个观测断面上的观测点为 5 个，且对称布置。

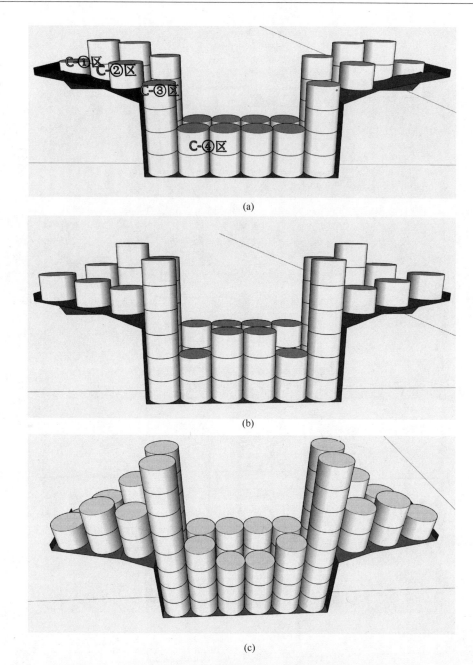

图 11.5.3-4 箱梁变截面段预压砂袋堆放
(a) 箱梁变截面段 60％预压荷载正立面示意图；(b) 箱梁变截面段 80％预压荷载正立面示意图；
(c) 箱梁变截面段 100％预压荷载正立面示意图

3）监测记录

预压变形观测应采用水准仪，水准仪应按规定检定。预压变形观测宜采用三等水准测量要求作业。支架变形监测记录工作应按以下顺序进行：

（1）所有仪器必须检定合格后方可开始观测工作；

（2）在支架搭设完成之后，预压荷载施加之前，测量记录支架顶部和底部测点的原始标高；

（3）每级荷载施加完成之后，记录各测点的标高，计算前后两次沉降差，当各测点前后两次的支架沉降差满足每级加载完成后每间隔12h对支架沉降量进行监测，支架测点连续2次沉降差平均值均小于2mm时，可以施加下一级荷载；

（4）全部荷载施加完毕后，每间隔24h观测一次，记录各测点标高；当支架预压各测点沉降量平均值小于1mm；连续三次各测点沉降量平均值累计小于5mm。时，可进行支架卸载；

（5）卸载6h后观测各测点标高，计算前后两次沉降差，即弹性变形；

（6）计算支架总沉降量，即非弹性变形。

观测工作结束后，提交观测点布置图及沉降观测表。

大桥边跨现浇段支架沉降观测表

表 11.5.3-2

日期： 年 月 日

测点	加载前 h_0	加载中 h_j						加载后 h_i								卸载6h后 h_c		总沉降量
		$h_{60\%}$		$h_{80\%}$		$h_{100\%}$		24h		48h		72h		…				
	标高	标高	沉降差	标高	沉降差	标高	沉降差	标高	沉降差	标高	沉降差	标高	沉降差	标高	沉降差	标高	沉降差	

6. 加载预压试验安全保证措施及应急预案

1）预压施工前项目部组织工程部、安全部专业人员对边跨现浇段支架及模板进行全面、细致的检查，验收合格并经签认后方可进行预压施工。

2）预压施工时，预压期间在支架周围10m范围设置警戒区，树立、张贴相关安全标语、标牌，严禁非施工人员进入现场。

3）每天加载试验工作暂停，必须采用防水篷布将堆码好的砂袋进行严密覆盖，以防止雨水浸湿而导致袋装砂吸水引起荷载骤增影响试验正常进行甚至发生安全事故。

4）要安排专人进行24h值班，禁止非施工人员进入预压施工作业区域。

预压施工前，项目部要对预压施工作业进行专项技术交底，安排专人进行称重及记录，严格控制加载数量和质量。安装及试验前进行施工技术交底和安全交底培训。统筹组织人力、机械、压重材料，做到统一指挥，协调施工。

5）预压施工时，吊装作业要有专人指挥，信号明确，作业人员必须严格遵守安全操作规程，佩戴安全帽安全带和防护用品。砂袋吊装过程要轻放，防止过大的冲击力。

6）边跨现浇段支架预压作业面堆码作业人员必须佩戴安全帽和双肩背带式安全带，将安全带挂于墩顶固定处，在堆码作业间歇，人员离开支架等待或停留，不得在支架或堆码砂袋上等待停留。

7）下雨天气、六级及以上大风天气均不得进行支架安装或加载试验。

8）支架螺杆螺母及各联结点、构件节点采用红油漆进行标记，每天专人进行观测。

9）加载程序、方法及重量，严格执行方案中的规定，压重范围按划定的范围进行，严防过载、偏载。

10）在预压重量时，测量组人员用仪器注意观察支架和底模变形、下沉，发现变形、下沉速度明显加快时，应立即通知停止施工，撤除作业人员。

11）卸载过程中，要统一指挥，分级、对称卸载，卸载后砂袋运至拌合站堆放。

12）装及加载试验工作统一由工区负责人吕刚负责。测量等技术工作由姚育全负责。

13）准备好急救包，以备急需。急救物质及人力资源：机动小客车1辆，尼龙安全绳100m，急救药箱1套，抢险队员10人。

7. 预压试验主要设备配置

预压试验主要设备配置如表11.5.3-3所示。

预压试验设备表 表 11.5.3-3

序号	设备名称	设备型号	数量	备注
1	挖掘机	神钢50	1	砂袋装砂
2	汽车吊	25t	1	砂袋装卸
3	运输板车	80t	1	砂袋水平运输
4	地磅	80t	1	砂袋称量
5	高精度水准仪	苏光	1	位移观测

第12章 脚手架安全管理与使用

12.1 脚手架事故频发的直接和间接原因

钢管脚手架和满堂支撑架发生坍塌、倾倒和垮架事故，不外出现了以下情况：一是架体实际受到的荷载作用超过了它实际形成的承载能力；二是架体受到了未予考虑的荷载作用或是出现了设置和工作状态的改变。而这两种情况的出现，常有以下各项直接和间接的原因。

12.1.1 直接原因

1. 荷载及其作用效应的计算或考虑不够。

1）未按不同部位计算荷载，而一些部位的荷载会显著高于计算采用的平均值。

现行脚手架规范中给出的作用于脚手架上的荷载分类及其标准值是针对一般施工条件下的"平均值"，规范中的条文用语一般为：某某荷载应根据实际情况确定，并不应低于某某值。实际脚手架使用条件下由于受搭设条件的限制，某些部位架体立杆受到的荷载将超过一般情况下的立杆受力。比如双排外脚手架由于建筑外立面受到卸料平台等影响，导致某一跨立杆纵距远远超出其他部位，致使该部位立杆的轴力高出其他立杆的轴力；又如，梁板结构满堂支撑架中，设置了布料机的部位，立杆的荷载远远超过其他部位的立杆荷载；跨空与悬挑支撑架构中的分界处立杆也往往是荷载突变的部位。如不对架体特殊部位的荷载进行单独计算，可能会导致真正起控制作用的计算部位被忽略，为架体的安全使用留下隐患。

2）未能正确使用荷载的分项系数和调整系数（结构重要性系数、荷载分项系数）。

现行脚手架技术规范对架体计算均采用基于概率论的极限状态设计法进行设计，采用分项系数进行表达。合理的分项系数是确保架体既定可靠指标的根本保证。脚手架的工程实际中，往往存在荷载计算时不采取分项系数或分项系数取值不足的现象，导致可靠度降低。

3）施工活载、特别是振捣荷载的取值偏小。

在脚手架使用中可能存在的所有荷载中，施工荷载是变异性最大的，也是受施工工艺影响最显著的荷载项。架体设计所采取的施工荷载一定要与所采用的施工工艺，如混凝土浇筑方式、作业脚手架的用途等相对应。

4）采用多层承传分布构造的超大集中荷载（如卸荷点支架）的下传分布情况未做真架试验测定，取值偏小。该情况多发生于建筑结构转换层支架下部楼层传力的工程中。

5）计算荷载时未对浇筑或安装的工艺流程做严格设计并考虑其可能产生的集聚影响。

6）未计算在多层连支情况下先浇层支架的连支荷载（其值应为本层浇筑完毕后的保

留荷载与各上层浇筑时的下传荷载之和）。

7）未对不允许出现的荷载（如水平力）及其作用采取限制或单独分传措施。

8）未对困难的复杂荷载的取值做论证商定工作。

9）未对在施工中可能会引起荷载及其作用增大的情况加以研究并给出限控措施。

2. 未按施工图和地基条件做严格细致的架体设置与工作状态设计，存在会改变方案中荷载及其作用效应取值的隐患。

1）未对稳固性和承载能力不够的架体基地（地面、楼屋盖与其他支承结构或物体）采用加固、支撑（顶）处理。

2）未按施工图及设置空间的障碍物进行架体立杆等的针对性布置设计，在实际搭设中出现了增大其荷载作用的变化。

3）在荷载较大的梁位，立杆未加密或未对中与对称布置。

4）未按规定或需要设置连（顶）墙点和抱柱拉结点。

5）未处理好边坡、斜面、台阶、座席（直线或曲线台阶）等基地处的设置稳固要求。

6）悬挑、悬（跨）空架体的斜支点构造不符合要求。

7）对设于作业层面上有水平动力作用的泵送管道和布料机荷载未做好安全承传处置。

3. 架体构造设计不符合要求或存在明显缺陷。

1）构造参数的取值不适应相应部位的荷载情况。

2）剪力撑或斜杆的配置不符合规定或未达到与其抗力设计值所要求斜杆配置率（覆盖率）值。

3）立杆顶部伸出长度值和扫地杆离地高度值超限或过大。

4）可调底座和托座（撑）丝杆的直经过细（<38mm）和工作长度过大（>300mm）。

5）满堂架体的双向水平杆未拉通。

6）高重大梁或重载部位架体未按荷载重分布趋势延伸加密架体布置平面。

7）满堂架中加密架体的加密水平杆（减少步距）未向架体稀疏布置部位延伸 1～3 跨；

8）倾斜构件支架的立杆托座和受压斜杆底端未设斜面垫块，或有水平（斜间）力作用的架体部分未设相应的承传分布杆件（如构件下部加腋部位）。

9）重载和有撑拉支点的部位未采取相应所需的加强构造（方塔加强斜杆、加密水平杆等）。

10）曲面、斜面、夹角等特殊平面结构支架的顶部未采取荷载分布与传导构造措施。

11）用扣件架辅助组架用于弥补架体的自身刚度时，与碗扣式定型杆件架体的拉结不够。

12）架体底部剪刀撑或斜杆的配置方向不合适（会产生不稳定问题）。

4. 结构抗力计算未考虑降低因素和安全度要求，取值偏大或过满。

1）未对计算长度系数从取值的符合性与安全性做斟酌研究。

纵观各类脚手架技术规范，架体的承载力和稳定性计算均体现为立杆计算长度系数的取值。虽然规范给出了不同构造条件下立杆的计算长度取值公式，但在具体的使用环境下应结合相关架体承载力试验结果做相应适当的调整。

2）未按设计安全度要求对其稳定承载力 $R(=\varphi A f)$ 做抗力调整系数 $\gamma'_R(=\gamma_0 \gamma'_R)$ 的调整（脚手架结构设计抗力值比相应建筑钢结构取值，强度计算约降低 7%，稳定计算约降低 30%，降低后大致接近欧洲的安全标准）；

3）未采用搭设高度调整系数 k 统一反映各种架体搭设不利因素对架体承载力的调整。

4）立杆截面积 A 的取值与实际值不符（$\phi48\times2.5$ 管的 A 值分别为 $\phi48\times3.0$、$\phi48\times3.2$ 和 $\phi48\times3.3$ 的 84.3%、77.41% 和 73.08%），实际承载力降低较多。

5）当立杆计算长度系数 μ 的取值偏小（承载力提高）和未采用调整系数 k 时，应力计算值 σ 接近钢管强度设计值 f（Q235 钢为 205N/mm²，Q345 钢为 300N/mm²）。

5. 架种、产品和材料的选用不能满足承载和使用安全要求。

1）架种的选用不适合（架体的适应性与承载的合理性），如采用 WDJ 系列 Q235 级立杆脚手架时，就不适合用于立杆轴力设计值约大于 30kN 的架体（一般构造条件下不应超过 20kN）。

2）使用性能降低的碗扣配件及扣件。

3）使用无多种常用尺寸定型水平和竖向斜杆配置；虽采用扣件钢管替代、但无承载安全试验测定。

4）使用材质、规格和性能不符合要求的钢管杆件、连接件、可调底座和托座。

5）使用已严重变形、锈蚀和早应报废的杆件和材料。

6）使用不合格的支垫材料。

6. 架体搭设的情况存在隐患和造成承载能力的降低。

1）使用未经进场验收和上架检查的材料。

2）搭设场地和垫板未经抄平处理。

3）搭设前未做安全技术交底或做得粗糙，搭设人员未掌握方案的要求。

4）搭设时杆位未放线。方案设计和主管人员未到场，对杆位变动的影响未能及时控制或核算处理（带来立杆承载面积显著增大）。

5）搭设中随意改变架体立杆间距和步距。

6）搭设中随意减少水平杆或改变剪刀撑斜杆的配置设计。

7）架体立杆对接接头的位置不符合规定或设计要求。

8）碗扣锁紧程度达不到要求。

9）碗扣架立杆的垂直度未严格控制（会造成水平杆装不上或出现弯曲）。

10）钢管扣件剪刀撑或斜杆未能和相交立（横）杆全部连接，造成长细比过大。

11）累计的立杆垂直偏差过大（支架不宜 >20mm）。

12）斜杆设在无水平杆的立杆节点上。

13）连（顶）墙点和拉结点设置不合格。

14）多层连支上下层支架应对中的立杆错位过大（应符合设计要求）。

15）搭设过程未按要求及时进行检查，造成累计偏差过大。

16）未进行检查验收就交付使用。

17）未编制方案由工人凭经验搭设。

18）方案未经审定就进行搭设。

19）不按方案搭设。

20）方案缺架体布置图，由工人自主搭设。

7. 架体的使用（承载）出现了可招致危险的超载与工作状态变化。

1）在交付使用前没有进行认真和严格的验收，搭设隐患未能消除。

2）模板和钢筋工程施工时，在架面上超限堆料，进行撬动、散捆（招致滚动荷载）等危险操作，招致架体的状态出现不利变化。

3）在进行混凝土浇筑或屋架结构安装施工前，没有对支架进行一次全面检查、以消除松动、变形、移位等存在的隐患。

4）在浇筑和安装时改变原设计的工艺流程，造成荷载作用情况的不利变化。

5）未按施工期间天气预报的气温情况对原计算条件的变化，及时调整对浇筑速度、高度和振捣强度的控制，招致局部荷载的剧增。

6）未对影响结构安装的临时支点和校正点设置做严格控制，或设置在承载能力不够的水平杆中部或架体部位（未做构造加强）。

7）在作业的后期或相应部位最后一次加载施工时，在一处（约 15m² 以内）集中了过多的机具（特别是振捣棒过多）和作业人员。

8）支撑上层钢筋的马凳设置不稳固、有单向发生倾斜的状态变化。

9）在已接近混凝土初凝时浇筑接茬部位，造成振捣荷载剧增。

10）在浇筑和安装施工进行中派人进入架内监视架体安全。

11）未做浇筑作业因故停顿较长时间时的处理预案，处理时产生危及支架安全的荷载。

12）脚手架使用时超载堆料，或同时交叉存在 2～3 层作业层。

8. 发现与消除隐患和异情的报告与处理不及时。

1）未能建立起全面（覆盖各个环节的技术与安全控制要求）、认真（一丝不苟）、严格的隐患检查、消除与安全监控、监护的制度和机制。

2）未能建立起有效、务实、可随时启动的异情与突发事态应急处理机制。

3）未结合工程的技术和安全要求列出常见与可能出现的安全隐患，异情和突发事态项目及其处理要求和措施，并落实到岗位职责之中。项目管理中安全管理机制（组成人员名单）虽都已"上墙"，但并非有效运作的常见问题。

4）对隐患的发现与消除和对异情的报告与处置不及时，不果断、不正确，以致造成事故的发生。

12.1.2　间接原因

施工单位程度不同地存在三大隐患（安全管理工作隐患、技术安全管理工作隐患和习惯性安全隐患）、标准规定存在的不足、设计和计算软件存在的不足和问题、脚手架行业自律机制的不成熟以及一线基层的安全生产氛围存在空白点等，是事故频发势头仍未得到有效遏制的间接原因，或者是与上述直接原因有关联性、其中甚至有起决定性作用的因素。

1. 以经理为载体的安全管理工作隐患。

1）违规开工和违规施工。

2）压价分包和以包代管。

3）采购或租赁低价不安全材料。

4）压缩技术和安全保障投放。

5）忽视安全要求、随意改变施工方案、施工安排、技术与安全保证要求。

6）不重视安全规章制度的不断完善与严格执行。

7）未能严格按要求和相应工程情况需要进行安全教育和培训。

8）不重视确保工程安全和推动技术进步的专项试验、工程监测，数据取得与研究工作。

2. 以总工为载体的技术安全工作隐患。

1）技术安全工作掌管不到位、工作粗浮、考虑不全面、规定不细致、保证不到位。

2）过分依赖软件，放松了对理论、计算（特别是手算）、审核、分析、研究和判断能力的增进与提高。

3）不注意抓住解决工程中技术安全难点的机会，多做一些专项试验、监测和研究，努力取得技术安全进步成果，积累技术安全数据，提高在工程技术安全方面的决策能力与水平。

4）在受到工期和效益要求的冲击时，不能坚守住技术要求，以确保安全的底线。

5）未能不断增补、细化脚手架和支架工程技术安全限控指标、要求和措施，以及提高技术安全工作的掌控能力。

6）对方案执行中的指导、检查、及时解决出现的问题的工作重视不够，工作不深入。

7）不注意研究已发生事故中的技术安全工作问题，及时解决本单位存在的相应问题。

3. 在一线施管人员中不同程度存在的习惯性安全隐患。

在长期存在以上工程安全管理工作和技术安全工作隐患的环境下，所形成的存在于一线施管人员之中，且已变成习惯性做法习以为常、熟视无睹，以及无人指出纠正"习惯性安全隐患"的涉及事项，这几乎涵盖了上述各项直接原因的大部分。

4. 现行标准规定存在一些不足的问题。

尽管技术标准不断更新，但由于试验和基础研究工作不够以及其他客、主观因素的影响，在现行脚手架、支架标准的规定中，还存在对工程覆盖和符合性不够与不到位、不清晰、不准确、不协调、不合理、不方便使用以及欠缺并需要充实的问题，有的甚至已成为助长降低技术要求、劣质材料和产品泛滥等难治问题的关联因素，也相应影响了监管规定的严格执行要求。

5. 设计和计算软件存在的不足和问题。

由于现行标准存在的一些不足和问题以及软件编制和审定工作存在一些影响因素，使得现行软件缺少分析、研究、对比功能与相应构造图示和数据库，其对技术与管理发展的适应性也较弱。这是建筑施工安全设计软件急需改进的主要问题。

6. 脚手架行业自律机制的不成熟。

7. 一线基层的安全生产氛围建设存在空白点的情况较为突出。

12.2　脚手架工程安全管理一般规定

1. 脚手架搭设和拆除人员必须经岗位作业能力培训考核合格后，方可持证上岗。

2. 搭设和拆除脚手架作业应有相应的安全设施，操作人员应正确佩戴安全帽、安全带和防滑鞋。

3. 当遇六级及以上强风、浓雾、雨或雪天气时，应停止脚手架的搭设与拆除作业。凡雨、霜、雪后，上架作业应有防滑措施，并应及时清除水、冰、霜、雪。

4. 夜间不宜进行脚手架搭设与拆除作业。

5. 在搭设和拆除脚手架作业时，应设置安全警戒线和警戒标志，并应设专人监护，严禁非作业人员进入作业范围。

6. 当脚手架在使用过程中出现安全隐患时，应及时排除；当出现可能危及人身安全的重大隐患时，应停止架上作业，撤离作业人员，并应及时组织检查处置。

7. 在影响脚手架地基安全的范围内，严禁进行挖掘作业。

8. 脚手架应与输电线路保持安全距离，施工现场临时用电线路架设及脚手架接地防雷措施等应符合现行行业标准《施工现场临时用电安全技术规范》JGJ 46 的规定。

9. 在脚手架上进行焊接作业时，必须有防火措施，应派专人监护，并应符合现行国家标准《建设工程施工现场消防安全技术规范》GB 50720 的规定。

10. 双排脚手架在使用过程中，应对整个架体相对主体结构的变形、基础沉降、架体垂直度进行观测。

12.3　脚手架安全使用

碗扣式钢管脚手架搭设完毕投入使用后，在使用过程中存在的安全不利因素主要有：作业层施工荷载超限，日常维护不到位、例行检查不到位、人为破坏等造成架体构配件缺失或随意将其他设施与脚手架相连，模板支撑架在施工过程中不按规定进行混凝土浇筑或未实施必要的施工监测等，使用中的主要危险因素分析及控制措施如下。

12.3.1　作业层超载控制

双排脚手架或模板支撑架上使用荷载超限是架体使用阶段危及架体安全的重要因素。行业标准《建筑施工碗扣式钢管脚手架安全技术规范》JGJ 166—2016 的强制性条文第9.0.3 条规定"脚手架作业层上的荷载不得超过设计允许荷载。"

1. 条文解读

采用钢管搭设的碗扣式双排脚手和模板支撑架，虽然作为临时施工设施，但仍然设计为承受外荷载的结构物。架体结构和地基基础是严格按照规范规定的荷载标准值进行作用效应计算，并按照最不利效应组合进行承载力及变形计算确定的。结构的安全可靠程度强烈依赖于架体实际承受的外部作用大小。因此，当脚手架的实际作用荷载超过设计所采用的荷载值时，架体结构的安全可靠度指标将会降低，甚至会导致架体坍塌等安全事故。

作用在架体上的所有荷载中，永久荷载（主要指架体杆件及防护设施等重量）相对较为固定，但作业层上的施工荷载，尤其是材料、设备的集中堆放荷载如果控制不到位，容易出现实际荷载超过设计允许荷载的工况。对于双排脚手架而言，易出现的超载因素主要有：（1）脚手架的用途改变；（2）脚手架作业层的材料（砖块等）堆放高度过大；（3）作业层上摆放了大型操作设备（如边坡施工作业脚手架上安放大型钻孔设备等），其重量超过了设计所采用的荷载值；（4）施工现场为减少搭设卸料平台的费用，将楼层拆下的各种物料杆件堆积在结构楼板和外脚手架上，再利用塔吊进行转运，这给脚手架在正常使用荷载的基础上增加了数倍的重量，极易造成架体坍塌。对于模板支撑架，容易出现超载的因素主要有：（1）混凝土摊铺不及时，导致模板局部堆载过大（超过构件截面设计高度的混凝土自重视为可变荷载）；（2）在木工支模完成后，在模板表面集中堆积了大量钢筋；或者在堆积钢筋塔吊落钩的瞬间产生了瞬时动荷载；（3）采用了不符合专项施工方案规定的混凝土浇筑工艺，浇筑设备的重量超过了设计所采用的荷载值（如方案中规定采用汽车泵浇筑工艺，而实际采用了布料机进行布料等）。

本强制性条文是控制脚手架上实际荷载的规定，尤其要严格控制施工操作集中荷载，使架体上的实际荷载不超过设计采用的荷载值，以保证支架的安全可靠度。

2. 实施要点

为确保双排脚手架和模板支撑架作业层上的实际荷载不超过设计允许值，在架体的设计和使用中，应做好如下安全技术和管理工作：

1）架体方案设计方面

在脚手架的专项施工方案中应明确架体结构设计所采用的施工荷载标准值，并对荷载的实际工况进行量化规定。对于双排脚手架应明确其用途，并明确规定上下同时作业的层数。特殊作业工况下，应明确材料堆放的层数、块数等，如进行预制装配式构件施工时，应明确规定作业层上预制构件的堆放要求。对于模板支撑架，应明确规定混凝土的施工工艺及采用的机械设备，并规定混凝土的平面分段、竖向分层浇筑顺序等。

双排脚手架和模板支撑架架体作业层上需放置大型施工设备时，应明确设备规格、型号、数量和放置位置。

2）架体使用方面

架体使用前，应就架体允许荷载情况向施工操作人员进行交底，明确支模架上严禁集中堆放钢筋和其他物料，严禁使用外脚手架作为卸料平台或承重支架。

使用过程中，双排脚手架应严格检查架体上的材料堆放面积和高度，模板支撑架应严格按专项方案的要求检查所采用的混凝土浇筑设备的规格、型号、数量和放置位置，并确保混凝土及时摊铺，避免出现局部堆载过大。模板支撑上部混凝土浇筑过程中，应避免振动器直接振捣模板，以免振动力造成杆件接头松散而导致架体坍塌。

架体投入使用前宜悬挂限载标识牌，防护脚手架应有限载标识。限载的规定应便于执行，比如明确规定双排脚手架每跨间作业的最多人数、脚手板上摆放砖块的最大厚度等。当在双排脚手架上同时有二个及以上操作层作业时，在同一跨距内各操作层的施工均布荷载标准值总和不得超过 $5kN/m^2$。

12.3.2 架体的完整性和独立性控制

1. 架体的完整性控制

行业标准《建筑施工碗扣式钢管脚手架安全技术规范》JGJ 166—2016 的强制性条文第 9.0.11 条规定"脚手架使用期间，严禁擅自拆除架体主节点处的纵、横向水平杆，纵、横向扫地杆和连墙件。"

1）条文解读

双排脚手架和模板支撑架为由立杆、水平杆通过半刚性节点组装而成的空间框架形式受力结构，通过设置剪刀撑并与既有结构物通过连墙件进行可靠连接而形成具有一定抗侧刚度的空间几何不变体系。脚手架按照方案设计的要求进行搭设后，在使用过程中应保持为承受荷载的完整结构体系。

架体主节点处的纵横向水平杆、扫地杆和连墙件为架体的关键加强件，对确保架体框架的几何不变体系和空间整体稳定性具有重要的作用。随意拆除这些构配件将导致结构局部丧失承载能力，造成薄弱环节，影响架体完整性和整体稳定性，存在较大安全隐患，甚至会形成几何可变体系，导致架体倾覆及坍塌事故发生。施工现场应严格控制下列破坏架体完整性的行为：

（1）拆除主节点处的纵横向水平杆

无论是模板支撑架还是双排脚手架，主节点处的纵、横向水平杆都是架体最重要的骨架构件之一，起着"框架梁"的作用，不但要传递作业层的竖向荷载（双排脚手架），更是架体纵横方向抗侧移的关键杆件。局部的主节点水平杆缺失会造成与之相连接的立杆在该方向的约束减弱，计算长度成倍增加，致使架体在该部位的局部稳定性急剧降低，造成局部薄弱环节，导致架体在该处失稳破坏；同时会引起架体在该方向的抗侧刚度降低和架体上下刚度突变，降低架体的整体稳定性。

（2）拆除纵、横向扫地杆

扫地杆作为架体最底部一道纵、横水平杆对确保架体最底步距处的局部稳定性至关重要，其对架体稳定性的作用类似于主节点处的纵横向水平杆。该层水平杆件不仅不能拆除，而且应设置水平斜撑杆或水平剪刀撑进行加强。架体使用过程中，经常出现为图施工方便而拆除局部或某一方向扫地杆的现象。

（3）拆除连墙件

对双排脚手架而言，架体在纵向平面内跨数多，且通过竖向剪刀撑进行加强，纵向整体抗侧移刚度大、稳定性高；而架体横向仅有一跨，抗侧刚度远比纵向小。因此，连墙件作为确保双排脚手架平面外抗侧刚度最重要的构配件，是保证双排脚手架稳定性的"灵魂"。按照规范构造要求设置了一定数量的连墙件后，架体的平面外稳定性大幅提升，且连墙件的设置密度直接关系到立杆的计算长度。随意拆除连墙件会造成被拆除处架体的平面外刚度大幅削弱，该处立杆计算长度骤增，稳定性急剧下降，造成极大安全隐患。

2）实施要点

在脚手架的使用过程中应进行例行检查和观测，并安排相关人员进行架体完整性检查，任何人不得擅自拆除架体主节点处的纵横向水平杆、扫地杆和连墙件。

应在架体醒目处设置严禁拆除关键构配件的提示标识，对于连墙件等重要构配件宜通过不同的颜色涂刷加强禁拆警示，并加强相关教育和交底。使用过程中，如需拆除架体主节点处的纵横向水平杆、扫地杆和连墙件等关键杆件，必须经修改施工方案并报请原方案审批人批准，确定补救措施后方可实施。

2. 双排脚手架的独立性

JGJ 166—2016 的强制性条文第 9.0.7 条规定"严禁将模板支撑架、缆风绳、混凝土输送泵管、卸料平台及大型设备的附着件等固定在双排脚手架上。"

1）条文解读

本条文规定的目的是为了确保双排脚手架的刚性约束条件，消除危及双排脚手架安全的附加外部作用的发生，保证双排脚手架的约束和构造条件与计算所采用的受力模型相一致。

双排脚手架设置于作业区域的最外侧，其内侧一般邻近模板支撑架和已施工完成的结构物，邻近其外侧一般设置混凝土输送泵管、卸料平台及起重机械设备等临时设施、设备。使用中经常会出现将作业用脚手架与内侧满堂钢管模板支撑架相连接，并与外侧的混凝土输送泵管、卸料平台及起重机械设备等设施相连接的情况。

双排脚手架是按正常使用的条件设计和搭设的，在双排脚手架的方案设计时，未考虑也不可能考虑作用在作业脚手架上由施工临时设施、设备引起的附加外力。按照规范的架体构造要求，双排脚手架应与内侧已施工完成的结构物通过连墙件进行刚性连接，以确保架体的平面外稳定性。但混凝土输送泵管、缆风绳、卸料平台及起重机械设备与双排脚手架架体连接会使架体超载、受力不清晰、产生振动冲击等，从而危及双排脚手架的使用安全。

同时，竖向荷载作用下，模板支撑架立杆的受力计算模型应为轴心受压杆件，使用过程中不得破坏该计算模型成立的基本条件。鼓励将模板支撑架与周边既有建筑结构相连，但禁止将模板支撑架与双排脚手架等相连接，因为双排脚手架作为柔性结构，会将附加外力作用在模板支撑架上，破坏立杆的受力模型，带来安全隐患。

2）实施要点

架体专项方案设计中，应绘制双排脚手架和模板支撑架的平面布置图以及立面布置图，图中应明确表达架体的立杆、水平杆和架体与既有结构物的连墙件设置，并表达架体与相邻的混凝土输送泵管、卸料平台及起重机械设备等设施、设备的位置关系。架体只能与周边既有结构物进行可靠刚性连接，不得与周边施工临时设施、设备相连接。同时，双排脚手架和相邻的模板支撑架应各自独立，不得进行相互连接。本条规定的目的是确保架体结构简单、合理，传力清晰。用作提高超高模板支撑架整体稳定性的缆风绳只能与模板支撑架做可靠连接，不得与双排脚手架相连接。

架体按专项方案搭设完毕后，应进行完工验收，在使用过程中应进行例行检查和观测，应确保模板支撑架、缆风绳、混凝土输送泵管、卸料平台及大型设备的附着件等与双排脚手架不发生连接。

此外后浇带模板及支撑体系应做成单独的支撑体系，该独立支撑体系应向两侧先浇筑的梁板结构下部各延伸1～2跨。

12.3.3 模板支撑架安全施工

1. 施工监测

模板支撑架在使用过程中的监测监控宜采用仪器定量监测、视频定性监测和人员巡视检查相结合的方式。高大模板支撑架（安全等级为Ⅰ级的支模架）应编制监测方案，明确支撑架监测监控的内容，并编制监测监控计划表，确定监测对象、工况、监测项目、监测点、监测方法与频率和报警值等。使用中应按监测方案对架体实施监测，包括位移监测和内力监测。

1）监测点布置

模板支撑架监测点应稳固、明显，应对监测装置和监测点采取保护措施。当进行位移监测时，位移监测点的布置可分为基准点和位移监测点，其布设应符合下列规定：

（1）每个架体结构应设置基准点；

（2）在架体的顶层、底层及不超过 5 步应设置位移监测点；

（3）监测点宜设置在架体角部和四边的中部位置。

当进行内力监测时，其测点布置应符合下列规定：

（1）受力较大的立杆宜布置测点；

（2）高度区间内测点数量不应少于 3 个。

2）监测频率

模板支撑架监测项目的检测频率应根据支撑架规模、周边环境、自然条件、施工阶段等因素确定。架体使用过程中，位移监测频率不应少于每日 1 次，内力检测频率不应少于 2 小时 1 次。监测数据变化量较大或速率加快时，应提高监测频率。

3）监测报警值

模板支撑架监测报警值应采用监测项目的累积变化量和变化速率值进行控制，并应满足表 12.3.3 规定。

模板支撑架监测报警值　　　　　　　　表 12.3.3

监测指标	限　值
内力	设计计算值
	近 3 次读数平均值的 1.5 倍
位移	水平位移量：$H/300$
	近 3 次读数平均值的 1.5 倍

注：H 为支撑结构高度。

4）当模板支撑架沉降监测值超过报警值时，必须立即停止作业，撤离作业人员，并采取相应的加固措施后方可继续施工。当架体出现下列情况之一时，应立即启动安全应急预案：

（1）模板支撑架监测数据达到报警值时。

（2）架体的荷载突然发生意外变化时。

（3）周边场地出现突然较大沉降或严重开裂的异常变化时。

2. 混凝土浇筑

模板支撑架上混凝土浇筑应符合下列规定：

1）浇筑混凝土应在签署混凝土浇筑令后进行。

2）混凝土浇筑顺序应符合下列规定：

（1）框架或框架剪力墙结构中连续浇筑立柱和梁板时，宜按先浇筑立柱和剪力墙、后浇筑梁板的顺序进行，并将梁板支撑架与已浇筑的墙、柱进行可靠连接。

（2）浇筑梁板或悬臂构件时，应按从沉降变形大的部位向沉降变形小的部位顺序进行，对简支或连续梁板而言，应从跨中向支座部位对称浇筑；对悬臂结构而言，应先浇筑悬臂端后浇筑固定端。

（3）桥梁箱梁混凝土浇筑顺序应符合下列规定：

① 纵桥向应按"斜向分段、水平分层"的方法从低端往高端浇筑。斜向分段长度宜为 4～5m；分层厚度应根据混凝土供应能力、浇筑速度、振捣能力和梁体结构特点等条件

确定，不宜超过 400mm。

② 横桥向应按"先底板与腹板倒角、后底板、再腹板、最后顶板"的对称顺序浇筑；两侧混凝土的高度应基本保持一致。

3）模板支撑架在使用过程中，模板下严禁人员停留。

12.4 使用中的安全检查

12.4.1 定期检查

脚手架验收合格投入使用后，在使用过程中应定期检查，检查项目应符合下列规定：

1. 基础应无积水，基础周边应排水有序，底座和可调托撑应无松动，立杆应无悬空。

2. 基础应无明显沉降，架体应无明显变形。

3. 立杆、水平杆、斜撑杆、剪刀撑和连墙件应无缺失、松动。

4. 架体应无超载使用情况。

5. 模板支撑架监测点应完好。

6. 安全防护设施应齐全有效，无损坏缺失。

12.4.2 全面检查

当脚手架遇有下列情况之一时，应进行全面检查，确认安全后方可继续使用：

1. 遇有六级及以上强风或大雨后。

2. 冻结的地基土解冻后。

3. 停用超过一个月后。

4. 架体遭受外力撞击作用后。

5. 架体部分拆除后。

6. 遇有其他特殊情况后。

7. 其他可能影响架体结构稳定性的特殊情况发生后。

上述各类检查完成后，均应形成书面检查记录，对不符合要求的应给出相应的整改通知单，整改能容和要求要具体明确，落实到人，并给出整改时限要求。

12.4.3 安全检查评定

为实现碗扣式钢管脚手架的搭设及使用过程中安全检查的标准化，应按照现行行业标准《建筑施工安全检查标准》JGJ 59 及《市政工程施工安全检查标准》（CJJ 系列行业标准，目前为报批稿）的规定采用标准化表格进行检查评分，以客观评定其安全控制水平。

为便于施工现场安全检查评定，现将碗扣式钢管双排落地脚手架、满堂脚手架、悬挑脚手架、满堂模板支撑架、梁柱式模板支撑架的安全检查评分规定列于表 12.4.3-1、表 12.4.3-2、表 12.4.3-3、表 12.4.3-4、表 12.4.3-5 中。

使用上述各评分表进行评分应符合下列规定：

1. 表中保证项目应全数检查。

2. 各检查评分表的满分分值应为 100 分，评分表的实得分值应为各检查项目所得分值之和。

3. 各分项检查评分应采用扣减分值的方法，扣减分值总和不得超过该检查项目的应得分值。

4. 当按各分项检查评分表评分时，保证项目中有一项未得分或保证项目小计得分不足 49 分，此分项检查评分表不应得分；

5. 各分项检查评分表中，当评分遇有缺项时，各分项表格检查评定得分值应按下式计算：

$$A = \frac{B}{C} \times 100$$

式中：A——遇有缺项时总得分值；

B——实查项目在该表的实得分值之和；

C——实查项目在该表的应得满分值之和。

碗扣式钢管双排落地脚手架检查评分表 表 12.4.3-1

序号	检查项目		扣 分 标 准	应得分数	扣减分数	实得分数
1	保证项目	方案与交底	1) 未按规定编制专项施工方案，或架体结构和连墙件、立杆地基承载力未经设计计算，扣 10 分；方案编制内容不全或无针对性，扣 2～10 分 2) 专项施工方案未按规定进行审核、审批，扣 10 分 3) 架体搭设高度超过 50m 时，未按规定组织专家对专项施工方案进行论证，扣 10 分 4) 专项施工方案实施前，未进行安全技术交底，扣 10 分；交底无针对性或无文字记录，扣 2～5 分	10		
2		构配件和材质	1) 进场的钢管及构配件无质量合格证、产品性能检验报告，扣 10 分 2) 钢管及构配件的规格、型号、材质或产品质量不符合标准要求，扣 5～10 分 3) 钢管弯曲、变形、锈蚀严重，扣 10 分 4) 焊缝不饱满或存在开焊，扣 5 分 5) 所采用的扣件未进行复试或技术性能不符合标准要求，扣 5 分	10		
3		地基基础	1) 立杆基础不平、不实，或不符合专项施工方案要求，扣 5～10 分 2) 无排水措施，或排水设施不完善，排水不畅通，扣 5～10 分 3) 立杆底部未设置底座、垫板，或垫板的规格不符合标准要求，每处扣 2 分 4) 底座松动或立杆悬空，每处扣 2 分 5) 当脚手架搭设在既有结构上时，未对既有结构的承载力进行验算，或无加固措施，扣 10 分	10		
4		架体搭设	1) 立杆纵向、横向间距或水平杆步距大于标准或专项施工方案要求，每处扣 2 分 2) 立杆垂直度不满足标准要求，每处扣 2 分 3) 纵向水平杆水平度或直线度不满足标准要求，每处扣 1 分 4) 纵向水平杆和扫地杆未连续设置，或主节点处的横向水平杆漏设，每处扣 2 分 5) 非主节点处的水平杆设置方向与脚手板的类型不匹配，或未按照专项施工方案规定的数量设置，扣 5 分 6) 门洞设置不符合标准的构造加强要求，扣 5～10 分 7) 脚手架与起重设备、混凝土输送管、模板支撑架、物料周转平台等设施相连接，扣 5～10 分	10		

序号	检查项目		扣　分　标　准	应得分数	扣减分数	实得分数
5	保证项目	架体稳定	1) 脚手架底部扫地杆离地间距超过标准要求，扣5分 2) 未在架体外侧设置专用竖向斜撑杆或竖向剪刀撑，扣10分，设置的位置、数量、间距不符合方案要求，扣5分 3) 架体搭设高度超过24m时，顶部24m以下的连墙件设置层未按规定设置水平斜撑杆，扣10分 4) 未设置连墙件，扣10分，连墙件设置的竖向和水平间距不符合标准和专项施工方案要求，扣10分 5) 连墙件未采用刚性杆件或拉结不牢固，扣10分 6) 连墙件或等效支撑件未从架体第一道水平杆处开始设置，扣5分 7) 竖向剪刀撑杆件与地面的夹角超出45°～60°范围，每处扣2分	10		
6		脚手板	1) 脚手板材质、规格不符合标准要求，扣5～10分 2) 作业层脚手板未铺满或铺设不牢、不稳，扣5～10分 3) 采用工具式钢脚手板时，脚手板两端挂钩未通过自锁装置与作业层横向水平杆锁紧，每处扣2分 4) 采用木脚手板、竹串片脚手板、竹笆脚手板时，脚手板两端未与水平杆绑牢，或脚手板探头长度大于150mm，每处扣2分	10		
7		检查验收	1) 原材料进场、基础完工、分段搭设、分段使用时未进行分阶段验收，或无验收记录，扣6分 2) 在脚手架搭设完毕、投入使用前，未办理完工验收手续，扣10分 3) 无完工验收记录，或未经责任人签字确认，扣5分 4) 各阶段检查验收内容和指标未按标准要求进行量化，扣5分 5) 验收合格后未在明显位置悬挂验收合格牌，扣3分	10		
		小　计		70		
1	一般项目	杆件连接	1) 节点组装时，碗扣节点未通过上碗扣和限位销锁紧水平杆，每处扣2分 2) 相邻立杆接头在同一步距内，每处扣2分 3) 剪刀撑杆件的接长不符合标准要求，每处扣2分 4) 专用斜撑杆的两端未固定在纵、横向水平杆与立杆交汇的节点处，每处扣2分 5) 钢管扣件剪刀撑杆件的连接点距离架体主节点大于150mm，每处扣1分 6) 架体与连墙件的连接点距离架体主节点大于300mm，每处扣2分	10		
2		安全防护	1) 架体作业层栏杆设置不符合标准要求，扣5分 2) 作业层未在外立杆内侧设置高度不低于180mm的挡脚板，扣3分 3) 作业层脚手板下未采用安全平网兜底，或未按10m一层用安全平网封闭作业层，扣5分 4) 作业层外侧未采用阻燃密目安全网进行封闭或网间连接不严密，扣5～10分 5) 当内立杆与建筑物距离大于150mm时，未用脚手板或安全平网进行封闭，扣5分 6) 架体未按标准要求设置供人员上下专用梯道或坡道，扣5分	10		

续表

序号	检查项目		扣　分　标　准	应得分数	扣减分数	实得分数
3	一般项目	使用与监测	1）作业层施工均布荷载或集中荷载超过设计允许范围，10分 2）荷载堆放不均匀，每处扣5分 3）使用过程中，未按规定拆除构配件，扣5～10分 4）使用过程中，未对地基排水性能、架体结构的完整性和连接牢固性、基础沉降、立杆垂直度和使用工况进行定期巡视检查与监测，或无检查监测记录，扣10分	10		
		小计		30		
检查项目合计				100		

碗扣式钢管满堂脚手架检查评分表　　　　　表 12.4.3-2

序号	检查项目		扣　分　标　准	应得分数	扣减分数	实得分数
1	保证项目	方案与交底	1）未按规定编制专项施工方案，或架体结构和立杆地基承载力未经设计计算，扣10分；方案编制内容不全或无针对性，扣2～5分 2）专项施工方案未按规定进行审核、审批，扣10分 3）专项施工方案实施前，未进行安全技术交底，扣10分；交底无针对性或无文字记录，扣2～5分	10		
2		构配件和材质	1）进场的钢管及构配件无质量合格证、产品性能检验报告，扣10分 2）钢管及构配件的规格、型号、材质或产品质量不符合标准要求，扣5～10分 3）钢管弯曲、变形、锈蚀严重，扣10分 4）焊缝不饱满或存在开焊，扣5分 5）所采用的扣件未进行复试或技术性能不符合标准要求，扣5分	10		
3		地基基础	1）立杆基础不平、不实，或不符合专项施工方案要求，扣5～10分 2）无排水措施，或排水设施不完善，排水不畅通，扣5～10分 3）立杆底部未设置底座、垫板，或垫板的规格不符合标准要求，每处扣2分 4）底座松动或立杆悬空，每处扣2分 5）当脚手架搭设在既有结构上时，未对既有结构的承载力进行验算，或无加固措施，扣10分	10		
4		架体稳定	1）脚手架底部扫地杆离地间距超过标准要求，扣5分 2）架体四周与中间未按标准要求设置竖向剪刀撑或专用斜撑杆，扣10分 3）未按标准要求设置水平剪刀撑或水平斜撑杆，扣10分 4）架体高宽比超过标准要求时未与结构拉结或无其他可靠的稳定措施，扣10分	10		
5		杆件锁定	1）架体立杆间距、水平杆步距超过标准或专项施工方案要求，每处扣2分 2）节点组装时，碗扣节点未通过上碗扣和限位销锁紧水平杆，每处扣2分 3）水平杆和扫地杆未连续贯通设置，每漏设一处扣2分 4）杆件接长不符合要求，每处扣2分	10		

序号	检查项目		扣　分　标　准	应得分数	扣减分数	实得分数
6	保证项目	脚手板	1）脚手板材质、规格不符合标准要求，扣5～10分 2）作业层脚手板未铺满或铺设不牢、不稳，扣5～10分 3）采用工具式钢脚手板时，脚手板两端挂钩未通过自锁装置与作业层横向水平杆锁紧，每处扣2分 4）采用木脚手板、竹串片脚手板、竹笆脚手板时，脚手板两端未与水平杆绑牢，或脚手板探头长度大于150mm，每处扣2分	10		
7		检查验收	1）原材料进场、基础完工、分段搭设、分段使用时未进行分阶段验收，或无验收记录，扣6分 2）脚手架搭设完毕、投入使用前，未办理完工验收手续，扣10分 3）无完工验收记录，或未经责任人签字确认，扣5分 4）各阶段检查验收内容和指标未按标准要求进行量化，扣5分 5）验收合格后未在明显位置悬挂验收合格牌，扣3分	10		
		小计		70		
1	一般项目	架体防护	1）架体作业层栏杆设置不符合标准要求，扣5分 2）作业层未在外立杆内侧设置高度不低于180mm的挡脚板，扣3分 3）作业层脚手板下未采用安全平网兜底，或未按10m一层用安全平网封闭作业层，扣5分 4）作业层外侧未采用阻燃密目安全网进行封闭或网间连接不严密，扣5～10分	10		
2		荷载	1）作业层施工均布荷载超过设计允许范围，10分 2）荷载堆放不均匀，每处扣5分	10		
3		通道	1）未设置人员上下专用通道，扣10分 2）通道设置不符合要求，扣5分	10		
		小计		30		
检查项目合计				100		

悬挑式脚手架检查评分表　　　　　　表 12.4.3-3

序号	检查项目		扣　分　标　准	应得分数	扣减分数	实得分数
1	保证项目	施工方案	1）未编制专项施工方案或未进行设计计算，扣10分 2）专项施工方案未按规定审核、审批，扣10分 3）架体搭设高度超过20m时，专项施工方案未按规定组织专家论证，扣10分	10		
2		构配件和材质	1）型钢、钢管、构配件规格及材质不符合标准要求，扣5～10分 2）型钢、钢管、构配件弯曲、变形、锈蚀严重，扣10分	10		
3		悬挑钢梁	1）钢梁截面高度未按设计确定或截面形式不符合标准或专项施工方案要求，扣10分 2）钢梁固定段长度小于悬挑段长度的1.25倍，扣5分 3）钢梁外端未设置钢丝绳或钢拉杆与上一层建筑结构拉结，每处扣2分 4）钢梁与建筑结构锚固处结构强度、锚固措施不符合设计和标准要求，扣5～10分 5）钢梁间距未按悬挑架体立杆纵距设置，扣5分	10		

序号	检查项目		扣 分 标 准	应得分数	扣减分数	实得分数
4	保证项目	架体稳定	1）立杆底部与悬挑钢梁连接处未采取可靠固定措施，每处扣2分 2）立杆接长未采取销钉固定，每处扣2分 3）纵横向扫地杆的设置不符合标准要求，扣5～10分 4）未在架体外侧按标准要求设置专用外斜杆或连续式剪刀撑，扣10分 5）架体未按规定与建筑结构拉结，每处扣5分	10		
5		脚手板	1）脚手板规格、材质不符合要求，扣5～10分 2）脚手板未满铺或铺设不严、不牢、不稳，扣5～10分	10		
6		荷载	1）脚手架施工荷载超过设计规定，扣10分 2）施工荷载堆放不均匀，每处扣5分	10		
7		交底与验收	1）架体搭设前未进行交底或交底未有文字记录，扣5～10分 2）架体分段搭设、分段使用未进行分段验收，扣6分 3）架体搭设完毕未办理验收手续，扣10分 4）验收内容未进行量化，或未经责任人签字确认，扣5分	10		
		小计		70		
1	一般项目	杆件间距	1）立杆间距超、纵向水平杆步距过设计或标准要求，每处扣2分 2）未在立杆与纵向水平杆交点处设置横向水平杆，每处扣2分 3）未按脚手板铺设的需要增加设置横向水平杆，每处扣2分	10		
2		架体防护	1）作业层防护栏杆不符合标准要求，扣5分 2）作业层架体外侧未设置高度不小于180mm的挡脚板，扣3分 3）架体外侧未采用密目式安全网封闭或网间不严，扣5～10分	10		
3		层间防护	1）作业层脚手板下未采用安全平网兜底或作业层以下每隔10m未采用安全平网封闭，扣5分 2）作业层与建筑物之间未进行封闭，扣5分 3）架体底层沿建筑结构边缘，悬挑钢梁与悬挑钢梁之间未采取封闭措施或封闭不严，扣2～8分 4）架体底层未进行封闭或封闭不严，扣2～10分	10		
		小计		30		
	检查项目合计			100		

满堂模板支架检查评分表　　　　　　　　　　　表 12.4.3-4

序号	检查项目		扣 分 标 准	应得分数	扣减分数	实得分数
1	保证项目	方案与交底	1）未按规定编制专项施工方案，或架体结构、立杆地基承载力未经设计计算，扣10分；方案编制内容不全或无针对性，扣2～10分 2）专项施工方案未按规定进行审核、审批，扣10分 3）超规模的支撑架（搭设高度8m及以上；搭设跨度18m及以上，施工总荷载15kN/m² 及以上；集中线荷载20kN/m 及以上的模板支撑架）专项施工方案，未按规定组织专家论证，扣10分 4）专项施工方案实施前，未进行安全技术交底，扣10分；交底无针对性或无文字记录，扣2～5分	10		

序号	检查项目		扣 分 标 准	应得分数	扣减分数	实得分数
2		构配件和材质	1）进场的钢管及构配件无质量合格证、产品性能检验报告，扣10分 2）钢管及构配件的规格、型号、材质或产品质量不符合标准要求，扣5～10分 3）未对钢管壁厚进行抽检或钢管壁厚不符合标准要求，扣10分 4）所采用的扣件未进行复试或技术性能不符合标准要求，扣5分 5）钢管弯曲、变形、锈蚀严重，扣10分 6）焊缝不饱满或存在开焊，扣5分	10		
3	保证项目	地基基础	1）基础处理方式或承载力不符合专项施工方案要求，或地基未达到坚实、平整的要求，扣5～10分 2）立杆底部未按标准要求设置底座，每处扣2分 3）立杆底部未按照专项施工方案和标准的要求设置垫板或混凝土垫层，扣5～10分 4）底座松动或立杆悬空，每处扣2分 5）排水设施不完善，或排水不畅通，扣5分 6）当支撑架设在既有结构上时，未对既有结构的承载力进行验算，或无加固措施，扣10分	10		
4		架体搭设	1）立杆纵向、横向间距或水平杆步距大于标准或专项施工方案要求，每处扣2分 2）立杆垂直度不满足标准要求，每处扣2分 3）水平杆水平度、直线度不满足标准要求，每处扣1分 4）水平杆和扫地杆未连续贯通设置，每漏设一处扣2分 5）顶部未采用可调托撑传力，扣10分 6）支撑架与起重设备、混凝土输送管、作业脚手架、物料周转平台等设施相连接，扣5～10分	10		
5		架体稳定	1）支撑架扫地杆离地间距超过标准要求，扣5分 2）立杆伸出顶层水平杆中心线至支撑点的长度超过标准要求，扣10分 3）未设置竖向剪刀撑或专用斜撑杆，扣10分 4）未设置水平剪刀撑或专用斜撑杆，扣5分 5）剪刀撑或专用斜撑杆的设置位置、数量、间距不符合标准和专项施工方案要求，扣5分 6）支撑架高宽比超过标准要求时，未按标准要求将架体与既有结构连接或采用增加架体宽度的加强措施，扣10分	10		
6		检查验收	1）原材料进场、基础完工、架体搭设完毕、安全设施安装完成各阶段未进行分阶段验收，扣10分 2）当需要进行预压时，未按标准要求对基础和架体实施预压，扣10分 3）在支撑架搭设完毕、浇筑混凝土前，未办理完工验收手续，扣10分 4）无完工验收记录，或未经责任人签字确认，扣5分 5）各阶段检查验收内容和指标未按标准要求进行量化，扣5分 6）验收合格后未在明显位置悬挂验收合格牌，扣3分	10		

续表

序号	检查项目		扣　分　标　准	应得分数	扣减分数	实得分数
7	保证项目	使用与监测	1）混凝土浇筑顺序不符合标准和安全专项施工方案的要求，扣 5 分 2）作业层施工均布荷载或集中荷载超过设计允许范围，10 分 3）当浇筑混凝土时，未对混凝土的堆积高度进行控制，扣 5～10 分 4）支撑架未应按有关规定监测监控措施，或未在架体搭设、钢筋安装、混凝土浇捣过程中及混凝土终凝前后对基础沉降、模板支撑体系的位移进行监测监控，扣 10 分 5）监测监控未记录监测点、监测时间、工况、监测项目和报警值，扣 10 分	10		
		小　计		70		
1	一般项目	杆件连接	1）节点组装时，碗扣节点未通过上碗扣和限位销锁紧水平杆，每处扣 2 分 2）剪刀撑杆件的接长不符合标准要求，每处扣 2 分 3）专用斜撑杆的两端未固定在纵、横向水平杆与立杆交汇的节点处，每处扣 2 分 4）钢管扣件剪刀撑杆件的连接点距离架体主节点大于 150mm，每处扣 1 分 5）架体与连墙件的连接点距离架体主节点大于 300mm，每处扣 2 分	10		
2		安全防护	1）无外脚手架时架体顶面四周未设置作业平台，扣 10 分 2）作业平台宽度、脚手板、挡脚板、安全立网、防护栏杆的设置不符合标准要求，每项扣 2 分 3）无供人员上下的专用通道，扣 10 分 4）通道设置不符合标准要求或未与既有结构进行可靠连接，扣 2～5 分 5）车行门洞通道未按标准要求设置顶部全封闭硬防护，扣 5 分 6）门洞未按规定设置导向、限高、限宽、减速、防撞设施及标识，扣 2～5 分 7）当支撑架可能受水流影响时无防冲（撞）击的安全措施，扣 8 分	10		
3		底座、托撑与主次楞	1）可调底座、托撑螺杆直径与立杆内径配合间隙大于 2.5mm，每处扣 2 分 2）螺杆与螺母的啮合长度少于 5 扣，每处扣 2 分 3）螺杆插入立杆内的长度小于 150mm，每处扣 2 分 4）主楞或次楞规格、型号、接长不符合标准要求，扣 5 分	5		
4		支撑架拆除	1）架体拆除前未进行拆除安全技术交底，扣 5 分；交底无针对性或无文字记录，扣 2～5 分 2）支撑架拆除前未确认混凝土达到拆模强度要求，扣 5 分 3）支撑架拆除未填写拆模申请单并履行拆模审批手续，扣 2 分 4）预应力混凝土结构的支撑架在建立预应力前拆除，扣 5 分 5）拆除作业未按分层、分段、由上至下的顺序进行，扣 5 分 6）支撑架拆除未按规定设置警戒区或未设专人监护，扣 5 分	5		
		小　计		30		
检查项目合计				100		

梁柱式模板支架检查评分表 表 12.4.3-5

序号	检查项目		扣 分 标 准	应得分数	扣减分数	实得分数
1		方案与交底	1) 未按规定编制专项施工方案，扣 10 分 2) 未编制设计文件，扣 10 分 3) 未对支架结构、构件、地基基础进行设计计算，扣 10 分 4) 设计文件中图纸或计算书不齐全，扣 2～10 分 5) 专项方案未按规定进行审核、审批，扣 10 分 6) 超规模的支架，其专项施工方案未按规定组织专家论证，扣 10 分 7) 专项施工方案实施前，未进行安全技术交底，扣 10 分；交底无针对性或无文字记录，扣 2～5 分	10		
2		构配件和材质	1) 构配件无质量合格证、产品性能检验报告，扣 10 分 2) 构配件品种、规格、型号、材质不符合专项施工方案和相关标准要求，扣 5～10 分 3) 所采用的常备式定型钢构件的质量不符合相关使用手册的要求，扣 10 分 4) 常备式定型钢构件无使用说明书等技术文件，扣 5 分 5) 主体结构构件、连接件有显著的变形、挠度严重超标或严重锈蚀剥皮，扣 10 分	10		
3	保证项目	基础	1) 软弱地基未规定进行处理，扣 10 分 2) 地基承载力无检测报告，或承载力特征值不符合专项方案的要求，扣 10 分；地基未达到坚实、平整的要求，扣 5～10 分 3) 基础型式、尺寸、材料不符合专项施工方案的要求，扣 5～10 分 4) 基础周围未按专项施工方案的要求设置防、排水措施，扣 5～8 分 5) 基础预埋件的设置不符合专项方案的要求，扣 5 分	10		
4		立柱或托架构造	1) 立柱设置位置不符合专项施工方案要求，扣 5～10 分 2) 立柱柱身垂直度大于立柱高度的 1/500，或大于 50mm，扣 5～8 分 3) 相邻立柱间的横向连接系、立柱与既有结构的连接件的位置和设置数量不符合专项施工方案的要求，扣 5～10 分 4) 格构柱的缀件的位置或设置数量、节点连接不符合专项施工方案的要求，扣 5～10 分 5) 立柱柱头和柱脚未按照专项施工方案的有求作加强处理，或与上部横梁、下部基础紧密不接触、连接不牢固。扣 5 分 6) 托架的附墩连接方式和构造不符合专项施工方案的规定，扣 10 分	10		
5		纵梁和横梁构造	1) 纵横梁的设置位置、间距不符合专项施工方案的要求，扣 5～8 分 2) 在有较大集中荷载的型钢纵、横梁支承位置未按专项施工方案的规定设置支承加劲肋，或加劲肋与纵、横梁连接不牢固，扣 3 分 3) 型钢纵梁间未设置横向连接系将同跨内全部纵梁连接成整体，扣 3 分 4) 桁架梁的相邻桁片间未设置通长横向连接系将同跨内全部纵梁连接成整体，扣 5～8 分 5) 贝雷梁两端及支承位置未设置通长横向连接系，扣 10 分；通长横向连接系的间距大于 9m，扣 5 分 6) 当桁架梁支承位置不在其主节点上时，以及在剪力较大的支座附近未按专项施工方案的要求对桁架竖杆或斜杆进行加强，扣 5 分 7) 横梁端部未设置用于纵横梁移除的加长段	10		

443

续表

序号	检查项目		扣　分　标　准	应得分数	扣减分数	实得分数
6	保证项目	检查验收	1) 原材料进场、基础完工、架体搭设完毕、安全设施安装完成各阶段未进行分阶段验收，扣 10 分 2) 基础和架体未按相关规定进行预压，扣 10 分 3) 支撑架搭设完毕、浇筑混凝土前，未办理完工验收手续，扣 10 分 4) 无完工验收记录，或未经责任人签字确认，扣 5 分 5) 各阶段检查验收内容和指标未按标准要求进行量化，扣 5 分 6) 验收合格后未在明显位置悬挂验收合格牌，扣 3 分	10		
7		使用与监测	1) 混凝土浇筑顺序不符合标准和安全专项施工方案的要求，扣 5 分 2) 作业层施工均布荷载或集中荷载超过设计允许范围，10 分 3) 当浇筑混凝土时，未对混凝土的堆积高度进行控制，扣 5～10 分 4) 支撑架未按规制定监测监控措施，或未按规定进行监测监控，扣 10 分 5) 监测监控未记录监测点、监测时间、工况、监测项目和报警值，扣 10 分	10		
		小计		70		
1	一般项目	构件连接	1) 立柱与基础或立柱与顶部横梁连接部位接触不紧密，或柱头、柱脚的加强构造不符合专项施工方案的要求，扣 5～10 分 2) 立柱的竖向连接未采用法兰盘连接或采用焊接时未设置连接板，扣 5～10 分 3) 连接系、支撑件与纵梁、横梁、立柱间的连接不牢固，扣 5～8 分，焊接质量与专项施工方案规定的焊缝等级不匹配，扣 5～8 分 4) 两根及以上型钢构成的组合梁，未采用垫板、加劲肋将型钢连接成整体，扣 3 分 5) 桁架梁未在支承位置设置侧向限位装置，扣 3 分 6) 倾斜设置的纵梁或横梁支座处无可靠防滑移固定措施，扣 3～5 分	10		
2		安全防护	1) 架体顶面四周未设置操作平台，扣 10 分 2) 平台面未牢固满铺脚手板，扣 5 分 3) 平台外侧未按临边作业要求设置防护栏杆，扣 10 分 4) 无供人员上下的专用通道，扣 10 分 5) 通道设置不符合标准要求或未与既有结构进行可靠连接，扣 2～5 分 6) 支撑架四周的安全区域、围栏、警示标志不符合标准要求，扣 2～5 分 7) 车行门洞通道未设置顶部全封闭硬防护，扣 5 分 8) 门洞未按规定设置导向、限高、限宽、减速、防撞设施及标识，扣 2～5 分 9) 当支撑架可能受河水影响时，无防冲（撞）击的安全措施，扣 5～8 分 10) 起重设备、混凝土输送管、脚手架、物料周转平台等设施与支撑架相连接，扣 5～10 分	10		

序号	检查项目		扣 分 标 准	应得分数	扣减分数	实得分数
3	一般项目	支撑架拆除	1）架体拆除前未进行拆除安全技术交底，扣10分；交底无针对性或无文字记录，扣2~5分 2）支撑架拆除前未确认混凝土达到拆模强度要求，扣10分 3）支撑架拆除未填写拆模申请单并履行拆模审批手续，扣3分 4）预应力混凝土结构的支撑架在建立预应力前拆除，扣10分 5）支撑架落架未按专项施工方案规定的顺序分阶段循环进行，扣10分 6）支撑架拆除未按规定设置警戒区或未设专人监护，扣5分	10		
		小计		30		
检查项目合计				100		

12.5 脚手架工程易发事故防治管理

由于脚手架是施工中的受力临时设施，其安全管理的首要任务是通过正确的设计计算、可靠的构造措施，并辅以全面的安全管理措施防止坍塌事故的发生。脚手架工程施工中的易发事故除了坍塌以外，还可能发生高处坠落、物体打击以及触电伤害等事故。

12.5.1 坍塌事故防治

导致碗扣式钢管双排脚手架以及满堂模板支撑架坍塌的主要安全隐患（危险源）及对应的控制措施如下。

1. 架体力学模型混淆

1）隐患描述

实际工程中，施工现场经常采用作业脚手架形式的顶部传力模式进行支撑架的搭设（图12.5.1-1）。在荷载较小的情况下，其安全隐患不突出，当被支撑的混凝土结构截面尺寸较大时，钢管扣件传力时竖向力对立杆轴线的偏心距不可忽略（根据国家标准《混凝土结构工程施工规范》GB 50666—2011的规定，采用钢管扣件传力时，应考虑不小于50mm的偏心距进行计算，高支模条件下应考虑不小于100mm的偏心距进行计算）。实际工程采用钢管扣件传递竖向力时，一般未考虑该不利作用，为支撑架的安全埋下了隐患。另一方面，采用脚手架方式的支模架传力方式，还存在主楞承载力不足及扣件抗滑承载力不足的安全隐患。

2）控制措施

采用碗扣式钢管脚手架搭设满堂支撑系统时，应严格采取顶部顶托传力的荷载传递方式，或采取其他确保立杆轴心受力的传力装置。

2. 架体材料严重不合格

1）隐患描述

（1）钢管壁厚不达标

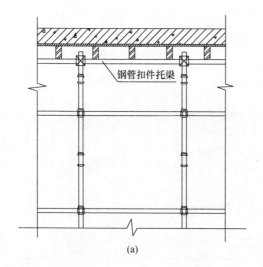
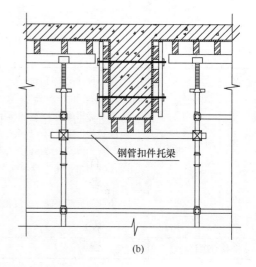

(a)
(b)

图 12.5.1-1　钢管扣件偏心受力模式
(a) 板支模；(b) 梁支模

行业标准《建筑施工碗扣式钢管脚手架安全技术规范》JGJ 166—2016 及国家标准《碗扣式钢管脚手架构件》GB 24911—2010 均规定出厂的碗扣式钢管脚手架的钢管壁厚为 3.5mm，且不允许负偏差，循环使用后（磨损、锈蚀），最小壁厚不得小于 3.0mm。目前，市场上的钢管脚手架的壁厚多为 2.7～3.2mm（普通扣件式钢管脚手架的普通钢管问题尤为突出，碗扣式钢管脚手架稍好）。造成这种壁厚缩水的原因为：使用壁厚不达标的钢管后，用户结算时仍按照标准规定的 3.5mm 壁厚进行钢管重量计算，以 3.0mm 壁厚钢管为例，所供应的每吨钢管的实际重量仅为 920kg。钢管的壁厚每小 0.25mm，惯性矩降低约 10%，其轴向受压承载能力将降低 6.5%，钢管壁厚不达标已成为影响脚手架使用安全的顽疾。

（2）碗扣质量低劣

国家标准《碗扣式钢管脚手架构件》GB 24911—2010 对碗扣的出厂质量（外观质量、力学性能指标）做出了严格要求，实际施工现场多为不符合国标要求的上下碗扣及杆端接头，且锈蚀严重（图 12.5.1-2）。从碗扣式钢管满堂支撑架的真型承载力试验可以看到，

(a)
(b)

图 12.5.1-2　不合格的碗扣配件
(a) 水平杆接头开裂；(b) 上碗扣为冲压扣接

采用非国标要求的碗扣时，架体承载力大幅度降低，质量差的碗扣搭设的架体承载力由碗扣强度控制，架体的破坏主要是因为碗扣崩裂，引起水平杆对立杆的约束失效，导致架体失稳。部分地区采用薄钢板冲压并通过焊接成型的上碗扣，严重影响节点刚度，降低架体承载力。

（3）构配件锈蚀严重

锈迹斑斑已成了目前 WDJ 碗扣式钢管脚手架构配件的产品质量通病（图 12.5.1-3），锈蚀深度过大（规范规定脚手架钢管最大锈蚀深度为 0.18mm）对本已存在钢管壁厚不足这一缺陷的碗扣式钢管脚手架造成了更大的承载力削弱。

（4）钢管弯曲变形过大

钢管经过多年使用后，将产生变形和弯曲，此时应按国家标准《租赁模板脚手架维修保养技术规范》GB 50829—2013 的规定进行维修和保养，使其满足直线度要求。施工现场广泛存在弯曲变形超标的钢管，导致立杆中附加弯矩增加，严重降低立杆的承载能力。

（5）可调托撑缺陷

可调托撑和可调底座的可调螺杆的直径应达到 JGJ 166—2016 规定的 38mm 的规定，不满足此条件时，钢管与螺杆的配合间隙过大将导致螺杆倾斜，造成顶部荷载偏心，当螺杆插入钢管较浅时，该隐患尤为突出（图 12.5.1-4）。碗扣式钢管满堂支撑架的真型承载力试验可以看出，质量不合格的托撑将导致托撑先于架体破坏。

图 12.5.1-3　锈蚀严重的碗扣式钢管脚手架构配件　　　图 12.5.1-4　不合格可调托撑

2）控制措施

碗扣式钢管进场时，应严把构配件质量关。无产品质量合格证、产品性能检验报告，或性能指标不达标的构配件应做退场处理。同时应对构配件进行 100% 数量的表面质量检查，确保钢管表面平直光滑，无裂缝、结疤、分层、错位、硬弯、毛刺、压痕和深的划痕及严重锈蚀等缺陷。构配件表面涂刷防锈漆或进行镀锌处理，并应确保碗扣的铸造件表面光滑平整，无砂眼、缩孔、裂纹、浇冒口残余等缺陷，表面粘砂清除干净。对钢管应按照不少于 3% 的抽样比例用游标卡尺检验其实际壁厚。

3. 未编制专项施工方案，方案编制内容和深度不够，超限方案未经论证

1）隐患描述

（1）无方案或方案缺乏针对性

通过住房和城乡建设部 2017 年上半年对 20 起施工安全事故进行统计分析可以看出，16 起事故的施工无专项施工方案，4 起事故的施工未按照专项施工方案实施。施工脚手架，尤其是超过一定规模的架体，必须编制专项施工方案，对架体结构进行设计计算，并绘制符合工程实际情况的架体杆件布置图后方可进行架体搭设。较多的施工现场不重视施工临时设施的方案设计，存在事后补方案的现象，或虽有方案，但方案空洞、毫无针对性。尤其是随着网络资源的不断丰富，照抄其他工程施工方案的现象尤为突出，使得安全技术措施与现场的实际情况格格不入，造成方案与实际操作"两张皮"的现象，起不到真正的方案先行、方案指导施工的作用。无方案进行施工最大的不利之处在于，未根据工程实际确定立杆的纵横间距（尤其是对于重载支模架），导致立杆间距过大，单根立杆承受的轴压力过大从而屈曲失稳。如有的施工现场采用普通 WDJ 架体时，桥梁箱梁腹板下立杆未加密布置，导致单杆轴力设计值达到 40kN 以上，超过其极限承力力。

另外，较多的脚手架方案虽然针对工程实际进行了大篇幅的描述，但由于缺乏有指导意义的图纸和计算书，导致方案设计的意图在班组层面得不到落实，往往在架体搭设完成后发现架体的搭设参数和细部构造与方案本意相去甚远。无针对性、缺乏图说化描述的专项施工方案造成了后续的技术交底和检查验收没有依据，施工现场经常出现验收时在方案中找不到任何有针对性的技术参数的情况，造成验收方和施工操作人员各执一词的现象。

（2）安全专项施工方案未按照国家、地方相关管理规定层层进行审批、把关，各层级的安全职责未能履行，不能消除方案的不足和技术缺陷。

（3）对超过一定规模的脚手架工程和模板支撑体系工程，没有严格按照相关文件的规定组织专家论证。

（4）架体搭设、拆除前，施工管理人员未结合专项施工方案对施工班组进行有针对性的书面安全技术交底，执行方案不彻底、不到位。"你编你的，他干他的"是目前施工方案执行中存在的现象。

2）控制措施

碗扣式钢管脚手架与支撑架作为重要的施工临时设施，尤其是条件复杂、荷载重、高度大时，在架体搭设前，应结合工程实际，编制有针对性的施工方案。对架体而言，绘制架体的平面布置图、纵横立面图、细部大样图是确保方案设计意图能够实现的重要技术手段。通过绘制架体结构布置图，能有效发现架体的局部薄弱环节，从而采取有效的加强措施。在确定架体的结构布置后，按照规范的要求选取控制部位进行承载力计算是重要的方案编制环节，计算中应注意的是计算工况的选择应与架体的实际工况保持一致。目前，施工一线的工程技术人员往往采用商用的计算软件进行脚手架的承载力计算，往往忽略了对现行标准中计算荷载选取、组合工况、构造要求的驾驭，导致冗长的计算书脱离工程实际。

为提高架体方案设计图纸的指导性，建议采取永久结构设计施工图的表达方式，给出架体结构设计总说明，对脚手架的通用设计条件、约束条件、结构设计参数做出统一规定，并给出脚手架设计图纸的目录；在此基础上分部位表达各区域的脚手架平面布置图、代表性纵横立面设计图；给出特殊部位的架体设计图，如双排脚手架的卸料平台处的架体开洞设置、模板支撑架的边梁支模设置等；绘制通用或专用的架体细部处理大样图；最后附上完整的架体结构计算书。如此一来，既便于方案的层层审批和专家论证中发现存在技术缺陷，又便于提高层层交底和检查验收的效率和质量。

4. 架体地基承载力不满足规范要求

1）隐患描述

脚手架搭设场地未经平整、压实，立杆地基承载力不足，地基表面垫层处理粗糙、垫块铺设不正确（图12.5.1-5），或场地无排水措施，导致地基遭受浸泡后承载力大大降低或产生不均匀沉降，这既是极大的安全隐患，也容易导致被支撑混凝土结构的成型质量降低。未经硬化处理的脚手架地基，容易出现地基土松动下沉，造成部分立杆悬空、部分立杆受力骤增，从而造成架体安全隐患。此外，立杆距离边坡边缘距离太近（图12.5.1-6），容易导致边坡土体局部失稳破坏。

图12.5.1-5　垫层处理粗糙，垫块铺设　　　图12.5.1-6　地基土不密实，立杆距离
　　　　　　方式不正确　　　　　　　　　　　　　　　边坡边缘距离过小

2）控制措施

架体搭设前，应根据场地的实际情况和计算所采用的地基承载力指标，进行地基的平整和夯实，不良地质条件下，尚应进行地基换填处理。特别复杂的场地（如，沟谷、河流、边坡地段），应避免采取落地式支架，转而采用梁柱式转换支架。处理后的场地搭设脚手架时，应铺设垫板或底座，并应设置排水沟和排水坡度，确保地表水能够及时排除，消除浸水隐患。

5. 架体违规搭设存在严重构造缺陷（扫地杆、连墙件、剪刀撑等）

1）隐患描述

（1）纵横向水平杆或扫地杆漏设是严重影响架体整体稳定性的构造缺陷。现行的脚手架技术标准，均将水平扫地杆、水平杆的完整性列为强制性条文。近几年对脚手架坍塌事故的调出结论中，大多会指出架体存在水平杆或扫地杆缺失或不连续的现象。纵横水平杆件是竖向承压立杆的水平支撑件，对立杆纵横形成有效的约束，降低其计算长度，从而提高其稳定性，其加强作用如图12.5.1-7所示的竹林设置了纵横水平连接杆从而有效提高其抗风能力。施工现场为图施工方便，将部分或全部扫地杆取消的现象（图12.5.1-8）时有发生，扫地杆过高或漏设就如同一个人缺少了双脚，根基不稳，容易失稳破坏。需指出的是，目前的WDJ架体系统，立杆最底部一个碗扣节点距离地面的距离约为350，一旦设置可调底座，扫地杆离地间距即超过规范的上限，且由于下部使用了外套管，很难采取附加钢管扣件进行扫地杆加密；CUPLOK架体将立杆最底部碗扣节点设计为距离地面

80mm，便于设置可调底座，且扫地杆离地距离超标时，由于采用了内插套管及带钢管底座，方便设置附加扫地杆对架体进行加强，因此 CUPLOK 高强碗扣脚手架是一种推荐使用的脚手架体系。

图 12.5.1-7　竹林设置纵横水平杆件
提高抗侧能力

图 12.5.1-8　纵横扫地杆漏设

（2）支撑架立杆顶部自由外伸长度过大，造成顶部自由端过长，缺乏必要的约束，形成诱导立杆失稳的不利因素（图 12.5.1-9）。在梁板结构的支撑架设计中，当梁截面高度超过一个标准步距后，容易出现梁下立杆顶部自由端过长，且施工中容易被忽略（图 12.5.1 10）。

图 12.5.1-9　立杆顶部自由外伸长度过大

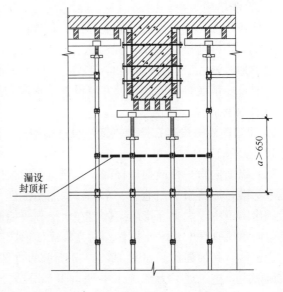

图 12.5.1-10　梁底缺少封顶杆

（3）双排脚手架连墙件设置间距过大或漏设是影响双排架体稳定性的重大隐患。双排脚手架为面外抗侧刚度弱的空间结构，必须按规范及方案中设计计算的要求按照一定的间距设置连墙件，施工中经常存在由于受建筑外立面影响而使得连墙件水平或竖向间距过大的现象（现场以妨碍施工、不便设置为理由），导致每处连墙件覆盖面积过大，一方面对架体面外变形约束变弱，另一方面存在风荷载负荷面积过大，连墙杆件及其连接部位承载力不足。另外，架体搭设过程中，连墙件未在设置高度处及时设置，或由于局部施工操作原因拆除后未及时恢复，极易造成双排架体面外失稳。双排脚手架架体立杆的计算长度与连墙件的设置间距有关，增大连墙件间距相当于大幅度增大立杆计算长度，安全隐患极大。

（4）剪刀撑或专用斜杆设置不规范，架体抗侧刚度达不到方案的计算要求是施工现场脚手架搭设的质量通病。常见问题有：双排脚手架专用外斜杆未设置在架体主节点上，脚手架开口部位或拐角处未设置通高节间廊道斜杆，外立面斜撑杆件排列不对称等；满堂支撑架的斜撑杆的覆盖率不足，剪刀撑间距过大或跨度过大、水平剪刀撑或水平斜杆漏设等等。

（5）门洞设置后，洞口周边未进行斜杆加强处理，双排脚手架门洞未采取专用桁架梁，满堂支撑架两侧的转换横梁支座立杆未架设斜杆，转换横梁截面不足等都是导致洞口薄弱的因素。

2）控制措施

不论是双排作业脚手架还是满堂支撑架，在架体搭设前，均应根据工程实际情况设计架体杆件的空间结构布置，对梁板交界处、开洞处、重载处等应重点进行设计计算，并采取加强构造措施，这些都应图文并茂地在方案设计图中准确、全面表达，并将交底落到实处。许多现场架体搭设完成后，发现存在严重的构造缺陷正是因为方案未准确表达构造参数，复杂部位被回避表达造成的。

架体搭设中应坚持过程中检查，对存在的立杆间距过大、扫地杆离地间距过大、连墙件间距过大、斜撑杆或剪刀撑间距过大、水平杆漏设等质量通病及时纠正，避免架体搭设中缺陷一直累积，到最后整改已是无力回天的局面。这也需要现场的工程技术人员加强标准规范的解读，不断提高专业技术水平，增强敬业精神。

6. 施工操作不到位，架体搭设质量不满足要求

1）隐患描述

（1）碗扣节点组装时，未通过限位销将上碗扣锁紧水平杆。施工中作业人员未按照操作规程将上碗扣敲击锁紧碗扣节点，致使水平杆端未形成有效约束，节点松散、转动刚度低，架体承载力大大降低，这是碗扣式钢管脚手架搭设过程中的质量通病。施工现场采用WDJ碗扣式钢管脚手架时，上碗扣浮放、虚扣的现象（图12.5.1-11）比比皆是，用手转动上碗扣即可将其旋出限位销，甚至存在上碗扣缺失的现象。

（2）架体搭设中，未按规定每搭设完一步架体后及时校正立杆垂直度和水平杆水平度。立杆垂直度偏差过大（图12.5.1-12）造成立杆附加弯矩不可忽略，加速架体失稳；水平杆不平直，造成水平杆对立杆的约束效应减弱。

2）控制措施

每个碗扣节点的水平杆组装完成后，均应通过锤击将上碗扣借助于限位销锁紧碗内各方向水平杆的接头，确保节点稳固从而获得足够的节点转动刚度和架体稳定性。投入使用前应全数检验上碗扣的锁紧程度，或将所有碗扣节点的上碗扣复敲锁紧。

（a）　　　　　　　　　　　　　　　（b）

图 12.5.1-11　上碗扣未扣紧
（a）上碗扣虚扣；（b）上碗扣浮扣

图 12.5.1-12　立杆垂直度偏差过大

每搭设完一步架体后应及时校正立杆垂直度和水平杆水平度，立杆 1.8m 高度内的垂直度偏差应严格控制在 5mm 以内，架体全高度内垂直度偏差应控制在架体高度的 1/600 及 35mm 范围内，并应将相邻水平杆的高差控制在 5mm 内。架体的整架垂直度和水平度只能在搭设过程中及时校正，搭设完成后的偏差将难以纠正。

7. 投入使用前和使用中，缺少检查验收环节，检查验收不到位

许多架体的构造缺陷是可以在施工检查验收环节得以被发现和纠正的。规范规定架体在构配件进场、基础施工完毕、架体搭设至一定高度、架体搭设完毕、防护设施安装完毕的阶段进行分项验收，其目的都是及时发现问题，及时改正。同时，在架体投入使用前工程项目参建各方应进行联合完工验收，此举可有效发现架体的严重构造缺陷。此外，脚手架使用过程中，应对地基排水性能、架体结构的完整性和连接牢固性、基础沉降、立杆垂直度和使用工况进行定期巡视检查与监测，并应形成记录。

8. 支模架使用中，混凝土浇筑工序不合理

模板支撑架受力性能对作业层混凝土的浇筑顺序较为敏感，混凝土摊铺不及时造成堆积厚度过大，或混凝土浇筑走向不对称对架体造成较大的附加水平推力，这些都是架体设计计算中不纳入考虑的附加外部作用，只能通过合理的施工组织进行控制。混凝土浇筑前应根据混凝土结构的平面构造，合理确定浇筑点及浇筑推进顺序，严格遵守"分层、分段、对称"的浇筑原则。

9. 架体监控监测不到位

钢管脚手架为金属延性结构，从加载到超载破坏的过程，其屈曲失稳变化趋势是可以通过正确的监测手段所发现的。模板支撑架在混凝土浇筑过程中，应按照有关标准的要求设置监测点，按照规定的监测频率监测其水平变位，必要时监测控制部位的杆件内力，并在监测项目达到规定的报警值时，停止施工查明原因，并经加固处理后方可继续施工。

10. 架体超载使用

严禁脚手架和支模架作业层超载使用的相关规定，在现行多部脚手架规范中均将其列为强制性条文。架体使用中应悬挂限载标识牌，通过施工过程巡查，严控作业层物料集中堆放等超载行为。

11. 架体拆除顺序不合理

架体的拆除顺序对双排脚手架尤为重要，其拆除应自上而下逐层进行，严禁上下层同时拆除；连墙件应随脚手架逐层拆除，严禁先将连墙件整层或数层拆除后再拆除架体；拆除作业过程中，当架体的自由端高度大于两步时，必须增设临时拉结件；双排脚手架的斜撑杆、剪刀撑等加固件应在架体拆除至该部位时，才能拆除。这些都是双排脚手架拆除中不能突破的底线。

模板支撑架架体拆除应符合现行国家标准《混凝土结构工程施工质量验收规范》GB 50204、《混凝土结构工程施工规范》GB 50666 中混凝土强度的规定，拆除前应填写拆模申请单；预应力混凝土构件的架体拆除应在预应力施工完成后进行。

12.5.2 高处坠落事故防治

按照现行行业标准《建筑施工高处作业安全技术规范》JGJ 80 的规定，在坠落高度基准面 2m 或 2m 以上有可能坠落的高处进行作业为高处作业。各类脚手架上的施工操作均为高处作业，为避免施工作业人员高处坠落，应采取下列技术措施：

1. 在碗扣式钢管双排脚手架的作业层及满堂支撑架的顶部作业平台周边应按临边作业要求设置防护栏杆，并符合下列规定：

1）临边作业的防护栏杆应由水平杆、立杆及不低于 180mm 高的挡脚板组成。

2）防护栏杆应为两道水平杆，上杆距地面高度应为 1.2m（CUPLOK 架体为 1.0m），下杆距地面高度应为 0.6m（CUPLOK 架体为 0.5m）。

3）防护栏杆立杆间距不应大于 2m。

4）外侧应按规定设置全封闭的密目安全立网，双排外脚手架的外立面应自底至顶全封闭密目网。

2. 作业层或作业平台脚手板铺设应符合下列规定：

1) 脚手板材质、规格应符合施工方案要求。

2) 作业层脚手板应铺满、铺稳、铺实。

3) 采用工具式钢脚手板时，脚手板两端必须有挂钩，并带有自锁装置与作业层横向水平杆锁紧，严禁浮放。

4) 采用木脚手板、竹串片脚手板、竹笆脚手板时，脚手板两端应与水平杆绑牢，脚手板探头长度不应大于 150mm。

3. 人员上下作业层应按照攀登作业要求设置供人员上下专用梯道或坡道，当满堂支撑架搭设人行塔梯时，应设置可靠的连墙件。

4. 作业层脚手板下应采用安全平网兜底，作业层以下每隔 10m 采用安全平网封闭。

5. 双排脚手架当内立杆与建筑物距离大于 150mm 时，应采用脚手板或安全平网封闭，采用挑梁和带悬挑端的间水平杆搭设内侧扩展作业平台是减小架体与建筑物间间隙，有效防止人员高处坠落的重要安全技术措施。

6. 脚手架搭设和拆除人员必须经岗位作业能力培训考核合格后，方可持证上岗。搭设和拆除脚手架作业应有相应的安全设施，操作人员应正确佩戴安全帽、安全带和防滑鞋。

12.5.3 物体打击事故防治

脚手架工程施工中应采取下列防止物体打击的安全技术措施：

1. 施工现场搭设和拆除脚手架时，应避免和减少同一垂直线内的立体交叉作业。

2. 脚手架外立面，在人员进出的通道口、上方施工可能坠落物件的影响范围内的通行道路和施工作业场所，自建筑物施工至二层起，其上部应设置安全防护棚；

3. 脚手架作业层临边防护栏杆下部挡脚板下边距离底面的空隙不应大于 10mm。操作平台或脚手架作业层当采用冲压钢脚手板时，板面冲孔内切圆直径应小于 25mm。

4. 悬挑式脚手架架体底部应采取可靠封闭措施。

5. 脚手架拆除前，应清理作业层上的施工机具及多余的材料和杂物。

6. 拆除的脚手架构配件应采用起重设备吊运或人工传递到地面，严禁抛掷。

第13章　碗扣式钢管脚手架应用案例

13.1　房屋建筑结构碗扣式钢管模板支撑架

13.1.1　WDJ 普通碗扣架

1. 工程概况

某办公楼工程，建筑面积 93250 m²，层数 16/－1，框架结构，总高度 73m。其 4 层楼面（标高 14.05m）在 E～F 轴线交 1～6 轴线间，由于下部的 2 个楼层（5.65m、9.85m 标高）镂空，形成了支模高度为 14.4m 的楼层（－0.35～14.05m 标高）。高支模楼层的框架梁的尺寸有 300mm×600mm、400mm×700mm、500mm×1200mm，楼板厚度为 120mm。本工程高支模区域方位及监测点布置图如图 13.1.1-1 所示。

2. 梁板模板及架体方案选型

本工程部分架体支模高度为 14.4m（含楼面），楼面框架梁轴线间距基本满足 300mm 的模数，便于采用水平杆件长度定尺的脚手架搭设模板支撑架。项目部经综合比选，采用 WDJ 碗扣式钢管脚手架（Q235 级钢立杆）搭设模板支撑体系，支架可调托撑上部次楞采用 40mm×80mm 的木方，主楞采用 100mm×100mm 木方，模板面板采用 15mm 厚的木胶合板。

架体搭设的立杆纵横基本间距为 900mm×900mm，局部板下立杆间距采用调整间距 600mm，架体步距为 1200mm。F 轴线由于采用了弧线梁，该部位的立杆纵向间距加密以适应梁的平面曲线造型。架体竖向纵横剪刀撑及水平剪刀撑均采用钢管扣件普通剪刀撑。碗扣式钢管模板支撑架的平面布置如图 13.1.1-2 所示。架体典型代表性断面如图 13.1.1-3 所示，按照梁板结构的实际尺寸，架体竖向共分为 10 个标准步距，顶部设置两个 600mm 的加密步距。扫地杆离地间距 0.35m，板下立杆顶部自由外伸长度为 530mm，500mm×1200mm 框架梁下立杆顶部自由外伸长度为 630mm。除 500mm×1200mm 框架梁外，其余梁下不设置立杆，采取板下立杆传力。经步距布设后，400mm×700mm 梁下恰好可采用碗扣式水平杆作为主楞托梁（模板与次楞间间隙垫平）。300mm×600mm 梁下采用双钢管托梁作为模板主楞，梁两侧通过轴心传力专用扣件托座搭边（构造详见图 13.1.1-4 大样图）。

架体纵横竖向剪刀撑及水平剪刀撑均采用钢管扣件设置，剪刀撑在设置平面内连续设置，跨度为 5 跨立杆间距。水平剪刀撑在顶部设置一道，中部及扫地杆设置层各设置一道。

其中 3～4 号轴线间截面尺寸为 300mm×600mm 的梁，受碗扣脚手架水平杆模数的限制，两侧立杆距离梁边线的距离不等（图 13.1.1-2、图 13.1.1-3）。

本工程碗扣式钢管满堂模板支撑架的细部构造大样如图 13.1.1-4 所示。

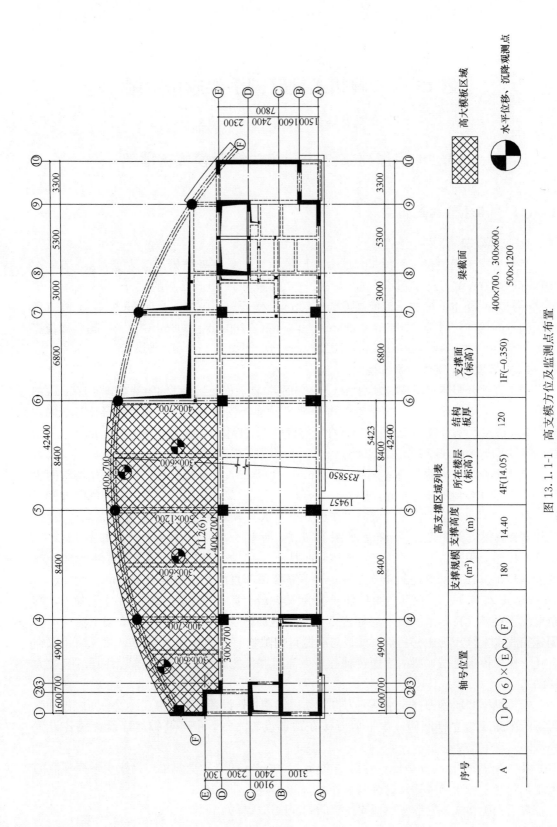

高支撑区域列表

序号	轴号位置	支撑规模 (m²)	支撑高度 (m)	所在楼层 (标高)	结构板厚	支撑面 (标高)	梁截面
A	①~⑥×Ⓔ~Ⓕ	180	14.40	4F(14.05)	120	1F(-0.350)	400×700、300×600、500×1200

图 13.1.1-1　高支模方位及监测点布置

高大模板区域

水平位移、沉降观测点

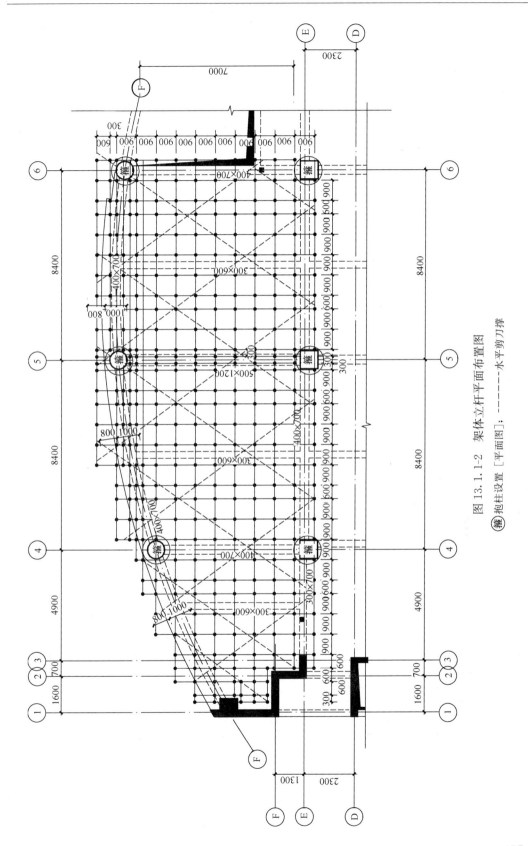

图 13.1.1-2 架体立杆平面布置图

⦿抱柱设置 [平面图]；————— 水平剪刀撑

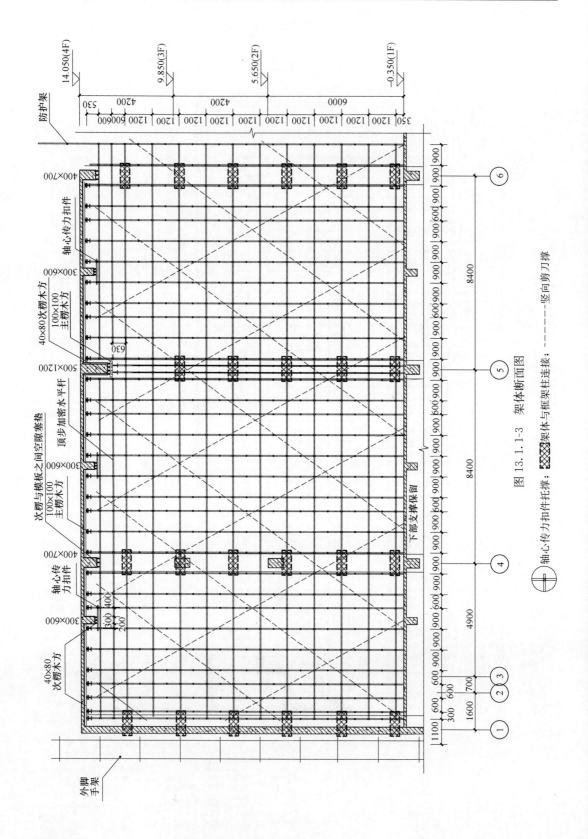

图 13.1.1-3 架体断面图

⊕—轴心传力扣件托撑; ▨—架体与框架柱连接; ------竖向剪刀撑;

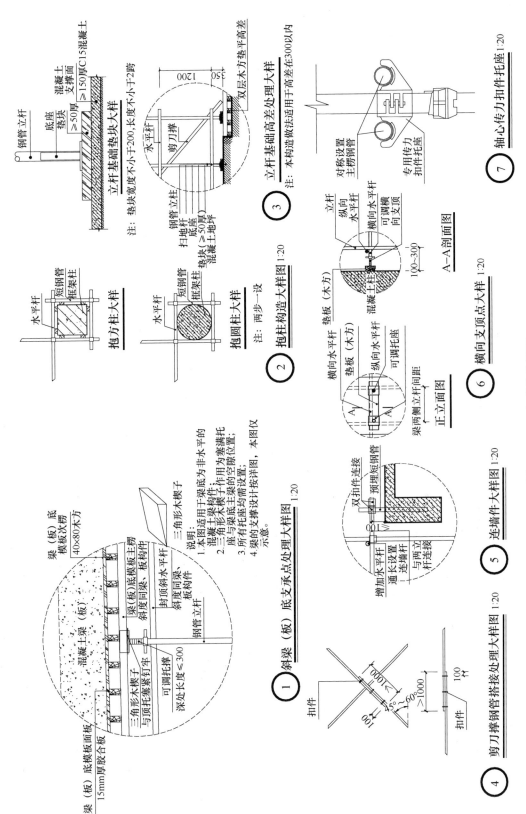

图 13.1.1-4 架体构造详图

根据实际荷载计算（施工荷载标准值取 2.5kN/m²），单根立杆最大轴力设计值为 12.37kN，在标准步距 1200mm，顶部自由外伸长度为 630mm（按 $a=650$mm 计算）的条件下，立杆稳定性满足要求，计算过程略。

13.1.2　CUPLOK 高强碗扣架

1. 工程概况

某垃圾发电厂项目主厂房，建筑面积 1650m²，高度 19m，局部地下室高 5m，结构形式为框架结构，楼面板厚 100mm，屋面框架梁尺寸为 250mm×600mm、300mm×600mm、400mm×800mm。

2. 梁板模板及架体方案选型

本工程部分架体支模高度为 19m，为规范架体搭设，提高架体的稳定性，项目部经综合比选，采用 CUPLOK 高强碗扣式钢管脚手架搭设模板支撑体系，支架可调托撑上部采用腹板高度为 200mm 的标准工字木梁（标准长度为 1.0m）作为模板面板的主次楞传力体系，楼板下部次楞为 50mm×100mm 的木方次楞，间距 200mm。架体搭设横断面图如图 13.1.2-1 所示。

3. 架体搭设基本参数

1）地基基础

本工程高支模部分施工时，由于已施工了厚度为 200mm 的 C20 地下室建筑地坪，因此以永久地坪作为支模架立杆基础。

2）架体参数

由于采用了立杆材质为 Q345 级钢管的高强 CUPLOK 碗扣式钢管模板支撑体系，单立杆承载力高，经初步试算选定架体搭设参数为：立杆纵横间距为 900mm、1200mm、1500mm，步距为 1500mm，局部 2000mm。为控制立杆顶部自由外伸长度，在顶托底部设置附加水平杆，并将斜撑杆延伸至该层。本工程由于屋面框架梁截面尺寸较小，梁下无需设置加密立杆，梁的荷载通过专用碗扣式梁托架传力。

架体斜杆设置按照行业标准《建筑施工碗扣式钢管脚手架安全技术规范》JGJ 166—2016 规定的跨间斜撑杆方式设置，每一跨间的斜撑杆采用短钢管扣件形式设置，自底至顶在同一跨间通高之字形设置，每一跨斜撑杆间隔 2 跨立杆。水平剪刀撑在顶部及中间不超过 4 步设置一道。为提高架体的稳定性，架体每隔 2 步距与周边框架梁通过钢管扣件抱柱方式进行加强连接。架体设置典型横断面如图 13.1.2-1 所示，架体现场搭设及构造如图 13.1.2-2 所示。

4. 架体主要计算情况

施工荷载取 2.5kN/m²，脚手架构配件及钢筋混凝土自重按照规范选取，10 年一遇基本风压取 0.3kN/m²，地面粗糙度类别为 C 类（有密集建筑群的市区），本工程由于处于有风环境，架体高宽比较大，风荷载作用不可忽略。

经面板→次楞→主楞→立杆荷载传递分析，得到不考虑风荷载作用下的立杆轴力设计值为 $N=17.75$kN。

1）风荷载计算结果

（1）风荷载标准值

模板支撑架架体风荷载标准值应按下式计算：

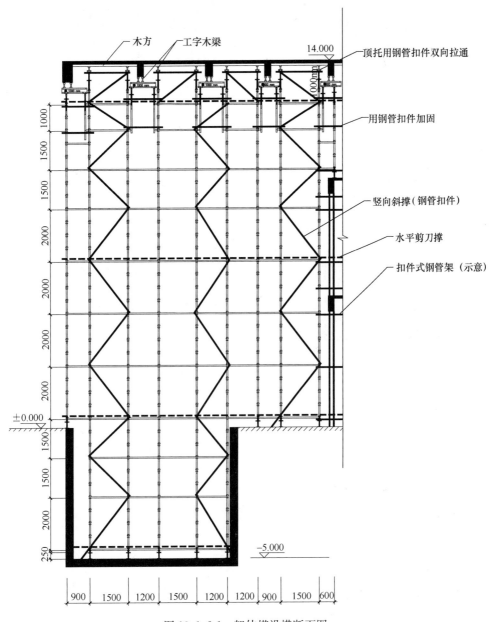

图 13.1.2-1　架体搭设横断面图

$$w_k = \mu_s \mu_z w_0 \qquad (13.1.2\text{-}1)$$

式中：w_0——基本风压，按 10 年一遇风压值采用，$w_0 = 0.3\text{kN/m}^2$。

　　μ_s——支撑结构风荷载体形系数 μ_s，将支撑架视为桁架，按现行国家标准《建筑结构荷载规范》GB 50009 表 8.3.1 第 33 项和 37 项的规定计算。支撑架的挡风系数 $\Phi = 1.2 \times A_n/(l_a \times h) = 1.2 \times 0.158/(1.2 \times 1.5) = 0.105$；

　　A_n——一步一跨范围内的挡风面积，$A_n = (l_a + h + 0.325 l_a h)d = 0.158\text{m}^2$；

　　l_a——立杆间距，1.2m；

　　h——步距，1.5m；

　　d——钢管外径，0.048m；

461

(a)　　　　　　　　　　　　　　　　(b)

图 13.1.2-2　架体现场搭设

（a）架体搭设过程；（b）架体细部构造

系数 1.2——节点面积增大系数；

系数 0.325——支撑架立面每平方米内剪刀撑的平均长度。

单排架无遮拦体形系数：$\mu_{st} = 1.2\Phi = 1.2 \times 0.105 = 0.13$。

无遮拦多排模板支撑架的体形系数：

$$\mu_{stw} = \mu_{st} \cdot \frac{1-\eta^n}{1-\eta} = 0.13 \times \frac{1-0.96^5}{1-0.96} = 0.6$$

式中：η——风荷载地形地貌修正系数；

n——支撑架相连立杆排数。

支撑架顶部立杆段距地面计算高度 $H=19\text{m}$，按地面粗糙度 C 类。风压高度变化系数 $\mu_z = 0.72$。

单榀桁架风荷载标准值 $w_k = \mu_z\mu_{st}w_0 = 0.72 \times 0.13 \times 0.3 = 0.028\text{kN/m}^2$。

模板支撑架架体风荷载标准值 $w_{fk} = \mu_z\mu_s w_0 = 0.72 \times 0.60 \times 0.3 = 0.130\text{kN/m}^2$。

模板支撑架顶部竖向模板体型系数 μ_s 取 1.3，风荷载标准值 $w_{mk} = \mu_z\mu_s w_0 = 0.72 \times 1.3 \times 0.3 = 0.281\text{kN/m}^2$。

（2）风荷载作用在模板支撑架上产生的倾覆力矩标准值

$$M_{Tk} = \frac{1}{2}H^2 \cdot q_{wk} + H \cdot F_{wk} \tag{13.1.2-2}$$

式中：q_{wk}——风荷载作用在模板支撑架计算单元的架体范围内的均布线荷载标准值，$q_{wk} = l_a \cdot w_{fk} = 1.2 \times 0.130 = 0.156\text{kN/m}$；

H——架体搭设高度；

F_{wk}——风荷载作用在模板支撑架计算单元的模板范围内产生的水平集中力标准值，作用在架体顶部，$F_{wk} = l_a \cdot H_m \cdot w_{mk} = 1.2 \times 1.5 \times 0.281 = 0.506kN$；

H_m——模板支撑架顶部竖向栏杆围挡（模板）的高度，根据本工程实际，取 $H_m = 1.5m$。

风荷载作用下的倾覆力矩标准值：$M_{Tk} = 1/2 \times 19 \times 19 \times 0.156 + 19 \times 0.506 = 37.772kN \cdot m$。

（3）模板支撑架立杆由风荷载产生的最大附加轴力标准值

$$N_{wk} = \frac{6n}{(n+1)(n+2)} \cdot \frac{M_{Tk}}{B} \qquad (13.1.2-3)$$

式中：B——模板支撑架横向宽度；

n——模板支撑架计算单元立杆跨数，取 $n = 13$。

附加轴力标准值为：

$$N_{wk} = \frac{6 \times 13 \times 37.772}{(13+1)(13+2) \times 20} = 0.70kN$$

组合风荷载时，立杆的最大轴向力设计值 $N = 17.75 + 1.4 \times 0.6 \times 0.70 = 18.34kN$。

2）立杆计算长度

立杆计算长度应按下式计算：

$$l_0 = k\mu(h + 2a) \qquad (13.1.2-4)$$

式中：h——步距（m）；

a——立杆伸出顶层水平杆长度，考虑到立杆顶部设置了附加钢管扣件封顶杆，取 $a = 200mm$；

μ——立杆计算长度系数，取 1.1；

k——立杆计算长度附加系数，取 1.217；

$a = 0.65m$ 时，$l_{01} = 1.217 \times 1.1 \times (1.5 + 2 \times 0.65) = 3.08m$，长细比 $\lambda_1 = l_{01}/i = 3080/15.9 = 193$，$\varphi_1 = 0.141$；

$a = 0.2m$，$\varphi = 1.2\varphi_1 = 1.2 \times 0.141 = 0.169$。

3）验算长细比

验算长细比时，取 $k = 1.0$。

$l_0 = k\mu(h + 2a) = 1.1 \times (1.0 + 2 \times 0.2) = 1.54m$，长细比 $\lambda = l_0/i = 2090/15.9 = 96.8 < 230$，长细比满足要求！

4）立杆稳定性验算

当有风荷载时，模板支撑架立杆稳定性先按下式验算：

$$\frac{\gamma_0 N}{\varphi A} \leqslant f \qquad (13.1.2-5)$$

式中：γ_0——结构重要性系数；

N——立杆轴力设计值，取 18.34kN；

φ——轴心受压构件的稳定系数；

A——立杆的毛截面面积，取 $424mm^2$；

f——钢材的强度设计值，取 $300N/mm^2$。

稳定性计算公式为：

$$\frac{\gamma_0 N}{\varphi A} = \frac{1.1 \times 18.34 \times 10^3}{0.169 \times 424} = 281.5 \text{N/mm}^2 < f = 300 \text{N/mm}^2$$

立杆稳定性满足要求！

再按下式验算：

$$\frac{\gamma_0 N}{\varphi A} + \frac{\gamma_0 M_{\text{w}}}{W} \leqslant f \tag{13.1.2-6}$$

式中：W——立杆的截面模量，取 4490mm^3；

M_{w}——模板支撑架立杆由风荷载产生的弯矩设计值，$M_{\text{w}} = 1.4 \times 0.6 M_{\text{wk}}$；

M_{wk}——模板支撑架立杆由风荷载产生的弯矩标准值，$M_{\text{wk}} = \dfrac{l_a w_k h^2}{10}$。

$M_{\text{wk}} = 1.2 \times 0.028 \times 1.5 \times 1.5/10 = 0.008 \text{kN} \cdot \text{m}$，$M_{\text{w}} = 1.4 \times 0.6 \times 0.008 = 0.007 \text{kN} \cdot \text{m}$。

稳定性计算公式为（取 $N = 17.75 \text{kN}$）：

$$\frac{\gamma_0 N}{\varphi A} + \frac{\gamma_0 M_{\text{w}}}{W} = \frac{1.1 \times 17.75 \times 10^3}{0.169 \times 424} + \frac{1.1 \times 0.007 \times 10^6}{4490}$$

$$= 272.20 + 1.71 = 273.90 \text{N/mm}^2 < f = 300 \text{N/mm}^2$$

立杆稳定性满足要求！

13.2　桥梁碗扣式钢管模板支撑架

13.2.1　WDJ 普通碗扣架

1. 工程概况

某城市立交匝道桥跨度分布为：$33.887 \text{m} + 34.113 \text{m} + 26 \text{m}$，箱梁截面为单箱双室断面，截面高度 1.7m，墩柱高度 $10 \text{m} \sim 12 \text{m}$。

2. 基础处理

1）地基稳定、地势纵横高差不大，有条件用压路机碾压的地段，采用挖掘机平整场地，并用不小于 18t 的振动压路机振动碾压 6～8 遍，直至无明显轮迹为止，地基承载力 $>300 \text{kPa}$，然后浇筑 150mm 厚 C20 混凝土；

2）陡坡或不能用压路机碾压的地段，首先人工削坡，清除坡面松土、杂土和其他垃圾，若坡面不稳定则需修建挡护结构进行支挡；采用 600mm 厚 M7.5 浆砌毛条石沿坡面台阶状护坡，台阶宽度 200～300mm，护坡原则：随夯随护随填，确保坡面密实、坐浆饱满和墙背回填密实。

3. 架体搭设参数

立杆纵横间距均为 600mm，局部立杆调节段间距为 300mm，架体步距均为 1200mm。纵横竖向剪刀撑按 4.5～6m 间距，从底到顶连续设置，水平剪刀撑在支架底部和顶部各设置一道，中间根据支架高度适当加 1～3 道水平剪刀撑；上托上设置 100mm×100mm 木方横向分配梁，横向分配梁上搭设 50mm×100mm 木方纵向分配梁（间距 400mm，扁放），横向分配梁间均匀铺设 3 根 $\phi 48 \times 3.5$ 钢管，然后铺设箱梁底模系统。架体总体结构布置图如图 13.2.1-1 所示，架体代表性断面布置图如图 13.2.1-2 所示，各部位细部构造大样如图 13.2.1-3 所示。

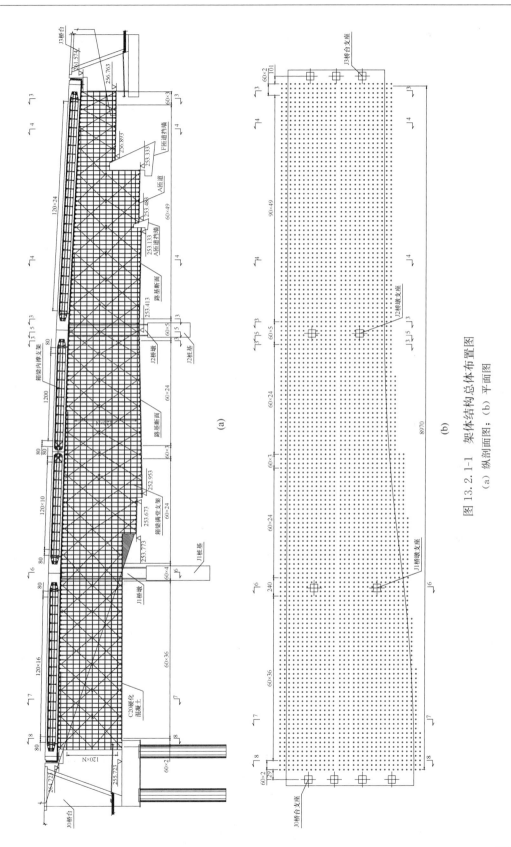

(a)

(b)

图 13.2.1-1　架体结构总体布置图

(a) 纵剖面图；(b) 平面图

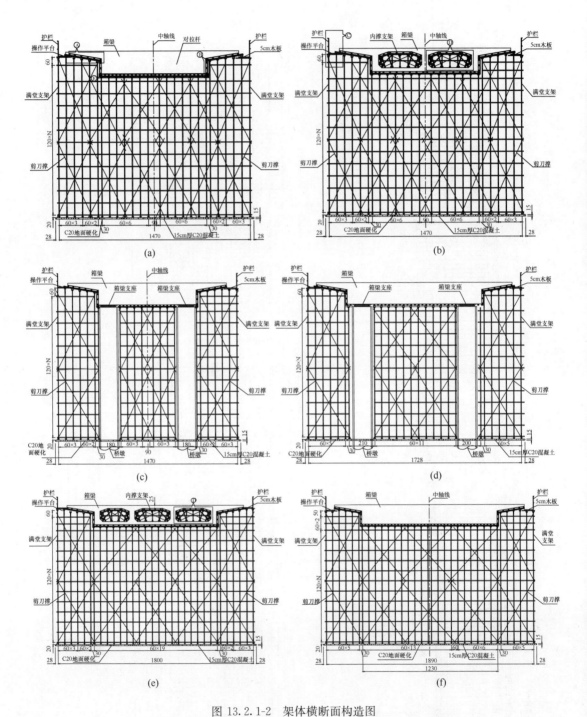

图 13.2.1-2 架体横断面构造图

(a) 3—3 断面图；(b) 4—4 断面图；(c) 5—5 断面图；(d) 6—6 断面图

(e) 7—7 断面图；(f) 8—8 断面图

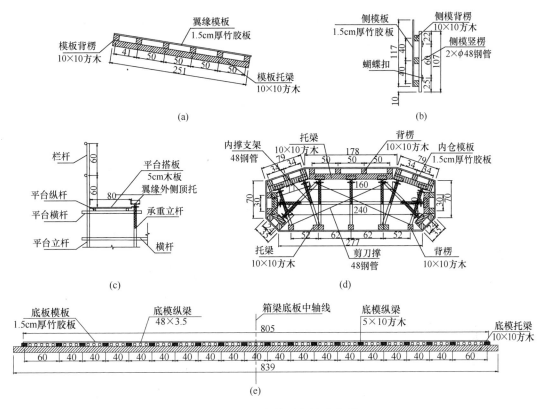

图 13.2.1-3 架体局部构造大样

(a) A 大样；(b) B 大样；(c) C 大样；(d) D 大样；(e) E 大样

13.2.2 CUPLOK 高强碗扣架

1. 工程概况

某城市综合立交项目的匝道桥全长 569.6m，共 8 联 28 跨，其中大跨段跨度为 28.7m，最高桥墩为 8.967m。正常段箱梁宽 9.0m，加宽段箱梁宽 10.4m，箱梁高 1.5m；大跨段箱梁宽 10.4m，箱梁高 1.85m（匝道桥部分两端为大跨段）。匝道桥的全貌如图 13.2.2-1 所示，正常段截面与大跨度段截面分别如图 13.2.2-2、图 13.2.2-3 所示。模板支撑架采用 Q345 级钢管立杆的 CUPLOK 满堂支撑体系（产品标识 DURALOK），顶部采用双 U 形钢主楞托梁，架体顶部立杆采取加强构造措施。

2. 基础处理

按超出箱梁投影 1.5m 宽范围清除箱梁投影区内表层腐殖土，利用推土机和人工配合翻晒找平后用 18t 振动压路机进行振动压实，直到原地面停止下沉为止。横向设置 1.5% 的横坡，便于及时排除雨水。

搭设碗扣支架的范围内在碾压完毕并验收合格后，试验室作重型击实试验测量地基承载力，要求处理完毕后的地基承载力不得低于 250kPa。为避免雨水对地基浸泡，导致基础承载力降低，在处理后的地基上做 200mm 厚钢渣，再浇筑 200mm 厚 C20 混凝土，对雨水及养护水进行封闭。承台基坑采用钢渣回填，地表浇筑 200mm 厚 C20 混凝土。在地

图 13.2.2-1　匝道桥全貌

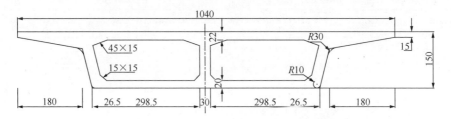

图 13.2.2-2　正常段箱梁断面图

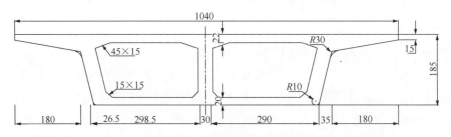

图 13.2.2-3　大跨度段箱梁断面图

基两侧设置排水沟，保证施工期间排水畅通。基础处理完毕并自检合格后上报监理工程师检查验收，验收合格后方可进行支架搭设。

3. 架体搭设参数

在经处理后的基础上铺设 100mm×150mm 的方木（用 200mm 厚度 C20 混凝土封水时，可以考虑不再铺设方木），立杆底座支在方木上。匝道桥支架立杆间距在空箱段按 1800mm（纵向）×1200mm（横向）布置，竖向步距为 1.5m；横梁位置及横梁两侧内箱收窄部分立杆间距按照 900mm（纵向）×1200mm（横向）布置，竖向步距为 1.5m；上下设置可调托撑和可调底座，可调高度控制在 50～350mm 之间，在第一层水平杆搭设完成后，通过可调底座调节，使水平杆处于同一水平上，然后在进行下一层搭设。其上横桥向铺设 U 形钢（成对使用）作为主楞分配梁，间距为 1800mm，跨度 1200mm，U 形钢上纵向铺设 100mm×100mm 的分布方木作为模板次楞，方木间距按设计确定，然后在其上铺设底模，底模采用 12mm 厚的竹胶板，翼缘板模板采用 9mm 厚竹胶板。

支架按规范设置扫地杆和剪刀撑。斜撑杆采用专用卡口式剪刀撑杆，在安装剪刀撑杆时要尽量使剪刀撑紧靠节点位置（间距不超过 100mm）。跨间斜撑杆按照剪刀撑方式设置，纵、横向每 3～4 排采用专用内斜撑杆设置一道横向、纵向竖向剪刀撑（纵向剪刀撑间距 5.4m，横向剪刀撑间距 4.8m）。

靠近墩柱的纵水平杆支架与墩柱抱紧，并用可调节钢管与墩柱抵牢，连接处用木模支垫保护墩柱混凝土不受损坏。

立杆平面布置如图 13.2.2-4 所示，架体横断面布置如图 13.2.2-5 所示，架体纵断面布置如图 13.2.2-6 所示，架体抱墩柱立面设置如图 13.2.2-7 所示。

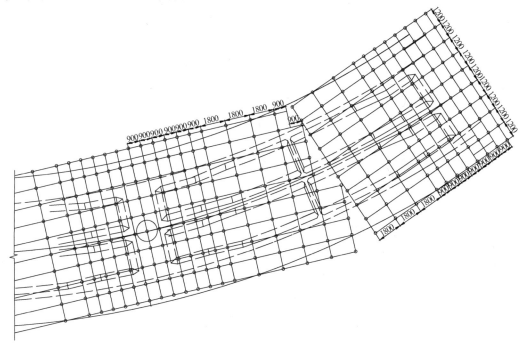

图 13.2.2-4　架体立杆平面布置图

4. 支架预压

支架按照方案搭设好以后，采用钢筋等预压物对支架进行预压，加载重量为箱梁设计总重量的 1.2 倍，支架预压时间必须等到沉降量趋于稳定后，由测量组布设沉降观测点（观测点布置如图 13.2.2-8 所示），观测支架的原始值，并做好记录。沉降观测每两小时一次，并妥善保管好原始记录，为以后的支架搭设作参考。

在结构物范围内，在支架顶部铺上一层方木，然后按照桥梁结构荷载的分布，吊装预压物对支架进行预压，预压过程分作 60%设计重量→80%设计重量→100%设计重量三个阶段。每完成一级加载，均对所有测点进行一次测量，当达到 120%荷载时持续 24 小时。

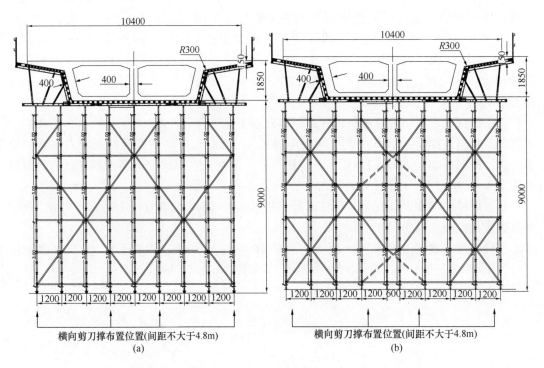

图 13.2.2-5　架体横断面布置图

（a）正常段；（b）大跨度段

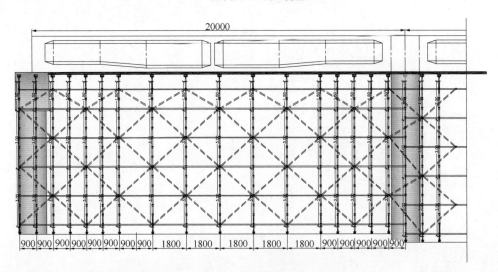

图 13.2.2-6　架体纵断面布置图

各监测点最初 24h 的沉降量平均值小于 1mm 或各监测点最初 72h 的沉降量平均值小于 5mm，视为支架预压合格；在预压结束后，按照 100％设计重量→80％设计重量→60％设计重量→0 分级卸载，并记录支架的沉降值。卸载后 6h，应监测各监测点标高，并计算各监测点的弹性变形。

　　分析支架沉降值的观测结果，得出支架的非弹性变形与弹性变形值，为结构物的施工提供准确的预拱度值，编写预压报告。

分别对首次搭设的主线桥支架和匝道桥一跨进行预压处理，后续施工中以首次的预压值作为指导施工的依据。

5. 承载力计算结果

本工程采用了较大的立杆间距，单立杆最大轴力设计值为 $N_{max} = 58.32\text{kN}$，如果按照行业标准《建筑施工碗扣式钢管脚手架安全技术规范》JGJ 166—2016 的常规构造条件下的计算公式进行计算，立杆将不满足承载力计算结果。为充分发挥 Q345 级钢管立杆的承载能力，需对架体进行加强处理，如图 13.2.2-9 所示在可调托撑底部设置附加封顶水平杆，并将专用斜撑杆延伸至该层。在该加强条件下，单肢立杆承载力 $[N]$ 按杆件失稳条件计算。本案中顶部采用的新型可调托撑，其螺杆调出最大高度不超过 450mm，也即最顶层最大步距为 706.0mm（图 13.2.2-9），顶部自由外伸长度为 300.6mm。

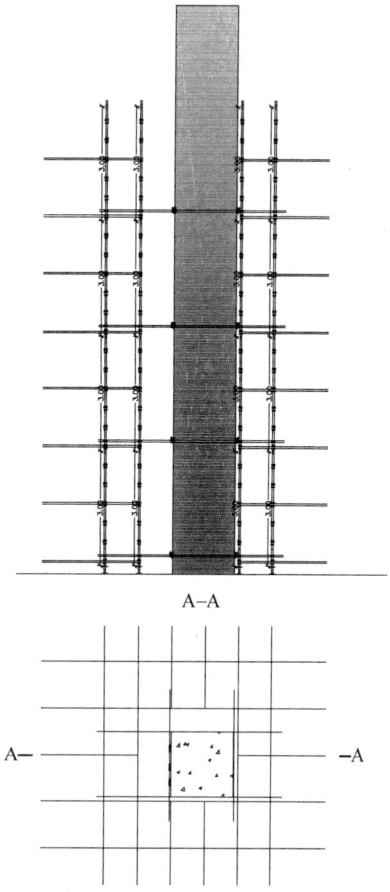

计算得支撑钢管容许 $[N]$ 值：

$$l_0 = k\mu(h + 2a) = 1.155 \times 1.1 \times (0.706 + 2 \times 0.306)$$
$$= 1.675$$

$$\lambda = \frac{l_0}{i} = \frac{1 \times 1.675 \times 100}{1.598} = 104.79$$

查表得 Q345 的折减系数值为 $\varphi = 0.445$。

$$[N] = 4.534 \times 10^{-4} \times 0.611 \times 300 \times 10^6 = 60.6\text{kN} \geqslant N_{max} = 58.32\text{kN}。$$

图 13.2.2-7　架体抱墩柱立面设置

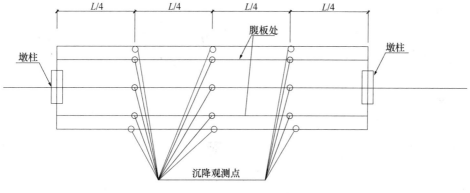

图 13.2.2-8　预压观测点布置图

13.2.3　桥梁组合式支架

1. 工程概况

某公路工程主线高架桥跨跨越既有河道部分采用 30m＋50m＋30m 的变高度连续梁结

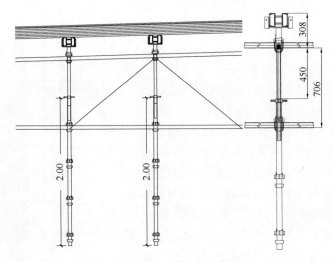

图 13.2.2-9 立杆顶部加强构造

构跨越，变高度梁中支点梁高为 3.0m，桥宽 25.5m，墩柱高 9m，桥梁与河道成 79°夹角，桥梁结构如图 13.2.3-1 所示。支架需跨越既有河道老桥，由于老桥情况未知，所以不考虑在老桥桥板上搭设支架，但是由于老桥跨度也较大（近 25m），所以需要利用到老桥桥墩来承载。

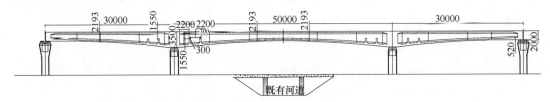

图 13.2.3-1 跨越河流桥梁结构

2. 地基处理

1）现场道路路面为 160mm 沥青混凝土面层，基层为 360mm 厚水泥稳定碎石。处于现有路面的箱梁支架可直接搭设，低洼或被破坏部分用 C20 素混凝土找平，保证同一跨内的支架基础处于同一标高上。

2）如基础承载力经试验无法满足施工要求，则应按下列规定进行地基加强处理：

（1）非原道路路面和其他施工场地部分

因为非原道路路面大都为绿化带以及草皮建筑垃圾堆等，因此在施工时先清除表层杂质、浮土、建渣等，将其整平处理，局部软弱层采用换填砖渣进行处理，施工处理时根据地基承载力要求进行，一些符合要求的地面不做处理。地形平整后上部铺设 100mm 厚碎石，然后用 20t 振动压路机压实，压实度不少于 96%，然后浇筑 150mm 厚 C20 素混凝土垫层，混凝土强度达到设计要求，地基承载力在 173.5kPa 以上时进行箱梁支架搭设施工。

（2）雨污水管处地基处理

原绿化带地形平整碾压后上部铺设 100mm 厚碎石，然后用 20t 振动压路机压实，压实度不少于 96%，然后浇筑 150mm 厚 C20 素混凝土垫层，混凝土强度达到设计要求，地基承载力在 173.5kPa 以上时进行箱梁支架搭设施工。

雨水管处地基处理，先将原雨水管采用人工配合反铲进行挖出，挖除后进行雨水抽排，雨水抽排完成后，采用购买的黏土进行回填，回填采用分层进行回填，每次回填厚度不大于 300mm，并使用振动碾进行碾压密实，待回填至离原有路面 250mm 的距离时，采用铺设 100mm 厚碎石回填，然后用 20t 振动压路机压实，压实度不少于 96%，然后浇筑 150mm 厚 C20 素混凝土垫层，混凝土强度达到设计要求，地基承载力在 173.5kPa 以上时进行箱梁支架搭设施工。

为确保支架搭设安全，在雨水涵回填硬化部位及承台回填硬化部位搭设支架时应在支架底托垫放 180mm 的槽钢，以确保支架稳定。

表层处理宽度为桥梁投影面积两边外加 1500mm 宽。在混凝土基础四周，均设置 120mm 厚砖砌、净宽 200mm×深 500mm 的排水沟，排水沟底部浇筑 50mm 厚 C20 混凝土垫层，以便及时排除雨水，确保基础部位不上水，不浸泡，保持基础的稳定性。排水沟，按照现场施工排水的需要进行设置（横向设置 0.3% 找坡）。低洼处开挖集水坑，尺寸 600m×600m×600mm。

（3）承台回填范围内地基处理

在承台施工完毕后，先用砂土分层回填，回填压实度不低于 96%；然后铺设 100mm 厚碎石，并分层碾压，再浇筑 150mm 厚 C20 混凝土，以确保承台回填范围内地基承载力满足要求。

（4）地基预压

主线地基为原道路，为 360mm 厚水稳层加 160mm 沥青路面，路基为三七灰土，原道路为主要道路，经过长年使用，承载力完全可以满足要求。经过处理后的承载力完全超过 173.5kPa。

为确保安全，可在回填部位或需要地基加固部分局部预压。预压材料可选择大型建筑设备模拟预压。预压荷载可选择混凝土结构荷载和支架、模板重量的 1.2 倍（可按照均布荷载 10t/m²）。预压面积可根据荷载形式确定，加载、卸载均选择一次加载、一次卸载。沉降观测点选择 9 个均匀布设，路面硬化时可提前预埋 φ32 平钢筋头作为观测点。

3. 架体搭设参数

1）箱梁模板

（1）箱梁底模板采用 15mm 厚桥梁专用竹胶板，现浇预应力混凝土箱梁施工采用一次浇筑成型施工方法，模板采用 15mm 厚竹胶板，模板次楞采用 100mm×100mm 方木，顺桥向布置，布置间距为空箱下 300mm，翼缘转角下 200mm；主楞采用冷弯双 U 形钢，横桥向布置，间距为横梁下 600mm，空箱下 1200mm。

（2）箱梁悬挑翼缘板采用 12mm 厚桥梁专用竹胶板拼接，模板次楞采用 100mm×100mm 方木，顺桥向布置，间距按 200mm；主楞采用冷弯双 U 形钢，横桥方向布置间距 1200mm。

（3）箱梁内模采用 15mm 厚桥梁专用覆膜竹胶板。箱室内模由箱室内侧模板和箱室内顶板组成，箱室内顶板底模安装待箱室内侧模板拆除后方能开始施工，箱室内腹板侧模之间采用钢管加固。

2）箱梁支架

顶部支架采用 CUPLOK 新型碗扣式支撑系统。

截面高度为 3.0m 处中横梁及两侧 4.8m 范围采用 600mm（纵向）×600mm（横向）立杆排距进行搭设；两侧高度为 2.0m 处边横梁 2.4m 范围采用 600mm（纵向）×1200mm（横向）立杆排距进行搭设；高度为 2.5m 以上腹板及翼缘转角下采用 600mm（纵向）×600mm（横向）立杆排距进行搭设；高度为 2.5m 以下腹板下按 1200mm（纵向）×600mm（横向）立杆排距进行搭设；空箱下按 1200mm（纵向）×1200mm（横向）立杆排距进行搭设，步距采用 1500mm。

其中，桥梁底部跨越老桥部分采用在旧桥桥墩顶横桥向布置三排单层加强型贝雷梁作为转换横梁的支座，贝雷梁的最大间距为 8.275m（门洞跨度），上部沿纵桥向按顶部支架间距布置双排单层普通型贝雷梁作为转换横梁，在贝雷梁顶横桥向布置 130mm×170mm 双 U 形钢主分配梁。顶部立杆按腹板、翼缘转角位置下进行排杆：箱梁截面高度大于 2.5m 段按 600mm（横向）×600mm（纵向）立杆排距进行搭设；箱梁截面高度小于按 2.5m 段 600mm（横向）×1200mm（纵向）立杆排距进行搭设；空箱位置下按 1200mm（横向）×1200mm（纵向）立杆排距进行搭设。架体剪刀撑按照横向每 4.8m 布设一道；纵向每 4.8m 设一排，并在顶部设置水平剪刀撑。箱梁翼缘板下部采用工具式花架作为支撑体系。

箱梁支架整体构造如图 13.2.3-2 所示，各部位的支架横断面构造如图 13.2.3-3 所示，翼缘板工具式支架构造如图 13.2.3-4 所示。

4. 主要施工方法

1）测量定位

支架体系安装前应对支架体系进行预排，用全站仪根据方案中立杆纵向和横向间距进行现场定位，在地面上弹控制线或拉线进行控制，目的是为了保证架体搭设位置准确。

满堂支架的立杆底托基础与地基接触面应密实、平稳，如不能满足，则可采用垫木的方式进行加强，垫木做法详见图 13.2.3-5。

2）支架拼装

（1）支撑架搭设前，应先测设桥的跨中线并在桥的两侧引出控制桩，同时在桥两侧的端部和跨中设标高控制桩，用以控制支撑架的搭设高度。在基础表面弹出控制线作为搭设支撑架控制依据，保证支撑架立杆位置准确。同时检查脚手架有无弯曲、接头开焊、断裂等现象，无误后可实施支架体系的拼装。

（2）搭设支撑架时应保证底层立杆的垂直度，在拼装底步水平杆的同时要注意检查立杆是否垂直，待第一步架体拼装完成后，应调整所有立杆的垂直度和水平杆的平整度，待全部调整完毕后方可拼装上一步架体。

立杆接长时应检查立杆的垂直度，发现立杆的垂直度不符合要求时应及时调整。立杆的垂直偏差应控制在架体高度的 1/600 之内，防止立杆倾斜度过大，受力后产生偏心弯矩，影响立杆的稳定性。

3）安装顶层可调托撑和悬挑翼缘板定型支撑钢花架

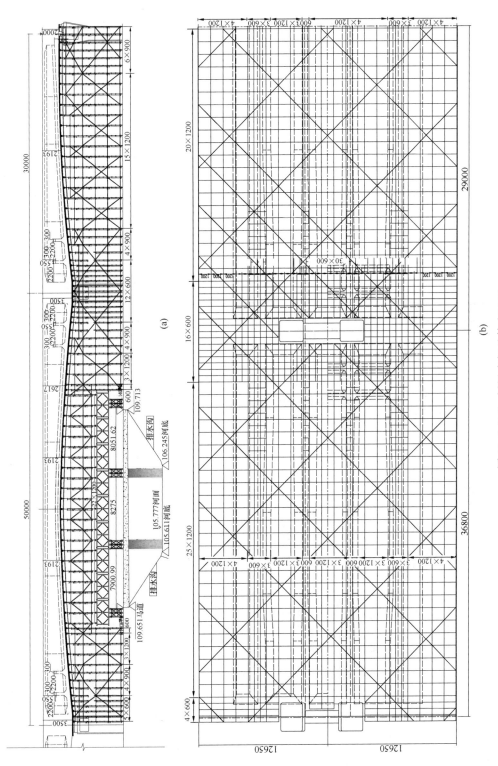

图 13.2.3-2 桥梁支架总体布置图
(a) 纵立面构造；(b) 平面构造图

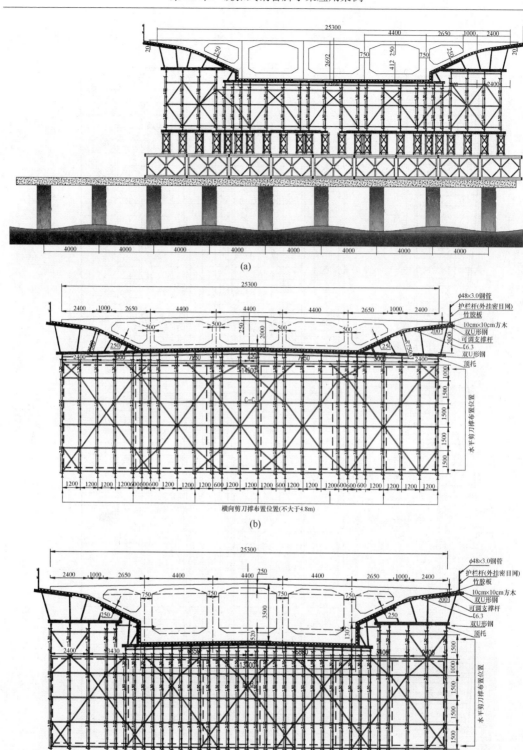

图 13.2.3-3　箱梁支架横断面构造图

（a）跨越河道组合式支架断面图；（b）3.5m 高箱梁中跨支架断面图；（c）3.5m 高箱梁端跨支架断面图

图 13.2.3-4 翼缘板工具式支架构造

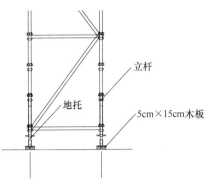

图 13.2.3-5 立杆底部垫木设置

（1）顶层可调顶托安装

拼装到顶层立杆后，即可装上顶层可调顶托，并依据设计标高将各顶托顶面调至设计标高位置，可调顶托丝杆调出高度在 50～350mm 之间；丝杆超出 350mm 时，需要采用水平杆连接顶托，并将剪刀撑延伸至此层水平杆。

（2）定型钢架安装

利用冷弯双 U 形钢拼接组装翼缘定型支撑钢架，根据桥梁控制点，调整顶托调整高度，保证梁底的纵横坡度满足要求，然后确定翼缘边线，安装翼缘竖向支撑双 U 形钢，安装可调支撑杆支撑竖向 U 形钢，根据翼缘上转角标高，确定安装翼缘悬挑支撑双 U 形钢、可调支撑杆，复测翼缘顶部标高，锁定可调支撑杆，将每列支撑主楞纵向连接为整体，并间隔 7.2m 连接一道剪刀撑（图 13.2.3-6）。

图 13.2.3-6 翼缘板支撑花架连接系设置

4）铺设顶层主龙骨、分配方木

顶托顶面调至设计标高位置后，铺设冷弯双 U 形钢，并利用连接件将双 U 形钢互相进行横向首尾相连，成为整体（图 13.2.3-7）。

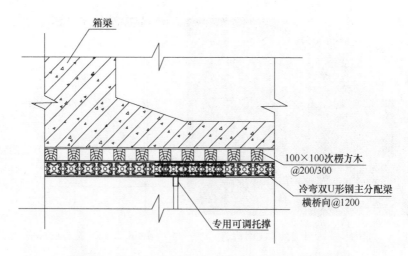

箱梁

100×100次楞方木
@200/300

冷弯双U形钢主分配梁
横桥向@1200

专用可调托撑

图 13.2.3-7　双 U 形钢主分配梁横向首尾相连示意图

顺桥向铺设方木，铺设间距要严格按照设计进行，并预留箱梁预拱度，使用水准仪检查标高，无误后可拼装底模模板。

5）剪刀撑布设

剪刀撑采用跨间斜撑杆，斜撑杆件与支架同步搭设，按照横向每 4.8m 布设一道，纵向 4.8m 布设一排，保证外表面必须有一排剪刀撑。专用楔紧挂扣型剪刀撑斜杆（图 13.2.3-8）按固定长度卡在水平杆对角线上，剪刀撑安装位置距离节点距离不大于 100mm，剪刀撑安装到位后，需要敲击锁紧剪刀撑。

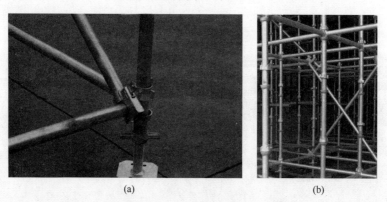

(a)　　　　　　　　　　　　(b)

图 13.2.3-8　专用剪刀撑杆件设置

（a）节点构造；（b）组架示意

6）安全防护设施设置

（1）支架顶面四周应设置宽度 1000mm 的作业平台，平台面应满铺脚手板并在四周设置高度不小于 180mm 的挡脚板。

①脚手板的长度宜大于 2m，并应支承在三根以上水平杆上，且与水平杆连接固定。

②脚手板铺设宜采用搭接方式，搭接接头应设置在水平杆上，搭接长度应大于 200mm，接头伸出水平杆的长度不应小于 100mm。

③挡脚板应设置在支架立杆的内侧并固定在立杆上。

④ 作业平台的临空面应设置高度不小于 1.2m 的防护栏杆，栏杆外应挂设安全网。栏杆的立柱与支架应连接牢固，立杆顶部和中部内侧应各设置一道水平杆。

（2）支架应设置人行梯架或坡道，梯架或坡道的构造应符合下列规定：

① 梯架或坡道应与支架连接固定，宽度不小于 900mm。

② 梯架或坡道两侧及转弯平台应按作业平台构造的相关要求设置脚手板、防护栏杆和安全网。

③ 梯架的坡度宜小于 1∶1；坡道的坡度宜小于 1∶3，坡面应设置防滑装置。

7）安全通道（人行塔梯）搭设

根据施工场地的大小和每联梁所处的位置，选择塔梯搭设位置，塔梯采用碗扣式专用梯架搭设。安全通道塔梯搭设应与支架分开搭设，必须确保爬梯的搭设稳固与安全（图 13.2.3-9）。

图 13.2.3-9　架体人行塔梯设置

5. 预压及立模标高调整

1）支架体系预压点的布置

预压监测点的布置如图 13.2.3-10 所示，预压观测记录表格如表 13.2.3-1 所示。

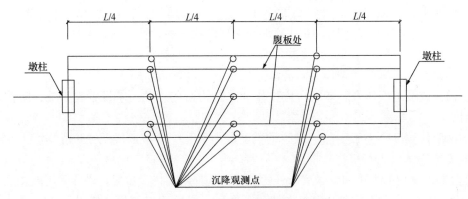

图 13.2.3-10　支架预压观测点布置图

支架沉降观测记录表（mm）　　　　　　　　表 13.2.3-1

日期：　年　月　日

测点	加载前	加载中									加载后									卸载 6h 后		总沉降量
	h_o	h_j									h_i									h_c		
	标高	h60%		h80%		h100%		24h		48h		72h								标高	沉降差	
		标高	沉降差	标高	沉降差	标高	沉降差	标高	沉降差	标高	沉降差	标高	沉降差									

2）预压相关数据

箱梁底模安装完毕后，根据设计要求和施工需要对支架在使用前应做堆载预压试验，堆载预压荷载为全部荷载的 1.2 倍。

箱梁预压数据经过处理后，根据该数据适当调整支架高度。

底模标高控制为：$H' = H + r + \triangle$

其中：H'——底模立模标高；

H——设计梁底标高；

r——梁跨中各断面的设计预拱度；

$\triangle$——预压后各相应断面的弹性变形量。

3）预压方式

（1）支架体系预压可采用加载砂袋法。加载砂袋法指采用堆载砂袋的等载预压方法，通过先底板，再腹板，最后堆载顶板和翼板的顺序进行。

（2）加载时要尽量符合浇筑混凝土的状态，按每级加载进行底模变形观测，并做详细记录。

加载量要根据各断面实际荷载及混凝土实际浇筑速度（每小时不超过 1m）进行加载：

加载分为 60%、80%、100% 三级加载，以模拟钢筋布设、首次浇筑混凝土、二次浇筑混凝土、三次加载后支架的变形。每级加载后，应先停止下一级加载，并应隔 12h 对支架沉降量进行一次观测。

选用砂袋法遇雨雪天气应采用篷布对预压砂袋进行覆盖，防止因雨雪等造成加载数值变化。

4）预压过程的监测

（1）需要检测的内容

① 加载之前要求测出监测点的原始标高。

② 每级加载后要求测出监测点的标高。

③ 加载完后每隔 24h 要求测出监测点的标高。

④ 卸载后 6h 要求测出监测点的标高。

（2）监测注意事项

① 对预压荷载应认真称量、计算，由专人负责。

② 压重的所有材料应提前准备至方便起吊运输的地方。

③ 在加载过程中，要严格按加载程序详细记录加载时间、吨位、位置，测量要全过程跟踪观测。未经观测不能加载下一级荷载。每完成一级加载应暂停一段时间进行测量，并对满堂支架进行检查，发现异常情况停止加载，及时分析，采取相应措施。

④ 观测过程要贯穿于支架预压全过程，在此过程要统一组织，统一指挥。

⑤ 满堂支架变形观测应采用高精度水准仪，精确至 1mm，观测过程中前后置尺地方要保持一致。

（3）进行下个工序的合格判定

各监测点连续 24h 的沉降量平均值小于 1mm；各监测点连续 72h 的沉降量平均值小于 5mm 时，可判定支架基础预压合格。当 72 小时沉降值大于 5mm 时，应查明原因后对同类支架应全部进行处理，处理后的支架基础应重新预压。

支架预压分次加载时，应每隔 12h 对支架沉降量进行一次监测，当平均值小于 2mm 时，方可进行下一级加载。

5）预拱度设置

在支架上浇筑现浇梁时，在施工中和卸架后，上部构造要发生一定的下沉和挠度，为保证上部构造在卸架后能达到设计要求的外形，在支架、模板施工时设置合适的预拱度。在确定预拱度时，主要考虑了以下因素：

（1）由结构自重及施工荷载一半所引起的弹性挠度；

（2）支架在承荷后由于杆件接头的挤压和卸落设备压缩而产生的非弹性变形；

（3）支架承受施工荷载引起的弹性变形；

（4）支架基础在受载后的非弹性沉陷；

（5）超静定结构由混凝土收缩、徐变及温度变化而引起的挠度。

纵向预拱度的设置，最大值为梁跨的中间，桥墩支座处与箱梁固结处为零，按抛物线或竖曲线的计算确定。另外，为确保箱梁施工质量，在浇筑前对全桥采用砂袋进行预压，根据预压结果，可得出设置预拱度有关的数值，据此对理论计算数值进行修正以确定更适当的预拱度。

支架预拱度取为非弹性变形、弹性变形、梁体反拱的叠加。

支架的弹性变形和非弹性变形通过支架的预压后确定。梁体反拱理论计算跨中按设计为准。其他位置按照二次抛物线过渡，其函数方程为：

$$Y = -4f \cdot X^2/l_2 + 4f \cdot X/l$$

式中：f——跨中预拱度；

　　l——梁长；

　　X——距梁端距离；

根据沉降观测数据分析可知：

支架跨中最大预拱度（向下为负，向上为正）为：

$$\Delta L = -(L_1 + L_2 + L_3)$$

式中：ΔL——支架跨中最大预拱度值；

　　L_1——支架预压跨中最大变形值；

　　L_2——现浇箱梁预应力产生的上拱度值；

　　L_3——现浇箱梁混凝土徐变产生的拱度值。

6）立模标高调整

预压后支架在预压荷载作用下基本消除了地基塑性变形和支架竖向各杆件的间隙即非弹性变形，并通过预压得出支架弹性变形值。

根据实测的支架变形值，结合设计标高确定和调整梁底标高。梁底立模标高设计值取梁底设计标高与支架弹性变形值之和。

施工过程中，对支架和地基变形做好全过程监测。

6. 架体的卸落

1）支架模板拆除的规定

（1）非承重侧模板应在混凝土强度能保证其表面及棱角不致因拆模而受损坏时方可拆除，一般应在混凝土抗压强度达到 2.5MPa 时方可拆除模板。

（2）设计要求钢筋混凝土结构的承重模板及支架，在箱梁混凝土强度未达到设计强度的 75% 时（以同条件试块试验报告为准），不得拆除模板；模板的拆除还需在预应力张拉完成后进行。两种条件都必须满足方可拆除。

（3）芯模和预留孔道内模，应在混凝土强度能保证其表面不发生塌陷和裂缝现象时，方可拆除。

（4）已拆除模板及其支架的结构，在混凝土强度符合设计混凝土强度等级的要求后方可承受全部使用荷载，当施工荷载所产生的效应比使用荷载的效应更为不利时，必须经过核算，加设临时支撑。

2）支架拆除

（1）现浇箱梁支架何时可拆除，应按施工设计图的要求：箱梁现浇混凝土强度达设计要求 100%；结构物灌浆强度达到 90% 时；经过单位工程负责人、质量自检人员和监理工程师的检查验证，确认不再需要支架时，并由监理工程师批准确认，方可拆除施工支架。

（2）拆架程序应遵守由上而下，先搭后拆的原则，即先松顶托，使底梁板、翼缘板底模与梁体分离。拆架时一定要先拆箱梁翼板、后底板，从跨中对称往两边拆。支架拆除宜分两阶段进行，先从跨中对称往两端松一次支架，再对称从跨中往两端拆，而且在整个拆架过程中必须有技术人员跟班指挥与检查，以防拆架产生过大的瞬时荷载引起不应有的施工裂缝，多跨连续梁应同时从跨中对称拆架（图 13.2.3-11）。

（3）支架拆除时，设专人用仪器观测桥梁拱度和墩台变化情况，并仔细记录，另设专人观察是否有裂缝现象。

（4）模板、支架拆除后，应维修整理，分类妥善存放。

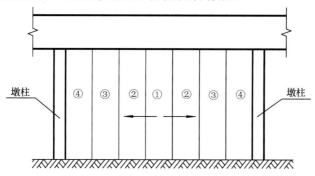

图 13.2.3-11　支架拆除顺序图

7. 承载力计算

支撑系统完整的计算过程较为繁杂，此处不再一一列举，现就针对若干计算要点说明如下。

1）荷载计算

支撑体系计算所采取的荷载标准值如表 13.2.3-2 所示，本工程支架高度较小，高宽比不大，不考虑风荷载作用。

荷载计算参数表

表 13.2.3-2

箱梁截面高度 （m）	位　置	混凝土容重 （kN/m³）	混凝土荷载 （kN/m²）	模板荷载 （kN/m²）	施工荷载 （kN/m²）
2.0	横梁、腹板位置	25.7	51.40	0.75	4.0
3.0	横梁、腹板位置	25.7	77.1	0.75	4.0
0.55+0.52	空箱过渡段	25.7	27.499	0.75	4.0
0.25+0.22	标准空箱段	25.7	12.079	0.75	4.0
0.25+0.25	标准空箱段	25.7	12.85	0.75	4.0

2）计算简图

准确计算立杆的轴力，其关键是根据每根立杆的负荷面积确定其受载范围内的结构和架体构配件自重及施工荷载。

单肢立杆轴向力计算公式为（永久荷载起控制作用）：

$$N = [1.35Q_1 + 1.4 \times 0.7Q_3]L_x L_y + 1.35Q_2 V$$

式中：L_x、L_y——单肢立杆纵向及横向间距（m）；

$\qquad V$——立杆负荷范围内的混凝土体积，按 $V = S \times L_x$ 进行计算（m³）；

$\qquad S$——立杆沿桥梁横向的箱梁负荷截面积（m²），本工程变截面箱梁各代表部位的立杆负荷截面面积计算如图 13.2.3-12 所示。

$\qquad Q_1$——模板支架自重标准值（取 0.75kN/m²）；

$\qquad Q_2$——新浇混凝土（包括钢筋）标准值，混凝土容重取 25.7kN/m³（根据此工程实际：素混凝土容重 24kN/m³，钢筋自重标准值按实际配筋率计算为 1.7kN）。

Q_3——施工荷载标准值，根据实际施工工艺取 4.5kN/m²。

根据图 13.2.3-12 的立杆负荷示意图及上述立杆轴力设计值计算公式计算得到，三个不同代表性部位立杆的轴力设计值分别为：38.07kN、49.63kN、47kN。

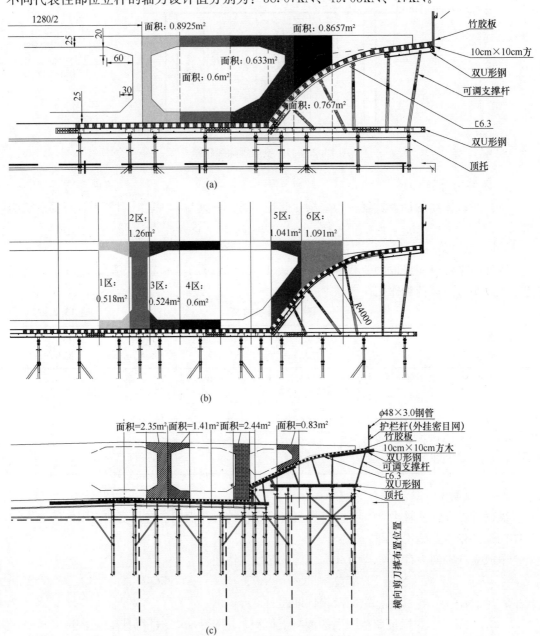

图 13.2.3-12 不同计算部位立杆负荷面积示意图

(a) 2m 高箱梁空箱、腹板转角立杆负荷示意图［支撑间距为：1200mm（纵向）×1200mm（横向）］；（b) 2.5m 高箱梁空箱、腹板转角立杆负荷示意图［支撑间距为：空箱下 1.2m（纵向）×1.2m（横向），转角及腹板下纵向 1.2m，横向 0.6m］；(c) 3.0m 高箱梁空箱、腹板转角立杆负荷示意图［支撑间距为：空箱下 1.2m（纵向）×1.2m（横向），腹板及翼缘转角下 0.6m（纵向）×1.2m（横向）］

3）立杆稳定性计算

根据架体顶部加强后的实际情况，计算得支撑钢管容许 $[N]$ 值：

$$l_0 = k\mu(h + 2a) = 1.155 \times 1.1 \times (0.706 + 2 \times 0.306) = 1.675$$

$$\lambda = \frac{l_0}{i} = \frac{1 \times 1.675 \times 100}{1.598} = 104.79$$

查表得 Q345 的折减系数值为 $\varphi = 0.445$。

$$[N] = 4.534 \times 10^{-4} \times 0.611 \times 300 \times 10^6 = 60.6\text{kN} \geqslant N_{\text{max}} = 49.63\text{kN}。$$

4）地基承载力验算

原主干道路外侧的地基经回填碾压后，上部铺设 100mm 厚碎石，振动压路机压实，在表面浇筑 150mm 厚 C20 混凝土。同时为了克服基层的受力不均匀，在支架底托下方垫 100mm×150mm 方木，方木横桥向布置（图 13.2.3-13）。

按立杆最大轴力设计值 49.63kN 进行地基承载力计算。

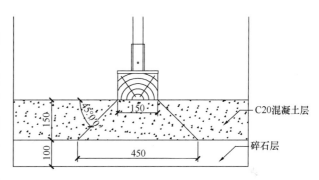

图 13.2.3-13　立杆基础构造

根据底层土体特性得到修正后的地基承载力特征值为：

$$f_a = m_f f_{ak} = 0.7 \times 300\text{kPa} = 210\text{kPa}。$$

垫层应力扩散后，地基的实际受力面积为（按木方通长计算 $D = 0.6\text{m}$，木方长度方向不再考虑应力扩散）：

$$A_g = C \times D = (c + 2h_0\text{tg}\alpha) \times D = (0.15 + 2 \times \text{tg}45°) \times 0.60\text{m} = 0.27\text{m}^2 < 0.3\text{m}^2。$$

地基承载力验算如下：

$$\frac{N}{\gamma_u A_g} = 49.63\text{kN}/(1.363 \times 0.27\text{m}^2) = 183.1\text{kPa} < f_a = 210\text{kPa}，满足要求。$$

5）翼缘板工具式花架验算

本桥梁结构的翼缘板下采用可调工具式支撑花架，通过可调支撑杆调节模板曲线形状，翼缘板工具式支撑采用槽钢与双 U 形钢组合，其构造如图 13.2.3-14 所示，斜撑杆连接构造如图 13.2.3-15 所示。

（1）翼缘板支撑结构中构件的几何及力学特性为：

① 双 U 形钢，其力学参数：

$A = 1446\text{mm}^2 = 1446 \times 10^{-6}\text{m}^2$；

$I = 3300030\text{mm}^4 = 3300030 \times 10^{-12}\text{m}^4$；

$W = 55000\text{mm}^3 = 55000 \times 10^{-9}\text{m}^3$；

$E = 2.1 \times 10^5\text{MPa}$；

$EI = 2.1 \times 10^{11} \times 3300030 \times 10^{-12} = 693006.3\text{N} \cdot \text{m}^2$；

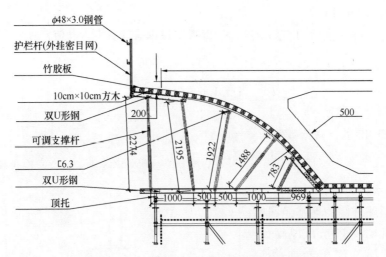

图 13.2.3-14　翼缘工具式支撑花架大样图

$EA = 2.1 \times 10^{11} \times 1446 \times 10^{-6} = 303660000 \text{N} \cdot \text{m}^2$。

② 槽钢力学参数：

$A = 8.4 \text{cm}^2 = 8.4 \times 10^{-4} \text{m}^2$；

$I = 51 \text{cm}^4 = 51 \times 10^{-8} \text{m}^4$；

$W = 16.1 \text{mm}^3 = 16.1 \times 10^{-6} \text{m}^3$；

$E = 2.1 \times 10^5 \text{MPa}$；

$EI = 2.1 \times 10^{11} \times 51 \times 10^{-8} = 107100 \text{N} \cdot \text{m}^2$；

$EA = 2.1 \times 10^{11} \times 8.4 \times 10^{-4} = 1764000000 \text{N} \cdot \text{m}^2$。

翼缘支撑结构的力学析模型如图 13.2.3-16 所示。

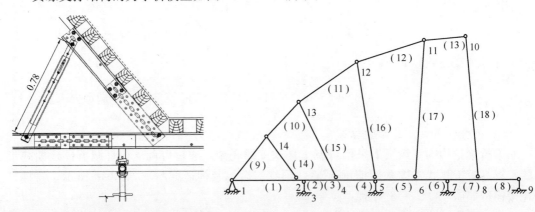

图 13.2.3-15　翼缘板底斜撑杆连接构造　　　图 13.2.3-16　翼缘板支撑结构力学分析模型

（2）杆件设计

根据工具式支撑体系的荷载传递分析并借助于静力分析软件（本案采用结构力学求解器）计算得到支撑体系各杆件的弯矩、剪力、轴力后，对主要构件进行承载力验算如下：

① 翼缘下 U 形钢

最大弯矩：$M = 11946.9 \text{N} \cdot \text{m}$；

弯曲应力：$\sigma = \dfrac{11946.9}{2 \times 55} = 108.6\text{MPa} < [\sigma] = 270\text{MPa}$，承载力满足要求。

最大剪力 $Q = 41555.15\text{N}$；

剪应力：$\tau = \dfrac{3Q}{2A} = \dfrac{3 \times 41555.15}{2 \times 2 \times 1446} = 21.55\text{MPa} < [\tau] = 157.5\text{MPa}$，承载力满足要求。

② 弧形件 6.3 槽钢

最大弯矩：$M = 3098.66\text{N} \cdot \text{m}$；

弯曲应力：$\sigma = \dfrac{3024}{16.1} = 187.8\text{MPa} < [\sigma] = 205\text{MPa}$，承载力满足要求。

最大剪力 $Q = 3024\text{N}$；

剪应力：$\tau = \dfrac{3Q}{2A} = \dfrac{3 \times 22212.37}{2 \times 8.4 \times 10^{-4}} = 39.66\text{MPa} < [\tau] = 157.5\text{MPa}$，承载力满足要求。

③ 支撑杆

支撑杆分为长短两种（图 13.2.3-17），选择不利的长尺寸杆件进行校核。

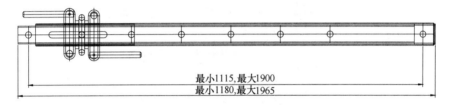

最小1115，最大1900
最小1180，最大1965

图 13.2.3-17　可调支撑杆构造图

此构件中主要薄弱环节是内管（$\phi48.3 \times 3.2$）和销子（$\phi16$），分别进行校核如下：

A. 销校核

销材料为 35 号钢，规格为 $\phi16$，其性能为：

许用弯曲应力 $[\sigma] = 320\text{MPa}$；

许用剪切应力 $[\tau] = 210\text{MPa}$；

销可以承受的最大力为：$F = 2F_Q$；

$$\tau = \frac{F_Q}{A} \leqslant [\tau]；$$

$$F_Q = A[\tau] = \pi r^2 \times 210 = 201.0619 \times 10^{-6} \times 210 \times 10^6 = 42.89\text{kN}；$$

$$F = 2F_Q = 2 \times 42.89 = 85.78\text{kN}。$$

B. 内管

按杆件失稳条件进行校核，在此构件最大伸出长度时，内管伸出长度为 0.805m，计算长度为 0.805m，$\lambda = l_0/i = 80.5/1.598 = 50.38$；轴心受压稳定系数 $\varphi = 0.852$；

承载力 $[N] = \varphi A f = 0.852 \times 453.4 \times 300 = 116275.34N$。

C. 螺栓

U 形钢与斜支撑杆连接选用的是 8.8 级的高强度螺栓，材质为 35 号钢。其抗剪强度为 85kN（含 1.5 倍安全系数）。

综上分析计算得斜支撑杆的最大轴力为 75.69kN，低于上述 3 个控制指标，可调支撑杆强度满足要求。

6）贝雷梁计算

（1）结构平面布置

本工程跨越既有河道的支座贝雷梁和纵向贝雷梁结构平面布置如图 13.2.3-18 所示。

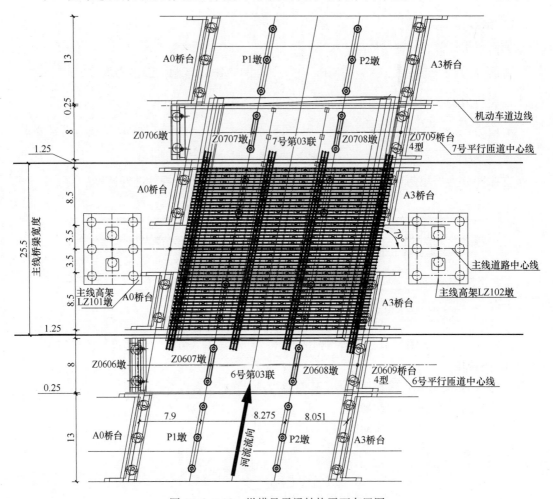

图 13.2.3-18　纵横贝雷梁结构平面布置图

（2）荷载

钢筋混凝土箱梁荷载（按支撑区域进行分解计算，虽然顶部荷载为支架立杆传递的集中荷载，但是由于顶部模板架的整体性和贝雷梁顶的双 U 形钢使荷载得以均匀分布，所以此处采取在贝雷梁顶的支撑位置按均布荷载进行分解计算）。箱梁横截面边线过渡部分为抛物线，但是为了简化，按斜线进行计算。荷载计算中：模板自重按 0.75kN/m，支架、模型双 U 形钢、斜支撑杆、贝雷梁顶双 U 形钢合计 73t；每片贝雷梁自重 0.9kN/m。

作用于贝雷梁的荷载按从 2.692m 箱梁截面高度位置开始，到纵梁中点 2.0m 箱梁截面高度位置。每片贝雷梁的沿桥梁横向的负荷截面面积如图 13.2.3-19 所示。各片箱梁按负荷面积计算的线荷载标准值如表 13.2.3-3 所示。

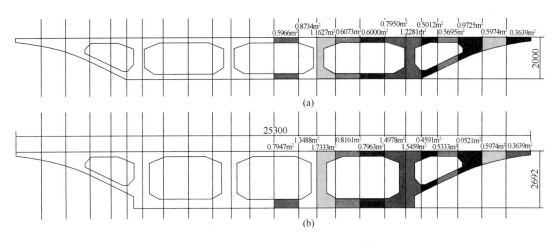

图 13.2.3-19　纵向贝雷梁在代表截面处的负荷面积

（a）2.0m 截面高度位置处各片贝雷梁负荷截面面积；（b）2.692m 截面高度位置处各片贝雷梁负荷截面面面积

各片箱梁按负荷面积计算的线荷载标准值　　　　表 13.2.3-3

位置	区域宽度 (m)	面积 (m²)	混凝土重力 密度 (kN/m³)	混凝土荷载 (kN/m)	模板及支架 自重 (kN/m)	贝雷梁自重 (kN/m)	每 m 活荷载 (kN/m)	荷载组合 (kN/m)
1	1.2	0.5966	25.7	15.3326	0.09	4.5	3.6	28.9471
		0.7947	25.7	20.4238				35.0565
2	1.2	0.8734	25.7	22.4464	1.35	4.5	5.4	41.5157
		1.3488	25.7	34.6642				56.1770
3	1.2	1.1627	25.7	29.8814	1.20975	4.5	4.839	49.4840
		1.7333	25.7	44.5458				67.0813
4	1.013	0.6073	25.7	15.6076	0.9	4.5	3.6	30.2491
		0.8161	25.7	20.9738				36.6885
5	0.788	0.6	25.7	15.4200	0.73125	4.5	2.925	28.8765
		0.7963	25.7	20.4649				34.9304
6	0.788	0.795	25.7	20.4315	0.9	4.5	3.6	36.0378
		1.4978	25.7	38.4935				57.7122
7	1.013	1.2281	25.7	31.5622	0.98475	4.5	3.939	49.9709
		1.5459	25.7	39.7296				59.7719
8	1.2	0.5012	25.7	12.8808	0.7875	4.5	3.15	26.2120
		0.4591	25.7	11.7989				24.9136
9	1.193	0.5695	25.7	14.6362	0.675	4.5	2.7	27.5534
		0.4591	25.7	11.7989				24.1486

续表

位置	区域宽度 （m）	面积 （m²）	混凝土重力 密度 （kN/m³）	混凝土荷载 （kN/m）	模板及支架 自重 （kN/m）	贝雷梁自重 （kN/m）	每 m 活荷载 （kN/m）	荷载组合 （kN/m）
10	0.908	0.9725	25.7	24.9933	0.7875	4.5	3.15	40.7469
		0.9521	25.7	24.4690				40.1178
11	0.908	0.5974	25.7	15.3532	0.9	4.5	3.6	29.9438
		0.5974	25.7	15.3532				29.9438
12	1.2	0.3639	25.7	9.3522	0.9	4.5	3.6	22.7427
		0.3639	25.7	9.3522				22.7427

（3）纵向贝雷梁受力计算

贝雷梁纵梁按连续梁进行计算，第一跨跨度 8.0m，第二跨跨度 8.275m，第三跨 8.0m。将上述线荷载施加于纵向连续贝雷梁上，计算得到各片贝雷梁的内力如表 13.2.3-4 所示。其中最大支撑反力位置为中支点位置。

纵向贝雷梁内力计算结果　　　　　　　　　　表 13.2.3-4

位置	最大弯矩（kN·m）	最大剪力（kN）	最大挠度（mm）	支点反力（kN）
1	206.33	155.28	0.89	279.36
2	310.53	237.76	1.42	419.87
3	370.44	283.70	1.70	500.85
4	215.75	162.40	0.93	292.10
5	203.99	154.58	0.89	286.78
6	291.72	229.72	1.45	393.61
7	353.34	266.15	1.52	479.82
8	167.78	123.54	0.67	227.53
9	167.94	125.22	0.70	227.54
10	269.14	196.63	1.04	365.22
11	197.79	144.50	0.77	268.39
12	150.22	109.75	0.58	203.85

查本书附录 D.2 得双排单层不加强贝雷梁的最大容许弯矩为 1576.40kN·m，最大容许剪力为 490.50kN，检算可知贝雷梁承载力满足要求。

贝雷梁的最大挠度 1.70mm＜8275/400＝20.69mm，变形满足要求。

（4）横向支墩贝雷梁计算

旧桥顶横向贝雷梁支墩采用三排单层加强型贝雷梁，顶部支撑为旧桥桥墩，可不进行计算。旧桥桥墩的间距为 4m，按 6 跨连续梁进行承载力计算，得最大剪力为 626.1kN，最大弯矩为 677.5kN·m。查本书附录 D.2 得三排单层加强型贝雷梁的最大容许弯矩为 4809.4kN·m，最大容许剪力为 698.9kN 知，贝雷梁支墩弯矩满足要求，但剪力超标，所以在支点位置（上层贝雷梁正下方）对贝雷梁设置附加竖腹杆进行加固，加固方法如图 13.2.3-20 所示。

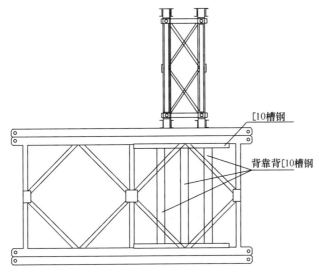

图 13.2.3-20 贝雷梁支座抗剪加强构造

13.2.4 碗扣式钢管拱架

现浇混凝土拱桥施工有多种支模施工工艺，如落地拱架法、拱形拱架法、悬臂浇筑法等，其中采用碗扣式钢管脚手架搭设落地式拱架是现浇拱桥常用的施工方法。拱架施工除了与一般的现浇结构支撑架施工工艺有相似支撑以外，由于拱形待浇筑结构物的特殊几何特性，导致了拱架的搭设工艺、混凝土浇筑工艺、施工监测、卸架工艺都与一般的满堂支撑架施工有所不同。本节将借助于工程实例介绍碗扣式钢管拱架的施工技术。

1. 工程概况

某跨江廊桥全长 423m。桥梁起点台尾里程为 K0＋205.000，终点台尾里程为 K0＋628.000。桥梁工程主要包括 30＋40＋70＋40＋30m 车行拱桥一座，桥宽 13m；与之平行、间隔 2.50m 的 30＋40＋70＋40＋30m 廊桥一座，桥宽 12m；廊桥平台 2 处，上下桥梁连接梯道 4 处；南引桥为 5×26m 连续梁，北引桥为 3×26m 连续梁，桥宽均为 16m。

1）主桥采用 30＋40＋70＋40＋30m 的联拱（图 13.2.4-1）。

2）主桥拱肋采用单箱四室截面，主跨截面高 2.3m，边跨拱肋截面高 1.6m。拱圈宽度均为 11.85m。拱圈顶板和底板厚度均为 20cm，中腹板厚 35cm，边腹板厚 45cm（图 13.2.4-2）。

3）主桥 70m 主跨矢跨比为：$f/L＝1:5$，矢高 $f＝14.0m$，拱轴线为悬链线，拱轴系数 $m＝3.5$（图 13.2.4-3）。

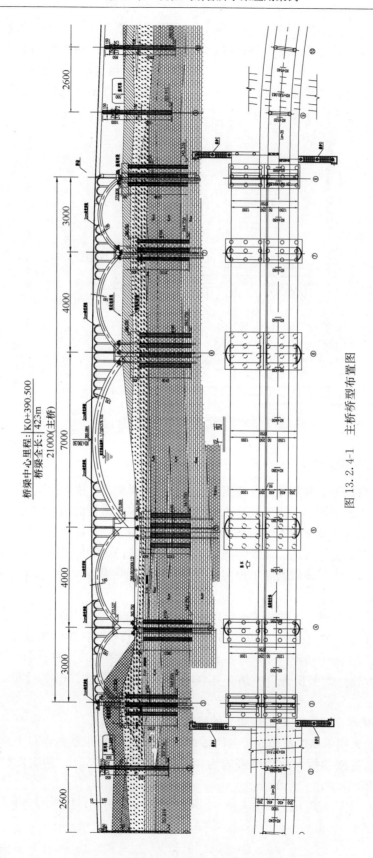

图 13.2.4-1 主桥桥型布置图

图 13.2.4-2 主拱肋断面图

4）主桥 40m 边跨矢跨比为：$f/L=1：4$，矢高 $f=10.0$m，拱轴线为悬链线，拱轴系数 $m=3.2$（图 13.2.4-4）。

5）主桥 30m 次边跨矢跨比为：$f/L=1：3.136$，矢高 $f=9.566$m，拱轴线为圆曲线（图 13.2.4-5）。

6）拱圈混凝土采用 C40 添加聚丙烯纤维；拱圈顶部 60cm 合拢段采用微膨胀混凝土。主桥采用碗扣式钢管支架现浇施工，同一桥梁的 5 个拱圈需一次成型。

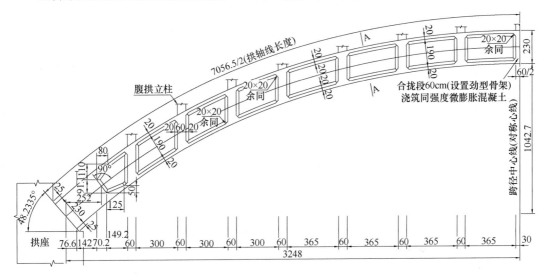

图 13.2.4-3 主拱（$L=70$m）拱圈构造图

2. 支架结构布置

1）总体布置及设计原则

支架主桁采用标准贝雷片结构，贝雷桁架由 3m 标准桁、支撑架、连接螺栓及销轴组拼成整体。贝雷梁单幅横向布置 18 榀，桁片间设置相应支撑架，每隔 6m 现场可设置一处全断面的新制联结。桁架上弦位置按纵向 90cm 间距铺设横向分配梁（[25a）。现浇支架根据跨径和地形的不同布置临时支墩，支墩立柱采用 $\phi630\times8$mm 钢管桩，钢管桩插打入河床或者安装在承台上。现浇支架最大跨度 15m。

2）主桁结构

主桁采用贝雷梁，横向每孔单幅现浇支架布置 18 榀。

3）临时支墩结构

现浇支架支墩位于承台上时，钢管桩安装在在对应承台预埋件上，采用单排 $\phi630\times8$ 钢管，钢管横向设置 2[20a 连接系，纵桥向利用墩身预埋件设置附墙。现浇支架支墩位

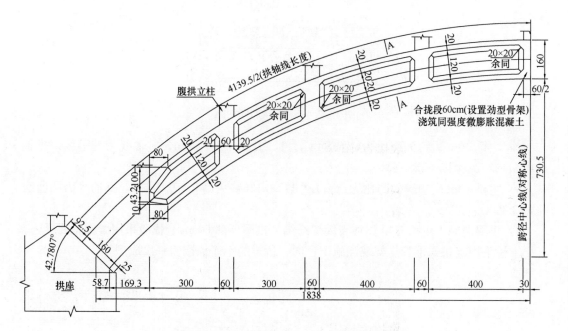

图 13.2.4-4 边拱（L＝40m）拱圈构造图

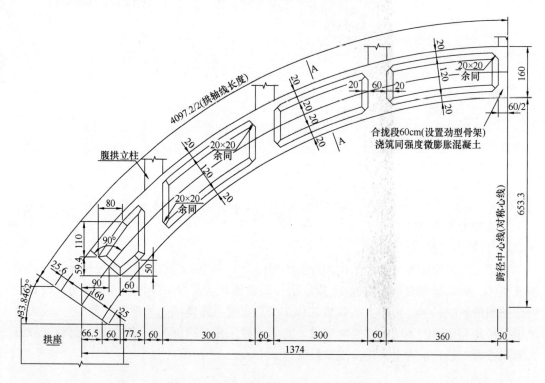

图 13.2.4-5 边拱（L＝30m）拱圈构造图

于承台上时，钢管桩插打进入河床，采用双排 $\phi 630 \times 8$mm 钢管，钢管横向及纵向均设置 2〔20a 连接系。

4）桩顶纵、横梁结构

桩顶横梁均采用2I56a。在30m跨桩顶先设置纵梁，再在其上设置横梁；桩顶纵梁均采用I56a组合工字钢。

5）满堂拱架布置

在贝雷梁上的I25工字钢上设置WDJ满堂碗扣式钢管模板支撑体系，满堂架按照纵向900mm间距、横向300mm或600mm间距设置立杆，水平杆按照1200mm步距设置。纵、横竖向剪刀撑按照每5跨立杆设置一道。

6）模板系统

主拱圈底模板采用15mm厚的竹胶板，底板下纵向铺一层弧形钢管；下部再铺15cm×15cm横向方木，纵向间距同立杆的纵向间距相同，再用顶托传承下部立杆。

本工程主桥拱圈现浇支架成套施工设计图分别如图13.2.4-6～图13.2.4-15所示。

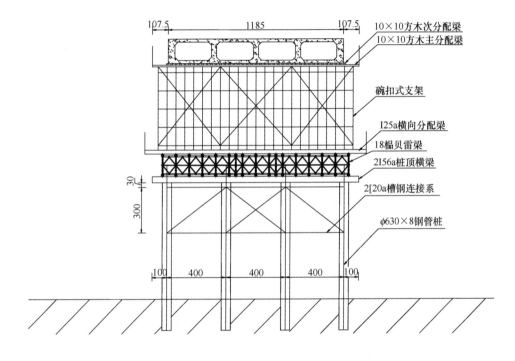

图13.2.4-6　支架横断面布置图（尺寸以cm计）

3. 工艺流程及施工方法

1）施工工艺流程

主桥采用支架现浇施工，同一桥梁的5个拱圈需一次成型。5个拱圈施工结束，其混凝土指标达到设计要求后，方可拆除支架。支架拆除从边孔向中间对称同时进行。工艺流程为：

场地清理→河道整治→钢管桩基础施工→贝雷梁安装→碗扣脚手架搭设→设置预拱度→模板系统安装→安全设施布置→绑扎钢筋→安装模板→分段分环浇筑拱圈→拱圈合拢→待强养护→拆除支架。

2）施工方法

（1）钢管桩施工

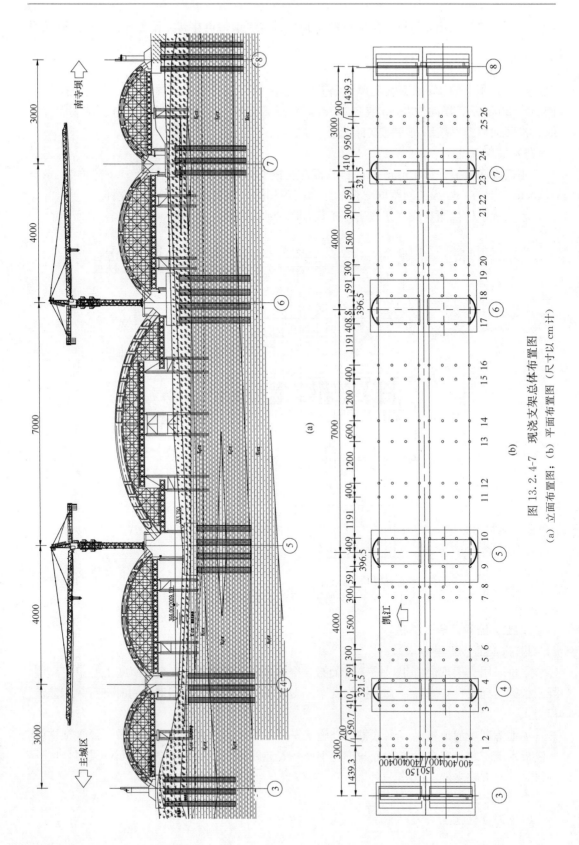

图 13.2.4-7 现浇支架总体布置图

(a) 立面布置图; (b) 平面布置图 (尺寸以 cm 计)

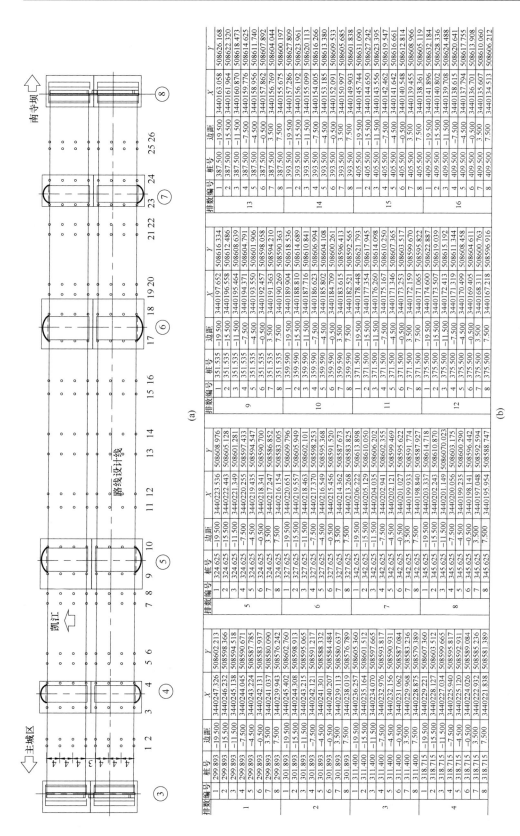

图 13.2.4-8 钢管桩定位图（一）

(a) 钢管桩平面布置图（尺寸以 cm 计）；(b) 钢管桩坐标定位图

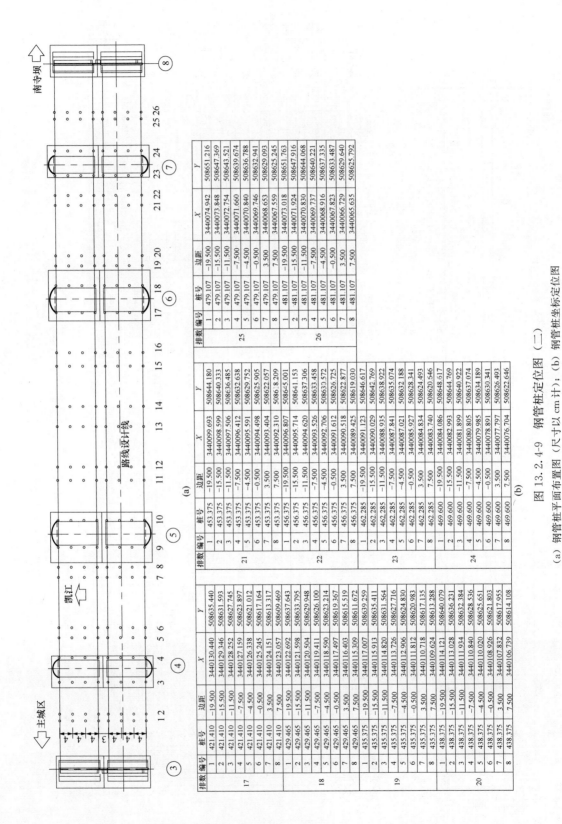

图 13.2.4-9　钢管桩定位图（二）

(a) 钢管桩平面布置图（尺寸以 cm 计）；(b) 钢管桩坐标定位图

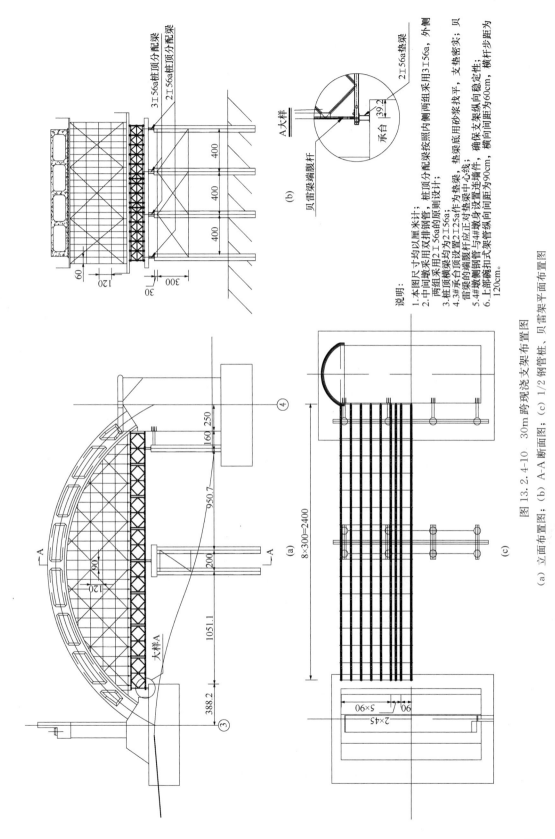

说明：
1. 本图尺寸均以厘米计；
2. 中间墩采用双排钢管，桩顶分配梁按照内侧两组采用3Ⅰ56a，外侧两组采用2Ⅰ56a的原则设计；
3. 桩顶横梁均为2Ⅰ56a；
4. 3#承台顶设置2Ⅰ25a作为垫梁，垫梁底用砂浆找平，支垫密实，贝雷梁的端膜杆应正对垫梁中心线；
5. 4#墩侧钢管与墩身设置连墙件，确保支架纵向稳定性，横向间距为90cm，横杆步距为60cm；
6. 上部碗扣式支架纵向间距为90cm，横向间距为120cm。

图13.2.4-10　30m跨现浇支架布置图

(a) 立面布置图；(b) A-A断面图；(c) 1/2钢管柱、贝雷架平面布置图

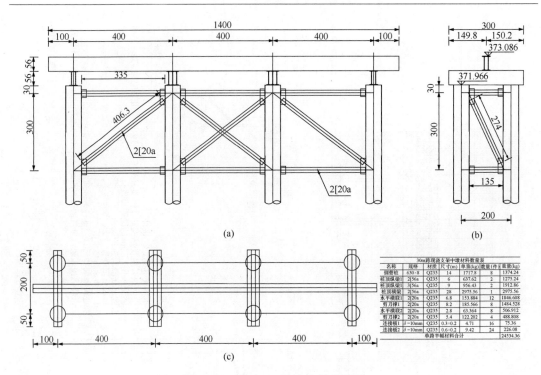

30m跨现浇支架中墩材料数量表						
名称	规格	材质	尺寸(m)	单重(kg)	数量(件)	重量(kg)
钢管桩	630×8	Q235	14	1717.8	8	1374.24
桩顶纵梁1	2[56a	Q235	6	637.62	2	1275.24
桩顶纵梁1	3[56a	Q235	9	956.43	2	1912.86
桩顶横梁	2[56a	Q235	28	2975.56	1	2975.56
水平横联1	2[20a	Q235	6.8	153.884	12	1846.608
剪刀撑1	2[20a	Q235	8.2	185.566	8	1484.528
水平横联2	2[20a	Q235	2.8	63.364	8	506.912
剪刀撑2	2[20a	Q235	5.4	122.202	4	488.808
连接板1	δ=10mm	Q235	0.3×0.2	4.71	16	75.36
连接板2	δ=10mm	Q235	0.6×0.2	9.42	24	226.08
单跨半幅材料合计						24534.36

图 13.2.4-11　30m跨中支墩构造图

(a) 立面布置图上；(b) 侧面布置图；(c) 平面布置图

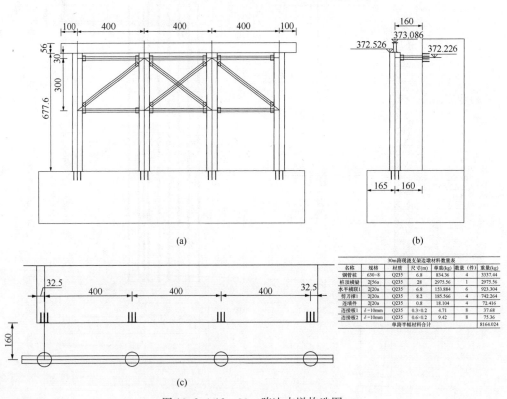

30m跨现浇支架边墩材料数量表						
名称	规格	材质	尺寸(m)	单重(kg)	数量(件)	重量(kg)
钢管桩	630×8	Q235	6.8	834.36	4	3337.44
桩顶横梁	2[56a	Q235	28	2975.56	1	2975.56
水平横联1	2[20a	Q235	6.8	153.884	6	923.304
剪刀撑1	2[20a	Q235	8.2	185.566	4	742.264
连墙件	2[20a	Q235	0.8	18.104	4	72.416
连接板1	δ=10mm	Q235	0.3×0.2	4.71	8	37.68
连接板2	δ=10mm	Q235	0.6×0.2	9.42	8	75.36
单跨半幅材料合计						8164.024

图 13.2.4-12　30m跨边支墩构造图

(a) 立面布置图上；(b) 侧面布置图；(c) 平面布置图

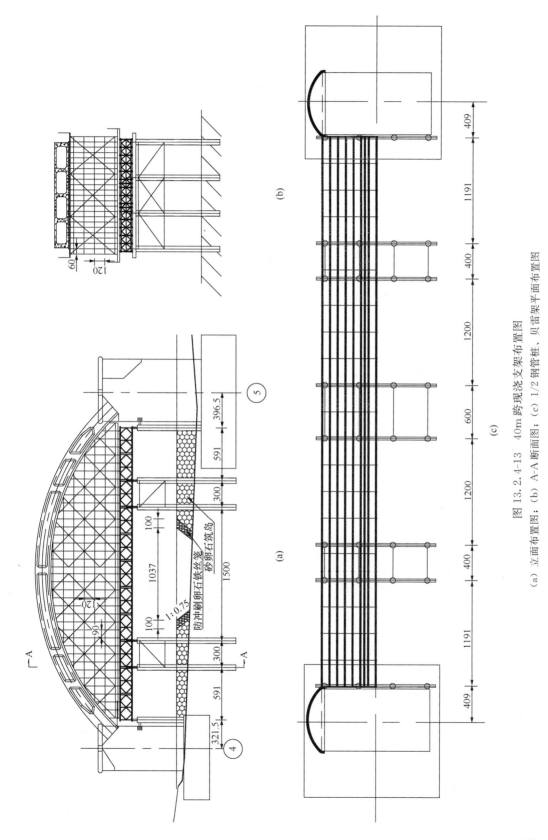

图 13.2.4-13 40m 跨现浇支架布置图

(a) 立面布置图；(b) A-A 断面图；(c) 1/2 钢管桩、贝雷架平面布置图

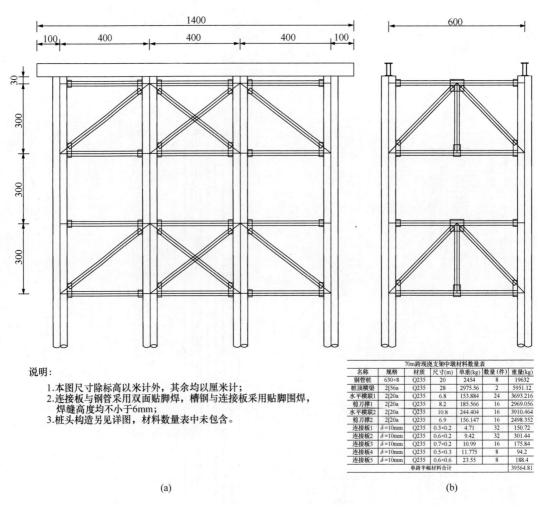

说明:

1. 本图尺寸除标高以米计外,其余均以厘米计;
2. 连接板与钢管采用双面贴脚焊,槽钢与连接板采用贴脚围焊,焊缝高度均不小于 6mm;
3. 桩头构造另见详图,材料数量表中未包含。

70m 跨现浇支架中墩材料数量表						
名称	规格	材质	尺寸(m)	单重(kg)	数量(件)	重量(kg)
钢管桩	630×8	Q235	20	2454	8	19632
桩顶横梁	2[56a	Q235	28	2975.56	2	5951.12
水平横联1	2[20a	Q235	6.8	153.884	24	3693.216
剪刀撑1	2[20a	Q235	8.2	185.566	16	2969.056
水平横联2	2[20a	Q235	10.8	244.404	16	3910.464
剪刀撑2	2[20a	Q235	6.9	156.147	16	2498.352
连接板1	δ=10mm	Q235	0.3×0.2	4.71	32	150.72
连接板2	δ=10mm	Q235	0.6×0.2	9.42	32	301.44
连接板3	δ=10mm	Q235	0.7×0.2	10.99	16	175.84
连接板4	δ=10mm	Q235	0.5×0.3	11.775	8	94.2
连接板5	δ=10mm	Q235	0.6×0.6	23.55	8	188.4
单跨半幅材料合计						39564.81

(a) (b)

图 13.2.4-14 70m 跨中墩构造图

(a) 立面布置图;(b) 侧面布置图

每排支墩为 5 根 φ630×8mm 钢管柱组成,横向间距 3m。钢管柱沉入至承载力不小于 1000kPa 的基岩上,以其为地基承载。墩中心间距为 18m。钢管桩施工时按照沉桩施工规范及验标要求进行施工,确保施工质量到达设计及验标要求。

施工前首先在岸边合适的场地做静载试验,以确定钢管桩贯入深度、桩底标高、下沉量和承载力等关系,以此参数指导下一步正式打桩施工。

钢管桩接长采用对接焊,注意管平面与管轴线垂直,对口误差不大于 1mm,外围用 10mm 厚弧形钢板贴焊补强(图 13.2.4-16)。

钢管桩(立柱)安装过程中及时校正,垂直度偏差控制在立柱高度的 1/600,并不大于 35mm,高程偏差小于 20mm。插打完成后进行支撑连接施工,支撑分别为横撑和斜撑,均与钢管桩连接,横撑设置在地面以上 30cm 处,两根钢管柱之间,斜撑设置呈交叉剪刀撑形状,上端设置在桩顶下 300mm 处,下端设置在横撑处。

(2) 钢管桩单桩静载试验

单桩竖向抗压静载试验采用压重平台堆载法(堆载物为混凝土块),用快速维持荷载

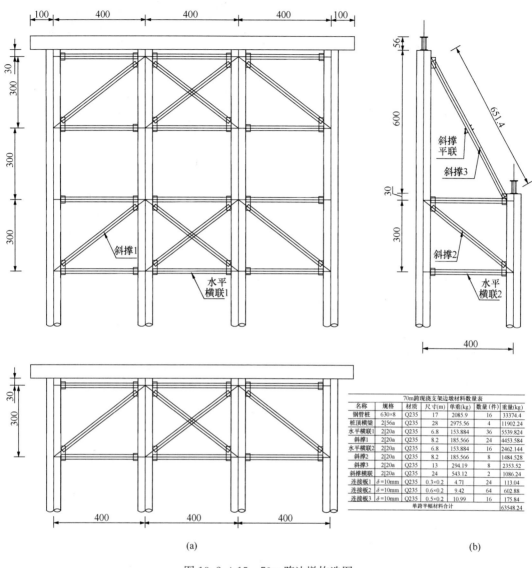

70m跨现浇支架边墩材料数量表						
名称	规格	材质	尺寸(m)	单重(kg)	数量(件)	重量(kg)
钢管桩	630×8	Q235	17	2085.9	16	33374.4
桩顶横梁	2[56a	Q235	28	2975.56	4	11902.24
水平横联1	2[20a	Q235	6.8	153.884	36	5539.824
斜撑1	2[20a	Q235	8.2	185.566	24	4453.584
水平横联2	2[20a	Q235	6.8	153.884	16	2462.144
斜撑2	2[20a	Q235	8.2	185.566	8	1484.528
斜撑3	2[20a	Q235	13	294.19	8	2353.52
斜撑横联	2[20a	Q235	24	543.12	2	1086.24
连接板1	δ=10mm	Q235	0.3×0.2	4.71	24	113.04
连接板2	δ=10mm	Q235	0.6×0.2	9.42	64	602.88
连接板3	δ=10mm	Q235	0.5×0.2	10.99	16	175.84
单跨半幅材料合计						63548.24

图 13.2.4-15　70m 跨边墩构造图

（a）立面布置图；（b）侧面布置图

法加载，测得在最大荷载下桩顶沉降量的变化规律。每个混凝土块件为几何尺寸为 1m×
1m×1.2m。单重为 2.88t，共计加载块件数量为 48 个，加载高度为 4 层。静力加载过程
采用快速维持荷载法进行加压。中跨分 5 级，边跨分 4 级。分级荷载与沉降观测记录表如
表 13.2.4 所示。

单桩静载试验分级加载沉降记录表

表 **13.2.4**

级数	一级	二级	三级	四级	五级
中跨					
边跨					
观测时间（min）	2	2	2	2	2

注：每级加压前后各测读一次桩顶沉降。

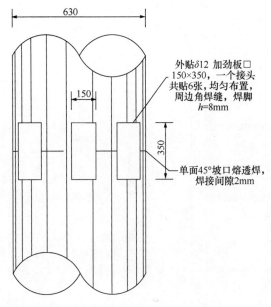

图 13.2.4-16　钢管桩接长焊缝构造

外贴δ12 加劲板口150×350，一个接头共贴6张，均匀布置，周边角焊缝，焊脚 h=8mm

单面45°坡口熔透焊，焊接间隙2mm

快速维持荷载法稳定时间及步骤为：中跨加到 100t，边跨到 80t 后，维持两个小时，按 5、15、30min 测读桩顶沉降量，以后每隔 15min 测读一次。

测读时间累计为 2h 时，若最后 15min 时间间隔的桩顶沉降增量与相邻 15min 时间间隔的桩顶沉降增量相比未明显减小时，应延长维持荷载时间，直至最后 15min 的沉降增量小于相邻 15min 的沉降增量为止；若最后 15min 时间间隔的桩顶沉降增量与相邻 15min 时间间隔的桩顶沉降增量相比明显减小时，可终止试验。静载试验中准备一定数量的垫块，当千斤顶行程不够时，要增加垫块。静载试验装置如图 13.2.4-17 所示。

试验中，荷载由一台 200t 油压千斤顶及高压手动泵（电动泵）施加，荷载大小由油压表量测。油压表与油泵、千斤顶联机后在压力试验机上进行标定，根据标定结果得到油压读数与荷载大小的率定关系曲线。试验桩的沉降量由安置在桩顶承压板平面上的两只大量程百分表量测，分辨率为 0.01mm。

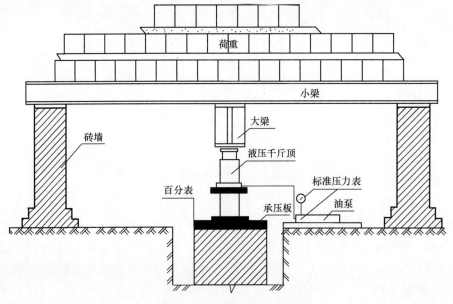

图 13.2.4-17　单桩静载试验装置图

（3）横向系梁施工

在钢管桩顶用Ⅰ40b 工字钢先把纵向两根钢管连接成整体，并用 10mm 厚钢板与钢管桩连接成整体。其上搭设 4 根横向通常工字钢，两根工字钢并排，共两排，中心间距为 3m 形成横向系梁，并与下部工字钢焊接成整体。搭设位置必须在钢管桩的轴线上。

（4）贝雷梁搭设

在钢管桩横向系梁和贝雷梁基座上搭设贝雷梁作为纵向主梁，贝雷梁采用国产 321 型贝雷片，高度 1.5m，单片长度 3.0m 的工具式贝雷片。设单层单排，纵向每层 23 片，横向 24 排，每片贝雷梁架之间必须用配套连接件加固，保证贝雷架不位移，中间加以斜撑，防止倾覆。贝雷梁横向间距为 90cm 或 45cm。贝雷梁水平面和空间用 ⌷10 号槽钢剪刀支撑，从而形成一整体。

（5）铺设工字钢

作为上部碗扣式钢管满堂拱架的承载体，在贝雷梁上部铺设 I25 工字钢作为横向分配梁，间距同上部满堂架体的立杆纵向间距。由于贝雷梁为单片结构，虽然相邻组片间设置了上、下弦连接杆系以及竖向连接定型花窗架，但本工程贝雷梁跨度较大，为确保贝雷梁的整体稳定性，应在跨中和支座位置设置横向连接将同跨内全部纵向贝雷梁连接成整体。本工程中将贝雷梁上弦的 I25 工字钢作为横向连接将同跨内全部纵向贝雷梁连接成整体。工字钢与每片贝雷梁上弦用 U 形卡连接。工字钢接头间隔布置，相互错开，不容许在同一截面内。如工字钢接头没有搭在贝雷梁的上弦杆，必须用钢板将两工字钢焊接牢固。

同时，在贝雷梁的下弦选用 12 号槽钢作为横向连接将同跨内全部纵向贝雷梁连接成整体。12 号槽钢间距为 3m，同样与每片贝雷梁弦杆用 U 形卡连接，槽钢接头间隔布置，相互错开，不允许在同一截面内。如工字钢接头没有搭在贝雷梁的上弦杆，必须用钢板将两工字钢焊接牢固。

（6）满堂钢管拱架布置

上部拱架采用满堂碗扣式钢管脚手架搭设。布置形式为：立杆横向间距在腹板位置为 0.3m，在底板位置为 0.6m，纵向间距统一为 0.9m，支架水平杆步距统一为 1.2m。钢管采用 φ48.3×3.5mm 的标准架管，通过碗扣使纵横向水平杆和立杆连接，保证支架的整体稳定性。每根立杆底部设置底托，支架底以上 350mm 处设置纵横向扫地杆，沿纵横向设置竖向支撑，在支架顶部水平杆及底部扫地杆各设面内设置一层满布的水平剪刀撑，每道竖向及水平剪刀撑的跨度及控制在 6m 以内。

（7）底模施工

在弧形钢管上铺设底模，底模采用厚 15mm 竹胶板。底模安装的关键是测量放线，通过调整支架托撑和准确的预拱度可以放样出理想的拱架底模线形。

（8）外模施工

面板均采用 15mm 厚竹胶板，外侧用方木做成框架，2.4m 一节，外模包在底模上，下缘根据拱圈内横向分布钢筋的位置布设拉杆，上缘用圆钢作拉杆。模板因曲线造成的缝隙，用加工后的木条填塞，再用"即时贴"贴缝，以防漏浆。

（9）内模施工

15mm 厚竹胶采用板作面板或顶板底模形成内模，拱箱内模框架尽量少占净空，以利于内模的拆除。内模顶部设 4 道 10cm×10cm 方木纵向背肋，每道框架布置 5 个竖向钢管，分别用托撑顶在底板和顶板方木上，用于支撑顶板模板，内侧模每侧设两道 10cm×10cm 方木纵向背肋，用于支撑内模面板，横向上下布置二道钢管，利用托撑顶在顺桥向 10cm×10cm 的方木上。框架纵向间距 90cm，用钢管纵向连接，中间部分不加斜撑，这样，可以减小框架所占空间，便于施工。钢管间连接用扣件固定。

模板的铺设顺序为：第一环混凝土浇筑时，拱圈底模→外侧模→安装拉筋及分段隔板→设置横竖带木；第二环混凝土浇筑时，内外侧模→安装拉杆及横竖带木；浇筑顶板时，顶板底模→侧模→安装拉杆及横竖带木。

4. 预压试验

拱架预压的目的是检验其承载能力，并实测拱架的变形值。根据支架试压加载各项测试结果，给出支架荷载——挠度曲线，为施工监控提供可靠依据。

施工支架预压荷载试验采用部分荷载对整个拱圈进行预压，即选取 30m 跨跨中 6m 范围，预压总荷载值为：拱圈底板重＋拱圈腹板重＋拱圈顶板重，加载监控及数据采集选取顺桥向拱跨 1/8、1/4、3/8、拱顶 4 个断面，横桥向每个断面布/3 个：两边、中间、用扎丝吊铅球，与地面有 50cm 空隙，在距地面 1m 左右扎丝上绑 1m 长精度以 mm 为单位的尺。分别于加载前、后用水准仪观测。

拱架预压加载采用铺设砂袋方法实现，砂袋的搬运用两台汽车吊来完成。双向同步对称加载，布载时横向同样对称进行。加载过程中全程监测拱架变形，通过测量数据对拱底标高和线形进行重新调整。

5. 拱圈线形控制

1）预拱度处理

在支架上浇筑主拱圈混凝土施工过程中和卸架后，主拱圈要产生一定的挠度。因此，为使主拱圈在卸架后能满意地获得设计规定的外形，须在施工时设置一定数值的预拱度。在确定预拱度时应考虑下列因素：卸架后主拱圈本身及活载一半所产生的竖向挠度；支架在荷载作用下的弹性压缩；支架在荷载作用下的非弹性变形，支架基底在荷载作用下的非弹性沉陷；由温度变化而引起的挠度；由混凝土徐变引起的徐变挠度。徐变挠度对梁体的挠度影响不容忽视。影响徐变挠度的因素很多：在受弯构件中，在长期持续荷载作用下，由于徐变的影响，拱的挠度会与日俱增，徐变挠度可能达到弹性挠度的 1.5～2 倍。影响徐变的主要因素是应力的大小和受荷时混凝土的龄期，因此在施工中要避免混凝土结构过早地施加预应力。混凝土的徐变与混凝土的级配组成也有关系，水灰比越大，徐变也越大；骨料的弹性模量越大，徐变越小；水泥用量越大，徐变越大。此外，结构所处的环境也有重大的影响，湿度大的地区徐变小。针对以上影响混凝土结构徐变的各种因素采取以下措施：严格控制水灰比和水泥用量；选用质地坚硬、耐磨性能好的骨料；加强构件的养护，延长洒水养护时间；选用适当的外加剂。

根据拱的挠度和支架的变形所计算出来的预拱度之和，作为预拱度的最高值，设置在梁的跨径中点。其他各点的预拱度以中点为最高值，以拱的两端部为支架弹性变形量，按二次抛物线进行分配。根据计算出来的拱底标高对预压后的拱底模标高重新进行调整。

2）拱弧高程

拱桥要达到设计线形，即拱轴线形，必须考虑拱桥的预拱度，通过预压计算出总的施工预拱度，加上设计预拱度就是拱桥拱圈的立模预拱度，满足设计的拱轴线形要求。

施工预拱度＝地基沉降变形＋支架非弹性变形＋支架弹性变形

预拱度＝施工预拱度＋设计预拱度

拱弧高程确定：

$$H = H_S + \Delta_Y + D_E + \Delta_{UE} + \Delta_F$$

式中：H——拱架的立模高程（拱弧高程）；

　　　H_S——拱腹的设计高程（结构变形量）；

　　　Δ_Y——设计预拱度；

　　　D_E——拱架的弹性变形；

　　　Δ_{UE}——拱架的非弹性变形；

　　　Δ_F——地基的弹性变形。

结构变形量应由设计提供，设计不提供的施工应计算；拱架的弹性变形和拱架的非弹性变形由预压试验测得；地基的弹性变形由计算或试验获得。

拱弧上的各个部位的预拱度计算：

$$\delta_x = \delta(1 - 4x^2/L^2)$$

式中：x——为跨中到任意点的水平距离；

　　　δ——为拱顶总预加高度；

　　　δ_x——任意点预加高度；

3）形成拱弧

根据各个部位拱弧高程的计算结果，逐个调整支架顶端的可调托撑，直到高程符合计算值，然后再拼装拱圈模板，进行拱圈施工。

6. 拱圈浇筑

1）拱圈分环分段

本桥最大跨度 70m，最小跨度也有 30m，因此，施工中为减少混凝土的收缩应力和避免因拱架变形而产生裂纹，结合设计要求，拱圈按两环两段浇筑，即每跨先对称浇筑拱脚至跨中的底板、腹板。拆除内模后再依次顺序灌注顶板混凝土，之后对称浇筑拱脚至跨中的顶板混凝土，最后浇筑跨中合拢段混凝土，浇筑顺序如图 13.2.4-18 所示。

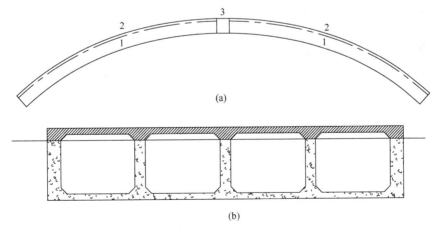

图 13.2.4-18　拱圈浇筑顺序示意图

（a）纵向示意图；（b）横断面示意图

2）拱圈施工工艺

主拱圈施工工艺如图 13.2.4-19 所示。

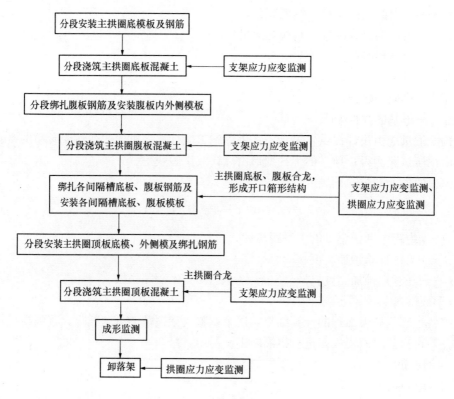

图 13.2.4-19 拱圈施工工艺

3) 混凝土浇筑

混凝土浇筑时采取水平移动,向拱顶方向推进,腹板浇筑时上下分层的方法浇筑,斜向分层。浇筑拱脚混凝土前,要将其与拱座的新旧混凝土接合处凿毛,混凝土表面应凿毛至露出集料并冲刷干净,再将接茬面用水湿润再布一层 1:1 水泥砂浆薄层。分段浇筑长度取 4~6m,分段浇筑时必须在前一段混凝土初凝前开始下段混凝土,以保证浇筑连续性。混凝土浇筑进行中不得任意中断,因故必须间歇时,间歇最长时间应按所用水泥凝结时间、混凝土的水灰比及混凝土硬化条件确定。拱圈合拢段预留槽中混凝土,应待所有各分段混凝土均灌注完毕,且其相邻段混凝土强度达到 70% 后方可浇筑,浇筑前要将分段混凝土表面凿毛冲净,残留混凝土清理干净后绑扎钢筋,立好模板。浇筑过程中为防止混凝土外流,在底板、腹板和顶板拱脚位置设盖板防护。浇筑拱脚混凝土时,应控制好混凝土的坍落度,防止混凝土向拱脚处滑落。

7. 拱架卸落

支架卸落作业是主拱圈现浇的最后一道工序,也是事关安全和质量的关键的一道工序,要在主拱圈裸拱形成后,待混凝土达到设计强度后落架,落架时要严格按设定的程序图进行。卸落无须安装专门的卸架设备,只需有序地拧松紧固于碗扣架立杆顶部可调托撑的螺母即可方便地完成拱架卸落工作。

1) 各落架点卸落总量计算

各落架点卸落总量由两部分组成,即主拱圈裸拱的弹性变形 Δg 与拱架的弹性变形量 Δe 之和,即 $\Delta = \Delta g + \Delta e$。其中,主拱圈裸拱的弹性变形 Δg 由设计单位或监控单位提供计算数据可得。

2）落架步骤

主拱圈混凝土达到设计强度后，即进行主拱圈卸架。由于拱架设计中采用可调托撑来调整标高和落架，落架点多，落架施工技术难度大。本桥落架分为2个步骤：卸载、支架拆除，卸载是支架拆除的前提，只有采取了正确的卸载方式、方法，才能保证下一步支架常规拆除工作的进行。

多跨连续拱桥应多跨同时卸落拱架，但每跨同时卸架是不便实现的，采用多次循环的卸架程序是保证由支架受力转化为主拱圈受力的关键。

支架卸落原则：横桥向必须同时进行卸落，纵桥向从拱顶向拱脚对称逐排进行卸落，确保桥左右两侧同步对称逐排卸落。支架卸落过程如图13.2.4-20所示。

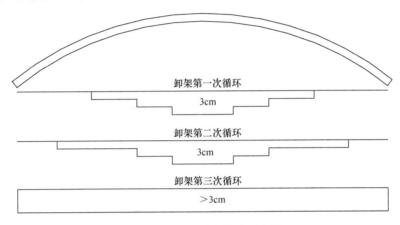

图 13.2.4-20　支架卸落示意图

将每跨拱分为5个等份区域，跨中分Ⅰ区，两边分为Ⅱ区，拱脚分为Ⅲ区。拱桥每跨分三次同时同步卸载。

第一次卸载：Ⅰ区逐排支架进行卸载，卸落量控制在拱顶总卸落量的1/3范围，同时对Ⅱ区，Ⅲ区进行卸载，卸落量控制在本区总卸落量的1/3范围。

第二次卸载：同第一次卸载；

第三次卸载：从拱顶到拱脚进行卸载，卸落量均大于计算或测量的总卸落量的1/3，要求模板与主拱圈完全脱离。

支架卸落主拱圈之后，即进行支架拆卸，支架拆卸与拼装过程逆向。

拱桥卸载无须安装专门的卸载设备，通过有序地拧松紧固于顶部托撑的螺丝，即可方便地完成拱架卸落工作。

8. 施工监测

不论采用什么施工方法，桥梁结构在施工过程中总要产生变形（挠曲），并且结构的变形将受到诸多因素的影响，极易使桥梁结构在施工过程中的实际位置状态偏离预期状态，为了保证结构线形在设计线形允许范围内，必须在施工全过程对全桥变形进行监测。

1）复核控制网和水准点

复核现场的水准点和控制网，精度应达到二等以上。根据施工控制要求，结合场区地形条件，必要时应增加临时水准点数。

2）拱座位移监测

在每个拱座顶面处上下游各设一至两个测点，用全站仪测试其变位情况。具体测点位置应结合施工实际情况选在拱座顶面便于观测的可靠位置处，以观测各关键工况的拱座沉降变形。

3）支架位移监测

在支架搭设完成后，在支架的跨中和 $L/4$ 处设置观测点，在支架的各个工况下仔细观测支架的变位情况。如发现异常情况，应立即停止施工，查找原因。

4）拱顶位移监测

本桥在各跨的跨中位置处布置位移测点，在每轮次卸载完成后采用水平仪进行标高测量。

在每一轮次卸载完成后，将测量数据与设计数据进行比较，在满足设计要求的前提下进行下一轮的卸载，保证落架过程安全可靠。

13.3　碗扣式钢管双排脚手架

碗扣式钢管脚手架除广泛应用于各种工程建设的支撑体系外，还能作为房屋建筑一般内、外作业及防护脚手架，由于该类型架体的构配件类型多（挑梁、爬梯、门洞托梁、专用连墙件、专用卸荷件等），能适合各种复杂条件下的建筑施工外架搭设。相比于其他类型脚手架，碗扣式钢管脚手架的曲线组架性能远远优于其他类型的脚手架。

13.3.1　工程概况

用碗扣式钢管脚手架作为高层建筑外脚手架首次在亚运村写字楼工程中应用获得成功，不用挑梁的单立柱外移动脚手架的搭设高度达到了 76.5m。亚运村汇宾大厦于 1989 年进入结构施工阶段，综合考虑各种现场条件后，最终选用了碗扣式钢管脚手架。该工程施工距今已过近 30 年，但仍不失为碗扣式钢管脚手架应用的经典案例，对目前外脚手架的设计、安全管理仍具有借鉴意义。

汇宾大厦写字楼是亚运村中的主要建筑之一，建筑面积，为全现浇"框剪"体系，是主要的重点建筑。现浇楼板采用无粘着预应力板，其平面呈 180。扇形，扇形内径 25m，外径 45m，地上部分 20 层（局部升高部分 22 层），标准层高 3.25m，全高 68.25m，机房突出部分高达 73.5m。由于写字楼的工程工期紧，为确保内、外同时施工互不干扰，要求外移动脚手架满足下述功能要求：1）无粘着预应力张拉时的操作层；2）框架、柱支撑时的操作层；3）框架填充墙砌筑时的防护体系；4）外装修的操作层。外脚手架要满足以上四点要求，保证内外施工互不干扰，保证建筑施工的工期和质量。

13.3.2　方案选择

在当时的技术条件下，扣件式钢管脚手架及门式钢管脚手架都没有一次搭设高度达到 70m 以上的应用经验。根据已有的经验，高度超过 50m 的双排脚手架主要有两种方法：一是采用分段悬挑架体，每段搭设高度不超过 20m，在分段处设置悬挑梁来承受上层的脚手架荷载；而是采用扣件式钢管脚手架，但下端采用双立杆加强，上端收缩为单立杆。分析上述两种超高搭设方法可以得到如下结论：1）悬挑方案虽然能够达到所需的高度，但由于悬挑梁必须设置在楼板上并穿过维护结构，因而在一定程度上影响内部的施工以及外立面装修，不能满足本工程的进度要求，且施工难度大、费用高，弧形组架困难；2）双立杆扣件式钢管脚手架方案虽能满足搭设高度要求，但需要将水平杆煨弯，以实现外立面弧形。如需突破最大搭设高度 50m 的限制需做加大的构造加强处理；3）碗扣式钢管脚手架由于圆形碗扣节点，水平杆可以实现 15°的转角，为弧形脚手架的搭设提供了优越的条件，这是其他脚手架所不能比拟的，且碗扣式钢管脚手架"件管合一"便于现场管理。

13.3.3 施工方法及技术措施

1. 脚手架平面布置

由于建筑物呈扇形平面，曲线半径较小，故外脚手架需要曲线布置。经计算外弧脚手架以 3 个节间为一组，内弧脚手架由 4～5 个节间为一组，由若干折线组成。立杆纵向间距为 1.2～1.5m，横向间距 1.2m，内侧立杆距墙间距 0.30～0.50m 不等。弧形组架平面如图 13.3.3-1 所示。

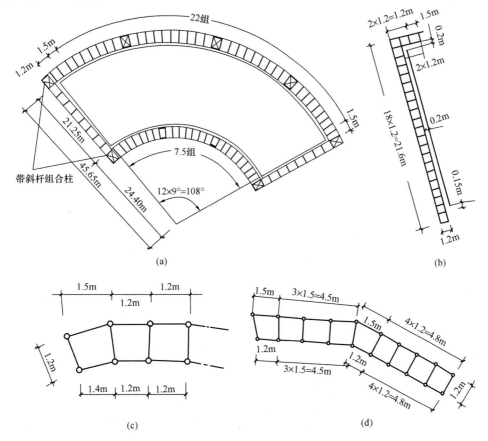

图 13.3.3-1 弧形组架平面图
（a）平面布置图；（b）山墙架体；（c）外弧标准节间架体；（d）内弧标准节间架体

2. 弧形平面内外水平杆配置的计算

1）基本原则

碗扣型脚手架的节点具有圆形的水平杆插座，因而水平杆可旋转成任意角度，从这一点出发它更适合于曲线状的平面。但是在采用双排脚手架时，为了适应曲线的曲度，内外水平杆应有不同的长度，而且两长度之差值必须与平面的弧度相一致。最简单的配置方法即按照平面的曲度计算出一标准水平杆与一非标准水平杆，其结果是非标准水平杆必然是一个非模数的数值，给以后的使用带来麻烦。脚手架设计的基本原则是尽量减少非标准杆件的种类，为此非标准杆应采用模数进位制，使不同杆件能有明显的差别，再加上涂以不同颜色的油漆以方便使用和管理。

根据上述原则该工程采用了两种标准杆件 1.2m 和 1.5m 构成梯形平面与矩形平面相搭配的方法，解决其曲度与建筑物相一致的问题。

2）内弧的配置方法

脚手架的平面布置如图 13.3.3-2 和图 13.3.3-3 所示。四角采用带斜杆的组合柱；弧形中间每隔 15m 左右同样设置组合柱（带斜杆）。当然由于每个碗扣节点只有四个插口，因而四角组合柱是相邻两外面（大角）有斜杆；中间组合柱只内外面可设斜杆；但在内部也可适当配置不通过节点的斜杆。

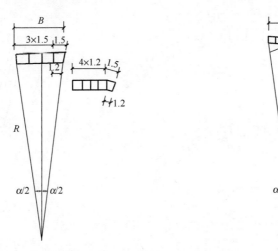

図 13.3.3-2　扇形内弧几何关系图　　　图 13.3.3-3　扇形外弧端点偏离计算

至于解决弧形平面的内外杆长度配置问题则按照图 13.3.3-2 的图形，采用几个矩形平面搭配一个梯形平面（外杆长 1.2m，内杆长 1.5m）的办法使其与建筑物的曲度相一致。这样一组搭配，脚手架回转的角度为 α，几何关系为：

$$\sin\frac{\alpha}{2}=\frac{1.5-1.2}{2\times1.2}=0.125$$

以现有内弧半径 $R=24.4$m 计算，转过 α 角时该区段的弦长为 B，则有：

$$B=2R\sin\frac{\alpha}{2}=2\times24.4\times0.125=6.10\text{m}$$

与该弦长相适应的平面组合有两个：一为 $3×1.5+1.5=6.0m$；一为 $4×1.2+1.5=6.3m$。按其几何图形利用余弦定理，计算其准确弦长如下：

$$B = \sqrt{a^2 + b^2 - 2ab\cos\alpha}（其中 \alpha = 165.64°）$$

$$= \sqrt{a^2 + b^2 - 2ab\cos165.64°}$$

对于第一组合：$B = \sqrt{4.5^2 + 1.5^2 + 2×4.5×1.5×0.9688} = 5.964m$

第二组合：$B = \sqrt{4.8^2 + 1.5^2 + 2×4.8×1.5×0.9688} = 6.264m$

采用第一组合与第二组合交替布置其平均弦长为 6114mm，与 6100mm 相差仅 14mm 基本可以满足要求。

3）外弧的配置方法

外弧脚手架的曲度较内弧小得多（几乎差一倍）用上述办法虽然也可解决，但由于脚手架直线部分太长，造成端部与建筑物过远而不合乎使用要求。本工程外弧的回转半径 R_1 为 45.65m（图 13.3.3-3），如采用 $1.5+1.2m$ 的梯形架同样转过 α 角，则其弦长为：

$$B = 2R\sin\alpha/2 = 2×45.65×0.125 = 11.41m$$

几乎比原来长了一倍。当脚手架与建筑物圆弧相切时，该段脚手架的端部距圆弧的距离为 Δ：

$$\Delta = R' - R_1$$

$$R' = R_1/\cos14.36° = 45.65/0.9918 = 46.027m$$

$$\Delta = R' - R_1 = 46.027 - 45.65 = 0.377m$$

也就是说该点离开建筑物已达 37.7cm，是不能满足使用要求的。为此只能选择增加一种非标准长度的水平杆，考虑到以 10cm 为水平杆长度的模数，增加一种 1.4m 的水平杆。仍然按前述矩形及梯形平面搭配的方法进行配置。如图 13.3.3-4 所示，梯形平面外杆采用 1.5m，内杆 1.4m 得转角 φ：

$$\sin\frac{\varphi}{2} = \frac{1.5 - 1.4}{2×1.2} = 0.0417$$

$$\phi/2 = 2.388°, \phi = 4.776°$$

相应的弦长为：

$$B = 2R_1\sin\frac{\varphi}{2} = 2×45.65×0.0417 = 3.807m$$

采用 $2×1.2+1.4$ 的组合，其弦长与上值极为接近，现按此组合用余弦定理精确计算其长度：

$$B' = \sqrt{a^2 + b^2 + 2ab\cos4.776°} = \sqrt{2.4^2 + 1.4^2 + 2×2.4×1.4×0.9965} = 3.797m$$

B' 与 B 值相比误差只有 10mm，基本可满足要求。按照以上组合搭配在现场施工证明完全满足了施工要求。

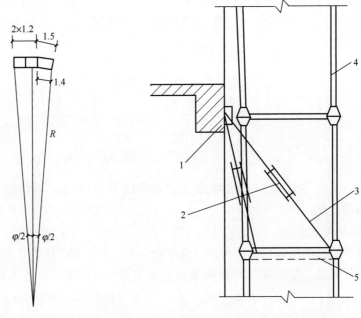

图 13.3.3-4　内弧配杆几何关系　　图 13.3.3-5　脚手架卸荷装置

1—预埋件；2—花篮螺栓；3—钢丝绳；

4—立杆；5—水平斜撑杆

4）架体竖向布置

考虑操作要求，脚手架步距取 1.8m，沿着全高搭设 42 步架。为确保安全，分成三段卸荷，选择第 15 层和 28 层（步架）为卸荷层，卸荷再用碗扣式钢管脚手架的专用卸荷装置进行，分别在 8 层和 16 层的楼板边梁上设置悬吊拉结点，其构造如图 13.3.3-5 所示。

卸荷拉结杆设置在悬吊卸荷层上，立杆与水平杆的每一交接点均为"悬吊点"。为平衡悬吊层的水平推力，在卸荷层加设水平杆，与墙体结构顶紧，在上部楼板的相应位置埋设拉结角钢。待混凝土强度达到 20MPa 以后，安装卸荷拉结杆，拉结杆上部用 $\phi16$ 圆钢，中间用 $\phi20$ 花篮螺丝调节，下部用 1/2″钢丝绳，固定在卸荷层立杆下碗扣下面。为平衡悬吊层的水平推力，在卸荷层架设水平杆，与墙体结构顶紧。

5）主要构造措施

（1）连墙件设置

为保证脚手架稳定，每一楼层处均设置连墙件（竖向间距约 2 个步距），连墙件水平距离为框架柱距，用钢管扣件将脚手架与混凝土框架柱抱接固定。

（2）外立面剪刀撑设置

按每 1～2 个折线组为一组，沿竖向全高范围内连续设置交叉剪刀撑，剪刀撑杆件采用双杆，与地面角夹角为 45°～60°，用扣件与脚手架立杆连接。

（3）斜撑杆设置

在 90°转角处每排脚手架的第一跨，沿竖向劝告范围内满布专用节点斜杆，内部脚手架中间设置 2 道，外弧脚手架设 3 道全高范围内节点斜杆，竖向斜杆均采用碗扣式专用定长斜杆。在悬吊层架设水平斜杆（钢管扣件短斜杆），已增强悬吊层的水平刚度。

6）地基处理

为确保脚手架安全，保证地基牢固，不产生局部不均匀沉降，对地基土进行夯实处理，脚手架立杆下通铺 50mm 厚木板。

13.3.4 荷载控制

考虑到本工程脚手架一次搭设高度超过 70m，脚手架使用中对施工荷载提出了严格的控制要求：

1）架体全高范围内，只允许铺设 3 层脚手板，其中 2 层作施工操作层，逐层上升，另外 1 层脚手板铺设在二层楼面处作安全防护。预应力张拉时，临时铺板形成操作平台。

2）脚手架搭设高度与施工高度同步，超过部分不大于 2 步架体。

3）脚手架操作层不作为砖砌体操作用，严格要求砌筑材料堆置在混凝土楼板上，控制最大施工荷载在 2.0kN/m² 之内。

13.3.5 实施效果

通过本工程的应用实践证明，采用碗扣式钢管脚手架作为高层建筑外立面脚手架时一种经济、安全的施工方法，能达到预期的应用效果，结论如下：

1. 经实践检验，脚手架的承载力和稳定性是安全可靠的。

2. 对于超过脚手架，采用悬吊卸荷的措施是成功的，方便可行，安全可靠。

3. 碗扣式钢管作业脚手架操作方便，劳动效率高。

4. 采用碗扣式钢管脚手架经济效益显著，与扣件式钢管脚手架项目比，本工程共节约钢管用量 290t，节约型钢 12t，工期提前 30d，综合效益显著。

5. 曲线外立面条件下，采用碗扣式钢管脚手架进行曲线组架是安全可靠、操作方便的，但应根据实际曲率进行布杆计算。

附　　录

附录 A　常用材料强度设计值和弹性模量

A.1　钢与混凝土的强度设计值和弹性模量

钢材的强度设计值和弹性模量（N/mm²）　　　　　　　　表 A.1-1

钢材		厚度或直径（mm）	抗拉、抗压和抗弯 f	抗剪 f_v	端面承压（刨平顶紧）f_{ce}
牌号					
钢管及冷弯薄壁型钢	Q235 钢	—	205	120	310
	Q345 钢	—	300	175	400
热轧型钢	Q235 钢	≤16	215	125	325
		>16～40	205	120	
		>40～60	200	115	
		>60～100	190	110	
	Q345 钢	≤16	310	180	400
		>16～35	295	170	
		>35～50	265	155	
		>50～100	250	145	
弹性模量 E			$2.06×10^5$		

混凝土的轴心抗压、抗拉强度设计值和弹性模量（N/mm²）　　表 A.1-2

强度及弹性模量 \ 等级	C15	C20	C25	C30	C35	C40	C45	C50
轴心抗压 f_c	7.2	9.6	11.9	14.3	16.7	19.1	21.1	23.1
轴心抗拉 f_t	0.91	1.10	1.27	1.43	1.57	1.71	1.80	1.89
弹性模量 E_c	$2.2×10^4$	$2.55×10^4$	$2.80×10^4$	$3.0×10^4$	$3.15×10^4$	$3.25×10^4$	$3.35×10^4$	$3.45×10^4$

A.2　木材强度设计值与弹性模量

针叶树种木材适用的强度等级　　　　　　　　　表 A.2-1

强度等级	组别	适　用　树　种
TC17	A	柏木　长叶松　湿地松　粗皮落叶松
	B	东北落叶松　欧洲赤松　欧洲落叶松

强度等级	组别	适 用 树 种
TC15	A	铁杉 油杉 太平洋海岸黄檗 花旗松—落叶松 西部铁杉 南方松
	B	鱼鳞云杉 西南云杉 南亚松
TC13	A	油松 新疆落叶松 云南松 马尾松 扭叶松 北美落叶松 海岸松
	B	红皮云杉 丽江云杉 樟子松 红松 西加云杉 俄罗斯红松 欧洲云杉 北美山地云杉 北美短叶松
TC11	A	西北云杉 新疆云杉 北美黄松 云杉—松—冷杉 铁—冷杉 东部铁杉 杉木
	B	冷杉 速生杉木 速生马尾松 新西兰辐射松

阔叶树种木材适用的强度等级　　　　　　　　　　　表 A. 2-2

强度等级	适 用 树 种
TB20	青冈 椆木 门格里斯木 卡普木 沉水稍克隆 绿心木 紫心木 李叶豆 塔特布木
TB17	栎木 达荷玛木 萨佩莱木 苦油树 毛罗藤黄
TB15	锥栗（椎木） 桦木 黄梅兰蒂 梅萨瓦木 水曲柳 红劳罗木
TB13	深红梅兰蒂 浅红梅兰蒂 白梅兰蒂 巴西红厚壳木
TB11	大叶椴 小叶椴

木材强度设计值和弹性模量（N/mm²）　　　　　　　表 A. 2-3

强度等级	组别	抗弯 f_m	顺纹抗压及承压 f_c	顺纹抗拉 f_t	顺纹抗剪 f_v	横纹承压 $f_{c.90}$ 全表面	局部表面和齿面	拉力螺栓垫板下	弹性模量 E
TC17	A	17	16	10	1.7	2.3	3.5	4.6	10000
	B		15	9.5	1.6				
TC15	A	15	13	9.0	1.6	2.1	3.1	4.2	10000
	B		12	9.0	1.5				
TC13	A	13	12	8.5	1.5	1.9	2.9	3.8	10000
	B		10	8.0	1.4				9000
TC11	A	11	10	7.5	1.4	1.8	2.7	3.6	9000
	B		10	7.0	1.2				
TB20	—	20	18	12	2.8	4.2	6.3	8.4	12000
TB17	—	17	16	11	2.4	3.8	5.7	7.6	11000
TB15	—	15	14	10	2.0	3.1	4.7	6.2	10000
TB13	—	13	12	9.0	1.4	2.4	3.6	4.8	8000
TB11	—	11	10	8.0	1.3	2.1	3.2	4.1	7000

附录 B 脚手架钢管及分配梁截面几何特性

B. 1 φ48 系列常用钢管截面几何特性参数

常用钢管截面几何特性 表 B. 1

外径 φ (mm)	壁厚 t (mm)	截面积 A (cm²)	截面惯性矩 I (cm⁴)	截面模量 W (cm³)	截面回转半径 i (cm)
48.3	3.6	5.06	12.71	5.26	1.59
48.3	3.5	4.93	12.43	5.15	1.59
48.3	3.2	4.53	11.59	4.80	1.59
48	3.5	4.89	12.19	5.08	1.58
48	3.2	4.50	11.36	4.73	1.59
48	3.0	4.24	10.78	4.49	1.59
48	2.8	3.98	10.19	4.25	1.60
48	2.7	3.84	9.89	4.12	1.60

B. 2 钢管截面几何特性参数计算公式

（1）截面面积计算式：$A = \dfrac{\pi(d^2 - d_1^2)}{4}$；

（2）惯性矩计算式：$I = \dfrac{\pi(d^4 - d_1^4)}{64}$；

（3）截面模量计算式：$W = \dfrac{\pi(d^4 - d_1^4)}{32d}$；

（4）截面回转半径计算式：$i = \dfrac{\sqrt{d^2 + d_1^2}}{4}$。

其中，d 为钢管外径，d_1 为钢管内径。

B. 3 木方截面几何特性参数

常用木方截面几何特性 表 B. 3

规格 (mm)	理论重量 (N/m)	截面积 A (cm²)	截面惯性矩 I (cm⁴)	截面模量 W (cm³)	截面回转半径 i (cm)
50×50	12.5～16.3	25.0	52.08	20.83	14.45
60×90	27.0～35.1	54.0	364.50	81.00	17.34

续表

规格 (mm)	理论重量 (N/m)	截面积 A (cm²)	截面惯性矩 I (cm⁴)	截面模量 W (cm³)	截面回转半径 i (cm)
50×100	25.0~32.5	50.0	416.67	83.33	28.90
100×100	50.0~65.0	100.0	833.33	166.66	28.90

B.4 木方截面几何特性参数计算公式

（1）截面面积计算式：$A = bh$；

（2）惯性矩计算式：$I = \dfrac{bh^3}{12}$；

（3）截面模量计算式：$W = \dfrac{bh^2}{6}$；

（4）截面回转半径计算式 $i = 0.289h$。

其中，b 为木方截面宽度，h 为木方截面高度。

B.5 工字木梁截面几何特性参数

H20 工字木梁截面几何特性　　　　表 B.5

材　质	高度 (mm)	宽度 (mm)	允许弯矩 (kN·m)	允许剪力 (kN)	抗弯刚度 (kN·m²)	理论重量 (kg/m)
杉木/松木	200	80	5.0	11.0	450	5.0

B.6 铝梁截面几何特性参数

S150 铝梁截面几何特性　表 B.6-1

面积	11.96cm²
质量	3.24kg/m
I_{xx}	356cm⁴
Z_{xx}	47.15cm³
I_{yy}	43.76cm⁴
Z_{yy}	11.67cm³

T150 铝梁截面几何特性　表 B.6-2

面积	18.87cm²
质量	5.81kg/m
I_{xx}	571.4cm⁴
Z_{xx}	75.36cm³
I_{yy}	174.4cm⁴
Z_{yy}	36.85cm³

附录 C 型钢和钢管计算用表

C.1 热轧型钢

C.1.1 热轧等边角钢

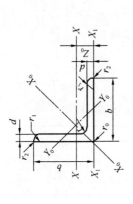

图 C.1.1 热轧等边角钢

b—边宽度；d—边厚度；r—内圆弧半径；r_1—边端内圆弧半径；r_2—边端外圆弧半径；Z_0—重心距离

I—惯性矩；i—惯性半径；W—截面系数；

热轧等边角钢规格及截面特性

表 C.1.1

| 型号 | 尺寸(mm) | | | 截面面积 (cm²) | 理论重量 (kg/m) | 外表面积 (m²/m) | 参考数值 | | | | | | | | | | | | |
| | | | | | | | X－X | | | X₀－X₀ | | | Y₀－Y₀ | | | X₁－X₁ | Z_0 (cm) |
	b	d	r				I_x (cm⁴)	i_x (cm)	W_x (cm³)	I_{x0} (cm⁴)	i_{x0} (cm)	W_{x0} (cm³)	I_{Y0} (cm⁴)	i_{Y1} (cm)	W_{Y2} (cm³)	I_{x1} (cm⁴)	
2	20	3	3.5	1.132	0.889	0.078	0.40	0.59	0.29	0.63	0.75	0.45	0.17	0.39	0.20	0.81	0.60
		4		1.459	1.145	0.077	0.50	0.58	0.36	0.78	0.73	0.55	0.22	0.38	0.24	1.09	0.64
2.5	25	3		1.432	1.124	0.098	0.82	0.76	0.46	1.29	0.95	0.73	0.34	0.49	0.33	1.57	0.73
		4		1.859	1.459	0.097	1.03	0.74	0.59	1.62	0.93	0.92	0.43	0.48	0.40	2.11	9.76

续表

型号	尺寸(mm) b	d	r	截面面积 (cm²)	理论重量 (kg/m)	外表面积 (m²/m)	X—X I_x (cm⁴)	i_x (cm)	W_x (cm³)	X₀—X₀ I_{x0} (cm⁴)	i_{x0} (cm)	W_{x0} (cm³)	Y₀—Y₀ I_{Y0} (cm⁴)	i_{Y1} (cm)	W_{Y2} (cm³)	X₁—X₁ I_{x1} (cm⁴)	Z_0 (cm)
3	30	3	4.5	1.749	1.373	0.117	1.46	0.91	0.68	2.31	1.15	1.09	0.61	0.59	0.51	2.71	0.85
	30	4		2.276	1.786	0.117	1.84	0.90	0.87	2.92	1.13	1.37	0.77	0.58	0.62	3.63	0.89
3.6	36	3		2.109	1.656	0.141	2.58	1.11	0.99	4.09	1.39	1.61	1.07	0.71	0.76	4.68	1.00
	36	4		2.756	2.163	0.141	3.29	1.09	1.28	5.22	1.38	2.05	1.37	0.70	0.93	6.25	1.04
	36	5		3.382	2.654	0.141	3.95	1.08	1.56	6.24	1.36	2.45	1.65	0.70	1.09	7.84	1.07
4	40	3	5	2.359	1.852	0.157	3.59	1.23	1.23	5.69	1.55	2.01	1.49	0.79	0.96	6.41	1.09
	40	4		3.086	2.422	0.157	4.60	1.22	1.60	7.29	1.54	2.58	1.91	0.79	1.19	8.56	1.13
	40	5		3.791	2.976	0.156	5.53	1.21	1.96	8.76	1.52	3.10	2.30	0.78	1.39	10.74	1.17
4.5	45	3	5.5	2.659	2.088	0.177	5.17	1.40	1.58	8.20	1.76	2.58	2.14	0.89	1.24	9.12	1.22
	45	4		3.486	2.736	0.177	6.65	1.38	2.05	10.56	1.74	3.32	2.75	0.89	1.54	12.18	1.26
	45	5		4.292	3.369	0.176	8.04	1.37	2.51	12.74	1.72	4.00	3.33	0.88	1.81	15.20	1.30
	45	6		5.076	3.985	0.176	9.33	1.36	2.95	14.76	1.70	4.64	3.89	0.88	2.06	18.36	1.33
5	50	3	5.5	2.971	2.332	0.197	7.18	1.55	1.96	11.37	1.96	3.22	2.98	1.00	1.57	12.50	1.34
	50	4		3.897	3.059	0.197	9.26	1.54	2.56	14.70	1.94	4.16	3.82	0.99	1.96	16.69	1.38
	50	5		4.803	3.770	0.196	11.21	1.53	3.13	17.79	1.92	5.03	4.64	0.98	2.31	20.90	1.42
	50	6		5.688	4.465	0.196	13.05	1.52	3.68	20.68	1.91	5.85	5.42	0.98	2.63	25.14	1.46
5.6	56	3	6	3.343	2.624	0.221	10.19	1.75	2.48	16.14	2.20	4.08	4.24	1.13	2.02	17.56	1.48
	56	4		4.390	3.446	0.220	13.18	1.73	3.24	20.92	2.18	5.28	5.46	1.11	2.52	23.43	1.53
	56	5		5.415	4.251	0.220	16.02	1.72	3.97	25.42	2.17	6.42	6.61	1.10	2.98	29.33	1.57
	56	8		8.367	6.568	0.219	23.63	1.68	6.03	37.37	2.11	9.44	9.89	1.09	4.16	47.24	1.68

续表

型号	尺寸(mm) b	d	r	截面面积 (cm²)	理论重量 (kg/m)	外表面积 (m²/m)	X—X I_x (cm⁴)	i_x (cm)	W_x (cm³)	$X_0—X_0$ I_{x0} (cm⁴)	i_{x0} (cm)	W_{x0} (cm³)	$Y_0—Y_0$ I_{Y0} (cm⁴)	i_{Y1} (cm)	W_{Y2} (cm³)	$X_1—X_1$ I_{x1} (cm⁴)	Z_0 (cm)
6.3	63	4	7	4.978	3.907	0.248	19.03	1.96	4.13	30.17	2.46	6.78	7.89	1.26	3.29	33.35	1.70
		5		6.143	4.822	0.248	23.17	1.94	5.08	36.77	2.45	8.25	9.57	1.25	3.90	41.73	1.74
		6		7.288	5.721	0.247	27.12	1.93	6.00	43.03	2.43	9.66	11.20	1.24	4.46	50.14	1.78
		8		9.515	7.469	0.247	34.46	1.90	7.75	54.56	2.40	12.25	14.33	1.23	5.47	67.11	1.85
		10		11.657	9.151	0.246	41.09	1.88	9.39	64.85	2.36	14.56	17.33	1.22	6.36	84.31	1.93
7	70	4	8	5.570	4.372	0.275	26.39	2.18	5.14	41.80	2.74	8.44	10.99	1.40	4.17	45.74	1.86
		5		6.875	5.397	0.275	32.21	2.16	6.32	51.08	2.73	10.32	13.34	1.39	4.95	57.21	1.91
		6		8.160	6.406	0.275	37.77	2.15	7.48	59.93	2.71	12.11	15.61	1.38	5.67	68.73	1.95
		7		9.424	7.398	0.275	43.09	2.14	8.59	68.35	2.69	13.81	17.82	1.38	6.34	80.29	1.99
		8		10.667	8.373	0.274	48.17	2.12	9.68	76.37	2.68	15.43	19.98	1.37	6.98	91.92	2.03
7.5	75	5	9	7.412	5.818	0.295	39.97	2.33	7.32	63.30	2.92	11.94	16.63	1.50	5.77	70.56	2.04
		6		8.797	6.905	0.294	46.95	2.31	8.64	74.38	2.90	14.02	19.51	1.49	6.67	84.55	2.07
		7		10.160	7.976	0.294	53.57	2.30	9.93	84.96	2.89	16.02	22.18	1.48	7.44	98.71	2.11
		8		11.503	9.030	0.294	59.96	2.28	11.20	95.07	2.88	17.93	24.86	1.47	8.19	112.97	2.15
		10		14.126	11.089	0.293	71.98	2.26	13.64	113.92	2.84	21.48	30.05	1.46	9.56	141.71	2.22
8	80	5	9	7.912	6.211	0.315	48.79	2.48	8.34	77.33	3.13	13.67	20.25	1.60	6.66	85.36	2.15
		6		9.397	7.376	0.314	57.35	2.47	9.87	90.98	3.11	16.08	23.72	1.59	7.65	102.50	2.19
		7		10.860	8.525	0.314	65.58	2.46	11.37	104.07	3.10	18.40	27.09	1.58	8.58	119.70	2.23
		8		12.303	9.658	0.314	73.49	2.44	12.83	116.60	3.08	20.61	30.39	1.57	9.46	136.97	2.27
		10		15.126	11.874	0.313	88.43	2.42	15.64	140.09	3.04	24.76	36.77	1.56	11.08	171.74	2.35

参　考　数　值

续表

| 型号 | 尺寸(mm) | | | 截面面积 (cm²) | 理论重量 (kg/m) | 外表面积 (m²/m) | X-X | | | 参考数值 X₀-X₀ | | | Y₀-Y₀ | | | X₁-X₁ | Z₀ (cm) |
	b	d	r				I_x (cm⁴)	i_x (cm)	W_x (cm³)	I_{x0} (cm⁴)	i_{x0} (cm)	W_{x0} (cm³)	I_{Y0} (cm⁴)	i_{Y1} (cm)	W_{Y2} (cm³)	I_{x1} (cm⁴)	
9	90	6	10	10.637	8.350	0.354	82.77	2.79	12.61	131.26	3.51	20.63	34.28	1.80	9.95	145.87	2.44
		7		12.301	9.656	0.354	94.83	2.78	14.54	150.47	3.50	23.64	39.18	1.78	11.19	170.30	2.48
		8		13.944	10.946	0.353	106.47	2.76	16.42	168.97	3.48	26.55	43.97	1.78	12.35	194.80	2.52
		10		17.167	13.476	0.353	128.58	2.74	20.07	203.90	3.45	32.04	53.26	1.76	14.52	244.07	2.59
		12		20.306	15.940	0.352	149.22	2.71	23.57	236.21	3.41	37.12	62.22	1.75	16.49	293.76	2.67
10	100	6	12	11.932	9.366	0.393	114.95	3.10	15.68	181.98	3.90	25.74	47.92	2.00	12.69	200.07	2.67
		7		13.796	10.830	0.393	131.86	3.09	18.10	208.97	3.89	29.55	54.74	1.99	14.26	233.54	2.71
		8		15.638	12.276	0.393	148.24	3.08	20.47	235.07	3.88	33.24	61.41	1.98	15.75	267.09	2.76
		10		19.261	15.120	0.392	179.51	3.05	25.06	284.68	3.84	40.26	74.35	1.96	18.54	334.48	2.84
		12		22.800	17.898	0.391	208.90	3.03	29.48	330.95	3.81	46.80	86.84	1.95	21.08	402.34	2.91
		14		26.256	20.611	0.391	236.53	3.00	33.73	374.06	3.77	52.90	99.00	1.94	23.44	470.75	2.99
		16		29.627	23.257	0.390	262.53	2.98	37.82	414.16	3.74	58.57	110.89	1.94	25.63	539.80	3.06
11	110	7	12	15.196	11.928	0.433	177.16	3.41	22.05	280.94	4.30	36.12	73.38	2.20	17.51	310.64	2.96
		8		17.238	13.532	0.433	199.46	3.40	24.95	316.49	4.28	40.69	82.42	2.19	19.39	355.20	3.01
		10		21.261	16.690	0.432	242.19	3.38	30.60	384.39	4.25	49.42	99.98	2.17	22.91	444.65	3.09
		12		25.200	19.782	0.431	282.55	3.35	36.05	448.17	4.22	57.62	116.93	2.15	26.15	534.60	3.16
		14		29.056	22.809	0.431	320.71	3.32	41.31	508.01	4.18	65.31	133.40	2.14	29.14	625.16	3.24

续表

型号	尺寸(mm) b	d	r	截面面积 (cm²)	理论重量 (kg/m)	外表面积 (m²/m)	X—X Ix (cm⁴)	ix (cm)	Wx (cm³)	X₀—X₀ Ix₀ (cm⁴)	ix₀ (cm)	Wx₀ (cm³)	Y₀—Y₀ IY₀ (cm⁴)	iY₁ (cm)	WY₂ (cm³)	X₁—X₁ Ix₁ (cm⁴)	Z₀ (cm)
12.5	125	8	14	19.750	15.504	0.492	297.03	3.88	32.52	470.89	4.88	53.28	123.16	2.50	25.86	521.01	3.37
		10		24.373	19.133	0.491	361.67	3.85	39.97	573.89	4.85	64.93	149.46	2.48	30.62	651.93	3.45
		12		28.912	22.696	0.491	423.16	3.83	41.17	671.44	4.82	75.96	174.88	2.46	35.03	783.42	3.53
		14		38.367	26.193	0.490	481.65	3.80	54.16	763.73	4.78	86.41	199.57	2.45	39.13	915.61	3.61
14	140	10		27.373	21.488	0.551	514.65	4.34	50.58	817.27	5.46	82.56	212.04	2.78	39.20	915.11	3.82
		12		32.512	25.522	0.551	603.68	4.34	59.80	958.79	5.43	96.85	248.57	2.76	45.02	1099.28	3.90
		14		37.567	29.490	0.550	688.81	4.28	68.75	1093.56	5.40	110.47	284.06	2.75	50.45	1284.22	3.98
		16		42.539	33.393	0.549	770.24	4.26	77.46	1221.81	5.36	123.42	318.67	2.74	55.55	1470.07	4.06
16	160	10	16	31.502	24.729	0.630	779.53	4.98	66.70	1237.30	6.27	109.36	321.76	3.20	52.76	1365.33	4.31
		12		37.441	29.391	0.630	916.58	4.95	78.98	1455.68	6.24	128.67	377.49	3.18	60.74	1639.57	4.39
		14		43.296	33.987	0.629	1048.36	4.92	90.95	1665.02	6.20	147.17	431.70	3.16	68.24	1914.68	4.47
		16		49.067	38.518	0.629	1175.08	4.89	102.63	1865.57	6.17	164.89	484.59	3.14	75.31	2190.82	4.55
18	180	12		42.241	33.159	0.710	1321.35	5.59	100.82	2100.10	7.05	165.00	542.61	3.58	78.41	2332.80	4.89
		14		48.896	38.383	0.709	1514.48	5.56	116.25	2407.42	7.02	189.14	621.53	3.56	88.38	2723.48	4.97
		16		55.467	43.542	0.709	1700.99	5.54	131.13	2703.37	6.98	212.40	698.60	3.55	97.83	3115.29	5.05
		18		61.955	48.634	0.708	1875.12	5.50	145.64	2988.24	6.94	234.78	762.01	3.51	105.14	3502.43	5.13
20	200	14	18	54.642	42.894	0.788	2103.55	6.20	144.70	3343.26	7.82	236.40	863.83	3.98	111.82	3734.10	5.46
		16		62.013	48.680	0.788	2366.15	6.18	163.65	3760.89	7.79	265.93	971.41	3.96	123.96	4270.39	5.54
		18		69.301	54.401	0.787	2620.64	6.15	182.22	4164.54	7.75	294.48	1076.74	3.94	135.52	4808.13	5.62
		20		76.505	60.056	0.787	2867.30	6.12	200.42	4554.55	7.72	322.06	1180.04	3.93	146.55	5347.51	5.69
		24		90.661	71.168	0.785	3338.25	6.07	236.17	5294.97	7.64	374.41	1381.53	3.90	166.65	6457.16	5.87

参　考　数　值

C.1.2 热轧不等边角钢

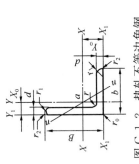

图C.1.2 热轧不等边角钢

B—长边宽度；I—惯性矩；b—短边宽度；W—截面系数；d—边厚度；
i—惯性半径；r—内圆弧半径；X₀—重心距离；r₁—边端内圆弧半径；Y₀—重心距离

热轧不等边角钢规格及截面特性

表C.1.2

型号	尺寸(mm) B	b	d	r	截面面积 (cm^2)	理论重量 (kg/m)	外表面积 (m^2/m)	$X-X$ I_x (cm^4)	i_x (cm)	W_x (cm^3)	$Y-Y$ I_y (cm^4)	i_y (cm)	W_y (cm^3)	X_1-X_1 I_{x1} (cm^4)	Y_0 (cm)	Y_1-Y_1 I_{Y1} (cm^4)	X_0 (cm)	$u-u$ I_u (cm^4)	i_u (cm)	W_u (cm^3)	$\tan\alpha$
2.5/1.6	25	16	3	3.5	1.162	0.912	0.080	0.70	0.78	0.43	0.22	0.44	0.19	1.56	0.86	0.43	0.42	0.14	0.34	0.16	0.392
			4		1.499	1.176	0.079	0.88	0.77	0.55	0.27	0.43	0.24	2.09	0.90	0.59	0.46	0.17	0.34	0.20	0.381
3.2	32	20	3		1.492	1.171	0.102	1.53	1.01	0.72	0.46	0.55	0.30	3.27	1.08	0.82	0.49	0.28	0.43	0.25	0.382
			4		1.939	1.522	0.101	1.93	1.00	0.93	0.57	0.54	0.39	4.37	1.12	1.12	0.53	0.35	0.42	0.32	0.374
4/2.5	40	25	3	4	1.890	1.484	0.127	3.08	1.28	1.15	0.93	0.70	0.49	5.39	1.32	1.59	0.59	0.56	0.54	0.40	0.385
			4		2.467	1.936	0.127	3.93	1.36	1.49	1.18	0.69	0.63	8.53	1.37	2.44	0.63	0.71	0.54	0.52	0.381
4.5/2.8	45	28	3	5	2.149	1.687	0.143	4.45	1.44	1.47	1.34	0.79	0.62	9.10	1.47	2.23	0.64	0.80	0.61	0.51	0.383
			4		2.806	2.203	0.143	5.69	1.42	1.91	1.70	0.78	0.80	12.13	1.51	3.00	0.68	1.02	0.60	0.66	0.380
5/3.2	50	32	3	5.5	2.431	1.908	0.161	6.24	1.60	1.84	2.02	0.91	0.82	12.49	1.60	3.31	0.73	1.20	0.70	0.68	0.404
			4		3.177	2.494	0.160	8.02	1.59	2.39	2.58	0.90	1.06	16.65	1.65	4.45	0.77	1.53	0.69	0.87	0.402

续表

型号	尺寸(mm)				截面面积 (cm²)	理论重量 (kg/m)	外表面积 (m²/m)	参考数值														
	B	b	d	r				X—X			Y—Y			X1—X1		Y1—Y1		u—u			
								I_x (cm⁴)	i_x (cm)	W_x (cm³)	I_y (cm⁴)	i_y (cm)	W_y (cm³)	I_{x1} (cm⁴)	Y_0 (cm)	I_{Y1} (cm⁴)	X_0 (cm)	I_u (cm⁴)	i_u (cm)	W_u (cm³)	$\tan\alpha$
5.6/3.6	56	36	3	6	2.743	2.153	0.181	8.88	1.80	2.32	2.92	1.03	1.05	17.54	1.78	4.70	0.80	1.73	0.79	0.87	0.408
			4		3.590	2.818	0.180	11.45	1.79	3.03	3.76	1.02	1.37	23.39	1.82	6.33	0.85	2.23	0.79	1.13	0.408
			5		4.415	3.466	0.180	13.86	1.77	3.71	4.49	1.01	1.65	29.25	1.87	7.94	0.88	2.67	0.78	1.36	0.404
6.3/4	63	40	4	7	4.058	3.185	0.202	16.49	2.02	3.87	5.23	1.14	1.70	33.30	2.04	8.63	0.92	3.12	0.88	1.40	0.398
			5		4.993	3.920	0.202	20.02	2.00	4.74	6.31	1.12	2.71	41.63	2.08	10.86	0.95	3.76	0.87	1.71	0.396
			6		5.908	4.638	0.201	22.36	1.96	5.59	7.29	1.11	2.43	49.98	2.12	13.12	0.99	4.34	0.86	1.99	0.393
			7		6.802	5.339	0.201	26.53	1.98	6.40	8.24	1.10	2.78	58.07	2.15	15.47	1.03	4.97	0.86	2.29	0.389
7/4.5	70	45	4	7.5	4.547	3.570	0.226	23.17	2.26	4.86	7.55	1.29	2.17	45.92	2.24	12.26	1.02	4.40	0.98	1.77	0.410
			5		5.609	4.403	0.225	27.95	2.23	5.92	9.13	1.28	2.65	57.10	2.28	15.39	1.06	5.40	0.98	2.19	0.407
			6		6.647	5.218	0.225	32.54	2.21	6.95	10.62	1.26	3.12	68.35	2.32	18.58	1.09	6.35	0.98	2.59	0.404
			7		7.657	6.011	0.225	37.22	2.20	8.03	12.01	1.25	3.57	79.99	2.36	21.84	1.13	7.16	0.97	2.94	0.402
(7.5/5)	75	50	5	8	6.125	4.808	0.245	34.86	2.39	6.83	12.61	1.44	3.30	70.00	2.40	21.04	1.17	7.41	1.10	2.74	0.435
			6		7.260	5.699	0.245	41.12	2.38	8.12	14.70	1.42	3.88	84.30	2.44	25.37	1.21	8.54	1.08	3.19	0.435
			8		9.467	7.431	0.244	52.39	2.35	10.52	18.53	1.40	4.99	112.50	2.52	34.23	1.29	10.87	1.07	4.10	0.429
			10		11.590	9.098	0.244	62.71	2.33	12.79	21.96	1.38	6.04	140.80	2.60	43.43	1.36	13.10	1.06	4.99	0.423
8/5	80	50	5	8	6.375	5.005	0.255	41.96	2.56	7.78	12.82	1.42	3.32	85.21	2.60	21.06	1.14	7.66	1.10	2.74	0.388
			6		7.560	5.935	0.255	49.49	2.56	9.25	14.95	1.41	3.91	102.53	2.65	25.41	1.18	8.85	1.08	3.20	0.387
			7		8.724	6.848	0.255	56.16	2.54	10.58	16.96	1.39	4.48	119.33	2.69	29.82	1.21	10.18	1.08	3.70	0.384
			8		9.867	7.745	0.254	62.83	2.52	11.92	18.85	1.38	5.03	136.41	2.73	34.32	1.25	11.38	1.07	4.16	0.381

续表

型号	尺寸(mm) B	b	d	r	截面面积 (cm²)	理论重量 (kg/m)	外表面积 (m²/m)	I_x (cm⁴)	i_x (cm)	W_x (cm³)	I_y (cm⁴)	i_y (cm)	W_y (cm³)	I_{x1} (cm⁴)	Y_0 (cm)	I_{Y1} (cm⁴)	X_0 (cm)	I_u (cm⁴)	i_u (cm)	W_u (cm³)	$\tan\alpha$
								X—X			Y—Y			X₁—X₁		Y₁—Y₁		u—u			
9/5.6	90	56	5	9	7.212	5.661	0.287	60.45	2.90	9.92	18.32	1.59	4.21	121.32	2.91	29.53	1.25	10.98	1.23	3.49	0.385
			6		8.557	6.717	0.286	71.03	2.88	11.74	21.42	1.58	4.96	145.59	2.95	35.58	1.29	12.90	1.23	4.13	0.384
			7		9.880	7.756	0.286	81.01	2.86	13.49	24.36	1.57	5.70	169.60	3.00	41.71	1.33	14.67	1.22	4.72	0.382
			8		11.183	8.779	0.286	91.03	2.85	15.27	27.15	1.56	6.41	194.17	3.04	47.03	1.36	16.34	1.21	5.29	0.380
10/6.3	100	63	6	10	9.617	7.550	0.320	99.06	3.21	14.64	30.94	1.79	6.35	199.71	3.24	50.50	1.43	18.42	1.38	5.25	0.394
			7		11.111	8.722	0.320	113.45	3.20	16.88	35.26	1.78	7.29	233.00	3.28	59.14	1.47	21.00	1.38	6.02	0.394
			8		12.584	9.878	0.319	127.37	3.18	19.08	39.39	1.77	8.21	266.32	3.32	67.88	1.50	23.50	1.37	6.78	0.391
			10		15.467	12.142	0.319	153.81	3.15	23.32	47.12	1.74	9.98	333.06	3.40	85.73	1.58	28.33	1.35	8.24	0.387
10/8	100	80	6	10	10.637	8.350	0.354	107.04	3.17	15.19	61.24	2.40	10.16	199.83	2.95	102.68	1.97	31.65	1.72	9.60	0.627
			7		12.301	9.656	0.354	122.73	3.16	17.52	70.08	2.39	11.71	233.20	3.00	119.98	2.01	36.17	1.72	10.80	0.626
			8		13.944	10.946	0.353	137.92	3.14	19.81	78.58	2.37	13.21	266.61	3.04	137.37	2.05	40.58	1.71	13.12	0.625
			10		17.167	13.476	0.353	166.87	3.12	24.24	94.65	2.35	16.12	333.63	3.12	172.48	2.13	49.10	1.69	13.12	0.622
11/7	110	70	6	10	10.637	8.350	0.354	133.37	3.54	17.85	42.92	2.01	7.90	265.78	3.53	69.08	1.57	25.36	1.54	6.53	0.403
			7		12.301	9.656	0.354	153.00	3.53	20.60	49.01	2.00	9.09	310.07	3.57	80.82	1.61	28.95	1.53	7.50	0.402
			8		13.944	10.946	0.353	172.04	3.51	23.30	54.87	1.98	10.25	354.39	3.62	92.70	1.65	32.45	1.53	8.45	0.401
			10		17.167	13.476	0.353	208.39	3.48	28.54	65.88	1.96	12.48	443.13	3.70	116.83	1.72	39.20	1.51	10.29	0.397
12.5/8	125	80	7	11	14.096	11.066	0.403	227.98	4.02	26.86	74.42	2.30	12.01	454.99	4.01	120.32	1.80	43.81	1.76	9.92	0.408
			8		15.989	12.551	0.403	256.77	4.01	30.41	83.49	2.28	13.56	519.99	4.06	137.85	1.84	49.15	1.75	11.18	0.407
			10		19.712	15.474	0.402	312.04	3.98	37.33	100.67	2.26	16.56	650.09	4.14	173.40	1.92	59.45	1.74	13.64	0.404
			12		23.351	18.330	0.402	364.41	3.95	44.01	116.67	2.24	19.43	780.39	4.22	209.67	2.00	69.35	1.72	16.01	0.400

续表

型号	尺寸(mm) B	b	d	r	截面面积(cm²)	理论重量(kg/m)	外表面积(m²/m)	X－X I_x(cm⁴)	i_x(cm)	W_x(cm³)	Y－Y I_y(cm⁴)	i_y(cm)	W_y(cm³)	$X_1－X_1$ I_{x1}(cm⁴)	Y_0(cm)	$Y_1－Y_1$ I_{Y1}(cm⁴)	X_0(cm)	$u－u$ I_u(cm⁴)	i_u(cm)	W_u(cm³)	$\tan\alpha$
14/9	140	90	8	12	18.038	14.160	0.453	365.64	4.50	38.48	120.59	2.59	17.34	730.53	4.50	195.79	2.04	70.83	1.98	14.31	0.411
			10		22.261	17.475	0.452	445.50	4.47	47.31	140.03	2.56	21.22	913.20	4.58	245.92	2.12	85.82	1.96	17.48	0.409
			12		26.400	20.724	0.451	521.59	4.44	55.87	169.79	2.54	24.95	1096.09	4.66	296.89	2.19	100.21	1.95	20.54	0.406
			14		30.456	23.908	0.451	594.10	4.42	64.18	192.10	2.51	28.54	1279.26	4.74	348.82	2.27	114.13	1.94	23.52	0.403
16/10	160	100	10	13	25.315	19.872	0.512	668.69	5.14	62.13	205.03	2.85	26.56	1362.89	5.24	336.59	2.28	121.74	2.19	21.92	0.390
			12		30.054	23.592	0.511	784.91	5.11	73.49	239.06	2.82	31.28	1635.56	5.32	405.94	2.36	142.33	2.17	25.79	0.388
			14		34.709	27.247	0.510	896.30	5.08	84.56	271.20	2.80	35.83	1908.50	5.40	476.42	2.43	162.23	2.16	29.56	0.385
			16		39.281	30.835	0.510	1003.04	5.05	95.33	301.60	2.77	40.24	2181.79	5.48	548.22	2.51	182.57	2.16	33.44	0.382
18/11	180	110	10	14	28.373	22.273	0.571	956.25	5.80	78.96	278.11	3.13	32.49	1940.40	5.89	447.22	2.44	166.50	2.42	26.88	0.376
			12		33.712	26.464	0.571	1124.72	5.78	93.53	325.03	3.10	38.32	2328.38	5.98	538.94	2.52	194.87	2.40	31.66	0.374
			14		38.967	30.589	0.570	1286.91	5.75	107.76	369.55	3.08	43.97	2716.60	6.06	631.95	2.59	222.30	2.39	36.32	0.372
			16		44.139	34.649	0.569	1443.06	5.72	121.64	411.85	3.06	49.44	3105.15	6.14	726.46	2.67	248.94	2.38	40.87	0.369
20/12.5	200	125	12	14	37.912	29.761	0.641	1570.90	6.44	116.73	483.16	3.57	49.99	3193.85	6.54	787.74	2.83	285.79	2.74	41.23	0.392
			14		43.867	34.436	0.640	1800.97	6.41	134.65	550.83	3.54	57.44	3726.17	6.62	922.47	2.91	326.58	2.73	47.34	0.39
			16		49.739	39.045	0.639	2023.35	6.38	152.18	615.44	3.52	64.69	4258.86	6.70	1058.86	2.99	366.21	2.71	53.32	0.388
			18		55.526	43.588	0.639	2238.30	6.35	169.33	677.19	3.49	71.74	4792.00	6.78	1197.13	3.06	404.83	2.70	59.18	0.385

注：1. 括号内型号不推荐使用。

C.1.3 热轧普通槽钢

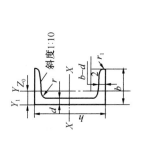

图 C.1.3 热轧普通槽钢

h—高度；b—腿宽度；d—腰厚度；t—平均腿厚度；r—内圆弧半径；r_1—腿端圆弧半径；I—惯性矩；W—截面系数；i—惯性半径；Z_0—YY轴与Y_1Y_1轴间距

热轧普通槽钢规格及截面特性

表 C.1.3-1

型号	尺寸(mm)						截面面积 (cm²)	理论重量 (kg/m)	参考数值							
									X—X			Y—Y			Y_1-Y_1	Z_0 (cm)
	h	b	d	t	r	r_1			W_x (cm³)	I_x (cm⁴)	i_x (cm)	W_Y (cm³)	I_Y (cm⁴)	i_Y (cm)	I_{Y1} (cm⁴)	
5	50	37	4.5	7	7	3.5	6.928	5.438	10.4	26	1.94	3.55	8.3	1.1	20.9	1.35
6.3	63	40	4.8	7.5	7.5	3.8	8.451	6.634	16.1	50.8	2.45	4.5	11.9	1.19	28.4	1.36
8	80	43	5	8	8	4	10.248	8.045	25.3	101	3.15	5.79	16.6	1.27	37.4	1.43
10	100	48	5.3	8.5	8.5	4.2	12.748	10.007	39.7	198	3.95	7.8	25.6	1.41	54.9	1.52
12.6	126	53	5.5	9	9	4.5	15.692	12.318	62.1	391	4.95	10.2	38	1.57	77.1	1.59
14a	140	58	6	9.5	9.5	4.8	18.516	14.535	80.5	564	5.52	13	53.2	1.57	107	1.71
14b	140	60	8	9.5	9.5	4.8	21.316	16.733	87.1	609	5.35	14.1	61.1	1.7	121	1.67
16a	160	63	6.5	10	10	5	21.962	17.24	108	866	6.28	16.3	73.3	1.83	144	1.80
16	160	65	8.5	10	10	5	25.162	19.752	117	935	6.1	17.6	83.4	1.82	161	1.75

续表

型号	尺寸(mm)						截面面积 (cm²)	理论重量 (kg/m)	参考数值							
	h	b	d	t	r	r_i			X—X			Y—Y			Y_1—Y_1	Z_0 (cm)
									W_x (cm³)	I_x (cm⁴)	i_x (cm)	W_Y (cm³)	I_Y (cm⁴)	i_Y (cm)	I_{Y1} (cm⁴)	
18a	180	68	7	10.5	10.5	5.2	25.699	20.174	141	1270	7.04	20	98.6	1.96	190	1.88
18	180	70	9	10.5	10.5	5.2	29.299	23	152	1370	6.84	21.5	111	1.95	210	1.84
20a	200	73	7	11	11	5.5	28.837	22.637	128	1780	7.86	24.2	128	2.11	244	2.01
20	200	75	9	11	11	5.5	32.837	25.777	191	1910	7.64	25.9	144	2.09	268	1.95
22a	220	77	7	11.5	11.5	5.8	31.846	24.999	218	2390	8.67	28.2	158	2.23	298	2.10
22	220	79	9	11.5	11.5	5.8	36.246	28.453	234	2570	8.42	30.1	176	2.21	326	2.03
25a	250	78	7	12	12	6	34.917	27.41	270	3370	9.82	30.6	176	2.24	322	2.07
25b	250	80	9	12	12	6	39.917	31.335	282	3530	9.41	32.7	196	2.22	353	1.98
25c	250	82	11	12	12	6	44.917	35.26	295	3690	9.07	35.9	218	2.21	384	1.92
28a	280	82	7.5	12.5	12.5	6.2	40.034	31.427	340	4760	10.9	35.7	218	2.33	388	2.10
28b	280	84	9.5	12.5	12.5	6.2	45.634	35.823	366	5130	10.6	37.9	242	2.3	428	2.02
28c	280	86	11.5	12.5	12.5	6.2	51.234	40.219	393	5500	10.4	40.3	268	2.29	463	1.95
32a	320	88	8	14	14	7	48.513	38.083	475	7600	12.5	46.5	305	2.5	552	2.24
32b	320	90	10	14	14	7	54.913	43.107	509	8140	12.2	49.2	336	2.47	593	2.16
32c	320	92	12	14	14	7	61.313	48.131	543	8690	11.9	52.6	374	2.47	643	2.09
36a	360	96	9	16	16	8	60.91	47.814	660	11900	14	63.5	455	2.73	818	2.44
36b	360	98	11	16	16	8	68.11	53.466	703	12700	13.6	66.9	497	2.7	880	2.37
36c	360	100	13	16	16	8	75.31	59.118	746	13400	13.4	70	536	2.67	948	2.34
40a	400	100	10.5	18	18	9	75.068	58.928	879	17600	15.3	78.8	592	2.81	1070	2.49
40b	400	102	12.5	18	18	9	83.068	65.208	932	18600	15	82.5	640	2.78	1140	2.44
40c	400	104	14.5	18	18	9	91.068	71.488	986	19700	14.7	86.2	688	2.75	1220	2.42

表 C.1.3-2

热轧槽钢规格及截面特性

型号	尺寸 (mm)						截面面积 (cm²)	理论重量 (kg/m)	参 考 数 值							
									X-X			Y-Y			Y_1-Y_1	Z_0 (cm)
	h	b	d	t	r	r_i			W_x (cm³)	I_x (cm⁴)	i_x (cm)	W_Y (cm³)	I_Y (cm⁴)	i_Y (cm)	I_{Y1} (cm⁴)	
6.5	65	40	4.3	7.5	7.5	3.8	8.547	6.709	17	55.2	2.54	4.59	12	1.19	28.3	1.38
12	120	53	5.5	9	9	4.5	15.362	12.059	57.7	346	4.75	10.2	37.4	1.56	77.7	1.62
24a	240	78	7	12	12	6	34.217	26.86	254	3050	9.45	30.5	174	2.25	325	2.1
24b	240	80	9	12	12	6	39.017	30.628	274	3280	9.17	32.5	194	2.23	355	2.03
24c	240	82	11	12	12	6	43.817	34.396	293	3510	8.96	34.4	213	2.21	388	2
27a	270	82	7.5	12.5	12.5	6.2	39.284	30.838	323	4360	10.5	35.5	216	2.34	393	2.13
27b	270	84	9.5	12.5	12.5	6.2	44.684	35.077	347	4690	10.3	37.7	239	2.31	428	2.06
27c	270	86	11.5	12.5	12.5	6.2	50.084	39.316	372	5020	10.1	39.8	261	2.28	467	2.03
30a	300	85	7.5	13.5	13.5	6.8	43.902	34.463	403	6050	11.7	41.1	260	2.43	467	2.17
30b	300	87	9.5	13.5	13.5	6.8	49.902	39.173	433	6500	11.4	44	289	2.41	515	2.13
30c	300	89	11.5	13.5	13.5	6.8	55.902	43.883	463	6950	11.2	46.4	316	2.38	560	2.09

C.1.4　热轧轻型槽钢

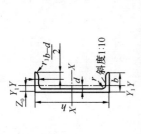

图 C.1.4　热轧轻型槽钢

h—高度；d—腿宽；t—平均腿厚；r—内圆弧半径；Z_0—重心距离；
r_1—腿端圆弧半径；I—惯性矩；W—截面系数；i—惯性半径；S—半截面的静力矩

表 C.1.4

热轧轻型槽钢规格及截面特性

型号	尺寸 (mm)						截面面积 (cm²)	表面面积 (m²/m)	理论重量 (kg/m)	参考数值								
	h	b	d	t	r	r_1				X—X				Y—Y			Y_1—Y_1	Z_0 (cm)
										I_X (cm⁴)	W_X (cm³)	i_X (cm)	S_X (cm³)	I_Y (cm⁴)	W_Y (cm³)	i_Y (cm)	I_Y (cm⁴)	
10	100	45	4.0	6.7	6.7	2.5	9.63	0.359	7.56	155	31.0	4.01	18.14	17.65	5.66	1.35	36.00	1.38
12	120	55	4.2	7.2	7.2	2.5	12.52	0.437	9.83	297	49.4	4.87	28.55	34.26	8.95	1.65	69.18	1.67
14	140	60	4.4	7.5	75.	2.5	14.68	0.496	11.52	472	67.4	5.67	38.88	47.41	11.18	1.80	92.88	1.76
16	160	65	4.6	7.8	7.8	3.0	16.97	0.554	13.32	710	88.7	6.47	51.13	63.51	13.66	1.94	121.59	1.85
18	180	70	4.8	8.2	8.2	3.0	19.54	0.612	15.34	1030	114.4	7.26	66.08	83.97	10.66	2.07	159.03	1.96
20	200	75	5.0	9.0	9.0	3.0	22.86	0.671	17.94	1500	149.9	8.10	86.17	113.90	21.13	2.23	215.67	2.11
22	220	80	5.4	9.7	9.7	3.5	26.64	0.728	20.91	2102	191.1	8.88	110.02	149.85	25.97	2.37	282.33	2.23
25	250	85	5.8	10.5	10.5	3.5	31.48	0.806	24.71	3176	254.1	10.05	146.65	198.97	32.20	2.51	368.40	2.32
28	280	90	6.0	10.8	10.8	3.5	35.32	0.885	27.73	4434	316.7	11.21	183.03	247.63	37.41	2.65	447.70	2.38
32	320	95	6.2	11.2	11.2	4.0	40.12	0.983	31.49	6504	406.5	12.73	235.49	306.45	43.34	2.76	543.35	2.43
36	360	105	6.5	11.7	11.7	4.0	46.88	1.101	36.80	9614	534.1	14.32	309.20	439.72	55.87	3.06	763.8	2.63
40	400	115	7.0	12.6	12.6	4.0	55.72	1.218	43.74	14036	704.3	15.90	407.80	617.46	71.38	3.29	1070.05	2.85

C.1.5　热轧工字钢

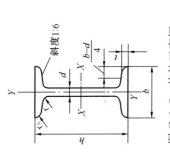

图 C.1.5　热轧工字钢

h—高度；b—腿宽度；d—腰厚度；t—平均腿厚度；r—内圆弧半径；
r_1—腿端圆弧半径；I—惯性矩；W—截面系数；i—惯性半径；S—半截面的静力矩

热轧工字钢规格及截面特性

表 C.1.5

型号	尺寸(mm)						截面面积 (cm²)	理论重量 (kg/m)	参　考　数　值							
									X—X					Y—Y		
	h	b	d	t	r	r_i			I_X (cm⁴)	W_X (cm³)	i_X (cm)	$I_X:S_X$	I_Y (cm⁴)	W_Y (cm³)	i_Y (cm)
10	100	68	4.5	7.6	6.5	3.3	14.345	11.261	245	19	4.14	8.59	33	9.72	1.52
12.6	126	74	5.0	8.4	7.0	3.5	18.118	14.223	188	77.5	5.2	10.8	46.9	12.7	1.61
14	140	80	5.5	9.1	7.5	3.8	21.516	16.89	712	102	5.76	12	64.4	16.1	1.73
16	160	88	6.0	9.9	8.0	4	26.131	20.513	1130	141	6.58	13.8	93.1	21.2	1.89
18	180	94	6.5	10.7	8.5	4.3	30.756	24.113	1660	185	7.36	15.4	122	26	2.00
20a	200	100	7.0	11.4	9.0	4.5	35.578	27.929	2370	237	8.15	17.2	158	31.5	2.12

续表

型号	尺寸(mm)						截面面积 (cm²)	理论重量 (kg/m)	参考数值						
									X—X				Y—Y		
	h	b	d	t	r	r_i			I_X (cm⁴)	W_X (cm³)	i_X (cm)	$I_X:S_X$	I_Y (cm⁴)	W_Y (cm³)	i_Y (cm)
20b	200	102	9.0	11.4	9.0	4.5	39.578	31.069	2500	250	7.96	16.9	169	33.1	2.06
22a	220	110	7.5	12.3	9.5	4.8	42.128	33.07	3400	309	8.99	18.9	225	40.9	2.31
22b	220	112	9.5	12.3	9.5	4.8	46.528	36.524	3570	325	8.78	18.7	239	42.7	2.27
25a	250	116	8.0	13	10	5.0	48.541	38.105	5020	402	10.2	21.6	280	48.3	2.4
25b	280	118	10	13	10	5.0	53.541	42.03	5280	423	9.94	21.3	309	52.4	2.4
28a	280	122	8.5	13.7	10.5	5.3	55.404	43.492	7110	508	11.3	24.6	345	56.6	2.5
28b	280	121	10.5	13.7	10.5	5.3	61.004	47.888	7480	534	11.1	24.2	379	61.2	2.49
32a	320	130	9.5	15	11.5	5.8	67.156	52.717	11100	692	12.8	27.5	460	70.8	2.62
32b	320	132	11.5	15	11.5	5.8	73.556	57.751	11600	726	12.6	27.1	502	76	2.61
32c	320	134	13.5	15	11.5	5.8	79.956	62.765	12200	760	12.3	26.8	544	81.2	2.61
36a	360	136	10	15.8	12	6	76.48	60.037	15800	875	14.4	30.7	552	81.2	2.69
36b	360	138	12	15.8	12	6.0	83.66	65.689	16500	919	14.4	30.3	582	84.3	2.64
36c	360	140	14	15.8	12	6.0	90.88	71.341	17300	962	13.8	29.9	612	87.4	2.6
40a	400	142	10.5	16.5	12.5	6.3	86.112	67.598	21700	1090	15.9	34.1	660	93.2	2.77

续表

型号	尺寸(mm)						截面面积 (cm²)	理论重量 (kg/m)	参考数值						
									X—X				Y—Y		
	h	b	d	t	r	r_i			I_X (cm⁴)	W_X (cm³)	i_X (cm)	$I_X : S_X$	I_Y (cm⁴)	W_Y (cm³)	i_Y (cm)
40b	400	144	12.5	16.4	12.5	6.3	94.112	73.878	22800	1140	15.6	33.5	692	96.2	2.71
40c	400	146	14.5	16.5	12.5	6.3	102.112	80.158	23900	1190	15.2	33.2	727	99.6	2.65
45a	450	150	11.5	18	13.5	6.8	102.446	80.42	32200	1430	17.7	38.6	855	114	2.89
45b	450	152	13.5	18.0	13.5	6.8	111.446	87.485	33800	1500	17.4	38	894	118	2.84
45c	450	154	15.5	18.0	13.5	6.8	120.446	94.55	35300	1570	17.1	37.6	938	122	2.79
50a	500	158	12	20	14	7.0	119.301	93.654	46500	1860	19.7	42.8	1120	142	3.07
50b	500	160	14	20	14	7.0	129.304	101.504	48600	1940	19.4	42.4	1170	146	3.01
50c	500	162	16	20	14	7.0	139.304	109.354	50600	2080	19	41.8	1220	151	2.96
56a	560	166	12.5	21	14.5	7.3	135.435	106.316	65600	23400	22	47.7	1370	165	3.18
56b	560	168	14.5	21	14.5	7.3	146.635	115.108	68500	2450	21.5	47.2	1490	174	3.16
56c	560	170	16.5	21.0	14.5	7.3	157.835	123.9	71400	2550	21.3	46.7	1560	183	3.16
63a	630	176	13	22	15.0	7.5	154.658	121.107	93900	2980	24.5	54.2	1700	193	3.31
63b	630	178	15.0	22	15	7.5	167.258	131.298	98100	3160	24.2	53.5	1810	204	3.29
63c	630	180	17	22	15	7.5	179.858	141.189	102000	3300	23.8	52.9	1920	214	327

C.1.6 热轧轻型工字钢

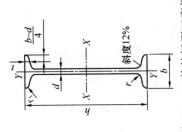

斜度12%

图 C.1.6 热轧轻型工字钢

h—高度;b—腿宽;d—腰厚;t—平均腿厚;r—内圆弧半径;r₁—腿端圆弧半径;I—惯性矩;W—截面系数;i—惯性半径;S—半截面的静力矩

常用热轧轻型工字钢规格及截面特性

表 C.1.6

| 型号 | 尺寸(mm) | | | | | | 截面面积 (cm²) | 表面面积 (m²/m) | 理论重量 (kg/m) | 参考数值 | | | | | | |
| | h | b | d | t | r | r₁ | | | | X—X | | | | Y—Y | | |
										I_X (cm⁴)	W_X (cm³)	i_X (cm)	S_X (cm³)	I_Y (cm⁴)	W_Y (cm³)	i_Y (cm)
10	100	55	4.2	6.8	6.8	2.5	11.4	0.388	8.95	189	37.8	4.08	21.8	16.7	6.08	1.21
12	120	56	4.4	7.1	7.1	2.5	14.2	0.465	11.15	344	57.4	4.93	32.9	28.3	8.72	1.42
14	140	75	4.6	7.4	7.4	2.5	17.2	0.542	13.50	573	81.9	5.78	46.7	44.7	11.92	1.62
16	160	80	4.8	7.7	7.7	3.0	19.6	0.600	15.39	852	106.5	6.60	60.5	56.0	14.00	1.69
18	180	85	5.0	8.0	8.0	3.0	22.2	0.658	17.43	1209	134.3	7.39	76.6	69.9	16.37	1.77
20	200	90	5.2	8.8	8.8	3.0	25.8	0.715	20.25	1741	174.1	8.22	99.2	91.6	20.35	1.88
22	220	100	5.5	9.4	9.4	3.5	30.4	0.791	23.86	2498	227.1	9.07	129.0	133	26.85	2.09
25	250	110	6.0	10.2	10.2	3.5	36.8	0.887	28.89	3896	311.6	10.29	177.1	192	34.89	2.28
28	280	120	6.5	11.0	11.0	3.5	43.9	0.983	34.46	5803	414.5	11.50	235.7	269	44.77	2.48
32	320	130	7.0	12.0	12.0	4.0	52.7	1.098	41.37	9064	566.5	13.11	322.5	373	57.33	2.66
36	360	140	7.5	12.8	12.8	4.0	61.9	1.213	48.59	13364	742.4	14.70	423.2	496	70.90	2.83
40	400	150	8.0	13.6	13.6	5.0	71.7	1.328	56.28	18985	949.2	16.28	541.9	645	86.04	3.00
45	450	160	8.5	14.5	14.5	5.0	83.4	1.464	65.47	27737	1032.8	18.24	705.1	836	104.53	3.17
50	500	170	9.0	15.3	15.3	6.0	95.5	1.598	74.97	38908	1556.3	20.18	892.0	1054	123.95	3.32
56	560	180	10.0	17.0	17.0	6.0	115.4	1.752	90.59	58222	2079.4	22.46	1196.0	1407	156.29	3.49
63	630	190	11.0	18.7	18.7	6.0	138.3	1.926	108.56	87038	2763.1	25.09	1597.0	1838	193.46	3.65

注: 热轧轻型工字钢的通常长度为: 10~18号为5~19m; 20~63号为6~19m。

C.1.7　热轧 H 型钢

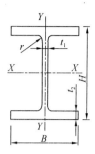

图 C.1.7　热轧 H 型钢

H—高度；*B*—翼缘宽度；t_1—腹板厚度；t_2—翼缘厚度；*r*—内圆弧半径；*i*—截面回转半径；*I*—截面惯性矩；

W—截面抵抗矩；HW—宽翼缘 H 型钢；HM—中翼缘 H 型钢；HN—窄翼缘 H 型钢；HT—薄壁 H 型钢

常用热轧 H 型钢规格及截面特性　　　　　**表 C.1.7**

类别	型号 （高度×宽度） mm×mm	截面尺寸（mm）					截面 面积 （cm²）	理论 重量 （kg/m）	惯性矩 （cm⁴）		惯性半径 （cm）		截面模数 （cm³）	
		H	B	t_1	t_2	r			I_X	I_Y	i_X	i_Y	W_X	W_Y
HW	100×100	100	100	6	8	8	21.58	16.9	378	134	4.18	2.48	75.6	26.7
	125×125	125	125	6.5	9	8	30.00	23.6	839	293	5.28	3.12	134	46.9
	150×150	150	150	7	10	8	39.64	31.1	1620	563	6.39	3.76	216	75.1
	175×175	175	175	7.5	11	13	51.42	40.4	2900	984	7.50	4.37	331	112
	200×200	200	200	8	12	13	63.53	49.9	4720	1600	8.61	5.02	472	160
	250×250	250	250	9	14	13	91.43	71.8	10700	3650	10.8	6.31	860	292
	300×300	300	300	10	15	13	118.5	93.0	20200	6750	13.1	7.55	1350	450
	350×350	350	350	12	19	13	171.9	135	39800	13600	15.2	8.88	2280	776
	400×400	400	400	13	21	22	218.7	172	66600	22400	17.5	10.1	3330	1120
HM	150×100	148	100	6	9	8	26.34	20.7	1000	150	6.16	2.38	135	30.1
	200×150	194	150	6	9	8	38.10	29.9	2630	507	8.30	3.64	271	67.6
	250×175	244	175	7	11	13	55.49	43.6	6040	984	10.4	4.21	495	112
	300×200	294	200	8	12	13	71.05	55.8	11100	1600	12.5	4.74	756	160
	350×250	340	250	9	14	13	99.53	78.1	21200	3650	14.6	6.05	1250	292
	400×300	390	300	10	16	13	133.3	105	37900	7200	16.9	7.35	1940	480
	450×300	440	300	11	18	13	153.9	121	54700	8110	18.9	7.25	2490	540
	600×300	588	300	12	20	13	187.2	147	114000	9010	24.7	6.93	3890	601
HN	150×75	150	75	5	7	8	17.84	14.0	666	49.5	6.10	1.66	88.8	13.2
	175×90	175	90	5	8	8	22.89	18.0	1210	97.5	7.25	2.06	138	21.7
	200×100	200	100	5.5	8	8	26.66	20.9	1810	134	8.22	2.23	181	26.7
	250×125	250	125	6	9	8	36.96	29.0	3960	294	10.4	2.81	317	47.0
	300×150	300	150	6.5	9	8	46.78	36.7	7210	508	12.4	3.29	481	67.7
	350×175	350	175	7	11	13	62.91	49.4	13500	984	14.6	3.95	771	112
	400×150	400	150	8	13	13	70.37	55.2	18600	734	16.3	3.22	929	97.8

类别	型号 （高度×宽度） mm×mm	截面尺寸（mm）					截面 面积 （cm²）	理论 重量 （kg/m）	惯性矩 （cm⁴）		惯性半径 （cm）		截面模数 （cm³）	
		H	B	t_1	t_2	r			I_X	I_Y	i_X	i_Y	W_X	W_Y
HN	400×200	400	200	8	13	13	83.37	65.4	23500	1740	16.8	4.56	1170	174
	450×200	446	199	8	12	13	82.97	65.1	28100	1580	18.4	4.36	1260	159
		450	200	9	14	13	95.43	74.9	32900	1870	18.6	4.42	1460	187
	475×150	482	153.5	10.5	19	13	106.4	83.5	39600	1150	19.3	3.28	1640	150
	500×150	504	153	10	18	13	103.3	81.1	41900	1080	20.1	3.23	1660	141
	500×200	500	200	10	16	13	112.3	88.1	46800	2140	20.4	4.36	1870	214
	550×200	550	200	10	16	13	117.3	92.0	58200	2140	22.3	4.27	2120	214
	600×200	600	200	11	17	13	131.7	103	75600	2270	24.0	4.15	2520	227
	625×200	630	200	13	20	13	158.2	124	97900	2680	24.9	4.11	3110	268
	700×300	700	300	13	24	18	231.5	182	197000	10800	29.2	6.83	5640	721
	800×300	800	300	14	26	18	263.5	207	286000	11700	33.0	6.66	7160	781
	900×300	900	300	16	28	18	305.8	240	404000	12600	36.4	6.42	8990	842
HT	100×50	95	48	3.2	4.5	8	7.620	5.98	115	8.39	3.88	1.04	24.2	3.49
		97	49	4	5.5	8	9.370	7.36	143	10.9	3.91	1.07	29.6	4.45
	100×100	96	99	4.5	6	8	16.20	12.7	272	97.2	4.09	2.44	56.7	19.6
	125×60	118	58	3.2	4.5	8	9.250	7.26	218	14.7	4.85	1.26	37.0	5.08
		120	59	4	5.5	8	11.39	8.94	271	19.0	4.87	1.29	45.2	6.43
	125×125	119	123	4.5	6	8	20.12	15.8	532	186	5.14	3.04	89.5	30.3
	150×75	145	73	3.2	4.5	8	11.47	9.00	416	29.3	6.01	1.59	57.3	8.02
		147	74	4	5.5	8	14.12	11.1	516	37.3	6.04	1.62	70.2	10.1
	150×100	139	97	3.2	4.5	8	13.43	10.6	476	68.6	5.94	2.25	68.4	14.1
		142	99	4.5	6	8	18.27	14.3	654	97.2	5.98	2.30	92.1	19.6
	150×150	144	148	5	7	8	27.76	21.8	1090	378	6.25	3.69	151	51.1
		147	149	6	8.5	8	33.67	26.4	1350	469	6.32	3.73	183	63.0
	175×90	168	88	3.2	4.5	8	13.55	10.6	670	51.2	7.02	1.94	79.7	11.6
		171	89	4	6	8	17.58	13.8	894	70.7	7.13	2.00	105	15.9
	175×175	167	173	5	7	13	33.32	26.2	1780	605	7.30	4.26	213	69.9
		172	175	6.5	9.5	13	44.64	35.0	2470	850	7.43	4.36	287	97.1
HT	200×100	193	98	3.2	4.5	8	15.25	12.0	994	70.7	8.07	2.15	103	14.4
		196	99	4	6	8	19.78	15.5	1320	97.2	8.18	2.21	135	19.6
	200×150	188	149	4.5	6	8	26.34	20.7	1730	331	8.09	3.54	184	44.4
	200×200	192	198	6	8	13	43.69	34.3	3060	1040	8.37	4.86	319	105
	250×125	244	124	4.5	6	8	25.86	20.3	2650	191	10.1	2.71	217	30.8
	250×175	238	173	4.5	8	13	39.12	30.7	4240	691	10.4	4.20	356	79.9
	300×150	294	148	4.5	6	13	31.90	25.0	4800	325	12.3	3.19	327	43.9
	300×200	286	198	6	8	13	49.33	38.7	7360	1040	12.2	4.58	515	105
	350×175	340	173	4.5	6	13	36.97	29.0	7490	518	14.2	3.74	441	59.9
	400×150	390	148	6	8	13	47.57	37.3	11700	434	15.7	3.01	602	58.6
	400×200	390	198	6	8	13	55.57	43.6	14700	1040	16.2	4.31	752	105

C.2　冷弯型钢

C.2.1　冷弯等边角钢

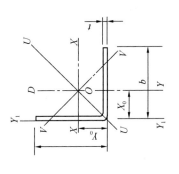

图 C.2.1　冷弯等边角钢

冷弯等边角钢规格及截面特性

表 C.2.1

名称	尺寸(mm)		理论重量 (kg/m)	截面面积 (cm²)	重心 (cm)	惯性矩 (cm⁴)			回转半径 (cm)			截面模数 (cm³)	
$b{\times}b{\times}t$	b	t			Y_0	$I_X=I_Y$	I_u	I_v	$r_X=r_Y$	r_u	r_n	$W_{Ymax}=W_{Xmax}$	$W_{Ymin}=W_{Xmin}$
20×20×1.2	20	1.2	0.354	0.451	0.559	0.179	0.292	0.066	0.63	0.804	0.385	0.321	0.124
20×20×1.6		1.6	0.463	0.589	0.579	0.23	0.377	0.084	0.625	0.8	0.377	0.398	0.162
20×20×2.0		2	0.566	0.721	0.599	0.278	0.457	0.099	0.621	0.796	0.371	0.464	0.198
25×25×1.6	25	1.6	0.588	0.749	0.704	0.464	0.756	0.172	0.786	1.004	0.479	0.659	0.258
25×25×2.0		2	0.723	0.921	0.724	0.563	0.922	0.205	0.782	1	0.472	0.778	0.317
25×25×2.5		2.5	0.885	1.127	0.749	0.679	1.117	0.242	0.776	0.995	0.463	0.907	0.388
25×25×3.0		3	1.039	1.323	0.774	0.786	1.298	0.275	0.77	0.99	0.456	1.016	0.455

续表

名称	尺寸(mm)		理论重量 (kg/m)	截面面积 (cm²)	重心 (cm)	惯性矩 (cm⁴)			回转半径 (cm)			截面模数 (cm³)	
$b \times b \times t$	b	t			Y_0	$I_X = I_Y$	I_u	I_v	$r_X = r_Y$	r_u	r_n	$W_{Ymax} = W_{Xmax}$	$W_{Ymin} = W_{Xmin}$
30×30×1.6	30	1.6	0.714	0.09	0.829	0.817	1.328	0.307	0.948	1.208	0.581	0.986	0.376
30×30×2.0		2	0.88	1.121	0.849	0.998	1.626	0.369	0.943	1.204	0.573	1.175	0.464
30×30×2.5		2.5	1.081	1.377	0.874	1.21	1.981	0.439	0.937	1.199	0.565	1.385	0.569
30×30×3.0		3	1.274	1.623	0.898	1.409	2.316	0.503	0.931	1.194	0.556	1.568	0.671
40×40×1.6	40	1.6	0.965	1.229	1.079	1.985	3.213	0.758	1.27	1.616	0.785	1.839	0.679
40×40×2.0		2	1.194	1.521	1.099	2.438	3.956	0.919	1.265	1.612	0.777	2.218	0.84
40×40×2.5		2.5	1.473	1.877	1.123	2.979	4.851	1.108	1.259	1.607	0.768	2.651	1.036
40×40×3.0		3	1.745	2.223	1.148	3.496	5.71	1.282	1.253	1.602	0.759	3.043	1.226
40×40×4.0		4	2.266	2.886	1.198	4.455	7.32	1.59	1.242	1.592	0.742	3.717	1.59
50×50×2.0	50	2	1.508	1.921	1.349	4.848	7.845	1.85	1.588	2.02	0.981	3.593	1.327
50×50×2.5		2.5	1.866	2.377	1.373	5.952	9.658	2.245	1.582	2.015	0.971	4.332	1.641
50×50×3.0	50	3	2.216	2.832	1.398	7.015	11.414	2.616	1.576	2.01	0.962	5.015	1.948
50×50×4.0		4	2.894	3.686	1.448	9.022	14.755	3.29	1.564	2	0.944	6.229	2.54

续表

名称	尺寸(mm)		理论重量 (kg/m)	截面面积 (cm²)	重心(cm)	惯性矩 (cm⁴)			回转半径 (cm)			截面模数 (cm³)	
$b \times b \times t$	b	t			Y_0	$I_X = I_Y$	I_u	I_v	$r_X = r_Y$	r_u	r_n	$W_{Ymax} = W_{Xmax}$	$W_{Ymin} = W_{Xmin}$
60×60×2.0	60	2	1.822	2.321	1.59	8.478	13.694	3.262	1.91	2.428	1.185	5.302	1.926
60×60×2.5		2.5	2.258	2.877	1.623	10.44	16.903	3.978	1.904	2.423	1.175	6.429	2.385
60×60×3.0		3	2.687	3.423	1.648	12.342	20.028	4.657	1.898	2.418	1.166	7.486	2.836
60×60×4.0		4	3.522	4.486	1.698	15.97	26.03	5.911	1.886	2.408	1.147	9.403	3.712
70×70×3.0	70	3	3.158	4.023	1.898	19.853	32.152	7.553	2.221	2.826	1.37	10.456	3.891
70×70×4.0		4	4.15	5.286	1.948	25.799	41.944	9.654	2.209	2.816	1.351	13.242	5.107
70×70×5.0		5	5.11	6.51	1.997	31.43	51.289	11.571	2.197	2.806	1.333	15.731	6.283
80×80×3.0	80	3	3.629	4.623	2.148	29.921	48.386	11.456	2.543	3.234	1.574	13.925	5.113
80×80×4.0		4	4.778	6.086	2.198	39.009	63.299	14.719	2.531	3.224	1.555	17.745	6.723
80×80×5.0		5	5.895	7.51	2.247	47.677	77.622	17.731	2.519	3.214	1.536	21.209	8.288
80×80×6.0		6	6.982	8.895	2.297	55.938	91.365	20.512	2.507	3.204	1.518	24.346	9.809
100×100×3.0	100	3	4.571	5.823	2.648	5.231	95.584	22.878	3.189	4.051	1.982	22.386	8.057
100×100×4.0		4	6.034	7.686	2.698	77.571	125.528	29.613	3.176	4.041	1.962	28.749	10.623
100×100×5.0		5	7.465	9.51	2.747	95.237	154.539	35.335	3.164	4.031	1.943	34.659	13.132
100×100×6.0		6	8.866	11.295	2.797	112.247	182.629	41.866	3.152	4.021	1.925	40.125	15.584

C.2.2　冷弯不等边角钢

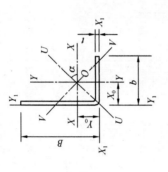

图 C.2.2　冷弯不等边角钢

冷弯不等边角钢规格及截面特性

表 C.2.2

名　称	尺寸(mm)			理论重量	截面面积	重心(cm)		惯性矩(cm⁴)				回转半径(cm)				截面模数(cm³)			
$B×b×t$	B	b	t	kg/m	cm²	Y_0	X_0	I_x	I_y	I_u	I_y	r_x	r_y	r_u	r_D	W_{Xmax}	W_{Xmin}	W_{Ymax}	W_{Ymin}
25×15×2.0	25	15	2	0.566	0.721	0.897	0.37	0.463	0.131	0.524	0.07	0.801	0.426	0.852	0.312	0.516	0.289	0.354	0.116
25×15×2.5			2.5	0.688	0.877	0.926	0.392	0.553	0.156	0.627	0.082	0.794	0.422	0.845	0.306	0.597	0.351	0.398	0.141
25×15×3.0			3	0.803	1.023	0.956	0.414	0.633	0.173	0.718	0.093	0.786	0.417	0.837	0.302	0.662	0.41	0.431	0.164
30×20×2.0	30	20	2	0.723	0.921	1.011	0.49	0.86	0.313	1.014	0.164	0.966	0.587	1.049	0.421	0.85	0.432	0.648	0.21
30×20×2.5			2.5	0.885	1.127	1.04	0.513	1.038	0.382	1.226	0.193	0.959	0.582	1.042	0.414	0.998	0.529	0.744	0.257
30×20×3.0			3	1.039	1.323	1.068	0.536	1.201	0.441	1.421	0.22	0.952	0.577	1.036	0.408	1.123	0.621	0.823	0.301
35×20×2.0	35		2	0.802	1.021	1.23	0.452	1.314	0.332	1.461	0.185	1.134	0.57	1.195	0.426	1.068	0.579	0.734	0.214
35×20×2.5			2.5	0.983	1.252	1.26	0.474	1.59	0.4	1.769	0.22	1.126	0.565	1.188	0.419	1.261	0.71	0.842	0.262
35×20×3.0			3	1.156	1.473	1.29	0.496	1.845	0.462	2.055	0.252	1.118	0.56	1.181	0.413	1.429	0.835	0.931	0.307

续表

名 称 $B \times b \times t$	尺寸(mm) B	b	t	理论重量 kg/m	截面面积 cm²	重心(cm) Y_0	X_0	惯性矩(cm⁴) I_x	I_y	I_u	I_v	回转半径(cm) r_x	r_y	r_u	r_D	截面模数(cm³) W_{Xmax}	W_{Xmin}	W_{Ymax}	W_{Ymin}
40×25×2.5	40	25	2.5	1.179	1.502	1.373	0.593	2.51	0.791	2.878	0.423	1.292	0.725	1.384	0.53	1.827	0.955	1.333	0.415
40×25×3.0	40	25	3	1.392	1.773	1.402	0.615	2.929	0.921	3.364	0.486	1.285	0.72	1.377	0.523	2.089	1.127	1.495	0.488
50×30×2.5	50	30	2.5	1.473	1.877	1.706	0.674	4.962	1.419	5.597	0.783	1.625	0.869	1.726	0.645	2.907	1.506	2.103	0.61
50×30×3.0	50	30	3	1.745	2.223	1.735	0.696	5.822	1.66	6.576	0.907	1.618	0.684	1.719	0.638	3.353	1.783	2.382	0.72
50×30×4.0	50	30	4	2.266	2.886	1.794	0.741	7.419	2.104	8.395	1.128	1.603	0.853	1.705	0.625	4.134	2.314	2.838	0.931
60×40×2.5	60	40	2.5	1.866	2.377	1.939	0.913	9.078	3.376	10.665	1.79	1.954	1.191	2.117	0.867	4.682	2.235	3.694	1.094
60×40×3.0	60	40	3	2.216	2.823	1.967	0.936	10.704	3.972	12.59	2.085	1.946	1.186	2.111	0.859	5.441	2.654	4.241	1.296
60×40×4.0	60	40	4	2.894	3.686	2.023	0.981	13.74	5.091	16.239	2.625	1.932	1.175	2.098	0.843	6.807	3.463	5.184	1.686
70×40×3.0	70	40	3	2.452	3.123	2.402	0.861	16.301	4.142	18.092	2.351	2.284	1.151	2.406	0.867	6.785	3.545	4.81	1.319
70×40×4.0	70	40	4	3.208	4.086	2.461	0.905	21.038	5.317	23.381	2.973	2.268	1.14	2.391	0.853	8.546	4.635	5.872	1.718
80×50×3.0	80	50	3.0	2.932	3.723	2.631	1.096	25.45	8.086	29.092	4.444	2.614	1.473	2.795	1.092	9.67	4.74	7.371	2.971
80×50×4.0	80	50	4.0	3.836	4.886	2.688	1.141	33.025	10.449	37.81	5.664	2.599	1.462	2.781	1.076	12.281	6.218	9.151	2.708
100×60×3.0	100	60	3.0	3.629	4.623	3.297	1.259	49.787	14.347	56.038	8.096	3.281	1.761	3.481	1.323	15.1	7.427	11.389	3.026
100×60×4.0	100	60	4.0	4.778	6.086	3.354	1.304	64.939	18.64	73.177	10.402	3.266	1.749	3.467	1.307	19.356	9.772	14.289	3.969
100×60×5.0	100	60	5.0	5.895	7.51	3.412	1.349	79.395	22.707	89.566	12.536	3.251	1.738	3.453	1.291	23.263	12.053	16.83	4.882
120×80×4.0	120	80	4.0	6.034	7.686	3.822	1.782	118.259	44.089	138.75	23.598	3.922	2.394	4.248	1.752	30.94	14.46	24.737	7.09
120×80×5.0	120	80	5.0	7.465	9.51	3.878	1.827	145.259	54.023	170.642	23.64	3.908	2.383	4.235	1.735	37.456	17.884	29.557	8.752
120×80×6.0	120	80	6.0	8.866	11.295	3.934	1.873	171.269	63.552	201.446	33.375	3.893	2.372	4.223	1.718	43.533	21.234	33.928	10.372

C.2.3　冷弯等边槽钢

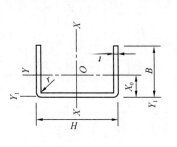

图 C.2.3　冷弯等边槽钢

冷弯等边槽钢规格及截面特性

表 C.2.3

名称	尺寸（mm）			理论重量	截面面积	重心	惯性矩（cm⁴）		回转半径（cm）		截面模数（cm³）		
$H \times B \times t$	H	B	t	（kg/m）	（cm²）	X_0（cm）	I_x	I_y	r_x	r_y	W_x	$W_{Y max}$	$W_{Y min}$
20×10×1.5	20	10	1.5	0.401	0.511	0.324	0.281	0.047	0.741	0.305	0.281	0.146	0.07
20×10×2.0			2	0.505	0.643	0.349	0.33	0.058	0.716	0.3	0.33	0.165	0.089
20×10×2.5			2.5	0.593	0.755	0.374	0.361	0.066	0.691	0.295	0.361	0.176	0.105
30×10×1.5	30		1.5	0.519	0.661	0.268	0.767	0.055	1.076	0.288	0.511	0.205	0.075
30×10×2.0			2	0.662	0.843	0.29	0.925	0.068	1.047	0.284	0.617	0.234	0.096
30×10×2.5			2.5	0.789	1.005	0.312	1.042	0.079	1.018	0.28	0.695	0.252	0.115
30×30×3.0		3	3	1.843	2.347	1.186	3.317	2.114	1.188	0.949	2.211	1.782	1.165
40×20×2.0	40	20	2	1.133	1.443	0.599	3.388	0.556	1.532	0.621	1.694	0.929	0.397
40×20×2.5			2.5	1.378	1.755	0.624	3.987	0.665	1.507	0.615	1.993	1.065	0.483
40×20×3.0			3	1.607	2.047	0.649	4.498	0.762	1.482	0.61	2.249	1.175	0.564

续表

名称	尺寸(mm)			理论重量	截面面积	重心	惯性矩(cm⁴)		回转半径(cm)		截面模数(cm³)		
$H \times B \times t$	H	B	t	(kg/m)	(cm²)	X_0	I_x	I_y	r_x	r_y	W_x	W_{Ymax}	W_{Ymin}
50×30×2.0	50	30.0	2	1.604	2.043	0.922	8.093	1.872	1.99	0.957	3.237	2.029	0.901
50×30×2.5			2.5	1.967	2.505	0.948	9.684	2.266	1.966	0.951	3.873	2.388	1.104
50×30×3.0			3	2.314	2.947	0.975	11.119	2.632	1.942	0.944	4.447	2.699	1.299
50×50×3.0		50	3	3.256	4.147	1.85	17.755	10.834	2.069	1.616	7.102	5.855	3.44
60×30×2.5	60	30	2.5	2.163	2.755	0.874	14.874	2.421	2.323	0.937	4.958	2.77	1.139
60×30×3.0			3	2.549	3.247	0.898	17.155	2.819	2.298	0.931	5.718	3.136	1.342
80×40×2.5	80	40	2.5	2.948	3.755	1.123	37.021	5.959	3.139	1.259	9.255	5.302	2.072
80×40×3.0			3	3.491	4.447	1.148	43.148	6.992	3.114	1.253	10.787	6.086	2.452
80×40×4.0			4	4.532	5.773	1.198	54.22	8.911	3.064	1.242	13.555	7.435	3.181
100×50×3.0	100	50	3	4.433	5.647	1.398	87.275	14.03	3.931	1.576	17.455	10.031	3.896
100×50×4.0			4	5.788	7.373	1.448	111.051	18.045	3.88	1.564	22.21	12.458	5.081
120×60×3.0	120	60	3	5.375	6.847	1.648	154.337	24.685	4.747	1.898	25.722	14.973	5.673
120×60×4.0			4	7.044	8.973	1.698	197.988	31.941	4.697	1.886	32.998	18.807	7.425
140×60×3.0	140	60	3	5.846	7.447	1.527	220.977	25.929	5.447	1.865	31.568	16.97	5.798
140×60×4.0			4	7.672	9.773	1.575	284.429	33.601	5.394	1.854	40.632	21.324	7.594
140×60×5.0			5	9.436	12.021	1.623	343.066	40.823	5.342	1.842	49.009	25.145	9.327
160×60×3.0	160	60	3	6.317	8.047	1.425	302.511	26.987	6.131	1.831	37.913	18.936	5.899
160×60×4.0			4	8.3	10.573	1.471	390.418	35.011	6.076	1.819	48.802	23.791	7.731
160×60×5.0			5	10.221	13.021	1.517	472.183	42.585	6.021	1.808	59.022	28.054	9.501
160×80×3.0		80	3	7.259	9.247	2.148	376.467	59.842	6.38	2.543	47.058	37.851	10.227
160×80×4.0			4	9.556	12.173	2.198	487.783	78.018	6.33	2.531	60.972	35.491	13.447
160×80×5.0			5	11.791	15.021	2.247	592.35	95.354	6.279	2.519	74.043	42.419	16.577
180×80×4.0	180	80	4	10.184	12.973	2.075	641.478	81.026	7.031	2.499	71.275	39.048	13.675
180×80×5.0			5	12.576	16.021	2.123	780.509	99.118	6.979	2.487	86.723	46.683	16.865
200×80×4.0	200	80	4	10.812	13.773	1.966	821.12	83.686	7.721	2.464	82.112	42.564	13.869
200×80×5.0			5	13.361	17.021	2.013	1000.71	102.441	7.667	2.453	100.071	5.886	17.11
200×80×6.0			6	15.849	20.19	2.06	1170.516	120.388	7.614	2.441	117.051	58.436	20.267

C.2.4　冷弯空心型钢

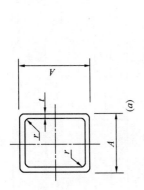

图 C.2.4　冷弯空心型钢

冷弯方形钢管规格及截面特性

表 C.2.4-1

边长 (mm) A	尺寸允许偏差 (mm) 普通精度	尺寸允许偏差 (mm) 较高精度	壁厚 (mm)	理论重量 (kg/m)	截面面积 (cm²)	惯性矩 (cm⁴) $l_x=l_y$	回转半径 (cm) $r_x=r_y$	截面模数 (cm³) $W_x=W_y$	扭转常数 l_t (cm⁴)	扭转常数 W_t (cm³)
25	±0.60	±0.30	1.2	0.867	1.105	1.025	0.963	0.82	1.655	1.352
			1.5	1.061	1.352	1.216	0.948	0.973	1.998	1.643
			1.75	1.215	1.548	1.357	0.936	1.086	2.261	1.871
			2	1.363	1.736	1.482	0.923	1.186	2.502	2.085
30			2.5	2.032	2.589	3.154	1.103	2.102	5.347	3.72
			3	2.361	3.008	3.5	1.078	2.333	6.06	4.269
40	±0.80	±0.40	2.5	2.817	3.589	8.213	1.512	4.106	13.539	6.97
			3	3.303	4.208	9.32	1.488	4.66	15.628	8.109
			4	4.198	5.347	11.064	1.438	5.532	19.152	10.12

续表

边长 (mm)	尺寸允许偏差 (mm)		壁厚 (mm)	理论重量 (kg/m)	截面面积 (cm²)	惯性矩 (cm⁴)	回转半径 (cm)	截面模数 (cm³)	扭转常数	
A	普通精度	较高精度				$l_x = l_y$	$r_x = r_y$	$W_x = W_y$	l_t (cm⁴)	W_t (cm³)
50	±1.00	±0.50	2.5	3.602	4.589	16.941	1.921	6.776	27.436	11.22
			3	4.245	5.408	1.463	1.897	7.785	31.972	13.149
			4	5.454	6.947	23.725	1.847	9.49	40.047	16.68
60	±1.20	±0.60	2.5	4.387	5.589	30.34	2.329	10.113	48.539	16.47
			3	5.187	6.608	35.13	2.305	11.71	56.892	19.389
			4	6.71	8.547	43.539	2.256	14.513	72.188	24.84
			5	8.129	10.356	50.468	2.207	16.822	85.56	2.767
70	±1.20	±0.60	3	6.129	7.808	57.522	2.714	16.434	92.88	26.829
			4	7.966	10.147	72.108	2.665	20.602	117.975	34.6
			5	9.699	12.356	84.602	2.616	24.72	141.183	41.767
80	±1.40	±0.70	3	7.071	9.008	87.838	3.122	21.959	139.66	35.469
			4	9.222	11.747	111.031	3.074	27.757	179.808	45.6
			5	11.269	14.356	131.414	3.025	32.853	216.628	55.767
90	±1.50	±0.75	3	8.013	10.208	127.277	3.531	28.283	201.108	45.309
			4	10.478	13.347	161.907	3.482	35.979	260.088	58.92
			5	12.839	16.356	192.903	3.434	42.867	314.896	71.767
			6	15.097	19.232	220.42	3.385	48.982	365.452	83.837

续表

边长 (mm) A	尺寸允许偏差 (mm) 普通精度	较高精度	壁厚 (mm)	理论重量 (kg/m)	截面面积 (cm²)	惯性矩 (cm⁴) $l_x=l_y$	回转半径 (cm) $r_x=r_y$	截面模数 (cm³) $W_x=W_y$	扭转常数 l_t (cm⁴)	扭转常数 W_t (cm³)
100	±1.60	±0.80	4	11.734	14.947	226.337	3.891	45.267	361.213	73.48
			5	14.409	18.356	271.071	3.842	54.24	438.986	89.767
			6	16.981	21.632	311.415	3.794	62.283	511.558	105.197
120	±1.80	±0.90	4	14.246	18.147	402.26	4.708	67.043	635.603	107.4
			5	17.11549	22.356	485.441	4.659	80.906	776.632	131.767
			6	20.749	26.432	562.094	4.611	93.683	910.281	155.117
			8	26.84	34.191	66.637	4.513	116.106	1155.01	198.726
140	±2.00	±1.00	4	16.758	21.347	651.598	5.524	93.085	1022.176	147.72
			5	20.689	26.356	790.523	5.476	112.931	1253.565	181.767
			6	24.517	31.232	920.359	5.428	131.479	1475.02	214.637
			8	31.864	40.591	1153.735	5.331	164.819	1887.605	276.806
160	±2.40	±1.20	4	19.27	24.547	987.152	6.341	23.394	1540.134	94.44
			5	23.829	30.356	1202.317	6.293	150.289	1893.787	239.767
			6	28.285	36.032	1405.408	6.245	175.676	2234.573	283.757
			8	36.888	46.991	1776.496	6.148	222.062	2876.94	367.686

表C.2.4-2

冷弯矩形钢管规格及截面特性

边长(mm) A	B	尺寸允许偏差(mm) 普通精度	较高精度	壁厚(mm)	理论重量(kg/m)	截面面积(cm²)	惯性矩(cm⁴) I_x	I_y	回转半径(cm) r_x	r_y	截面模数(cm³) W_x	W_y	扭转常数 I_t(cm⁴)	W_t(cm³)
50	25	±1.00	±0.50	1.2	1.338	1.705	5.502	1.875	1.796	1.048	2.2	1.5	4.534	2.78
				1.5	1.65	2.102	6.653	2.253	1.779	1.035	2.661	1.802	5.519	3.406
	30			2.5	2.817	3.589	11.296	5.05	1.774	1.186	4.518	3.366	11.666	6.47
				3	3.303	4.208	12.827	5.696	1.745	1.163	5.13	3.797	13.401	7.509
				4	4.198	5.347	15.239	6.682	1.688	1.117	6.095	4.456	16.244	9.32
60	40	±1.20	±0.60	2.5	3.209	4.089	17.933	5.998	2.094	1.211	5.977	3.998	15.054	7.845
				3	3.774	4.808	20.496	6.794	2.064	1.188	6.832	4.529	17.335	9.129
				4	4.826	6.147	24.691	8.045	2.004	1.143	8.23	5.363	21.141	11.4
	50			2.5	3.602	4.589	22.069	11.734	2.192	1.599	7.356	5.867	25.045	10.72
				3	4.245	5.408	25.374	13.436	2.166	1.576	8.458	6.718	29.121	12.549
				4	5.454	6.947	30.974	16.269	2.111	1.53	10.324	8.134	36.298	15.88
70	40			3	5.187	6.608	44.046	26.099	2.581	1.987	12.584	10.439	53.426	18.789
				4	6.71	8.547	54.663	32.21	2.528	1.941	15.618	12.884	67.613	24.04
				5	8.129	10.356	63.435	37.179	2.474	1.894	18.124	14.871	79.908	28.767
80	40	±1.40	±0.70	2.5	4.387	5.589	45.103	15.255	2.84	1.652	11.275	7.627	37.467	14.47
				3	5.187	6.608	52.246	17.552	2.811	1.629	13.061	8.776	43.68	16.989
				4	6.71	8.547	64.78	21.474	2.752	1.585	16.195	10.737	54.787	21.64
				5	8.129	10.356	75.08	24.567	2.692	1.54	18.77	12.283	64.11	25.767
	60			3	6.129	7.808	70.042	44.886	2.995	2.397	17.51	14.962	88.111	26.229
				4	7.966	10.147	87.905	56.105	2.943	2.351	21.976	18.701	112.583	33.8

续表

边长 (mm)		尺寸允许偏差 (mm)		壁厚 (mm)	理论重量 (kg/m)	截面面积 (cm²)	惯性矩 (cm⁴)		回转半径 (cm)		截面模数 (cm³)		扭转常数	
A	B	普通精度	较高精度				I_x	I_y	r_x	r_y	W_x	W_y	I_t (cm⁴)	W_t (cm³)
80	60	±1.40	±0.70	5	9.699	12.356	103.247	65.634	2.89	2.304	25.811	21.878	134.503	40.767
	40			3	5.658	7.208	70.487	19.61	3.127	1.649	15.663	9.805	51.193	19.209
				4	7.338	9.347	87.894	24.077	3.066	1.604	19.532	12.038	64.32	24.52
				5	8.914	11.356	102.487	27.651	3.004	1.56	22.774	13.825	75.426	29.267
90	50	±1.50	±0.75	3	6.129	7.808	81.845	32.735	3.237	2.047	18.187	13.094	76.433	24.429
				4	7.966	10.147	102.696	40.695	3.181	2.002	22.821	16.278	97.162	31.4
				5	9.699	12.356	120.57	47.345	3.123	1.957	26.793	18.938	115.436	37.767
	60			3	6.6	8.408	93.203	49.764	3.329	2.432	20.711	16.588	104.552	29.649
				4	8.594	10.947	117.499	62.387	3.276	2.387	26.111	20.795	133.852	38.28
				5	10.484	13.356	138.653	73.218	3.222	2.341	30.811	24.406	160.273	46.267
100	50	±1.60	±0.80	3	6.6	8.408	106.451	36.053	3.558	2.07	21.29	14.421	88.311	27.249
				4	8.594	10.947	134.124	44.938	3.5	2.026	26.824	17.975	112.409	35.08
				5	10.484	13.356	158.155	52.429	3.441	1.981	31.631	20.971	133.758	42.267
120	60	±1.80	±0.90	3	8.013	10.208	189.113	64.398	4.304	2.511	31.518	21.466	156.029	39.909
				4	10.478	13.347	240.724	81.235	4.246	2.466	40.12	27.078	200.407	51.72
				5	12.839	16.356	286.941	95.968	4.188	2.422	47.823	31.989	240.869	62.767
				6	15.097	19.232	327.95	108.716	4.129	2.377	54.658	36.238	277.361	73.037
	80			3	8.955	11.408	230.189	123.43	4.491	3.289	38.364	30.857	255.128	53.949
				4	11.734	14.947	294.569	157.281	4.439	3.243	49.094	39.32	330.438	70.28
				5	14.409	18.356	353.108	187.747	4.385	3.198	58.851	46.936	400.735	85.767

续表

边长(mm) A	B	尺寸允许偏差(mm) 普通精度	较高精度	壁厚(mm)	理论重量(kg/m)	截面面积(cm²)	惯性矩(cm⁴) I_x	I_y	回转半径(cm) r_x	r_y	截面模数(cm³) W_x	W_y	扭转常数 I_t(cm⁴)	W_t(cm³)
120	80	±1.80	±0.90	6	16.981	21.632	405.998	214.977	4.332	3.152	67.666	53.744	465.94	100.397
140		±2.00	±1.00	4	12.99	16.547	429.582	180.407	5.095	3.301	61.368	45.101	410.713	82.44
				5	15.979	20.356	517.023	215.914	5.039	3.256	73.86	53.978	498.815	100.767
				6	18.865	24.032	596.935	247.905	4.983	3.211	85.276	61.976	580.919	118.157
150	100			4	14.874	18.947	594.585	318.551	5.601	4.1	79.278	63.71	660.613	111.88
			±1.20	5	18.334	23.356	719.164	383.988	5.549	4.054	95.888	76.797	806.733	137.267
				6	21.691	27.632	834.615	444.135	5.495	4.009	111.282	88.827	945.022	161.597
				8	28.096	35.791	1039.101	549.308	5.388	3.917	138.546	109.861	1197.701	207.046
160	80			4	14.246	18.147	597.691	203.532	5.738	3.348	74.711	50.883	493.129	94.6
		±2.40		5	17.549	22.356	721.65	244.08	5.681	3.304	90.206	61.02	599.475	115.767
				6	20.749	26.432	835.936	280.833	5.623	3.259	104.492	70.208	698.884	135.917
				8	26.84	34.191	1036.485	343.599	5.505	3.17	129.56	85.899	876.599	173.126
180	100		±1.30	4	16.758	21.347	926.02	373.879	6.586	4.184	102.891	74.775	852.708	134.92
				5	20.689	26.356	1124.156	451.738	6.53	4.14	124.906	90.347	1042.589	165.767
				6	24.517	31.232	1809.531	523.767	6.475	4.095	145.53	104.753	1222.933	195.437
		±2.60		8	31.864	40.591	1643.149	651.132	6.362	4.005	182.572	130.226	1554.606	251.206
200	100			4	18.014	22.947	1199.680	410.764	7.23	4.23	119.968	82.152	984.151	150.28
				5	22.259	28.356	1459.207	496.905	7.173	4.186	145.92	99.381	1203.928	184.767
				6	26.401	33.632	1703.224	576.855	7.116	4.141	170.322	115.371	1412.986	217.997
				8	34.376	43.791	2145.993	719.014	7.000	4.052	214.599	143.802	1798.554	280.646

C.3　焊接 H 型钢

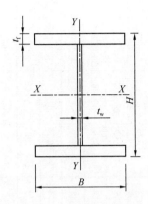

图 C.3　焊接 H 型钢

H—高度；B—翼缘宽度；t_1—腹板厚度；t_2—翼缘厚度；r—内圆弧半径；

i—截面回转半径；I—截面惯性矩；W—截面抵抗矩

普通高频焊接薄壁 H 型钢的型号及截面特性　　　　　　表 C.3

截面尺寸（mm）				截面面积	理论重量/	X-X			Y-Y		
H	B	t_w	t_f	（cm²）	（kg/m）	I_X （cm⁴）	W_X （cm³）	i_X （cm）	I_Y （cm⁴）	W_Y （cm³）	i_Y （cm）
100	50	2.3	3.2	5.35	4.2	90.71	18.14	4.12	6.68	2.67	1.12
		3.2	4.5	7.41	5.82	122.77	24.55	4.07	9.40	3.76	1.13
	100	4.5	6.0	15.96	12.53	291.00	58.20	4.27	100.07	20.01	2.50
		6.0	8.0	21.04	16.52	369.05	73.81	4.19	133.48	26.70	2.52
120	120	3.2	4.5	14.35	11.27	396.84	66.14	5.26	129.63	21.61	3.01
		4.5	6.0	19.26	15.12	515.53	85.92	5.17	172.88	28.81	3.00
150	75	3.2	4.5	11.26	8.84	432.11	57.62	6.19	31.68	8.45	1.68
		4.5	6.0	15.21	11.94	565.38	75.38	6.10	42.29	11.28	1.67
	100	3.2	4.5	13.51	10.61	551.24	73.5	6.39	75.04	15.01	2.36
		3.2	6.0	16.42	12.89	692.52	92.34	6.50	100.04	20.01	2.47
		4.5	6.0	18.21	14.29	720.99	96.13	6.29	100.10	20.02	2.34
	150	3.2	6.0	22.42	17.6	1003.74	133.83	6.69	337.54	45.01	3.88
		4.5	6.0	24.21	19.00	1032.21	137.63	6.53	337.60	45.01	3.73
		6.0	8.0	32.04	25.15	1331.43	177.52	6.45	450.24	60.03	3.75

截面尺寸（mm）				截面面积（cm²）	理论重量/（kg/m）	X-X			Y-Y		
H	B	t_w	t_f			I_X（cm⁴）	W_X（cm³）	i_X（cm）	I_Y（cm⁴）	W_Y（cm³）	i_Y（cm）
200	100	3.0	3.0	11.82	9.28	764.71	76.47	8.04	50.04	10.01	2.06
		3.2	4.5	15.11	11.86	1045.92	104.59	8.32	75.05	15.01	2.23
		4.5	6.0	20.46	16.06	1378.62	137.86	8.21	100.14	20.03	2.21
		6.0	8.0	27.04	21.23	1786.89	178.69	8.13	133.66	26.73	2.22
	150	3.2	4.5	19.61	15.40	1475.97	147.60	8.68	253.18	33.76	3.59
		3.2	6.0	24.02	18.85	1871.35	187.14	8.83	337.55	45.01	3.75
		4.5	6.0	26.46	20.77	1943.34	194.33	8.57	337.64	45.02	3.57
		6.0	8.0	35.04	27.51	2524.60	252.46	8.49	450.33	60.04	3.58
	200	6.0	8.0	43.04	33.79	3262.30	326.23	8.71	1067.00	106.70	4.98
250	125	3.0	3.0	14.82	11.63	1507.14	120.57	10.08	97.71	15.63	2.57
		3.2	4.5	18.96	14.89	2068.56	165.48	10.44	146.55	23.45	2.78
		3.2	6.0	22.62	17.75	2592.55	207.40	10.71	195.38	31.26	2.94
		4.5	6.0	25.71	20.18	2738.60	219.09	10.32	195.49	31.28	2.76
			8.0	30.53	23.97	3409.75	272.78	10.57	260.59	41.70	2.92
		6.0	8.0	34.04	26.72	3569.91	285.59	10.24	260.84	41.73	2.77
250	150	3.2	4.5	21.21	16.65	2407.62	192.61	10.65	253.19	33.76	3.45
			6.0	25.62	20.11	3039.16	243.13	10.89	337.56	45.01	3.63
		4.5	6.0	28.71	22.54	3185.21	254.82	10.53	337.68	45.02	3.43
			8.0	34.53	27.11	3995.60	319.65	10.76	450.18	60.02	3.61
			9.0	37.44	29.39	4390.56	351.24	10.83	506.43	67.52	3.68
		6.0	8.0	38.04	29.86	4155.77	332.46	10.45	450.42	60.06	3.44
			9.0	40.92	32.12	4546.65	363.73	10.54	506.67	67.56	3.52
250	200	4.5	8.0	42.53	33.39	5167.31	413.38	11.02	1066.84	106.68	5.01
			9.0	46.44	36.46	5697.99	455.84	11.08	1200.18	120.02	5.08
			10.0	50.35	39.52	6219.60	497.57	11.11	1333.51	133.35	5.15
		6.0	8.0	46.04	36.14	5327.47	426.20	10.76	1067.09	106.71	4.81
			9.0	49.92	39.19	5854.08	468.33	10.83	1200.42	120.04	4.90
			10.0	53.80	42.23	6317.68	509.73	10.88	1333.75	133.37	4.98
	250	4.5	8.0	50.53	39.67	6339.02	507.12	11.20	2083.51	166.68	6.42
			9.0	55.44	43.52	7005.42	560.43	11.24	2343.93	187.51	6.50
			10.0	60.35	47.37	7660.43	612.83	11.27	2604.34	208.35	6.57
		6.0	8.0	54.04	42.42	6499.18	519.93	10.97	2083.75	166.70	6.21
			9.0	58.92	46.25	7161.51	572.92	11.02	2344.17	187.53	6.31
			10.0	63.80	50.08	7812.52	625.00	11.07	2604.58	208.37	6.39

截面尺寸（mm）				截面面积/（cm²）	理论重量/（kg/m）	X-X			Y-Y		
H	B	t_w	t_f			I_X（cm⁴）	W_X（cm³）	i_X（cm）	I_Y（cm⁴）	W_Y（cm³）	i_Y（cm）
300	150	3.2	4.5	22.81	17.91	3604.41	240.29	12.57	253.20	33.76	3.33
			6.0	27.22	21.36	4527.17	301.81	12.90	337.58	45.01	3.52
		4.5	6.0	30.96	24.30	4785.96	319.06	12.43	337.72	45.03	3.30
			8.0	36.78	28.87	5976.11	398.41	12.75	450.22	60.03	3.50
			9.0	39.69	31.16	6558.76	437.25	12.85	506.46	67.53	3.57
			10.0	42.60	33.44	7133.20	475.55	12.94	562.71	75.03	3.63
		6.0	8.0	41.04	32.22	6262.44	417.50	12.35	450.51	60.07	3.31
			9.0	43.92	34.48	6839.08	455.94	12.48	506.76	67.57	3.40
			10.0	46.80	36.74	7407.60	493.84	12.58	563.00	75.07	3.47
	200	4.5	8.0	44.78	35.15	7681.81	512.12	13.10	1066.88	106.69	4.88
			9.0	48.69	38.22	8464.69	564.31	13.19	1200.21	120.02	4.96
			10.0	52.60	41.29	9236.53	615.77	13.25	1333.55	133.35	5.04
		6.0	8.0	49.04	38.50	7968.14	531.21	12.75	1067.18	106.72	4.66
			9.0	52.92	41.54	8745.01	583.00	12.85	1200.51	120.05	4.76
			10.0	56.80	44.59	9510.93	634.06	12.94	1333.84	133.38	4.85
300	250	4.5	8.0	52.78	41.43	9387.52	625.83	13.34	2083.55	166.68	6.28
			9.0	57.69	45.29	10370.62	691.37	13.41	1343.96	187.52	6.37
			10.0	62.60	49.14	11339.87	755.99	13.46	2604.38	208.35	6.45
		6.0	8.0	57.04	44.78	9673.85	644.92	13.02	2083.81	166.71	6.04
			9.0	61.92	48.61	10650.94	710.06	13.12	2314.26	187.54	6.15
			10.0	66.80	52.44	11614.27	774.28	13.19	2604.67	208.37	6.24
350	150	3.2	4.5	24.41	19.16	5086.36	290.65	14.43	253.22	33.76	3.22
			6.0	28.82	22.62	6355.38	363.16	14.85	337.59	45.01	3.42
		4.5	6.0	33.21	26.07	6773.70	387.07	14.28	337.76	45.03	3.19
			8.0	39.03	30.64	8416.36	480.93	14.68	450.25	60.03	3.40
			9.0	41.94	32.92	9223.08	527.03	14.83	506.50	67.53	3.48
			10.0	44.85	35.21	10020.14	572.58	14.95	562.75	75.03	3.54
		6.0	8.0	44.04	34.57	8882.11	507.55	14.20	450.60	60.08	3.20
			9.0	46.92	36.83	9680.51	553.17	14.36	506.85	67.58	3.29
			10.0	49.80	39.09	10469.35	598.25	14.50	563.09	75.08	3.36
	175	4.5	6.0	36.21	28.42	7661.31	437.79	14.55	536.19	61.28	3.85
			8.0	43.03	33.78	9586.21	547.78	14.93	714.84	81.70	4.08
			9.0	46.44	36.46	10531.54	601.80	15.06	804.16	91.90	4.16
			10.0	49.85	39.13	11465.55	655.17	15.17	893.48	102.11	4.23

截面尺寸（mm）				截面面积	理论重量/	X-X			Y-Y		
H	B	t_w	t_f	（cm²）	（kg/m）	I_X（cm⁴）	W_X（cm³）	i_X（cm）	I_Y（cm⁴）	W_Y（cm³）	i_Y（cm）
350	175	6.0	8.0	48.04	37.71	10051.96	574.40	14.47	715.18	81.74	3.86
			9.0	51.42	40.36	10988.97	627.94	14.62	804.50	91.91	3.96
			10.0	54.80	43.02	11914.77	680.84	14.75	893.82	102.15	4.04
	200	4.5	8.0	47.03	36.92	10756.07	614.63	15.12	1066.92	106.69	4.76
			9.0	50.94	39.99	11840.01	676.57	15.25	1200.25	120.03	4.85
			10.0	54.85	43.06	12910.97	737.77	15.34	1333.58	133.36	4.93
		6.0	8.0	52.04	40.85	11221.81	641.25	14.68	1067.27	106.73	4.53
			9.0	55.92	43.90	12297.44	702.71	14.83	1200.60	120.06	4.63
			10.0	59.80	46.94	13360.18	763.44	14.95	1333.93	133.39	4.72
	250	4.5	8.0	55.03	43.20	13095.77	748.33	15.43	2083.59	166.69	6.15
			9.0	59.94	47.05	14456.94	826.11	15.53	2344.00	187.52	6.25
			10.0	64.85	50.91	15801.80	902.96	15.61	2604.42	208.35	6.34
		6.0	8.0	60.04	47.13	13561.52	774.94	15.03	2083.93	166.71	5.89
			9.0	64.92	50.96	14914.37	852.25	15.16	2344.35	187.55	6.01
			10.0	69.80	54.79	16251.02	928.63	15.26	2604.76	208.38	6.11
400	150	4.5	8.0	41.28	32.40	11344.49	567.22	16.58	450.29	60.04	3.30
			9.0	44.19	34.69	12411.65	620.58	16.76	506.54	67.54	3.39
			10.0	47.10	36.97	13467.70	673.39	16.91	562.79	75.04	3.46
		6.0	8.0	47.041	36.93	12052.28	602.61	16.01	450.69	60.09	3.10
			9.0	49.92	39.19	13108.44	655.42	16.20	506.94	67.59	3.19
			10.0	52.80	41.45	14153.60	707.68	16.37	563.18	75.09	3.27
	200	4.5	8.0	49.28	38.68	14418.19	720.91	17.10	1066.96	106.70	4.65
			9.0	53.19	41.75	15852.08	792.60	17.26	1200.29	120.03	4.75
			10.0	57.10	44.82	17271.03	863.55	17.39	1333.62	133.36	4.83
		6.0	8.0	55.041	43.21	15125.98	756.30	16.58	1067.36	106.74	4.40
			9.0	58.92	46.25	16548.87	827.44	16.76	1200.69	120.07	4.51
			10.0	62.80	49.30	17956.93	897.85	16.91	1334.02	133.40	4.61
	250	4.5	8.0	57.28	44.96	17491.90	874.59	17.47	2083.62	166.69	6.03
			9.0	62.19	48.82	19292.51	964.63	17.61	2344.04	187.52	6.14
			10.0	67.10	52.67	21074.37	1053.72	17.72	2604.46	208.36	6.23
		6.0	8.0	63.04	49.49	18199.69	909.98	16.99	2084.02	166.72	5.75
			9.0	67.92	53.32	19989.30	999.46	17.16	2344.44	187.56	5.88
			10.0	72.80	57.15	21760.27	1088.01	17.29	2604.85	208.39	5.98

续表

截面尺寸（mm）				截面面积（cm²）	理论重量/（kg/m）	X-X			Y-Y		
H	B	t_w	t_f			I_X（cm⁴）	W_X（cm³）	i_X（cm）	I_Y（cm⁴）	W_Y（cm³）	i_Y（cm）
450	200	4.5	8.0	51.53	40.45	18696.32	830.95	19.05	1067.00	106.70	4.55
			9.0	55.44	43.52	20529.03	912.40	19.24	1200.33	120.03	4.65
			10.0	59.35	46.59	22344.85	993.10	19.40	1333.66	133.37	4.74
		6.0	8.0	58.04	45.56	19718.15	876.36	18.43	1067.45	106.74	4.29
			9.0	61.92	48.61	21536.80	957.19	18.65	1200.78	120.08	4.40
			10.0	65.80	51.65	23338.68	1037.27	18.83	1334.11	133.41	4.50
	250	4.5	8.0	59.53	46.73	22604.03	1004.62	19.49	2083.66	166.69	5.92
			9.0	64.44	50.59	24905.46	1106.91	19.66	2344.08	187.53	6.03
			10.0	69.35	54.44	27185.68	1208.25	19.80	2604.49	208.36	6.13
		6.0	8.0	66.04	51.84	23625.86	1050.04	18.91	2084.11	166.73	5.62
			9.0	70.92	55.67	25913.23	1151.70	19.12	2344.53	187.56	5.75
			10.0	75.80	59.50	28179.52	1252.42	19.28	2604.94	208.40	5.86
500	200	4.5	8.0	53.78	42.22	23618.57	944.74	20.96	1067.03	106.70	4.45
			9.0	57.69	45.29	25898.98	1035.96	21.19	1200.37	120.04	4.56
			10.0	61.60	48.36	28160.53	1126.42	21.38	1333.70	133.37	4.65
		6.0	8.0	61.04	47.92	25035.82	1001.43	20.25	1067.54	106.75	4.18
500	200	6.0	9.0	64.92	50.96	27298.73	1091.95	20.51	1200.87	120.09	4.30
			10.0	68.80	54.01	29542.93	1181.72	20.72	1334.20	133.42	4.40
	250	4.5	8.0	61.78	48.50	28460.28	1138.41	21.46	2083.70	166.70	5.81
			9.0	66.69	52.35	31323.91	1252.96	21.67	2344.12	187.53	5.93
			10.0	71.60	56.21	34163.87	1366.55	21.84	2604.53	208.36	6.03
		6.0	8.0	69.04	54.20	29877.53	1195.10	20.80	2084.20	166.74	5.49
			9.0	73.92	58.03	32723.66	1308.95	21.04	2344.62	187.57	5.63
			10.0	78.80	61.86	35546.27	1421.85	21.24	2605.03	208.40	5.75

附录 D　常备式钢构件计算用表

D.1　万能杆件

万能杆件有多种型号，常用的有两类：一类为北京杆件（又称甲型杆件或 M 型杆件，简称 M 系列万能杆件），其弦杆 N1 杆件的角钢型号为∟120×120×10；另一类为苏式杆件（又称乙型杆件、西乙型杆件或 N 型杆件，简称 N 系列万能杆件），其弦杆 N1 杆件的角钢型号为∟100×100×12。不同类型万能杆件结构和拼装形式基本相同，部分缀板、螺栓直径稍有差异，钢材有 Q235、Q345（16Mn）等不同材质。近年来，部分企业新加工形成了新的杆件种类，如采用北京杆件系列时，没有∟120×120×10 的型钢，其 N1 直接采用∟125×125×10（2437mm²）加工，采用 Q235 号钢，截面比原∟120×120×10（2330mm²）略大 5%，从承载能力上可以直接按北京杆件系列取用，在设计含 N1 弦杆的支承节点时应考虑与标准北京杆件系列有一定的误差。

D.1.1　万能杆件构配件示意图

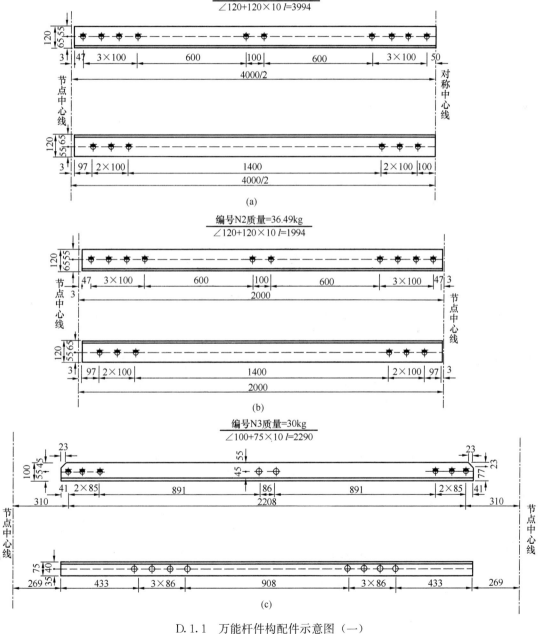

D.1.1　万能杆件构配件示意图（一）

编号N4质量=15.62kg

∠75+75×8 *l*=1730

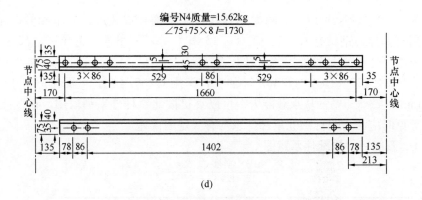

(d)

编号N5质量=21.83kg

∠75+75×8 *l*=2418

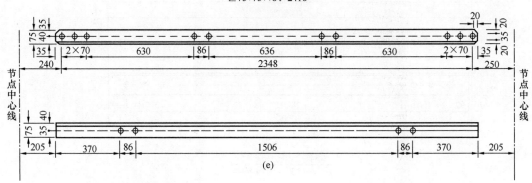

(e)

编号N6质量=11.79kg

∠100+100×10 *l*=780

编号N7质量=10.87kg

∠120+120×10 *l*=594

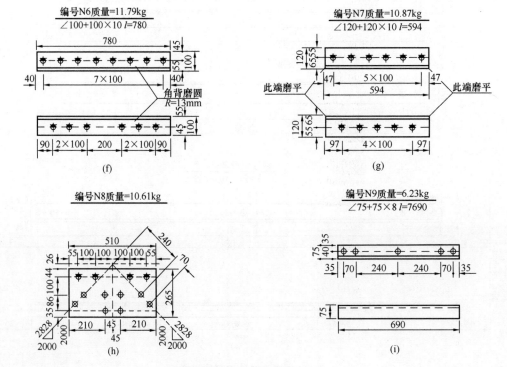

D.1.1　万能杆件构配件示意图（二）

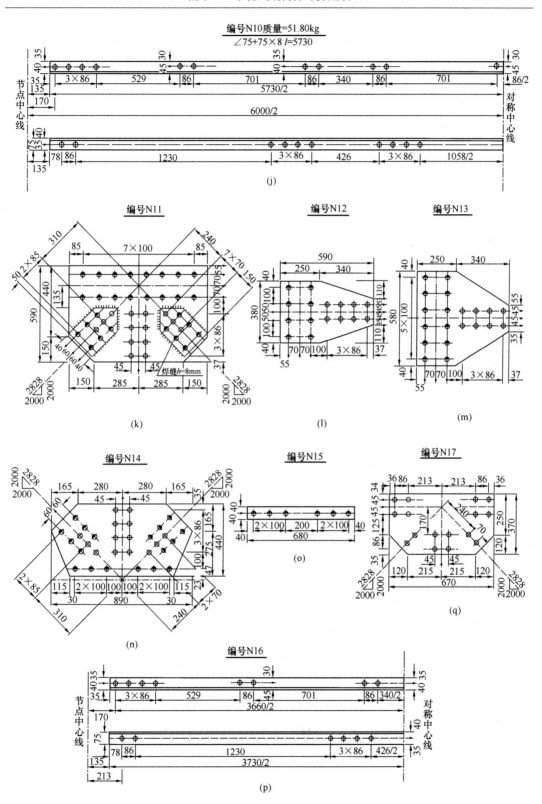

D.1.1　万能杆件构配件示意图（三）

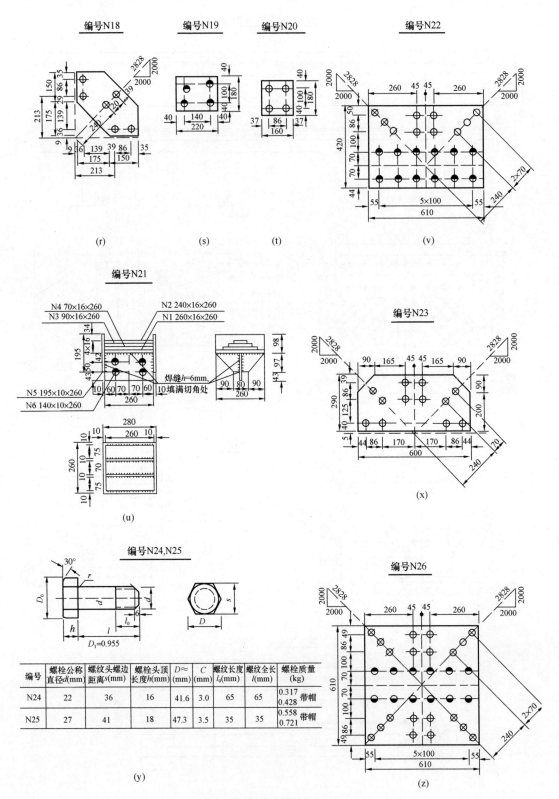

D.1.1　万能杆件构配件示意图（四）

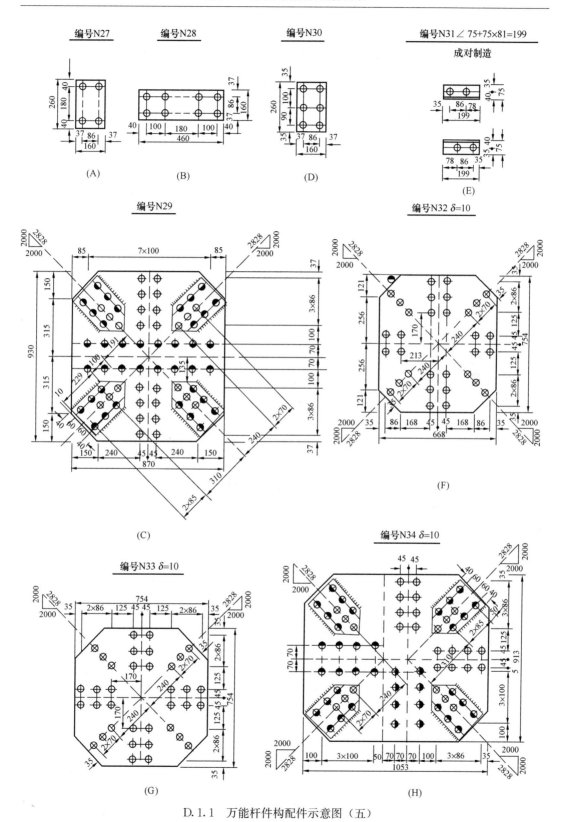

D.1.1　万能杆件构配件示意图（五）

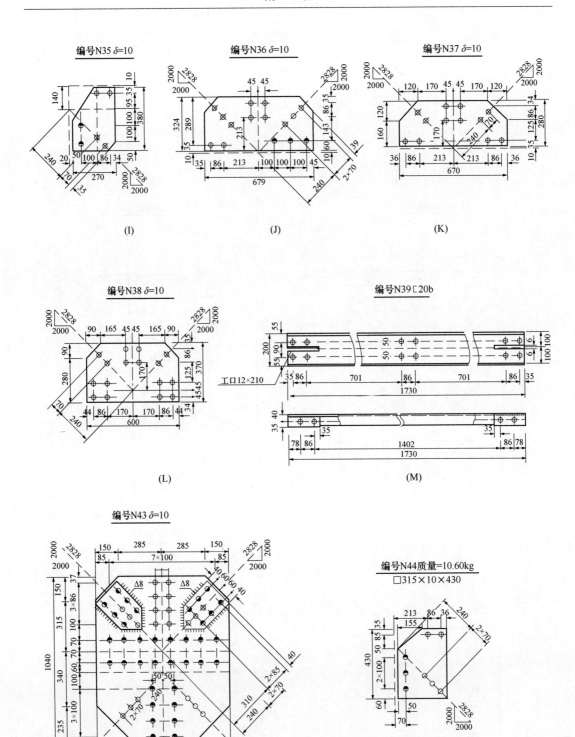

D.1.1　万能杆件构配件示意图（六）

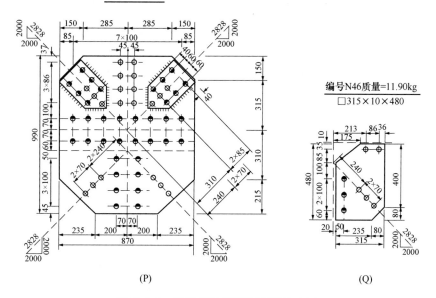

图 D.1.1　万能杆件构配件示意图（七）

D.1.2　万能杆件构件编号、用途、几何尺寸、重量

M 型万能杆件构件编号、用途、几何尺寸、重量　　　　表 D.1.2

杆件编号		用途	杆件尺寸	长度（mm）或面积（m²）	件数	质量（kg）		
						每件	共计	总计
N1		长弦杆	∠120+120×10	3994	1	73.09	73.09	73.09
N2		短弦杆	∠120+120×10	1994	1	36.49	36.49	36.49
N3		斜弦杆	∠100×75×10	2290	1	30.00	30.00	30.00
N4		立杆一横支撑	∠75+75×8	1730	1	15.62	15.62	15.62
N5		斜杆一对角支撑	∠75+75×8	2418	1	21.83	21.83	21.83
N6		弦杆拼接角钢	∠100+100×10	780	1	11.79	11.79	11.79
N7		支撑角钢	∠120+120×10	594	1	10.87	10.87	10.87
N8		连接系节点板	265×10	510	1	10.61	10.61	10.61
N9		对角支撑拼接角钢	∠75+75×8	690	1	6.23	6.23	6.23
N10		横支撑一立杆	∠75+75×85	5730	1	51.80	51.80	51.80
N11	1	斜杆及立杆与弦杆连接用节点板	$\delta=10$	$\omega=0.491$	1	38.54	38.54	47.34
	2		$\delta=10$	$\omega=0.056$	2	4.40	8.80	
N12		立杆与弦杆连接用节点板	$\delta=10$	$\omega=0.187$	1	14.68	14.68	14.68
N13		立杆与弦杆连接用节点板	$\delta=10$	$\omega=0.271$	1	21.7	21.7	21.7

杆件编号		用途	杆件尺寸	长度（mm）或面积（m²）	件数	质量（kg）		
						每件	共计	总计
N14		各斜杆连接用节点板	$\delta=10$	$\omega=0.33$	1	26.00	26.00	26.00
N15		弦杆拼接处填板	80×10	680	1	3.64	3.64	3.64
N16		立杆	$\angle75+75\times8$	3730	1	33.68	33.68	33.68
N17		对角支撑与立杆连接用节点板	$\delta=10$	$\omega=0.234$	1	18.60	18.60	18.60
N18		对角支撑与弦杆连接用节点板	$\delta=10$	$\omega=0.234$	1	5.89	5.89	5.89
N19		弦杆缀板	180×10	220	1	3.11	3.11	3.11
N20		立杆斜杆及连接系缀板	160×10	180	1	2.26	2.26	2.26
N21	1	支撑靴	260×16	260	1	8.50	8.50	32.43
	2		240×16	260	1	7.80	7.80	
	3		90×16	260	1	2.93	2.93	
	4		70×16	260	1	2.30	2.30	
	5		195×10	260	2	4.00	8.00	
	6		140×10	260	1	2.90	2.90	
N22		连接立杆，横支撑，斜杆用节点板	420×10	610	1	20.10	20.10	20.10
N23		联结系节点板	$\delta=10$	$\omega=0.166$	1	13.00	13.00	13.00
N24		粗制螺栓	$\phi22$	65	1	0.428	0.428	0.428
N25		粗制螺栓	$\phi27$	85	1	0.721	0.721	0.721
N26		连接弦杆，横支撑及斜杆用节点板	610×10	610	1	29.21	29.21	29.21
N27		立杆及斜杆缀板	160×10	260	1	3.27	3.27	3.27
N28		斜杆缀板	160×10	460	1	15.78	5.78	5.78
N29	1	交叉斜杆节点板	$\delta=10$	$\omega=0.764$	1	59.97	59.97	77.57
	2		$\delta=10$	$\omega=0.056$	4	4.40	17.60	
N30		立杆缀板	160×10	260	1	3.27	3.27	3.27
N31		尽端节点板连接用角钢（同 M31）	$\angle75+75\times8$	199	1	1.80	1.80	1.80

杆件编号		用途	杆件尺寸	长度（mm）或面积（m²）	件数	质量（kg）		
						每件	共计	总计
N32		连接立杆，横支撑板，及斜杆用的节点板	668×10	754	1	35.70	35.70	35.70
N33		连接立杆，横支撑板，及斜杆用的节点板	754×10	754	1	40.00	40.00	40.00
N34	1	门式钢架转角处连接弦杆（或横支撑）立杆斜杆节点板	913×10	1053	1	58.20	58.20	75.80
	2		200×10	320	4	4.40	17.60	
N35		门式钢架转角处负面连接弦杆横支撑及对角支撑节点板	270×10	380	1	7.45	7.45	7.45
N36		连接立杆，横支撑，及斜杆用节点板	324×10	679	1	13.80	13.80	13.80
N37		连接立杆，横支撑，及斜杆用节点板	280×10	670	1	13.07	13.07	13.07
N38		连接立杆，横支撑，及斜杆用节点板	370×10	600	1	14.8	14.8	14.8
N39	1	代替 M4（或 N4）	[20b	1730	1	45.10	45.10	47.50
	2		75×10	199	2	1.20	2.40	
N40		—	—	—	—	—	—	—
N41		—	—	—	—	—	—	—
N42		—	—	—	—	—	—	—
N43	1	连接弦杆，立杆，及斜杆用节点板	870×10	1040	1	65.20	65.20	74.00
	2		200×10	320	2	4.40	8.80	
N44		连接弦杆，横支撑，及斜杆用节点板	315×10	430	1	10.60	10.60	10.60
N45	1	连接弦杆，立杆，及斜杆用节点板	870×10	990	1	62.70	62.70	71.50
	2		200×10	320	2	4.40	8.80	
N46		连接弦杆，横支撑，及斜杆用节点板	315×10	480	1	11.90	11.90	11.90

附　录

D.1.3　万能杆件计算用表

表 D.1.3

万能杆件计算用表

构件名称	截面形式	截面组成	全截面面积 A (cm²)	因螺栓孔削减面积 Aₙ (cm²)	回转半径 i (cm)	计算屈折长度 lₚ (cm)	计算屈折长度 l₀ (cm)	长细比 λ	折减系数 φ	[σ]=170N/mm² 受拉	[σ]=170N/mm² 受压	[σ]=170N/mm² 连接	[σ]=200N/mm² 受拉	[σ]=200N/mm² 受压	[σ]=200N/mm² 连接	连接计算条件及螺栓数量
桁架弦杆及塔架立柱 (N1, N2)		$2\angle120$ $+\square120\times10$	46.6	5.6	4.75	200	200	42	0.832	68.9	66.8	66.8	80.0	77.4	78.3	单剪 $d=27mm$, $n=12$
		$2\angle120$ $+\square120\times10$	46.6	5.6	4.75	400	400	84	0.664	68.9	52.5	66.8	80.0	61.8	78.3	单剪 $d=27mm$, $n=12$
		$4\angle120$ $+\square120\times10$	93.2	11.2	5.25	200	200	88	0.840	136.0	133.0	135.0	160.0	158.0	158.6	承压 $2-\delta=10$, $d=27mm$, $n=10$
		$4\angle120$ $+\square120\times10$	93.2	11.2	5.25	400	400	76	0.690	136.0	110.4	135.0	160.0	130.0	166.5	承压 $2-\delta=10$, $d=27mm$, $n=10$
斜杆 N3		$2\angle120$ $+\square75\times10$	33.4	5.6	3.23	283	283	88	0.648	47.2	36.8	37.9	55.5	43.5	44.5	单剪 $d=27mm$, $n=6$
		$4\angle100$ $+\square75\times10$	66.8	11.2	3.72	283	283	79	0.648	94.5	77.5	75.6	110.0	91.5	89.0	双剪 $d=27mm$, $n=6$
桁架横撑		$2\angle75$ $+\square75\times8$	23.0	3.7	3.04	200	200	66	0.736	32.8	28.8	33.6	38.5	33.9	39.6	单剪 $d=22mm$, $n=8$
		$2\angle75$ $+\square75\times8$	23.0	3.7	3.04	400	400	132	0.472	32.8	18.5	33.6	38.5	21.7	39.6	
		$2\angle75$ $+\square75\times8$	23.0	3.7	3.04	600	600	196	0.216	32.8	8.4	33.6	38.5	9.9	39.6	

566

续表

构件名称	截面形式	截面组成	全截面面积 A (cm²)	因螺栓孔削减面积 An (cm²)	回转半径 i (cm)	计算屈折长度 lp (cm)	计算屈折长度 lcD (cm)	长细比 λ	折减系数 φ	[σ]=170N/mm² 受拉	受压	连接	[σ]=200N/mm² 受拉	受压	连接	连接计算条件及螺栓数量
桁架横撑 连接系 N4	$4\angle75+75\times8$		46.0	7.4	3.36	200	200	60	0.760	65.6	59.5	42.6	78.0	66.6	50.6	承压 d=22mm, n=8, δ=10
			46.0	7.4	3.36	400	400	120	0.520	65.6	41.5	42.6	78.0	48.9	50.6	
			46.0	7.4	3.36	600	600	178	0.288	65.6	22.6	42.6	78.0	26.6	50.6	
N10 横撑	$2\angle75+75\times8$		23.0	3.7	3.04	200	200	66	0.736	32.8	28.8	16.8	38.5	33.9	19.7	单剪 d=22mm, n=4
			23.0	3.7	3.04	400	400	132	0.472	32.8	18.5	16.8	38.5	21.7	19.7	
			23.0	3.7	3.04	600	600	196	0.216	32.8	8.4	16.8	38.5	9.9	19.7	
N16	$\angle75+75\times8$		11.5	1.84	1.43	200	283	200	0.200	12.3	3.9	8.4	14.65	6.6	9.9	单剪 d=22mm, n=2
			11.5	1.84	1.43	566	368	/	/	12.3	/	8.4	14.65	/	9.9	
			11.5	1.84	1.43	849	466	/	/	12.3	/	8.4	14.65	/	9.9	
斜撑 N5	$2\angle75+75\times8$		23.0	3.70	2.28	283	283	124	0.504	32.8	19.6	10.6 / 16.0	38.6	12.4	12.45 / 18.7	承压 d=22mm, δ=10, n=2
			23.0	3.70	2.28	566	368	162	0.352	32.8	13.7	10.6 / 16.0	38.6	17.0	12.45 / 18.7	n=3
			23.0	3.70	2.28	849	466	200	0.200	32.8	/	10.6 / 16.0	38.6	/	12.45 / 18.7	

注：万能杆件作为临时设施拼装时，允许应力可乘 1.3。

D.2　贝雷梁

用于模板支撑系统的贝雷梁主要有高度为 1.5m 的 321 型贝雷梁和高度为 2.0m 的 ZB-200 型贝雷梁。321 型贝雷梁现有进口与国产两种规格，国产贝雷梁其桁节用 16 锰钢，销子采用 30 铬锰钛钢，插销用弹簧钢制造，焊条用 T505X 型。设计时采用的容许应力如下：

钢料 16 锰钢拉应力、压应力及弯应力为 $1.3 \times 210 = 273$（MPa），剪应力为 $1.3 \times 160 = 208$（MPa）。30 铬锰钛拉应力、压应力及弯应力为 $0.85 \times 1300 = 1105$（MPa），剪应力为 $0.45 \times 1300 = 585$（MPa）。用于临时结构时，材料的容许应力按基本应力提高 30%，个别钢质杆件超过上述规定时，不得超过其屈服点的 85%。

现有进口贝雷梁多为 20 世纪 40 年代的产品，材料屈服点强度为 351MPa，其容许应力按 $0.7 \times 351 = 245$（MPa）考虑，销子容许应力可考虑与国产销子一样。

D.2.1　贝雷梁构配件示意图

贝雷梁主要由贝雷桁架、桁架连接销、加强弦杆、弦杆螺栓、桁架螺栓等 6 种构件组成。贝雷桁架如图 D.2.1-1 所示，加强弦杆如图 D.2.1-2 所示，其他构配件如图 D.2.1-3 所示。

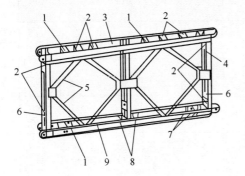

图 D.2.1-1　贝雷桁架

1—弦杆螺栓孔；2—支撑架孔；3—上弦杆；4—竖杆；5—斜撑；6—横梁夹具孔；7—风钩孔；8—横梁垫板；9—下弦杆

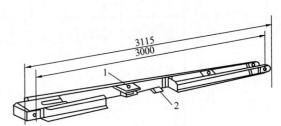

图 D.2.1-2　加强弦杆

1—支撑架孔；2—弦杆螺栓孔

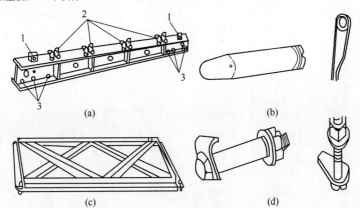

（a）　　　　　　　　　（b）

（c）　　　　　　　　　（d）

图 D.2.1-3　贝雷梁其他构配件

（a）横梁；（b）销子和保险插销；（c）支撑架；（d）桁架螺栓和弦杆螺栓

1—短柱；2—卡子；3—栓钉孔

D.2.2　贝雷梁几何尺寸及重量

321 型贝雷桁架梁构件质量（单位：kg）　　　　表 D.2.2-1

构件名称	单位	国产	进口	构件名称	单位	国产	进口
桁架节	片	270	259	支撑架	副	21	18
加强弦杆	支	80		阴、阳头端柱	根	69.7	59
销子	个	3	2.7	桥座	个	38	32
横梁	根	245	202	座板	块	184	181
有扣纵梁	组	107	86	桥头搭板	副	142	
无扣纵梁	组	105	83	搭板支座	副	46	
桁架螺栓	个	3	3.6	桥面板	副	40	
弦杆螺栓	个	2		护轮木	根	44	
横梁夹具	副	3	2.7	摇滚	副	102	92
抗风拉杆	套	33	29	平滚	副	60	48
斜撑	根	11	8	下弦接头	个	6	5.4
联板	根	4	1.4	阴、阳斜面弦杆	个	27.31	

注：1　单片贝雷梁自重（包含支撑架、销轴）按照 3.35kN 采用。

ZB-200 型贝雷桁架梁构件几何尺寸及重量　　　　表 D.2.2-2

构件	规格或轮廓尺寸 (mm)/质量(kg)	备注	构件	规格或轮廓尺寸 (mm)/质量(kg)	备注
桁架	3136×2234×176/312		桥面板螺栓	M20×100(66×40×112.5)/0.33	
桁架销	φ49.5×200/2.9		路缘螺栓	M20×70(56×30×83)/0.25	
保险插销	29×12×113/0.06		横梁螺栓	M24×140(45×45×155)/0.61	连接桁架
桁架通销	φ19.5×200/3.1			M24×140(45×45×195)/0.78	连接端柱
加强弦杆	3136×100×176/86.6				
单车道横梁	6200×486×200/417		联板螺栓	M24×50(45×45×65)/0.31	竖向拉杆共用
双车道横梁	9570×686×200/997				
桥面板	3042×836×135/276		斜撑螺栓	M24×80(45×45×95)/0.4	抗风拉杆共用
路缘	3042×240×80/42.8				
斜撑	1757×48×100/19		M20 活动螺母	44×38×80/0.15	
双三排联板	560×80×43/4.9		M8 止动螺栓	φ10×27/0.01	
四排联板	810×80×43/7		阳头端柱	2425×174×128/74.3	
双三排水平支撑架	2366×560×106/48.1		阴头端柱	2430×176×259/75	
双三排竖向支撑架	1764×560×53/52.1		桥座	450×200×115/16.8	
四排水平支撑架	2366×810×106/68.6		座板	650×210×53/17.8	
四排竖向支撑架	1760×810×53/59.5		桥头搭板	3042×836×135/287.1	
单车道抗风拉杆	5181×80×43/40.7		单车道桥头横梁	4350×350×200/288.5	
双车道抗风拉杆	4733×80×43/37		双车道桥头横梁	7710×350×200/500	
双车道竖向拉杆	3030×63×40/14.4		单车道端头板	4316×382×157/211.1	
弦杆螺栓	M32×180(92×41×190)/1.7		双车道端头板	3874×382×157/157	
水平支撑架螺栓	M20×70(66×40×82.5)/0.28				
竖向支撑架螺栓	M20×100(66×40×112.5)/0.33				

D. 2. 3　贝雷梁力学性质及几何特性

321 型贝雷桁架梁力学性质　　　　　　　　　　　　表 D. 2. 3-1

类型	高×长 (cm)	弦杆截面面积 $F(cm^2)$	弦杆惯性矩 $I_x(cm^4)$	弦杆截面抵抗矩 $W_X(cm^3)$	桁片惯性矩 $I_g(cm^4)$	桁片截面抵抗矩 $W_0(cm^3)$
国产	150×300	25.48	396.6	79.4	250500	3570
进口	154.94×304.8	27.48	382.9	75.2	283000	3910

类型	桁片允许弯矩 (M_0) $(kN \cdot m)$	弦杆回弦半径 $a = \sqrt{I_x/F}$ (cm)	自由长度 I_p (cm)	长细比 $\lambda = I_P/R$	纵向弯曲系数 φ	弦杆纵向容许 受压荷载 (kN)
国产	975	3.94	75	19	0.953	663.0
进口	958	3.72	76.2	20.5	0.948	638.0

321 型贝雷桁架梁几何特性　　　　　　　　　　　　表 D. 2. 3-2

结构构造	几何特性	截面抵抗矩 $W(cm^3)$	截面惯性矩 $I(cm^4)$
单排单层	不加强	3578.5	250497.2
	加强	7699.1	577434.4
双排单层	不加强	7157.1	500994.4
	加强	15398.3	1154868.8
三排单层	不加强	10735.6	751491.6
	加强	23097.4	1732303.2
双排双层	不加强	14817.9	2148588.8
	加强	30641.7	4596255.2
三排双层	不加强	22226.8	3222883.2
	加强	45962.6	6894382.8

ZB-200 型贝雷桁架梁几何特性　　　　　　　　　　　　表 D. 2. 3-3

结合形式	几何特性	截面抵抗矩 $W(cm^3)$	截面惯性矩 $I(cm^4)$
单排单层 SS	基本	5444.9	580967.2
	加强	10425.1	1164482.4
双排单层 DS	基本	10889.7	1161934.4
	加强	20850.2	2328964.8
三排单层 TS	基本	16334.6	1742901.6
	加强	31275.3	3493447.2
四排单层 QS	基本	21779.5	2323868.8
	加强	41700.4	4657929.6

D.2.4　贝雷梁承载力计算表格

321 型贝雷桁架梁容许内力表

表 D.2.4-1

桥型 容许应力	不加强桥梁					加强桥梁				
	单排 单层	双排 单层	三排 单层	双排 双层	三排 双层	单排 单层	双排 单层	三排 单层	双排 双层	三排 双层
弯矩(kN·m)	788.2	1576.4	2246.4	3265.4	4653.2	1687.5	3375	4809.4	6750.0	9618.8
剪力(kN)	245.2	490.5	698.9	490.5	698.9	245.2	490.5	698.9	490.5	698.9

注：1　当贝雷梁组合片数大于 3 排时，其承载力应考虑分配折减。

　　2　表中给出的截面抵抗矩和截面惯性矩仅适用于当贝雷梁的支座位于主节点(两片贝雷梁接头的位置)处时的情况，其余情况下按照等效实腹梁计算时，其截面抵抗矩和截面惯性矩应按相关手册的规定进行修正。

ZB-200 型贝雷桁架梁内力表

表 D.2.4-2

桥型 容许应力	基本组合形式				加强组合形式			
	单排 单层 SS	双排 单层 DS	三排 单层 TS	四排 单层 QS	单排 单层 SSR	双排 单层 DSR	三排 单层 TSR	四排 单层 QSR
弯矩(kN·m)	1047.8	2053.7	3017.6	3981.6	2194.9	4302.0	6321.3	8340.6
剪力(kN)	233.6	438.2	643.9	849.6	233.6	438.2	643.9	849.6
高剪力(kN)	320.7	628.6	923.6	1218.7	320.7	628.6	923.6	1218.7

注：1　当贝雷梁组合片数大于 3 排时，其承载力应考虑分配折减。

　　2　表中给出的截面抵抗矩和截面惯性矩仅适用于当贝雷梁的支座位于主节点(两片贝雷梁接头的位置)处时的情况，其余情况下按照等效实腹梁计算时，其截面抵抗矩和截面惯性矩应按相关手册的规定进行修正。

附录 E　杆件静力计算表

E.1　简支梁静力计算表

简支梁内力及挠度

表 E.1

序号	计算简图及弯矩、剪力图	项目	计算公式
1		反力	$R_A = R_B = \dfrac{1}{2}ql$
		剪力	$V_A = R_A；V_B = -R_B$
2		弯矩	$M_{max} = ql^2/8$
3		挠度	$f_{max} = \dfrac{5ql^4}{384EI}$

序号	计算简图及弯矩、剪力图	项目	计算公式
4	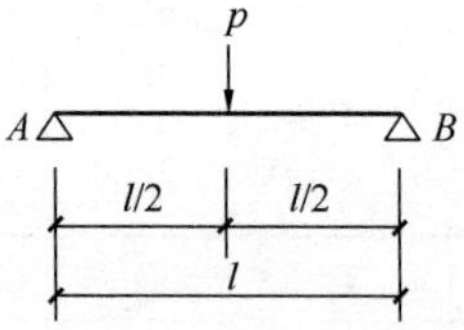	反力	$R_A = R_B = \dfrac{1}{2} p$
		剪力	$V_A = R_A ; V_B = -R_B$
5	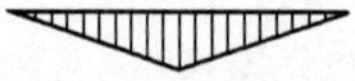	弯矩	$M = pl/4$
6	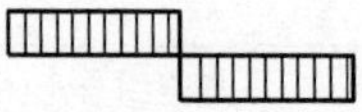	挠度	$f_{max} = \dfrac{Pl^3}{48EI}$
7	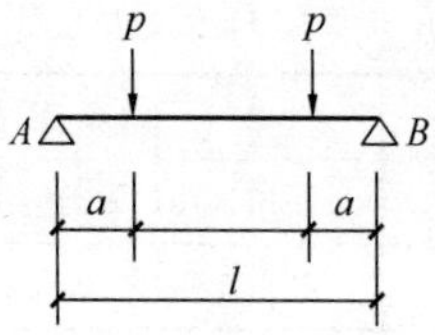	反力	$R_A = R_B = p$
		剪力	$V_A = R_A ; V_B = -R_B$
8		弯矩	$M_{max} = pa$
9		挠度	$f_{max} = \dfrac{Pa^3}{24EI}(3l^2 - 4a^2)$

E.2　等截面连续梁静力计算表

两跨连续梁计算表

表 E.2-1

荷载图	跨内最大弯矩		支座弯矩	剪力			跨度中点挠度	
	M_1	M_2	M_B	V_A	$V_{B左}$ $V_{B右}$	V_C	f_1	f_2
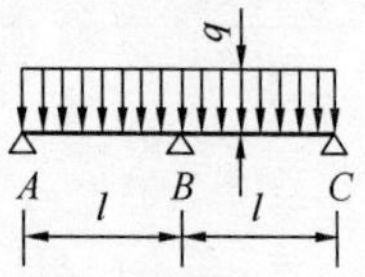	0.070	0.070	−0.125	0.375	−0.625 0.625	−0.375	0.521	0.521
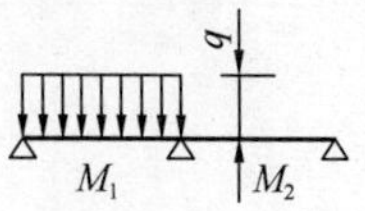	0.096	—	−0.063	0.437	−0.563 0.063	0.063	0.912	−0.391

572

续表

荷载图	跨内最大弯矩		支座弯矩	剪力			跨度中点挠度	
	M_1	M_2	M_B	V_A	$V_{B左}$ $V_{B右}$	V_C	f_1	f_2
	0.156	0.156	−0.188	0.312	−0.688 0.688	−0.312	0.911	0.911
	0.203	—	−0.094	0.406	−0.594 0.094	0.094	1.497	−0.586
	0.222	0.222	−0.333	0.667	−1.333 1.333	−0.667	1.466	1.466
	0.278	—	−0.167	0.833	−1.167 0.167	0.167	2.508	−1.042

等跨梁在常用荷载作用下的内力及挠度系数：

(1)在均布荷载作用下：

$M=$ 表中系数 $\times ql^2$；

$V=$ 表中系数 $\times ql$；

$f=$ 表中系数 $\times \dfrac{ql^4}{100EI}$。

(2)在集中荷载作用下：

$M=$ 表中系数 $\times Pl$；

$V=$ 表中系数 $\times P$；

$f=$ 表中系数 $\times \dfrac{Pl^3}{100EI}$。

三跨连续梁计算表(均布荷载) 表 E.2-2

荷载图	跨内最大弯矩		支座弯矩		剪力				跨度中点挠度		
	M_1	M_2	M_B	M_C	V_A	$V_{B左}$ $V_{B右}$	$V_{C左}$ $V_{C右}$	V_D	f_1	f_2	f_3
	0.080	0.025	−0.100	−0.100	0.400	−0.600 0.500	−0.500 0.600	−0.400	0.677	0.052	0.677
	0.101	—	−0.050	−0.050	0.450	−0.550 0	0 0.550	−0.450	0.990	−0.625	0.990

573

荷载图	跨内最大弯矩		支座弯矩		剪力				跨度中点挠度		
	M_1	M_2	M_B	M_C	V_A	$V_{B左}$ / $V_{B右}$	$V_{C左}$ / $V_{C右}$	V_D	f_1	f_2	f_3
	—	0.075	−0.050	−0.050	−0.050	−0.050 / 0.500	−0.500 / 0.050	0.050	−0.313	0.677	−0.313
	0.073	0.054	−0.117	−0.033	0.383	−0.617 / 0.583	−0.417 / 0.033	0.033	0.573	0.365	−0.208
	0.094	—	−0.067	0.017	0.433	−0.567 / 0.083	0.083 / −0.017	−0.017	0.885	−0.313	0.104

三跨连续梁计算表（集中荷载） 表 E.2-3

荷载图	跨内最大弯矩		支座弯矩		剪力				跨度中点挠度		
	M_1	M_2	M_B	M_C	V_A	$V_{B左}$ / $V_{B右}$	$V_{C左}$ / $V_{C右}$	V_D	f_1	f_2	f_3
	0.175	0.100	−0.150	−0.150	0.350	−0.650 / 0.500	−0.500 / 0.650	−0.350	1.146	0.208	1.145
	0.213	—	−0.075	−0.075	0.425	−0.575 / 0	0 / 0.575	−0.425	1.615	−0.937	1.615
	—	0.175	−0.075	−0.075	−0.075	−0.075 / 0.500	−0.500 / 0.075	0.075	−0.469	1.146	−0.460
	0.162	0.137	−0.175	−0.050	0.325	−0.675 / 0.625	−0.375 / 0.050	0.050	0.990	0.677	−0.322
	0.200	—	−0.100	0.025	0.400	−0.600 / 0.125	0.125 / −0.025	−0.025	1.458	−0.469	0.156
	0.244	0.067	−0.27	−0.267	0.733	−1.267 / 1.000	−1.000 / 1.267	−0.733	1.883	0.216	1.883
	0.289	—	−0.133	−0.133	0.866	−1.134 / 0	0 / 1.134	−0.866	2.716	−1.667	2.716
	—	0.200	−0.133	−0.133	−0.133	−0.133 / 1.000	−1.000 / 0.133	0.133	−0.833	1.883	−0.833
	0.229	0.170	−0.311	−0.089	0.689	−1.311 / 1.222	−0.778 / 0.089	0.089	1.605	1.049	−0.556
	0.274	—	−0.178	0.044	0.822	−1.178 / 0.222	0.222 / −0.044	−0.044	2.438	−0.833	0.278

E.3 各种边界条件下轴心受压杆计算长度

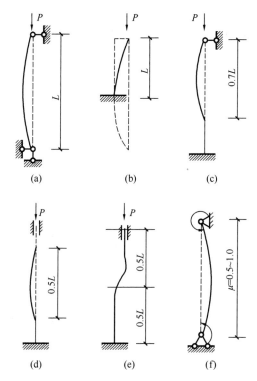

图 E.3 各种边界条件下中心受压杆计算长度
(a) 两端铰;(b) 一端固定;(c) 一端固定,一端铰接;(d) 两端固定;
(e) 两端固定,可横向位移;(f) 两端弹性固定

附录 F 钢构件轴心受压稳定系数

F.1 脚手架钢管及冷弯薄壁型钢构件轴心受压稳定系数

Q235 钢管及冷弯薄壁钢构件轴心受压稳定系数 φ 表 F.1-1

λ	0	1	2	3	4	5	6	7	8	9
0	1.000	0.997	0.995	0.992	0.989	0.987	0.984	0.981	0.979	0.976
10	0.974	0.971	0.968	0.966	0.963	0.960	0.958	0.955	0.952	0.949
20	0.947	0.944	0.941	0.938	0.936	0.933	0.930	0.927	0.924	0.921
30	0.918	0.915	0.912	0.909	0.906	0.903	0.899	0.896	0.893	0.889
40	0.886	0.882	0.879	0.875	0.872	0.868	0.864	0.861	0.858	0.855
50	0.852	0.849	0.846	0.843	0.839	0.836	0.832	0.829	0.825	0.822
60	0.818	0.814	0.810	0.806	0.802	0.797	0.793	0.789	0.784	0.779
70	0.775	0.770	0.765	0.760	0.755	0.750	0.744	0.739	0.733	0.728

续表

λ	0	1	2	3	4	5	6	7	8	9
80	0.722	0.716	0.710	0.704	0.698	0.692	0.686	0.680	0.673	0.667
90	0.661	0.654	0.648	0.641	0.634	0.626	0.618	0.611	0.603	0.595
100	0.588	0.580	0.573	0.566	0.558	0.551	0.544	0.537	0.530	0.523
110	0.516	0.509	0.502	0.496	0.489	0.483	0.476	0.470	0.464	0.458
120	0.452	0.446	0.440	0.434	0.428	0.423	0.417	0.412	0.406	0.401
130	0.396	0.391	0.386	0.381	0.376	0.371	0.367	0.362	0.357	0.353
140	0.349	0.344	0.340	0.336	0.332	0.328	0.324	0.320	0.316	0.312
150	0.308	0.305	0.301	0.298	0.294	0.291	0.287	0.284	0.281	0.277
160	0.274	0.271	0.268	0.265	0.262	0.259	0.256	0.253	0.251	0.248
170	0.245	0.243	0.240	0.237	0.235	0.232	0.230	0.227	0.225	0.223
180	0.220	0.218	0.216	0.214	0.211	0.209	0.207	0.205	0.203	0.201
190	0.199	0.197	0.195	0.193	0.191	0.189	0.188	0.186	0.184	0.182
200	0.180	0.179	0.177	0.175	0.174	0.172	0.171	0.169	0.167	0.166
210	0.164	0.163	0.161	0.160	0.159	0.157	0.156	0.154	0.153	0.152
220	0.150	0.149	0.148	0.146	0.145	0.144	0.143	0.141	0.140	0.139
230	0.138	0.137	0.136	0.135	0.133	0.132	0.131	0.130	0.129	0.128
240	0.127	0.126	0.125	0.124	0.123	0.122	0.121	0.120	0.119	0.118
250	0.117	—	—	—	—	—	—	—	—	—

Q345 钢管及冷弯薄壁钢构件轴心受压稳定系数 φ　　　　表 F.1-2

λ	0	1	2	3	4	5	6	7	8	9
0	1.000	0.997	0.994	0.991	0.988	0.985	0.982	0.979	0.976	0.973
10	0.971	0.968	0.965	0.962	0.959	0.956	0.952	0.949	0.946	0.943
20	0.940	0.937	0.934	0.930	0.927	0.924	0.920	0.917	0.913	0.909
30	0.906	0.902	0.898	0.894	0.890	0.886	0.882	0.878	0.874	0.870
40	0.867	0.864	0.860	0.857	0.853	0.843	0.845	0.841	0.837	0.833
50	0.829	0.824	0.819	0.815	0.810	0.805	0.800	0.794	0.789	0.783
60	0.777	0.771	0.765	0.759	0.752	0.746	0.739	0.732	0.725	0.718
70	0.710	0.703	0.695	0.688	0.680	0.672	0.664	0.656	0.648	0.640
80	0.632	0.623	0.615	0.607	0.599	0.591	0.583	0.574	0.566	0.558
90	0.550	0.542	0.535	0.527	0.519	0.512	0.504	0.497	0.489	0.482
100	0.475	0.467	0.460	0.458	0.445	0.438	0.431	0.424	0.418	0.411
110	0.405	0.398	0.392	0.386	0.380	0.375	0.369	0.363	0.358	0.352
120	0.347	0.342	0.337	0.332	0.327	0.322	0.318	0.313	0.309	0.304
130	0.300	0.296	0.292	0.288	0.284	0.280	0.276	0.272	0.269	0.265
140	0.261	0.258	0.255	0.251	0.248	0.245	0.242	0.238	0.235	0.232

λ	0	1	2	3	4	5	6	7	8	9
150	0.229	0.227	0.224	0.221	0.218	0.216	0.213	0.210	0.208	0.205
160	0.203	0.201	0.198	0.196	0.194	0.191	0.189	0.187	0.185	0.183
170	0.181	0.179	0.177	0.175	0.173	0.171	0.169	0.167	0.165	0.163
180	0.162	0.160	0.158	0.157	0.155	0.153	0.152	0.150	0.149	0.147
190	0.146	0.144	0.143	0.141	0.140	0.138	0.137	0.136	0.134	0.133
200	0.132	0.130	0.129	0.128	0.127	0.126	0.124	0.123	0.122	0.121
210	0.120	0.119	0.118	0.116	0.115	0.114	0.113	0.112	0.111	0.110
220	0.109	0.108	0.107	0.106	0.106	0.105	0.104	0.103	0.101	0.101
230	0.100	0.099	0.098	0.098	0.097	0.096	0.095	0.094	0.094	0.093
240	0.092	0.091	0.091	0.090	0.089	0.088	0.088	0.087	0.086	0.086
250	0.085	—	—	—	—	—	—	—	—	—

F.2　钢构件轴心受压稳定系数

F.2.1　轴心受压钢构件截面分类

轴心受压钢构件截面分类（板厚 $t < 40\text{mm}$）　　表 F.2.1-1

截　面　形　式	对 x 轴	对 y 轴
轧制	a 类	a 类
轧制，$b/h \leqslant 0.8$	a 类	b 类
轧制，$b/h > 0.8$　　焊接，翼缘为焰切边　　焊接 轧制　　　轧制等边角钢	b 类	b 类

截 面 形 式		对 x 轴	对 y 轴
轧制，焊接（板件宽厚比＞20）	轧制或焊接		
焊接	轧制截面和翼缘为焰切边的焊接截面	b 类	b 类
格构式	焊接，板件边缘焰切		
焊接，翼缘为轧制或剪切边		b 类	c 类
焊接，板件边缘轧制或剪切	焊接，板件宽厚比≤20	c 类	c 类

轴心受压钢构件截面分类（板厚 $t \geqslant 40\text{mm}$） 表 F. 2. 1-2

截 面 形 式		对 x 轴	对 y 轴
轧制工字形或 H 形截面	$t<80\text{mm}$	b 类	c 类
	$t \geqslant 80\text{mm}$	c 类	d 类
焊接工字形截面	翼缘为焰切边	b 类	b 类
	翼缘为轧制或剪切边	c 类	d 类
焊接箱形截面	板件宽厚比＞20	b 类	b 类
	板件宽厚比≤20	c 类	c 类

F. 2. 2 轴心受压钢构件的稳定系数

a 类截面轴心受压钢构件的稳定系数 φ 表 F. 2. 2-1

$\lambda\sqrt{\dfrac{f_{yk}}{235}}$	0	1	2	3	4	5	6	7	8	9
0	1.000	1.000	1.000	1.000	0.999	0.999	0.998	0.998	0.997	0.996
10	0.995	0.994	0.993	0.992	0.991	0.989	0.988	0.986	0.985	0.983
20	0.981	0.979	0.977	0.976	0.974	0.972	0.970	0.968	0.966	0.964
30	0.963	0.961	0.959	0.957	0.954	0.952	0.950	0.948	0.946	0.944
40	0.941	0.939	0.937	0.934	0.932	0.929	0.927	0.924	0.921	0.918
50	0.916	0.913	0.910	0.907	0.903	0.900	0.897	0.893	0.890	0.886
60	0.883	0.879	0.875	0.871	0.867	0.862	0.858	0.854	0.849	0.844
70	0.839	0.834	0.829	0.824	0.818	0.813	0.807	0.801	0.795	0.789
80	0.783	0.776	0.770	0.763	0.756	0.749	0.742	0.735	0.728	0.721
90	0.713	0.706	0.698	0.691	0.683	0.676	0.668	0.660	0.653	0.645
100	0.637	0.630	0.622	0.614	0.607	0.599	0.592	0.584	0.577	0.569
110	0.562	0.555	0.548	0.541	0.534	0.527	0.520	0.513	0.507	0.500
120	0.494	0.487	0.481	0.475	0.469	0.463	0.457	0.451	0.445	0.439
130	0.434	0.428	0.423	0.417	0.412	0.407	0.402	0.397	0.392	0.387
140	0.382	0.378	0.373	0.368	0.364	0.360	0.355	0.351	0.347	0.343
150	0.339	0.335	0.331	0.327	0.323	0.319	0.316	0.312	0.308	0.305

$\lambda\sqrt{\dfrac{f_{yk}}{235}}$	0	1	2	3	4	5	6	7	8	9
160	0.302	0.298	0.295	0.292	0.288	0.285	0.282	0.279	0.276	0.273
170	0.270	0.267	0.264	0.261	0.259	0.256	0.253	0.250	0.248	0.245
180	0.243	0.240	0.238	0.235	0.233	0.231	0.228	0.226	0.224	0.222
190	0.219	0.217	0.215	0.213	0.211	0.209	0.207	0.205	0.203	0.201
200	0.199	0.197	0.196	0.194	0.192	0.190	0.188	0.187	0.185	0.183
210	0.182	0.180	0.178	0.177	0.175	0.174	0.172	0.171	0.169	0.168
220	0.166	0.165	0.163	0.162	0.161	0.159	0.158	0.157	0.155	0.154
230	0.153	0.151	0.150	0.149	0.148	0.147	0.145	0.144	0.143	0.142
240	0.141	0.140	0.139	0.137	0.136	0.135	0.134	0.133	0.132	0.131
250	0.130	—	—	—	—	—	—	—	—	—

b 类截面轴心受压钢构件的稳定系数 φ　　　　　表 F.2.2-2

$\lambda\sqrt{\dfrac{f_{yk}}{235}}$	0	1	2	3	4	5	6	7	8	9
0	1.000	1.000	1.000	0.999	0.999	0.998	0.997	0.996	0.995	0.994
10	0.992	0.991	0.989	0.987	0.985	0.983	0.981	0.978	0.976	0.973
20	0.970	0.967	0.963	0.960	0.957	0.953	0.950	0.946	0.943	0.939
30	0.936	0.932	0.929	0.925	0.921	0.918	0.914	0.910	0.906	0.903
40	0.899	0.895	0.891	0.886	0.882	0.878	0.874	0.870	0.865	0.861
50	0.856	0.852	0.847	0.842	0.837	0.833	0.828	0.823	0.818	0.812
60	0.807	0.802	0.796	0.791	0.785	0.780	0.774	0.768	0.762	0.757
70	0.751	0.745	0.738	0.732	0.726	0.720	0.713	0.707	0.701	0.694
80	0.687	0.681	0.674	0.668	0.661	0.654	0.648	0.641	0.634	0.628
90	0.621	0.614	0.607	0.601	0.594	0.587	0.581	0.574	0.568	0.561
100	0.555	0.548	0.542	0.535	0.529	0.523	0.517	0.511	0.504	0.498
110	0.492	0.487	0.481	0.475	0.469	0.464	0.458	0.453	0.447	0.442
120	0.436	0.431	0.426	0.421	0.416	0.411	0.406	0.401	0.396	0.392
130	0.387	0.383	0.378	0.374	0.369	0.365	0.361	0.357	0.352	0.348
140	0.344	0.340	0.337	0.333	0.329	0.325	0.322	0.318	0.314	0.311
150	0.308	0.304	0.301	0.297	0.294	0.291	0.288	0.285	0.282	0.279
160	0.276	0.273	0.270	0.267	0.264	0.262	0.259	0.256	0.253	0.251
170	0.248	0.246	0.243	0.241	0.238	0.236	0.234	0.231	0.229	0.227
180	0.225	0.222	0.220	0.218	0.216	0.214	0.212	0.210	0.208	0.206
190	0.204	0.202	0.200	0.198	0.196	0.195	0.193	0.191	0.189	0.188
200	0.186	0.184	0.183	0.181	0.179	0.178	0.176	0.175	0.173	0.172
210	0.170	0.169	0.167	0.166	0.164	0.163	0.162	0.160	0.159	0.158
220	0.156	0.155	0.154	0.152	0.151	0.150	0.149	0.147	0.146	0.145
230	0.144	0.143	0.142	0.141	0.139	0.138	0.137	0.136	0.135	0.134
240	0.133	0.132	0.131	0.130	0.129	0.128	0.127	0.126	0.125	0.124
250	0.123	—	—	—	—	—	—	—	—	—

c 类截面轴心受压钢构件的稳定系数 φ　　　　　　　　　　表 F. 2. 2-3

$\lambda\sqrt{\dfrac{f_{yk}}{235}}$	0	1	2	3	4	5	6	7	8	9
0	1.000	1.000	1.000	0.999	0.999	0.998	0.997	0.996	0.995	0.993
10	0.992	0.990	0.988	0.986	0.983	0.981	0.978	0.976	0.973	0.970
20	0.966	0.959	0.953	0.947	0.940	0.934	0.928	0.921	0.915	0.909
30	0.902	0.896	0.890	0.883	0.877	0.871	0.865	0.858	0.852	0.845
40	0.839	0.833	0.826	0.820	0.813	0.807	0.800	0.794	0.787	0.781
50	0.774	0.768	0.761	0.755	0.748	0.742	0.735	0.728	0.722	0.715
60	0.709	0.702	0.695	0.689	0.682	0.675	0.669	0.662	0.656	0.649
70	0.642	0.636	0.629	0.623	0.616	0.610	0.603	0.597	0.591	0.584
80	0.578	0.572	0.565	0.559	0.553	0.547	0.541	0.535	0.529	0.523
90	0.517	0.511	0.505	0.499	0.494	0.488	0.483	0.477	0.471	0.467
100	0.462	0.458	0.453	0.449	0.445	0.440	0.436	0.432	0.427	0.423
110	0.419	0.415	0.411	0.407	0.402	0.398	0.394	0.390	0.386	0.383
120	0.379	0.375	0.371	0.367	0.363	0.360	0.356	0.352	0.349	0.345
130	0.342	0.338	0.335	0.332	0.328	0.325	0.322	0.318	0.315	0.312
140	0.309	0.306	0.303	0.300	0.297	0.294	0.291	0.288	0.285	0.282
150	0.279	0.277	0.274	0.271	0.269	0.266	0.263	0.261	0.258	0.256
160	0.253	0.251	0.248	0.246	0.244	0.241	0.239	0.237	0.235	0.232
170	0.230	0.228	0.226	0.224	0.222	0.220	0.218	0.216	0.214	0.212
180	0.210	0.208	0.206	0.204	0.203	0.201	0.199	0.197	0.195	0.194
190	0.192	0.190	0.189	0.187	0.185	0.184	0.182	0.181	0.179	0.178
200	0.176	0.175	0.173	0.172	0.170	0.169	0.167	0.166	0.165	0.163
210	0.162	0.161	0.159	0.158	0.157	0.155	0.154	0.153	0.152	0.151
220	0.149	0.148	0.147	0.146	0.145	0.144	0.142	0.141	0.140	0.139
230	0.138	0.137	0.136	0.135	0.134	0.133	0.132	0.131	0.130	0.129
240	0.128	0.127	0.126	0.125	0.124	0.123	0.123	0.122	0.121	0.120
250	0.119	—	—	—	—	—	—	—	—	—

d 类截面轴心受压钢构件的稳定系数 φ　　　　　　　　　　表 F. 2. 2-4

$\lambda\sqrt{\dfrac{f_{yk}}{235}}$	0	1	2	3	4	5	6	7	8	9
0	1.000	1.000	0.999	0.999	0.998	0.996	0.994	0.992	0.990	0.987
10	0.984	0.981	0.978	0.974	0.969	0.965	0.960	0.955	0.949	0.944
20	0.937	0.927	0.918	0.909	0.900	0.891	0.883	0.874	0.865	0.857
30	0.848	0.840	0.831	0.823	0.815	0.807	0.798	0.790	0.782	0.774
40	0.766	0.758	0.751	0.743	0.735	0.727	0.720	0.712	0.705	0.697
50	0.690	0.682	0.675	0.668	0.660	0.653	0.646	0.639	0.632	0.625
60	0.618	0.611	0.605	0.598	0.591	0.585	0.578	0.571	0.565	0.559
70	0.552	0.546	0.540	0.534	0.528	0.521	0.516	0.510	0.504	0.498
80	0.492	0.487	0.481	0.476	0.470	0.465	0.459	0.454	0.449	0.444
90	0.439	0.434	0.429	0.424	0.419	0.414	0.409	0.405	0.401	0.397
100	0.393	0.390	0.386	0.383	0.380	0.376	0.373	0.369	0.366	0.363

$\lambda\sqrt{\dfrac{f_{yk}}{235}}$	0	1	2	3	4	5	6	7	8	9
110	0.359	0.356	0.353	0.350	0.346	0.343	0.340	0.337	0.334	0.331
120	0.328	0.325	0.322	0.319	0.316	0.313	0.310	0.307	0.304	0.301
130	0.298	0.296	0.293	0.290	0.288	0.285	0.282	0.280	0.277	0.275
140	0.272	0.270	0.267	0.265	0.262	0.260	0.257	0.255	0.253	0.250
150	0.248	0.246	0.244	0.242	0.239	0.237	0.235	0.233	0.231	0.229
160	0.227	0.225	0.223	0.221	0.219	0.217	0.215	0.213	0.211	0.210
170	0.208	0.206	0.204	0.202	0.201	0.199	0.197	0.196	0.194	0.192
180	0.191	0.189	0.187	0.186	0.184	0.183	0.181	0.180	0.178	0.177
190	0.175	0.174	0.173	0.171	0.170	0.168	0.167	0.166	0.164	0.163
200	0.162	—	—	—	—	—	—	—	—	—

附录 G　脚手架力学性能试验方法

G. 1　构配件力学性能试验方法

G. 1. 1　试验所用的液压式万能材料试验机和百分表的精度应为±1％，测力式扭矩扳手精度应为±5％。

G. 1. 2　构配件强度试验时，加荷速度应小于 400N/s。

G. 1. 3　脚手架构配件应按下列步骤进行试验：

1　试件尺寸测量。需作标定的，在试件上做出标记。

2　夹持试件。将试件直接夹持在试验设备或设施上，当试件不能直接夹持时，采用适宜的试验工装夹持。

3　检查试验设备。检查试验设备运转情况，确认试验设备运转正常。

4　加载。按等增量法进行均匀、缓慢加载，直至构配件失去承载能力。

5　记录。

6　数据整理、分析。确认有效数据，在对有效检测数据统计分析的基础上判定检测最终结果。

7　试验报告。

G. 1. 4　对金属类构件试验，每组试验所取试件的数量不应少于 3 个单体试件，有效数据和检测结论的判定应符合下列规定：

1　当单个试件检测结果与该组试件平均值的偏差小于或等于±10％时，应取该组 3个单体试件的检测结果为有效数据，并应取有效数据的最小值为该构件的极限承载力值。

2　当单个试件检测结果与该组试件平均值的偏差大于±10％时，应加倍取样试验；在两组试件的检测结果中，去掉超过两组检测数据平均值±10％部分，取两组剩余部分各单体试件的检测结果为有效数据，并应取有效数据的最小值为该构件的极限承载力值。

G. 1. 5　对木质、竹质类构件试验，每组试验所取试件的数量不应少于 10 个单体试件，有效数据和检测结论的判定应符合下列规定：

1　当单个试件检测结果与该组试件平均值的偏差小于或等于±30％时，应取该组 10个单体试件的检测结果为有效数据，并应按所检测批次试件强度平均值减 1.645 倍强度标准差确定该构件的极限承载力值。

2 当单个试件检测结果与该组试件平均值的偏差大于±30%时，应加倍取样试验；在两组试件的检测结果中，去掉超过两组检测数据平均值±30%部分，取两组剩余部分试件的检测结果为有效数据，并应按所检测批次试件强度平均值减1.645倍强度标准差确定该构件的极限承载力值。

G.1.6 脚手架立杆与水平杆连接节点力学性能试验，应符合下列要求：

1 竖向抗压承载力试验应取立杆与水平杆连接节点（图G.1.6-1）进行竖向极限抗压承载力试验。应按下列方法进行试验：

1）可选择万能材料试验机为检测设备；

2）应采用定型试验工装将试件夹持在试验机上；

3）应等速施加荷载。荷载由0kN增加，当荷载增加至节点竖向抗压承载力设计值时，观察节点连接件应无塑性变形、无滑移、无破坏；继续增加荷载，直至连接件破坏，记录极限压力值 R_u。

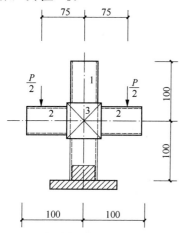

图G.1.6-1 竖向极限抗压承载力试验示意图
1—立杆；2—水平杆；3—连接件

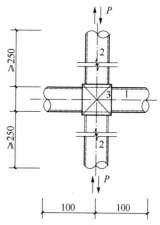

图G.1.6-2 水平杆轴向拉、压力试验示意图
1—立杆；2—水平杆；3—连接件

2 水平杆轴向拉力、压力试验应取立杆与水平杆连接节点（图G.1.6-2）分别进行水平杆轴向极限抗拉承载力和极限抗压承载力试验。应按下列方法进行试验：

1）应对试件尺寸进行测量，抗拉试验应计入水平杆的钳口夹持长度；

2）应选择万能材料试验机为检测设备；

3）将试件水平杆两端夹持在万能试验机的钳口上。抗拉试验时，钢管夹持段可压扁或插入直径与钢管内径相当的圆钢棒；

4）应等速施加荷载，荷载由0kN增加，当水平杆上的拉（压）力增加至节点水平向抗拉（压）承载力设计值时，观察节点连接件应无塑性变形、无滑移、无破坏；继续增加荷载，直至连接件失去承载能力，记录极限拉（压）力值 R_u。

3 转动刚度试验应取立杆与水平杆连接节点（图G.1.6-3）进行转动刚度试验。应按下列方法进行试验：

1）水平杆长度应大于1000mm；

2）将立杆上下端固定牢固，使立杆垂直，立杆与水平杆夹角应为90°；

3）测量出水平杆至立杆中心 1000mm 的位置，并应做好标记；

4）在水平杆标记点的位置依次悬挂砝码 P，在预加砝码 P 为 20N 时，应将测量仪表调至零点，第一级加砝码 80N，然后每次增加砝码 100N，并应分别记录每次悬挂砝码后水平杆标记点处的下沉位移累计值，直至节点连接件严重变形，失去承载能力；

5）绘制扭矩——转角位移曲线图，应取曲线图直线段正切值的 2 倍为节点转动刚度标准值（图 G.1.6-4）。

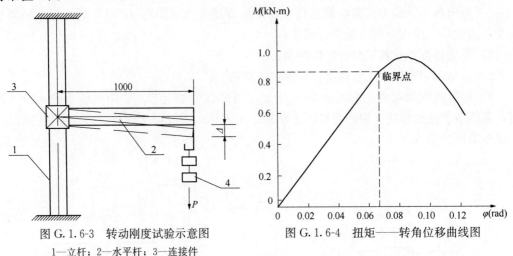

图 G.1.6-3　转动刚度试验示意图

1—立杆；2—水平杆；3—连接件

图 G.1.6-4　扭矩——转角位移曲线图

G.1.7　脚手架立杆对接连接节点力学性能试验方法应符合下列要求：

1　抗拉强度试验应取立杆对接连接节点（图 G.1.7-1）进行极限抗拉承载力试验。应按下列方法进行试验：

1）应对试件尺寸进行测量，测量时应计入立杆的钳口夹持长度；

2）将试件夹持在万能材料试验机的钳口上；

3）应等速施加荷载。拉力 P 由 0kN 增加，当 $P＝15$kN 时，对接杆件应无滑移；继续增加荷载 P 值，直至破坏，记录极限拉力值 R_u。

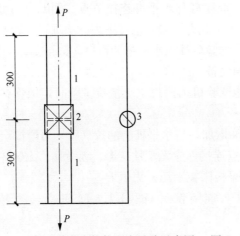

图 G.1.7-1　立杆对接节点抗拉强度试验示意图

1—立杆；2—连接件；3—百分表

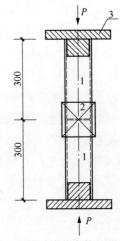

图 G.1.7-2　立杆对接节点抗压强度试验示意图

1—立杆；2—连接件；3—工装

2　抗压强度试验应取立杆对接连接节点（图 G.1.7-2）进行极限抗压承载力试验。应按下列方法进行试验：

1）应对试件尺寸进行测量；

2）采用试验工装将试件夹持在万能试验机上；

3）应等速施加荷载。压力 P 由 0kN 增加，当 P 增加至立杆抗压承载力设计值时，节点连接件应无塑性变形；继续增加 P 值，直至破坏，记录极限压力值 R_u。

3　抗压稳定承载力试验应取立杆对接连接节点（图 G.1.7-3）进行抗压稳定极限承载力试验。应按下列方法进行试验：

1）应对试件尺寸进行测量；

2）采用试验工装将试件夹持在万能试验机上；

3）应等速施加荷载；压力 P 由 0kN 增加，直至破坏，记录极限压力值 R_u。

G.1.8　扣件式钢管脚手架杆件连接节点的试验方法应符合现行国家标准《钢管脚手架扣件》GB 15831 的规定。

G.1.9　工具式连墙件力学性能试验方法应符合下列要求：

1　抗拉强度试验应取连墙件（图 G.1.9-1）进行抗极限拉承载力试验。应按下列方法进行试验：

1）应采用试验工装将试件夹持在万能试验机的钳口上；

2）应在连墙杆与被连接件之间夹角为 180° 时，等速施加拉伸荷载。P 由 0kN 增加至 10kN，完全卸荷后，再由 0kN 继续增加，直至连墙件破坏，记录极限拉力值 R_u。

2　抗压稳定承载力试验应取连墙件（图 G.1.9-2）进行极限抗压承载力试验。应按下列方法进行试验：

图 G.1.7-3　立杆对接节点抗压
稳定承载力试验示意图
1—立杆；2—连接件；3—百分表

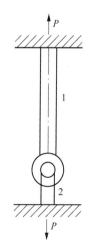

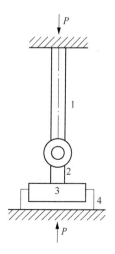

图 G.1.9-1　连墙件抗拉强度试验示意图　　图 G.1.9-2　连墙件抗压试验示意图
　　1—连墙杆；2—被连接件　　　　　1—连墙杆；2—被连接件；3—工装；4—加压板

　　1）应采用试验工装将试件夹持在万能试验机的钳口上；

　　2）应在连墙杆为最大使用长度，并与被连接件之间夹角为 180° 时，等速施加压缩荷载。P 由 0kN 增加至 10kN，完全卸荷后，再由 0kN 继续增加，直至连墙件破坏。记录极限压力值 R_u。

　　G.1.10　可调底座应进行极限抗压承载力试验。应按下列方法进行试验：

　　1　用刀口支承、刀口座、立杆钢管和可调底座组成试件（图 G.1.10）。

　　2　将可调底座调节至最大使用高度，在中心线上施加等速压缩荷载 P。

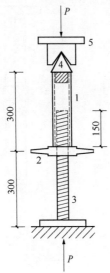 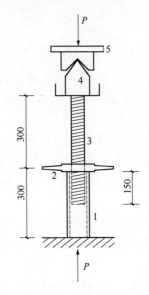

图 G.1.10　可调底座抗压强度试验示意图　　　　图 G.1.11　可调托座抗压强度试验示意图
1—钢管；2—调节螺母；3—调节螺杆；　　　　1—钢管；2—调节螺母；3—调节螺杆；
4—刀口支承；5—刀口座　　　　　　　　　　4—刀口支撑；5—刀口座

　　3　P 由 0kN 增加至 40kN，完全卸荷后，再由 0kN 继续增加，直至试件破坏。记录极限压力值 R_u。

　　G.1.11　可调托座应进行极限抗压承载力试验。应按下列方法进行试验：

　　1　用刀口支承、刀口座、立杆钢管和可调托座组成试件（图 G.1.11）。

　　2　将可调托痤调节到最大使用高度，在中心线上施加等速压缩荷载 P。

　　3　P 由 0kN 增加至 40kN，完全卸荷后，再由 0kN 继续增加，直至试件破坏。记录极限压力值 R_u。

G.2　架体结构力学性能试验方法

　　G.2.1　脚手架结构试验宜采用立杆中心传力的方式传递荷载，可采用专用试验机、分配梁千斤顶装置、堆载等适合的方法加载。加载装置不应对试验架体的变形产生约束。

　　G.2.2　脚手架结构试验时，试验架体的构造应按试验方案搭设，各类杆件、构配件的安装固定应符合本标准和脚手架相关的国家现行标准的规定。

　　G.2.3　脚手架结构试验应按下列步骤进行：

1 编制试验方案。

2 选择试验场地、设备。

3 随机抽取搭设试验架体的材料、构配件，对其进行尺寸测量并记录。

4 搭设试验架体，当进行脚手架足尺结构试验时，按脚手架的构造不同而分别搭设，并分别进行试验。

5 对试验架体尺寸进行测量，并做好位移变形标记。

6 安装加载装置和试验数据采集、传递、存储系统。

7 采用分级加荷的方法加载，观察每级荷载施加后试验架体的变形情况，并依次记录，直至试验架体失稳破坏，记录试验架体的极限承载力值。

8 确认有效数据，对试验数据整理、分析，并得出架体结构设计承载力值。

9 试验报告。

G.2.4 在进行脚手架结构试验时，应逐级加荷，每级荷载值宜为架体极限承载力的 1/10，每级荷载持荷时间不应少于 5min；当加荷至临界荷载的前两级荷载时，应减半加荷。每级荷载加荷速度宜控制在 20kN/min～40kN/min 之间。

G.2.5 落地作业脚手架和支撑脚手架的结构试验，应符合下列规定：

1 应先进行一组脚手架 A 类单元结构试验，得出脚手架 A 类单元结构单立杆极限承载力值、标准值。

2 落地作业脚手架应按步距的不同划分为若干个试验组，每个试验组至少进行一组 B 类单元结构试验，应得出相应立杆极限承载力值；并应将 B 类单元结构试验结果与至少一个作业脚手架足尺结构试验结果进行对比分析，判定检测结论。

3 支撑脚手架结构试验应按步距的不同划分为若干个试验组，每个试验组应至少进行一组 C 类单元结构试验，应得出相应立杆极限承载力值，并应将 C 类单元结构试验结果与至少一个支撑脚手架足尺结构试验结果进行对比分析，判定检测结论。

4 对每组单元结构试验，应搭设相同的 3 个单元结构架体进行试验，当某个单体试验数据与该组试验数据平均值的偏差小于或等于±10％时，应取各单体试验结果为有效数据，并应取该组试验数据的平均值作为该种类（该步距）脚手架立杆的承载力极限值。

当某个单体试验数据与该组试验数据平均值的偏差大于±10％时，应适当增加相同单元结构架体的试验数量；在去掉单体试验数据超过该组试验数据平均值的±10％部分后，应取剩余 3 个单体试验数据为有效数据，并应取有效数据的平均值作为该种类（该步距）脚手架立杆的承载力极限值。

G.2.6 脚手架 A 类单元结构试验方法步骤应符合下列规定：

1 应采用 4 根待试验脚手架立杆，应按（图 G.2.6）搭设 A 类单元结构试验架体。其步距应与实际架体的步距相同，底部宜设可调底座，立杆垂直度偏差不应超过架体高度的 1/300，且不应大于立杆直径。

2 对试验架体结构尺寸应进行测量。

3 应安装加载装置和检测数据采集、传递、存储系统。

4 应采用分级、匀速的加载方式对 4 根立杆施加等量荷载，直至试验架体破坏，记录极限承载力值 R_u。

5 应按极限承载力值计算出 A 类单元结构试验架体单立杆稳定承载力设计值、标准值。

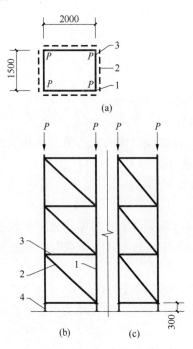

图 G.2.6　A 系列单元结构试验示意图
(a) 平面图；(b) 前视图；(c) 左视图
1—立杆；2—斜撑杆；3—水平杆；
4—可调底座

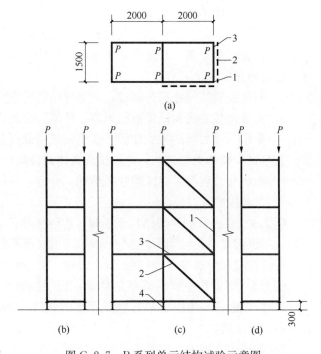

图 G.2.7　B 系列单元结构试验示意图
(a) 平面图；(b) 左视图；(c) 前视图；(d) 右视图
1—立杆；2—斜撑杆；3—水平杆；
4—可调底座

G.2.7　脚手架 B 类单元结构试验方法步骤应符合下列规定：

1　应采用 6 根待试验脚手架立杆，应按（图 G.2.7）搭设 B 类单元结构试验架体。其步距应与实际架体的步距相同，底部宜设可调底座。立杆垂直度偏差不应超过架体高度的 1/300，且不应超过立杆直径。

2　对试验架体结构尺寸应进行测量。

3　应安装加载装置和检测数据采集、传递、存储系统。

4　应采用分级、匀速的加载方式对 6 根立杆施加等量荷载，当 6 根立杆均匀加载至 A 类单元结构试验架体单立杆承载力标准值时，应停止加载 2min，观察试验架体的变化；继续对中间 2 根立杆加载，直至破坏。应记录中间 2 根立杆的极限承载力值 R_u。

5　应取中间两根立杆的极限承载力平均值作为 B 类单元结构试验架体的单立杆极限承载力值。

G.2.8　脚手架 C 类单元结构试验方法步骤应符合下列规定。

1　应采用 9 根待试验脚手架立杆，应按（图 G.2.8）搭设 C 类单元结构试验架体。其试验架体步距应与实际架体的步距相同，底部宜设可调底座。立杆垂直度偏差不应超过架体高度的 1/300，且不应超过立杆直径。

2　对试验架体尺寸应进行测量。

3　应安装加载装置和检测数据采集、传递、存储系统。

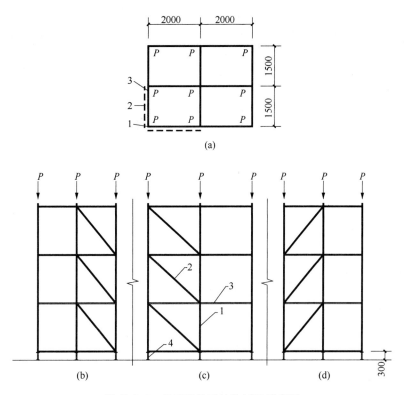

图 G.2.8　C 系列单元结构试验示意图

（a）平面图；（b）左视图；（c）前视图；（d）右视图

1—立杆；2—斜撑杆；3—水平杆；4—可调底座

4　应采用分级、匀速的加载方式对 9 根立杆施加等量荷载，当 9 根立杆均匀加载至 A 类单元结构试验架体单立杆承载力标准值时，应停止加载 2min，观察试验架体变化；继续对中间立杆加载，直至破坏。应记录中间立杆极限承载力值 R_u。

5　取中间立杆的极限承载力值作为 C 类单元结构试验架体的单立杆极限承载力值。

G.2.9　作业脚手架足尺结构试验应选取典型结构单元架体进行试验，宜对比分析连墙件不同设置方式、架体不同构造设置时的极限承载力值，试验架体的搭设应符合下列要求：

1　高度不应少于 6 步；纵向长度不应少于 3 跨。

2　连墙件宜分别按 3 步 3 跨、2 步 3 跨设置。

3　纵、横向水平杆应按步设置，并可在架体外侧设竖向剪刀撑或竖向斜撑杆。

4　在底层立杆上应设纵向扫地杆和横向封口杆。

G.2.10　在施工过程中，需对作业脚手架进行结构试验时，可选用单跨、3 步～6 步高的架体进行试验。

G.2.11　支撑脚手架足尺结构试验可选取典型结构单元进行试验，宜对比分析架体在不同高宽比、不同步距、不同构造设置时的极限承载力值，应符合下列要求：

1　可选取一个或多个典型稳定结构单元做为试验架体。

2　架体纵向、横向的立杆数量宜分别为偶数，架体的高度（步数）可根据试验方案选择。

3　架体的纵向长度宜为 3 跨～7 跨（单数跨），且不宜小于 3m；横向宽度不宜少于 2 跨。

4　架体外侧周边应布设竖向剪刀撑或竖向斜杆；在底部立杆上设纵向和横向扫地杆。

5　高支撑脚手架试验架体的高度不应小于 10m。

6　当在立杆上设置可调底座或可调托座时，其可调部分伸出长度不宜大于 300mm。

G. 2. 12　脚手架结构试验应取架体失去承载能力的前一级荷载作为脚手架的极限承载力。

G. 2. 13　在进行脚手架结构试验时，应详细记录架体随施加荷载而产生变形的过程、破坏形态及特征等情况，并应对其进行分析。

G. 2. 14　脚手架结构力学性能试验的试验报告应包含下列内容：

1　试验目的。

2　试验方案，试验设备、设施的描述。

3　试件的选取、试件的几何参数和物理参数。

4　试验单元架体结构。

5　加荷方法，架体变形过程描述，架体破坏的特征和形态。

6　试验结果及分析。

G. 2. 15　在进行脚手架结构试验时，应采取安全保护措施，应设置安全警戒线，并应设专人监护。